Die Grundlehren der mathematischen Wissenschaften

in Einzeldarstellungen
mit besonderer Berücksichtigung
der Anwendungsgebiete

Band 80

Herausgegeben von

S. S. Chern   J. L. Doob   J. Douglas, jr.
A. Grothendieck   E. Heinz   F. Hirzebruch
E. Hopf   W. Maak   S. Mac Lane
W. Magnus   M. M. Postnikov   F. K. Schmidt
W. Schmidt   D. S. Scott   K. Stein

Geschäftsführende Herausgeber

B. Eckmann   J. K. Moser   B. L. van der Waerden

Günter Pickert

Projektive Ebenen

Zweite Auflage

Springer-Verlag
Berlin Heidelberg New York 1975

Günter Pickert

Mathematisches Institut, Justus Liebig-Universität Gießen

Mit 67 Abbildungen

AMS Subject Classification (1970): 05B05, 05B10, 05B15, 05B25, 17D05, 17E05, 20N05, 50A20, 50A99, 50D35

ISBN-13: 978-3-642-66149-5   e-ISBN-13: 978-3-642-66148-8
DOI: 10.1007/978-3-642-66148-8

Library of Congress Cataloging in Publication Data. Pickert, Günter, 1917–. Projektive Ebenen. (Die Grundlehren der mathematischen Wissenschaften in Einzeldarstellungen; Bd. 80). Bibliography: p. Includes indexes. 1. Projective planes. I. Title. II. Series. QA554.P6. 1975. 516'.5. 75-9953.

Gesamtherstellung: Universitätsdruckerei H. Stürtz AG, Würzburg.

Vorwort.

In den letzten 25 Jahren hat sich aus der Untersuchung der Grundlagen der ebenen projektiven Geometrie ein neues mathematisches Sachgebiet, das der projektiven Ebenen, entwickelt. Während man früher fast ausschließlich das kategorische Axiomensystem der reellen oder der komplexen Geometrie untersuchte, wobei vereinzelte Modelle abweichender Geometrien (nichtdesarguessche, nichtarchimedische) nur zum Zweck von Unabhängigkeitsbeweisen aufgestellt wurden, sollen in dem neuen Gebiet gerade die vielfältigen Möglichkeiten projektiver Ebenen, unter denen die reelle und die komplexe Ebene nur besondere Fälle darstellen, behandelt und einer systematischen Untersuchung zugänglich gemacht werden. Man hat also eine ähnliche Erscheinung vor sich wie bei der Entstehung der heutigen Algebra, und so ist es denn nicht verwunderlich, daß viele Algebraiker an der Gestaltung des neuen Gebietes wesentlichen Anteil haben, wobei man sich allerdings noch darüber streiten mag, was Ursache und was Wirkung ist. Genau so wenig nun, wie man etwa die Körpertheorie der Algebra als Grundlagenforschung über unser Zahlsystem wird bezeichnen wollen, darf man die Theorie der projektiven Ebenen jetzt noch zu den Grundlagen der projektiven Geometrie rechnen; ja, manche Geometer werden sie überhaupt nicht mehr in der Geometrie dulden wollen.

In mancher Hinsicht mag es für eine Darstellung der Theorie der projektiven Ebenen noch zu früh sein. Dennoch scheint es mir für die weitere Forschungsarbeit unbedingt erforderlich, das bisher Gewonnene zusammenzufassen. Um eine einigermaßen abgerundete Darstellung zu erreichen und um nicht zu oft in den Fehler des reinen Aneinanderreihens von Einzelergebnissen zu verfallen, habe ich dabei manche an sich wichtige Dinge nur kurz angedeutet. Ganz weggelassen wurde einmal alles sich auf Polaritäten Beziehende, da ich nur so eine klare Abgrenzung zur metrischen Geometrie erreichen zu können glaubte, und zum andern die Behandlung von „Ebenen" mit nicht eindeutig bestimmten Schnittpunkten und Verbindungsgeraden, da meines Erachtens über diese Dinge noch zu wenig bekannt ist.

Im Rahmen dieser Begrenzung habe ich mich wenigstens beim Literaturverzeichnis um Vollständigkeit bemüht, aber dennoch im allgemeinen dort nur solche Arbeiten aufgenommen, welche im Text erwähnt wurden. Durch Hinweise auf das Literaturverzeichnis habe ich versucht, jedem Ergebnis einen oder auch wohl mehrere Urheber zuzuordnen, ohne dabei jedoch historische Genauigkeit zu erstreben. Wenn eine Literaturangabe fehlt, bedeutet dies aber nicht etwa, daß ich den betreffenden Satz für neu halte.

Um das Buch auch für den Lernenden verwendbar zu machen, sind die benötigten Vorkenntnisse so gering wie möglich gehalten. Dem Leser sollten zwar die wichtigsten Begriffe der Algebra und (für Abschn. 10) auch die der Topologie — z. B. Schiefkörper, Vektorraum, Algebra, Galois-Feld, abgeschlossen, regulär, kompakt — sowie einige einfache Sätze darüber bekannt sein; an tiefer liegenden Tatsachen werden jedoch ohne Beweis nur der Satz von Wedderburn über die Kommutativität endlicher Schiefkörper und der Satz von Pontrjagin über die zusammenhängenden lokal-kompakten topologischen Schiefkörper verwendet.

Logische Zeichen habe ich nicht benutzt, da sie einmal keine wesentliche Ersparnis gebracht, andererseits aber wegen der noch uneinheitlichen Schreibweise für einen Teil der Leser sicher ein Umlernen bedingt haben würden. Wenn ich natürlich auch auf allgemeine Fragen der Logik nicht eingegangen bin, so war es doch an einer gerade für die projektiven Ebenen wesentlichen Stelle erforderlich, eine logische Festsetzung zu treffen, die mir dem üblichen mathematischen Sprachgebrauch zu entsprechen scheint; es handelt sich dabei um die Bedeutung von Aussagen, in denen Terme vorkommen, die nicht in jedem Fall existieren (s. S. 5). Eine andere, die Logik betreffende Bemerkung: Wird von zwei Aussagen behauptet, sie seien — unter gewissen Voraussetzungen — gleichbedeutend, gleichwertig oder sie besagen dasselbe, so soll das nichts weiter heißen, als daß — unter den betreffenden Voraussetzungen — jede der beiden Aussagen aus der anderen folgt.

Zu danken habe ich allen, die mir durch ihre Arbeiten, Mitteilungen und Ratschläge beim Schreiben dieses Buches geholfen haben, hauptsächlich aber Herrn R. BAER. Besonderen Dank verdienen noch die Herren H. SALZMANN und A. ZADDACH für das Mitlesen der Korrekturen, Herr SALZMANN außerdem für das Durchsehen des Manuskriptes, wodurch er dem Leser das Auffinden vieler Fehler erspart hat. Dem Verlag danke ich für die sorgfältige Ausführung ailer Arbeiten und die gute Ausstattung des Buches, vor allem aber für das verständnisvolle Eingehen auf meine vielen späteren Verbesserungswünsche.

Tübingen, Frühjahr 1955.   GÜNTER PICKERT.

Vorwort zur zweiten Auflage.

Nach 20 Jahren die Neuauflage eines mathematischen Buches vorzubereiten ist in jedem Fall ein Wagnis, und zwar schon deshalb, weil sich der mathematische Stil, auch der des Verfassers, in dieser Zeit sehr gewandelt hat. Zudem war dieses Buch damals einer der ersten Versuche, das neue Forschungsgebiet „Projektive Ebenen" systematisch darzustellen, und die Untersuchungen auf diesem Gebiet haben inzwischen den Inhalt des Buches in vielen Teilen weit hinter sich gelassen. Daher muß diese zweite Auflage auf den Anspruch verzichten, den gegenwärtigen Stand der Forschung wiederzugeben. Ich habe mich darauf beschränkt, an einigen Stellen zu verbessern und zu ergänzen, zum Teil durch drei neue Anhänge. Bei den endlichen sowie den topologischen Ebenen, die beide in den letzten 20 Jahren besonders eingehend untersucht worden sind, blieb nichts anderes übrig, als lediglich auf neuere Veröffentlichungen zu verweisen. Dabei ist der Anhang zum Literaturverzeichnis aber weit entfernt davon, den Umfang des inzwischen Erreichten vollständig anzugeben. Inzwischen üblich gewordenen Bezeichnungen habe ich mich angepaßt: „erste (bzw. zweite) Zerlegbarkeitsbedingung" wurde durch „Linearität(sbedingung)" bzw. „Faktorisierbarkeit" ersetzt, „Kürzungsregel" durch „Inversbedingung", „minimal transitiv" durch „scharf transitiv".

Mein Dank gilt allen Lesern, die mich auf Fehler und ergänzungsbedürftige Stellen in der ersten Auflage hingewiesen haben, insbesondere Herrn E. GLOCK, der auch das Manuskript der neuen Anhänge durchgesehen hat. Herrn W. HAUPTMANN danke ich für die kritische Durchsicht der Änderungen und Ergänzungen sowie für das Mitlesen der Korrekturen. Dem Verlag sage ich Dank für sein verständnisvolles Eingehen auf meine Wünsche und überhaupt dafür, daß er die Neuauflage gewagt hat.

Gießen, Frühjahr 1975. GÜNTER PICKERT.

Inhalt.

Erläuterungen.

7. Moufang-Ebenen.

8. Translationsebenen.

9. Angeordnete Ebenen.

10. Topologische Ebenen.

11. Möbius-Netze.

12. Endliche Ebenen.

Anhang.

Erläuterungen.

A. Rückverweisungen.

Abschnitte sind durch fettgedruckte Ziffern bezeichnet. Die Unterabschnitte sind innerhalb jedes Abschnitts laufend numeriert, und ihrer Nummer wird die Abschnittsnummer vorangesetzt, so daß z. B. **2.1** den ersten Unterabschnitt des zweiten Abschnitts bedeutet.

Formeln und Sätze werden in jedem Abschnitt durchnumeriert, und zwar werden die Formelnummern dabei in Klammern gesetzt. Bei Verweisung auf Formeln anderer Abschnitte wird die Abschnittsnummer der Formelnummer vorangesetzt; so bedeutet also z. B. (2.3) die Formel (3) im zweiten Abschnitt. Bei Verweisung auf Sätze wird jedoch zwecks einfacheren Auffindens nicht die Abschnittsnummer, sondern stets die Seitennummer angegeben.

Fettgedruckte Ziffern in eckigen Klammern beziehen sich auf das Literaturverzeichnis; auf Angaben im Anhang zum Literaturverzeichnis wird durch Verfassernamen und (in eckigen Klammern) Jahreszahl hingewiesen. Erforderlichenfalls sind Seitenangaben oder Ähnliches innerhalb der Klammern hinzugefügt.

B. Allgemeine mathematische Bezeichnungen.

$a \in \mathfrak{A}$ bezeichnet die Zugehörigkeit und $a \notin \mathfrak{A}$ die Nichtzugehörigkeit des Elementes a zur Menge $\mathfrak{A}$. Für die Mengen $\mathfrak{A}$, $\mathfrak{B}$ bedeutet $\mathfrak{A} \subseteq \mathfrak{B}$, daß aus $x \in \mathfrak{A}$ stets $x \in \mathfrak{B}$ folgt. Der *Durchschnitt* der Mengen $\mathfrak{A}$, $\mathfrak{B}$, d. h. die Menge der x mit $x \in \mathfrak{A}$ und $x \in \mathfrak{B}$, wird mit $\mathfrak{A} \cap \mathfrak{B}$ und die *Vereinigung*, d. h. die Menge der x mit $x \in \mathfrak{A}$ oder $x \in \mathfrak{B}$, mit $\mathfrak{A} \cup \mathfrak{B}$ bezeichnet. Entsprechend wird für eine Menge M von Mengen der Durchschnitt als $\bigcap_{\mathfrak{M} \in \mathsf{M}} \mathfrak{M}$ und die Vereinigung als $\bigcup_{\mathfrak{M} \in \mathsf{M}} \mathfrak{M}$ geschrieben. Unter der *Differenz* $\mathfrak{B} - \mathfrak{A}$ ist im Falle $\mathfrak{A} \subseteq \mathfrak{B}$ — und nur in diesem wird der Ausdruck benutzt — die Menge der nicht zu $\mathfrak{A}$ gehörigen Elemente von $\mathfrak{B}$ verstanden. $\{a_1, \ldots, a_n\}$ bezeichnet die aus den Elementen $a_1, \ldots, a_n$ bestehende Menge, insbesondere also $\{a\}$ die aus a allein bestehende Menge.

Bei einer Abbildung σ der Menge $\mathfrak{A}$ bedeutet x^σ das Bild des Elementes x und $\mathfrak{B}^\sigma$ für $\mathfrak{B} \subseteq \mathfrak{A}$ die Menge der x^σ mit $x \in \mathfrak{B}$. Die Abbildung σ wird manchmal auch durch $x \to x^\sigma$ bezeichnet. σ heißt Abbildung von $\mathfrak{A}$ *in* $\mathfrak{A}'$, wenn $\mathfrak{A}^\sigma \subseteq \mathfrak{A}'$, und Abbildung von $\mathfrak{A}$ *auf* $\mathfrak{A}'$, wenn $\mathfrak{A}^\sigma = \mathfrak{A}'$ gilt. Im Falle $x^\sigma = x$ heißt x *Fixelement* von σ. Die Abbildung τ von $\mathfrak{B}$ wird als *Fortsetzung* der Abbildung σ von $\mathfrak{A}$ bezeichnet, wenn $\mathfrak{A} \subseteq \mathfrak{B}$ und $x^\sigma = x^\tau$

für alle $x \in \mathfrak{A}$ gilt; σ heißt dann auch die von τ in $\mathfrak{A}$ *hervorgerufene Abbildung*. Ist σ eine Abbildung von $\mathfrak{A}$ in $\mathfrak{A}'$ und τ eine solche von $\mathfrak{A}'$ in $\mathfrak{A}''$, so wird durch $x^{\sigma\tau} = (x^{\sigma})^{\tau}$ eine Abbildung $\sigma\tau$ von $\mathfrak{A}$ in $\mathfrak{A}''$ erklärt, und diese *Multiplikation von Abbildungen* ist assoziativ, soweit die Produkte erklärt sind. Die *identische Abbildung* $x \rightarrow x$ einer Menge wird stets mit 1 bezeichnet, so daß für jede Abbildung σ die Beziehung $\sigma 1 = \sigma = 1 \sigma$ gilt. σ wird als *umkehrbare Abbildung* von $\mathfrak{A}$ auf $\mathfrak{A}^{\sigma}$ bezeichnet, wenn aus $x^{\sigma} = y^{\sigma}$ stets $x = y$ folgt; es gibt dann genau eine Abbildung τ von $\mathfrak{A}^{\sigma}$ auf $\mathfrak{A}$ mit $\tau \sigma = 1 = \sigma \tau$, und diese heißt die *Umkehrabbildung* σ^{-1} von σ.

1. Grundbegriffe.

1.1. Inzidenzstrukturen.

Es erweist sich für das Folgende als zweckmäßig, den zu untersuchenden Begriff der projektiven Ebene einem allgemeineren Begriff unterzuordnen, nämlich dem der Inzidenzstruktur[1]. Eine *Inzidenzstruktur* ist ein Tripel $(\mathfrak{P}, \mathfrak{G}, \mathrm{I})$, wobei $\mathfrak{P}, \mathfrak{G}$ Mengen sind und I eine in $\mathfrak{P} \cup \mathfrak{G}$ erklärte Relation mit den folgenden Eigenschaften bedeutet:

(1) $\qquad\qquad$ *Aus* $x \mathrm{I} y$ *folgt* $x \in \mathfrak{P}$, $y \in \mathfrak{G}$;

(2) $\qquad$ *aus* $x_i \mathrm{I} y_k$ $(i, k = 1, 2)$ *folgt* $x_1 = x_2$ *oder* $y_1 = y_2$.

$\mathfrak{P}$ und $\mathfrak{G}$ dürfen dabei durchaus Elemente gemeinsam haben[2]. Die Elemente von $\mathfrak{P}$ werden als die *Punkte*, die von $\mathfrak{G}$ als die *Geraden* und I als die *Inzidenzrelation* von $(\mathfrak{P}, \mathfrak{G}, \mathrm{I})$ bezeichnet; $x \mathrm{I} y$ liest man: x und y sind *inzident*. Sind $\mathfrak{P}$ und $\mathfrak{G}$ endlich, so wird die Inzidenzstruktur *endlich* genannt. $(\mathfrak{P}, \mathfrak{G}, \mathrm{I})$ heißt *regulär* — andernfalls *singulär* —, wenn die folgende Bedingung erfüllt ist:

(3) *Zu jedem* $y \in \mathfrak{G}$ *gibt es* x_1, x_2 *mit* $x_1 \neq x_2$ *und* $x_i \mathrm{I} y$ $(i = 1, 2)$.

Vertauscht man bei einer Inzidenzstruktur $\mathfrak{I} = (\mathfrak{P}, \mathfrak{G}, \mathrm{I})$ $\mathfrak{P}$ mit $\mathfrak{G}$ und ersetzt I durch die konverse Relation $\tilde{\mathrm{I}}$, für welche also $x \tilde{\mathrm{I}} y$ dasselbe bedeutet wie $y \mathrm{I} x$, so entsteht offenbar wieder eine Inzidenzstruktur $\tilde{\mathfrak{I}} = (\mathfrak{G}, \mathfrak{P}, \tilde{\mathrm{I}})$. Diese wird als die zu $\mathfrak{I}$ *duale* Inzidenzstruktur bezeichnet. Es gilt das folgende *Dualitätsprinzip:*

1. *Ist* **E** *eine Eigenschaft von Inzidenzstrukturen, die sich von einer Inzidenzstruktur stets auf die dazu duale überträgt, so entsteht aus einem*

---

[1] In [**79**] als *partial plane* bezeichnet; bei DEMBOWSKI [1968] (und auch bei anderen) wird „Inzidenzstruktur" ohne (2) definiert.

[2] Dadurch ist es allerdings unstatthaft geworden, die Inzidenzrelation zu „symmetrisieren"; ohne Zusatzvoraussetzung wird I noch nicht durch diejenige Relation bestimmt, deren Bestehen zwischen x und y dasselbe bedeutet wie „$x \mathrm{I} y$ oder $y \mathrm{I} x$".

Satz, der für jede Inzidenzstruktur der Eigenschaft **E** *richtig ist, ein Satz desselben Gültigkeitsbereiches, wenn man die Begriffe ,,Punkt`` und ,,Gerade`` vertauscht und die Inzidenzrelation durch ihre konverse Relation ersetzt.*

Der Beweis folgt einfach aus der Bemerkung, daß der duale Satz, d.h. der durch die angegebenen Abänderungen gewonnene Satz, für eine bestimmte Inzidenzstruktur einfach der ursprüngliche Satz für die duale Inzidenzstruktur ist. Die Anwendung des Dualitätsprinzips wird ebenso wie das Ergebnis seiner Anwendung als *Dualisierung* bezeichnet.

Das aus einer umkehrbaren Abbildung σ von $\mathfrak{P}$ auf $\mathfrak{P}'$ und einer umkehrbaren Abbildung τ von $\mathfrak{G}$ auf $\mathfrak{G}'$ bestehende Paar (σ, τ) heißt *Isomorphismus* von $(\mathfrak{P}, \mathfrak{G}, I)$ auf $(\mathfrak{P}', \mathfrak{G}', I')$ und im Falle $(\mathfrak{P}, \mathfrak{G}, I) = (\mathfrak{P}', \mathfrak{G}', I')$ insbesondere *Automorphismus*, wenn $x I y$ dasselbe bedeutet wie $x^\sigma I' y^\tau$; dann wird $(\mathfrak{P}', \mathfrak{G}', I')$ auch als *isomorphes Bild*[1] von $(\mathfrak{P}, \mathfrak{G}, I)$ bezeichnet. Offensichtlich ist in diesem Falle (σ^{-1}, τ^{-1}) ein Isomorphismus von $(\mathfrak{P}', \mathfrak{G}', I')$ auf $(\mathfrak{P}, \mathfrak{G}, I)$, weshalb die beiden Inzidenzstrukturen auch als *isomorph zueinander* bezeichnet werden. Wenn weiter (σ', τ') ein Isomorphismus von $(\mathfrak{P}', \mathfrak{G}', I')$ auf $(\mathfrak{P}'', \mathfrak{G}'', I'')$ ist. so stellt $(\sigma \sigma', \tau \tau')$ einen Isomorphismus von $(\mathfrak{P}, \mathfrak{G}, I)$ auf $(\mathfrak{P}'', \mathfrak{G}'', I'')$ dar, der als das *Produkt* der Isomorphismen (σ, τ), (σ', τ') bezeichnet wird. Jede Inzidenzstruktur $\mathfrak{J}$ besitzt den *identischen Automorphismus* $(1,1)$, und ihre Automorphismen bilden eine Gruppe, die *Automorphismengruppe* von $\mathfrak{J}$. Das isomorphe Bild einer regulären Inzidenzstruktur ist natürlich wieder regulär. Ein Isomorphismus von $\mathfrak{J}$ auf $\widetilde{\mathfrak{J}}'$ wird als *dualer Isomorphismus* von $\mathfrak{J}$ auf $\mathfrak{J}'$ und im Falle $\mathfrak{J} = \mathfrak{J}'$ insbesondere als *Dualität* von $\mathfrak{J}$ bezeichnet.

Ist $\mathfrak{J} = (\mathfrak{P}, \mathfrak{G}, I)$ eine Inzidenzstruktur, gilt $\mathfrak{P}' \subseteq \mathfrak{P}$, $\mathfrak{G}' \subseteq \mathfrak{G}$ und bedeutet $x I' y$ dasselbe wie $x I y$, $x \in \mathfrak{P}'$, $y \in \mathfrak{G}'$, so ist offenbar $\mathfrak{J}' = (\mathfrak{P}', \mathfrak{G}', I')$ ebenfalls eine Inzidenzstruktur. $\mathfrak{J}'$ wird dann als *Unterstruktur* von $\mathfrak{J}$ und $\mathfrak{J}$ als *Oberstruktur* oder *Erweiterung* von $\mathfrak{J}'$ bezeichnet, und diese Beziehung zwischen $\mathfrak{J}'$ und $\mathfrak{J}$ wird durch $\mathfrak{J}' \subseteq \mathfrak{J}$ ausgedrückt; sind insbesondere $\mathfrak{P} - \mathfrak{P}'$, $\mathfrak{G} - \mathfrak{G}'$ endlich, so nennt man $\mathfrak{J}$ *endliche Erweiterung* von $\mathfrak{J}'$. Seien nun die Inzidenzstrukturen $\mathfrak{J}^{(n)} = (\mathfrak{P}^{(n)}, \mathfrak{G}^{(n)}, I^{(n)})$ $(n = 1, 2, \ldots)$ so beschaffen, daß $\mathfrak{J}^{(n)} \subseteq \mathfrak{J}^{(n+1)}$ $(n = 1, 2, \ldots)$ gilt. Dann wird mit $\mathfrak{P} = \bigcup\limits_{n=1}^{\infty} \mathfrak{P}^{(n)}$, $\mathfrak{G} = \bigcup\limits_{n=1}^{\infty} \mathfrak{G}^{(n)}$ in $\mathfrak{P} \cup \mathfrak{G}$ die Relation I dadurch erklärt, daß $x I y$ für $x \in \mathfrak{P}^{(n)}$, $y \in \mathfrak{G}^{(n)}$ genau dann bestehen soll, wenn $x I^{(n)} y$ gilt. Man erkennt sofort, daß $(\mathfrak{P}, \mathfrak{G}, I)$ Inzidenzstruktur, und zwar Oberstruktur aller $\mathfrak{J}^{(n)}$ sowie Unterstruktur jeder gemeinsamen Oberstruktur aller $\mathfrak{J}^{(n)}$ ist. Die so gebildete Inzidenzstruktur wird als die *Vereinigung* der $\mathfrak{J}^{(n)}$ bezeichnet.

---

[1] Daß $(\mathfrak{P}', \mathfrak{G}', I')$ Inzidenzstruktur ist, braucht nicht vorausgesetzt zu werden, sondern folgt bereits daraus, daß $(\mathfrak{P}, \mathfrak{G}, I)$ Inzidenzstruktur ist.

Im folgenden werden die Punkte meist mit großen lateinischen, die Geraden meist mit kleinen griechischen Buchstaben bezeichnet. Jeder Geraden α der Inzidenzstruktur $\mathfrak{J} = (\mathfrak{P}, \mathfrak{G}, \mathrm{I})$ wird zugeordnet die Menge $\mathfrak{P}_\alpha$ der Punkte X mit $X\,\mathrm{I}\,\alpha$. Diese wird als die *Punktreihe* mit dem *Träger* α (oder: *in* α) bezeichnet, und dual dazu wird die Menge der Geraden ξ mit $A\,\mathrm{I}\,\xi$ das *Geradenbüschel* mit *Träger* A (oder: *in* A) genannt. Ist $\mathfrak{J}$ regulär, so wird dann wegen (2) und (3) durch $\xi^\varrho = \mathfrak{P}_\xi$ eine umkehrbare Abbildung ϱ von $\mathfrak{G}$ auf die Menge Γ der $\mathfrak{P}_\xi (\xi \in \mathfrak{G})$ erklärt, und $(1, \varrho)$ ist ein Isomorphismus von $\mathfrak{J}$ auf $(\mathfrak{P}, \Gamma, \in)$. Bis auf Isomorphie kann eine reguläre Inzidenzstruktur daher auch einfach durch eine Menge $\mathfrak{P}$ und eine Menge Γ von Teilmengen von $\mathfrak{P}$ gegeben werden, wobei Γ die den Bedingungen (2) und (3) entsprechenden Bedingungen erfüllen muß. Eine Inzidenzstruktur der Form $(\mathfrak{P}, \Gamma, \in)$ kann natürlich auch singulär sein; nur besitzt eben nicht jede singuläre Inzidenzstruktur ein isomorphes Bild dieser Art.

Bei einem Isomorphismus (σ, τ) von $(\mathfrak{P}, \Gamma, \in)$ auf $(\mathfrak{P}', \Gamma', \in)$, wo also wieder die Elemente von Γ' Teilmengen von $\mathfrak{P}'$ sind, besteht nun offensichtlich das Bild von $\mathfrak{P}_\alpha$ (bei der Abbildung τ) aus den Bildern X^σ der $X \in \mathfrak{P}_\alpha$, d.h. es ist $\mathfrak{P}_\alpha^\tau = \mathfrak{P}_\alpha^\sigma$, so daß man ohne Veränderung multiplikativer Beziehungen zwischen Abbildungen stets $\sigma = \tau$ setzen darf. Allgemein ergibt sich so:

2. *Bei einem Isomorphismus einer regulären Inzidenzstruktur wird die Abbildung der Geraden bereits durch die der Punkte bestimmt*[1].

Es fragt sich nun, welche Bedingung die umkehrbare Abbildung σ von $\mathfrak{P}$ auf $\mathfrak{P}'$ erfüllen muß, damit es einen Isomorphismus (σ, τ) von $(\mathfrak{P}, \mathfrak{G}, \mathrm{I})$ auf die ebenfalls reguläre Inzidenzstruktur $(\mathfrak{P}', \mathfrak{G}', \mathrm{I}')$ gibt. Das drückt sich am einfachsten mittels der ternären Relation $\varkappa$ aus, deren Bestehen für die Elemente X, Y, Z — geschrieben: $\varkappa(X, Y, Z)$; gelesen: X, Y, Z *kollinear* — dasselbe bedeuten soll wie: Es gibt eine Gerade α mit $X, Y, Z\,\mathrm{I}\,\alpha$. Diese Relation $\varkappa$ wird als die *Kollinearitätsbeziehung* von $(\mathfrak{P}, \mathfrak{G}, \mathrm{I})$ bezeichnet[2]. Die gesuchte Bedingung für σ lautet nun einfach, wenn $\varkappa'$ die Kollinearitätsbeziehung von $(\mathfrak{P}', \mathfrak{G}', \mathrm{I}')$ ist:

$$(4) \qquad \varkappa(X, Y, Z) \quad \textit{genau dann, wenn} \quad \varkappa'(X^\sigma, Y^\sigma, Z^\sigma).$$

Die Notwendigkeit von (4) folgt sofort aus der Definition des Isomorphismus. Umgekehrt ergibt sich aus (4) mittels (2) und (3) $\mathfrak{P}_\alpha^\sigma \in \Gamma'$ für $\alpha \in \mathfrak{G}$ und $\mathfrak{P}_{\alpha'}'^{\sigma^{-1}} \in \Gamma$ für $\alpha' \in \mathfrak{G}'$, so daß (σ, σ) ein Isomorphismus von $(\mathfrak{P}, \Gamma, \in)$ auf $(\mathfrak{P}', \Gamma', \in)$ ist. Wegen der Bedingung (4) wird ein Automorphismus einer Inzidenzstruktur auch als *Kollineation* bezeichnet.

---

[1] Natürlich nur, wenn vom isomorphen Bild die Menge der Geraden gegeben ist.

[2] Sie kann natürlich auch bei singulären Inzidenzstrukturen gebildet werden.

Für $A \mathrel{I} \alpha$ werden im folgenden auch die Ausdrücke gebraucht: α *enthält* A; A *liegt auf* α; α *geht durch* A; α *besitzt den Punkt* A. Gemäß (2) besitzen α, β im Falle $\alpha \neq \beta$ höchstens einen Punkt gemeinsam, d. h. $\mathfrak{P}_\alpha \cap \mathfrak{P}_\beta$ enthält höchstens einen Punkt. Dieser wird nun — falls vorhanden — als der *Schnittpunkt* $\alpha \cap \beta$ der Geraden α und β bezeichnet. Dual dazu nennt man bei Punkten A, B mit $A \neq B$ die — falls vorhanden — eindeutig bestimmte, durch die beiden Punkte gehende Gerade die *Verbindungsgerade* AB dieser beiden Punkte. Die also nicht immer existierenden Terme $\alpha \cap \beta$, AB sollen so verwandt werden, daß eine Aussage, in der ein solcher Term vorkommt, stets auch die Existenz des betreffenden Terms aussagt[1]; und zwar bezieht sich diese Verabredung nur auf solche Aussagen, die lediglich aus mathematischen Zeichen aufgebaut sind. So besagt also z. B. $AB = \alpha$ nicht nur, daß die Gerade α die Punkte A, B enthält, sondern auch noch $A \neq B$; es sind daher die Aussagen „nicht $AB = \alpha$" und „$AB \neq \alpha$" voneinander zu unterscheiden. Um Klammern zu sparen, wird festgesetzt, daß die Bildung der Verbindungsgeraden „stärker binden" soll als die des Schnittpunktes, so daß also statt $(AB) \cap \alpha$ einfach $AB \cap \alpha$ geschrieben wird.

Die Bildungen von Schnittpunkt und Verbindungsgerade sind offenbar in dem Sinne kommutative Verknüpfungen, daß aus der Existenz von AB die Gleichung $AB = BA$ und aus der Existenz von $\alpha \cap \beta$ die Gleichung $\alpha \cap \beta = \beta \cap \alpha$ folgt. Ferner genügen diese Verknüpfungen den sofort aus (2) und den Definitionen folgenden Bedingungen:

$$(5) \qquad Aus \quad AB = CD \quad und \quad B \neq C \quad folgt \quad AB = BC.$$

$$(6) \qquad Aus \quad AB \neq AC \quad folgt \quad AB \cap AC = A.$$

Bei regulärer Inzidenzstruktur gilt nun gemäß (3) und (1):

$$(7) \qquad A \mathrel{I} \alpha \quad genau \ dann, \ wenn \ ein \ B \ mit \quad AB = \alpha \quad vorhanden.$$

Daraus folgt, daß die Bildung der Verbindungsgeraden bereits die Inzidenzrelation und damit natürlich auch wieder die Bildung des Schnittpunktes bestimmt. Für reguläre Inzidenzstrukturen $\mathfrak{J}$, $\mathfrak{J}'$ läßt sich daher die Beziehung $\mathfrak{J}' \subseteq \mathfrak{J}$ auch so kennzeichnen: Jeder Punkt und jede Gerade von $\mathfrak{J}'$ ist Punkt bzw. Gerade von $\mathfrak{J}$, und die Bildung der Verbindungsgeraden in $\mathfrak{J}'$ stimmt mit der in $\mathfrak{J}$ überein. (5) und (6) erweisen sich nun als im folgenden Sinn kennzeichnend:

---

[1] Wie ja auch eine Grenzwertbeziehung üblicherweise die Existenz der Grenzwerte mit besagen soll.

3. *Sind in der Menge $\mathfrak{P}$ eine nicht überall, insbesondere nicht für die Paare (X, X) erklärte binäre kommutative Verknüpfung $(X, Y) \rightarrow X Y (\in \mathfrak{G})$ und in der Menge $\mathfrak{G}$ eine nicht notwendig überall erklärte binäre Verknüpfung $(\xi, \eta) \rightarrow \xi \cap \eta (\in \mathfrak{P})$ gegeben, welche den Bedingungen (5), (6) genügen, so ist $(\mathfrak{P}, \mathfrak{G}, \mathsf{I})$ mit der durch (7) erklärten Relation I eine Inzidenzstruktur. In dieser ist die erste Verknüpfung gerade die Bildung der Verbindungsgeraden, und die zweite Verknüpfung stimmt überall dort mit der Bildung des Schnittpunktes überein, wo diese erklärt ist.*

Beweis. (1) folgt sofort aus (7). Um (2) nachzuweisen, werde gemäß (7) die Voraussetzung als $\eta_k = X_1 Y_{1k} = X_2 Y_{2k}$ $(k = 1, 2)$ geschrieben; daraus und aus $X_1 \neq X_2$ folgt mittels (5) dann $\eta_1 = X_1 Y_{11} = X_1 X_2 = X_2 Y_{22} = \eta_2$. Besitzen X und Y eine Verbindungsgerade α, so heißt das $X \neq Y$ und $X X' = \alpha = Y Y'$ für gewisse X', Y'; daraus folgt nach (5) $\alpha = X Y$. Umgekehrt ergibt sich aus der Existenz von $X Y$ neben $X \neq Y$ nach (7) $X, Y \mathsf{I} X Y$, also das Vorhandensein einer Verbindungsgeraden. Besitzen ξ, η einen Schnittpunkt A, so heißt das $\xi \neq \eta$ (s. S. 5 oben) und $A X = \xi$, $A Y = \eta$ für gewisse X, Y, woraus nach (6) $\xi \cap \eta = A$ folgt.

Zur Vereinfachung der Schreibweise soll im folgenden stets (auch bei singulären Inzidenzstrukturen) $\in$ statt I geschrieben und — dies aber nur im regulären Fall — ein Isomorphismus (σ, τ) kurz als σ bezeichnet werden, soweit das ohne Mißverständnis[1] möglich ist. Werden die Bildungen von Verbindungsgerade und Schnittpunkt in den regulären Inzidenzstrukturen $\mathfrak{J}$ und $\mathfrak{J}'$ in gleicher Weise bezeichnet, so wird offenbar ein Isomorphismus σ von $\mathfrak{J}$ auf $\mathfrak{J}'$ als eine umkehrbare Abbildung mit

$$(8) \qquad (A B)^\sigma = A^\sigma B^\sigma, \quad (\alpha \cap \beta)^\sigma = \alpha^\sigma \cap \beta^\sigma, \quad \textit{falls } A B \textit{ bzw. } \alpha \cap \beta \textit{ vorhanden,}$$

und ein dualer Isomorphismus von $\mathfrak{J}$ auf $\mathfrak{J}'$ als eine solche mit

$$(9) \qquad (A B)^\sigma = A^\sigma \cap B^\sigma, \quad (\alpha \cap \beta)^\sigma = \alpha^\sigma \beta^\sigma, \quad \textit{falls } A B \textit{ bzw. } \alpha \cap \beta \textit{ vorhanden,}$$

gekennzeichnet. Aus (5) und (7) folgt die aber auch leicht ohne Hilfe von (7), also ohne die Voraussetzung der Regularität zu gewinnende Beziehung

$$(10) \qquad A \in B C, \quad \textit{wenn} \quad B \neq C \quad \textit{und} \quad C \in A B.$$

Der dazu duale Satz lautet:

$$(11) \qquad \beta \cap \gamma \in \alpha, \quad \textit{wenn} \quad \beta \neq \gamma \quad \textit{und} \quad \alpha \cap \beta \in \gamma.$$

Beziehung (6) ergibt mittels (7) das ebenfalls leicht auch ohne (7) zu gewinnende Ergebnis:

$$(12) \qquad A B \cap \alpha = A, \quad \textit{falls} \quad A B \neq \alpha \quad \textit{und} \quad A \in \alpha.$$

---

[1] Ein solches wird durch diese Vereinfachung an sich möglich, sobald $\mathfrak{P} \cap \mathfrak{G}$ nicht leer ist.

Dualisierung liefert daraus:

$$(13) \qquad (\alpha \cap \beta)\, A = \alpha, \quad \textit{falls} \quad \alpha \cap \beta \neq A \quad \textit{und} \quad A \in \alpha.$$

Zusammen ergeben (12) und (13):

$$(14) \qquad (AB \cap \beta)\, B \cap \alpha = A, \quad \textit{falls} \quad (AB \cap \beta)\, B \neq \alpha \quad \textit{und} \quad A \in \alpha.$$

Der dazu duale Satz lautet:

$$(15) \qquad \big((\alpha \cap \beta)\, B \cap \beta\big)\, A = \alpha, \quad \textit{falls} \quad (\alpha \cap \beta)\, B \cap \beta \neq A \quad \textit{und} \quad A \in \alpha.$$

1.2. Projektive und affine Ebenen.

Eine Inzidenzstruktur wird als *projektive Ebene* bezeichnet, wenn sie die folgenden drei Bedingungen erfüllt:

(16)   *Durch zwei[1] Punkte geht eine Gerade.*

(17)   *Zwei[1] Geraden besitzen einen gemeinsamen Punkt.*

(18)   *Es gibt vier[1] Punkte, von denen keine drei kollinear sind.*

In einer projektiven Ebene sind also die Verbindungsgerade zweier Punkte und der Schnittpunkt zweier Geraden stets vorhanden. Eine Unterstruktur einer projektiven Ebene $\mathfrak{E}$, welche ebenfalls projektive Ebene ist, heißt *Unterebene* von $\mathfrak{E}$. Eine projektive Ebene ist (im Sinne von S. 2) stets regulär; denn es gilt sogar der Satz:

4. *In einer projektiven Ebene liegen auf jeder Geraden mindestens drei Punkte, und durch jeden Punkt gehen mindestens drei Geraden.*

Zum Beweis seien $A_i\,(i = 1, 2, 3, 4)$ verschiedene Punkte, von denen keine drei kollinear sind. Zu jeder Geraden α gibt es daher $h \in \{1, 2, 3, 4\}$ mit $A_h \notin \alpha$. Für $i \in \{1, 2, 3, 4\}$, $i \neq h$ ist dann $A_h \in A_h A_i$ und damit $A_h A_i \neq \alpha$, so daß der Schnittpunkt $B_i = \alpha \cap A_h A_i$ gebildet werden kann. Wegen $B_i \in \alpha$ hat man $B_i \neq A_h$ und daher $A_h A_i = A_h B_i$. Aus $B_i = B_j$ (mit $h \neq j \in \{1, 2, 3, 4\}$) ergibt sich daher $A_h A_i = A_h A_j$ und daher $i = j$, d.h. man hat $B_i \neq B_j$ für $i \neq j$. Somit liegen auf α die drei Punkte B_i mit

---

[1] Vielfach pflegt man hier „verschiedene" hinzuzufügen. Bei konsequenter Verwendung des Anzahlbegriffs ist das aber völlig unnötig; dagegen enthalten z.B. die Ausdrücke „Paar von Punkten", „Punkte A, B" nicht die Verschiedenheit der Punkte.

$h \neq i \in \{1, 2, 3, 4\}$. Der zweite Teil der Behauptung ergibt sich nun sofort aus dem Dualitätsprinzip, das wegen des folgenden Satzes[1] anwendbar ist:

5. *Die zu einer projektiven Ebene duale Inzidenzstruktur ist wieder eine projektive Ebene*; diese bezeichnet man als die zur ersten *duale Ebene*.

Zum Beweis braucht man offenbar nur noch zu zeigen, daß eine projektive Ebene vier Geraden enthält, von denen keine drei einen Punkt gemeinsam haben. Mit den oben verwandten Bezeichnungen haben die Geraden $A_1 A_2$, $A_2 A_3$, $A_3 A_4$, $A_4 A_1$ diese Eigenschaft. Ihre Verschiedenheit folgt sofort aus der Voraussetzung über die A_i. Um den Rest der Behauptung zu zeigen, beachtet man, daß unter drei beliebig gewählten der Indexpaare $(1, 2)$, $(2, 3)$, $(3, 4)$, $(4, 1)$ stets zwei auftreten, welche einen Index gemeinsam haben, der dann beim dritten Paar nicht vorkommt. Die Behauptung ergibt sich dann sofort mittels der aus (6) folgenden Gleichung $A_h A_i \cap A_h A_k = A_h$ $(h \neq i \neq k \neq h)$.

Aus der Anwendungsmöglichkeit des Dualitätsprinzips für projektive Ebenen ergibt sich noch, daß für Inzidenzstrukturen mit (16) und (17) die Aussage (18) gleichbedeutend ist mit ihrer Dualisierung. Denn die Dualisierung von (18) bedeutet ja mit (16) und (17) zusammen gerade, daß die Inzidenzstruktur die zu einer projektiven Ebene duale Inzidenzstruktur ist, oder anders ausgedrückt, daß die zu der Inzidenzstruktur duale Inzidenzstruktur eine projektive Ebene ist.

Sind α, β verschiedene Geraden einer projektiven Ebene, so gibt es nach dem eben Bewiesenen also eine nicht durch $\alpha \cap \beta$ gehende und daher von α und β verschiedene Gerade γ. Diese muß außer $\alpha \cap \gamma$ und $\beta \cap \gamma$ mindestens noch einen Punkt enthalten. Es gibt also einen weder auf α noch auf β liegenden Punkt S. Dann ist $X \to X S$ eine Abbildung der Punktreihe in α in das Geradenbüschel in S, und dieses wird durch $\xi \to \xi \cap \alpha$ wieder in die Punktreihe in α abgebildet. Nach (12) und (13) ergeben diese beiden Abbildungen hintereinander ausgeführt (Reihenfolge beliebig!) die identische Abbildung, so daß jede eine umkehrbare Abbildung „auf" und die eine die Umkehrabbildung der anderen ist. Man nennt sie die *Perspektivität* der Punktreihe auf das Geradenbüschel bzw. des Geradenbüschels auf die Punktreihe. Führt man hinter der Perspektivität der Punktreihe in α auf das Geradenbüschel in S die Perspektivität dieses Geradenbüschels auf die Punktreihe in β aus, so bezeichnet man die sich so ergebende Abbildung $X \to X S \cap \beta$ als die *Perspektivität* der ersten Punktreihe auf die zweite

---

[1] In [**142**] wird dieser Satz dadurch bewiesen, daß die Ersetzbarkeit von (18) durch die folgende, offenbar selbstduale Forderung gezeigt wird: *Es gibt Punkte A_1, A_2, A_3 und Geraden α_1, α_2, α_3 mit $A_i \in \alpha_i$, $A_i \notin \alpha_k$ $(i \neq k)$ so, daß entweder die A_1, A_2, A_3 kollinear sind oder die α_1, α_2, α_3 durch einen Punkt gehen.* Vgl. auch [**28**].

vom *Zentrum S* aus[1]. Ihre Umkehrung ist offenbar die Perspektivität der zweiten auf die erste Punktreihe vom gleichen Zentrum aus. Dual dazu bezeichnet man die Abbildung $\xi \to (\xi \cap \alpha)\,B$ des Geradenbüschels in A, wobei weder A noch B auf α liegt, als die *Perspektivität* des Geradenbüschels in A auf das Geradenbüschel in B von der *Achse* α aus. Jede Hintereinanderausführung von Perspektivitäten wird *Projektivität* genannt. Offenbar ist eine Projektivität einer Punktreihe auf eine Punktreihe Produkt von Perspektivitäten von Punktreihen auf Punktreihen.

6. *Zu Punkten A, B, C, A', B', C' mit $C \in AB$, $C' \in A'B'$, $A \neq C \neq B$, $A' \neq C' \neq B'$ gibt es stets eine Projektivität, welche A in A', B in B' und C in C' überführt.*

Beweis. Offenbar kann man durch Anwendung einer Perspektivität auf A', B', C' den Fall $A'B' = AB$ auf den Fall $A'B' \neq AB$ zurückführen. Weiter läßt sich der Fall $A \neq A'$ auf den Fall $A = A'$ zurückführen. Man darf $A \notin A'B'$ voraussetzen (andernfalls werden A, B mit A', B' vertauscht) und braucht nur durch A eine Gerade $\alpha \neq AB$, AA' zu legen, auf AA' einen Punkt $S \neq A$, A' zu wählen und die Perspektivität von $\mathfrak{P}_{A'B'}$ auf $\mathfrak{P}_\alpha$ von S aus anzuwenden. Im Falle $A = A'$, $AB \neq A'B'$ schließlich leistet die Perspektivität von $BB' \cap CC'$ aus das Gewünschte, wie man leicht nachrechnet.

Ein isomorphes Bild einer projektiven Ebene ist natürlich wieder eine solche. Um nachzuweisen, daß die Abbildung σ der Menge der Punkte einer projektiven Ebene $\mathfrak{E}$ auf die Menge der Punkte der projektiven Ebene $\mathfrak{E}'$ einen Isomorphismus von $\mathfrak{E}$ auf $\mathfrak{E}'$ liefert, genügt bereits (4). Denn aus $X^\sigma = Y^\sigma$ folgt ja gemäß (4) die Kollinearität von X, Y, Z für jeden Punkt Z von $\mathfrak{E}$, was wegen (18) nur für $X = Y$ möglich ist; damit hat man σ als umkehrbar erkannt. Setzt man nun aber die Umkehrbarkeit von σ voraus, so genügt statt (4) bereits die schwächere Bedingung: Aus $\varkappa(X, Y, Z)$ folgt $\varkappa'(X^\sigma, Y^\sigma, Z^\sigma)$. Denn sind X^σ, Y^σ, Z^σ kollinear und $X^\sigma \neq Y^\sigma$, so muß es ja nach (18) einen Punkt W so geben, daß W^σ nicht auf $X^\sigma Y^\sigma$ liegt und daher $V = XY \cap ZW$ vorhanden ist. Aus V^σ, $Z^\sigma \in X^\sigma Y^\sigma$ folgt dann $V = Z$, weil in Anbetracht von (10) sonst $W^\sigma \in V^\sigma Z^\sigma = X^\sigma Y^\sigma$ sein würde. Damit ist aber $Z \in XY$ bewiesen.

Zu einer projektiven Ebene $\mathfrak{E}$ bildet man die Unterstruktur $\mathfrak{E}_\omega$, die entsteht, indem man die Gerade ω und sämtliche auf ihr liegende Punkte wegläßt. $\mathfrak{E}_\omega$ erfüllt noch (16), aber nicht mehr (17). Statt dessen gilt in $\mathfrak{E}_\omega$:

(19) *Für jede Gerade α geht durch jeden nicht auf α liegenden Punkt genau eine Gerade, welche mit α keinen Punkt gemeinsam besitzt.*

---

[1] Um unbequeme Ausnahmefälle zu vermeiden, läßt man in dieser Definition auch $\alpha = \beta$ zu, wodurch also als Perspektivität einer Punktreihe auf sich die identische Abbildung entsteht.

Denn ist A der Punkt, der also weder auf ω noch auf α liegt, so bleibt das Geradenbüschel in A beim Übergang von $\mathfrak{E}$ zu $\mathfrak{E}_\omega$ unverändert. Für eine Gerade β dieses Büschels liegt der wegen $\alpha \neq \beta$ in $\mathfrak{E}$ vorhandene Schnittpunkt $\alpha \cap \beta$ genau dann nicht in $\mathfrak{E}_\omega$, wenn er auf ω liegt, was nach (11) gerade $\alpha \cap \omega \in \beta$ und wegen $A \neq \alpha \cap \omega$ daher $\beta = (\alpha \cap \omega)A$ bedeutet. Statt (18) soll für $\mathfrak{E}_\omega$ hier nur die folgende schwächere Aussage[1] bewiesen werden:

(20)   *Es gibt drei nichtkollineare Punkte.*

Liegen nämlich von den auf S. 7 betrachteten Punkten A_i von $\mathfrak{E}$ keine zwei auf ω, so ist (20) sofort klar. Andernfalls liegen genau zwei, etwa A_3 und A_4 auf ω, so daß $\omega = A_3 A_4$ ist. Da nach S. 8 $A_2 A_3$, $A_3 A_4$, $A_4 A_1$ keinen gemeinsamen Punkt besitzen und dasselbe für $A_4 A_1$, $A_1 A_2$, $A_2 A_3$ gilt, liegt $A_1 A_4 \cap A_2 A_3$ weder auf ω noch auf $A_1 A_2$, ist also ein Punkt von $\mathfrak{E}_\omega$, der mit A_1, A_2 nicht kollinear ist.

Eine Inzidenzstruktur mit den Eigenschaften (16), (19), (20) wird als *affine Ebene* bezeichnet. Das isomorphe Bild einer affinen Ebene ist offenbar wieder eine solche. Die Geraden α, β einer affinen Ebene, für welche $\alpha \cap \beta$ nicht vorhanden ist, welche also entweder gleich sind oder keinen Punkt gemeinsam haben, werden *parallel* zueinander genannt; in Zeichen: $\alpha \| \beta$. (19) kann man dann auch so aussprechen:

(21)   *Durch jeden Punkt A geht genau eine Gerade, welche zu α parallel ist.*

Diese Gerade wird die *Parallele zu α durch A* genannt. Sie ist offenbar genau dann $= \alpha$, wenn A auf α liegt. Die Relation $\|$ erkennt man sofort als *reflexiv* und *symmetrisch*, d.h. es gilt $\alpha \| \alpha$, und aus $\alpha \| \beta$ folgt $\beta \| \alpha$. Sie ist aber auch *transitiv*, d.h. aus $\alpha \| \beta$ und $\beta \| \gamma$ folgt $\alpha \| \gamma$; denn sind α und γ nicht parallel, so ist $\alpha \cap \gamma$ vorhanden, insbesondere also $\alpha \neq \gamma$, so daß nach (21), angewandt auf $\alpha \cap \gamma$ und β, nicht zugleich $\alpha \| \beta$ und $\beta \| \gamma$ sein kann. $\|$ ist somit eine Äquivalenzrelation und führt daher bekanntlich zu einer Einteilung der Menge aller Geraden in zueinander elementefremde Mengen, die hier als *Parallelenbüschel* bezeichnet werden[2]. Ein Parallelenbüschel besteht also aus allen Geraden, die zu einer Geraden parallel sind.

Die affinen Ebenen der Gestalt $\mathfrak{E}_\omega$ und ihre isomorphen Bilder sind nun bereits die sämtlichen affinen Ebenen, so daß insbesondere nach

---

[1] Mit deren Hilfe zeigt man dann auch leicht (18).

[2] Dies gilt offenbar auch dann noch, wenn in (19) und damit natürlich auch in (21) „genau" durch „höchstens" ersetzt wird. Diese schwächere Bedingung wird zusammen mit (16) und (18) außer von den projektiven und den affinen Ebenen von jeder solchen Inzidenzstruktur erfüllt, die aus einer projektiven Ebene durch Weglassen eines Punktes oder durch Weglassen einer Geraden sowie aller ihrer Punkte bis auf einen entsteht. Es gibt weitere, dazu nichtisomorphe Inzidenzstrukturen, die ebenfalls die genannten Bedingungen erfüllen; diese enthalten aber sämtlich unendlich viele Punkte (siehe DEMBOWSKI [1962] und TOTTEN, DE WITTE [1974]).

Satz 4 von S. 7 in einer affinen Ebene auf jeder Geraden mindestens zwei Punkte liegen und durch jeden Punkt mindestens drei Geraden gehen. Es gilt nämlich der Satz:

7. Zu jeder affinen Ebene $\mathfrak{A}$ gibt es eine bis auf Isomorphie eindeutig bestimmte projektive Ebene $\mathfrak{E}$ so, daß $\mathfrak{A}$ isomorph ist zu einer $\mathfrak{E}_\omega$.

Eine projektive Ebene der gewünschten Eigenschaft bildet man folgendermaßen. $\mathfrak{A}$ wird dadurch zu einer projektiven Ebene $\mathfrak{A}^*$ erweitert, daß die Parallelenbüschel von $\mathfrak{A}$ als neue Punkte[1] und die Menge dieser neuen Punkte als neue Gerade Ω hinzugenommen werden, wobei für die neuen Elemente die Inzidenzrelation als Enthaltensein-Beziehung erklärt wird. Ein neuer Punkt P liegt nach dieser Erklärung genau dann auf der Geraden α von $\mathfrak{A}$, wenn α dem Parallelenbüschel P angehört, und auf Ω liegen die sämtlichen neuen Punkte, aber keine andern. Die Punkte und Geraden von $\mathfrak{A}$ werden als die *eigentlichen* Punkte und Geraden von $\mathfrak{A}^*$ und die neuen demgemäß als die *uneigentlichen* bezeichnet. Daß $\mathfrak{A}^*$ eine die Bedingungen (16), (17) erfüllende Inzidenzstruktur ist, erkennt man sofort. Wie auf S. 8 gezeigt, ist dann (18) gleichwertig mit seiner Dualisierung, und diese folgt sofort, indem man gemäß (20) in $\mathfrak{A}$ drei nichtkollineare Punkte A_1, A_2, A_3 wählt und die Geraden $A_1 A_2$, $A_2 A_3$, $A_3 A_1$, Ω von $\mathfrak{A}^*$ betrachtet. Offensichtlich ist $\mathfrak{A}_\Omega^* = \mathfrak{A}$. Die weitere Behauptung, daß aus der Isomorphie einer affinen Ebene $\mathfrak{E}_\omega$ mit $\mathfrak{A}$, also auch mit $\mathfrak{A}_\Omega^*$, die Isomorphie von $\mathfrak{E}$ mit $\mathfrak{A}^*$ folgt, ergibt sich nun sofort aus dem Satz:

8. Sind $\mathfrak{E}$, $\mathfrak{E}'$ projektive Ebenen und ω, ω' Geraden in ihnen, so setzt sich ein Isomorphismus σ von $\mathfrak{E}_\omega$ auf $\mathfrak{E}'_{\omega'}$ in genau einer Weise zu einem Isomorphismus von $\mathfrak{E}$ auf $\mathfrak{E}'$ fort.

Beweis. Bei einer (wieder mit σ bezeichneten) Fortsetzung von σ hat man gemäß (8)

$$(22) \qquad X^\sigma = \alpha^\sigma \cap \beta^\sigma \quad \textit{für} \quad X \in \omega, \alpha, \beta \quad \textit{und} \quad \omega \neq \alpha \neq \beta \neq \omega.$$

Da nach S. 7 durch jeden Punkt von ω mindestens zwei von ω verschiedene Geraden gehen, ist daher die Fortsetzung nur auf eine Weise möglich. Es ist nun noch zu zeigen, daß durch (22) wirklich eine Fortsetzung der gewünschten Eigenschaft erklärt wird. Zunächst einmal läßt sich die Willkür in der Wahl von α, β, die der Bestimmung von X^σ durch (22) anzuhaften scheint, beseitigen, indem man statt der zwei Geraden α, β das gesamte Geradenbüschel in X betrachtet, dessen von ω verschiedene Geraden ja ein Parallelenbüschel der affinen Ebene $\mathfrak{E}_\omega$ bilden und daher durch σ wieder in die Geraden eines Parallelenbüschels übergeführt werden. Daß auf diese Weise wirklich eine umkehrbare Abbildung der Punktreihe in ω auf die Punktreihe in ω' entsteht, erkennt man dann durch Betrachtung der entsprechenden Fortsetzung

---

[1] Ggf. muß vorher durch Übergang zu einer isomorphen Ebene dafür gesorgt werden, daß kein Punkt von $\mathfrak{A}$ eine Geradenmenge ist.

von σ^{-1}. Auf diese Weise ist also eine umkehrbare Abbildung σ der Menge der Punkte von $\mathfrak{E}$ auf die Menge der Punkte von $\mathfrak{E}'$ entstanden, bei welcher $X \in \omega$ dasselbe bedeutet wie $X^{\sigma} \in \omega'$ und für jede von ω verschiedene Gerade α ebenso $X \in \alpha$ dasselbe wie $X^{\sigma} \in \alpha^{\sigma}$. Setzt man noch $\omega^{\sigma} = \omega'$, so ist daher σ ein Isomorphismus von $\mathfrak{E}$ auf $\mathfrak{E}'$.

Aus dem Satz 7 folgt noch die Isomorphie von $\mathfrak{E}_{\omega}^{*}$ und $\mathfrak{E}$; denn es gilt ja offenbar $\mathfrak{E}_{\omega} = (\mathfrak{E}_{\omega}^{*})_{\Omega}$. Die in $\mathfrak{E}_{\omega}^{*}$ eingeführten Begriffe „eigentlich" und „uneigentlich" werden daher auch auf $\mathfrak{E}$ übertragen, falls in $\mathfrak{E}$ eine Gerade ω aus irgendwelchen Gründen ausgezeichnet wird.

Wie bei einer projektiven Ebene zeigt man, daß eine Abbildung σ der Menge der Punkte einer affinen Ebene $\mathfrak{A}$ auf die Menge der Punkte einer affinen Ebene $\mathfrak{A}'$ bereits dann ein Isomorphismus von $\mathfrak{A}$ auf $\mathfrak{A}'$ ist, wenn (4) gilt. Setzt man andererseits die Umkehrbarkeit von σ voraus, so genügt wieder statt (4) die schwächere Bedingung: Aus $\varkappa(X, Y, Z)$ folgt $\varkappa'(X^{\sigma}, Y^{\sigma}, Z^{\sigma})$. Zum Beweis werde angenommen, daß im Gegenteil σ unter der angegebenen Voraussetzung kein Isomorphismus sei, daß also Punkte A, B, C mit $C^{\sigma} \in A^{\sigma} B^{\sigma}$ und $C \notin AB$ vorhanden seien. Ein Punkt $X \neq C$ von $\mathfrak{A}$ liegt dann entweder auf der Parallelen CD zu AB durch C oder aber auf $(XC \cap AB)C$. Daher liegt X^{σ} dann auf $C^{\sigma} D^{\sigma} = \alpha'$ oder auf $(XC \cap AB)^{\sigma} C^{\sigma} = A^{\sigma} B^{\sigma} = \beta'$, so daß also die Punkte von $\mathfrak{A}'$ auf α' oder β' liegen müssen. Das ist aber unmöglich, da nach einer Bemerkung von S. 11 durch C^{σ} eine von α', β' verschiedene Gerade gehen und diese einen von C^{σ} verschiedenen, also weder auf α' noch auf β' liegenden Punkt enthalten muß. Aus dem so Bewiesenen ergibt sich ohne weiteres der Satz:

9. *Eine umkehrbare Abbildung σ der Menge der Punkte der affinen Ebene $\mathfrak{A}$ auf die Menge der Punkte der affinen Ebene $\mathfrak{A}'$ ist ein Isomorphismus von $\mathfrak{A}$ auf $\mathfrak{A}'$, wenn jeder Geraden ξ von $\mathfrak{A}$ eine Gerade ξ' von $\mathfrak{A}'$ so zugeordnet werden kann, daß aus $X \in \xi$ stets $X^{\sigma} \in \xi'$ folgt; in diesem Fall ist $\xi' = \xi^{\sigma}$.*

Die Projektivität π der Punktreihe $\mathfrak{P}_{\alpha}$ auf die Punktreihe $\mathfrak{P}_{\beta}$ wird im Falle $(\alpha \cap \omega)^{\pi} = \beta \cap \omega$ in der affinen Ebene $\mathfrak{E}_{\omega}$ als *affine Projektivität* bezeichnet.

1.3. Freie Erweiterungen.

Es sei $\mathfrak{E}$ eine projektive Ebene und $\mathfrak{I}$ eine Unterstruktur von $\mathfrak{E}$. Die von $\mathfrak{I}$ *erzeugte* projektive Ebene $\subseteq \mathfrak{E}$ wird man nun[1] als die kleinste projektive Ebene $\mathfrak{E}_{\mathfrak{I}}$ mit $\mathfrak{I} \subseteq \mathfrak{E}_{\mathfrak{I}} \subseteq \mathfrak{E}$ definieren wollen, so daß also für eine projektive Ebene $\mathfrak{E}'$ aus $\mathfrak{I} \subseteq \mathfrak{E}' \subseteq \mathfrak{E}$ stets $\mathfrak{E}_{\mathfrak{I}} \subseteq \mathfrak{E}'$ folgt. Dann ist aber $\mathfrak{E}_{\mathfrak{I}}$ nicht immer vorhanden, wie man schon daraus erkennt, daß

---

[1] Wie auch in der Algebra bei Gruppen, Ringen und Körpern üblich.

$\mathfrak{J}$ ja keine Punkte und Geraden zu enthalten braucht, während es bei passend gewählter projektiver Ebene $\mathfrak{E}$ projektive Ebenen $\mathfrak{E}'$, $\mathfrak{E}'' \subseteq \mathfrak{E}$ gibt, welche weder einen Punkt noch eine Gerade gemeinsam besitzen (s. S. 128, Fußnote). Es übertragen sich zwar die Eigenschaften (16), (17), nicht jedoch die Eigenschaft (18) von Unterstrukturen stets auf ihren Durchschnitt. Daher verlangen wir nun von $\mathfrak{E}_{\mathfrak{J}}$ und den $\mathfrak{E}'$ in der Definition von $\mathfrak{E}_{\mathfrak{J}}$ nicht mehr, daß sie projektive Ebenen sind, sondern nur noch, daß sie (16), (17) erfüllen; Inzidenzstrukturen mit (16), (17) bezeichnet man als *abgeschlossen*. $\mathfrak{E}_{\mathfrak{J}}$ wird nun gebildet als der Durchschnitt aller abgeschlossener Unterstrukturen $\supseteq\mathfrak{J}$ von $\mathfrak{E}$; d. h. Punkte oder Geraden gehören genau dann zu $\mathfrak{E}_{\mathfrak{J}}$, wenn sie zu jeder abgeschlossenen Unterstruktur $\supseteq\mathfrak{J}$ von $\mathfrak{E}$ gehören, und die Inzidenzrelation ergibt sich aus den in $\mathfrak{E}$ gültigen Inzidenzen. $\mathfrak{E}_{\mathfrak{J}}$ ist dann wieder eine abgeschlossene Unterstruktur $\supseteq\mathfrak{J}$ von $\mathfrak{E}$ und zudem Unterstruktur von jeder solchen. Nur falls $\mathfrak{E}_{\mathfrak{J}}$ auch (18) erfüllt, existiert also die von $\mathfrak{J}$ erzeugte projektive Ebene $\mathfrak{E}$.

Es sollen jetzt diejenigen abgeschlossenen Inzidenzstrukturen bestimmt werden, die keine projektiven Ebenen sind[1]. Ist die Inzidenzrelation niemals erfüllt, so kann es höchstens einen Punkt und höchstens eine Gerade geben, und jede Inzidenzstruktur mit höchstens einem Punkt und höchstens einer Geraden, die zudem nicht durch den Punkt geht, erfüllt (16) und (17), aber nicht (18). Dasselbe gilt von einer Inzidenzstruktur, bei der alle Punkte

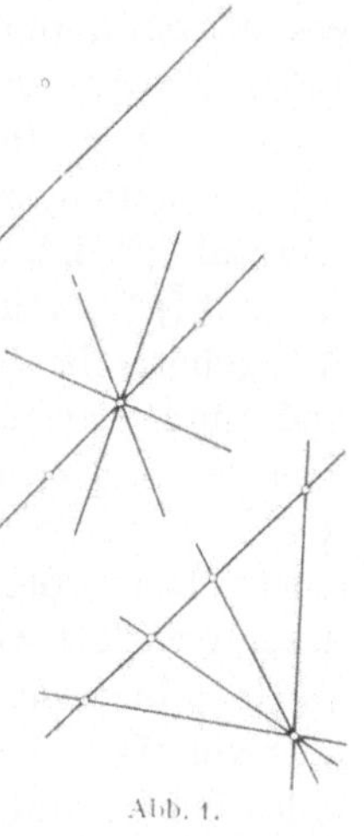

Abb. 1.

auf der Geraden α liegen und alle Geraden durch den Punkt A gehen. Jede andere Inzidenzstruktur der gewünschten Eigenschaften besitzt nun drei nichtkollineare Punkte A, B, C und natürlich auch ihre Verbindungsgeraden AB, BC, CA. Ein etwa noch vorhandener vierter Punkt darf dann nur auf einer der drei Geraden liegen, und in Dualisierung davon muß eine etwa noch vorhandene Gerade durch einen der Punkte A, B, C gehen. Daraus schließt man, daß alle außer A, B, C vorhandenen Punkte auf einer einzigen der Geraden, etwa auf AB liegen und dann alle weiteren Geraden die Verbindungsgeraden dieser Punkte mit C sind. Umgekehrt erfüllt jede Inzidenzstruktur dieser Art (16) und (17), aber nicht (18). Damit ist die gewünschte Bestimmung durchgeführt. Abb. 1 veranschaulicht die drei verschiedenen dabei auftretenden Arten, wobei natürlich die Anzahl der gezeichneten Punkte und Geraden unwesentlich ist und insbesondere die nicht als Schnittpunkte auftretenden Punkte sowie die nicht als Verbindungsgeraden

---

[1] In [**79**] als *degenerate planes* bezeichnet.

auftretenden Geraden fehlen können. Eine gemeinsame Kennzeichnung aller drei Arten, sofern sie Punkte und Geraden besitzen, wird offenbar durch die folgende Eigenschaft gegeben [21]: *Es gibt einen Punkt A und eine Gerade α so, daß jeder Punkt $\neq A$ auf α liegt und jede Gerade $\neq \alpha$ durch A geht.*

Um die für eine Inzidenzstruktur $\mathfrak{J}$ $(\subseteq \mathfrak{E})$ gebildete Inzidenzstruktur $\mathfrak{E}_{\mathfrak{J}}$ näher zu untersuchen, werden rekursiv die Inzidenzstrukturen $\mathfrak{J}^{(m)}$ $(m = 0, 1, \ldots)$ folgendermaßen gebildet: $\mathfrak{J}^{(0)} = \mathfrak{J}$; $\mathfrak{J}^{(m+1)}$ entsteht aus $\mathfrak{J}^{(m)}$ durch Hinzufügen aller nicht zu $\mathfrak{J}^{(m)}$ gehörenden Verbindungsgeraden von Punkten aus $\mathfrak{J}^{(m)}$ bei geradem m und aller nicht zu $\mathfrak{J}^{(m)}$ gehörenden Schnittpunkte von Geraden aus $\mathfrak{J}^{(m)}$ bei ungeradem m. Man erkennt dann sofort, daß die Vereinigung der $\mathfrak{J}^{(m)}$ abgeschlossen und damit $= \mathfrak{E}_{\mathfrak{J}}$ ist. Auf die folgende Weise werden nun rekursiv, allein unter Benutzung der Punkte und Geraden von $\mathfrak{J}$, isomorphe Bilder $\overline{\mathfrak{J}}^{(m)}$ zu den $\mathfrak{J}^{(m)}$ geschaffen. Man setzt $\overline{\mathfrak{J}}^{(0)} = \mathfrak{J}$, so daß $\sigma_0 = 1$ ein Isomorphismus von $\mathfrak{J}^{(0)}$ auf $\overline{\mathfrak{J}}^{(0)}$ ist. σ_{m+1} wird als Fortsetzung des Isomorphismus σ_m von $\mathfrak{J}^{(m)}$ auf $\overline{\mathfrak{J}}^{(m)}$ dadurch erklärt, daß das Bild einer zu $\mathfrak{J}^{(m+1)}$, aber nicht zu $\mathfrak{J}^{(m)}$ gehörenden Geraden ξ gleich der Menge der X^{σ_m} mit $X \in \xi$ (in $\mathfrak{J}^{(m)}$) und dual dazu das Bild eines zu $\mathfrak{J}^{(m+1)}$, aber nicht zu $\mathfrak{J}^{(m)}$ gehörenden Punktes X gleich der Menge der ξ^{σ_m} mit $X \in \xi$ (in $\mathfrak{J}^{(m)}$) gesetzt wird. $\overline{\mathfrak{J}}^{(m+1)} = \mathfrak{J}^{(m+1)\,\sigma_{m+1}}$ wird nun zu einer Oberstruktur von $\overline{\mathfrak{J}}^{(m)}$ und σ_{m+1} zu einem Isomorphismus, wenn für die neuen Elemente die Inzidenz durch $\in$ erklärt wird. Man erkennt sofort, daß es genau eine Abbildung σ von $\mathfrak{E}_{\mathfrak{J}}$ gibt, welche Fortsetzung aller σ_m ist, und daß diese ein Isomorphismus von $\mathfrak{E}_{\mathfrak{J}}$ auf die Vereinigung der $\overline{\mathfrak{J}}^{(m)}$ ist. Die Herstellung der $\overline{\mathfrak{J}}^{(m)}$ fällt offenbar unter das folgende Rekursionsschema zur Definition einer Folge von mit $\mathfrak{J}_0 = \mathfrak{J}$ beginnenden Inzidenzstrukturen $\mathfrak{J}_m$. Aus $\mathfrak{J}_m$ wird $\mathfrak{J}_{m+1}$, indem man Inzidenz für die neuen Elemente durch $\in$ erklärt und hinzufügt 1. bei geradem m als neue Geraden die Elemente einer Menge Π_m von Punktmengen (aus $\mathfrak{J}_m$), 2. bei ungeradem m als neue Punkte die Elemente einer Menge Γ_m von Geradenmengen (aus $\mathfrak{J}_m$) mit den Eigenschaften: Jede Menge $\in \Pi_m$ oder $\in \Gamma_m$ enthält mindestens zwei Elemente; ein Paar von verschiedenen Punkten bzw. Geraden aus $\mathfrak{J}_m$, deren Verbindungsgerade bzw. Schnittpunkt in $\mathfrak{J}_m$ nicht vorhanden ist, kommt in genau einer Menge $\in \Pi_m$ bzw. $\in \Gamma_m$ vor; für X, Y aus einer Menge $\in \Pi_m$ ist XY und für ξ, η aus einer Menge $\in \Gamma_m$ ist $\xi \cap \eta$ in $\mathfrak{J}_m$ nicht vorhanden. Die an Π_m und Γ_m gestellten Forderungen gewährleisten einmal, daß die $\mathfrak{J}_m$ sämtlich Inzidenzstrukturen sind. Darüber hinaus folgt offensichtlich aus ihnen, daß die Vereinigung der $\mathfrak{J}_m$ abgeschlossen ist. Jede solche Folge von $\mathfrak{J}_m$ ist aber auch eine Folge von $\overline{\mathfrak{J}}^{(m)}$: Man braucht ja nur für $\mathfrak{E}$ die Vereinigung der $\mathfrak{J}_m$ zu nehmen und hat dann $\mathfrak{J}^{(m)} = \overline{\mathfrak{J}}^{(m)} = \mathfrak{J}_m$. Das obige Rekursionsschema liefert also einen Überblick über die sämtlichen abgeschlossenen Inzidenzstrukturen, die sich (mit einer projektiven Ebene $\mathfrak{E}$) als $\mathfrak{E}_{\mathfrak{Z}}$ schreiben lassen. Sollen die Elemente der im Rekursionsschema auftretenden Mengen Π_m, Γ_m sämtlich nur je zwei Punkte bzw. Geraden enthalten, so sind dadurch die Mengen Π_m, Γ_m bereits eindeutig bestimmt: Π_m besteht aus allen Mengen $\{X, Y\}$, wobei X, Y zwei verschiedene Punkte von $\mathfrak{Z}_m$ (m gerade) ohne Verbindungsgerade (in $\mathfrak{Z}_m$) sind, und Dualisierung liefert Γ_m (m ungerade). Die Vereinigung der so gebildeten $\mathfrak{Z}_m$, also eine abgeschlossene Inzidenzstruktur, wird mit $\mathfrak{F}(\mathfrak{Z})$ bezeichnet. Genau dann, wenn $\mathfrak{F}(\mathfrak{Z})$ keine projektive Ebene ist, wird $\mathfrak{Z}$ als *ausgeartet* bezeichnet (siehe hierzu Anhang **7.1** und GLOCK [1969]). *Im folgenden seien alle vorkommenden Inzidenzstrukturen als nichtausgeartet angenommen*, sofern nicht ausdrücklich das Gegenteil vorausgesetzt wird. $\mathfrak{F}(\mathfrak{Z})$ heißt dann (als projektive Ebene) die *freie Ebenenerweiterung* $\mathfrak{F}(\mathfrak{Z})$ von $\mathfrak{Z}$, und im Falle $\mathfrak{Z} < \mathfrak{F}(\mathfrak{Z})$ wird sie als *echte* freie Ebenenerweiterung bezeichnet. Die freie Ebenenerweiterung ist genau dann echt, wenn $\mathfrak{Z}$ keine projektive Ebene ist; denn es gilt natürlich $\mathfrak{F}(\mathfrak{Z}) = \mathfrak{F}(\mathfrak{Z})_{\mathfrak{Z}}$. Die Existenz von $\mathfrak{F}(\mathfrak{Z})$ zeigt, daß jede Inzidenzstruktur Unterstruktur einer projektiven Ebene ist[1]. Ein Isomorphismus σ von $\mathfrak{Z}$ auf $\mathfrak{Z}'$ wird in Anbetracht der Bildungsvorschrift der freien Ebenenerweiterungen durch die Festsetzungen $\{X, Y\}^\sigma = \{X^\sigma, Y^\sigma\}$, $\{\xi, \eta\}^\sigma = \{\xi^\sigma, \eta^\sigma\}$ zu einem Isomorphismus von $\mathfrak{F}(\mathfrak{Z})$ auf $\mathfrak{F}(\mathfrak{Z}')$ fortgesetzt. Es hat also einen Sinn, von der freien Ebenenerweiterung einer lediglich bis auf Isomorphie bestimmten Inzidenzstruktur zu reden.

Die freie Ebenenerweiterung läßt sich bis auf Isomorphismen auch unabhängig von der eben gegebenen Erzeugungsart kennzeichnen. Zu diesem Zweck wird eine Abbildung φ der Menge der Punkte der Inzidenzstruktur $\mathfrak{Z}$ auf die Menge der Punkte der Inzidenzstruktur $\mathfrak{Z}'$ zusammen mit einer — der Einfachheit halber wieder mit φ bezeichneten — Abbildung der Menge der Geraden von $\mathfrak{Z}$ auf die Menge der Geraden von $\mathfrak{Z}'$ als *Homomorphismus von $\mathfrak{Z}$ auf $\mathfrak{Z}'$* bezeichnet, wenn aus $X \in \xi$ stets $X^\varphi \in \xi^\varphi$ folgt. Offenbar ist φ genau dann sogar Isomorphismus, wenn φ umkehrbar und die Umkehrabbildung ebenfalls Homomorphismus ist. Haben $\mathfrak{Z}$ und $\mathfrak{Z}'$ eine gemeinsame Unterstruktur $\mathfrak{Z}_0$, so wird ein Homomorphismus oder Isomorphismus von $\mathfrak{Z}$ auf $\mathfrak{Z}'$, welcher in $\mathfrak{Z}_0$ den identischen Automorphismus hervorruft, als ein Homomorphismus bzw. Isomorphismus *bezüglich* $\mathfrak{Z}_0$ bezeichnet. Es gilt nun der die erwähnte Kennzeichnung liefernde Satz [**189**]:

10. *Eine von der Inzidenzstruktur $\mathfrak{Z}$ erzeugte projektive Ebene $\mathfrak{E}$ wird genau dann durch einen Isomorphismus bezüglich $\mathfrak{Z}$ auf $\mathfrak{F}(\mathfrak{Z})$ abgebildet,*

---

[1] Für die hier bei der Herleitung ausgeschlossenen ausgearteten Inzidenzstrukturen ist das sehr leicht durch Erweiterung zu einer nichtausgearteten Inzidenzstruktur ebenfalls zu erkennen.

wenn es zu jeder von $\mathfrak{J}$ erzeugten projektiven Ebene $\mathfrak{E}^*$ einen Homomorphismus bezüglich $\mathfrak{J}$ von $\mathfrak{E}$ auf $\mathfrak{E}^*$ gibt[1].

Beweis. Um zu zeigen, daß die genannte Bedingung notwendig ist, genügt offenbar der Nachweis, daß zu jeder von $\mathfrak{J}$ erzeugten projektiven Ebene $\mathfrak{E}^*$ ein Homomorphismus bezüglich $\mathfrak{J}$ von $\mathfrak{F}(\mathfrak{J})$ auf $\mathfrak{E}^*$ vorhanden ist. Zu diesem Zweck werden entsprechend den $\mathfrak{J}^{(m)}$ (s. S. 14) die $\mathfrak{J}^{*(m)}$ für $\mathfrak{E}^*$ gebildet und rekursiv die Abbildungen φ_m folgendermaßen erklärt, wenn $\mathfrak{F}(\mathfrak{J})$ mittels der $\mathfrak{J}_m$ gebildet wird: $\varphi_0 = 1$; $\{X, Y\}^{\varphi_m} = X^{\varphi_{m-1}} Y^{\varphi_{m-1}}$ für $X, Y \in \mathfrak{J}_{m-1}$ im Falle $X^{\varphi_{m-1}} \neq Y^{\varphi_{m-1}}$, während sonst für $\{X, Y\}^{\varphi_m}$ irgendeine durch $X^{\varphi_{m-1}}$ gehende Gerade von $\mathfrak{J}^{*(m)}$ genommen wird; $\{\xi, \eta\}^{\varphi_m}$ wird dual dazu definiert. Diese Definitionen sind möglich, weil $\mathfrak{J}^{*(m)}$ für $m > 0$ mindestens zwei Punkte und mindestens zwei Geraden besitzt; denn andernfalls wäre $\mathfrak{J}^{*(m)}$ ausgeartet. Durch vollständige Induktion nach m erkennt man leicht, daß φ_m Homomorphismus bezüglich $\mathfrak{J}$ von $\mathfrak{J}_m$ auf $\mathfrak{J}^{*(m)}$ ist. Dann ergibt sich weiter, daß es genau eine Abbildung φ von $\mathfrak{F}(\mathfrak{J})$ gibt, welche Fortsetzung aller φ_m ist. Natürlich ist φ nun ein Homomorphismus bezüglich $\mathfrak{J}$ von $\mathfrak{F}(\mathfrak{J})$ auf $\mathfrak{E}^*$. — Sei jetzt $\mathfrak{E}$ eine von $\mathfrak{J}$ erzeugte projektive Ebene, welche ebenfalls die soeben für $\mathfrak{F}(\mathfrak{J})$ bewiesene Eigenschaft besitzt. Dann gibt es also einen Homomorphismus φ bezüglich $\mathfrak{J}$ von $\mathfrak{E}$ auf $\mathfrak{F}(\mathfrak{J})$ und einen Homomorphismus ψ bezüglich $\mathfrak{J}$ von $\mathfrak{F}(\mathfrak{J})$ auf $\mathfrak{E}$. Durch vollständige Induktion nach m wird nun bewiesen, daß φ in $\mathfrak{J}^{(m)}$ einen Homomorphismus φ_m auf $\mathfrak{J}_m$ und ψ in $\mathfrak{J}_m$ einen Homomorphismus ψ_m auf $\mathfrak{J}^{(m)}$ mit $\varphi_m \psi_m = 1 = \psi_m \varphi_m$ hervorruft, so daß also φ_m und ψ_m Isomorphismen sind. Für $m = 0$ ist diese Behauptung offenbar richtig. Sie werde nun für $m - 1$ an Stelle von m vorausgesetzt. Ist dann ξ eine Gerade von $\mathfrak{J}^{(m)}$, die nicht zu $\mathfrak{J}^{(m-1)}$ gehört, so gibt es in $\mathfrak{J}^{(m-1)}$ Punkte X, Y mit $XY = \xi$; wegen $X^{\varphi} \neq Y^{\varphi}$ folgt daraus $\xi^{\varphi} = X^{\varphi} Y^{\varphi}$ und weiter $\xi^{\varphi\psi} = X^{\varphi\psi} Y^{\varphi\psi} = XY = \xi$. Vertauschung der Rollen von $\mathfrak{E}$ und $\mathfrak{F}(\mathfrak{J})$ zeigt auch $\xi^{\psi\varphi} = \xi$ für eine nicht zu $\mathfrak{J}_{m-1}$ gehörige Gerade von $\mathfrak{J}_m$, und durch Dualisierung gewinnt man die entsprechenden Gleichungen für die Punkte, so daß die Behauptung auch für m nachgewiesen ist. Damit hat sich aber φ als Isomorphismus bezüglich $\mathfrak{J}$ von $\mathfrak{E}$ auf $\mathfrak{F}(\mathfrak{J})$ ergeben.

Eine Inzidenzstruktur $\mathfrak{J}'$ mit $\mathfrak{J} \subseteq \mathfrak{J}' \subseteq \mathfrak{F}(\mathfrak{J})$ wird *freie Erweiterung* von $\mathfrak{J}$ genannt, wenn mit jedem nicht zu $\mathfrak{J}_m$ gehörenden Element $\{x, y\}$ von $\mathfrak{J}_{m+1}$ auch die beiden Elemente x, y von $\mathfrak{J}_m$ — die einzigen, mit denen $\{x, y\}$ in $\mathfrak{J}_{m+1}$ inzident ist — zu $\mathfrak{J}'$ gehören. Ist σ ein Isomorphismus einer freien Erweiterung $\mathfrak{J}'$ von $\mathfrak{J}$, der in $\mathfrak{J}$ den identischen Automorphismus hervorruft, so soll auch $\mathfrak{J}'^{\sigma}$ als freie Erweiterung von $\mathfrak{J}$ bezeichnet werden, insbesondere als *freie Ebenenerweiterung*, wenn

---

[1] Für die freien Ebenenerweiterungen bestehen also die entsprechenden Verhältnisse wie für die freien Erweiterungen in einer Klasse algebraischer Strukturen, wie z. B. die freien Gruppenerweiterungen.

sie eine projektive Ebene, also $\mathfrak{J}' = \mathfrak{F}(\mathfrak{J})$ ist, und als *echt*, wenn $\mathfrak{J} < \mathfrak{J}'$ gilt. σ und damit $\mathfrak{J}'(\subseteq \mathfrak{F}(\mathfrak{J}))$ sind dabei durch $\mathfrak{J}'^{\sigma}$ eindeutig bestimmt; denn kennt man bereits die in $\mathfrak{J}_m$ liegenden Urbilder, so bestimmen sich die in $\mathfrak{J}_{m+1}$ liegenden Urbilder nach (8) eindeutig aus je zweien der erstgenannten zufolge der Bildung von $\mathfrak{F}(\mathfrak{J})$. Die Beziehung, freie Ebenenerweiterung zu sein, überträgt sich auf die dualen Inzidenzstrukturen; denn offensichtlich gilt $\mathfrak{F}(\widetilde{\mathfrak{J}}) = \widetilde{\mathfrak{F}(\mathfrak{J})}$, und aus der Tatsache, daß $\mathfrak{J}'(\subseteq \mathfrak{F}(\mathfrak{J}))$ freie Erweiterung von $\mathfrak{J}$ ist, folgt auch, daß $\widetilde{\mathfrak{J}}'$ freie Erweiterung von $\widetilde{\mathfrak{J}}$ und somit $\widetilde{\mathfrak{J}'^{\sigma}} (= \widetilde{\mathfrak{J}}'^{\sigma})$ freie Erweiterung von $\widetilde{\mathfrak{J}^{\sigma}} (= \widetilde{\mathfrak{J}}^{\sigma})$ ist. Der folgende Satz besagt die *Zusammensetzbarkeit* und *Zerlegbarkeit* von freien Erweiterungen (s. hierzu GLOCK [1969, S. 267], JOHNSON [1971]).

11. *Eine Oberstruktur der freien Erweiterung $\mathfrak{J}'$ von $\mathfrak{J}$ ist genau dann freie Erweiterung von $\mathfrak{J}$, wenn sie freie Erweiterung von $\mathfrak{J}'$ ist.*

Beweis. Zuerst wird $\mathfrak{J} \subseteq \mathfrak{J}' \subseteq \mathfrak{F}(\mathfrak{J})$ vorausgesetzt. Entsprechend den $\mathfrak{J}_m$ für $\mathfrak{F}(\mathfrak{J})$ seien die $\mathfrak{J}'_m$ für $\mathfrak{F}(\mathfrak{J}')$ gebildet. Dann ist $\mathfrak{J}'_0 \subseteq \mathfrak{F}(\mathfrak{J})$. Unter der Voraussetzung $\mathfrak{J}'_m \subseteq \mathfrak{F}(\mathfrak{J})$ folgt weiter $\mathfrak{J}'_{m+1} \subseteq \mathfrak{F}(\mathfrak{J})$; denn wird zu einem Element $\{x, y\}$ von $\mathfrak{J}'_{m+1}$ (x, y entweder beide Punkte oder beide Geraden von $\mathfrak{J}'_m$) n als die kleinste Zahl bestimmt, für die x und y zu $\mathfrak{J}_n$ gehören, so gehört $\{x, y\}$ zu $\mathfrak{J}_{n+1}$. Nach vollständiger Induktion gilt also $\mathfrak{J}'_m \subseteq \mathfrak{F}(\mathfrak{J})$ für alle m und damit $\mathfrak{F}(\mathfrak{J}') \subseteq \mathfrak{F}(\mathfrak{J})$. Ist $\mathfrak{J}''$ nun Oberstruktur von $\mathfrak{J}'$ und freie Erweiterung von $\mathfrak{J}$ und gehört $\{x, y\}$ zu $\mathfrak{J}''$ und $\mathfrak{J}'_{m+1}$, jedoch nicht zu $\mathfrak{J}'_m$, so gibt es eine Zahl n so, daß $\{x, y\}$ zu $\mathfrak{J}_{n+1}$, aber nicht zu $\mathfrak{J}_n$ gehört und somit x, y zu $\mathfrak{J}''$ gehören; $\mathfrak{J}''$ ist also auch freie Erweiterung von $\mathfrak{J}'$. Bis jetzt wurde von $\mathfrak{J}'$ nur die Tatsache $\mathfrak{J} \subseteq \mathfrak{J}' \subseteq \mathfrak{F}(\mathfrak{J})$ benötigt, nicht jedoch, daß $\mathfrak{J}'$ freie Erweiterung von $\mathfrak{J}$ ist. Das wird erst jetzt gebraucht, um unter der Voraussetzung, daß $\mathfrak{J}''$ freie Erweiterung von $\mathfrak{J}'$ ist, $\mathfrak{J}''$ als freie Erweiterung von $\mathfrak{J}$ zu erkennen. $\{x, y\}$ gehöre zu $\mathfrak{J}''$ und $\mathfrak{J}_{n+1}$, aber nicht zu $\mathfrak{J}_n$. Dann gibt es entweder eine Zahl m so, daß $\{x, y\}$ zu $\mathfrak{J}'_{m+1}$, aber nicht zu $\mathfrak{J}'_m$ gehört, oder aber $\{x, y\}$ gehört zu $\mathfrak{J}'$. Nach den Voraussetzungen über $\mathfrak{J}'$ und $\mathfrak{J}''$ gehören dann x, y ebenfalls zu $\mathfrak{J}''$, so daß $\mathfrak{J}''$ freie Erweiterung von $\mathfrak{J}$ ist. — Jetzt wird mit derselben Bedeutung von $\mathfrak{J}'$ die freie Erweiterung $\mathfrak{J}'^{\sigma}$ von $\mathfrak{J}$ betrachtet, wobei der Isomorphismus σ in $\mathfrak{J}$ den identischen Automorphismus hervorruft. Die oben angegebene Fortsetzung von σ auf $\mathfrak{F}(\mathfrak{J}')$ liefert $\mathfrak{F}(\mathfrak{J}')^{\sigma} = \mathfrak{F}(\mathfrak{J}'^{\sigma})$. Irgendeine freie Erweiterung von $\mathfrak{J}'^{\sigma}$ hat dann die Gestalt $\mathfrak{J}''^{\sigma\tau}$, wobei der Isomorphismus τ in $\mathfrak{J}'^{\sigma}$ den identischen Automorphismus hervorruft und $\mathfrak{J}''(\subseteq \mathfrak{F}(\mathfrak{J}))$ freie Erweiterung von $\mathfrak{J}'$ und damit von $\mathfrak{J}$ ist. Da $\sigma\tau$ dann in $\mathfrak{J}$ den identischen Automorphismus hervorruft, ist $\mathfrak{J}''^{\sigma\tau}$ freie Erweiterung von $\mathfrak{J}$. Umgekehrt hat eine Oberstruktur von $\mathfrak{J}'^{\sigma}$, welche freie Erweiterung von $\mathfrak{J}$ ist, die Gestalt $\mathfrak{J}''^{\tau}$, wobei der Isomorphismus τ in $\mathfrak{J}$ den identischen Automorphismus hervorruft und $\mathfrak{J}''(\subseteq \mathfrak{F}(\mathfrak{J}))$ freie Erweiterung von $\mathfrak{J}$ ist. Nach einer Bemerkung von S. 17 folgt aus $\mathfrak{J}'^{\sigma\tau^{-1}} \leqq \mathfrak{F}(\mathfrak{J})$, daß σ und τ in $\mathfrak{J}'$ denselben Isomorphismus hervorrufen. Insbesondere gilt daher $\mathfrak{J}'^{\sigma\tau^{-1}} = \mathfrak{J}'$, und wegen $\mathfrak{J}'^{\sigma} \subseteq \mathfrak{J}''^{\tau}$ weiter $\mathfrak{J}' \subseteq \mathfrak{J}''$. Somit ist $\mathfrak{J}''$ freie Erweiterung von $\mathfrak{J}'$, daher $\mathfrak{J}''^{\sigma}$ freie Erweiterung von $\mathfrak{J}'^{\sigma}$ und schließlich — da $\sigma^{-1}\tau$ in $\mathfrak{J}'^{\sigma}$ den identischen Automorphismus hervorruft — $\mathfrak{J}''^{\tau} = (\mathfrak{J}''^{\sigma})^{\sigma^{-1}\tau}$ freie Erweiterung von $\mathfrak{J}'^{\sigma}$.

Eine Inzidenzstruktur werde *geschlossen* (*confined* in [**79**]) genannt, wenn sie endlich ist, auf jeder ihrer Geraden mindestens drei Punkte liegen und durch jeden ihrer Punkte mindestens drei Geraden gehen.

12. *Eine geschlossene Unterstruktur einer freien Erweiterung von $\mathfrak{J}$ ist bereits Unterstruktur von $\mathfrak{J}$ selbst.*

Beweis. $\mathfrak{F}(\mathfrak{J})$ sei wieder als Vereinigung der $\mathfrak{J}_m$ gebildet, und $\mathfrak{J}'$ sei eine geschlossene Unterstruktur von $\mathfrak{F}(\mathfrak{J})$. Da $\mathfrak{J}'$ endlich ist, kann man unter den Punkten und Geraden von $\mathfrak{J}'$ ein Element z so auswählen, daß die kleinste Zahl m, für die es zu $\mathfrak{J}_m$ gehört, den größten Wert besitzt. Wäre nun $\mathfrak{J}'$ nicht Unterstruktur von $\mathfrak{J}$, also $m > 0$, so wären in $\mathfrak{J}_m$ mit z nur die beiden Elemente x, y von $\mathfrak{J}_{m-1}$ inzident, für die $z = \{x, y\}$ gilt. Da wegen der Maximalität von m alle zu $\mathfrak{J}'$ gehörigen, mit z inzidenten Elemente bereits in $\mathfrak{J}_m$ liegen müssen, wäre das ein Widerspruch gegen die Geschlossenheit von $\mathfrak{J}'$.

Es taucht nun die Frage auf, wann zwei Inzidenzstrukturen isomorphe freie Ebenenerweiterungen haben. Das ist wegen der Zusammensetzbarkeit von freien Erweiterungen bestimmt der Fall, wenn die Inzidenzstrukturen isomorphe endliche freie Erweiterungen besitzen. Sie werden in diesem besonderen Falle *frei-äquivalent* genannt [**79**]. Der einfache Nachweis, daß dabei wirklich eine Äquivalenzrelation vorliegt, sei hier übergangen. Für endliche Inzidenzstrukturen — und nur solche spielen im folgenden eine Rolle — erkennt man die genannte Eigenschaft der freien Äquivalenz, also ihre Reflexivität, Symmetrie und Transitivität, sofort aus dem folgenden Satz.

13. *Endliche Inzidenzstrukturen haben genau dann isomorphe freie Ebenenerweiterungen, wenn sie frei-äquivalent sind.*

Beweis. $\mathfrak{F}(\mathfrak{J})$ und $\mathfrak{F}(\mathfrak{J}')$ seien als Vereinigung der $\mathfrak{J}_m$ bzw. der $\mathfrak{J}'_m$ dargestellt, und σ sei ein Isomorphismus von $\mathfrak{F}(\mathfrak{J})$ auf $\mathfrak{F}(\mathfrak{J}')$. In $\mathfrak{F}(\mathfrak{J}')$ wird nun eine Unterstruktur gebildet, welche die Punkte und Geraden von $\mathfrak{J}'$ wie von $\mathfrak{J}^{\sigma}$ besitzt und ferner mit jeder zu $\mathfrak{J}'_{m+1}$, aber nicht zu $\mathfrak{J}'_m$ oder zu $\mathfrak{J}^{\sigma}_{m+1}$, aber nicht zu $\mathfrak{J}^{\sigma}_m$ gehörenden Geraden die beiden auf ihr liegenden Punkte von $\mathfrak{J}'_m$ bzw. $\mathfrak{J}^{\sigma}_m$ sowie mit jedem zu $\mathfrak{J}'_{m+1}$, aber nicht zu $\mathfrak{J}'_m$ oder zu $\mathfrak{J}^{\sigma}_{m+1}$, aber nicht zu $\mathfrak{J}^{\sigma}_m$ gehörenden Punkt die beiden durch ihn gehenden Geraden von $\mathfrak{J}'_m$ bzw. $\mathfrak{J}^{\sigma}_m$. Da $\mathfrak{J}$ sowohl wie $\mathfrak{J}'$ endlich sein sollen, gibt es tatsächlich eine endliche[1] Unterstruktur $\mathfrak{J}^{*}$

---

[1] Zum Beweis für diese Behauptung siehe GLOCK [1969, S. 269/70].

mit den genannten Eigenschaften. Dann ist $\mathfrak{J}^*$ offensichtlich freie Erweiterung von $\mathfrak{J}'$ und $\mathfrak{J}^{*\,\sigma^{-1}}$ freie Erweiterung von $\mathfrak{J}$.

Eine zu $\mathfrak{J}$ frei-äquivalente Inzidenzstruktur wird im folgenden immer so hergestellt. Zu $\mathfrak{J}$ werden einige Punkte und Geraden aus $\mathfrak{J}_1\left(\subseteq\mathfrak{F}(\mathfrak{J})\right)$ hinzugefügt, und dieser Schritt wird gegebenenfalls mehrfach wiederholt. Wegen der Zusammensetzbarkeit der freien Erweiterungen entsteht so eine freie Erweiterung $\mathfrak{J}'$ von $\mathfrak{J}$. In dieser werden nun einige Geraden, welche genau zwei Punkte enthalten, oder Punkte, durch welche genau zwei Geraden gehen, weggelassen. Von der so entstehenden Inzidenzstruktur $\mathfrak{J}''$ kann man durch einen Schritt der vorher beschriebenen Art offenbar zu einer mit $\mathfrak{J}'$ isomorphen Inzidenzstruktur zurückgelangen (wobei der Isomorphismus in $\mathfrak{J}''$ den identischen Isomorphismus hervorruft), so daß $\mathfrak{J}'$ freie Erweiterung von $\mathfrak{J}''$ und somit $\mathfrak{J}''$ frei-äquivalent zu $\mathfrak{J}$ ist. Gegebenenfalls wird der von $\mathfrak{J}'$ zu $\mathfrak{J}''$ führende Schritt mehrfach wiederholt.

Die freie Äquivalenz läßt sich nun besonders einfach erkennen für solche endlichen Inzidenzstrukturen, welche keine geschlossene Unterstruktur besitzen und welche daher als *offen*[1] [**79**] bezeichnet werden sollen. Nach Satz 12, S. 18, ist eine endliche freie Erweiterung einer offenen Inzidenzstruktur wieder offen, und daher sind die zu einer offenen Inzidenzstruktur frei-äquivalenten Inzidenzstrukturen sämtlich offen. Für die Klassen frei-äquivalenter offener Inzidenzstrukturen lassen sich nun besonders einfache Vertreter angeben [**79**]:

14. *Zu jeder offenen Inzidenzstruktur* $\mathfrak{J}$ *gibt es genau eine natürliche Zahl* $n \geqq 4$ *derart, daß* $\mathfrak{J}$ *frei-äquivalent ist zu einer Inzidenzstruktur mit genau* n *Punkten und einer einzigen Geraden, die durch genau* $n-2$ *der Punkte geht.*

Beweis[2]. Da $\mathfrak{J}$ nicht ausgeartet ist, kann man erforderlichenfalls (durch Hinzufügen der Verbindungsgeraden zweier Punkte) immer zu einer dazu frei-äquivalenten Inzidenzstruktur übergehen, die eine Gerade enthält. Wir dürfen daher voraussetzen, daß die Geradenanzahl g von $\mathfrak{J}$ positiv ist. Im folgenden heißt ein Punkt oder eine Gerade *n-fach*, wenn durch ihn genau n Geraden gehen bzw. wenn auf ihr genau n Punkte liegen; die Zahl n wird dann die *Vielfachheit* des Punktes bzw. der Geraden genannt. Bezüglich einer Geraden α von $\mathfrak{J}$ werden nun die folgenden fünf Übergänge zu frei-äquivalenten Inzidenzstrukturen eingeführt, wobei p_1 die Anzahl der einfachen Punkte $\notin\alpha$ und p_2 die der zweifachen Punkte von $\mathfrak{J}$ bezeichnet:

---

[1] Eine offene Inzidenzstruktur ist somit stets endlich. Eine Kennzeichnung der offenen unter den endlichen Inzidenzstrukturen findet man in Anhang 3, S. 325.

[2] Diesen gegenüber [**79**] einfacheren Beweis verdanke ich einer brieflichen Mitteilung (Dezember 1974) von Herrn E. GLOCK.

1. Eine zweifache Gerade $\neq \alpha$ wird weggelassen. g verringert sich um 1.

2. ξ sei eine einfache Gerade durch einen nicht auf α liegenden Punkt. Man fügt $\xi \cap \alpha$ hinzu und läßt ξ weg. g verringert sich um 1.

3. ξ sei eine einfache Gerade $\neq \alpha$ durch einen auf α liegenden Punkt X.

a) η sei eine nicht durch X gehende Gerade. Man fügt $\xi \cap \eta$ hinzu und läßt ξ weg. g verringert sich um 1.

b) Gehen alle Geraden durch X, so muß es drei nichtkollineare und von X verschiedene Punkte Y_1, Y_2, Y_3 geben, da sonst $\mathfrak{J}$ ausgeartet wäre. Es können dann nicht je zwei dieser Punkte eine Verbindungsgerade besitzen, und die Numerierung sei so gewählt, daß jedenfalls $Y_1 Y_2$ in $\mathfrak{J}$ nicht existiert. Man fügt $Y_1 Y_2$, $Y = \xi \cap Y_1 Y_2$, $Y Y_3$, $\alpha \cap Y Y_3$ hinzu und läßt ξ, Y, $Y_1 Y_2$, $Y Y_3$ weg. g verringert sich um 1.

4. Ein zweifacher Punkt wird weggelassen. g, p_1 bleiben unverändert, p_2 verringert sich um 1.

5. X sei ein einfacher Punkt auf einer Geraden $\xi \neq \alpha$.

a) Es sei Y ein weder auf α noch auf ξ liegender Punkt. Man fügt XY, $XY \cap \alpha$ hinzu und nimmt dann X, XY weg. g, p_2 bleiben unverändert, p_1 verringert sich um 1.

b) Gibt es keinen solchen Punkt Y, ist aber die durch Weglassen von X entstehende Inzidenzstruktur $\mathfrak{J}'$ nichtausgeartet, so gibt es in einer freien Erweiterung von $\mathfrak{J}'$ einen Punkt $Y \notin \alpha, \xi$, mit dem man dann wie bei a) verfährt; anschließend wird die freie Erweiterung wieder rückgängig gemacht. g, p_2 bleiben unverändert, p_1 verringert sich um 1.

c) Ist $\mathfrak{J}'$ ausgeartet, so erhält man durch freie Erweiterung daraus eine abgeschlossene Inzidenzstruktur $\mathfrak{J}''$, die vom zweiten oder dritten Typ in Abb. 1, S. 13, sein muß, weil sie mindestens die Geraden α, ξ enthält. Bei Hinzunahme von X entsteht aus $\mathfrak{J}''$ dann eine zu $\mathfrak{J}$ frei-äquivalente Inzidenzstruktur, die (da nichtausgeartet) von einer der beiden folgenden Arten sein muß:

c') $r + 2$ Punkte $(r \geq 2)$ $X, Y, Y_1, \ldots Y_r$ und $s + 2$ Geraden $(s \geq 1)$ α, $\xi, \xi_1, \ldots, \xi_s$; $Y, Y_1, \ldots, Y_r$ auf α und X auf ξ; alle Geraden durch Y.

c'') $r + 3$ Punkte $(r \geq 2)$ $Y, X, X', X_1, \ldots, X_r$ und $r + 2$ Geraden η, $\xi, \xi_1, \ldots, \xi_r$; $X', X_1, \ldots, X_r$ auf η; $\xi, \xi_1, \ldots, \xi_r$ durch Y; X, X' auf ξ; X_i auf ξ_i $(i = 1, \ldots, r)$.

Bei c') fügt man XY_1, $XY_1 \cap \xi_i$ $(i = 1, \ldots, s)$ hinzu und nimmt dann Y_1, ξ, ξ_i $(i = 1, \ldots, s)$ weg. Ersetzt man jetzt nach dem Verfahren 5.b) im Falle $s > 1$ die einfachen Punkte $XY_1 \cap \xi_i$ $(i = 2, \ldots, s)$ durch solche auf α und läßt dann XY_1 weg, so erhält man bereits eine Inzidenzstruktur der im Satz geforderten Art mit $n = r + s + 1$. Bei c'') erreicht man ebenfalls eine solche Inzidenzstruktur mit $n = r + 2$, wenn man X' und dann ξ, ξ_i $(i = 1, \ldots, r)$ wegläßt.

Tritt bei fortgesetzter Anwendung der Verfahren 1—5 einmal der Fall 5.c) ein, so hat man bereits eine Inzidenzstruktur der benötigten Art erhalten. Wir brauchen also den Existenzbeweis für eine solche Inzidenzstruktur nur noch in dem Fall zu führen, daß bei fortgesetzter Anwendung der Verfahren 1—5 niemals der Fall 5.c) eintritt. Hat man nun in diesem Fall durch fortgesetzte Anwendung der Verfahren 1—5 eine Inzidenzstruktur mit minimaler Geradenzahl erreicht, so kann auf diese keins der Verfahren 1—3 angewandt werden. Durch fortgesetzte Anwendung der verbleibenden Verfahren 4, 5 stellen wir weiter eine Inzidenzstruktur $\mathfrak{J}^*$ mit minimalem Wert p_1+p_2 her, wobei sich die Geradenzahl ja nicht ändert, so daß auf $\mathfrak{J}^*$ ebenfalls die Verfahren 1—3 nicht mehr angewandt werden können. Aber auch die Verfahren 4, 5 lassen sich auf $\mathfrak{J}^*$ nicht mehr anwenden, da sich bei ihnen ja der·Wert p_1+p_2 um 1 verringert. Somit besitzt $\mathfrak{J}^*$ die Eigenschaft:

A. *Es gibt keine zweifachen Punkte; alle einfachen Punkte liegen auf α; jede nicht nullfache Gerade $\neq \alpha$ hat eine Vielfachheit $\geqq 3$.*

Wir setzen jetzt weiter über $\mathfrak{J}^*$ voraus:

B. *Es gibt eine Gerade $\neq \alpha$ oder einen Punkt jeweils von einer Vielfachheit $\geqq 3$.*

Wir können dann die Unterstruktur $\widetilde{\mathfrak{J}}^*$ derjenigen Geraden $\neq \alpha$ und Punkte bilden, die eine Vielfachheit $\geqq 3$ haben. Nach A gehen durch jeden Punkt $\widetilde{\mathfrak{J}}^*$ von $\widetilde{\mathfrak{J}}^*$ auch mindestens 3 Geraden von $\widetilde{\mathfrak{J}}^*$. Machen wir nun noch die Annahme, daß kein Punkt von α dreifach ist, so hat jeder Punkt $\in \alpha$ von $\widetilde{\mathfrak{J}}^*$ eine Vielfachheit $\geqq 4$, und es gehen nach A durch ihn mindestens 3 Geraden von $\widetilde{\mathfrak{J}}^*$. Aus der Annahme und A folgt ferner, daß jeder auf einer Geraden $\neq \alpha$ liegende Punkt zu $\widetilde{\mathfrak{J}}^*$ gehört. Damit erweist sich $\widetilde{\mathfrak{J}}^*$ aber als geschlossen im Widerspruch dazu, daß $\mathfrak{J}$ und damit $\widetilde{\mathfrak{J}}^*$ offen sein soll. Also ist die Annahme falsch, d.h.:

C. *Es gibt auf α einen dreifachen Punkt.*

Die aus $\widetilde{\mathfrak{J}}^*$ durch Hinzunahme von α entstehende Inzidenzstruktur erweist sich nun nach A als geschlossen, wenn auf α mindestens 3 Punkte von $\widetilde{\mathfrak{J}}^*$ liegen. Wegen der Offenheit von $\mathfrak{J}^*$ gilt also:

D. *Auf α liegen höchstens zwei Punkte mit einer Vielfachheit $\geqq 3$.*

Durch fortgesetzte Anwendung des folgenden Verfahrens, bei dem sich die Geradenzahl nicht ändert und die Eigenschaften A, B, C, D erhalten bleiben, gelangen wir nun von $\mathfrak{J}^*$ zu einer dazu frei-äquivalenten Inzidenzstruktur, in der auf α höchstens ein einfacher Punkt liegt: Sind X_1, X_2 einfache Punkte auf α und Y ein (nach C vorhandener) dreifacher Punkt auf α, ferner η eine Gerade $\neq \alpha$ durch Y sowie weiter (nach A vorhanden) Y_1, Y_2 zwei Punkte $\neq Y$ auf η, so fügt man X_1Y_1, X_2Y_2, $X_1Y_1 \cap X_2Y_2$ hinzu und läßt dann X_1, X_2, X_1Y_1, X_2Y_2 fort. In der so entstandenen Inzidenzstruktur gilt dann für die Vielfachheit a von α

(nach A, C, D) $1 \leqq a \leqq 3$. Wir erhalten nun eine zu $\mathfrak{J}$ frei-äquivalente Inzidenzstruktur $\overline{\mathfrak{J}^*}$, die eine Gerade weniger als $\mathfrak{J}^*$ und daher mindestens eine Gerade weniger als $\mathfrak{J}$ enthält, indem wir je nach dem Wert von a folgendermaßen vorgehen:

$a = 1$. X sei der dreifache Punkt auf α, ferner ξ eine Gerade $\neq \alpha$ durch X und Y ein Punkt $\neq X$ auf ξ sowie η eine Gerade $\neq \xi$ durch Y (vorhanden nach A); man fügt $\alpha \cap \eta$ hinzu und läßt α weg.

$a = 2$. α wird weggelassen.

$a = 3$. X sei der einfache, Y ein dreifacher Punkt auf α, ferner ξ, η zwei Geraden $\neq \alpha$ durch Y sowie Z ein Punkt $\neq Y$ auf ξ (vorhanden nach A); man fügt XZ, $XZ \cap \eta$ hinzu und läßt X, XZ, α weg.

Ein dreifacher Punkt auf α (nach C vorhanden) wird dabei zu einem zweifachen, so daß $\overline{\mathfrak{J}^*}$ noch Geraden enthält.

Das von $\mathfrak{J}$ zu $\overline{\mathfrak{J}^*}$ führende Verfahren kann nun wegen der dabei auftretenden Geradenzahlverringerung nur endlich oft angewendet werden. Man erreicht also damit einmal eine Inzidenzstruktur $\mathfrak{J}_1$ für die $\mathfrak{J}_1^*$, gebildet bez. einer Geraden α von $\mathfrak{J}_1$, nicht mehr die (für die Bildung von $\overline{\mathfrak{J}_1^*}$ erforderliche) Eigenschaft B besitzt. Wegen A gilt also in $\mathfrak{J}_1^*$:

B'. *Jeder Punkt $\notin \alpha$ ist nullfach; jeder Punkt auf α ist einfach; jede Gerade $\neq \alpha$ ist nullfach.*

Um nun die Anzahl der nullfachen Punkte und Geraden zu verringern, verwenden wir die beiden folgenden Verfahren zur Herstellung frei-äquivalenter Inzidenzstrukturen:

6. Es seien X, Y, Z drei nullfache Punkte. Man fügt XZ, YZ, $XZ \cap \alpha$, $YZ \cap \alpha$ hinzu und läßt dann Z, $\overline{XZ}$, YZ weg.

7. Es seien ξ_1, ξ_2 zwei nullfache Geraden $\neq \alpha$. Man fügt $\xi_1 \cap \alpha$, $\xi_2 \cap \alpha$, $\xi_1 \cap \xi_2$ hinzu und läßt dann ξ_1, ξ_2 weg.

Bei beiden Verfahren bleibt die Eigenschaft B' erhalten. Fortgesetzte Anwendung von 6, 7 führt schließlich zu einer Inzidenzstruktur mit höchstens zwei nullfachen Punkten und höchstens einer nullfachen Geraden $\neq \alpha$. Ist ξ eine solche Gerade, so gibt es einen nullfachen Punkt X und einen einfachen Punkt Y ($\in \alpha$), da wegen B' die Inzidenzstruktur sonst ausgeartet wäre. Man fügt XY, $XY \cap \xi$, $\xi \cap \alpha$ hinzu und läßt dann ξ, Y, XY weg. Gibt es dann (zusammen mit X) drei nullfache Punkte, so wenden wir noch einmal das Verfahren 6 an. So entsteht eine zu $\mathfrak{J}$ frei-äquivalente Inzidenzstruktur $\mathfrak{J}_2$ mit B', keiner nullfachen Geraden und höchstens zwei nullfachen Punkten. Da sie nichtausgeartet ist, muß $\mathfrak{J}_2$ auch genau zwei nullfache Punkte sowie mindestens zwei einfache Punkte ($\in \alpha$) besitzen. Damit hat sie die im Satz geforderten Eigenschaften.

Wir brauchen jetzt nur noch zu beweisen, daß die Punkteanzahl der so gewonnenen „Normalform" durch $\mathfrak{J}$ bereits eindeutig bestimmt ist.

Zu diesem Zweck wird ein aus den Anzahlen p, g, i der Punkte, Geraden und Inzidenzen, d.h. der Paare (X, ξ) mit $X \in \xi$, einer Inzidenzstruktur gebildeter Ausdruck gesucht, der für untereinander frei-äquivalente Inzidenzstrukturen denselben Wert besitzt. Da sich bei der durch Hinzufügen einer Verbindungsgeraden oder eines Schnittpunktes entstehenden freien Erweiterung g bzw. p um 1 und i um 2 vergrößert hat und jede endliche freie Erweiterung aus endlich vielen solcher Schritte entstanden gedacht werden kann, ist offenbar $2(p+g)-i$ der einfachste derartige Ausdruck; sein Wert wird als der *Rang* der Inzidenzstruktur bezeichnet [**118**]. Die Zahl n in Satz 14 ist daher eindeutig bestimmt durch

$$(24) \qquad\qquad n + 4 = 2(p+g) - i.$$

Bezeichnet man die freie Ebenenerweiterung der in Satz 14 beschriebenen Inzidenzstruktur der n Punkte mit $\mathfrak{F}_n$, so sind also die $\mathfrak{F}_n$ $(n \geqq 4)$ untereinander nichtisomorph und stellen gerade die sämtlichen freien Ebenenerweiterungen offener Inzidenzstrukturen dar[1]. Es gilt weiter [**79**]:

15. *Eine von einer endlichen Inzidenzstruktur erzeugte projektive Ebene ohne geschlossene Unterstrukturen ist eine* $\mathfrak{F}_n$.

Beweis. Die projektive Ebene sei durch $\mathfrak{J}$ erzeugt, und die $\mathfrak{J}^{(m)}$ sollen wieder dieselbe Bedeutung wie auf S. 14 haben. Es werden dann zuerst diejenigen Punkte und Geraden einer $\mathfrak{J}^{(m+1)}$ betrachtet, welche auf mehr als zwei Geraden von $\mathfrak{J}^{(m)}$ liegen bzw. durch mehr als zwei Punkte von $\mathfrak{J}^{(m)}$ gehen. Bei jeder Hinzufügung eines solchen „unfreien" Elements zu einer endlichen Inzidenzstruktur verringert sich der Rang, während er bei Hinzufügen eines anderen Elements unverändert bleibt. Jede endliche Erweiterung von $\mathfrak{J}$ hat nun nach (24) wegen ihrer Offenheit einen Rang ≥ 8. Daher kann es nur endlich viele „unfreie" Elemente geben, die somit alle in einer der offenen Inzidenzstrukturen $\mathfrak{J}^{(m)} = \mathfrak{J}'$ liegen. Die projektive Ebene erkennt man nun sofort als freie Erweiterung und daher als freie Ebenenerweiterung von $\mathfrak{J}'$, also als eine $\mathfrak{F}_n$.

Die Bedeutung der $\mathfrak{F}_n$ für freie Ebenenerweiterungen beliebiger Inzidenzstrukturen ergibt sich aus dem folgenden Satz [**79**]:

16. *Eine echte freie Ebenenerweiterung besitzt für jede natürliche Zahl* $n \geqq 4$ *eine Unterstruktur* $\mathfrak{F}_n$.

Zuerst wird die Behauptung für $n = 4$ bewiesen. Es genügt natürlich, die echte freie Ebenenerweiterung $\mathfrak{F}(\mathfrak{J})$ von $\mathfrak{J}$ zu betrachten. Wegen $\mathfrak{J} < \mathfrak{F}(\mathfrak{J})$ muß es in $\mathfrak{J}$ zwei verschiedene Punkte ohne Verbindungsgerade oder zwei verschiedene Geraden ohne Schnittpunkt geben. Nach dem Dualitätsprinzip kann man sich auf den ersten Fall beschränken; denn die aus vier Geraden und einem auf zweien von ihnen liegenden Punkt

---

[1] Genauer ausgedrückt bezeichnet $\mathfrak{F}_n$ entweder die ganze Klasse untereinander isomorpher freier Ebenenerweiterungen oder aber einen (beliebig ausgewählten) Vertreter dieser Klasse. Die $\mathfrak{F}_n$ werden in [**79**] als die *freien Ebenen* bezeichnet. Unter Einbeziehung des Falles unendlich vieler erzeugender Punkte werden sie in [**118**] und [**189**] näher untersucht.

bestehende Inzidenzstruktur erweist sich leicht als mit ihrer dualen Inzidenzstruktur frei-äquivalent[1]. Seien also A_1, A_2 zwei verschiedene Punkte aus $\mathfrak{J}$ ohne Verbindungsgerade. Es sollen jetzt in $\mathfrak{J}$ oder in einer freien Erweiterung von $\mathfrak{J}$, in welcher aber die Verbindungsgerade von A_1 und A_2 ebenfalls nicht vorhanden ist, zwei von A_1, A_2 verschiedene Punkte A_3, A_4 gefunden werden, deren Verbindungsgerade — falls vorhanden — weder A_1 noch A_2 enthält, so daß also von den A_i keine drei kollinear sind. Kann man solche Punkte A_3, A_4 in $\mathfrak{J}$ selbst nicht finden, so liegt einer der drei Fälle vor:

1. Es gibt außer A_1, A_2 keinen Punkt.

2. Es gibt genau einen von A_1, A_2 verschiedenen Punkt B.

3. Es gibt mindestens zwei von A_1, A_2 verschiedene Punkte B_1, B_2, und bei passender Numerierung der A_1, A_2 liegen sämtliche Punkte außer A_2 auf einer einzigen Geraden durch A_1.

Bei der folgenden Behandlung dieser Fälle ist zu beachten, daß $\mathfrak{J}$ nichtausgeartet sein soll. So muß es im Fall 1 drei Geraden geben, welche nicht durch einen Punkt gehen. Liegt nicht auf jeder Geraden A_1 oder A_2, so kann man die nicht durch einen Punkt gehenden Geraden α, β, γ noch so wählen, daß γ weder A_1 noch A_2 enthält. In der durch Hinzufügen von $\alpha \cap \gamma$ und $\beta \cap \gamma$ entstehenden freien Erweiterung kann man dann diese Punkte als A_3, A_4 nehmen. Geht aber jede Gerade durch A_1 oder A_2, so müssen durch A_i $(i=1, 2)$ mindestens zwei verschiedene Geraden α_i, β_i gehen, und in der durch Hinzufügen von $\alpha_1 \cap \beta_2$ und $\beta_1 \cap \alpha_2$ entstehenden freien Erweiterung kann man diese Punkte als A_3, A_4 nehmen. Im Fall 2 geht durch A_i $(i=1, 2)$ eine B nicht enthaltende Gerade α_i oder durch einen der Punkte A_1, A_2 eine B nicht enthaltende Gerade α' und durch B eine weder A_1 noch A_2 enthaltende Gerade β, oder es gibt eine weder A_1, A_2 noch B enthaltende Gerade α. In einer passenden freien Erweiterung kann man dann $A_3 = \alpha_1 \cap \alpha_2$ bzw. $= \alpha' \cap \beta$, $A_4 = B$ oder aber $A_3 = \alpha \cap A_1 B$, $A_4 = \alpha \cap A_2 B$ setzen. Im Falle 3 gibt es eine Gerade α mit $A_1 \in \alpha \neq A_1 B_1$ oder aber mit $A_1, A_2 \notin \alpha$, und man kann — indem man im zweiten Fall etwa $B_2 \in \alpha$ ausschließt — in einer passenden freien Erweiterung $A_3 = A_2 B_2 \cap \alpha$, $A_4 = B_1$ setzen. Man kann somit eine freie Erweiterung $(\subseteq \mathfrak{F}(\mathfrak{J}))$ von $\mathfrak{J}$ finden, in der vier Punkte A_i, von denen keine drei kollinear sind, und zu diesen die Punkte und Geraden $A_1 A_3$, $A_1 A_4$, $A_2 A_3$, $A_2 A_4$, $A_3 A_4$, $B_1 = A_1 A_4 \cap A_2 A_3$, $B_2 = A_1 A_3 \cap A_2 A_4$, $B_1 B_2$ vorhanden sind, während $A_1 A_2$ nicht existiert. Durch Hinzufügung von $A_1 A_2$, $C_1 = A_1 A_2 \cap A_3 A_4$, $C_2 = A_1 A_2 \cap B_1 B_2$, $C_3 = A_3 A_4 \cap B_1 B_2$, $A_2 C_3$ gewinnt man nun eine weitere freie Erweiterung $\mathfrak{J}'$ $(\subseteq \mathfrak{F}(\mathfrak{J}))$, in der weder $C_1 B_2$ noch $C_2 A_4$ vorhanden sind. In $\mathfrak{J}'$ be-

---

[1] Es gilt auch die entsprechende Aussage für n (anstatt 4), so daß $\mathfrak{F}_n$ eine Dualität besitzt.

trachtet man die Unterstruktur $\mathfrak{J}^*$ mit den Punkten A_2, A_4, B_2, C_1, C_2, C_3 und den Geraden C_1C_2, C_2B_2, B_2A_4, A_4C_1, A_2C_3 (s. Abb. 2). Bei der Herstellung von $\mathfrak{F}(\mathfrak{J}^*)$ wird nun zuerst $\mathfrak{J}_1^*$ durch Hinzunahme der Geraden $\{C_1, B_2\}$, $\{C_2, A_4\}$ gebildet. Diese liegen aber auch in $\mathfrak{F}(\mathfrak{J}')$, da C_1B_2 und C_2A_4 in $\mathfrak{J}'$ nicht vorhanden sind. Durch vollständige Induktion nach m erkennt man leicht $\mathfrak{J}_m^* \subseteq \mathfrak{F}(\mathfrak{J}')$ für alle m und damit $\mathfrak{F}(\mathfrak{J}^*) \subseteq \mathfrak{F}(\mathfrak{J}') = \mathfrak{F}(\mathfrak{J})$; denn die nicht zu $\mathfrak{J}_m^*$ gehörenden Punkte und Geraden von $\mathfrak{J}_{m+1}^*$ sind ja Mengen $\{\xi, \eta\}$, $\{X, Y\}$ von solchen Geraden ξ, η bzw. Punkten X, Y, die nicht beide zu $\mathfrak{J}^*$ und damit auch nicht beide zu $\mathfrak{J}'$ gehören ($m = 1, 2, \ldots$; $\mathfrak{J}_0^* = \mathfrak{J}^*$). $\mathfrak{J}^*$ ist offensichtlich freie Erweiterung der Unterstruktur mit den Punkten C_1, C_2, B_2, A_4 und der Geraden C_1C_2, so daß $\mathfrak{F}(\mathfrak{J}^*)$ eine $\mathfrak{F}_4$ ist.

Zur Vollendung des Beweises ist jetzt nur noch erforderlich, für jede natürliche Zahl $n \geq 4$ in $\mathfrak{F}_n$ eine Unterstruktur $\mathfrak{F}_{n+1}$

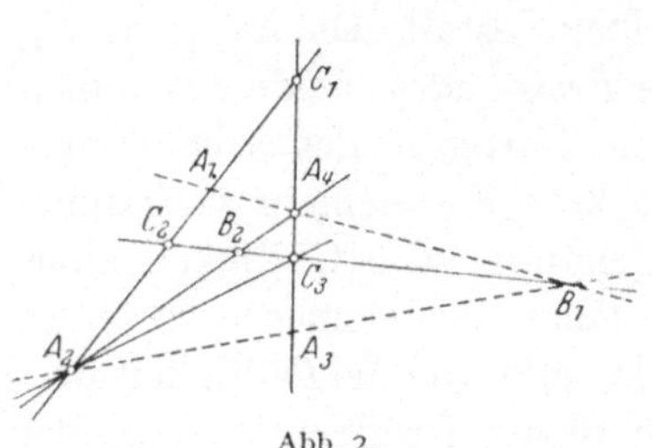

Abb. 2.

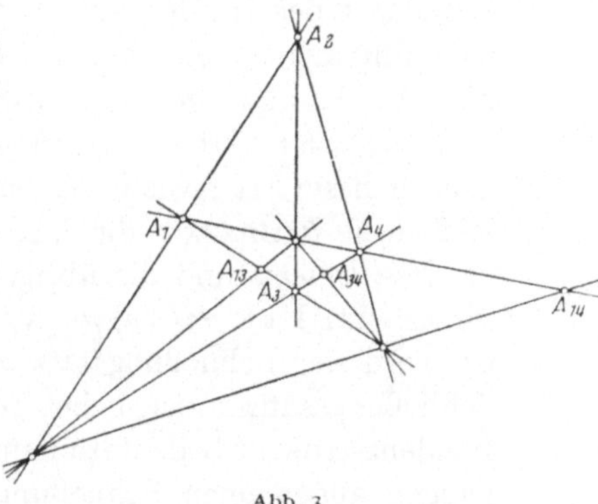

Abb. 3.

anzugeben. $\mathfrak{F}_n$ sei erzeugt von der Unterstruktur mit den Punkten A_i ($i = 1, 2, \ldots, n$) und einer Geraden, auf der $A_3, \ldots, A_n$ liegen. Dann wird die Unterstruktur $\mathfrak{J}$ von $\mathfrak{F}_n$ mit den in Abb. 3 angegebenen Punkten und Geraden sowie den Punkten $A_5, \ldots, A_n$ und der Geraden $A_{13}A_{14}$ betrachtet, die natürlich freie Erweiterung der erstgenannten Unterstruktur ist[1]. Mit $\mathfrak{J}^*$ sei die Unterstruktur von $\mathfrak{J}$ bezeichnet, welche die Punkte $A_1, A_3, \ldots, A_n$, A_{13}, A_{14}, A_{34} und die

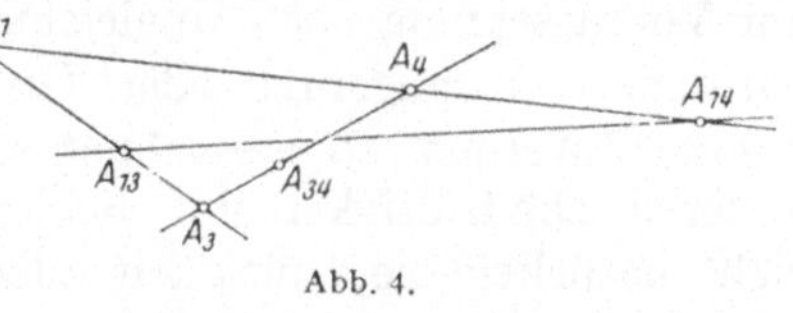

Abb. 4.

Geraden A_1A_3, A_3A_4, A_1A_4, $A_{13}A_{14}$ besitzt (s. Abb. 4). Da nun die in $\mathfrak{J}^*$ nicht vorhandenen Verbindungsgeraden und Schnittpunkte auch in $\mathfrak{J}$ nicht vorhanden sind, leitet man wieder wie oben $\mathfrak{F}(\mathfrak{J}^*) \subseteq \mathfrak{F}(\mathfrak{J}) = \mathfrak{F}_n$ her. Da $\mathfrak{J}^*$ freie Erweiterung der Unterstruktur mit den Punkten $A_{13}, A_{14}, A_{34}, A_3, A_4, \ldots, A_n$ und der Geraden A_3A_4 ist, ergibt sich schließlich $\mathfrak{F}(\mathfrak{J}^*)$ als eine $\mathfrak{F}_{n+1}$.

Eine einfache Folgerung des Satzes 16, S. 23, und des Satzes 14,

---

[1] Die genannten Punkte und Geraden sind übrigens in jeder projektiven Ebene vorhanden, sobald nur keine drei der A_i kollinear sind. Da es sich im Text um eine freie Erweiterung handelt, ist diese Existenz natürlich dort trivial.

S. 19, lautet nun:

17. *Eine echte freie Ebenenerweiterung besitzt zu jeder offenen Inzidenz-*
struktur eine isomorphe Unterstruktur.

Dabei darf die offene Inzidenzstruktur auch ausgeartet sein; denn
in Anbetracht der Entwicklungen von S. 13 besitzt eine ausgeartete
Inzidenzstruktur stets eine Oberstruktur $\mathfrak{F}_n$, sofern n nur genügend
groß gewählt wird.

1.4. Schließungssätze.

Unter einem *Schließungssatz*[1] wird eine Aussage über Punkte und
Geraden einer Inzidenzstruktur verstanden, welche die folgende Form
hat: Für alle $X_1, \ldots, X_n, \xi_1, \ldots, \xi_\nu$ folgen aus gewissen Ungleichungen
$X_i \neq X_{i'}, \xi_k \neq \xi_{k'}$, gewissen Inzidenzen $X_i \in \xi_k$ $(i, i' = 1, \ldots, m; k, k' =
1, \ldots, \mu; i \neq i'; k \neq k'; m \geq n; \mu \geq \nu)$ und Verneinungen anderer Inzi-
denzen dieser Art gewisse Inzidenzen derselben Gestalt. Die $X_{n+1}, \ldots, X_m$
heißen die *Festpunkte*, die $\xi_{\nu+1}, \ldots, \xi_\mu$ die *Festgeraden*, beide zusammen
die *Festelemente* und die übrigen X_i, ξ_k die *Variablen* des Schließungssatzes. Im Falle $m = n$, $\mu = \nu$, wenn also kein Festelement vorhanden
ist, wird der Schließungssatz *allgemein* genannt. Die Gültigkeit eines
Schließungssatzes bei beliebiger Wahl seiner Festelemente in einer
Inzidenzstruktur bedeutet offensichtlich dasselbe wie die Gültigkeit des-
jenigen allgemeinen Schließungssatzes in dieser Inzidenzstruktur, der
aus dem ersten dadurch entsteht, daß alle Festelemente zu Variablen
gemacht werden, und der im folgenden als der *zugehörige* allgemeine
Schließungssatz bezeichnet werden soll. Entsteht ein Schließungssatz
aus einem andern dadurch, daß Variablen zu Festelementen gemacht,
zur Voraussetzung noch Ungleichungen, Inzidenzen, Verneinungen von
Inzidenzen hinzugefügt oder Gleichsetzungen von Variablen vorgenommen werden, so bezeichnet man ihn als eine *Spezialisierung* des
anderen. Die Gültigkeit eines Schließungssatzes in einer Inzidenzstruktur
zieht natürlich die Gültigkeit aller seiner Spezialisierungen in der Inzidenzstruktur nach sich. Gilt ein Schließungssatz mit der Festgeraden ω
in der projektiven Ebene $\mathfrak{E}$, so sagt man auch, er gelte in der affinen
Ebene $\mathfrak{E}_\omega$.

Ein allgemeiner Schließungssatz heißt *trivial*, wenn er in jeder
Inzidenzstruktur gilt. Da nach S. 15 eine Inzidenzstruktur stets Unterstruktur einer projektiven Ebene ist, gilt sogar: *Ein allgemeiner Schlie-*
ßungssatz, der in jeder projektiven Ebene gilt, ist trivial. Ein trivialer
Schließungssatz liegt sicher dann vor, wenn seine Voraussetzung in
keiner Inzidenzstruktur erfüllbar ist, wenn also aus der Voraussetzung

---

[1] Vgl. die etwas engere Definition in [145]; vgl. ferner [79] wo der Name
configuration theorem verwandt wird. Man sollte allerdings besser den Ausdruck
„Schließungsbedingung" verwenden.

ein Widerspruch zu (2) folgt. Es soll nun ein Überblick über die trivialen Schließungssätze mit erfüllbarer Voraussetzung gewonnen werden.

Zu diesem Zweck wird die Menge der Punktvariablen — also $\{X_1, \ldots, X_n\}$ in der obigen Bezeichnung — mit $\mathfrak{P}$ und die Menge der Geradenvariablen — also $\{\xi_1, \ldots, \xi_\nu\}$ in der obigen Bezeichnung — mit $\mathfrak{G}$ bezeichnet. Die in der Voraussetzung enthaltenen Inzidenzen erklären dann in $\mathfrak{P} \cup \mathfrak{G}$ eine der Bedingung (1) genügende Relation $\in$. Irgendeine die Voraussetzung erfüllende Einsetzung von Elementen irgendeiner Inzidenzstruktur für die Variablen führt nun zur Bildung der in $\mathfrak{P}$ sowohl wie in $\mathfrak{G}$ erklärten Äquivalenzrelation $\mathfrak{r}$, welche zwischen zwei Variablen genau dann besteht, wenn für diese bei der betrachteten Einsetzung dasselbe Element eingesetzt wird. $\mathfrak{r}$ muß dann natürlich wegen (2) für[1] $X_i, X_{ik} \in \mathfrak{P}$, $\xi_i, \xi_{ik} \in \mathfrak{G}$ die Bedingung erfüllen:

(25) $\quad Aus \;\; X_i \,\mathfrak{r}\, X_{ik} \in \xi_{ik} \,\mathfrak{r}\, \xi_k \;\; (i, k = 1, 2) \;\; folgt \;\; X_1 \,\mathfrak{r}\, X_2 \;\; oder \;\; \xi_1 \,\mathfrak{r}\, \xi_2.$

Ferner darf $\mathfrak{r}$ nicht zwischen Variablen bestehen, deren Ungleichheit in der Voraussetzung enthalten ist, und schließlich darf $X \,\mathfrak{r}\, X' \in \xi' \,\mathfrak{r}\, \xi$ nicht gelten, wenn $X \in \xi$ in der Voraussetzung verneint wurde. Diese drei Eigenschaften kennzeichnen nun auch bereits die Relationen $\mathfrak{r}$ unter den in $\mathfrak{P}$ und $\mathfrak{G}$ erklärten Äquivalenzrelationen. Um das zu zeigen, bildet man eine Inzidenzstruktur $\mathfrak{J}_\mathfrak{r} = (\mathfrak{P}_\mathfrak{r}, \mathfrak{G}_\mathfrak{r}, \in_\mathfrak{r})$, wobei $\mathfrak{P}_\mathfrak{r}$ und $\mathfrak{G}_\mathfrak{r}$ die Mengen der Äquivalenzklassen bei $\mathfrak{r}$ in $\mathfrak{P}$ bzw. $\mathfrak{G}$ sind und $\in_\mathfrak{r}$ zwischen der Klasse $X_\mathfrak{r}$ von X und der Klasse $\xi_\mathfrak{r}$ von ξ genau dann besteht, wenn es X', ξ' mit $X \,\mathfrak{r}\, X' \in \xi' \,\mathfrak{r}\, \xi$ gibt; daß $\mathfrak{J}_\mathfrak{r}$ wirklich eine Inzidenzstruktur ist, folgt dabei sofort aus (25). Setzt man nun für jede Variable des Schließungssatzes ihre Äquivalenzklasse ein, so wird dadurch zufolge der beiden anderen Eigenschaften von $\mathfrak{r}$ die Voraussetzung des Schließungssatzes erfüllt, und $\mathfrak{r}$ hat natürlich hinsichtlich dieser Einsetzung die oben angegebene Bedeutung. Die Menge der so gekennzeichneten $\mathfrak{r}$ werde mit $\mathfrak{R}$ bezeichnet. Daß die Voraussetzung des Schließungssatzes erfüllbar ist, besagt dann gerade, daß $\mathfrak{R}$ nicht leer ist. Der Schließungssatz ist offensichtlich genau dann trivial, wenn in seiner Folgerung nur solche Inzidenzen $X \in \xi$ vorkommen, deren *Übersetzungen* $X_\mathfrak{r} \in_\mathfrak{r} \xi_\mathfrak{r}$ in die $\mathfrak{J}_\mathfrak{r}$ für alle $\mathfrak{r} \in \mathfrak{R}$ gelten. Ist nun $\mathfrak{r} \subseteq \mathfrak{r}'$, d.h. zieht das Bestehen von $\mathfrak{r}$ zwischen zwei Elementen stets das Bestehen von $\mathfrak{r}'$ zwischen diesen beiden nach sich, so folgt aus $X_\mathfrak{r} \in_\mathfrak{r} \xi_\mathfrak{r}$ auch $X_{\mathfrak{r}'} \in_{\mathfrak{r}'} \xi_{\mathfrak{r}'}$. Es genügt daher, in der eben angegebenen Kennzeichnung der trivialen Schließungssätze die minimalen Elemente von $\mathfrak{R}$ zu betrachten, d.h. diejenigen $\mathfrak{r}(\in \mathfrak{R})$, zu denen es kein $\mathfrak{r}' \in \mathfrak{R}$ mit $\mathfrak{r}' \subset \mathfrak{r}$ gibt. Die mit diesen $\mathfrak{r}$ gebildeten $\mathfrak{J}_\mathfrak{r}$ werden als *die zum Schließungssatz gehörigen Inzidenzstrukturen* bezeichnet. Man hat dann das folgende Ergebnis:

18. *Ein allgemeiner Schließungssatz mit erfüllbarer Voraussetzung ist*

---

[1] Die folgende Indizierung hat nichts mit der zu Anfang des Abschnitts verwandten Indizierung zu tun.

genau dann trivial, wenn in seiner Folgerung nur solche Inzidenzen vorkommen, deren Übersetzungen in die zum Schließungssatz gehörigen Inzidenzstrukturen sämtlich richtig sind.

Zu einem Schließungssatz können durchaus mehrere, sogar nicht-isomorphe Inzidenzstrukturen gehören. Als einfachstes Beispiel dieser Art nehme man die Voraussetzung $X_i \in \xi_k$ $(i, k = 1, 2)$; man erhält dann genau die zwei minimalen $\mathfrak{r}^{(\lambda)}$ $(\lambda = 1, 2)$ mit $X_1 \mathfrak{r}' X_2$, $\xi_1 \mathfrak{r}'' \xi_2$, $X_i \mathfrak{r}^{(\lambda)} X_i$, $\xi_i \mathfrak{r}^{(\lambda)} \xi_i$ $(i = 1, 2;\ \lambda = 1, 2)$. Man erkennt leicht, daß man allgemein die minimalen $\mathfrak{r}$ auf folgende Weise gewinnt. Als $\mathfrak{r}_0$ wird die Gleichheit in $\mathfrak{P} \cup \mathfrak{G}$ genommen; im Falle $X_i \mathfrak{r}_n X_{ik} \in \xi_{ik} \mathfrak{r}_n \xi_k$ $(i, k = 1, 2)$ wird entweder $X_1 \mathfrak{r}_{n+1} X_2$ oder $\xi_1 \mathfrak{r}_{n+1} \xi_2$ gesetzt und $\mathfrak{r}_{n+1}$ als kleinste, diesen Bedingungen genügende Äquivalenzrelation $\geqq \mathfrak{r}_n$ bestimmt. Eine so hergestellte Folge $\mathfrak{r}_0, \mathfrak{r}_1, \ldots$ bricht wegen der Endlichkeit von $\mathfrak{P}$ und $\mathfrak{G}$ ab (d. h. $\mathfrak{r}_m = \mathfrak{r}_{m+1} = \cdots$ für einen gewissen Index m) und liefert eine Äquivalenzrelation der Eigenschaft (25). Die sogar in $\mathfrak{R}$ liegenden dieser Äquivalenzrelationen sind dann gerade die minimalen Elemente von $\mathfrak{R}$.

Bezeichnet man einen allgemeinen Schließungssatz als *offen*, wenn seine Voraussetzung erfüllbar ist und seine zugehörigen Inzidenzstrukturen sämtlich offen sind, so folgt:

19. *Ein allgemeiner nichttrivialer offener Schließungssatz gilt in keiner echten freien Ebenenerweiterung.*

Beweis. Nach Voraussetzung gibt es in der Behauptung des Schließungssatzes eine Inzidenz $X \in \xi$ und eine zugehörige Inzidenzstruktur $\mathfrak{J}_\mathfrak{r}$ so, daß $X_\mathfrak{r} \in_\mathfrak{r} \xi_\mathfrak{r}$ nicht gilt. Sei nun $\mathfrak{J}$ irgendeine Inzidenzstruktur mit $\mathfrak{J} < \mathfrak{F}(\mathfrak{J})$. Wegen der Offenheit von $\mathfrak{J}_\mathfrak{r}$ besitzt dann $\mathfrak{F}(\mathfrak{J})$ nach Satz 17 von S. 25 eine zu $\mathfrak{J}_\mathfrak{r}$ isomorphe Unterstruktur. Da in dieser aber der Schließungssatz nicht gilt, gilt er auch nicht in $\mathfrak{F}(\mathfrak{J})$.

Ist die Voraussetzung eines allgemeinen Schließungssatzes so beschaffen, daß $\mathfrak{R}$ nur eine einzige minimale Relation $\mathfrak{r}$ enthält, so kann man natürlich — ohne die Bedeutung des Satzes zu ändern — von vornherein $\mathfrak{r}$ als Gleichheit in der Menge der Variablen verwenden, so daß nach dieser Umformung $\mathfrak{R}$ die Gleichheit als einzige minimale Relation enthält. In diesem Fall werde der Schließungssatz *normal* genannt; seine Voraussetzung ist durch $\mathfrak{J}_\mathfrak{r}$ bis auf Ungleichungen und Verneinungen von Inzidenzen völlig bestimmt, und natürlich gibt es zu vorgegebener endlicher Inzidenzstruktur $\mathfrak{J}$, welche mindestens einen Punkt und eine Gerade besitzt, normale Schließungssätze mit $\mathfrak{J}_\mathfrak{r} = \mathfrak{J}$. Ist die Gleichheit überhaupt die einzige in $\mathfrak{R}$ enthaltene Äquivalenzrelation, so wird der Schließungssatz als *primitiv* bezeichnet. Aus Satz 18 von S. 27 folgt sofort:

20. *Ein allgemeiner normaler Schließungssatz ist genau dann nichttrivial, wenn seine Voraussetzung erfüllbar ist und in seiner Folgerung eine nicht schon in der Voraussetzung stehende Inzidenz vorkommt.*

Welche Bedeutung dem Unterschied zwischen offenen und nicht-offenen Schließungssätzen zukommt, geht aus dem folgenden Satz hervor[1]:

21. *Im Bereich der projektiven Ebenen folgt aus einem primitiven nicht-offenen Schließungssatz kein allgemeiner nichttrivialer offener Schließungssatz.*

Zum Beweis nimmt man einfach eine freie Ebenenerweiterung einer offenen Inzidenzstruktur. Nach Satz 19 ist in dieser jeder allgemeine nichttriviale offene Schließungssatz verletzt. Die Voraussetzung eines primitiven nichtoffenen Schließungssatzes ist dagegen in ihr unerfüllbar, da ja gewisse in dieser Voraussetzung vorkommende Punkte und Geraden eine geschlossene Inzidenzstruktur bilden müßten, während nach Satz 12 von S. 18 eine solche in ihr nicht als Unterstruktur vorkommen kann.

Sind bei einem nichtnormalen Schließungssatz $r_1, \ldots, r_r$ die minimalen Äquivalenzrelationen aus $\mathfrak{R}$, so ist offenbar dieser Schließungssatz gleichwertig mit der gleichzeitigen Gültigkeit derjenigen normalen Schließungssätze, welche aus ihm dadurch entstehen, daß man eine der Relationen $r_1, \ldots, r_r$ als Gleichheit nimmt. Es genügt daher, sich mit den normalen Schließungssätzen zu befassen.

Ein normaler Schließungssatz soll *konstruierbar*[2] heißen, wenn seine zugehörige Inzidenzstruktur endliche freie Erweiterung einer Inzidenzstruktur $\mathfrak{J}_s$ ist, welche folgenden Aufbau besitzt: $\mathfrak{J}_0$ ist eine endliche Inzidenzstruktur, in der $X \in \xi$ niemals gilt; $\mathfrak{J}_{t+1}$ $(t = 0, \ldots, s-1)$ ergibt sich aus $\mathfrak{J}_t$ durch Hinzufügen endlich vieler Punkte, von denen jeder auf genau einer Geraden von $\mathfrak{J}_t$ liegt, und endlich vieler Geraden, von denen jede durch genau einen Punkt von $\mathfrak{J}_t$ geht. $\mathfrak{J}_s$ besitzt nun keine geschlossene Unterstruktur; denn ein zu $\mathfrak{J}_t$, aber nicht zu $\mathfrak{J}_{t-1}$ gehörendes Element einer Unterstruktur von $\mathfrak{J}_t$ ist ja mit höchstens einem Element dieser Unterstruktur inzident. Nach einer Bemerkung von S. 19 gilt daher:

22. *Jeder konstruierbare Schließungssatz ist offen.*

Ein Schließungssatz mit Festelementen wird als offen, normal oder konstruierbar bezeichnet, wenn sein zugehöriger allgemeiner Schließungssatz (s. S. 26) die betreffende Eigenschaft besitzt. In den folgenden Abschnitten werden meistens nur solche Schließungssätze vorkommen, die konstruierbar sind.

Bei einem allgemeinen normalen Schließungssatz wird der Rang der zugehörigen Inzidenzstruktur als der *Rang des Schließungssatzes*

---

[1] Dieser Satz wurde mir von Herrn F. Bennhold mitgeteilt.
[2] Siehe hierzu auch Anhang 3, S. 325.

bezeichnet[1]. Er ist also einfach $= 2(n+v)-i$, wenn n und v die Bedeutung von S. 26 haben und i die Anzahl der Inzidenzen in der Voraussetzung ist. Seine Bedeutung als Anzahl der „Freiheitsgrade" erkennt man am besten bei den konstruierbaren Schließungssätzen: Der Rang von $\mathfrak{J}_0$ ist die doppelte Anzahl der Punkte und Geraden, während jeder weitere Punkt und jede weitere Gerade von $\mathfrak{J}_s$ den Rang um 1 erhöht und der Übergang zu einer freien Erweiterung den Rang nicht ändert. Einen Rang für nichtnormale Schließungssätze einzuführen, hat keinen Sinn; denn die verschiedenen $\mathfrak{J}_t$ können verschiedene Ränge haben, die sich möglicherweise auch noch sämtlich von dem für die Voraussetzung des Schließungssatzes gebildeten Ausdruck $2(n+v)-i$ unterscheiden, wie man aus dem Beispiel der Voraussetzung $X_i \in \xi_k$ $(i=1, 2, 3, 4;\ k=1, 2, 3)$ erkennt. Bei einem normalen Schließungssatz mit Festelementen wird der Rang als $2(n+v)-i'$ erklärt, worin i' die Anzahl derjenigen in der Voraussetzung vorkommenden Inzidenzen $X \in \xi$ bezeichnet, in denen X und ξ nicht beide Festelemente sind. Bestehen zwischen den Festelementen keine Inzidenzen, so entsteht dieser Rang also einfach aus dem Rang des zugehörigen allgemeinen Schließungssatzes durch Abziehen der doppelten Festelementeanzahl. Der Rang $2(n+v)-i'$ ändert sich nicht, wenn eine Variable, deren Wert auf Grund der Voraussetzung des Satzes als Schnittpunkt bzw. Verbindungsgerade zweier Festelemente bestimmt ist, zum Festelement erklärt wird; bei einer solchen Abänderung vermindert sich nämlich $n+v$ um 1 und i' um 2.

Sind die zugehörigen Inzidenzstrukturen eines allgemeinen nichttrivialen Schließungssatzes sämtlich ausgeartet, so geht aus den Ergebnissen von S. 13 hervor, daß der Schließungssatz in einer Inzidenzstruktur nur in der folgenden Weise gelten kann: Mangel an Punkten und Geraden zwingt zu Gleichsetzungen zwischen Variablen, und mit Hilfe dieser Gleichheiten ergeben sich die Inzidenzen der Folgerung aus Inzidenzen der Voraussetzung. Abgesehen von diesen uninteressanten Schließungssätzen hat wegen (24) ein allgemeiner offener normaler Schließungssatz mindestens den Rang 8, und in **3.3** wird sogar ein allgemeiner konstruierbarer Schließungssatz von diesem Mindestrang angegeben.

In späteren Abschnitten werden einige besonders wichtige konstruierbare Schließungssätze und der zwischen ihnen bestehende logische Zusammenhang näher untersucht. Von einer allgemeinen Theorie selbst der konstruierbaren Schließungssätze ist man noch weit entfernt. Eine solche müßte ein Verfahren enthalten, nach dem man zu jedem dieser Sätze die sämtlichen aus ihm folgenden Sätze angeben kann.

---

[1] Man erkennt leicht, daß diese Definition dasselbe liefert wie die in [**145**] verwendete.

1.5. Koordinateneinführung in affinen Ebenen.

Die im folgenden betrachtete affine Ebene $\mathfrak{A}$ kann nach Satz 7, S. 11, in der Gestalt $\mathfrak{E}_\omega$ angenommen werden, wobei $\mathfrak{E}$ eine projektive Ebene und ω eine Gerade von $\mathfrak{E}$ ist. Auf diese Weise liefert die folgende Beschreibung der Punkte und Geraden von $\mathfrak{A}$ durch Koordinaten zugleich eine solche der Punkte und Geraden einer projektiven Ebene, in der eine Gerade als „uneigentlich" ausgezeichnet ist.

Es seien U, V zwei verschiedene Punkte auf ω. Ferner sei λ eine umkehrbare Abbildung des Geradenbüschels in V auf das Geradenbüschel in U mit $\omega^\lambda = \omega$. Eine solche wird z. B. durch die Perspektivität von einer weder durch U noch durch V gehenden Geraden aus geliefert. Jedem eigentlichen, also nicht auf ω liegenden Punkt P werden nun die beiden Geraden UP und $(VP)^\lambda$ als seine *Koordinaten* zugeordnet. Da ω die einzige den beiden Büscheln gemeinsame Gerade ist, gilt $UP \neq VP$ und damit nach (6) $P = UP \cap (VP)^{\lambda\lambda^{-1}}$. Sind andererseits ξ, η eigentliche, also von ω verschiedene Geraden durch U, so ist $\xi^{\lambda^{-1}} \neq \omega$ und damit $\neq \eta$. Für den Punkt $\xi^{\lambda^{-1}} \cap \eta$ gilt dann nach (13)

$$\left(V(\xi^{\lambda^{-1}} \cap \eta)\right)^\lambda = \xi, \qquad U(\xi^{\lambda^{-1}} \cap \eta) = \eta.$$

Durch die Gleichungen

$$(26) \qquad \xi = (VP)^\lambda, \qquad \eta = UP, \qquad P = \xi^{\lambda^{-1}} \cap \eta$$

wird daher eine eineindeutige Zuordnung zwischen den eigentlichen Punkten P und den Paaren (ξ, η) eigentlicher Geraden durch U hergestellt. Vielfach ist es üblich, statt der eigentlichen Geraden durch U die eigentlichen Punkte auf einer eigentlichen Geraden durch V zu verwenden. Zu diesem Zweck wird ein eigentlicher Punkt O und eine von OU sowie OV verschiedene Gerade ε durch ihn gewählt. Die Perspektivität von ε aus dient dann als λ, und das Geradenbüschel in U wird perspektiv auf die Punktreihe in OV abgebildet: $\xi \rightarrow \xi \cap OV$, wobei wegen $\omega \cap OV = V$ gerade die eigentlichen Geraden in die eigentlichen Punkte übergehen. Auf diese Weise werden die eigentlichen Punkte eineindeutig auf die Paare eigentlicher Punkte von OV bezogen: Dem Punkt P wird das durch

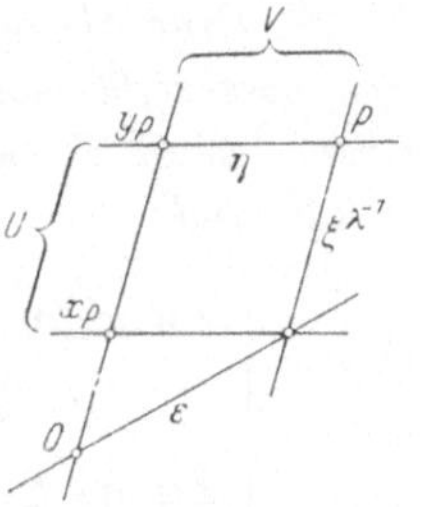

$$(27) \qquad x_P = (PV \cap \varepsilon)\,U \cap OV, \qquad y_P = PU \cap OV$$

Abb. 5.

bestimmte *Koordinatenpaar* (x_P, y_P) zugeordnet (Abb. 5), und dem Koordinatenpaar (X, Y) der Punkt

$$(28) \qquad \boldsymbol{P}(X, Y) = (XU \cap \varepsilon)\,V \cap YU.$$

Es gelten dann also die Gleichungen

$$(29) \qquad\qquad \boldsymbol{P}(x_P, y_P) = P,$$

$$(30) \qquad\qquad x_{\boldsymbol{P}(X,Y)} = X, \qquad y_{\boldsymbol{P}(X,Y)} = Y.$$

Für spätere Verwendung sei noch das Folgende bemerkt: Bei der Herleitung dieser Koordinatendarstellung wird über die Eigenschaften einer Inzidenzstruktur hinaus nur die Existenz der gegenseitigen Schnittpunkte von ε, der Geraden durch U sowie der Geraden durch V und die Existenz der Verbindungsgeraden jedes eigentlichen Punktes mit U sowie mit V benötigt.

Die Punkte P einer eigentlichen Geraden durch U sind offenbar dadurch gekennzeichnet, daß sie einen festen Wert $\eta = UP$, also auch einen festen Wert y_P liefern. Entsprechend sind die Punkte P einer eigentlichen Geraden durch V dadurch gekennzeichnet, daß $\xi = (VP)^\lambda$, also auch x_P einen festen Wert hat. Dieses gilt ebenfalls unter den oben erwähnten schwachen Voraussetzungen. Eine weder durch U noch durch V gehende Gerade α bestimmt nun die Perspektivität π_α des Büschels in V auf das Büschel in U von α aus, für die natürlich $\omega^{\pi_\alpha} = \omega$ gilt. Durch π_α wird α schon eindeutig festgelegt; denn nimmt man zwei verschiedene eigentliche Geraden γ_1, γ_2 durch V, so ist $\gamma_i^{\pi_\alpha} = (\gamma_i \cap \alpha)\,U$, also nach (12) $\gamma_i \cap \alpha = \gamma_i^{\pi_\alpha} \cap \gamma_i$ und wegen $\gamma_1 \cap \alpha \neq \gamma_2 \cap \alpha$ daher $\alpha = (\gamma_1^{\pi_\alpha} \cap \gamma_1)\,(\gamma_2^{\pi_\alpha} \cap \gamma_2)$. Die weder durch U noch durch V gehenden Geraden α lassen sich also beschreiben durch die ihnen zugeordneten umkehrbaren Abbildungen $\sigma_\alpha = \lambda^{-1}\pi_\alpha$ des durch U bestimmten Parallelenbüschels auf sich: Der Punkt P mit den gemäß (26) gebildeten Koordinaten ξ, η liegt genau dann auf α, wenn $\xi^{\sigma_\alpha} = \eta$ gilt. Es fragt sich nun, wann eine Menge von umkehrbaren Abbildungen einer Menge auf sich in diesem Sinn eine affine Ebene beschreibt. Die Antwort gibt der folgende Satz [**79**].

23. Eine Menge Σ von umkehrbaren Abbildungen einer Menge $\mathfrak{M}$ auf sich beschreibt genau dann in der oben angegebenen Weise eine affine Ebene, wenn $\mathfrak{M}$ mindestens zwei Elemente enthält und die Bedingungen erfüllt sind:

$$(31) \quad \left\{ \begin{array}{l} \textit{Zu } \xi_i, \eta_i \in \mathfrak{M} \ (i=1, 2) \textit{ gibt es im Falle } \xi_1 \neq \xi_2,\ \eta_1 \neq \eta_2 \\[4pt] \textit{genau ein } \sigma \in \Sigma \textit{ mit } \xi_i^\sigma = \eta_i \ (i=1, 2). \end{array} \right.$$

$$(32) \quad \left\{ \begin{array}{l} \textit{Zu } \sigma \in \Sigma \textit{ und } \xi, \eta \in \mathfrak{M} \textit{ gibt es im Falle } \xi^\sigma \neq \eta \textit{ genau ein } \tau \in \Sigma \\[4pt] \textit{mit } \xi^\tau = \eta \textit{ so, daß } \tau\sigma^{-1} \textit{ kein Fixelement besitzt.} \end{array} \right.$$

Ist $\mathfrak{M}$ endlich, so folgt (32) bereits aus (31)[1].

---

[1] Beispiele, die zeigen, daß dies bei unendlicher Menge nicht richtig ist, findet man [**79**, S. 272/73].

Beweis. Nach Satz 4 von S. 7 enthält bei einer affinen Ebene die Menge $\mathfrak{M}$ der durch den uneigentlichen Punkt U gehenden eigentlichen Geraden mindestens zwei Elemente. Mit Σ als der Menge der oben eingeführten σ_α folgt (31) dann sofort aus dem Vorhandensein der Verbindungsgerade zweier Punkte P_1, P_2 und der Tatsache, daß diese weder durch U noch durch V geht, sobald die P_i weder in ihren ξ- noch in ihren η-Koordinaten übeıeinstimmen. Die gemeinsamen Punkte zweier Geraden α, β haben als ξ-Koordinaten offenbar die Fixelemente von $\sigma_\beta \sigma_\alpha^{-1}$. Im Falle $\alpha \neq \beta$ ist daher genau dann $\alpha \parallel \beta$, wenn $\sigma_\beta \sigma_\alpha^{-1}$ kein Fixelement besitzt. Auf Grund dieser Bemerkung folgt (32) sofort aus (19). Erfüllt umgekehrt eine Menge Σ von umkehrbaren Abbildungen der mindestens zwei Elemente enthaltenden Menge $\mathfrak{M}$ auf sich die Bedingungen (31), (32), so bezeichnet man die Paare (ξ, η) von Elementen aus $\mathfrak{M}$ als Punkte und die folgenden Punktmengen als Geraden: a) Jede Menge aller (ξ, η) mit festem ξ;

b) jede Menge aller (ξ, η) mit festem η;

c) zu jedem $\sigma \in \Sigma$ die Menge aller (ξ, η) mit $\xi^\sigma = \eta$

(also σ, falls Abbildungen als Paarmengen erklärt sind).

Diese Punkte und Geraden mit der Enthaltensein-Beziehung als Inzidenzrelation bilden nun eine affine Ebene $\mathfrak{A}$. Erstens geht nämlich durch zwei verschiedene Punkte (ξ_i, η_i) $(i = 1, 2)$ stets genau eine Gerade, so daß (2) und (16) erfüllt sind: Im Falle $\xi_1 = \xi_2$ handelt es sich um eine Gerade vom Typ a, im Falle $\eta_1 = \eta_2$ um eine solche vom Typ b, und im Falle $\xi_1 \neq \xi_2$, $\eta_1 \neq \eta_2$ kann es sich nur um eine solche vom Typ c handeln, die sich nach (31) auch tatsächlich als eindeutig bestimmt ergibt. Zwei Geraden verschiedenen Typs haben offenbar stets einen Punkt gemeinsam, während zwei verschiedene Geraden vom Typ a oder vom Typ b keinen gemeinsamen Punkt besitzen. Daraus folgt (19); falls die darin vorkommende Gerade α vom Typ a oder b ist. Beachtet man, daß zwei zu $\sigma, \tau \in \Sigma$ gehörige Geraden des Typs c genau dann einen Punkt gemeinsam haben, wenn $\tau \sigma^{-1}$ ein Fixelement besitzt, so ergibt sich schließlich (19) in dem noch fehlenden Fall einer Geraden vom Typ c aus (32). Sind ξ, η zwei verschiedene Elemente von $\mathfrak{M}$, so sind schließlich (ξ, ξ), (ξ, η), (η, η) drei Punkte der in (20) geforderten Eigenschaft: Die ersten beiden haben eine Gerade vom Typ a, die beiden letzten aber eine solche vom Typ b als Verbindungsgerade. Die Geraden vom Typ b lassen sich nun den Elementen von $\mathfrak{M}$ gleichsetzen nämlich jeweils dem festen η der Geradenpunkte. $\mathfrak{M}$ ist dann ein Parellelenbüschel von $\mathfrak{A}$, und die Geraden vom Typ a bilden ein davon verschiedenes, welches nun dadurch umkehrbar auf $\mathfrak{M}$ abgebildet wird, daß jeder Geraden das feste ξ ihrer Punkte zugeordnet wird. Mit dieser Abbildung als λ hat dann offenbar der Punkt (ξ, η) die Koordinaten

ξ, η im Sinne von (26), und für die zu σ gehörige Gerade α vom Typ c gilt $\sigma = \sigma_\alpha$. Damit ist bewiesen, daß Σ in der gewünschten Weise die affine Ebene $\mathfrak{A}$ beschreibt. Enthält nun $\mathfrak{M}$ genau n Elemente, so gibt es zu einem Punkt (ξ, η) nach (31) genau $n-1$ Elemente $\tau \in \Sigma$ mit $\xi^\tau = \eta$. Bei $\xi^\sigma \neq \eta$ hat dann jedenfalls keine der $n-1$ Abbildungen $\tau \sigma^{-1}$ das Fixelement ξ, und wegen $\eta^{\sigma^{-1}\tau\sigma^{-1}} \neq \xi^{\tau\sigma^{-1}} = \eta^{\sigma^{-1}}$ auch keine das Fixelement $\eta^{\sigma^{-1}}$. Nach (31) gibt es zu jedem der $n-2$ Elemente $\xi' \neq \xi, \eta^{\sigma^{-1}}$ genau eine Abbildung τ mit $\xi^\tau = \eta$ und $\xi'^\tau = \xi'^\sigma$, für die also $\tau \sigma^{-1}$ das Fixelement ξ' besitzt. Es bleibt daher genau eine Abbildung τ mit $\xi^\tau = \eta$ übrig, für welche $\tau \sigma^{-1}$ überhaupt kein Fixelement hat. Damit ist (32) hergeleitet.

Sei nun neben der projektiven Ebene $\mathfrak{E}$ mit U, V, λ, Σ eine weitere projektive Ebene $\mathfrak{E}'$ mit $U', V', \lambda', \Sigma'$ gegeben und ein Isomorphismus φ von $\mathfrak{E}$ auf $\mathfrak{E}'$ mit $U^\varphi = U'$, $V^\varphi = V'$. Dann ruft φ eine (der Einfachheit halber wieder mit φ bezeichnete) umkehrbare Abbildung des Büschels in U auf das Büschel in U' hervor, und $\psi = \lambda^{-1} \varphi \lambda'$ ist eine ebensolche Abbildung. Wegen der aus $\xi^{\varphi\pi_{\alpha\varphi}} = (\xi^\varphi \cap \alpha^\varphi) U' = \big((\xi\cap\alpha)U\big)^\varphi = \xi^{\pi_\alpha\varphi}$ folgenden Gleichung $\pi_{\alpha\varphi} = \varphi^{-1}\pi_\alpha\varphi$ gilt dann

$$(33) \qquad\qquad \sigma_{\alpha\varphi} = \psi^{-1}\sigma_\alpha\varphi.$$

Ist umgekehrt mit festen umkehrbaren Abbildungen φ, ψ des Büschels in U auf das in U', welche $(UV)^\varphi = U'V' = (UV)^\psi$ erfüllen, $\sigma \to \psi^{-1}\sigma\varphi$ eine umkehrbare Abbildung von Σ auf Σ', so läßt sich φ zu einem Isomorphismus von $\mathfrak{E}$ auf $\mathfrak{E}'$ fortsetzen, für den (33) gilt. Nach Satz 2, S. 4, und Satz 8, S. 11, genügt es nämlich, diesen Isomorphismus für die eigentlichen, also die nicht auf UV liegenden Punkte anzugeben: Dem Punkt mit dem Koordinatenpaar (ξ, η) in $\mathfrak{E}$ wird der Punkt mit dem Koordinatenpaar (ξ^ψ, η^φ) in $\mathfrak{E}'$ zugeordnet; da aus $\xi^\sigma = \eta$ sofort $(\xi^\psi)^{\psi^{-1}\sigma\varphi} = \eta^\varphi$ folgt, gelten dann tatsächlich (4) und (33).

Es soll nun eine für das Folgende wichtigere Darstellung einer affinen Ebene $\mathfrak{A}$ mittels Koordinaten beschrieben werden. Zu diesem Zweck wird die zweite Art der Koordinatendarstellung verwendet. Auf der Geraden ε sei dabei ein von O verschiedener eigentlicher Punkt E vorgegeben. Die Abbildungen σ_α seien mittels $\xi \to \xi \cap OV$ auf die aus den eigentlichen Punkten von OV bestehende Koordinatenmenge $\mathfrak{K}$ übertragen. Um die Abhängigkeit von den Punkten O, U, V, E auszudrücken, bezeichnet man $\mathfrak{K}$ als die auf diese Punkte *bezogene* Koordinatenmenge. Falls nicht $\mathfrak{A} = \mathfrak{E}_\omega$, sondern nur $\mathfrak{E}$ vorgegeben ist, brauchen die vier Bezugspunkte O, U, V, E offenbar nur der Bedingung zu genügen, daß keine drei von ihnen kollinear sind; das Quadrupel O, U, V, E sei dann als *nichtausgeartetes Punktquadrupel* bezeichnet. Für die Koordinaten werden kleine lateinische Buchstaben verwandt. O und

$EU \cap OV$ werden aus später erkennbaren Gründen auch mit 0 bzw. 1 bezeichnet, so daß $O = \boldsymbol{P}(0, 0)$, $E = \boldsymbol{P}(1, 1)$ ist. Jeder Geraden α, die weder durch U noch durch V geht, wird nun ihre Parallele α' durch O zugeordnet. Wegen $0^{\sigma\alpha'} = 0$ ist dann $1^{\sigma\alpha'} \neq 0$. Umgekehrt gibt es zu $u, v \in \Re$ mit $u \neq 0$ genau eine Gerade α mit $u = 1^{\sigma\alpha'}$, $v = 0^{\sigma\alpha}$; denn einmal muß eine solche Gerade durch $\boldsymbol{P}(0, v)$ gehen und zum andern zu $O\boldsymbol{P}(1, u)$ parallel sein. Durch

$$(34) \qquad x^{\sigma\alpha} = \boldsymbol{T}(1^{\sigma\alpha'}, x, 0^{\sigma\alpha}),$$

$$(35) \qquad v = \boldsymbol{T}(0, x, v)$$

wird daher in $\Re$ eine überall definierte ternäre Verknüpfung $\boldsymbol{T}$ erklärt (vgl. Abb. 6). Man erkennt sofort, daß die eigentlichen Punkte P einer nicht durch V gehenden Geraden α durch eine Gleichung

$$(36) \qquad y_P = \boldsymbol{T}(u, x_P, v)$$

gekennzeichnet sind, wobei

$$(37) \quad \boldsymbol{P}(0, v) = \alpha \cap OV, \quad O\boldsymbol{P}(1, u) \,\|\, \alpha$$

gilt. Umgekehrt kennzeichnet bei beliebiger Wahl von u, v die Gl. (36) die eigentlichen Punkte P der durch (37) bestimmten Geraden α. (36) und (37) liefern noch

$$(38) \qquad v = \boldsymbol{T}(u, 0, v),$$

$$(39) \qquad u = \boldsymbol{T}(u, 1, 0)$$

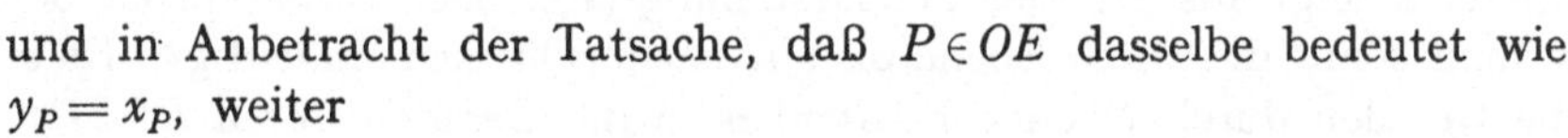

Abb. 6.

und in Anbetracht der Tatsache, daß $P \in OE$ dasselbe bedeutet wie $y_P = x_P$, weiter

$$(40) \qquad x = \boldsymbol{T}(1, x, 0).$$

Ist $O\boldsymbol{P}(1, u) = \alpha = O\boldsymbol{P}(1, u')$, so ergibt sich — da α nicht durch V geht, also $\neq \beta = (1 U \cap \varepsilon)V$ ist — nach (12) und (28) $\boldsymbol{P}(1, u) = \alpha \cap \beta = \boldsymbol{P}(1, u')$, also nach (30) $u = u'$. Zufolge (37) sind daher in der Form (36) darstellbare Geraden genau dann parallel, wenn sie in dieser Darstellung denselben u-Wert (daher *Richtungsfaktor* genannt) besitzen. Daher folgt aus dem Vorhandensein des Schnittpunktes zweier nichtparalleler Geraden:

$$(41) \qquad \begin{cases} \textit{Zu } \ u_1, u_2, v_1, v_2 \in \Re \ \textit{ gibt es im Falle } u_1 \neq u_2 \textit{ genau ein } x \in \Re \\ \qquad \textit{mit } \ \boldsymbol{T}(u_1, x, v_1) = \boldsymbol{T}(u_2, x, v_2). \end{cases}$$

Ferner ergibt ebenso (19) die Aussage:

$$(42) \quad \textit{Zu } x, y, u \in \Re \textit{ gibt es genau ein } v \in \Re \textit{ mit } y = \boldsymbol{T}(u, x, v).$$

Aus dem Vorhandensein der Verbindungsgeraden zweier verschiedener Punkte folgt schließlich:

$$(43) \quad \begin{cases} Zu \;\; x_1,\, x_2,\, y_1,\, y_2 \in \Re \;\; gibt\; es\; im\; Falle\; x_1 \neq x_2,\, y_1 \neq y_2\; Elemente \\ u,\, v \in \Re \;\; mit \;\; y_i = T\,(u,\, x_i,\, v)\;\; (i = 1,\, 2). \end{cases}$$

Eine algebraische Struktur, welche aus einer zwei verschiedene Elemente 0, 1 enthaltenden Menge $\Re$ und einer die Bedingungen (35), (38) bis (43) erfüllenden, in $\Re$ überall definierten ternären Verknüpfung T gebildet wird, werde *Ternärkörper*[1] genannt; die gemäß (42), (41) durch (40) eindeutig bestimmten Elemente 0 und 1 heißen das *Nullelement* bzw. das *Einselement* des Ternärkörpers, welcher übrigens der Einfachheit halber wieder mit $\Re$ bezeichnet werde. Bei endlicher Menge $\Re$ ist in (42) das Wort „genau" überflüssig; denn die Abbildung $v \rightarrow T\,(u, x, v)$ ist dann bereits umkehrbar, wenn sie eine Abbildung von $\Re$ *auf* sich ist.

Mit $0 = O$, $1 = EU \cap OV$ und der durch (34), (35) erklärten Verknüpfung T ist nun nach dem oben Bewiesenen die auf O, U, V, E (U, V uneigentlich) bezogene Koordinatenmenge $\Re$ der affinen Ebene $\mathfrak{A}$ ein Ternärkörper, der *auf O, U, V, E bezogene Ternärkörper von $\mathfrak{A}$* — oder auch von $\mathfrak{E}$, im Falle $\mathfrak{A} = \mathfrak{E}_{UV}$. Ist der auf O', U', V', E' (U', V' uneigentlich) bezogene Ternärkörper $\Re'$ (mit der ternären Verknüpfung T') der affinen Ebene $\mathfrak{A}'$ isomorph zu $\Re$, d.h. gibt es eine umkehrbare Abbildung σ von $\Re$ auf $\Re'$ mit $T\,(u, x, v)^\sigma = T'\,(u^\sigma, x^\sigma, v^\sigma)$, so wird durch $P\,(x, y)^\varphi = P\,(x^\sigma, y^\sigma)$ ein Isomorphismus φ von $\mathfrak{A}$ auf $\mathfrak{A}'$ bestimmt; denn daß φ eine umkehrbare Abbildung der Menge der Punkte von $\mathfrak{A}$ auf die Menge der Punkte von $\mathfrak{A}'$ liefert, sieht man sofort, und die Bedingung (4) für φ folgt aus der Geradendarstellung (36). Der Ternärkörper bestimmt somit die affine Ebene bis auf Isomorphismen eindeutig[2]. Da φ die Geraden durch U oder V offenbar in die Geraden durch U' bzw. V' überführt, gilt bei Fortsetzung von φ zu einem Isomorphismus der projektiven Ebenen $U^\varphi = U'$, $V^\varphi = V'$. Aus (40) folgt $x^\sigma = T'\,(1^\sigma, x^\sigma, 0^\sigma)$, und daraus ergeben sich 0^σ, 1^σ als Null- bzw. Einselement von $\Re'$. Wegen $0 = P\,(0, 0)$, $E = P\,(1, 1)$ ist daher $O^\varphi = O'$, $E^\varphi = E'$. Das Quadrupel O, U, V, E läßt sich also durch einen Isomorphismus in das Quadrupel O', U', V', E' überführen, wenn die auf diese Punktquadrupel bezogenen Ternärkörper isomorph sind. Umgekehrt ruft ein Isomorphismus φ von $\mathfrak{E}$ auf $\mathfrak{E}'$ einen Isomorphismus des auf O, U, V, E bezogenen Ternär-

---

[1] Diese Bezeichnung ist mit Rücksicht darauf gewählt, daß sich — wie später gezeigt wird — die Körper diesem Begriff unterordnen. In [**184**] wird unter dem Namen „Ternar" diejenige Verallgemeinerung betrachtet, die durch Weglassen von (39), (40) und der Existenzforderung von 1 entsteht.

[2] Daß andererseits der Ternärkörper unabhängig von den Bezugspunkten allein durch die affine Ebene nicht bis auf Isomorphismen bestimmt zu sein braucht, wird sich auf S. 208 zeigen; s. auch S. 97, Fußnote 1.

körpers von $\mathfrak{E}$ auf den auf O^φ, U^φ, V^φ, E^φ bezogenen Ternärkörper von $\mathfrak{E}'$ hervor. Denn mit den Bezeichnungen von S. 34 ist $\lambda = \pi_{OE}$, $\lambda' = \pi_{O^\varphi E^\varphi} = \varphi^{-1}\lambda\,\varphi$, also $\psi = \varphi$ und nach (33) daher $\varphi\,\sigma_{\alpha\varphi} = \sigma_\alpha\,\varphi$, so daß wegen $(\alpha^\varphi)' = (\alpha')^\varphi$ aus (34) die Beziehung

$$\boldsymbol{T}(1^{\sigma_{\alpha'}}, x, 0^{\sigma_\alpha})^\varphi = x^{r\alpha\,\varphi} = (x^\varphi)^{\sigma_\alpha\varphi} = \boldsymbol{T}'\big((1^\varphi)^{\sigma_{(\alpha')^\varphi}}, x^\varphi, (0^\varphi)^{\sigma_\alpha\varphi}\big)$$
$$= \boldsymbol{T}'(1^{\sigma_{\alpha'}\,\varphi}, x^\varphi, 0^{\sigma_\alpha\varphi})$$

folgt[1], da man nämlich in $\mathfrak{E}'$ bei der Anwendung von (34) 0 und 1 durch 0^φ bzw. $E^\varphi U^\varphi \cap O^\varphi V^\varphi = 1^\varphi$ zu ersetzen hat. Damit ist der Satz gewonnen:

24. *Ein nichtausgeartetes Punktquadrupel einer projektiven Ebene $\mathfrak{E}$ läßt sich genau dann durch einen Isomorphismus von $\mathfrak{E}$ auf $\mathfrak{E}'$ in ein anderes nichtausgeartetes Punktquadrupel überführen, wenn die auf die beiden Punktquadrupel bezogenen Ternärkörper von $\mathfrak{E}$ bzw. $\mathfrak{E}'$ isomorph sind.*

Es fragt sich nun, ob ein beliebiger Ternärkörper $\mathfrak{K}$ isomorph ist zu einem Ternärkörper einer affinen Ebene. Um diese Frage zu beantworten, zieht man am einfachsten Satz 23 von S. 32 heran[2], indem man $\mathfrak{M} = \mathfrak{K}$ setzt und als Elemente von Σ diejenigen Abbildungen σ nimmt, welche mit $u, v \in \mathfrak{K}$, $u \neq 0$ durch

$$(44) \qquad\qquad x^\sigma = \boldsymbol{T}(u, x, v)$$

erklärt werden. (41) mit $u_2 = 0$ und (35) zeigen, daß diese σ wirklich umkehrbare Abbildungen von $\mathfrak{K}$ auf sich sind. Da im Falle $u \neq u'$ aus $\boldsymbol{T}(u, x_i, v) = \boldsymbol{T}(u', x_i, v')$ $(i = 1, 2)$ nach (41) $x_1 = x_2$ folgt und weiter aus $\boldsymbol{T}(u, x_1, v) = \boldsymbol{T}(u, x_1, v')$ nach (42) $v = v'$, so läßt sich die Aussage von (43) dahingehend verschärfen, daß es nur ein Paar u, v der angegebenen Eigenschaft gibt. Das bedeutet nun aber gerade die Bedingung (31) für Σ. Der Nachweis von (32) verlangt, diejenigen Paare $u', v' \in \mathfrak{K}$ mit $u' \neq 0$ festzustellen, für welche $b = \boldsymbol{T}(u', a, v')$, $\boldsymbol{T}(u', x, v') \neq \boldsymbol{T}(u, x, v)$ im Falle $b \neq \boldsymbol{T}(u, a, v)$, $u \neq 0$ gilt. $u \neq u'$ ist dabei wegen (41) ausgeschlossen. Im Falle $u' = u$ wird dann aber v' durch $b = \boldsymbol{T}(u, a, v')$ nach (42) eindeutig bestimmt, und wegen $b \neq \boldsymbol{T}(u, a, v)$ gilt $v' \neq v$. Daher ist dann wirklich wegen (42) $\boldsymbol{T}(u, x, v) \neq \boldsymbol{T}(u, x, v')$, also (32) erfüllt. Gemäß den Entwicklungen von S. 33 kann man jetzt mittels Σ eine affine Ebene $\mathfrak{A}$ bilden, in der — wie aus dem Nachweis von (32) folgt — Geraden vom Typ c genau dann parallel sind, wenn sie in der Darstellung (44) denselben u-Wert haben. In $\mathfrak{A}$ nimmt man nun als U den gemeinsamen (uneigentlichen) Punkt der Geraden vom

---

[1] Ohne Benutzung von (33) läßt sich diese Gleichung auch sehr einfach mittels (48) und (49) herleiten.

[2] Will man diesen Satz nicht heranziehen, so hat man als Punkte die Paare von Elementen aus $\mathfrak{K}$ zu nehmen und die Geraden wie auf S. 33 in drei Typen eingeteilt als Punktmengen zu erklären.

Typ b, als V denjenigen der Geraden vom Typ a und setzt ferner $O = (0, 0)$, $E = (1, 1)$. Der Ternärkörper $\mathfrak{K}'$ von $\mathfrak{A}$ bezüglich dieser Punkte besteht dann aus den Paaren $(0, x)$ und hat $(0, 0)$ als Nullelement sowie $(0, 1)$ als Einselement. Nach (40) und (44) besteht $OE = \varepsilon$ aus den sämtlichen Punkten (x, x). Aus (27) ergibt sich daher $x_{(x, y)} = (0, x)$, $y_{(x, y)} = (0, y)$, so daß mit $\boldsymbol{T}'$ als der Verknüpfung von $\mathfrak{K}'$ gemäß (36) eine nicht durch V gehende Gerade bei passend gewählten u, x, v die Menge der (x, y) mit $(0, y) = \boldsymbol{T}'\big((0, u), (0, x), (0, v)\big)$ ist. Zusammen mit der Darstellung $y = \boldsymbol{T}(u', x, v')$ dieser Geraden, welche im Falle $u' \neq 0$ aus (44) und im Falle $u' = 0$ aus (35) folgt, ergibt sich daraus für alle $x \in \mathfrak{K}$

$$(45) \qquad \big(0, \boldsymbol{T}(u', x, v')\big) = \boldsymbol{T}'\big((0, u), (0, x), (0, v)\big).$$

Für $x = 0$ liefert (45) nach der für $\boldsymbol{T}$ wie für $\boldsymbol{T}'$ geltenden Gl. (38) $v = v'$. Da bei Übergang zu einer parallelen Geraden sich weder u noch u' ändert, darf man in (45) $v = v' = 0$ setzen und erhält dann mit $x = 1$ wegen der für $\boldsymbol{T}$ wie für $\boldsymbol{T}'$ geltenden Gl. (39) $u' = u$. Mit $u = u'$, $v = v'$ besagt aber nun (45) gerade, daß die offenbar umkehrbare Abbildung $x \to (0, x)$ von $\mathfrak{K}$ auf $\mathfrak{K}'$ ein Isomorphismus der Ternärkörper ist.

Zusammengefaßt hat man also das folgende Ergebnis [**79**]:

25. *Jeder Ternärkörper bestimmt bis auf Isomorphismen eindeutig eine affine Ebene, die bezüglich eines gewissen Punktquadrupels einen zu ihm isomorphen Ternärkörper besitzt, und man erhält auf diese Weise sämtliche affinen Ebenen.*

Damit läßt sich grundsätzlich jede Frage über affine und damit auch über projektive Ebenen in eine algebraische[1] umformen. Ohne weitere Voraussetzungen über die projektiven Ebenen ist damit allerdings wenig erreicht, da eine Strukturtheorie beliebiger Ternärkörper noch nicht besteht. In wichtigen Sonderfällen[2] bedeutet die erreichte Algebraisierung jedoch einen großen Vorteil. Bei allen diesen Sonderfällen läßt sich die ternäre Verknüpfung $\boldsymbol{T}$ durch zwei binäre, als Addition und Multiplikation[3] geschriebene Verknüpfungen so ausdrücken:

$$(46) \qquad\qquad \boldsymbol{T}(u, x, v) = u x + v.$$

Dabei sind diese beiden Verknüpfungen durch

$$(47) \qquad\qquad x + y = \boldsymbol{T}(1, x, y), \quad x y = \boldsymbol{T}(x, y, 0)$$

---

[1] Algebra ist hier aufgefaßt als die Lehre von den Mengen mit überall definierten Verknüpfungen — wenn dies auch in mancher Beziehung als eine zu enge Begrenzung erscheinen mag.

[2] Vgl. **3.4**, **3.5**.

[3] Wo immer im folgenden kleine lateinische Buchstaben ohne Operationszeichen nebeneinander geschrieben werden, ist damit stets ein Produkt gemeint, niemals eine Verbindungsgerade.

erklärt. Die Bedingungen, unter welchen (46) gilt, werden in **3.5** untersucht. Für einen Punkt P der nicht durch V gehenden Geraden α gilt wegen $\alpha \neq (x_P U \cap OE)V$ nach (28), (29) und (11): $P = \alpha \cap (x_P U \cap OE)V$. In Anbetracht von (27) und (36) gilt daher

$$(48) \qquad T(u, x, v) = \big(\alpha \cap (x U \cap OE)\, V\big)\, U \cap OV.$$

Darin wird α gemäß (37) durch

$$(49) \qquad v \in \alpha \parallel (EV \cap u\,U)\,O$$

bestimmt (Abb. 6); denn aus $1 = EU \cap OV$ folgt nach (14) $1\,U \cap OE = E$, so daß nach (28) $O\,P(1, u) = (EV \cap u U)O$ ist. Im Falle $u = 1$ ist nach (14) $EV \cap u U = E$, so daß mit $W = OE \cap UV$ aus (49) $\alpha = vW$ und damit aus (47), (48)

$$(50) \qquad x + y = \big((OW \cap xU)\, V \cap yW\big)\, U \cap OV$$

folgt[1]. Im Falle $v = 0$ ergibt (49) $\alpha = (E V \cap u\,U)O$, so daß (47), (48) dann

$$(51) \qquad x\,y = \big((EV \cap xU)\, O \cap (yU \cap OE)\, V\big)\, U \cap OV$$

liefern. Zur Erklärung der Addition benötigt man somit nur die Geradenbüschel in U, V, W und zur Erklärung der Multiplikation nur die Geradenbüschel in U, O, V. Ersetzt man nun in der rechten Seite von (50) V, W, O, x, y durch $O, V, E, xU \cap OE, yU \cap OE$, so wird sie — wie einfache Umformungen mittels (13) und Beachtung von (51) zeigen — zu $(x y)\,U \cap OE$. Die Multiplikation ist also nach Übertragung auf OE mittels der Perspektivität von U aus einfach eine Verknüpfung derselben Art wie die Addition. Auf Grund der so gewonnenen Ergebnisse werden nun Addition und Multiplikation in Abschnitt **2** auf einheitliche Weise untersucht.

1.6. Koordinaten in der dualen Ebene.

Wie in **1.5** seien in der affinen Ebene $\mathfrak{A} = \mathfrak{E}_\omega$ durch die Punkte O, U, V, E (mit $\omega = UV$) Koordinaten eingeführt. In der dualen Ebene $\tilde{\mathfrak{E}}$ werden nun die nichtkollinearen Punkte $\tilde{O} = OU$, $\tilde{U} = OV$, $\tilde{V} = UV$ sowie der Punkt $\tilde{W} = VE$ betrachtet und ferner auf $\tilde{O} \cap \tilde{W}$ ein von $\tilde{O}$ und $\tilde{W}$ verschiedener Punkt $\tilde{E}$ ausgewählt, der also in $\mathfrak{E}$ eine Gerade durch $E' = VE \cap OU \; (= \tilde{O} \cap \tilde{W})$ ist. $\tilde{O}, \tilde{U}, \tilde{V}, \tilde{E}$ können nun als Bezugspunkte einer Koordinatendarstellung von $\tilde{\mathfrak{E}}$ dienen, wobei als Koordinaten die durch U gehenden Geraden $\neq UV$ von $\mathfrak{E}$ verwandt sind. Diese lassen sich durch die Perspektivität des Geradenbüschels in U auf die Punktreihe in OV eineindeutig auf die Koordinaten von $\mathfrak{E}$, d.h. die Punkte $\neq V$ von OV, beziehen. Gemäß dieser Zuordnung seien sie im

---

[1] Nach Vergleich von (48), (49) mit (50), (51) ist $T(u, x, v)$ bei $u \neq 0$ die Summe von $u x, v$ in dem Ternärkörper, der bei Ersetzen von E durch $P(1, u)$ entsteht. Somit besagt (46) gerade, daß die Addition nicht von W abhängt (siehe AL-DHAHIR, ABDUL-ELAH [1974]).

folgenden stets durch diese Punkte ersetzt[1], so daß also die Koordinaten in $\mathfrak{E}$ zugleich als Koordinaten in $\widetilde{\mathfrak{E}}$ Verwendung finden. Wenn nun auch nach dieser Festsetzung der auf $\tilde{O}, \tilde{U}, \tilde{V}, \tilde{E}$ bezogene Ternärkörper $\widetilde{\mathfrak{K}}$ von $\widetilde{\mathfrak{E}}$ aus denselben Elementen besteht wie der auf O, U, V, E bezogene Ternärkörper $\mathfrak{K}$ von $\mathfrak{E}$, so ist er als algebraische Struktur doch von $\mathfrak{K}$ zu unterscheiden. Dieser Unterschied soll nun näher untersucht werden.

Zunächst ist klar, daß das Nullelement 0 von $\mathfrak{K}$ auch Nullelement von $\widetilde{\mathfrak{K}}$ ist. Für das Einselement $\tilde{1}$ von $\widetilde{\mathfrak{K}}$ dagegen gilt — wie man leicht sieht — die Gleichung $\tilde{1} = \widetilde{E} \cap OV$, so daß durchaus nicht $\tilde{1} = 1$ zu sein braucht. Gemäß (48), (49) erhält

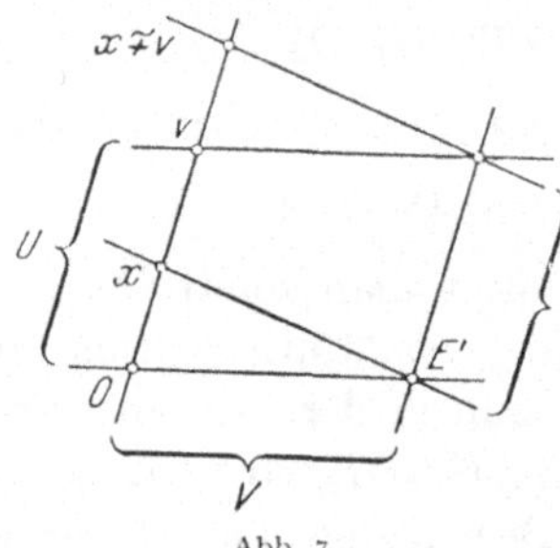
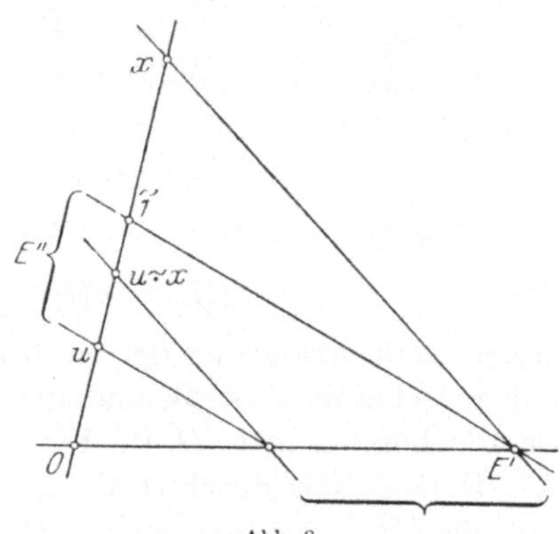

Abb. 7.   Abb. 8.

man für die ternäre Verknüpfung $\widetilde{T}$ von $\widetilde{\mathfrak{K}}$ die folgende Bestimmung, wenn noch $\widetilde{E} \cap UV = E''$ gesetzt wird:

$$(52) \qquad \widetilde{T}(u, x, v) = \big((uE'' \cap OU)\,V \cap vU\big)\,(xE' \cap UV) \cap OV.$$

Unter Verwendung von (36) und (37) gewinnt man daraus noch die Bestimmung von $\widetilde{T}(u, x, v)$ durch das folgende Gleichungssystem:

$$(53) \qquad \begin{cases} T(u_1, 1, \tilde{1}) = 0, & T(u_1, w, u) = 0, \\ T(u_2, 1, x) = 0, & T\big(u_2, w, \widetilde{T}(u, x, v)\big) = v. \end{cases}$$

Mit Hilfe dieser Beziehungen sollen nun die entsprechend (47) durch $\widetilde{T}$ erklärte Addition $\widetilde{+}$ und Multiplikation $\widetilde{\cdot}$ ausgedrückt werden. Wegen $\tilde{1}E'' \cap OU = E'$ und (12) erhält man aus (52) (s. Abb. 7 und 8):

$$(54) \qquad\qquad x \mathbin{\widetilde{+}} v = (E'V \cap vU)\,(xE' \cap UV) \cap OV,$$

$$(55) \qquad\qquad u \mathbin{\widetilde{\cdot}} x = (uE'' \cap OU)\,(xE' \cap UV) \cap OV.$$

---

[1] In [77] ist hier eine andere Zuordnung gewählt. Beachtet man diesen Unterschied, so stimmen die dortigen Ergebnisse mit (58) und (60) überein.

Da mit $u = \tilde{1}$ die erste Zeile von (53) nach (41) und (35) $w = 1$ ergibt, folgt aus (53) die Bestimmung

$$(56) \qquad T(u, 1, x) = 0, \qquad T(u, 1, x \,\tilde{+}\, v) = v$$

für $x \,\tilde{+}\, v$. Unter der Voraussetzung

$$(57) \qquad T(u, 1, v) = T(1, u, v) \qquad \textit{für alle } u, v \in \mathfrak{K}$$

geht (56) wegen (47) über in[1]

$$(58) \qquad v = x' + (x \,\tilde{+}\, v),$$

wobei x' durch

$$(59) \qquad x' + x = 0$$

nach (41) und (35) eindeutig bestimmt ist. Um eine entsprechende Bestimmung für $u \,\tilde{\cdot}\, x$ zu erhalten, werde (46) vorausgesetzt; in Anbetracht von (39) ergibt sich daraus mit $x = 1$ auch (57). Ferner sei $\tilde{E}$ so gewählt, daß $1 + \tilde{1} = 0$ gilt. Unter Verwendung der in (59) eingeführten Bezeichnung erhält man dann aus (53) $u_1 = 1$, $u_2 = x'$, $w = u'$ und somit[1]

$$(60) \qquad (u \,\tilde{\cdot}\, x)' = x' \, u'$$

als Sonderfall der Gleichung

$$x' \, u' + \tilde{T}(u, x, v) = v.$$

Andererseits folgt aus (58) und (60)

$$x' \, u' + (u \,\tilde{\cdot}\, x \,\tilde{+}\, v) = v,$$

so daß sich also mittels (42) und (47) $\tilde{T}(u, x, v) = u \,\tilde{\cdot}\, x \,\tilde{+}\, v$ ergibt:

26. *Wird $\tilde{E}$ durch* $1 + (\tilde{E} \cap OV) = 0$, $VE \cap OU \in \tilde{E}$ *bestimmt, so zieht* (46) *für $\mathfrak{K}$ dieselbe Eigenschaft für $\tilde{\mathfrak{K}}$ nach sich.* (Hierzu S. 98 Mitte.)

Setzt man voraus, daß $\tilde{+}$ von der Wahl des Punktes E' unabhängig ist[2], daß man also in Abb. 7 die durch x und $x \,\tilde{+}\, v$ gehenden Parallelen als beliebige parallele Geraden $\mathfrak{b}\, U$, V wählen darf, so läßt sich eine nicht durch V gehende Gerade α noch in der folgenden Weise darstellen [**122**]. Statt der Koordinate x_P eines Punktes P verwendet man den Wert $x_P^* = (PV \cap OU) E'' \cap OV$. Das ist möglich, weil nämlich — wie man

---

[1] Siehe Fußnote 1 von S. 40.

[2] Mit der Bezeichnung von S. 80 erkennt man leicht, daß dies den Desarguesschen $(V, UV; U, OV)$-Satz besagt (vgl. Fußn. 1, S. 39 u. Satz 33, S. 98). Unter dieser Voraussetzung ist $\tilde{+}$ gerade die Addition der *Hilbertschen Streckenrechnung* [**90**], deren Multiplikation übrigens ähnlich erklärt ist wie hier in $\tilde{\mathfrak{K}}$.

leicht mittels (27) erkennt — die Abbildung $x_P \to x_P^*$ der Koordinatenmenge in sich durch Hintereinanderausführen der Perspektivitäten von

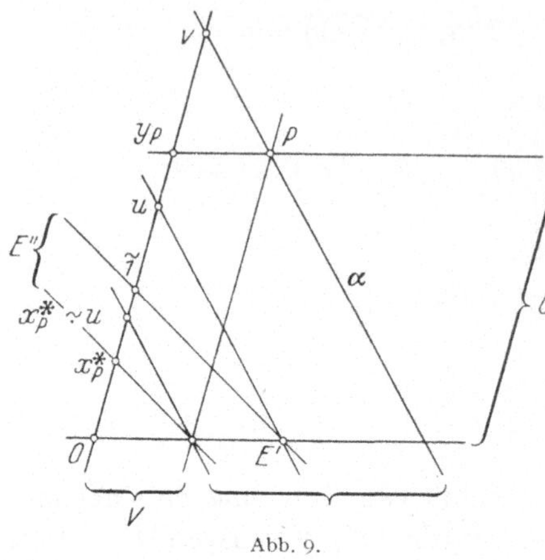

$\mathfrak{P}_{OV}$ auf $\mathfrak{P}_{OW}$ mit Zentrum U,
von $\mathfrak{P}_{OW}$ auf $\mathfrak{P}_{OU}$ mit Zentrum V sowie von $\mathfrak{P}_{OU}$ auf $\mathfrak{P}_{OV}$
mit Zentrum E'' entsteht und
daher eine umkehrbare Abbildung der Koordinatenmenge auf
sich ist. An Hand der Abb. 9
ergibt sich nun, daß die Punkte
$P \in \alpha$ durch die Gleichung

$$(61) \qquad x_P^* \sim u \stackrel{\sim}{+} y_P = v$$

gekennzeichnet werden, wobei
$u = (\alpha \cap UV) E' \cap OV$ und $v =$
$\alpha \cap OV$ gesetzt ist. Man kommt
also in dem hier betrachteten

Sonderfall bei der Geradendarstellung mit zwei binären Verknüpfungen
aus, ohne eine ternäre Verknüpfung zu benötigen[1].

2. Gewebe.

2.1. Darstellung von 3-Geweben mittels Loops.

Bei der Einführung der Addition und Multiplikation in (1.50), (1.51)
spielen jedesmal nur drei Geradenbüschel eine Rolle. Es liegt daher
nahe, die Einführung einer binären Verknüpfung in einer Inzidenzstruktur zu untersuchen, in welcher sämtliche Geraden sich auf drei
Geradenbüschel verteilen. Für die gleichzeitige Einführung von Addition
und Multiplikation benötigt man nun vier Geradenbüschel. Um auch
diesen Fall mit zu umfassen, wird der folgende allgemeine Begriff eingeführt. Eine Inzidenzstruktur zusammen mit einem m-tupel $(A_1, \ldots, A_m)$
von m (≥ 3) verschiedenen ihrer Punkte heißt $(A_1, \ldots, A_m)$-*Gewebe*, kurz
auch m-*Gewebe* oder *Gewebe*, wenn (1.17) und die folgenden Bedingungen
erfüllt sind:

(1)   *Auf jeder Geraden liegt einer der Punkte $A_1, \ldots, A_m$.*

(2) $\left\{ \begin{array}{l} \textit{Durch einen Punkt } A_i \ (i = 1, \ldots, m) \textit{ und einen von den } A_1, \ldots, A_m \\ \textit{verschiedenen Punkt geht eine Gerade.} \end{array} \right.$

(3) $\left\{ \begin{array}{l} \textit{Es gibt einen von den } A_i \textit{ verschiedenen, nicht mit zwei von ihnen} \\ \textit{kollinearen Punkt.} \end{array} \right.$

---

[1] Vgl. Satz 33 von S. 98.

Eine solche Inzidenzstruktur trägt somit mindestens[1] $m!$ verschiedene m-Gewebe-Strukturen. Die Punkte der in (3) genannten Eigenschaft werden als die *gewöhnlichen* Punkte[2] des Gewebes bezeichnet, und die Geraden durch A_i, welche gewöhnliche Punkte enthalten, heißen *A_i-Geraden*. Für eine A_i-Gerade α und eine A_k-Gerade β mit $i \neq k$ gilt offenbar $\alpha \neq \beta$, und es ist daher nach (1.17) der Punkt $\alpha \cap \beta$ vorhanden. Im Falle $m = 3$ ist dann sogar $\alpha \cap \beta$ ein gewöhnlicher Punkt; denn andernfalls wäre er mit A_i oder A_k und einem A_l ($l \neq i$ oder $l \neq k$) kollinear, also $A_i A_l = \alpha$ oder $A_k A_l = \beta$ im Gegensatz dazu, daß α und β je einen gewöhnlichen Punkt enthalten sollen. Für einen gewöhnlichen Punkt X ergibt sich mittels (1.12) die Beziehung

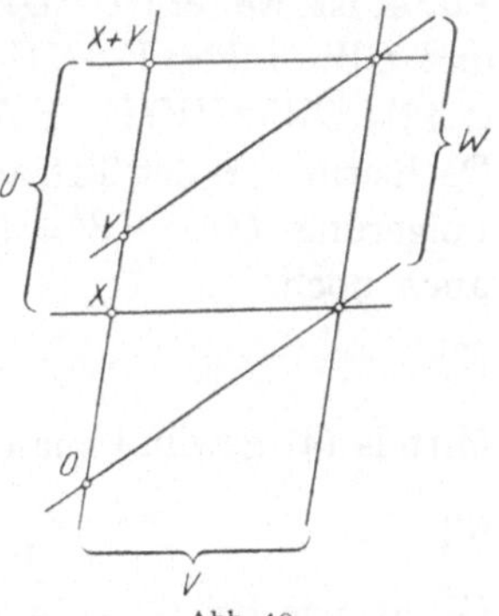

Abb. 10.

$$(4) \quad XA_i \cap YA_k = Y, \ \textit{falls} \ i \neq k \ \textit{und} \ Y \in XA_i;$$

denn XA_i enthält ja nicht A_k, so daß also YA_k existiert und $XA_i \neq YA_k$ ist. Ist α eine durch A_i gehende Gerade und P ein gewöhnlicher Punkt, so ist mit $i \neq k$ bestimmt $PA_k \cap \alpha \neq A_i$. Jede Gerade eines Gewebes enthält also mindestens zwei Punkte. Infolgedessen läßt sich Satz 2 von S. 4 im folgenden anwenden.

Ist σ ein Isomorphismus einer Inzidenzstruktur $\mathfrak{I}$, welche zusammen mit dem m-tupel $(A_1, \ldots, A_m)$ ein m-Gewebe $\mathfrak{G}$ liefert, so bildet offensichtlich $\mathfrak{I}^\sigma$ zusammen mit dem m-tupel $(A_1^\sigma, \ldots, A_m^\sigma)$ ebenfalls ein m-Gewebe. Dieses wird als *isomorphes Bild* $\mathfrak{G}^\sigma$ von $\mathfrak{G}$ und σ dann als *Isomorphismus* von $\mathfrak{G}$ auf $\mathfrak{G}^\sigma$ bezeichnet, im Falle $\mathfrak{I}^\sigma = \mathfrak{I}$, $A_i^\sigma = A_i$ ($i = 1, \ldots, m$) insbesondere als *Automorphismus* von $\mathfrak{G}$; ein solcher führt also eine A_i-Gerade stets wieder in eine A_i-Gerade über. Nach Satz 2 von S. 4 ist ein Isomorphismus zwischen m-Geweben bereits durch die Angabe der Bilder der Punkte bestimmt.

Es sei $\mathfrak{G}$ ein (U, V, W)-Gewebe und O ein gewöhnlicher Punkt von $\mathfrak{G}$. In der Menge $\mathfrak{P}_O$ der gewöhnlichen Punkte von OV wird nun entsprechend (50) die binäre Verknüpfung $+$ folgendermaßen definiert (Abb. 10) [**203**]:

$$(5) \qquad X + Y = ((OW \cap XU)\, V \cap YW)\, U \cap OV.$$

---

[1] Daß diese Zahl überschritten werden kann, zeigt die projektive Ebene mit genau 7 Punkten (vgl. Satz 1, S. 287), welche — wie man leicht sieht — genau $7 \cdot 3 \cdot 2 = 42$ 3-Gewebe-Strukturen trägt.

[2] In [**17**, **29**, **38**, **39**] werden nur die gewöhnlichen Punkte zum Gewebe gerechnet, was aber für die hier zu benutzenden 4-Gewebe unzweckmäßig wäre (vgl. auch [**175**]).

Die darin vorkommenden Bildungen sind nach den oben gemachten Bemerkungen über $\alpha \cap \beta$ sowie nach (2) sämtlich ausführbar und das Ergebnis wieder ein Element von $\mathfrak{V}_0$. Sind UV und VW vorhanden, so kann man die Definition (5) auch noch verwenden, falls entweder $X = V$ oder $Y = V$ ist, und erhält:

$$(6) \qquad\qquad V + Y = V = X + V.$$

Denn da $P = OW \cap XU$ für $X \neq V$ ein gewöhnlicher Punkt und daher $PV \neq VW$ ist, folgt nach (1.6) $PV \cap VW = V$, und da O ein gewöhnlicher Punkt ist, weiter $VU \cap OV = V$, also $X + V = V$. Wegen $OW \neq UV \neq YW$ und $OW \cap UV \neq V$, $UV \cap YW \neq U$ ergibt zweimalige Anwendung von (1.13) $\big((OW \cap UV) V \cap YW\big) U = (UV \cap YW) U = UV$ und daher $V + Y = V$. Da hierin von der Tatsache, daß Y ein gewöhnlicher Punkt ist, nur die Folgerung $UV \cap YW \neq U$ gebraucht wurde, gilt im Falle $UV \neq VW$ auch noch

$$(7) \qquad\qquad V + V = V.$$

Mittels (4) gewinnt man für $X \in \mathfrak{V}_0$ sofort

$$(8) \qquad\qquad O + X = X = X + O.$$

Genau wie bei (5) erkennt man, daß durch

$$(9) \qquad\qquad D_l(X, Z) = \big((OW \cap XU) V \cap ZU\big) W \cap OV$$

$$(10) \qquad\qquad D_r(Z, Y) = \big((ZU \cap YW) V \cap OW\big) U \cap OV$$

binäre Verknüpfungen D_l und D_r in $\mathfrak{V}_0$ definiert werden, die stets ausführbar sind. Durch dreimalige Anwendung von (1.14) ergibt sich nun

$$(11) \qquad\qquad D_r(X + Y, Y) = X.$$

Setzt man $(OW \cap XU) V = \alpha$, so erhält man für $Z = X + Y$ wieder durch zweimalige Anwendung von (1.14) $D_l(X, Z) = (\alpha \cap YW) W \cap OV = Y$, also

$$(12) \qquad\qquad D_l(X, X + Y) = Y.$$

Zweimalige Anwendung von (1.14) liefert ferner

$$\big(\alpha \cap ((\alpha \cap ZU) W \cap OV) W\big) U \cap OV = (\alpha \cap ZU) U \cap OV = Z, \quad \text{also}$$

$$(13) \qquad\qquad X + D_l(X, Z) = Z.$$

Weiter folgen mittels (1.14) die Gleichungen

$$D_r(Z, Y) U \cap OW = (ZU \cap YW) V \cap OW,$$

$$\big((ZU \cap YW) V \cap OW\big) V \cap YW = ZU \cap YW,$$

$$(ZU \cap YW) U \cap OV = Z,$$

und diese ergeben

$$(14) \qquad\qquad D_r(Z, Y) + Y = Z.$$

Die algebraische Struktur, welche aus $\mathfrak{B}_0$ mit der Verknüpfung $+$ gebildet wird, sei mit $L(\mathfrak{G}, O)$ bezeichnet. (11) bis (14) besagen, daß in $L(\mathfrak{G}, O)$ jede der Gleichungen $A + X = B$, $X + A = B$ eindeutig nach X auflösbar ist. Eine algebraische Struktur[1] dieser Eigenschaft nennt man *Quasigruppe*. (8) besagt nun, daß $L(\mathfrak{G}, O)$ ein *neutrales Element*, nämlich O besitzt. Eine Quasigruppe mit neutralem Element bezeichnet man als eine *Loop*. Die *assoziativen* Loops, d.h. solche, in denen

$$(15) \qquad\qquad (x + y) + z = x + (y + z),$$

das *assoziative Gesetz* gilt, sind also gerade die Gruppen[2].

Nach der Bemerkung über den Gültigkeitsbereich der Koordinatendarstellung (1.27), (1.28) auf S. 31 läßt sich diese Darstellung mit $\varepsilon = OW$ auch auf die gewöhnlichen Punkte von $\mathfrak{G}$ anwenden: Die gewöhnlichen Punkte von $\mathfrak{G}$ werden durch (1.27), (1.28) mit $\varepsilon = OW$ eineindeutig den Paaren von Elementen $\in L(\mathfrak{G}, O)$ zugeordnet. Soll im folgenden hierbei die Bezugnahme auf O angedeutet werden, so wird P_O statt P geschrieben. Nach S. 32 sind die gewöhnlichen Punkte P einer U-Geraden durch eine Gleichung $y_P = C$ und die gewöhnlichen Punkte P einer V-Geraden durch eine Gleichung $x_P = C$ gekennzeichnet. Umgekehrt liefert natürlich jede derartige Gleichung die Menge der gewöhnlichen Punkte einer U- bzw. einer V-Geraden, da durch jeden gewöhnlichen Punkt eine U- und eine V-Gerade geht. Aus (9) und (1.28) folgt sofort $P(X, Y)W \cap OV = D_l(X, Y)$ und daraus mittels (1.13) $D_l(X, Y)W = P(X, Y)W$. Somit ist in Anbetracht von (1.30) $PW = QW$ gleichbedeutend mit $D_l(x_P, y_P) = D_l(x_Q, y_Q)$. Die Menge der gewöhnlichen Punkte einer W-Geraden wird also durch eine Gleichung $D_l(x_P, y_P) = C$ oder — was nach (12), (13) dasselbe ist — durch eine Gleichung $y_P = x_P + C$ gegeben. Weil durch jeden gewöhnlichen Punkt auch eine W-Gerade geht, stellt umgekehrt jede derartige Gleichung die Menge der gewöhnlichen Punkte einer W-Geraden dar.

Diese Beschreibung der Punkte und Geraden von $\mathfrak{G}$ mittels $L(\mathfrak{G}, O)$ führt zu der folgenden Bildung eines (U^*, V^*, W^*)-Gewebes $\mathfrak{G}_\mathfrak{Q}$ mittels einer beliebigen Quasigruppe $\mathfrak{Q}$. Als Geraden von $\mathfrak{G}_\mathfrak{Q}$ werden die sämtlichen Mengen[3] von Paaren (x, y) $(x, y \in \mathfrak{Q})$ genommen, die durch eine Bedingung einer der drei folgenden Arten gekennzeichnet sind: $y = c$,

---

[1] Das heißt nichtleere Menge mit darin überall erklärten Verknüpfungen.

[2] Bereits jede assoziative Quasigruppe ist Gruppe; s. z.B. [**163**, § 5].

[3] Enthält $\mathfrak{Q}$ nur das Element a, so hat man statt dieser etwa die 3 Mengen $\{(a, a), i\}$ $(i = 1, 2, 3)$ zu nehmen.

$x = c$, $y = x + c$. Punkte von $\mathfrak{G}_\mathfrak{Q}$ sind die sämtlichen Paare (x, y) $(x, y \in \mathfrak{Q})$ sowie die Menge U^* der Geraden erster Art, die Menge V^* der Geraden zweiter Art und die Menge W^* der Geraden dritter Art. Die Inzidenzrelation wird so erklärt, daß der Punkt (x, y) auf jeder Geraden liegt, die das Element (x, y) enthält, und daß U^*, V^*, W^* auf allen Geraden der bzw. ersten, zweiten, dritten Art liegen. Aus den Quasigruppeneigenschaften folgt dann sofort, daß es sich wirklich um ein (U^*, V^*, W^*)-Gewebe handelt. Mit Hilfe dieser Bildung erkennt man nun, daß die zu den $L(\mathfrak{G}, O)$ isomorphen Loops außer der Loop-Eigenschaft keine Eigenschaft gemeinsam haben und andererseits die zu den $\mathfrak{G}_\mathfrak{Q}$ isomorphen Gewebe außer der Eigenschaft, 3-Gewebe ohne Verbindungsgeraden der nichtgewöhnlichen Punkte zu sein, ebenfalls keine Eigenschaft gemeinsam haben; denn es gilt der Satz [**17**, **39**]:

1. *Eine Loop* $\mathfrak{Q}$ *mit neutralem Element* O *ist isomorph zu* $L\big(\mathfrak{G}_\mathfrak{Q}, (0, 0)\big)$ *und ein* (U, V, W)*-Gewebe* $\mathfrak{G}$ *nach Fortlassen der Geraden* UV, VW, WU *sowie der auf ihnen liegenden Punkte* $\neq U, V, W$ *isomorph zum* (U^*, V^*, W^*)*-Gewebe* $\mathfrak{G}_{L(\mathfrak{G}, O)}$ *für jeden gewöhnlichen Punkt* O *von* $\mathfrak{G}$.

Beweis. Ein Isomorphismus σ von $\mathfrak{Q}$ auf $L\big(\mathfrak{G}_\mathfrak{Q}, (0, 0)\big)$ wird durch $y^\sigma = (0, y)$ gegeben. Denn weil $(x, y) \in (0, 0) V^*$ und $x = 0$ dasselbe bedeuten, ist σ eine offenbar umkehrbare Abbildung von $\mathfrak{Q}$ auf $L\big(\mathfrak{G}_\mathfrak{Q}, (0, 0)\big)$, und die weitere Isomorphismuseigenschaft $(y_1 + y_2)^\sigma = y_1^\sigma + y_2^\sigma$ folgt daraus, daß die Gleichungen $(0, 0) W^* \cap (0, y_1) U^* = (y_1, y_1)$, $(y_1, y_1) V^* \cap (0, y_2) W^* = (y_1, y_1 + y_2)$, $(y_1, y_1 + y_2) U^* \cap (0, 0) V^* = (0, y_1 + y_2)$ bestehen und daher wegen (5) $(0, y_1) + (0, y_2) = (0, y_1 + y_2)$ gilt. Ein Isomorphismus φ des in der angegebenen Art erforderlichenfalls abgeänderten Gewebes $\mathfrak{G}$ auf $\mathfrak{G}_{L(\mathfrak{G}, O)}$ wird nun durch $P^\varphi = (x_P, y_P)$, $U^\varphi = U^*$, $V^\varphi = V^*$, $W^\varphi = W^*$ bestimmt; denn wegen (1.29), (1.30) wird die Menge der bei der Abänderung nicht weggelassenen Punkte von $\mathfrak{G}$ umkehrbar auf die Menge der Punkte von $\mathfrak{G}_{L(\mathfrak{G}, O)}$ abgebildet, und die Bedingung (1.4) ist in Anbetracht der oben hergeleiteten Koordinatendarstellung der U-, V- und W-Geraden erfüllt.

Jede Loop $\mathfrak{Q}$ kann somit als eine Loop $L(\mathfrak{G}, O)$ aufgefaßt werden. Dabei läßt sich $\mathfrak{G}$ als ein 3-Gewebe mit nur drei nichtgewöhnlichen Punkten, die zudem keine Verbindungsgeraden besitzen, wählen und ist dann eindeutig — natürlich nur bis auf Isomorphismen — als $\mathfrak{G}_\mathfrak{Q}$ bestimmt; denn ein Isomorphismus σ von $\mathfrak{Q}$ auf $L(\mathfrak{G}, O)$ liefert offenbar den Isomorphismus $(x, y) \to (x^\sigma, y^\sigma)$ von $\mathfrak{G}_\mathfrak{Q}$ auf $\mathfrak{G}_{L(\mathfrak{G}, O)}$, so daß nach dem oben Bewiesenen $\mathfrak{G}_\mathfrak{Q}$ zu $\mathfrak{G}$ isomorph ist. Andererseits kann jedes (U, V, W)-Gewebe, in dem UV, VW, WU nicht existieren — und natürlich nur ein solches — als ein Gewebe $\mathfrak{G}_\mathfrak{Q}$ aufgefaßt werden. Dabei läßt sich eine dafür geeignete Loop $\mathfrak{Q}$ nach Wahl eines gewöhnlichen Punktes O von $\mathfrak{G}$ in der Gestalt $L(\mathfrak{G}, O)$ gewinnen.

2.2. Isotopie.

Anders als bei der Darstellung einer Loop durch ein 3-Gewebe hängt die zur Darstellung eines 3-Gewebes verwandte Loop noch von einer willkürlichen Wahl — nämlich der des Punktes O — ab, so daß man daraus nicht die — bis auf Isomorphismen — eindeutige Bestimmtheit folgern kann[1]. Es gilt jedoch der folgende Satz [17]:

2. *Die Gewebe $\mathfrak{G}_\mathfrak{L}$ und $\mathfrak{G}_{\mathfrak{L}'}$ sind genau dann isomorph, wenn die Loops $\mathfrak{L}$ und $\mathfrak{L}'$ isotop sind.*

Man bezeichnet dabei die Loops $\mathfrak{L}$, $\mathfrak{L}'$ als *isotop* zueinander oder als *Isotope* voneinander [1], wenn es umkehrbare Abbildungen ϱ, σ, τ von $\mathfrak{L}$ auf $\mathfrak{L}'$ mit (dabei $+$ links bzw. rechts als Verknüpfung in $\mathfrak{L}$ bzw $\mathfrak{L}'$)

$$(16) \qquad (x + z)^\varrho = x^\sigma + z^\tau \quad \textit{für alle } x, z \in \mathfrak{L}$$

gibt. Der Sonderfall $\varrho = \sigma = \tau$ bedeutet somit gerade die Isomorphie. Da aus (16) sofort $(x' + z')^{\varrho^{-1}} = x'^{\sigma^{-1}} + z'^{\tau^{-1}}$ für $x', z' \in \mathfrak{L}'$ folgt, ist die Isotopie wirklich eine symmetrische Beziehung und, da (16) zusammen mit der die Isotopie von $\mathfrak{L}'$ und $\mathfrak{L}''$ ausdrückenden Beziehung $(x' + z')^{\varrho'} = x'^{\sigma'} + z'^{\tau'}$ $(x', z' \in \mathfrak{L}')$ offensichtlich $(x + z)^{\varrho \varrho'} = x^{\sigma \sigma'} + z^{\tau \tau'}$ für $x, y \in \mathfrak{L}$ ergibt, sogar eine transitive.

Zum Beweis des angegebenen Satzes sei φ ein Isomorphismus von $\mathfrak{G}_\mathfrak{L}$ auf $\mathfrak{G}_{\mathfrak{L}'}$. Da Punkte (x_1, y), (x_2, y) von $\mathfrak{G}_\mathfrak{L}$ auf einer U^*-Geraden liegen, müssen auch $(x_1, y)^\varphi$, $(x_2, y)^\varphi$ in $\mathfrak{G}_{\mathfrak{L}'}$ auf einer solchen liegen, also die Gestalt (x_1', y'), (x_2', y') haben. Da das Entsprechende auch für Punkte (x, y_1), (x, y_2) gilt, werden durch

$$(17) \qquad (x, y)^\varphi = (x^\sigma, y^\varrho) \quad \textit{für } x, y \in \mathfrak{L}$$

umkehrbare Abbildungen σ, ϱ von $\mathfrak{L}$ auf $\mathfrak{L}'$ definiert. φ ruft nun auch eine umkehrbare Abbildung der Menge der W^*-Geraden von $\mathfrak{G}_\mathfrak{L}$ auf die Menge der W^*-Geraden von $\mathfrak{G}_{\mathfrak{L}'}$ hervor. In Anbetracht von (17) sowie der Definition der W^*-Geraden besagt das aber eine umkehrbare Abbildung τ von $\mathfrak{L}$ auf $\mathfrak{L}'$ so, daß $y = x + z$ gleichbedeutend ist mit $y^\varrho = x^\sigma + z^\tau$. Das ist nun aber nichts weiter als (16). Sind umgekehrt $\mathfrak{L}$, $\mathfrak{L}'$ isotop, d.h. besteht eine Beziehung (16), so wird durch (17) und $U^\varphi = U^*$, $V^\varphi = V^*$, $W^\varphi = W^*$ ein Isomorphismus φ von $\mathfrak{G}_\mathfrak{L}$ auf $\mathfrak{G}_{\mathfrak{L}'}$ definiert; denn offenbar geht eine Gleichung der Form $x = c$ oder $y = c$ durch φ wieder in eine Gleichung derselben Form über, und eine Gleichung der Form $y = x + c$ verwandelt sich gemäß (16) in $y^\varrho = x^\sigma + c^\tau$, also wieder in eine Gleichung dieser Form, so daß die Bedingung (1.4) erfüllt ist.

---

[1] Daß diese wirklich nicht immer vorliegt, wird in Anbetracht des folgenden Satzes durch das Vorhandensein isotoper, aber nichtisomorpher Loops (s. S. 49) bewiesen.

Eine einfache Folgerung des eben bewiesenen Satzes lautet:

3. *Jede zu $L(\mathfrak{G}, O)$ isotope Loop ist isomorph zu einer Loop $L(\mathfrak{G}, O')$.*

Denn ist $\mathfrak{L}$ isotop zu $L(\mathfrak{G}, O)$, so ist $\mathfrak{G}_\mathfrak{L}$ isomorph zu $\mathfrak{G}_{L(\mathfrak{G}, O)}$ und damit zu $\mathfrak{G}$, nachdem in $\mathfrak{G}$ erforderlichenfalls noch die Geraden UV, VW, WU und die auf ihnen liegenden Punkte $\neq U, V, W$ fortgelassen worden sind (Satz 1, S. 46). Dieser Isomorphismus führe $(0, 0)$ in O' über. Dann ruft er offenbar einen Isomorphismus von $L\big(\mathfrak{G}_\mathfrak{L}, (0, 0)\big)$ auf $L(\mathfrak{G}, O')$ hervor, und wegen der Isomorphie von $\mathfrak{L}$ und $L\big(\mathfrak{G}_\mathfrak{L}, (0, 0)\big)$ (Satz 1, S. 46) ist damit die Behauptung bewiesen.

Für Gruppen fallen die Begriffe Isotopie und Isomorphie zusammen; denn es gilt sogar der Satz [**1**, 51]:

4. *Eine zu einer Gruppe isotope Loop ist auch zu ihr isomorph und damit selber eine Gruppe*[1].

Beweis. Aus (16) folgen — mit 0 als dem neutralen Element der Loop $\mathfrak{L}$ — die Gleichungen $x^\varrho = x^\sigma + 0^\tau$, $z^\varrho = 0^\sigma + z^\tau$. Daraus wird wegen der Assoziativität der Gruppe $\mathfrak{L}'$ nun[2] $x^\sigma = x^\varrho - 0^\tau$, $z^\tau = -0^\sigma + z^\varrho$. Mittels (16), (15) und der in Gruppen geltenden Rechenregel $-(a+b) = -b-a$ ergibt sich daher

$$(x + z)^\varrho = x^\varrho - 0^\tau - 0^\sigma + z^\varrho = x^\varrho - (0^\sigma + 0^\tau) + z^\varrho = x^\varrho - 0^\varrho + z^\varrho,$$

also
$$(x + z)^\varrho - 0^\varrho = (x^\varrho - 0^\varrho) + (z^\varrho - 0^\varrho),$$

so daß die offenbar umkehrbare Abbildung $x \to x^\varrho - 0^\varrho$ ein Isomorphismus von $\mathfrak{L}$ auf die Gruppe $\mathfrak{L}'$ ist.

Aus (16) gewinnt man insbesondere mit $b^\sigma = a^\tau = 0$ ($=$ Nullelement der Loop $\mathfrak{L}'$) die Gleichungen $(x + a)^\varrho = x^\sigma$, $(b + z)^\varrho = z^\tau$ und damit $(x + z)^\varrho = (x + a)^\varrho + (b + z)^\varrho$. Mit

$$(18) \qquad\qquad (x + a) * (b + z) = x + z$$

und $u = x + a$, $v = b + z$ wird diese Gleichung zu $(u * v)^\varrho = u^\varrho + v^\varrho$, so daß ϱ ein Isomorphismus auf $\mathfrak{L}'$ derjenigen algebraischen Struktur $\mathfrak{L}*$ ist, welche aus der Menge $\mathfrak{L}$ und der Verknüpfung $*$ besteht. $\mathfrak{L}*$ ist offenbar eine Quasigruppe und hat wegen $(x + a) * (b + a) = x + a$, $(b + a) * (b + z) = b + z$ das neutrale Element $b + a$. Es gilt also der Satz:

5. *Man erhält bis auf Isomorphie alle zu einer Loop $\mathfrak{L}$ isotopen Loops, wenn man zu jedem Paar $a, b \in \mathfrak{L}$ jeweils nach (18) die Verknüpfung $*$ in $\mathfrak{L}$ einführt.*

---

[1] Auf S. 195/96 wird sich zeigen, daß es auch nichtassoziative Loops gibt, die zu allen zu ihnen isotopen Loops isomorph sind.

[2] Wie üblich bezeichnet $-a$ das Element x mit $x + a = 0 = a + x$, und $b - a$ steht als Abkürzung für $b + (-a)$.

Das Isotop $\mathfrak{L}^*$ von $\mathfrak{L}$ wird als ein *Hauptisotop*[1] von $\mathfrak{L}$ bezeichnet. Manchmal ist es zweckmäßig, das Hauptisotop $\mathfrak{L}^*$ in zwei Schritten zu erreichen: Man gewinnt zuerst mittels

$$(19) \qquad x \circ (b + z) = x + z$$

ein Hauptisotop $\mathfrak{L}^\circ$ und hat dann den Übergang von $\mathfrak{L}^\circ$ zu $\mathfrak{L}^*$ mittels

$$\big(x \circ (b + a)\big) * z = x \circ z$$

zu bewerkstelligen. Man benötigt auf diese Weise nur solche Übergänge (18), bei denen $a = 0$ oder $b = 0$ ist.

Die Loop $\mathfrak{L}$ heißt *kommutativ*, wenn in ihr das *kommutative Gesetz*

$$(20) \qquad x + y = y + x$$

gilt. Sind nun $\mathfrak{L}$ und ihr nach (19) gebildetes Hauptisotop $\mathfrak{L}^\circ$ kommutativ, so folgt $(y + b) + z = (b + y) + z = (b + y) \circ (b + z) = (b + z) \circ (b + y) = (b + z) + y = y + (b + z)$. Man hat also den folgenden Satz [**39**, **17**]:

6. *Sind alle zu einer Loop $\mathfrak{L}$ isotopen Loops der Gestalt $\mathfrak{L}^\circ$ kommutativ, so sind sie assoziativ.*

Die Menge der Quadrupel $a = (a_1, a_2, a_3, a_4)$ von Restklassen ganzer Zahlen mod. 3 bildet nun mit der durch

$$a + b = \big(a_1 + b_1, a_2 + b_2, a_3 + b_3, a_4 + b_4 + (a_3 - b_3)(a_1 b_2 - a_2 b_1)\big)$$

erklärten Verknüpfung $+$, wie man leicht nachrechnet, eine kommutative nichtassoziative Loop [**39**]. Nach dem eben bewiesenen Satz gibt es daher auch isotope, aber nichtisomorphe Loops.

Das hier über Isotopie und Isomorphie Gesagte gilt offensichtlich auch dann noch, wenn nach Gleichsetzung der Elementemengen aller betrachteten Loops — die ja als isotop eineindeutig aufeinander bezogen sind — nur solche Abbildungen der Menge auf sich betrachtet werden, welche einer Gruppe angehören, in der für jede der betrachteten Loops die Abbildungen $x \to x + c$ und $x \to c + x$ (mit $+$ als Zeichen für die Verknüpfung der jeweiligen Loop) enthalten sind.

Die Bildung des Isotops $\mathfrak{L}^*$ mittels (18) soll noch für den Übergang von $\mathfrak{L} = \boldsymbol{L}(\mathfrak{G}, O)$ zu $\boldsymbol{L}(\mathfrak{G}, O')$ ausgewertet werden. O. B. d. A. kann dabei $\mathfrak{L}^*$ an die Stelle von $\boldsymbol{L}(\mathfrak{G}, O')$ treten. φ sei dann der auf S. 47 so bezeichnete Isomorphismus von $\mathfrak{G}_\mathfrak{L}$ auf $\mathfrak{G}_{\mathfrak{L}^*}$. Aus (17) folgt dann wegen $\varrho = 1$ und $x^\sigma = x + a$

$$(21) \qquad \boldsymbol{P}_O(x, y) = \boldsymbol{P}_{O'}(x + a, y)$$

---

[1] Allgemein wird diese Bezeichnung für jedes Isotop mit $\varrho = 1$ angewandt [**1**].

und wegen $O' = \boldsymbol{P}_{O'}(b+a, b+a)$ insbesondere

$$(22) \qquad\qquad O' = \boldsymbol{P}_O(b, b+a).$$

Die Gl. (21) zeigt noch, daß die gemäß der Ersetzung von $\boldsymbol{L}(\mathfrak{G}, O')$ durch $\mathfrak{L}^*$ auszuführende Abbildung von $\mathfrak{V}_{O'}$ auf $\mathfrak{V}_O$ den Punkt Z in $ZU \cap OV$ überführt.

2.3. Die Bedingungen von Reidemeister, Bol und Thomsen.

Es seien O, O' gewöhnliche Punkte des (U, V, W)-Gewebes $\mathfrak{G}$ und ψ ein Isomorphismus von $\boldsymbol{L}(\mathfrak{G}, O)$ auf $\boldsymbol{L}(\mathfrak{G}, O')$, wie er nach den Sätzen 1, 2, 3 von S. 46—48 jedenfalls bei Assoziativität von $\boldsymbol{L}(\mathfrak{G}, O)$ vorhanden ist. $(x, y) \to (x^\psi, y^\psi)$ stellt dann offenbar einen Isomorphismus von $\mathfrak{G}_{\boldsymbol{L}(\mathfrak{G}, O)}$ auf $\mathfrak{G}_{\boldsymbol{L}(\mathfrak{G}, O')}$ dar, bei dem (O, O) in (O', O') übergeht. Nimmt man noch nach Weglassen der Geraden UV, VW, WU und ihrer von U, V, W verschiedenen Punkte die nach Satz 1 von S. 46 vorhandenen Isomorphismen von $\mathfrak{G}$ auf $\mathfrak{G}_{\boldsymbol{L}(\mathfrak{G}, O)}$ und von $\mathfrak{G}_{\boldsymbol{L}(\mathfrak{G}, O')}$ auf $\mathfrak{G}$ zu Hilfe, bei denen O in (O, O) bzw. (O', O') in O übergeführt wird, so erkennt man, daß durch

$$(23) \qquad\qquad \boldsymbol{P}_{O'}(x_Z^\psi, y_Z^\psi) = Z^\varphi$$

ein Automorphismus φ von $\mathfrak{G}$ mit $O^\varphi = O'$ erklärt wird, der in $\mathfrak{V}_O$ mit ψ übereinstimmt. Andererseits ruft jeder Automorphismus φ von $\mathfrak{G}$ mit $O^\varphi = O'$ in Anbetracht von (1.8) und (5) einen Isomorphismus ψ von $\boldsymbol{L}(\mathfrak{G}, O)$ auf $\boldsymbol{L}(\mathfrak{G}, O')$ hervor, und für diesen gilt in Anbetracht von (1.8), (1.27), (1.29) wieder (23). Falls in $\mathfrak{G}$ jeder Punkt $\neq U, V, W$ ein gewöhnlicher ist, wird also durch (23) eine eineindeutige Zuordnung vermittelt zwischen den Isomorphismen von $\boldsymbol{L}(\mathfrak{G}, O)$ auf $\boldsymbol{L}(\mathfrak{G}, O')$ und den Automorphismen von $\mathfrak{G}$, welche O in O' überführen. Von besonderem Interesse sind diejenigen Automorphismen von $\mathfrak{G}$, welche jede U-Gerade oder jede V-Gerade oder jede W-Gerade festlassen; sie werden als U- bzw. V- oder W-*Automorphismen* von $\mathfrak{G}$ bezeichnet. In den folgenden Untersuchungen werde $\mathfrak{G}$ in der Form $\mathfrak{G}_\mathfrak{L}$ mit $O = (0, 0)$ angenommen. Das ist keine wesentliche Einschränkung, da ein Automorphismus des nach Wegnahme der Geraden UV, VW, WU und ihrer von U, V, W verschiedenen Punkte entstandenen Gewebes sich stets zu einem Automorphismus des ursprünglichen Gewebes fortsetzen läßt[1]; durch einen auf UV liegenden Punkt geht nämlich außer UV nur noch seine Verbindungsgerade mit W. Ein Automorphismus φ von $\mathfrak{G}$ hat nun stets die Form (17). Er ist offenbar genau dann ein V-Automorphismus,

---

[1] Aus dem Folgenden erkennt man leicht, daß die genannte Fortsetzung nur dann nicht eindeutig bestimmt ist, wenn $UV = VW = WU$ ist und diese Gerade außer U, V, W noch mindestens zwei weitere Punkte enthält.

wenn $\sigma = 1$ ist. Gemäß (16) gilt dann also mit einer umkehrbaren Abbildung τ von $\mathfrak{L}$ auf sich $(x + z)^2 = x + z^\tau$. Daraus folgt $z^\varrho = z^\tau$, also $\varrho = \tau$ und $x^2 = x + 0^\tau$ und damit — wenn $0^\varrho = 0^\tau = a$ gesetzt wird — als notwendige und hinreichende Bedingung für die Existenz von φ:

$$(24) \qquad (x + z) + a = x + (z + a) \quad \textit{für alle } x, z \in \mathfrak{L}.$$

Damit ist der erste Teil des folgenden Satzes bewiesen:

7. Genau dann läßt sich ein gewöhnlicher Punkt O von $\mathfrak{G}$ durch V-Automorphismen in jeden gewöhnlichen Punkt von OV überführen, wenn $L(\mathfrak{G}, O)$ eine Gruppe ist, und diese Aussage bleibt richtig, wenn in ihr V durch U oder W ersetzt wird.

Um den zweiten Teil zu beweisen, muß man entsprechend die U- und die W-Automorphismen untersuchen. φ ist genau dann U-Automorphismus, wenn $\varrho = 1$ ist. Dafür erhält man $x + z = x^\sigma + z^\tau$ und daraus $x = x^\sigma + 0^\tau$, $z = 0^\sigma + z^\tau$, so daß sich mit $x^\sigma = u$, $z^\tau = y$, $0^\sigma = a$, $0^\tau = b$ als notwendige und hinreichende Bedingung für das Vorhandensein von φ die Gleichung

$$(25) \qquad (u + b) + (a + y) = u + y$$

ergibt, worin natürlich b mittels $b + a = 0$ durch a eindeutig bestimmt ist. Setzt man hierin $u + b = x$, so ist u durch x und b eindeutig bestimmt, also unabhängig von y. Mit $y = 0$ liefert (25) daher $u = x + a$, so daß (25) zu

$$(26) \qquad x + (a + y) = (x + a) + y \quad \textit{für alle } x, y \in \mathfrak{L}$$

wird. In Anbetracht der Definition von τ ist schließlich φ genau dann ein W-Automorphismus, wenn $\tau = 1$ ist. Dafür erhält man $(x + z)^\varrho = x^\sigma + z$ und daraus $x^\varrho = x^\sigma$, also $\varrho = \sigma$ und $z^\varrho = 0^\sigma + z$, so daß sich mit $0^\sigma = a$ als notwendige und hinreichende Bedingung für die Existenz von φ

$$(27) \qquad a + (x + z) = (a + x) + z \quad \textit{für alle } x, z \in \mathfrak{L}$$

ergibt.

Man beachte, daß sich bei festem Wert von a, d.h. bei vorgegebenem O' ($\in OV$ oder $\in OU$ oder $\in OW$) die Bedingungen (24), (26), (27) dadurch unterscheiden, daß a an dritter, zweiter oder erster Stelle steht. Aus den obigen Untersuchungen folgt noch, daß die von den U-, V- und W-Automorphismen erzeugte Gruppe von Automorphismen genau aus den φ mit $(x, y)^\varphi = (c + x + a, c + y + b)$ besteht, wobei $c = 0$ die allein von den U- und V-Automorphismen erzeugte, $b = 0$ die allein von den U- und W-Automorphismen erzeugte und $a = 0$ die allein von den V- und W-Automorphismen erzeugte Untergruppe kennzeichnet.

Die Existenz von U-Automorphismen φ mit $O'=O^\varphi$ für jeden gewöhnlichen Punkt $O'\in OU$ ist nun am geeignetsten, um die Gruppeneigenschaft von $L(\mathfrak{G}, O)$ durch einen Schließungssatz in $\mathfrak{G}$ auszudrücken. Der Automorphismus φ mit $O'=O^\varphi$ ist genau dann ein U-Automorphismus, wenn für den von ihm hervorgerufenen Isomorphismus ψ von $L(\mathfrak{G}, O)$ auf $L(\mathfrak{G}, O')$ die Beziehung $XU=X^\psi U$ für alle $X\in\mathfrak{V}_O$ gilt; denn diese Bedingung ist wegen $X^\psi=X^\varphi$ $(X\in\mathfrak{V}_O)$ bei jedem U-Automorphismus φ erfüllt, und umgekehrt folgt aus ihr wegen $y_Z U=ZU$ gemäß (23), daß φ ein U-Automorphismus ist. Aus $XU=X^\psi U$ folgt nun $X^\psi=XU\cap O'V$. Die Bedingung $(X+Y)^\psi=X^\psi+Y^\psi$ dafür, daß die hierdurch definierte, offenbar umkehrbare Abbildung von $\mathfrak{V}_O$ auf $\mathfrak{V}_{O'}$

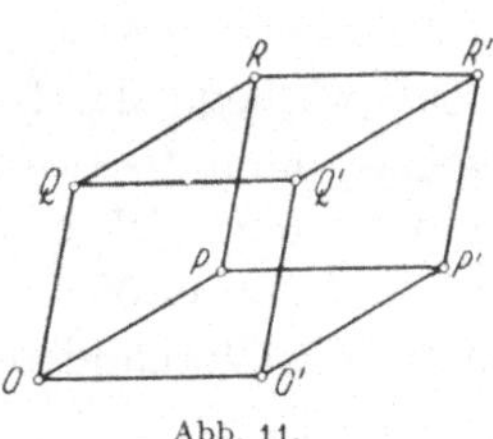
Abb. 11.

wirklich ein Isomorphismus von $L(\mathfrak{G}, O)$ auf $L(\mathfrak{G}, O')$ ist, schreibt sich nun wegen (5) nach Vereinfachung gemäß (1.13) als

$$((OW\cap XU)\, V\cap YW)\, U$$
$$= ((O'W\cap XU)\, V\cap (YU\cap O'V)W)\, U.$$

Nun kann für $OW\cap XU$ ein beliebiger Punkt P von OW gewählt werden, weil dann mit $X=PU\cap OV$ wieder $OW\cap XU=P$ gilt. Für Y werde Q geschrieben. $R=(OW\cap XU)V\cap YW$ ist dann zu kennzeichnen durch $RV=PV$, $RW=QW$, und in entsprechender Weise lassen sich $P'=O'W\cap XU=O'W\cap PU$, $Q'=YU\cap O'V$, $R'=P'V\cap Q'W$ kennzeichnen (Abb. 11). Die gesuchte *Bedingung für die Assoziativität von* $L(\mathfrak{G}, O)$ lautet daher [**174**]:

8. *Aus* $OW=PW$, $QW=RW$, $Q'W=R'W$, $O'W=P'W$, $OV=QV$, $PV=RV$, $O'V=Q'V$, $P'V=R'V$, $OU=O'U$, $PU=P'U$, $QU=Q'U$ *folgt* $RU=R'U$.

Mit U, V, W als Festpunkten und den übrigen acht Punkten als Variablen handelt es sich hierbei — wie man leicht erkennt — um einen konstruierbaren Schließungssatz vom Rang 5. Dieser wird als *Reidemeister-Bedingung* bezeichnet. Hier tritt als Assoziativitätsbedingung lediglich die durch Festlassen des Punktes O entstehende Spezialisierung vom Rang 3 auf. Die aus dieser Spezialisierung folgende Gruppeneigenschaft von $L(\mathfrak{G}, O)$ hat nun aber nach Satz 7 zur Folge, daß man durch Automorphismen von $\mathfrak{G}$ einen gewöhnlichen Punkt in jeden anderen gewöhnlichen Punkt überführen kann. Daher besagt die genannte Spezialisierung nichts anderes als die Reidemeister-Bedingung[1].

Dem Wortlaut nach ist die Reidemeister-Bedingung symmetrisch in V, W, während U ausgezeichnet erscheint. Es folgt aber aus ihr — und

---

[1] Das folgt übrigens auch aus Satz 4 von S. 48. Andererseits kann man die Gleichwertigkeit der Reidemeister-Bedingung mit der für O in einfacher Weise zu einem Beweis des eben genannten Satzes verwenden, indem man Satz 3, S. 48 zu Hilfe nimmt.

zwar sogar bei festgelassenem Punkt O — auch die Bedingung, welche durch Vertauschen von U mit W entsteht. Denn ersetzt man in der Voraussetzung der Reidemeister-Bedingung $R'W = Q'W$ durch $RU = R'U$, so erfüllen die acht Punkte O, O', P, P', Q, Q', R und $R'' = Q'W \cap P'V$ (an Stelle von R') wegen der nach (1.13) folgenden Gleichungen $Q'W = R''W$ und $P'V = R''V$ die Voraussetzung der Reidemeister-Bedingung, so daß $RU = R''U$ folgt; damit ergibt sich nun $R' = RU \cap P'V = R''U \cap P'V = R''$ zufolge $R'' \in P'V$ und (1.12), so daß tatsächlich $R'W = Q'W$ folgt. Somit ist die Auszeichnung von U in der Reidemeister-Bedingung nur scheinbar, d.h. jede der aus ihr durch Vertauschen der U, V, W entstehende Bedingung ist mit ihr gleichwertig[1].

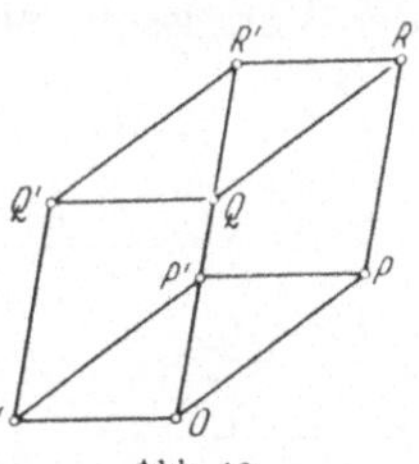
Abb. 12.

Die Symmetrieeigenschaft der Reidemeister-Bedingung legt es nahe, neben dem (U, V, W)-Gewebe $\mathfrak{G}$ die fünf anderen 3-Gewebe zu betrachten, welche durch Vertauschen der U, V, W daraus entstehen. Sei $\mathfrak{G}'$ das (W, V, U)-Gewebe und $\mathfrak{G}^*$ das (V, U, W)-Gewebe, welches dieselben Punkte und Geraden wie $\mathfrak{G}$ besitzt, so entstehen durch besagte Vertauschungen außerdem noch das (W, U, V)-Gewebe $\mathfrak{G}^{*'}$, das (V, W, U)-Gewebe $\mathfrak{G}'^*$ und das (U, W, V)-Gewebe $\mathfrak{G}^{*'*}$ $(= \mathfrak{G}'^*)$. Den Loops $\boldsymbol{L}(\mathfrak{G}, O)$ und $\boldsymbol{L}(\mathfrak{G}', O)$ liegt nun dieselbe Menge $\mathfrak{V}_0$ zugrunde. Es fragt sich daher, wann die identische Abbildung von $\mathfrak{V}_0$ ein Isomorphismus von $\boldsymbol{L}(\mathfrak{G}, O)$ auf $\boldsymbol{L}(\mathfrak{G}', O)$ ist. Gemäß (5) lautet die Bedingung hierfür $((OW \cap XU)V \cap YW)U \cap OV = ((OU \cap XW)V \cap YU)W \cap OV$ für alle $X, Y \in \mathfrak{V}_0$. Setzt man (s. Abb. 12) $X = P'$, $Y = Q$, $OW \cap P'U = P$, $PV \cap QW = R$, $OU \cap P'W = O'$, $O'V \cap QU = Q'$, $Q'W \cap OV = R'$, so lautet diese Bedingung $RU \cap OV = R'$ oder — was nach (1.12), (1.13) dasselbe bedeutet — $RU = R'U$. Die Punkte $O, P, Q, R, O', P', Q', R'$ haben dabei nur der Voraussetzung der Reidemeister-Bedingung zuzüglich der Kollinearität von O, Q, P', R' zu genügen. Die so entstehende Aussage erkennt man, wenn O, U, V, W als Festpunkte genommen werden, leicht als konstruierbaren Schließungssatz vom Rang 2. Er wird als *Bolsche V-Bedingung für O* bezeichnet [39]. Man hat also den Satz:

9. *Die identische Abbildung von* $\mathfrak{V}_0$ *auf sich ist genau dann ein Isomorphismus von* $\boldsymbol{L}(\mathfrak{G}, O)$ *auf* $\boldsymbol{L}(\mathfrak{G}', O)$, *wenn* $\mathfrak{G}$ *die Bolsche V-Bedingung für O erfüllt.*

Um die Bolsche V-Bedingung für den Punkt $O = (0, 0)$ des Gewebes $\mathfrak{G}_\mathfrak{L}$ als Bedingung für $\mathfrak{L}$ zu schreiben, werde $P' = (0, x)$, $Q = (0, y)$ gesetzt. Dann ist $P = (x, x)$, $R = (x, x + y)$, $O' = (x', 0)$ mit $x' + x = 0$,

---

[1] Eine in U, V, W symmetrische Formulierung der Reidemeister-Bedingung findet man in [114].

$Q' = (x', y)$ und $R' = (0, v)$ mit $x' + v = y$, während sich die Behauptung[1]
$RU = R'U$ durch $v = x + y$ ausdrückt:

10. *Genau dann genügt $\mathfrak{G}$ der Bolschen V-Bedingung für O, wenn*
$\boldsymbol{L}(\mathfrak{G}, O)$ *die Linksinversbedingung*

$$(28) \qquad x' + (x + y) = y \qquad im\ Falle\ x' + x = 0$$

erfüllt.

Die Spezialisierung der Bolschen V-Bedingung für O, die entsteht,
wenn die Kollinearität von O, Q, P', R' zu $R' = O$ verschärft wird, ergibt
sich sofort als konstruierbarer Schließungssatz vom Rang 1. Dieser
wird als *Sechseckbedingung für O* bezeichnet (s. Abb. 13) [**39, 203**][2]. In
der Voraussetzung der Reidemeister-Bedingung ist R' der einzige der

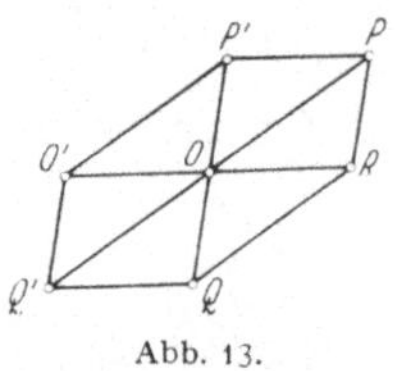

Abb. 13.

acht Punkte, der auf keiner Geraden durch O und
auf keiner Geraden durch einen Punkt auf einer
Geraden durch O liegt. Wie bei der Reidemeister-
Bedingung sieht man daher, daß die Sechseckbedingung in U, V, W symmetrisch ist, während die
Bolsche V-Bedingung natürlich nur die Vertauschung
von U mit W gestattet, da ja V ausgezeichnet ist.

Das Element x' in (28) wird als *Linksinverses* von x bezeichnet.
Mit den oben verwandten Bezeichnungen bedeutet $R' = O$ einfach $v = 0$,
also $x' = y$. Die Behauptung $v = x + y$ wird daher zu $x + x' = 0$. In
diesem Fall bezeichnet man x' als *Rechtsinverses* von x. Ist x' ein
Links- sowohl wie Rechtsinverses von x, so heißt es *Inverses* von x und
wird mit $-x$ bezeichnet. Mit diesen Benennungen hat man daher den
Satz [**39**]:

11. *Genau dann genügt $\mathfrak{G}$ der Sechseckbedingung für O, wenn in*
$\boldsymbol{L}(\mathfrak{G}, O)$ *jedes Element ein Inverses besitzt.*

Die nächstliegende umkehrbare Abbildung[3] von $\mathfrak{W}_O$ auf $\mathfrak{U}_O$ wird
durch $(0, x) \to (x, 0)$, also durch $X \to (XU \cap OW) V \cap OU$ gegeben, die kurz
als die *koordinatengleiche Abbildung* bezeichnet werden soll. Wann ist
diese nun ein Isomorphismus von $\boldsymbol{L}(\mathfrak{G}, O)$ auf $\boldsymbol{L}(\mathfrak{G}^*, O)$? Mit $X = (x, 0)$
und $Y = (y, 0)$ ist $OW \cap XV = (x, x)$, $(OW \cap XV) U \cap YW = (z, x)$ mit
$x = z + y'$, $0 = y + y'$, schließlich $((OW \cap XV) U \cap YW) V \cap OU = (z, 0)$.
Als Isomorphiebedingung ergibt sich daher die *Rechtsinversbedingung*

$$(29) \qquad x = (x + y) + y', \qquad falls \qquad y + y' = 0.$$

Um diese wieder durch einen Schließungssatz für $\mathfrak{G}$ ausdrücken zu
können, beachtet man, daß die durch $X^\sigma = XU \cap OW$ definierte, offenbar

---

[1] Hier und im folgenden, wo $\mathfrak{G}$ in der Form $\mathfrak{G}_\mathfrak{L}$ angenommen ist, sind die
U^*, V^*, W^* von S. 45 durch U, V, W ersetzt.

[2] Zur Bedeutung der Sechseckbedingung für 3-Gewebe s. S. 244.

[3] $\mathfrak{U}_O$ ist dabei entsprechend wie $\mathfrak{W}_O$ zu definieren.

umkehrbare Abbildung von $\mathfrak{V}_O$ auf[1] $\mathfrak{W}_O$ ein *Antiisomorphismus* von $L(\mathfrak{G}, O)$ auf $L(\mathfrak{G}^{*\prime*}, O)$ ist, d.h. die Bedingung $(X+Y)^\sigma = Y^\sigma + X^\sigma$ erfüllt; denn nach (1.13) und (5) gilt $(X+Y)^\sigma = ((OW \cap XU)\,V \cap YW)\,U \cap OW$, und aus (1.14) folgt $OV \cap (YU \cap OW)\,U = Y$ (Abb. 14). Da nun durch einen Antiisomorphismus (29) zu (28) wird, bedeutet (29) diejenige Bedingung, welche aus der Bolschen V-Bedingung durch Vertauschen von V mit W hervorgeht. Diese wird nun als die *Bolsche W-Bedingung für O* bezeichnet. Man hat dann also den Satz:

12. *Die koordinatengleiche Abbildung von $\mathfrak{V}_O$ auf $\mathfrak{U}_O$ ist genau dann ein Isomorphismus von $L(\mathfrak{G}, O)$ auf $L(\mathfrak{G}^*, O)$, wenn in $\mathfrak{G}$ die Bolsche W-Bedingung für O gilt.*

Die Sechseckbedingung ist natürlich wieder eine Folge auch der Bolschen W-Bedingung.

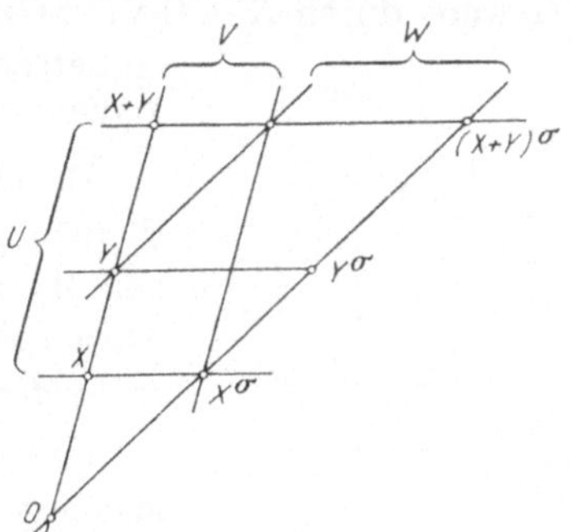

Abb. 14.

Welche Bedeutung kommt nun der *Bolschen U-Bedingung für O* zu, die entsteht, wenn in der V-Bedingung U mit V vertauscht wird? Aus Satz 9 von S. 53 ergibt sich sofort:

13. *Die identische Abbildung von $\mathfrak{U}_O$ auf sich ist genau dann ein Isomorphismus von $L(\mathfrak{G}^*, O)$ auf $L(\mathfrak{G}^{*\prime}, O)$, wenn $\mathfrak{G}$ die Bolsche U-Bedingung für O erfüllt.*

Diese Isomorphiebedingung lautet gemäß (5):

$$((OW \cap XV)\,U \cap YW)\,V \cap OU = ((OV \cap XW)\,U \cap YV)\,W \cap OU \text{ für } X, Y \in \mathfrak{U}_O.$$

Um diese Bedingung in $L(\mathfrak{G}, O)$ ausdrücken zu können, setzt man — immer wieder unter der Annahme $\mathfrak{G} = \mathfrak{G}_\mathfrak{L}$ — $X = (x, 0)$, $Y = (y, 0)$ und hat dann $OW \cap XV = (x, x)$, $(x, x)\,U \cap YW = (z, x)$ mit $x = z + y'$ und $y + y' = 0$, $(z, x)\,V \cap OU = (z, 0)$, $OV \cap XW = (0, x')$ mit $x + x' = 0$, $(0, x')\,U \cap YV = (y, x')$, so daß $(z, 0) = (y, x')\,W \cap OU$ zu $x' = y + z'$ mit $z + z' = 0$ wird. Die Isomorphiebedingung lautet also:

$$(30) \qquad (z + y') + (y + z') = 0, \qquad wenn \qquad y + y' = 0 = z + z'.$$

Da die Sechseckbedingung natürlich wieder eine Folge auch der Bolschen U-Bedingung ist, folgt aus (30) die Gleichheit von Links- und Rechtsinversen, was man auch sofort erkennt, wenn man in (30) $z = 0$ setzt. Unter Benutzung dieser Folgerung drückt sich (30) dann einfach durch

$$(31) \qquad\qquad -(x + y) = (-y) + (-x)$$

aus, und es gilt der Satz [39]:

---

[1] $\mathfrak{W}_O$ ist entsprechend zu $\mathfrak{V}_O$ zu definieren.

14. *Genau dann genügt $\mathfrak{G}$ der Bolschen U-Bedingung für O, wenn in $L(\mathfrak{G}, O)$ jedes Element ein Inverses besitzt und die Zuordnung des Inversen einen Antiautomorphismus*[1] *von $L(\mathfrak{G}, O)$ darstellt.*

Schon daraus übrigens, daß die Zuordnung des Rechtsinversen einen Antiautomorphismus darstellt, also aus

$$(32) \qquad (x + y) + (y' + x') = 0, \qquad \text{falls} \qquad x + x' = 0 = y + y',$$

ergibt sich bereits die Gleichheit von Links- und Rechtsinversen; denn aus $x + x' = 0 = y + x$ folgt nach (32) (mit $y' = x$) $x + y = 0$.
Die Abbildung $x \to x'$ läßt sich nun, wie man leicht nachrechnet, in dem Gewebe durch $X \to ((XU \cap OW)V \cap OU)W \cap OV$ darstellen (Abb. 15). In

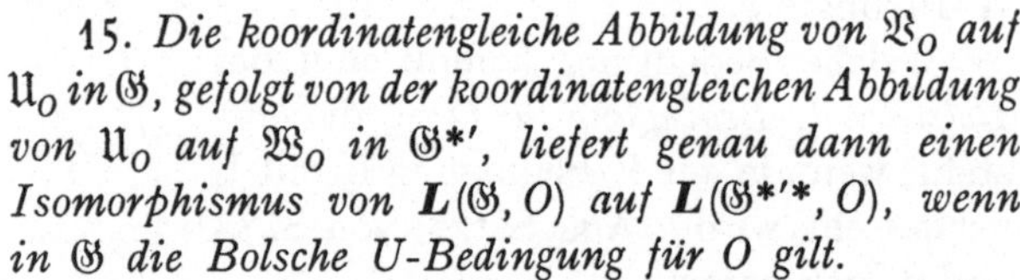

Anbetracht der Antiisomorphie von $L(\mathfrak{G}, O)$ und $L(\mathfrak{G}^{*\prime *}, O)$ hat man daher den Satz:

15. *Die koordinatengleiche Abbildung von $\mathfrak{V}_O$ auf $\mathfrak{U}_O$ in $\mathfrak{G}$, gefolgt von der koordinatengleichen Abbildung von $\mathfrak{U}_O$ auf $\mathfrak{W}_O$ in $\mathfrak{G}^{*\prime}$, liefert genau dann einen Isomorphismus von $L(\mathfrak{G}, O)$ auf $L(\mathfrak{G}^{*\prime *}, O)$, wenn in $\mathfrak{G}$ die Bolsche U-Bedingung für O gilt.*

Abb. 15.

Bedenkt man, daß die genannten koordinatengleichen Abbildungen genau dann Isomorphismen von $L(\mathfrak{G}, O)$ auf $L(\mathfrak{G}^{*}, O)$ und von $L(\mathfrak{G}^{*\prime}, O)$ auf $L(\mathfrak{G}^{*\prime *}, O)$ sind, wenn die Bolsche W-Bedingung und die Bolsche V-Bedingung gelten, während die identische Abbildung von $\mathfrak{U}_O$ ein Isomorphismus von $L(\mathfrak{G}^{*}, O)$ auf $L(\mathfrak{G}^{*\prime}, O)$ ist, wenn die Bolsche U-Bedingung gilt, so erkennt man [**39**]:

16. *Die Bolsche U-Bedingung für O und die Bolsche V-Bedingung für O ziehen die Bolsche W-Bedingung für O nach sich*[2].

Das folgt auch, wenn man mit Hilfe des Antiautomorphismus $x \to -x$ die Bedingung (28) in (29) verwandelt. Der genannte Satz bleibt natürlich auch bei beliebiger Vertauschung der U, V, W richtig. Zwei von den drei Bolschen Bedingungen für O ziehen also stets die dritte nach sich und ergeben natürlich die Isomorphie aller sechs Loops $L(\mathfrak{G}, O)$, $L(\mathfrak{G}', O)$, $L(\mathfrak{G}^{*}, O)$, $L(\mathfrak{G}^{*\prime}, O)$, $L(\mathfrak{G}'^{*}, O)$, $L(\mathfrak{G}^{*\prime *}, O)$.

Macht man in den Bolschen Bedingungen für O den Punkt O zur Variablen, so entstehen offenbar konstruierbare Schließungssätze vom Rang 4, welche als die *Bolsche U-, V- und W-Bedingung* schlechthin bezeichnet werden sollen. Um nun festzustellen, welche Eigenschaft

---

[1] Das ist ein Antiisomorphismus der betreffenden Loop auf sich.

[2] Ein Beispiel in [**39**] zeigt, daß allein aus der Bolschen V-Bedingung für O die Bolsche W-Bedingung für O nicht folgt, so daß also erst recht die Sechseckbedingung für O keine der Bolschen Bedingungen für O nach sich zieht. Wie das Beispiel weiter zeigt, gelten diese Aussagen sogar dann noch, wenn die Bolsche V-Bedingung bzw. die Sechseckbedingung für *alle* Punkte O vorausgesetzt wird.

von $\mathfrak{L}$ die Bolsche V-Bedingung für $\mathfrak{G}_\mathfrak{L}$ bedeutet, hat man nach dem Satz 2 von S. 47 nur die Bedingung dafür aufzustellen, daß (28) nicht nur in $\mathfrak{L}$, sondern auch in jeder zu $\mathfrak{L}$ isotopen Loop gilt. Nach S. 48 kann man sich dabei auf Hauptisotope beschränken. Zuerst wird die Bedingung (28) für das in (19) definierte Hauptisotop $\mathfrak{L}^\circ$ aufgestellt, in dem b das neutrale Element ist: $x \circ ((b+z) \circ (b+y)) = b+y$, wenn $x \circ (b+z) = b$. Mittels $+$ allein ausgedrückt besagt dies: $x+u=b+y$, wenn $x+z=b$ und $(b+z)+y=b+u$. Mit $c+x=0$ und $y=a$ bedeutet diese Bedingung bei Verwendung von (28) (für $\mathfrak{L}$) dasselbe wie

$$(33) \qquad \big(b + (c+b)\big) + a = b + \big(c + (b+a)\big).$$

Für $c+b=0$ ergibt (33) $b+a=b+\big(c+(b+a)\big)$, also $c+(b+a)=a$ und damit (28). Somit ist (33) notwendig und hinreichend dafür, daß jedes Isotop $\mathfrak{L}^\circ$ die Bedingung (28) erfüllt. Aus (33) folgt nun aber auch bereits die Gültigkeit von (28) für das Hauptisotop $\mathfrak{L}^*$. Denn $c=b+a$ ist das neutrale Element von $\mathfrak{L}^*$, und $(x \circ c) * (z \circ c) = c$ bedeutet $x \circ (z \circ c) = c$, woraus wegen (28) (für $\mathfrak{L}^\circ$) $x \circ z = b$ ($=$ neutrales Element von $\mathfrak{L}^\circ$) und damit $x \circ (z \circ y) = y$, d.h. $(x \circ c) * \big((z \circ c) * y\big) = y$ folgt. Man hat somit den Satz [**39**]:

17. *Genau dann erfüllt $\mathfrak{G}$ die Bolsche V-Bedingung, wenn $\boldsymbol{L}(\mathfrak{G}, O)$ für einen und damit für jeden gewöhnlichen Punkt O von $\mathfrak{G}$ die Rechenregel (33) erfüllt.*

Da (33) lediglich mit Hilfe von Isotopen $\mathfrak{L}^\circ$ hergeleitet wurde, ist in Anbetracht von (22) damit zugleich gezeigt:

18. *Gilt die Bolsche V-Bedingung für alle Punkte einer W-Geraden, so gilt sie allgemein.*

Diese Aussage bleibt natürlich bei beliebiger Vertauschung der U, V, W richtig, da die V-Bedingung ja symmetrisch in U und W ist.

In Anbetracht der Anti-Isomorphie von $\boldsymbol{L}(\mathfrak{G}, O)$ und $\boldsymbol{L}(\mathfrak{G}^{*\prime *}, O)$ ist bei Ersetzung von V durch W die Regel (33) zu ersetzen durch

$$(34) \qquad a + ((b+c)+b) = ((a+b)+c)+b.$$

Für die Bolsche U-Bedingung läßt sich anscheinend eine entsprechend einfache Kennzeichnung nicht finden.

Die Regeln (33) und (34) zusammen haben nach dem bisher Bewiesenen zur Folge, daß bei jeder Wahl von O die aus $\boldsymbol{L}(\mathfrak{G}, O)$ durch Vertauschen der U, V, W entstehenden Loops isomorph sind. Es ist bemerkenswert, daß sich (33), (34) durch eine einzige Regel ausdrücken lassen, nämlich [**39**]:

$$(35) \qquad a + \big(b + (c+b)\big) = ((a+b)+c)+b,$$

welche natürlich ebenfalls isotopieinvariant ist. Aus (34) folgt nämlich mit $a + b = 0$ gemäß (28)

$$(36) \qquad\qquad (b + c) + b = b + (c + b),$$

was mit (34) zusammen gerade (35) liefert. Umgekehrt folgt mit $a = 0$ (36) aus (35), und (36) zusammen mit (35) liefert (34). Mit $a = -b$, $c + b = d$ wird (35) zu $-b + (b + d) = d$, d.h. zu (28), und das gibt gemäß der aus (34) folgenden Gl. (29) $-b = d - (b + d)$ und weiter wegen (28) $-d - b = -(b + d)$, d.h. (31)[1]. Mittels des Antiautomorphismus $x \to -x$ geht dann (34) in (33) über. Nebenbei hat sich bei diesem Beweis ergeben, daß (35) auch gleichbedeutend ist mit (34) und (28) sowie dann natürlich auch mit (33) und (29), was sich beides leicht in Aussagen über die Bolschen Bedingungen übersetzen läßt. Eine die Regel (35) erfüllende Loop wird als *Moufang-Loop* bezeichnet, da R. Moufang diese Loops in einem später noch zu erwähnenden Zusammenhang (s. S. 160) behandelt hat [**151**][2]. Das Vorhandensein nichtassoziativer Moufang-Loops[3] zeigt, daß die Bolschen Bedingungen noch nicht die Reidemeister-Bedingung zur Folge haben.

Übrigens ist (35) auch noch gleichwertig mit der folgenden, meistens zur Definition der Moufang-Loops verwandten Rechenregel:

$$(37) \qquad\qquad (a + b) + (c + a) = a + \big((b + c) + a\big).$$

Aus (35) ergibt sich nämlich mittels (28), (29), (31):

$$(38) \qquad \begin{cases} -(a + b) + \big(a + ((b + c) + a)\big) \\ \qquad = \big((-(a + b) + a) + (b + c)\big) + a = c + a, \end{cases}$$

und daraus folgt (37) wegen (28). Umgekehrt folgt aus $c + a = 0$ nach (37) $a + b = a + \big((b + c) + a\big)$, also $b = (b + c) + a$. Damit ist (29) und insbesondere die Existenz des Inversen bewiesen. Mit $c + a = -b$ und $-a = d$ erhält man weiter aus (37) und (29): $a = (a + b) - b = a + \big((b + (-b + d)) + a\big)$, also $b + (-b + d) = d$, d.h. (28) und somit auch (31). Damit ist nun die Umkehrung der in (38) durchgeführten Rechnung möglich, so daß man bei $-(a + b) = d$, $b + c = e$ mittels (37) die Gl. (35) für d, a, e erhält: $\big((d + a) + e\big) + a = c + a = d + \big(a + (e + a)\big)$.

Da für eine Moufang-Loop $x \to -x$ ein Isomorphismus auf die *entgegengesetzte Loop*[4] ist, muß diese wieder eine Moufang-Loop sein. Daher

---

[1] Das folgt natürlich auch daraus, daß die Bolschen V- und W-Bedingungen für O die Bolsche U-Bedingung für O nach sich ziehen.

[2] Zur allgemeinen Theorie der Moufang-Loops s. [51].

[3] Zum Beispiel die multiplikativen Loops der in **6.3** behandelten Cayley-Algebren oder die auf S. 49 angegebene kommutative nichtassoziative Loop.

[4] Das heißt diejenige algebraische Struktur, welche aus denselben Elementen, aber der durch $x \overset{*}{+} y = y + x$ erklärten Verknüpfung $\overset{*}{+}$ besteht und welche man sofort als Loop erkennt.

lassen sich die Moufang-Loops auch durch jede der beiden aus (35) und (37) durch Umkehrung der Additionsfolge entstehenden Rechenregeln

$$(39) \qquad \big((b + c) + b\big) + a = b + \big(c + (b + a)\big),$$

$$(40) \qquad (a + c) + (b + a) = \big(a + (c + b)\big) + a$$

kennzeichnen.

Es werde nun diejenige Bedingung für $\mathfrak{G}$ gesucht, welche die Kommutativität von $L(\mathfrak{G}, O)$ bedeutet. Für $X, Y \in \mathfrak{B}_0$ setzt man $OW \cap XU = Z$, $OW \cap YU = Z'$, $ZV \cap YW = Y'$, $Z'V \cap XW = X'$. Dann sind die sechs Punkte X, Y, Z, X', Y', Z' offenbar untereinander nur durch die Bedingungen $O = XV \cap ZW$, $XV = YV$, $ZV = Y'V$, $Z'V = X'V$, $XU = ZU$, $YU = Z'U$, $ZW = Z'W$, $XW = X'W$, $YW = Y'W$ gebunden (s. Abb. 16). Nach (5) bedeutet $X + Y = Y + X$ dann einfach $X'U = Y'U$. Die gesuchte *Bedingung für die Kommutativität von* $L(\mathfrak{G}, O)$ lautet daher [**203**]:

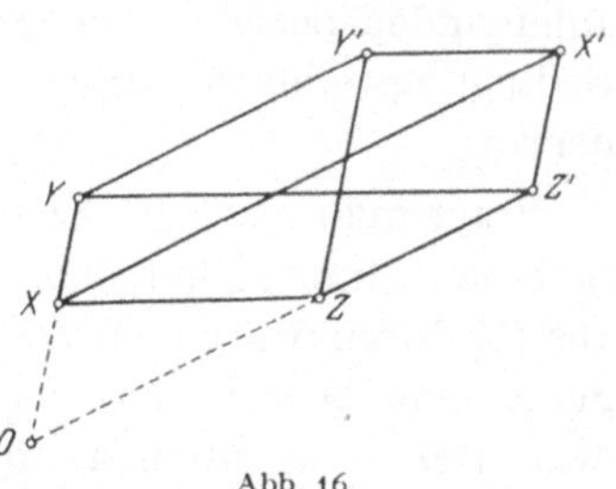

Abb. 16.

19. *Aus* $XW = X'W$, $YW = Y'W$, $ZW = Z'W$, $XV = YV$, $ZV = Y'V$, $Z'V = X'V$, $XU = ZU$, $YU = Z'U$ *folgt* $X'U = Y'U$, *falls* $O = XV \cap ZW$.

Mit O, U, V, W als Festpunkten stellt diese Aussage offenbar einen konstruierbaren, in V, W symmetrischen Schließungssatz vom Rang 2 dar. Dieser wird als die *Thomsen-Bedingung für* O bezeichnet. Macht man nun O zur Variablen, so kommt das offenbar darauf hinaus, daß einfach „falls $O = XV \cap ZW$" gestrichen wird. Es entsteht auf diese Weise ein konstruierbarer Schließungssatz vom Rang 4, der als *Thomsen-Bedingung* schlechthin bezeichnet wird. Sie besagt nach den Sätzen 1, 2, 3 von S. 46—48, daß alle Isotope $L(\mathfrak{G}, O)$ kommutativ sind. Aus Satz 6 von S. 49 ergibt sich unter Beachtung von (22):

20. *Aus der Thomsen-Bedingung für sämtliche Punkte einer W-Geraden folgt die Reidemeister-Bedingung*[1].

Hierin darf natürlich W durch V ersetzt werden wegen der oben festgestellten Symmetrie der Thomsen-Bedingung. Da die Reidemeister-Bedingung die Isomorphie aller $L(\mathfrak{G}, O)$ nach sich zieht, folgt daher:

21. *Die Thomsen-Bedingung gilt allgemein, wenn sie für alle Punkte einer V- oder W-Geraden gilt.*

---

[1] Einen Beweis ohne Verwendung von Loops findet man [**175, 203**]. Da es nichtkommutative Gruppen gibt, folgt die Thomsen-Bedingung nicht aus der Reidemeister-Bedingung.

Da aus der Reidemeister-Bedingung insbesondere die Bolsche V-Bedingung und damit die Isomorphie von $L(\mathfrak{G}, O)$ und $L(\mathfrak{G}', O)$ folgt, ergibt sich noch die folgende Ergänzung zu der Symmetrie der Thomsen-Bedingung[1] in V, W:

22. *Die Thomsen-Bedingung ist gleichbedeutend mit der daraus durch Vertauschen von U mit W entstehenden Bedingung.*

Nach Satz 11 von S. 54 ergibt sich die Sechseckbedingung für O aus der Kommutativität von $L(\mathfrak{G}, O)$; also [39]:

23. *Die Sechseckbedingung für O folgt aus der Thomsen-Bedingung für O.*

Das erkennt man auch sofort, wenn man die Bezeichnungen von Abb. 13 und 16 durch $O'=X'$, $P=Z$, $P'=X$, $Q=Y$, $Q'=Z'$, $R=Y'$ aufeinander bezieht: Die Sechseckbedingung geht aus der Thomsen-Bedingung einfach durch die zusätzliche Voraussetzung $X'U=OU$ hervor.

Fragt man nach der Bedingung dafür, daß in $L(\mathfrak{G}, O)$ jedes Element $\neq O$ die Ordnung 2 hat, d.h. $X+X=O$ für $X \in L(\mathfrak{G}, O)$ gilt, so erhält man aus (5) durch Anwenden von (1.10) und (1.11) $(OW \cap XU) V \cap XW \in OU$. Setzt man $X=P$, $OW \cap XU=Q$, $(OW \cap XU) V \cap XW=R$, so ergibt diese Beziehung offenbar den Schließungssatz:

Aus $OV=PV$, $QV=RV$, $OW=QW$, $PW=RW$, $PU=QU$ *folgt* $OU=RU$.

Man erkennt leicht, daß er in U, V, W symmetrisch ist. Macht man in ihm auch noch O zur Variablen, so handelt es sich um einen konstruierbaren Schließungssatz vom Rang 3. In Anbetracht der benutzten Veranschaulichung der 3-Gewebe durch Parallelenbüschel einer affinen Ebene soll dieser Schließungssatz im folgenden als die *Bedingung paralleler Diagonalen* bezeichnet werden.

24. *Aus der Bedingung paralleler Diagonalen folgt die Thomsen-Bedingung und damit die Reidemeister-Bedingung.*

Beim Beweis kann man ausnutzen, daß in jeder zu $\mathfrak{L}=L(\mathfrak{G}, O)$ isotopen Loop alle Elemente $\neq 0$ die Ordnung 2 haben. Für das durch (19) erklärte Hauptisotop bedeutet das also $x+z=b$ im Falle $x=b+z$, d.h. $(b+z)+z=b$ für alle b und z. In Anbetracht von $z+z=0$ ist das nun gerade die Rechenregel (29). Für das durch (18) mit $b=0$ erklärte Hauptisotop erhält man in gleicher Weise $x+z=a$ im Falle $z=x+a$. Mittels der eben bewiesenen Form der Regel (29) wird daraus $x=a+z$ im Falle $x=z+a$, also $z+a=a+z$, d.h. die Kommutativität von $\mathfrak{L}$. Damit ist alles bewiesen.

---

[1] Auf dieselbe Weise kann man übrigens auch die Symmetrie in U, V, W der Reidemeister-Bedingung für O herleiten.

2.4. Darstellung von 4-Geweben mittels Doppel-Loops.

Um die Verbindung zum Schluß von **1.5** herzustellen, sei ein (O, U, V, W)-Gewebe $\mathfrak{G}$ vorausgesetzt, bei dem UV, VW, WU nicht vorhanden sind[1], wohl aber OU, OV, OW, woraus insbesondere folgt, daß die OU, OV, OW alle verschieden sind. Die Punkte und Geraden von $\mathfrak{G}$ mit Ausnahme der von OU, OV, OW verschiedenen Geraden durch O bilden offensichtlich ein (U, V, W)-Gewebe $\mathfrak{G}_1$, während die Punkte und Geraden von $\mathfrak{G}$ mit Ausnahme von W und der von OW verschiedenen Geraden durch W ein (U, O, V)-Gewebe $\mathfrak{G}_2$ bilden. Auf Grund der Voraussetzungen ist O gewöhnlicher Punkt von $\mathfrak{G}_1$. Durch $X \to XU \cap OW$ wird nun die Menge $\mathfrak{P}_O$ der gewöhnlichen Punkte von OV in $\mathfrak{G}_1$, also die Menge der Punkte von OV in $\mathfrak{G}$ mit Ausnahme von V, umkehrbar (mit der Umkehrung $Y \to YU \cap OV$) auf die um O vermehrte Menge der gewöhnlichen Punkte von OW in $\mathfrak{G}_2$ abgebildet. Ist E ein von O, W verschiedener Punkt $\in OW$, so wird nun gemäß dieser Abbildung die Verknüpfung von $L(\mathfrak{G}_2, E)$ auf $\mathfrak{P}_O$ übertragen und dort als Multiplikation geschrieben. Die Verknüpfung von $L(\mathfrak{G}_1, O)$ wird wieder mit $+$ bezeichnet. So wird $\mathfrak{P}_O$ zu einer algebraischen Struktur $D(\mathfrak{G}, E)$ mit zwei binären Verknüpfungen, Addition und Multiplikation, für welche — wenn statt O wieder 0 und statt dem in E abgebildeten Punkt $EU \cap OV$ einfach 1 geschrieben wird — in Anbetracht von (6) und (7) die Gleichungen

$$(41) \qquad\qquad 0x = 0 = x0 \quad \textit{für alle } x$$

gelten, während $D(\mathfrak{G}, E)$ bezüglich der Addition eine Loop mit neutralem Element 0 und bezüglich der Multiplikation nach Weglassen von 0 eine Loop mit neutralem Element 1 ist. Eine algebraische Struktur mit diesen Eigenschaften wird als eine *Doppel-Loop* bezeichnet. Wie bei den Ternärkörpern werden 0 und 1 *Null-* bzw. *Einselement* der Doppel-Loop genannt. Die sich bezüglich der Addition ergebende Loop und die nach Weglassen von 0 sich bezüglich der Multiplikation ergebende **Loop werden als die** *additive* **bzw.** *multiplikative Loop*[2] der Doppel-Loop bezeichnet. Die Entwicklungen am Ende von **1.5** zeigen sofort, daß mit der dortigen Bedeutung von O, E, U, V, W die hier definierten Verknüpfungen Addition und Multiplikation genau die dort so bezeichneten Verknüpfungen sind.

Die gewöhnlichen Punkte von $\mathfrak{G}_1$, d. h. die von U, V, W verschiedenen Punkte von $\mathfrak{G}$, lassen sich wieder durch die Paare (x, y) von Elementen

---

[1] Statt dessen kann man auch $UV = VW (= WU)$ fordern, falls noch $O \in UV$ ausgeschlossen wird. (O, U, V, W)-Gewebe, bei denen je zwei der Punkte $O, U,$ V, W eine Verbindungsgerade besitzen, aber keine drei dieser Punkte kollinear sind, werden in [**13, 155**] untersucht.

[2] Zu diesen, insb. bei Ternärkörpern siehe HUGHES [1955b], WILKER [1965].

$\in \boldsymbol{D}(\mathfrak{G}, E)$ so darstellen, daß die U-Geraden durch Gleichungen der Art $y = c$, die V-Geraden durch solche der Art $x = c$ und die W-Geraden durch solche der Art $y = x + c$ gekennzeichnet werden (vgl. S. 45). Nun kann man aber auch die gewöhnlichen Punkte P von $\mathfrak{G}_2$ den Paaren $(\bar{x}, \bar{y})$ von Elementen $\in \boldsymbol{D}(\mathfrak{G}, E)$ mit $\bar{x}, \bar{y} \neq 0$ eineindeutig dadurch zuordnen, daß $\bar{x} = \bar{x}_P\, U \cap OV$, $\bar{y} = \bar{y}_P\, U \cap OV$ gesetzt wird und $\bar{x}_P, \bar{y}_P$ sich den Gleichungen (1.27) entsprechend zu $\bar{x}_P = (PO \cap EV)\, U \cap EO$, $\bar{y}_P = PU \cap EO$ bestimmen (Abb. 17). Die O-Geraden von $\mathfrak{G}_2$, d.h. die O-Geraden von $\mathfrak{G}$ zusammen mit OW, sind dann durch Gleichungen $\bar{x} = d$ mit $d \neq 0$ gekennzeichnet. Welcher Zusammenhang besteht nun zwischen

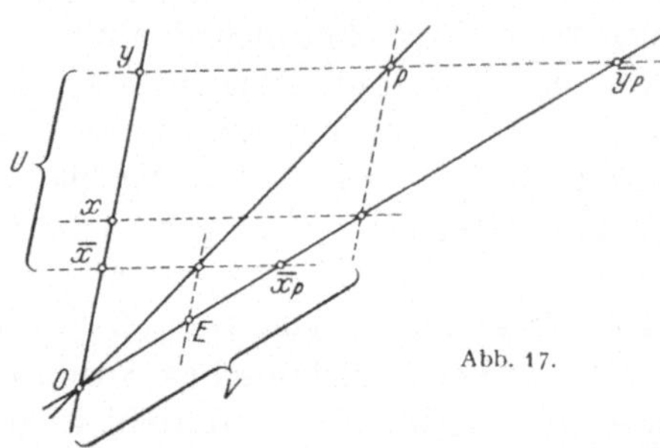

Abb. 17.

(x, y) und $(\bar{x}, \bar{y})$ für ein und denselben Punkt P? Nach (1.13), (1.15) ist $(EV \cap \bar{x}_P U) O = PO$ und nach (1.14), (1.13) in Anbetracht von $x = x_P$ und (1.27) $(x U \cap OW) V = PV$. Wegen $PO \cap PV = P$ ist daher, wie man durch Vergleich mit (5) sofort feststellt, $\bar{y}_P$ in $\boldsymbol{L}(\mathfrak{G}_2, E)$ das Ergebnis der Verknüpfung von $\bar{x}_P$ mit $xU \cap OW$; also gilt in $\boldsymbol{D}(\mathfrak{G}, E)$ $\bar{y} = \bar{x}\, x$. Da man mittels $y = y_P$ und (1.13) $y = \bar{y}$ erhält, gelten also die Gleichungen

$$(42) \qquad\qquad y = \bar{x}\, x, \qquad y = \bar{y}.$$

Die gewöhnlichen Punkte einer O-Geraden von $\mathfrak{G}_2$ sind also durch eine Gleichung $y = d\, x$ mit $d \neq 0$ gekennzeichnet, und umgekehrt bestimmt jede solche Gleichung eine O-Gerade von $\mathfrak{G}_2$. Wegen (41) ist dabei auch der durch $x = y = 0$ gekennzeichnete Punkt O zugelassen. Die O-Gerade enthält genau dann in $\mathfrak{G}$ den Punkt W, wenn $d = 1$ ist; denn genau dann enthält sie den durch $x = y = 1$ gegebenen Punkt E. Da nun in $\mathfrak{G}$ insbesondere jede O-Gerade mit jeder W-Geraden genau einen Punkt gemeinsam hat, muß $\boldsymbol{D}(\mathfrak{G}, E)$ die folgende Eigenschaft besitzen[1]:

(43) *Zu c, d gibt es im Falle $d \neq 1$, $d \neq 0$, $c \neq 0$ genau ein x mit $d\, x = x + c$.*

Ist $\mathfrak{D}$ eine Doppel-Loop mit der Eigenschaft (43), so liegt es nun nahe, ein $\big((0, 0), U^*, V^*, W^*\big)$-Gewebe $\mathfrak{G}_{\mathfrak{D}}$ auf die folgende Weise zu bilden. Als Geraden werden die sämtlichen Mengen von Paaren (x, y) $(x, y \in \mathfrak{D})$ bezeichnet, die durch eine Bedingung einer der folgenden vier Arten gekennzeichnet sind: $y = c$, $x = c$, $y = x + c$, $y = d\, x$. Punkte sind die sämtlichen Paare (x, y) $(x, y \in \mathfrak{D})$ sowie die Menge U^* der

---

[1] Für $d = 0$ oder $c = 0$ ist die Behauptung von (43) in jeder Doppel-Loop erfüllt.

Geraden erster Art, die Menge V^* der Geraden zweiter Art und die Menge W^* der Geraden dritter Art. Die Inzidenzrelation schließlich wird wie bei der Bildung von $\mathfrak{G}_Q$ auf S. 45 erklärt. Die allgemeinen Gewebeeigenschaften leitet man leicht aus den Eigenschaften einer Doppel-Loop und aus (43) her. (41) dient dabei zum Nachweis der Tatsache, daß jede Gerade der vierten Art den Punkt $(0, 0)$ enthält und im Falle $d = 0$ durch U^* geht, während (43) zeigt, daß eine $(0, 0)$-Gerade und eine W^*-Gerade genau einen Punkt gemeinsam haben. Man stellt sofort fest, daß $(0, 0)\,U^*$, $(0, 0)\,V^*$, $(0, 0)\,W^*$ vorhanden sind, nicht dagegen U^*V^*, V^*W^*, W^*U^*. Es gilt nun [77]:

25. *Eine der Bedingung (43) genügende Doppel-Loop $\mathfrak{D}$ mit Einselement* 1 *ist isomorph zu* $\boldsymbol{D}(\mathfrak{G}_\mathfrak{D}, (1, 1))$, *und ein* (O, U, V, W)-*Gewebe* $\mathfrak{G}$, *in dem die* OU, OV, OW, *aber nicht die* UV, VW, WU *vorhanden sind, ist für jeden von* O *und* W *verschiedenen Punkt* $E \in OW$ *isomorph zum* $((O, O), U^*, V^*, W^*)$-*Gewebe* $\mathfrak{G}_{\boldsymbol{D}(\mathfrak{G}, E)}$.

Beweis. Einen Isomorphismus φ von $\mathfrak{G}$ auf $\mathfrak{G}_{\boldsymbol{D}(\mathfrak{G}, E)}$ stellt man wie beim Beweis des entsprechenden Satzes 1 für 3-Gewebe auf S. 46 her; wie dort folgt die Bedingung (1.4) aus der oben hergeleiteten Koordinatendarstellung der O-, U-, V-, W-Geraden sowie der Geraden OU, OV, OW. Die Abbildung σ von $\mathfrak{D}$ auf $\boldsymbol{D}(\mathfrak{G}_\mathfrak{D}, (1, 1))$ wird durch $y^\sigma = (0, y)$ definiert, so daß nach Satz 1 von S. 46 σ jedenfalls die Gleichung $(y_1 + y_2)^\sigma = y_1^\sigma + y_2^\sigma$ für alle $y_1, y_2 \in \mathfrak{D}$ erfüllt. Wegen $(0, y)\,U^* \cap (0, 0)\,W^* = (y, y)$ ist nun $(0, y) \to (y, y)$ ein Isomorphismus der multiplikativen Loop $\mathfrak{L}$ von $\boldsymbol{D}(\mathfrak{G}_\mathfrak{D}, (1, 1))$ auf $\boldsymbol{L}((\mathfrak{G}_\mathfrak{D})_2, (1, 1))$ — mit $(\mathfrak{G}_\mathfrak{D})_2$ als dem aus $\mathfrak{G}_\mathfrak{D}$ in der auf S. 61 erklärten Weise hervorgehenden $(U^*, (0, 0), V^*)$-Gewebe —, und nach Satz 1 von S. 46 ist ferner $y \to (y, y)$ ein Isomorphismus von $\mathfrak{L}$ auf $\boldsymbol{L}((\mathfrak{G}_\mathfrak{D})_2, (1, 1))$. Für $y_1, y_2 \neq 0$ erfüllt daher σ auch die Gleichung $(y_1 y_2)^\sigma = y_1^\sigma y_2^\sigma$. Für $y_1 = 0$ oder $y_2 = 0$ aber folgt diese Gleichung aus (41), da $0^\sigma = (0, 0)$ ja das Nullelement von $\boldsymbol{D}(\mathfrak{G}_\mathfrak{D}, (1, 1))$ ist.

3. Der Satz von Desargues.

3.1. Zentrale Kollineationen.

Im folgenden handelt es sich immer um Kollineationen einer projektiven Ebene $\mathfrak{E}$. Da eine solche Kollineation zugleich auch eine Kollineation der dualen Ebene ist, liefert das Dualitätsprinzip aus Sätzen über Kollineationen wieder solche Sätze. Zufolge (1.8) ist die Verbindungsgerade zweier Fixpunkte einer Kollineation Fixgerade und dual dazu der Schnittpunkt zweier Fixgeraden ein Fixpunkt.

1. *Eine Kollineation mit zwei Punktreihen von Fixpunkten ist die identische Kollineation.*

Sind nämlich α und β die Träger der beiden Punktreihen, so gehen durch einen weder auf α noch auf β liegenden Punkt X wegen Satz 4 von S. 7 zwei Geraden ξ, η, welche $\alpha \cap \beta$ nicht enthalten; aus den leicht zu erkennenden Gleichungen $\xi = (\alpha \cap \xi)\,(\beta \cap \xi)$, $\eta = (\alpha \cap \eta)\,(\beta \cap \eta)$, $X = \xi \cap \eta$ und den oben gemachten Bemerkungen folgt dann, daß X Fixpunkt ist. Dualisierung liefert aus dem eben gewonnenen Satz:

2. *Eine Kollineation mit zwei Büscheln von Fixgeraden ist die identische Kollineation.*

Besitzt eine nichtidentische Kollineation ein Büschel von Fixgeraden, so ist also nach Satz 2 dessen Träger C bereits durch die Kollineation bestimmt. C wird dann das *Zentrum* der Kollineation genannt und diese selbst als *zentrale Kollineation* bezeichnet. Um unbequeme Ausnahmen zu vermeiden, wird auch die identische Kollineation als zentrale Kollineation und *jeder* Punkt als ihr Zentrum bezeichnet.

3. *Bei einer zentralen Kollineation σ mit Zentrum C sind die Punkte C, X, X^σ stets kollinear.*

Denn im Falle $C = X$ ist das eine Folge von $C^\sigma = C$, und im Falle $C \neq X$ gilt $CX = (CX)^\sigma = C^\sigma X^\sigma = CX^\sigma$. Daraus ergibt sich sofort, daß die durch σ hervorgerufene Abbildung einer Punktreihe mit nicht durch C gehendem Träger eine Perspektivität (von C aus) ist. Die zentralen Kollineationen werden daher auch als *Perspektivitäten* bezeichnet.

Wir fragen nun bei einer nichtidentischen zentralen Kollineation σ mit Zentrum C nach Geraden, deren Punkte sämtlich Fixpunkte von σ sind. Nach Satz 1 kann es höchstens eine solche Gerade geben. Eine nicht durch C gehende Fixgerade γ hat die gewünschte Eigenschaft; denn jeder Punkt $X \in \gamma$ ist Schnittpunkt der Fixgeraden γ und XC. Wir dürfen also für das Weitere voraussetzen, daß jede Fixgerade durch C geht. Für eine nicht durch C gehende Gerade α kann also $A = \alpha \cap \alpha^\sigma$ gebildet werden und weiter wegen $A \neq C$ auch AC. Dafür ergibt sich $A^\sigma \in \alpha^\sigma$, $A^\sigma \in (AC)^\sigma = AC$ und weiter $A^\sigma = AC \cap \alpha^\sigma = A$. Wählt man durch einen Punkt $X \neq A, C$ von $\gamma = AC$ eine Gerade $\beta \neq \gamma$, die somit weder durch A noch durch C geht, so erhält man (wie bei α) den Fixpunkt $B = \beta \cap \beta^\sigma \neq A$ und damit die Fixgerade AB. Nach Voraussetzung muß diese durch C gehen, so daß sich $B \in AC$ und somit $X = \beta \cap AC = B$ ergibt: Jeder Punkt von γ ist Fixpunkt. **Man hat somit den Satz [18]:**

4. *Zu einer nichtidentischen zentralen Kollineation gibt es genau eine Gerade, deren Punkte sämtlich Fixpunkte sind.*

Die genannte Gerade heißt die *Achse* der zentralen Kollineation, und es wird wieder festgesetzt, daß bei der identischen Kollineation jede Gerade als Achse bezeichnet werden soll. Da die kennzeichnende Eigenschaft der Achse gerade durch Dualisierung aus der kennzeichnenden Eigenschaft des Zentrums entsteht, ist eine zentrale Kollineation stets auch — unter Vertauschung von Achse und Zentrum — eine zentrale Kollineation der dualen Ebene. Das Dualitätsprinzip liefert also aus Sätzen über zentrale Kollineationen wieder solche Sätze.

Aus der oben gemachten Bemerkung, daß bei einer nichtidentischen zentralen Kollineation eine nicht durch das Zentrum gehende Fixgerade nur Fixpunkte enthält, ergibt sich daher der Satz:

5. *Jede von der Achse verschiedene Fixgerade einer nichtidentischen zentralen Kollineation geht durch das Zentrum, und jeder vom Zentrum verschiedene Fixpunkt liegt auf der Achse.*

Ferner erkennt man durch Dualisierung sofort, daß die zentralen Kollineationen auch als diejenigen Kollineationen gekennzeichnet werden können, welche eine ganze Punktreihe von Fixpunkten besitzen.

Die zentralen Kollineationen mit Zentrum C und Achse γ sollen im folgenden als (C, γ)-*Kollineationen* bezeichnet werden. Die zentralen Kollineationen mit festem Zentrum bilden offensichtlich — mit der Hintereinanderausführung als Verknüpfung — eine Gruppe, ebenso natürlich die zentralen Kollineationen mit fester Achse sowie die mit fester Achse und festem Zentrum. Aber auch die (C, γ)-Kollineationen mit $C \in \delta$ bei festen Geraden γ, δ bilden eine Gruppe. Das Produkt $\sigma \sigma'$ einer (C, γ)-Kollineation und einer (C', γ)-Kollineation mit $C \neq C'$, $C, C' \in \delta$ hat nämlich die Fixgerade $C C' = \delta$ und damit im Falle $\delta \neq \gamma$ einen Punkt auf δ als Zentrum. Im Falle $\delta = \gamma$ benutzt man die Tatsache, daß das Zentrum D von $\sigma \sigma'$ Fixpunkt ist, also $D^\sigma = D^{\sigma'^{-1}} = D'$ gilt, woraus $\varkappa(C, D, D')$, $\varkappa(C', D, D')$ folgt; demnach ist also $C, C' \in D D'$ und damit $D \in \delta$ oder aber $D = D'$, d. h. D Fixpunkt von σ sowohl wie von σ' und damit wegen $C \neq C'$ ein Punkt der Achse γ. Die Produkte von zentralen Kollineationen werden *projektive Kollineationen* genannt; diese bilden natürlich eine Gruppe, die *projektive Gruppe* der projektiven Ebene. Die Produkte solcher zentraler Kollineationen, bei denen das Zentrum auf der Achse liegt, sollen als *kleine projektive Kollineationen* und die von ihnen gebildete Gruppe als die *kleine projektive Gruppe* bezeichnet werden.

Sind P, P' zwei nicht auf γ liegende Punkte mit $C P = C P'$, so kann es höchstens *eine* (C, γ)-Kollineation σ mit $P^\sigma = P'$ geben. Denn ist τ

ebenfalls eine (C, γ)-Kollineation mit $P^\tau = P'$, so ergibt sich $\sigma \tau^{-1}$ als (C, γ)-Kollineation mit Fixpunkt P, also nach Satz 5 von S. 65 als identische Kollineation. Liegt X nicht auf CP, so folgt

$$(1) \qquad\qquad X^\sigma = CX \cap (PX \cap \gamma)\, P'.$$

Wegen $PX = (PX \cap \gamma)\, P$ und $(PX \cap \gamma)^\sigma = PX \cap \gamma$ gilt nämlich $X^\sigma \in (PX)^\sigma$ $= (PX \cap \gamma)\, P'$; daraus folgt dann (1) nach Satz 3, S. 64 unter Beachtung der Tatsache, daß aus $CX = (PX \cap \gamma)\, P'$ mittels (1.5) $CX = CP'$ $(= CP)$ folgen würde. In Anbetracht von (1) bezeichnet man die (C, γ)-Kolli-

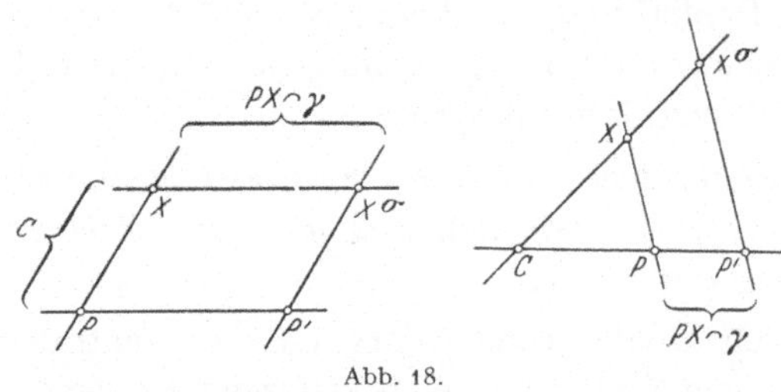

Abb. 18.

neationen im Falle $C \in \gamma$ auch als die *Translationen* und im andern Fall als die *Streckungen* der affinen Ebene $\mathfrak{E}_\gamma$ (Abb. 18).

Gibt es zu jedem Paar von nicht auf γ liegenden Punkten P, P' mit $CP = CP'$ eine (C, γ)-Kollineation σ mit $P^\sigma = P'$, so heißt die projektive Ebene $\mathfrak{E}$ (C, γ)-*transitiv* [18]. Um die (C, γ)-Transitivität zu erkennen, genügt es, den Punkt P irgendwie $(\neq C$ und nicht auf γ natürlich) fest zu wählen. Denn liegen Q, Q' nicht auf γ und ist $CQ = CQ' = CP$, so nimmt man die (C, γ)-Kollineationen τ, τ' mit $P^\tau = Q$, $P^{\tau'} = Q'$ und bildet die (C, γ)-Kollineation $\sigma = \tau^{-1}\tau'$, welche dann die gewünschte Eigenschaft $Q^\sigma = Q'$ besitzt. Im Falle $CQ = CQ' \neq CP$ aber kann man — wie in der Herleitung von (1) gezeigt — den Punkt $P' = CP \cap (QP \cap \gamma)\, Q'$ bilden, und nach (1) hat dann die durch $P^\sigma = P'$ bestimmte (C, γ)-Kollineation gerade die Eigenschaft $Q^\sigma = Q'$, wie man sofort mittels (1.14) erkennt.

6. *Die zu einer (C, γ)-transitiven Ebene duale Ebene ist (γ, C)-transitiv.*

Zum Beweis ist eine (C, γ)-Kollineation σ mit $\pi^\sigma = \pi'$ anzugeben, wobei π, π' zwei nicht durch C gehende Geraden mit $\pi \cap \gamma = \pi' \cap \gamma$ sind. Zu diesem Zweck wird eine Gerade δ durch C gewählt, welche $\pi \cap \gamma$ nicht enthält; das ist wegen $C \neq \pi \cap \gamma$ möglich. Die Punkte $P = \pi \cap \delta$, $P' = \pi' \cap \delta$ sind nun $\neq C$, erfüllen daher wegen $C \in \delta$ nach (1.13) die Gleichung $PC = P'C$ und liegen nicht auf γ, da sonst wegen $\pi \neq \gamma \neq \pi'$ nach (1.11) $\pi \cap \gamma \in \delta$ wäre. Also gibt es eine (C, γ)-Kollineation σ mit $P^\sigma = P'$, und wegen $P \neq \pi \cap \gamma \neq P'$ gilt dann auch $\pi^\sigma = \pi'$.

7. *Eine (C, γ)-transitive Ebene mit der Kollineation φ ist auch $(C^\varphi, \gamma^\varphi)$-transitiv.*

Sind nämlich P, P' zwei verschiedene, nicht auf γ^φ liegende Punkte mit $C^\varphi P = C^\varphi P'$, so liegen $Q = P^{\varphi^{-1}}$, $Q' = P'^{\varphi^{-1}}$ nicht auf γ und erfüllen $QC = Q'C$. Es gibt dann also eine (C, γ)-Kollineation σ mit $Q^\sigma = Q'$. Da offensichtlich die Kollineation $\tau = \varphi^{-1}\sigma\varphi$ jeden Punkt von γ^φ als Fixpunkt und jede Gerade durch C^φ als Fixgerade besitzt, ist τ eine $(C^\varphi, \gamma^\varphi)$-Kollineation. Wegen $P^\tau = P'$ ist damit alles bewiesen.

Aus der Tatsache, daß $\varphi^{-1}\sigma\varphi$ eine $(C^\varphi, \gamma^\varphi)$-Kollineation ist, folgt übrigens sofort:

8. *Projektive und kleine projektive Gruppe einer projektiven Ebene sind Normalteiler in der Automorphismengruppe der projektiven Ebene.*

Ferner ergibt sich daraus [7]:

9. *In der aus den Streckungen und Translationen einer affinen Ebene bestehenden Gruppe ist die Untergruppe der Streckungen mit festem Zentrum ihr eigener Normalisator, falls sie aus mehr als einem Element besteht.*

Denn die Translationen und Streckungen bilden nach einer Bemerkung von S. 65 eine Gruppe, und in dieser werden die Streckungen mit Zentrum C als die Elemente σ mit $C^\sigma = C$ ausgezeichnet, so daß mit $\mathfrak{S}$ als der Gruppe dieser Streckungen genau dann $\varphi^{-1}\mathfrak{S}\varphi = \mathfrak{S}$ gilt, wenn $\varphi \in \mathfrak{S}$ oder $\mathfrak{S} = \{1\}$ ist.

Die Perspektivität der Punktreihe in α auf die Punktreihe in β vom Zentrum S aus wird im Fall der $\big(S, (\alpha \cap \beta)\,S\big)$-Transitivität offenbar hervorgerufen durch eine $\big(S, (\alpha \cap \beta)\,S\big)$-Kollineation. Da nach S. 64 eine (C, γ)-Kollineation in einer C nicht enthaltenden Punktreihe eine Perspektivität und nach (1) in der Punktreihe $\mathfrak{P}_{CX}$ das Produkt zweier Perspektivitäten mit den Zentren P, P' hervorruft, ergibt sich daher:

10. *Die von einer projektiven Kollineation in einer Punktreihe hervorgerufene Abbildung ist eine Projektivität; falls aus $C \in \gamma$ stets die (C, γ)-Transitivität folgt, läßt sich jede Projektivität einer Punktreihe auf eine Punktreihe durch eine kleine projektive Kollineation hervorrufen.*

Ist $\mathfrak{E}$ (C, γ)-transitiv für jede Gerade γ durch den Punkt D, so heißt $\mathfrak{E}$ *(C, D)-transitiv* [18]. Dual dazu wird $\mathfrak{E}$ *(δ, γ)-transitiv* genannt, wenn $\mathfrak{E}$ (C, γ)-transitiv für jeden Punkt $C \in \delta$ ist. Unter einer *transitiven* Ebene versteht man eine projektive Ebene, die bei jeder Wahl von C und γ (C, γ)-transitiv ist [18].

11. *Im Falle $C \neq C'$ folgt aus der (C, γ)- und der (C', γ)-Transitivität die (CC', γ)-Transitivität; falls zudem auf einer Geraden mehr als drei Punkte liegen oder $C \in \gamma$ gilt[1], wird die Gruppe der zentralen Kollineationen*

---

[1] Ohne diese Voraussetzung ist der Satz falsch; denn liegen bei nur 3 Punkten auf jeder Geraden C, C' nicht auf γ, so ist die identische Kollineation die einzige (C, γ)- und die einzige (C', γ)-Kollineation, während zu $C'' \in \gamma$ eine nichtidentische (C'', γ)-Kollineation vorhanden ist — wie der folgende Beweis zeigt.

mit Achse γ und Zentrum $\in C C'$ von den (C, γ)- und (C', γ)-Kollineationen erzeugt [18].

Beweis. Falls auf einer Geraden nur drei Punkte liegen, gilt dasselbe für jede Gerade, wie man durch Anwenden einer Perspektivität der einen auf die andere Gerade (s. S. 8) erkennt. Da ein Geradenbüschel perspektiv auf eine Punktreihe abgebildet werden kann, gehen dann durch jeden Punkt genau drei Geraden. In diesem Fall ist $\mathfrak{E}$ sogar transitiv. Liegt X nicht auf ξ, so gibt es nämlich keine zwei nicht auf ξ liegende Punkte P, P' mit $X P = X P'$. Im Falle $X \in \xi$ andererseits gibt es außer den drei Punkten $\in \xi$ überhaupt nur vier Punkte, nämlich P, P', Q, Q' mit $P X = P' X \neq Q X = Q' X$ und daher außer ξ, $P P'$, $Q Q'$ nur die vier Geraden PQ, $P'Q'$, PQ', QP'. Die nach S. 7 vorhandenen und von den P, P', Q, Q' verschiedenen Punkte $PQ \cap P'Q'$, $PQ' \cap QP'$ liegen daher auf ξ, so daß die Vertauschung von P mit P' sowie von Q mit Q' zusammen mit Festlassen der Punkte von ξ eine (X, ξ)-Kollineation darstellt. Schließt man nun die eben als transitiv erkannten projektiven Ebenen aus oder setzt $C \in \gamma$ voraus, so braucht man in Anbetracht des auf S. 65/66 Gezeigten nur zu verschiedenen Punkten P, P', die weder auf $C C'$ noch auf γ liegen, aber sonst beliebig sind, ein Produkt von (C, γ)- und (C', γ)-Kollineationen anzugeben, das P in P' überführt. Da P, P' nicht auf $C C'$ liegen, ist $Q = C P \cap C' P'$ vorhanden und $\neq C, C'$. Liegt Q nicht auf γ, so gibt es daher eine (C, γ)-Kollineation σ mit $P^\sigma = Q$ und eine (C', γ)-Kollineation σ' mit $Q^\sigma = P'$. Daraus folgt dann $P^{\sigma\sigma'} = P'$. Im Falle $Q \in \gamma$ wählt man auf $C P'$ einen nicht auf γ liegenden Punkt $P'' \neq P'$, C, der wegen $P' \notin C C'$ dann ebenfalls nicht auf $C C'$ liegt. Das ist möglich, da ja im Fall $C \notin \gamma$ jede Gerade mindestens vier Punkte enthalten soll. Es gibt dann eine (C, γ)-Kollineation τ mit $P''^\tau = P'$. Da P, P'' nicht auf $C C'$ liegen, ist $Q' = C P \cap C' P'' \neq C'$ und $Q' C' \neq C P'$, so daß mittels (1.14) $P'' = Q' C' \cap C P'$, $P' = Q C' \cap C P'$ folgt. Daher ist $Q \neq Q'$, so daß $Q' \in \gamma$ wegen $Q Q' = C P \neq \gamma$ unmöglich ist. Wie oben gibt es daher ein Produkt $\sigma\sigma'$ mit $P^{\sigma\sigma'} = P''$, und $\sigma\sigma'\tau$ leistet dann das Gewünschte.

12. *Seien O, U, V drei nichtkollineare Punkte[1] einer projektiven Ebene $\mathfrak{E}$. Dann folgen*

1. aus (U, UV)- und (V, OV)-Transitivität von $\mathfrak{E}$ die (UV, UV)- sowie die (V, V)-Transitivität von $\mathfrak{E}$,

2. aus (U, UV)-, (V, OV)- und (O, OV)-Transitivität die (ξ, ξ)-Transitivität von $\mathfrak{E}$ für alle Geraden ξ durch V,

---

[1] Die Bezeichnungen sind mit Rücksicht auf die Anwendung in **3.5** gewählt

3. aus (U, UV)-, (V, OV)- und (U, OU)-Transitivität die (X, X)-Transitivität von $\mathfrak{E}$ für alle $X \in UV$,

4. aus (U, UV)-, (V, OV)-, (O, OV)- und (U, OU)-Transitivität zusammen die (ξ, ξ)-Transitivität von $\mathfrak{E}$ für alle Geraden ξ [77, 123].

Beweis. Auf UV wird $W \neq U, V$ gewählt. Wegen der (V, OV)-Transitivität gibt es dann eine (V, OV)-Kollineation, die U in W überführt. Nach Satz 7 von S. 66 folgt daher aus der (U, UV)-Transitivität die (W, UV)-Transitivität und damit nach Satz 11 von S. 67 auch die (UV, UV)-Transitivität. Insbesondere ist $\mathfrak{E}$ daher (V, UV)-transitiv und wegen $OV \neq UV$ nach der Dualisierung von Satz 11 somit auch (V, V)-transitiv. Damit ist der erste Teil der Behauptung bewiesen. Wird jetzt weiter $\mathfrak{E}$ auch als (O, OV)-transitiv vorausgesetzt, so folgt die (OV, OV)-Transitivität nach Satz 11. Da man nun wegen der (U, UV)-Transitivität durch (U, UV)-Kollineationen OV in alle von UV verschiedene Geraden durch V überführen kann, ist in Anbetracht des Satzes 7 von S. 66 damit die zweite Behauptung bewiesen. Die dritte folgt daraus sofort durch Dualisierung, indem man $UV = \tilde{V}$, $OU = \tilde{O}, OV = \tilde{U}$ setzt und somit $U = \tilde{O} \cap \tilde{V}, V = \tilde{U} \cap \tilde{V}$ hat. Zum Beweis der vierten Behauptung hat man nun nur noch zu zeigen, daß aus der (ξ, ξ)-Transitivität für jede Gerade ξ durch V und der (X, X)-Transitivität für alle $X \in UV$ die (ξ, ξ)-Transitivität für jede Gerade ξ folgt, die nicht durch V geht: Mit $P = \xi \cap UV$ und $P \neq Q \in \xi$ ist $\mathfrak{E}$ (P, ξ)- und (Q, QV)-transitiv und somit nach dem ersten Ergebnis — mit V, P, Q an Stelle von O, U, V angewandt — (ξ, ξ)-transitiv.

13. *Sind O, U, V drei nichtkollineare Punkte einer (U, OV)-transitiven Ebene $\mathfrak{E}$ und ist α eine durch O, aber weder durch U noch durch V gehende Gerade von $\mathfrak{E}$, so ist $\mathfrak{E}$ genau dann (V, OV)- und (V, OU)-transitiv, wenn sie (V, α)-transitiv ist[1] [77].*

Beweis. Wenn $\mathfrak{E}$ (V, OV)- und (V, OU)-transitiv ist, so muß sie nach der Dualisierung des Satzes 11 von S. 67 (V, O)- und damit insbesondere (V, α)-transitiv sein. Da — wie auf S. 68 nachgewiesen — eine projektive Ebene transitiv ist, wenn in ihr durch einen Punkt nur drei Geraden gehen, darf o. B. d. A. vorausgesetzt werden, daß es eine durch O, aber nicht durch U gehende Gerade $\alpha' \neq OV, \alpha$ gibt. Aus der (OV, U)-Transitivität der dualen Ebene (s. S. 66) folgt nun die Existenz einer (U, OV)-Kollineation, die α in α' überführt. Nach Satz 7 von S. 66 zieht daher die (V, α)-Transitivität die (V, α')-Transitivität und damit nach der Dualisierung des Satzes 11 von S. 67 die (V, O)-Transi-

---

[1] Nach den Ergebnissen von **3.5** ist $\mathfrak{E}$ dann sogar transitiv. Weitere Sätze über die Transitivität einer projektiven Ebene findet man in [**77**].

tivität, insbesondere also die (V, OV)- und die (V, OU)-Transitivität nach sich.

Einen Überblick über die möglichen (C, γ)-Transitivitäten mit $C \in \gamma$ liefert der folgende Satz [**123**]:

14. *Jeder projektiven Ebene $\mathfrak{E}$ läßt sich eine Unterstruktur $\mathbf{S}(\mathfrak{E})$ so zuordnen, daß $\mathfrak{E}$ im Falle $C \in \gamma$ genau dann (C, γ)-transitiv ist, wenn C und γ zu $\mathbf{S}(\mathfrak{E})$ gehören; für $\mathbf{S}(\mathfrak{E})$ bestehen höchstens folgende Möglichkeiten[1]:*

I. *Kein Punkt, keine Gerade.*

II. *Ein Punkt und eine Gerade durch ihn.*

III. *Die Punkte einer Punktreihe und die Geraden eines Büschels, dessen Träger der Punktreihe nicht angehört.*

IVa. *Die Punkte einer Punktreihe und deren Träger.*

IVb. *Ein Punkt und sämtliche Geraden durch ihn.*

V. *Die Punkte einer Punktreihe und die Geraden eines Büschels, dessen Träger der Punktreihe angehört.*

VIa. *Die Punkte einer Punktreihe und sämtliche Geraden.*

VIb. *Sämtliche Punkte und die Geraden eines Büschels.*

VII. *Sämtliche Punkte und sämtliche Geraden.*

Beweis. Man erklärt zunächst $\mathbf{S}(\mathfrak{E})$ als die Unterstruktur, der ein Punkt C von $\mathfrak{E}$ genau dann angehört, wenn $\mathfrak{E}$ mit einer passend gewählten Geraden γ durch C (C, γ)-transitiv ist, und deren Geraden in dualer Weise gekennzeichnet sind. Dann ist $\mathfrak{E}$ (C, γ)-transitiv für jeden Punkt C und jede Gerade γ von $\mathbf{S}(\mathfrak{E})$ mit $C \in \gamma$; denn aus (C, γ')- und (C', γ)-Transitivität mit $C \in \gamma$, γ' und $C' \in \gamma$ ergibt sich bei $\gamma \neq \gamma'$, $C \neq C'$ nach Satz 12.1 die (C, γ)-Transitivität. Man braucht nun offenbar nur das Folgende zu beweisen: Enthält $\mathbf{S}(\mathfrak{E})$ eine Unterstruktur $\mathfrak{J}$ von einer der obigen Arten I bis VI, so enthält $\mathbf{S}(\mathfrak{E})$ im Falle $\mathbf{S}(\mathfrak{E}) \supset \mathfrak{J}$ auch eine Unterstruktur $\mathfrak{J}'$ von höherer Artnummer als $\mathfrak{J}$. Diese Aussage ist selbstverständlich, falls $\mathfrak{J}$ von der Art I ist. Sie wird im folgenden für die Arten II bis VI einzeln bewiesen, wobei man sich bei IV und VI auf den Fall a beschränken darf, weil der Fall b daraus durch Dualisieren folgt. $\mathfrak{E}$ sei im folgenden (C, γ)-transitiv mit $C \in \gamma$.

II. $\mathfrak{J}$ besteht aus der Geraden α und dem Punkt $A \in \alpha$. Im Falle $A \neq C$, $\alpha = \gamma$ kann man dann nach Satz 11 von S. 67 ein $\mathfrak{J}'$ von der Art IVa angeben, während sich der Fall $A = C$, $\alpha \neq \gamma$ durch Dualisieren erledigt. Bei $C \notin \alpha$, $A \notin \gamma$ läßt sich C durch eine (A, α)-Kollineation in jeden von A verschiedenen Punkt $C' \in AC$ überführen, wobei γ in $(\alpha \cap \gamma) C'$ übergeht. Nach Satz 7 von S. 66 gibt es daher ein $\mathfrak{J}'$ von der Art III. Bei $C \in \alpha \neq \gamma$ oder $A \in \gamma \neq \alpha$ schließlich läßt sich nach dem ersten Teil des Satzes 12 von S. 68 ein $\mathfrak{J}'$ der Art V finden.

---

[1] Über das tatsächliche Auftreten der folgenden Fälle vgl. S. 108 (nach Satz 51).

III. $\mathfrak{J}$ besteht aus allen Punkten $\in \alpha$ und allen Geraden durch $A \notin \alpha$. Im Fall $C \notin \alpha$, $A \in \gamma$ kann man nach Satz 11 von S. 67 ein $\mathfrak{J}'$ von der Art IV a angeben[1], und der Fall $C \in \alpha$, $A \notin \gamma$ erledigt sich durch Dualisierung. Bei $C \notin \alpha$, $A \notin \gamma$ schließlich liefert der erste Teil des Satzes 12 von S. 68 ein $\mathfrak{J}'$ von der Art V [2].

IV a. $\mathfrak{J}$ besteht aus allen Punkten $\in \alpha$ und der Geraden α. Im Falle $C \in \alpha \neq \gamma$ kann man dann nach dem ersten Teil des Satzes 12 von S. 68 ein $\mathfrak{J}'$ von der Art V angeben, während sich bei $C \notin \alpha$ nach dem zweiten Teil von Satz 12 ein $\mathfrak{J}'$ von der Art VI b ergibt.

V. $\mathfrak{J}$ besteht aus allen Punkten $\in \alpha$ und allen Geraden durch $A \in \alpha$. Im Falle $A \neq C \in \alpha \neq \gamma$ liefert der dritte Teil von Satz 12 ein $\mathfrak{J}'$ von der Art VI a, während sich bei $C \notin \alpha$ wie bei IV a ein $\mathfrak{J}'$ von der Art VI b ergibt.

VI a. $\mathfrak{J}$ besteht aus allen Punkten $\in \alpha$ und sämtlichen Geraden. Im Falle $C \notin \alpha$ kann man dann nach dem vierten Teil von Satz 12 $\mathfrak{E}$ selbst als $\mathfrak{J}'$ wählen.

Jede Kollineation oder Dualität von $\mathfrak{E}$ führt nach den Sätzen 6 und 7 von S. 66 die Unterstruktur $\mathbf{S}(\mathfrak{E})$ in sich über. Daher gilt [123]:

15. *Die projektive Ebene $\mathfrak{E}$ besitzt keine Dualität, wenn $\mathbf{S}(\mathfrak{E})$ von einer der Arten* IV a, IV b, VI a, VI b *ist.*

Im Zusammenhang mit den zentralen Kollineationen sind zu erwähnen die *Quasiperspektivitäten*[3]. Das sind solche Kollineationen, bei denen durch jeden Punkt eine Fixgerade geht. Jede zentrale Kollineation ist also eine Quasiperspektivität. Wie bei den zentralen Kollineationen gilt [21]:

16. *Eine Quasiperspektivität ist auch Quasiperspektivität der dualen Ebene.*

Dazu braucht nur gezeigt zu werden, daß jede Gerade ξ einen Fixpunkt der Quasiperspektivität σ trägt. Im Falle $\xi^\sigma = \xi$ nimmt man einen nicht auf ξ liegenden Punkt, durch den also eine von ξ verschiedene Fixgerade η geht. $\xi \cap \eta$ ist dann der gewünschte Fixpunkt. Im Falle $\xi^\sigma \neq \xi$ geht durch den Punkt $X = \xi \cap \xi^\sigma$ eine Fixgerade η. Wegen $\xi \neq \eta \neq \xi^\sigma$ ist $X = \xi \cap \eta = \xi^\sigma \cap \eta$ und daher $X^\sigma = \xi^\sigma \cap \eta^\sigma = \xi^\sigma \cap \eta = X$, also X Fixpunkt.

Das Dualitätsprinzip liefert somit aus Sätzen über Quasiperspektivitäten wieder solche Sätze.

17. *Eine Kollineation σ ist genau dann Quasiperspektivität, wenn* $\varkappa(X, X^\sigma, X^{\sigma^2})$ *für jeden Punkt X gilt* [21].

---

[1] Nach dem zweiten Teil des Satzes 12 von S. 68 dann sogar ein $\mathfrak{J}'$ der Art VI b.

[2] Da man dabei sowohl $U = C$, $V = \alpha \cap \gamma$ wie $U = CA \cap \alpha$, $V = C$ setzen kann, zeigt der vierte Teil von Satz 12, daß $\mathfrak{E}$ selbst als $\mathfrak{J}'$ genommen werden kann.

[3] Eingeführt in [21], wo allerdings die identische Kollineation ausgeschlossen wird.

Beweis. σ sei eine Quasiperspektivität. Dann geht durch X eine Fixgerade ξ, und aus $X \in \xi$ wird $X^\sigma \in \xi$ sowie $X^{\sigma^2} \in \xi$, d. h. es gilt $\varkappa(X, X^\sigma, X^{\sigma^2})$. Erfülle nun umgekehrt die Kollineation σ diese Bedingung für jeden Punkt X. Ist X kein Fixpunkt, so folgt $X^{\sigma^2} \in XX^\sigma$ und damit $(XX^\sigma)^\sigma = X^\sigma X^{\sigma^2} = XX^\sigma$, d. h. XX^σ ist die gewünschte Fixgerade durch X. Für einen Fixpunkt X ergibt sich die Verbindungsgerade mit jedem weiteren Fixpunkt als Fixgerade. Im Falle $Y \neq X$ darf also $Y^\sigma \neq Y$ angenommen werden, so daß durch Y nach dem bereits Bewiesenen eine Fixgerade η geht. Enthält diese den Punkt X nicht, so sei Z ein nicht auf η liegender Punkt $\neq X$, von dem wieder $Z^\sigma \neq Z$ angenommen werden darf. Durch Z geht somit eine Fixgerade $\zeta \neq \eta$, und falls diese nicht durch X geht, ist $\eta \cap \zeta$ ein von X verschiedener Fixpunkt. Damit ist σ als Quasiperspektivität erkannt.

Nach Satz 17 fallen unter den Begriff der Quasiperspektivität auch die durch $\sigma^2 = 1 \neq \sigma$ gekennzeichneten *involutorischen Kollineationen*, die man auch kurz als *Involutionen* bezeichnet.

Die aus den Fixpunkten und Fixgeraden einer Kollineation bestehende Unterstruktur, im folgenden als die · *Unterstruktur der Fixelemente* bezeichnet, erfüllt nach einer zu Anfang von **3.1** gemachten Bemerkung die Bedingungen (1.16) und (1.17). Für eine zentrale Kollineation $\neq 1$ gehört diese Unterstruktur offensichtlich zu einer der letzten beiden in Abb. 1 veranschaulichten Arten. Daß dadurch die zentralen Kollineationen $\neq 1$ unter den Quasiperspektivitäten ausgezeichnet sind, besagt der folgende Satz [**21**]:

18. *Eine Quasiperspektivität ist genau dann eine nichtidentische zentrale Kollineation, wenn die Unterstruktur ihrer Fixelemente ausgeartet ist.*

Zum Beweis ist nur noch zu zeigen, daß die Quasiperspektivität σ eine zentrale Kollineation ist, wenn die Unterstruktur ihrer Fixelemente ausgeartet ist. Unter dieser Voraussetzung gibt es aber nun in Anbetracht von S. 14 einen Fixpunkt C und eine Fixgerade γ so, daß jede Fixgerade $\neq \gamma$ durch C geht und jeder Fixpunkt $\neq C$ auf γ liegt. Jede Gerade durch C ist nun aber auch Fixgerade; denn eine solche Gerade enthält ja einen nicht auf γ liegenden Punkt $X \neq C$, und eine durch X gehende Fixgerade enthält dann, da $\neq \gamma$, den Punkt C, ist also $= XC$. Daher ist σ eine (C, γ)-Kollineation.

Bei denjenigen Quasiperspektivitäten, welche keine zentralen Kollineationen $\neq 1$ sind, ist also die Unterstruktur der Fixelemente eine projektive Ebene. Beachtet man noch, daß eine Inzidenzstruktur mit (1.16), (1.17) sicher ausgeartet ist, wenn es eine Gerade mit nur einem Punkt gibt, und daß bei einer (C, γ)-Kollineation genau im Falle $C \in \gamma$ eine Fixgerade (nämlich jede Gerade $\neq \gamma$ durch C) mit nur einem Fixpunkt vorhanden ist, so ergibt sich noch der Satz [**21**]:

19. *Eine Quasiperspektivität ist genau dann eine nichtidentische zentrale Kollineation, deren Zentrum auf der Achse liegt, wenn es eine Fixgerade gibt, welche nur einen Fixpunkt trägt.*

3.2. Der Satz von Desargues.

In einer (C, γ)-transitiven projektiven Ebene $\mathfrak{E}$ gilt der folgende Schließungssatz mit den Variablen A_i, B_i, C_{ik}, α_{ik}, β_{ik}, γ_i (Abb. 19):

Aus

$$C, A_i, B_i \in \gamma_i,$$
$$C_{ik}, A_i, A_k \in \alpha_{ik}, \qquad (i, k = 1, 2, 3; i < k)$$
$$C_{ik}, B_i, B_k \in \beta_{ik},$$
$$C \neq A_i \neq B_i \neq C, \quad \gamma_1 \neq \gamma_2 \neq \gamma_3 \neq \gamma_1,$$
$$\alpha_{12} \neq \alpha_{13}, \quad \beta_{12} \neq \beta_{13}$$

und $\qquad C_{12}, C_{13} \in \gamma$

folgt $\qquad C_{23} \in \gamma.$

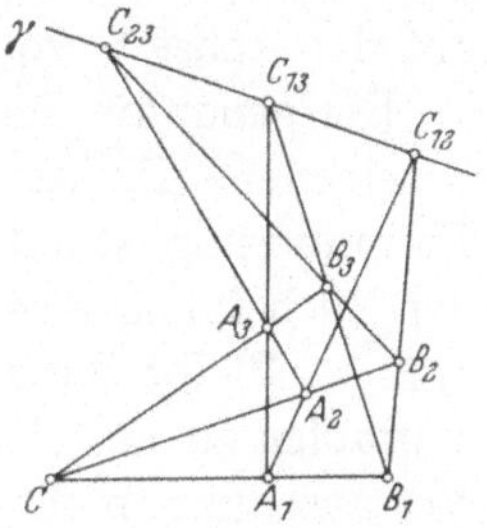

Abb. 19.

Zum Beweis und zu späterer Verwendung werden zuerst einige aus der Voraussetzung allein — also ohne Benutzung der (C, γ)-Transitivität — folgende Beziehungen zwischen den darin vorkommenden Punkten und Geraden hergeleitet. Offenbar ist $\gamma_i = A_i B_i = A_i C = B_i C$ und daher $A_i \neq A_k$, $B_i \neq B_k$ für $i \neq k$, woraus weiter $\alpha_{ik} = A_i A_k$, $\beta_{ik} = B_i B_k$ folgt. Die Ungleichungen $\alpha_{12} \neq \alpha_{13}$, $\beta_{12} \neq \beta_{13}$ besagen also einfach die Nichtkollinearität der A_i sowohl wie der B_i. Aus $\alpha_{ik} = \beta_{ik}$ würde nach (1.5) $A_k B_k = A_i A_k = A_i B_i$ folgen, also ist $C_{ik} = \alpha_{ik} \cap \beta_{ik}$. $C \notin \alpha_{ik}, \beta_{ik}$ folgt daraus, daß z. B. $C \in \alpha_{ik} = A_i A_k$ nach (1.5) die Gleichungen $\gamma_i = C A_i = C A_k = \gamma_k$ nach sich ziehen würde. Aus $A_1 \in \beta_{12}$ würde wegen $\beta_{12} \neq \gamma_1$ die Gleichung $A_1 = \beta_{12} \cap \gamma_1 = B_1$ folgen. Somit ist $A_1 \notin \beta_{12}$, und selbstverständlich gelten ebenso alle durch Indizespermutation sowie durch Vertauschen von A, α mit B, β daraus hervorgehenden Beziehungen. Aus $\gamma = \alpha_{12}$ würde $A_1 = \alpha_{12} \cap \alpha_{13} = C_{13} \in \beta_{13}$ folgen; also gilt $\gamma \neq \alpha_{12}$ und ebenso $\gamma \neq \alpha_{13}, \beta_{12}, \beta_{13}$. Daher würde $A_1 \in \gamma$ die Gleichung $A_1 = \gamma \cap \alpha_{12}$ nach sich ziehen, was wegen der aus $C_{12} = \alpha_{12} \cap \beta_{12} \in \gamma$ nach (1.11) folgenden Beziehung $\alpha_{12} \cap \gamma \in \beta_{12}$ unmöglich ist. Wie man sofort sieht, erhält man auf diese Weise $A_i, B_i \notin \gamma$. Wegen $C_{13} A_3 = A_1 A_3 \neq \gamma_3$, $C_{12} A_2 = \alpha_{12} \neq \alpha_{23}$ ist ferner $C_{13} \notin \gamma_3$, $C_{12} \notin \alpha_{23}$, und natürlich gelten auch alle sich daraus durch Permutation der Indizes und Vertauschen von α mit β ergebenden Beziehungen. Aus $\alpha_{12} \neq \alpha_{13}$ allein, ohne Benutzung von $\beta_{12} \neq \beta_{13}$, folgt $C_{12} \neq C_{13}$; denn sonst wäre $A_1 = \alpha_{12} \cap \alpha_{13} = C_{13} \in \beta_{13}$. Ist dann $\beta_{12} = \beta_{13}$, so muß daher $\gamma = \beta_{12} = \beta_{13} = \beta_{23}$ sein, und $C_{23} \in \gamma$ ist trivialerweise erfüllt. Im Falle $\alpha_{12} = \alpha_{13}$, $\beta_{12} = \beta_{13}$ schließlich folgt $C_{12} = C_{13} = C_{23}$. Die Voraussetzungen $\alpha_{12} \neq \alpha_{13}$, $\beta_{12} \neq \beta_{13}$ sind also eigentlich überflüssig; sie wurden nur hinzugefügt, um lästige Ausnahmen zu beseitigen.

Nach der vorausgesetzten (C, γ)-Transitivität gibt es nun wegen $CA_1 = CB_1$, $A_1 \notin \gamma$, $B_1 \notin \gamma$ eine (C, γ)-Kollineation σ mit $A_1^\sigma = B_1$. Wegen $C \notin \alpha_{1i}$ ist $\gamma_i \neq \alpha_{1i}$, und da $A_1 \neq C_{1i}$ ist, folgt $A_i = \gamma_i \cap \alpha_{1i} = \gamma_i \cap A_1 C_{1i}$; ebenso ergibt sich natürlich $B_i = \gamma_i \cap B_1 C_{1i}$. Wegen $\gamma_i^\sigma = \gamma_i$, $C_{1i}^\sigma = C_{1i}$ folgt daraus $A_i^\sigma = B_i$ und somit $\alpha_{23}^\sigma = \beta_{23}$. Wegen $\alpha_{23} \neq \beta_{23}$ liegt dann nach den Überlegungen von S. 64 tatsächlich $C_{23} = \alpha_{23} \cap \alpha_{23}^\sigma$ auf der Achse γ von σ.

Der genannte Schließungssatz wird als der *Desarguessche (C, γ)-Satz* bezeichnet. Er ist offenbar konstruierbar und vom Rang 7. Seine Formulierung ist natürlich unempfindlich gegenüber einer Vertauschung der Buchstaben A, α mit B, β und irgendeiner Permutation der Indizes 1, 2, 3. Bleibt diese Tatsache aber auch bestehen, wenn gewisse der Variablen zu Festelementen gemacht werden und diese Festsetzung der Vertauschung nicht unterworfen wird? Anders ausgedrückt — und diese Form sei im folgenden stets gewählt —: Wenn bei festgehaltenen Bezeichnungen die Bestimmung der Festelemente einer Vertauschung unterworfen wird, also etwa statt α_{23}, A_2 fest $= \alpha$ bzw. $= A$ zu wählen, $\beta_{13} = \alpha$, $B_1 = A$ gesetzt wird? Offensichtlich ja, soweit die Buchstabenvertauschung und die Vertauschung der Indizes 2, 3 in Frage kommen. Es genügt also, die Vertauschung der Indizes 1, 2 zu untersuchen. Der Einfachheit halber sind im folgenden alle diejenigen Variablen, deren Werte sich auf Grund der Voraussetzungen aus den Festelementen bestimmen lassen, ebenfalls zu den Festelementen gerechnet. Dann ist natürlich die Einschränkung sinnvoll, daß C_{23} kein Festelement und C_{13} nur dann Festelement ist, wenn entweder α_{13} oder β_{13} Festelement ist. Mit dieser Einschränkung läßt sich nun tatsächlich zeigen, daß die Vertauschung der Indizes 1, 2 zu einem gleichwertigen Schließungssatz führt. Es sei die Voraussetzung des durch die Vertauschung entstehenden Satzes erfüllt. Zuerst wird C_{13} als Festelement angenommen, so daß o. B. d. A. β_{13} als fest und α_{13} als nicht fest vorausgesetzt werden darf. Wegen $\alpha_{13} = A_3 C_{13}$ ist dann auch A_3 kein Festelement. Ist jetzt α_{23} nicht fest, so setzt man $A_3' = (\beta_{23} \cap \gamma) A_2 \cap \gamma_3$ und stellt fest, daß nach Ersetzen von A_3 durch A_3' und nach Vertauschen von 1 mit 2 die Voraussetzung des ursprünglichen Satzes erfüllt ist[1]. Man hat also $C_{13} \in A_3' A_1$, und daraus folgt mittels (1.10), (1.11) der Reihe nach:

$$A_3' \in A_1 C_{13} = \alpha_{13}, \qquad A_3 = \alpha_{13} \cap \gamma_3 \in (\beta_{23} \cap \gamma) A_2,$$

$$\beta_{23} \cap \gamma \in A_2 A_3 = \alpha_{23}, \qquad C_{23} = \alpha_{23} \cap \beta_{23} \in \gamma.$$

---

[1] Der an sich einfache, jedoch etwas langwierige Beweis sei dem Leser überlassen.

Ist aber α_{23} fest und damit β_{23} nicht fest, so kann auch B_3 wegen $A_3 = \alpha_{23} \cap CB_3$ nicht fest sein. Man setzt $B_3' = (\alpha_{23} \cap \gamma) B_2 \cap \beta_{13}$, $A_3' = CB_3' \cap \alpha_{23}$ und erkennt nach Ersetzen von B_3, A_3 durch B_3', A_3' und Vertauschen von 1 mit 2 die Voraussetzung des ursprünglichen Satzes als erfüllt[1], so daß wieder $C_{13} \in A_3' A_1$ gilt. Mittels (1.10), (1.11) ergibt sich daraus der Reihe nach:

$$A_3' \in A_1 C_{13} = \alpha_{13}, \quad A_3 = \alpha_{13} \cap \alpha_{23} \in C B_3', \quad B_3' \in C A_3 = \gamma_3,$$

$$B_3 = \beta_{13} \cap \gamma_3 \in (\alpha_{23} \cap \gamma) B_2, \quad \alpha_{23} \cap \gamma \in B_2 B_3 = \beta_{23}, \quad C_{23} = \alpha_{23} \cap \beta_{23} \in \gamma.$$

Es sei jetzt weiter C_{13} und damit sowohl α_{13} wie β_{13} kein Festelement. Da C_{23} nicht fest ist, kann o. B. d. A. β_{23} als nicht fest angenommen werden, so daß B_3 oder B_2 nicht fest ist. Im ersten Fall wird $B_3' = (\alpha_{23} \cap \gamma) B_2 \cap \gamma_3$ gesetzt. Da β_{13} nicht fest ist, wird nun nach Ersetzen von B_3 durch B_3' und Vertauschen von 1 mit 2 die Voraussetzung des ursprünglichen Satzes erfüllt[1], so daß $\alpha_{13} \cap B_1 B_3' \in \gamma$ folgt. Daraus ergibt sich aber nun weiter mittels (1.10) und (1.11):

$$C_{13} = \alpha_{13} \cap \gamma \in B_1 B_3', \quad B_3' \in B_1 C_{13} = \beta_{13}, \quad B_3 = \beta_{13} \cap \gamma_3 \in (\alpha_{23} \cap \gamma) B_2,$$

$$\alpha_{23} \cap \gamma \in B_2 B_3 = \beta_{23}, \quad C_{23} = \alpha_{23} \cap \beta_{23} \in \gamma.$$

Ist nun B_3 fest, also B_2 nicht fest, so kann man unter Vertauschen von 2 mit 3 dieselben Überlegungen durchführen, falls β_{12} nicht fest ist. Es bleibt also noch der Fall: B_3, β_{12} fest. Dann kann weder γ_1 noch γ_2 und daher auch weder A_1 noch A_2 fest sein. Ist jetzt α_{23} nicht fest, so liegt entweder nach Vertauschen der Buchstaben A, α mit B, β einer der bisher behandelten Fälle vor, oder aber $A_3, B_3, C_{12}, \alpha_{12}, \beta_{12}, \gamma_3$ sind die einzigen Festelemente (außer C, γ). Da der zuletzt genannte Fall aber in 1, 2 symmetrisch ist, darf α_{23} als fest angenommen werden, so daß weder α_{12} noch α_{13} fest sein kann. Ersetzt man nun B_2, A_2, A_1 durch $B_2' = (\alpha_{23} \cap \gamma) B_3 \cap \beta_{12}$, $A_2' = \alpha_{23} \cap CB_2'$, $A_1' = A_2' C_{12} \cap \gamma_1$ und vertauscht 1 mit 2, so wird die Voraussetzung des ursprünglichen Satzes erfüllt[1], so daß $A_3 A_1' \cap \beta_{13} \in \gamma$ folgt. Daraus nun ergibt sich wie oben mittels (1.10) und (1.11) der Reihe nach:

$$C_{13} = \gamma \cap \beta_{13} \in A_3 A_1', \quad A_1' \in A_3 C_{13} = \alpha_{13}, \quad A_1 = \alpha_{13} \cap \gamma_1 \in A_2' C_{12},$$

$$A_2' \in A_1 C_{12} = \alpha_{12}, \quad A_2 = \alpha_{12} \cap \alpha_{23} \in C B_2', \quad B_2' \in C A_2 = \gamma_2,$$

$$B_2 = \beta_{12} \cap \gamma_2 \in (\alpha_{23} \cap \gamma) B_3, \quad \alpha_{23} \cap \gamma \in B_2 B_3 = \beta_{23}, \quad \alpha_{23} \cap \beta_{23} \in \gamma.$$

Macht man nun eine der Geraden α_{ik} oder β_{ik} sowie einen der Punkte A_i, A_k bzw. B_i, B_k zu Festelementen mit den Werten δ, D, so entsteht nach dem eben Bewiesenen nur *eine* Spezialisierung, die als

---

[1] Der an sich einfache, jedoch etwas langwierige Beweis sei dem Leser überlassen.

Desarguesscher (C, D, δ, γ)-*Satz* bezeichnet werden soll. Dieser Satz hat den Rang 4, da (mit den Bezeichnungen von S. 30) gegenüber dem (C, γ)-Satz die Zahlen n, v, i' sich um je 1 vermindern. Damit die Voraussetzung des (C, D, δ, γ)-Satzes überhaupt erfüllbar ist, müssen offenbar die Beziehungen

$$(2) \qquad D \in \delta, \quad C \notin \delta, \quad D \notin \gamma$$

bestehen, aus denen übrigens sofort $C \neq D$, $\gamma \neq \delta$ folgt. Unter dieser Voraussetzung zeigt der folgende Satz, daß die erhaltene Spezialisierung immer noch mit dem (C, γ)-Satz gleichwertig ist.

20. *In einer projektiven Ebene $\mathfrak{E}$ sind für jedes Paar C, γ die folgenden Aussagen untereinander gleichwertig* (für (a), (e) in [**18**]):

(a) *Der Desarguessche (C, γ)-Satz.*

(b) *Es gibt D, δ mit (2) so, daß der Desarguessche (C, D, δ, γ)-Satz gilt.*

(c) *Es gibt A, α mit $A \in \gamma$, $A \notin \alpha$, $C \in \alpha$ so, daß für je zwei Punktreihen $\neq \mathfrak{P}_\alpha$, die C enthalten, die Perspektivität mit Zentrum A von $\mathfrak{P}_\alpha$ auf die erste Punktreihe, gefolgt von einer Perspektivität mit Zentrum $\in \gamma$ der ersten auf die zweite Punktreihe, wieder eine Perspektivität[1] ergibt.*

(d) *Eine Perspektivität einer C enthaltenden Punktreihe auf eine ebensolche, gefolgt von einer Perspektivität gleicher Eigenschaft, ergibt wieder eine Perspektivität, falls die Zentren der beiden Perspektivitäten auf γ liegen.*

(e) *$\mathfrak{E}$ ist (C, γ)-transitiv.*

Beweis. Daß (b) aus (a) folgt, ist klar. Um (c) aus (b) zu schließen, wird $A = \gamma \cap \delta$ und $\alpha = CD$ gesetzt, was wegen (2) möglich ist. Wegen $CD \neq \delta$ würde nun aus $A \in \alpha$ die Beziehung $D = \delta \cap CD \in \gamma$ folgen. Also ist $A \notin \alpha$, und die in (c) über A, α gemachten Voraussetzungen sind daher erfüllt. Über die Träger α', α'' der andern beiden Punktreihen darf man $\alpha \neq \alpha' \neq \alpha'' \neq \alpha$ annehmen, da andernfalls die Behauptung von (c) trivial wird. Aus demselben Grund darf das Zentrum $\overline{A}$ ($\in \gamma$) der zweiten Perspektivität, welche also die Punktreihe $\mathfrak{P}_{\alpha'}$ auf die Punktreihe $\mathfrak{P}_{\alpha''}$ abbildet, als $\neq A$ vorausgesetzt werden. Für irgendeinen Punkt $X \in \alpha$ werde nun das Bild bei der ersten Perspektivität mit X' ($\in \alpha'$) und dann das Bild von X' bei der zweiten Perspektivität mit X'' ($\in \alpha''$) bezeichnet. Jede der Gleichungen $X = X'$, $X' = X''$, $X = X''$ zieht $X = C$ nach sich, und aus $XX' = X'X''$ folgt $X \in \gamma$. Setzt man nun $X \neq C$, $X \neq D$, $X \notin \gamma$ voraus, so ist daher — wie man leicht erkennt — mit

---

[1] Deren Zentrum liegt wieder auf γ: Bei $C \notin \gamma$ wird $\alpha \cap \gamma$ ($\neq C$) durch das Produkt der beiden Perspektivitäten π_1, π_2 in einem Punkt von γ übergeführt; bei $C \in \gamma$ schließt man entsprechend, daß das Zentrum von $\pi_1 = (\pi_1 \pi_2) \pi_2^{-1}$ nicht auf γ liegen würde, wenn dies für das Zentrum von $\pi_1 \pi_2$ gelten sollte.

$A_1 = D'$, $A_2 = D$, $A_3 = D''$, $B_1 = X'$, $B_2 = X$, $B_3 = X''$, $C_{12} = A$, $C_{13} = \bar{A}$ und entsprechender Festsetzung der $\gamma_i, \alpha_{ik}, \beta_{ik}$ die Voraussetzung des (C, D, δ, γ)-Satzes erfüllt, der dann also $DD'' \cap XX'' \in \gamma$ und damit $\gamma \cap DD'' \in XX''$ ergibt. $\bar{A} = \gamma \cap DD''$ liegt nun wegen $D \notin \gamma$, $D'' \notin \gamma$ weder auf α noch auf α'', so daß $\bar{A}X = \bar{A}X''$ gilt. Diese Gleichung ist nun aber, wie man sofort sieht, auch in den Fällen $X = C, D, \gamma \cap \alpha$ richtig, so daß die Abbildung $X \to X''$ tatsächlich eine Perspektivität (nämlich mit Zentrum $\bar{A}$) ist.

Als nächstes wird (e) aus (c) hergeleitet. Zu beweisen ist, daß zu zwei untereinander und von C sowie $\gamma \cap \alpha$ verschiedenen Punkten $P, P' \in \alpha$ eine (C, γ)-Kollineation σ mit $P^\sigma = P'$ vorhanden ist. Im Falle $X \notin \alpha, \gamma$ kann man wegen (1) die Herstellung des Bildes X^σ von X bei einer solchen Kollineation offenbar so beschreiben: Die Perspektivität mit Zentrum $\in \gamma$ von $\mathfrak{P}_\alpha$ auf $\mathfrak{P}_{CX}$, welche P in X überführt (und welche daher das Zentrum $\gamma \cap PX$ hat),

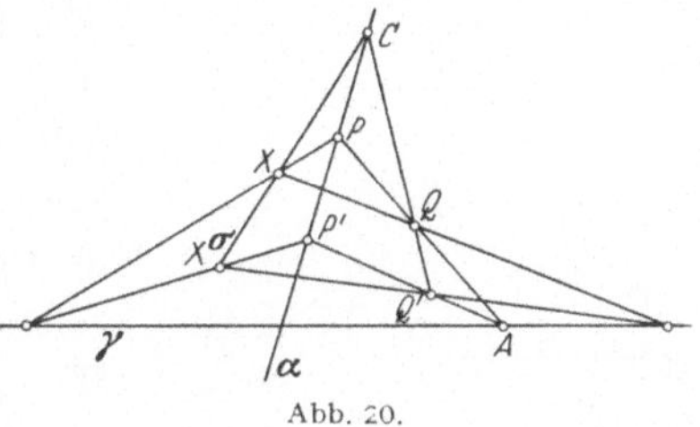

Abb. 20.

führt P' in X^σ über. Wird in gleicher Weise insbesondere zu einem Punkt $Q \neq A, P$ auf AP der Punkt Q' durch

$$(3) \qquad\qquad Q' = CQ \cap AP'$$

bestimmt, so zeigt die Anwendung von (c), daß X' sich im Falle $X \notin CQ$ mittels Q, Q' genau so bestimmt wie mittels P, P' (Abb. 20). Wählt man nun zu einem Punkt $X \notin \alpha, \gamma$ Punkte Q, Q', welche den Bedingungen $X \notin CQ$, $QA = PA$ und (3) genügen — was offenbar stets möglich ist —, so ist nach dem eben Bewiesenen der durch

$$(4) \qquad\qquad X^\sigma = CX \cap (QX \cap \gamma)\, Q'$$

bestimmte Punkt X^σ unabhängig von der Wahl der Punkte Q, Q', und man erkennt leicht, daß $X^\sigma \notin \alpha, \gamma$ gilt. Durch (4) zusammen mit $X^\sigma = X$ für $X \in \gamma$ wird daher eine Abbildung σ der Punktmenge der affinen Ebene $\mathfrak{E}_\alpha$ in sich erklärt. Da σ durch $X' \to CX' \cap (Q'X' \cap \gamma) Q$ für $X' \notin \gamma$ und $X' \to X'$ für $X' \in \gamma$ umgekehrt wird, wie eine leichte Rechnung zeigt, ist σ eine umkehrbare Abbildung der betreffenden Menge auf sich. Um sie als Kollineation von $\mathfrak{E}_\alpha$ zu erkennen, braucht man nach Satz 9 von S. 12 nur zu jeder Geraden ξ eine Gerade ξ^σ so anzugeben, daß aus $X \in \xi$ stets $X^\sigma \in \xi^\sigma$ folgt. Für $\xi = \gamma$ setzt man einfach $\xi^\sigma = \gamma$. Im Falle $C \in \xi$ (in $\mathfrak{E}$) folgt aus $X \in \xi$ die Gleichung $X^\sigma C = XC$, so daß $\xi^\sigma = \xi$ gesetzt werden muß. Im Falle $C, A \notin \xi$ darf $Q = \xi \cap AP$ genommen werden, so daß für $X \neq Q$ mittels (4) $X^\sigma \in (\xi \cap \gamma) Q'$ folgt.

Wegen der durch Vergleich von (3) und (4) im Fall $Q \neq P$ sich ergebenden Gleichung $Q^\sigma = Q'$ gilt das aber auch noch für $X = Q$ (in $\mathfrak{E}_\alpha$), so daß man $\xi^\sigma = (\xi \cap \gamma) Q'$ zu setzen hat. Es fehlt nun nur noch der Fall $A \in \xi \neq \gamma$, $C \notin \xi$ (in $\mathfrak{E}$). Auf ξ wird ein Punkt $X_0 \neq A$ gewählt und dann $X^\sigma \in X_0^\sigma A$ im Falle $X \in \xi$ behauptet. Sei im Gegenteil ein Punkt $X \in \xi$ mit $X^\sigma \notin X_0^\sigma A$ vorhanden. Dann wird $\eta = (X_0^\sigma X^\sigma \cap \gamma) X_0$ mit $\eta \cap \gamma \neq A$, also $A \notin \eta$ gebildet (Abb. 21). Aus $CX \neq CX_0$, $CX = CX^\sigma$, $CX_0 = CX_0^\sigma$ folgt $X^\sigma \notin CX_0$ und daraus $X_0^\sigma X^\sigma \cap \gamma \notin CX_0$. Somit liegt C nicht auf η und daher $Y = CX \cap \eta$ nicht auf α. Nach dem für Geraden, die A nicht enthalten, bereits Bewiesenen ist $\eta^\sigma = X_0^\sigma X^\sigma$ und daher $Y^\sigma = CY \cap X_0^\sigma X^\sigma = X^\sigma$. Wegen der Umkehrbarkeit von σ folgt daraus

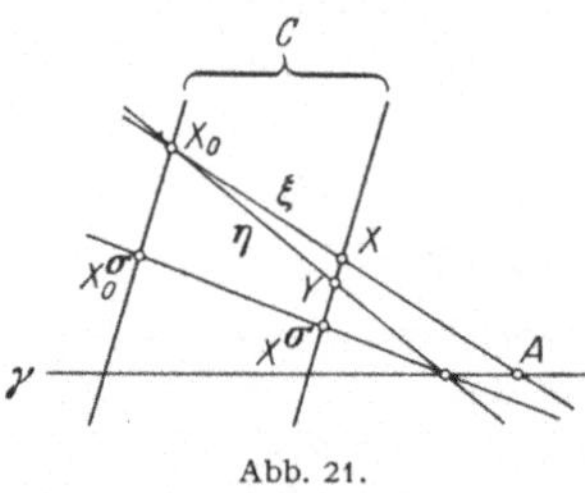

Abb. 21.

$Y = X$, also $\xi = \eta$ im Widerspruch zu $A \in \xi$, $A \notin \eta$. Damit ist die Behauptung bewiesen, d.h. man hat $\xi^\sigma = X_0^\sigma A$ zu setzen. Nach Satz 8 von S. 11 setzt sich nun die Kollineation σ von $\mathfrak{E}_\alpha$ zu einer (wieder mit σ bezeichneten) Kollineation von $\mathfrak{E}$ fort. Wegen $\xi^\sigma = \xi$ für $C \in \xi$ und $X^\sigma = X$ für $X \in \gamma$ ist diese eine (C, γ)-Kollineation. Wegen $(PA)^\sigma = (QA)^\sigma = Q'A = P'A$ ist schließlich

$P^\sigma = P'$. Damit ist (e) hergeleitet. Auf S. 74 wurde bereits (a) aus (e) gefolgert. Somit folgt aus (c) die Aussage (b) bei beliebiger, (2) genügender Wahl von D. Weil man nun aber zu A, α mit $A \notin \alpha$, $A \in \gamma$, $C \in \alpha$ stets $D \in \alpha$, $\delta = AD$ mit (2) und $A = \gamma \cap \delta$, $\alpha = CD$ finden kann, folgt weiter — in Anbetracht der Herleitung von (c) aus (b) — aus (c) auch die Aussage (d), die umgekehrt offensichtlich (c) zur Folge hat. Damit ist alles bewiesen.

Als Zusatz ergibt sich weiter:

21. *Der Desarguessche (C, γ)-Satz folgt bereits aus derjenigen Spezialisierung, welche mit festen, den Bedingungen $C \notin \delta$, $E \neq C$, $E \in \gamma$, $E \notin \delta$ genügenden δ, E dadurch entsteht, daß $\alpha_{12} = \delta$, $C_{13} = E$ gesetzt wird.*

Beweis. Nach dem bisher Bewiesenen genügt es, aus der genannten Spezialisierung, welche übrigens wieder den Rang 4 hat, den Desarguesschen (C, γ)-Satz mit $\alpha_{12} = \delta$, $C_{13} \neq E$ herzuleiten. Zuerst sei noch die Einschränkung $A_3 \notin CE$ gemacht. Dann wird $A_4 = \delta \cap A_3 E$ $(\neq C)$, $B_4 = CA_4 \cap B_3 E$, $B_1' = \gamma_1 \cap B_4 C_{12}$ gesetzt. Man erkennt leicht, daß nach Ersetzen von B_1 durch B_1', von 1 durch 2 und von 4 durch 1 die Voraussetzungen der Spezialisierung erfüllt sind, so daß $C_{13} \in B_1' B_3$ und daher der Reihe nach $B_1' \in \beta_{13}$, $B_1' = \gamma_1 \cap \beta_{13} = B_1$, $B_1 B_4 = \beta_{12}$ folgt. Im Falle $A_4 = A_2$ ergibt sich daher $B_4 = \gamma_2 \cap \beta_{12} = B_2$, also $\alpha_{23} \cap \gamma = A_3 A_4 \cap \gamma = E \in B_3 B_4 = \beta_{23}$ und damit $C_{23} \in \gamma$. Im Falle $A_4 \neq A_2$ aber sind die Voraussetzungen der Spezialisierung mit 4 an Stelle von 1 erfüllt, so daß sich wieder $C_{23} \in \gamma$ ergibt. Es bleibt also nur noch der Fall $A_3 \in CE$ zu erledigen. Man setzt zu diesem Zweck $B_3' = (\alpha_{23} \cap \gamma) B_2 \cap \beta_{13}$, $A_3' = CB_3' \cap \alpha_{13}$ und erkennt leicht, daß nach Ersetzen von A_3 durch A_3' und von B_3 durch B_3' die Voraussetzungen des Desarguesschen (C, γ)-Satzes mit $A_1 A_2 = \delta$ ebenfalls erfüllt sind. Im Falle $A_3 \neq A_3'$, also $A_3' \notin CA_3 = CE$ würde nun aus dem bisher Bewiesenen $A_2 A_3' \cap B_2 B_3' \in \gamma$, also $\alpha_{23} \cap \gamma = (\alpha_{23} \cap \gamma) B_2 \cap \gamma = B_2 B_3' \cap \gamma \in A_2 A_3'$, daraus $A_2 A_3' = \alpha_{23}$ und damit schließlich der Widerspruch $A_3' = A_2 A_3' \cap \alpha_{13} = A_3$ folgen. Daher ist $A_3 = A_3'$, woraus der Reihe nach $B_3' = CA_3' \cap \beta_{13} = \gamma_3 \cap \beta_{13} = B_3$, $\beta_{23} = B_2 B_3' = (\alpha_{23} \cap \gamma) B_2$, $\alpha_{23} \cap \gamma \in \beta_{23}$, $C_{23} \in \gamma$ folgt.

Werden im Desarguesschen (C, γ)-Satz auch C und γ zu Variablen gemacht, so entsteht der *Satz von Desargues*, ein konstruierbarer Schließungssatz vom Rang 11. Eine projektive Ebene ist also genau dann transitiv, wenn in ihr der Satz von Desargues gilt; daher wird eine transitive Ebene auch als *desarguessch* bezeichnet. Nach Satz 6 von S. 66 ist die zu einer solchen Ebene duale Ebene wieder desarguessch. Da jede bei erfüllter Voraussetzung geltende Spezialisierung des Desarguesschen Satzes nach den Ergebnissen von S. 73 eine geschlossene Unterstruktur liefert, kann man nach Satz 12 von S. 18 projektive Ebenen bilden, in denen keine Spezialisierung des Desarguesschen Satzes bei erfüllbarer Voraussetzung gilt. Insbesondere gibt es also nichtdesarguessche Ebenen, was auch aus Satz 19 von S. 28 folgt[1].

Es sollen jetzt die Kollineationen derjenigen Inzidenzstruktur $\mathfrak{J}$ angegeben werden, welche aus der (im Sinne von S. 27) zum Satz von Desargues gehörigen Inzidenzstruktur durch Hinzunahme der Inzidenz $C_{23} \in \gamma$ entsteht. Zu diesem Zweck ist die folgende Bezeichnung der Punkte und Geraden von $\mathfrak{J}$ durch P_X, π_Y vorteilhaft[2], wobei X alle Teilmengen von zwei Elementen und Y alle Teilmengen von drei Elementen der Menge $\{1, 2, 3, 4, 5\}$ durchläuft: $C = P_{\{4, 5\}}$, $\gamma_i = \pi_{\{i, 4, 5\}}$, $A_i = P_{\{i, 4\}}$, $B_i = P_{\{i, 5\}}$, $\alpha_{ik} = \pi_{\{i, k, 4\}}$, $\beta_{ik} = \pi_{\{i, k, 5\}}$, $C_{ik} = P_{\{i, k\}}$, $\gamma = \pi_{\{1, 2, 3\}}$. Offenbar ist dann $P_X \in \pi_Y$ gleichbedeutend mit $X \subset Y$, und die 120 Permutationen von 1, 2, 3, 4, 5 rufen 120 Kollineationen von $\mathfrak{J}$ hervor. Zum Nachweis, daß $\mathfrak{J}$ keine anderen Kollineationen besitzt, beachtet man zuerst, daß jede Kollineation von $\mathfrak{J}$ sich darstellen läßt als Produkt einer der angegebenen 120 Kollineationen und einer den Punkt C festlassenden Kollineation. Bei der letzten muß dann auch γ festbleiben, da γ die einzige Gerade von $\mathfrak{J}$ ist, welche mit keiner der drei durch C gehenden Geraden einen Punkt gemeinsam hat. Daher werden durch sie entweder die Punkte A_i unter sich einer Permutation

---

[1] Andere Beispiele nichtdesarguesscher Ebenen findet man in [**89, 205, 143, 156**] sowie in **3.5** in Verbindung mit **3.4** und auf S. 293.

[2] Vgl. [**125**, S. 140/1]. Eine andere, für den vorliegenden Zweck allerdings ungünstigere Beschreibung wird in [**77**] angegeben. Weiteres über $\mathfrak{J}$ s. [**136**].

der Indizes unterworfen und die B_i dann derselben, oder aber es findet
außerdem noch eine Vertauschung der Buchstaben A, B statt. Diese
12 Möglichkeiten werden nun aber gerade durch diejenigen Permutationen geliefert, welche die Teilmenge $\{1, 2, 3\}$ in sich überführen. Man
hat somit den Satz [**125**]:

22. *Die Kollineationsgruppe der dem Satz von Desargues in der beschriebenen Weise zugeordneten Inzidenzstruktur ist isomorph zur Gruppe
der Permutationen von fünf Elementen.*

Ein Paar P_X, π_Y mit[1] $X \cap Y = \emptyset$, das sich also aus C, γ durch eine
Kollineation von $\mathfrak{J}$ gewinnen läßt, wird als *Paar zusammengehöriger
Variabler* des Satzes von Desargues bezeichnet. Offenbar läßt sich jedes
von C, γ verschiedene derartige Paar aus genau einem der Paare A_1, β_{23}
und C_{12}, γ_3 durch Permutation der Indizes und Vertauschung der Buchstaben A, α mit den Buchstaben B, β gewinnen. Soll nun ein solches
Paar zusammengehöriger Variabler zu Festelementen mit den Werten
C', γ' gemacht werden, so ergibt das nach S. 74/75 also nur zwei verschiedene Spezialisierungen, wenn wieder die Wahl von C_{23} als Festelement
ausscheidet. Die folgende Verabredung macht es jedoch möglich, für
beide nur eine einzige Bezeichnung zu verwenden. Aus der Voraussetzung des (C, γ)-Satzes folgt nämlich $A_1 \notin \gamma$, $C \notin \beta_{23}$, $C_{12} \in \gamma$, $C \in \gamma_3$.
Es erscheint daher sinnvoll, von C', γ' entweder

$$(5) \qquad\qquad\qquad C \notin \gamma', \quad C' \notin \gamma$$

oder

$$(6) \qquad\qquad\qquad C \in \gamma', \quad C' \in \gamma$$

zu verlangen. Je nachdem, ob (5) oder (6) erfüllt ist, soll dann unter
dem *Desarguesschen $(C, \gamma; C', \gamma')$-Satz* die Spezialisierung mit $C' = A_1$,
$\gamma' = \beta_{23}$ oder die mit $C' = C_{12}$, $\gamma' = \gamma_3$ verstanden werden[2]. Der Desarguessche $(C, \gamma; C', \gamma')$-Satz ist natürlich konstruierbar und hat im
Falle (5) den Rang 3, im Falle (6) dagegen den Rang 5; denn während
sich (mit den Bezeichnungen von S. 30) die Zahlen n, ν um je 1 vermindern, bleibt i' entweder fest oder vermindert sich um 2.

Den im Fall (6) höheren Rang kann man nun durch Spezialisierung
tatsächlich ebenfalls auf 3 erniedrigen, ohne daß die Aussage des Satzes
schwächer wird:

23. *Im Fall* (6) *folgt der Desarguessche $(C, \gamma; C', \gamma')$-Satz bereits aus
derjenigen Spezialisierung des Desarguesschen (C, γ)-Satzes, welche mit*

---

[1] Dabei bedeutet $\emptyset$ die leere Menge.

[2] Vgl. Abb. 22 und 23, S. 82, wo die Rolle von C', γ' als Paar zusammengehöriger Variabler durch Schraffieren der Geraden α'_{ik}, β'_{ik} hervorgehoben ist.

festen, den Bedingungen $A \neq C$, $C'' \neq C'$, $\cdot A \notin \gamma$, $A \in \gamma'$, $C'' \in \gamma$, $C'' \notin \gamma'$ *genügenden Punkten* A, C'' *dadurch entsteht, daß* $C_{12} = C'$, $\gamma_3 = \gamma'$, $C_{13} = C''$, $A_3 = A$ *gesetzt wird*[1].

Zum Beweis werde zunächst einmal die Forderung $A_3 = A$ weggelassen. Ist dann mit (6) und $C_{12} = C'$, $\gamma_3 = \gamma'$ in der Voraussetzung des Desarguesschen $(C, \gamma; C', \gamma')$-Satzes $C_{13} \neq C''$, so wird $A_4 = C''A_3 \cap \alpha_{12}$, $B_4 = CA_4 \cap C''B_3$, $B_1' = C'B_4 \cap \gamma_1$ gebildet. Nach Ersetzen von B_1 durch B_1' läßt sich nun die beschriebene Spezialisierung (ohne $A_3 = A$) mit 4 an Stelle von 1 und 1 an Stelle von 2 anwenden und liefert der Reihe nach $C_{13} \in B_1'B_3$, $B_1' \in C_{13}B_3 = \beta_{13}$, $B_1' = \gamma_1 \cap \beta_{13} = B_1$, $B_4 \in B_1'C_{12} = \beta_{12}$. Im Falle $A_4 = A_2$ ist daher $B_4 = B_2$ und somit $\alpha_{23} \cap \beta_{23} = C'' \in \gamma$. Im Falle $A_4 \neq A_2$ läßt sich die Spezialisierung aber mit 4 an Stelle von 1 anwenden und liefert $C_{23} \in \gamma$. Es ist jetzt nur noch die eben benutzte Spezialisierung aus derjenigen herzuleiten, die durch Hinzunahme der Forderung $A_3 = A$ entsteht. Ist in der Voraussetzung des jetzt zu beweisenden Satzes $A_3, B_3 \neq A$, so wird $A_3' = A$, $A_1' = \gamma_1 \cap AC_{13}$, $A_2' = \gamma_2 \cap A_1'C_{12}$ gesetzt. Die endgültige Spezialisierung liefert dann $\alpha_{23} \cap A_2'A_3' \in \gamma$ und bei nochmaliger Anwendung $\beta_{23} \cap A_2'A_3' \in \gamma$. Aus beiden Beziehungen zusammen folgt $A_2'A_3' \cap \gamma \in \alpha_{23}$, β_{23}, also $C_{23} \in \gamma$.

Infolge der Gleichwertigkeit des Desarguesschen (C, γ)-Satzes mit der (C, γ)-Transitivität folgt mit Hilfe des Satzes 6 von S. 66 aus dem Desarguesschen (C, γ)-Satz in $\mathfrak{E}$ der Desarguessche (γ, C)-Satz in der dualen Ebene $\widetilde{\mathfrak{E}}$. Es gilt nun noch darüber hinaus:

24. *Der Desarguessche* $(C, \gamma; C', \gamma')$-*Satz für die projektive Ebene* $\mathfrak{E}$ *ist gleichwertig mit dem Desarguesschen* $(\gamma, C; \gamma', C')$-*Satz für die duale Ebene* $\widetilde{\mathfrak{E}}$.

Beweis. Wegen $\widetilde{\widetilde{\mathfrak{E}}} = \mathfrak{E}$ braucht man lediglich den zweiten aus dem ersten Satz zu folgern. Die Punkte $\widetilde{C}, \widetilde{A}_i, \widetilde{B}_i, \widetilde{C}_{ik}$ und die Geraden $\widetilde{\alpha}_{ik}, \widetilde{\beta}_{ik}, \widetilde{\gamma}_i, \widetilde{\gamma}$ von $\widetilde{\mathfrak{E}}$ mögen die Voraussetzung des $(\gamma, C; \gamma', C')$-Satzes mit $\widetilde{C} = \gamma$, $\widetilde{\gamma} = C$ und $\widetilde{A}_1 = \gamma'$, $\widetilde{\beta}_{23} = C'$ bzw. $\widetilde{C}_{12} = \gamma'$, $\widetilde{\gamma}_3 = C'$ erfüllen. Um die Zusammenhänge in $\mathfrak{E}$ besser übersehen zu können, vertauscht man nun unter Fortlassen der Tilde lateinische mit griechischen Buchstaben und Einzelindizes mit Indexpaaren aus den andern beiden Ziffern; es wird also z.B. $C_{12} = \widetilde{\gamma}_3$ gesetzt. Auf Grund der Voraussetzung lassen sich $\gamma_1' = CB_1$, $A_1' = CB_1 \cap \alpha_{12}$, $\alpha_{13}' = A_1'A_3$, $C_{13}' = \alpha_{13}' \cap \beta_{13}$ bilden. Weiter erkennt man leicht, daß nach Ersetzen von $\gamma_1, A_1, \alpha_{13}, C_{13}$ durch diese $\gamma_1', A_1', \alpha_{13}', C_{13}'$ sowie nach Vertauschen der Indizes 1 und 2 die Voraussetzungen des Desarguesschen $(C, \gamma; C', \gamma')$-Satzes erfüllt sind. Dessen Behauptung liefert nun nach Rückgängigmachen der Indexvertauschung

---

[1] Offensichtlich handelt es sich dabei auch um eine Spezialisierung des Desarguesschen $(C, A, A C'', \gamma)$-Satzes.

der Reihe nach $C'_{13} \in \gamma$, $C'_{13} = \beta_{13} \cap \gamma = C_{13}$, $A'_1 = \alpha'_{13} \cap \alpha_{12} = A_3 C'_{13} \cap \alpha_{12} =$
$A_3 C_{13} \cap \alpha_{12} = \alpha_{13} \cap \alpha_{12} = A_1$, $A_1 \in CB_1$, $C \in A_1 B_1 = \gamma_1$, also gerade die
Behauptung des Desarguesschen $(\gamma, C; \gamma', C')$-Satzes für $\widetilde{\mathfrak{E}}$.

Es soll nun eine gemeinsame Spezialisierung des Desarguesschen
(C, D, δ, γ)-Satzes und des Desarguesschen $(C, \gamma; C', \gamma')$-Satzes hergestellt werden. Zu diesem Zweck wird einer der durch C', aber nicht
durch C gehenden variablen Geraden der feste Wert δ gegeben und
einem auf dieser Geraden, jedoch nicht auf γ liegenden variablen Punkt
der feste Wert D $(\neq C)$. Statt D wird $\delta' = DC$ verwandt, so daß
$D = \delta \cap \delta'$ ist. Man erkennt leicht, daß man in Anbetracht der Ent-

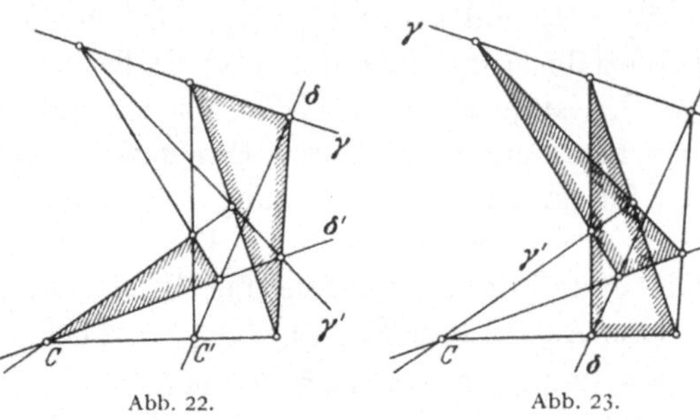

Abb. 22.   Abb. 23.

wicklungen von S. 74/75 auf diese Weise genau eine Spezialisierung be-
kommt, wobei man $\delta = \alpha_{12}$, $\delta' = \gamma_2$ setzen darf, falls — wie oben —
entweder $C' = A_1, \gamma' = \beta_{23}$ oder $C' = C_{12}$, $\gamma' = \gamma_3$ gewählt wurde (Abb. 22
und 23). Diese Speziali-
sierung wird als *Desar-*
guesscher $(C, \gamma, \delta; C', \gamma', \delta')$-Satz bezeichnet, wobei stets (5) oder (6) vorausgesetzt sei. Es handelt sich natürlich wieder um einen konstruier-
baren Schließungssatz, dessen Rang 1 oder 3 ist, je nachdem (5) oder
(6) gilt. Er besitzt die folgende Symmetrie-Eigenschaft:

25. *Desarguesscher $(C, \gamma, \delta; C', \gamma', \delta')$- und $(C', \gamma', \delta'; C, \gamma, \delta)$-Satz*
besagen dasselbe.

Beweis. Es genügt natürlich, aus dem ersten den zweiten Satz her-
zuleiten. Sei also die Voraussetzung des Desarguesschen $(C', \gamma', \delta'; C, \gamma, \delta)$-
Satzes durch die Punkte A'_i, B'_i, C'_{ik} und die Geraden γ'_i, α'_{ik}, β'_{ik} erfüllt[1].
Zuerst wird der Fall (5) behandelt. Dann ist also

$$A'_1 = C, \quad \beta'_{23} = \gamma, \quad \gamma'_2 = \delta, \quad \alpha'_{12} = \delta'.$$

Setzt man nun

$$\begin{aligned}
A_1 &= C', & A_2 &= A'_2, & A_3 &= A'_3, \\
B_1 &= B'_1, & B_2 &= C'_{12}, & B_3 &= C'_{13}, \\
\gamma_1 &= \gamma'_1, & \gamma_2 &= \alpha'_{12}, & \gamma_3 &= \alpha'_{13}, \\
\alpha_{12} &= \gamma'_2, & \alpha_{13} &= \gamma'_3, & \alpha_{23} &= \alpha'_{23}, \\
\beta_{12} &= \beta'_{12}, & \beta_{13} &= \beta'_{13}, & \beta_{23} &= \gamma', \\
C_{12} &= B'_2, & C_{13} &= B'_3, & C_{23} &= \alpha'_{23} \cap \gamma',
\end{aligned}$$

---

[1] Siehe Fußnote 2, S. 80.

so erkennt man leicht, daß die Voraussetzung des Desarguesschen $(C, \gamma, \delta; C', \gamma', \delta')$-Satzes erfüllt ist und daher $\alpha'_{23} \cap \gamma' \in \beta'_{23}$, d.h. $C'_{23} \in \gamma'$ folgt. Im Falle (6) hat man

$$C'_{12} = C, \quad \gamma'_3 = \gamma, \quad \gamma'_2 = \delta, \quad \alpha'_{12} = \delta'.$$

Jetzt setzt man

$$
\begin{aligned}
A_1 &= B'_2, & A_2 &= A'_2, & A_3 &= \beta'_{23} \cap \gamma', \\
B_1 &= B'_1, & B_2 &= A'_1, & B_3 &= C'_{13}, \\
\gamma_1 &= \beta'_{12}, & \gamma_2 &= \alpha'_{12}, & \gamma_3 &= \gamma', \\
\alpha_{12} &= \gamma'_2, & \alpha_{13} &= \beta'_{23}, & \alpha_{23} &= A'_2(\beta'_{23} \cap \gamma'), \\
\beta_{12} &= \gamma'_1, & \beta_{13} &= \beta'_{13}, & \beta_{23} &= \alpha'_{13}, \\
C_{12} &= C', & C_{13} &= B'_3, & C_{23} &= \alpha'_{13} \cap A'_2(\beta'_{23} \cap \gamma').
\end{aligned}
$$

Man erkennt wieder leicht, daß die Voraussetzung des Desarguesschen $(C, \gamma, \delta; C', \gamma', \delta')$-Satzes erfüllt ist, so daß $\alpha'_{13} \cap A'_2(\beta'_{23} \cap \gamma') \in \gamma'_3$ folgt. Daraus ergibt sich nun nach (1.11) $A'_2(\beta'_{23} \cap \gamma') \ni \gamma'_3 \cap \alpha'_{13} = A'_3$, weiter nach (1.10) $\beta'_{23} \cap \gamma' \in A'_2 A'_3 = \alpha'_{23}$ und schließlich nach (1.11) $C'_{23} = \alpha'_{23} \cap \beta'_{23} \in \gamma'$. Damit ist alles bewiesen. — Insbesondere gilt jetzt natürlich auch:

26. *Desarguesscher $(C, \gamma; C', \gamma')$- und $(C', \gamma'; C, \gamma)$-Satz besagen dasselbe.*

Mit Hilfe dieser Tatsache läßt sich nun der folgende Satz beweisen:

27. *Eine projektive Ebene ist bereits desarguessch, wenn in ihr der Desarguessche (C, γ)-Satz mit fester Geraden γ und beliebigem Punkt $C \notin \gamma$ oder aber mit festem Punkt C und beliebiger, nicht durch C gehender Geraden γ gilt.*

Beweis. Der Desarguessche (C, γ)-Satz mit fester Geraden γ und beliebigem Punkt $C \notin \gamma$ werde vorausgesetzt. Zu einem Punkt $C_0 \in \gamma$ gibt es nun zwei verschiedene, mit C_0 kollineare und nicht auf γ liegende Punkte C_1, C_2. Nach Satz 11, S. 67, folgt aus der (C_1, γ)- und der (C_2, γ)-Transitivität dann auch die (C_0, γ)-Transitivität. Wegen der Gleichwertigkeit von (C, γ)-Transitivität und Desarguesschem (C, γ)-Satz kann also in der Voraussetzung die Einschränkung $C \notin \gamma$ gestrichen werden. Es ist nun der Desarguessche (C', γ')-Satz für $\gamma' \neq \gamma$ zu beweisen. Im Falle $C' \notin \gamma$ sei C irgendein Punkt $\notin \gamma'$, im Falle $C' \in \gamma$ dagegen irgendein Punkt $\in \gamma'$. Dann gilt der Desarguessche $(C, \gamma; C', \gamma')$-Satz und damit auch der Desarguessche $(C', \gamma'; C, \gamma)$-Satz. Daraus folgt nun aber leicht der Desarguessche (C', D, δ, γ')-Satz, wenn $D \in \gamma, \notin \gamma', \neq C'$ gewählt und im Falle (5) $\delta = \gamma$ gesetzt, im Falle (6) dagegen δ als eine durch D, aber nicht durch C' gehende Gerade gewählt wird[1]. Nach Satz 20, S. 76,

---

[1] Man beachte, daß C bis auf die Einschränkung $C \notin \gamma'$ im Falle (5) bzw. $C \in \gamma'$ im Falle (6) völlig willkürlich ist.

gilt dann auch der Desarguessche (C', γ')-Satz. Wird nun die zweite in der Behauptung genannte Bedingung vorausgesetzt, so erfüllt die duale Ebene nach Satz 24 von S. 81 gerade die erste in der Behauptung genannte Bedingung, ist daher nach dem schon Bewiesenen desarguessch und die ursprüngliche Ebene somit auch.

Die Gültigkeit des Desarguesschen (C, γ)-Satzes in der projektiven Ebene für alle $C \notin \gamma$ bei fester Geraden γ wird auch als der *affine Satz von Desargues* für die affine Ebene $\mathfrak{E}_\gamma$ bezeichnet. Der erste Teil des eben bewiesenen Satzes besagt in dieser Ausdrucksweise, daß der affine Satz von Desargues in einer affinen Ebene den Desarguesschen Satz in der zugehörigen projektiven Ebene nach sich zieht. Eine affine Ebene wird als *desarguessch* bezeichnet, wenn in ihr der affine Satz von Desargues gilt.

Die Gültigkeit des Desarguesschen (C, γ)-Satzes bei festem Punkt C für alle Geraden γ erkennt man leicht als gleichwertig mit der folgenden Aussage:

Aus $\varkappa(C, A_i, B_i)$ $(i = 1, 2, 3)$ *folgt die Existenz von kollinearen Punkten* C_{12}, C_{13}, C_{23} *mit* $\varkappa(A_i, A_k, C_{ik})$, $\varkappa(B_i, B_k, C_{ik})$ $(i, k = 1, 2, 3; i < k)$.

Denn in den Fällen, die in der Voraussetzung des Desarguesschen (C, γ)-Satzes ausgeschlossen worden sind, ist die angeschriebene Aussage trivialerweise richtig. Nach dem oben Bewiesenen ist sie (auch bei festem C) gleichwertig mit dem Satz von Desargues. Diesem kann man noch die folgende schärfere Form geben:

Gilt weder[1] $\varkappa(A_1, A_2, A_3)$ *noch* $\varkappa(B_1, B_2, B_3)$, *so gibt es genau dann einen Punkt* C *mit* $\varkappa(C, A_i, B_i)$ $(i = 1, 2, 3)$, *wenn kollineare Punkte* C_{12}, C_{13}, C_{23} *mit* $\varkappa(A_i, A_k, C_{ik})$, $\varkappa(B_i, B_k, C_{ik})$ $(i, k = 1, 2, 3; i < k)$ *vorhanden sind.*

Es ist nur noch die Existenz des Punktes C nachzuweisen. Man setzt $A_2 A_3 = \alpha_1$, $B_2 B_3 = \beta_1$, $A_1 A_3 = \alpha_2$, $B_1 B_3 = \beta_2$, $A_1 A_2 = \alpha_3$, $B_1 B_2 = \beta_3$. Ist dann γ eine voraussetzungsgemäß vorhandene Gerade durch die C_{ik}, so gehen $\gamma, \alpha_h, \beta_h$ durch einen Punkt, nämlich durch C_{ik} mit $i \neq h \neq k$. Aus dem Satz von Desargues folgt nun aber auch die durch Dualisierung entstehende Aussage; denn — wie schon auf S. 79 bemerkt — die zu einer desarguesschen Ebene duale Ebene ist wieder desarguessch. Es gibt somit Geraden $\gamma_{12}, \gamma_{13}, \gamma_{23}$, die durch einen Punkt C gehen und die Bedingungen $\alpha_i \cap \alpha_k$, $\beta_i \cap \beta_k \in \gamma_{ik}$ $(i, k = 1, 2, 3; i < k)$ erfüllen. Mit $i \neq h \neq k$ gilt dann $A_h, B_h \in \gamma_{ik}$, und es folgt $\varkappa(C, A_h, B_h)$.

Aus dieser Umformung des Desarguesschen Satzes erkennt man nun leicht, daß auch der folgende, offenbar selbstduale Satz mit dem Desarguesschen Satz gleichwertig ist [**142**]:

---

[1] Man erkennt leicht, daß auf diese Voraussetzung nicht verzichtet werden kann.

Genügen die Punkte A_1, A_2, A_3 und die Geraden $\alpha_1, \alpha_2, \alpha_3$ den Bedingungen $A_i \notin A_k A_l \neq \alpha_i$, $A_i \neq \alpha_k \cap \alpha_l \notin \alpha_i$ $(i \neq k \neq l \neq i)$, so sind die drei Punkte $A_k A_l \cap \alpha_i$ $(i \neq k \neq l \neq i)$ genau dann kollinear, wenn die drei Geraden $(\alpha_k \cap \alpha_l) A_i$ $(i \neq k \neq l \neq i)$ durch einen Punkt gehen.

In Verschärfung des Satzes 27 von S. 83 gilt noch:

28. *Eine projektive Ebene ist bereits dann desarguessch, wenn in ihr der Desarguessche $(C, \gamma; C', \gamma')$-Satz bei fester Geraden γ und festem Punkt $O \in \gamma$ für alle C, C', γ' mit $C \notin \gamma$, $C \in \gamma'$, $C' \in \gamma$, $O \in \gamma'$ oder aber bei fester Geraden ω und festem Punkt $C \in \omega$ für alle γ, γ', C' mit $C \notin \gamma$, $C \in \gamma'$, $C' \in \gamma$, $C' \in \omega$ gilt.*

In Anbetracht des Satzes 24 von S. 81 braucht man nur die erste Hälfte dieses Satzes zu beweisen. Ist $C \notin \gamma$, so wählt man auf CO einen Punkt $D \neq C, O$ und durch ihn eine nicht durch C gehende Gerade δ, so daß also (2) erfüllt ist. Der Desarguessche $(C, \gamma; C', CO)$-Satz für alle $C' \in \gamma$ zieht nun den Desarguesschen (C, D, δ, γ)-Satz und daher nach Satz 20 von S. 76 den Desarguesschen (C, γ)-Satz nach sich. Da C nur der Einschränkung $C \notin \gamma$ unterworfen ist, gilt nach Satz 27 von S. 83 daher auch der Desarguessche Satz.

Die in diesem Satz als gleichwertig mit dem Desarguesschen Satz erkannten Spezialisierungen[1] entstehen offenbar auch so, daß man zuerst C, γ, γ_3 bzw. C, γ, C_{12} zu Festelementen macht und dann wieder — unter Hinzufügen von $O \in \gamma_3$ bzw. $C_{12} \in \omega$ zur Voraussetzung — C alle Punkte $\notin \gamma$ bzw. γ alle nicht durch C gehenden Geraden durchlaufen läßt. In Anbetracht von S. 74/75 kann man daher darin γ_3 durch γ_1 oder γ_2 bzw. C_{12} durch C_{13} ersetzen.

Läßt man in den eben betrachteten Spezialisierungen auch noch γ bzw. C variabel (nach Anhang **7.2** überflüssig), so kann man $C' \notin \gamma'$ fordern [**113**]:

29. *Eine projektive Ebene ist bereits dann desarguessch, wenn in ihr der Desarguessche $(C, \gamma; C', \gamma')$-Satz bei festem Punkt O für alle C, γ', C', γ' mit $O \in \gamma$, $O \in \gamma'$, $C \notin \gamma$, $C \in \gamma'$, $C' \in \gamma$, $C' \notin \gamma'$ oder aber bei fester Geraden ω für alle C, γ, C', γ' mit $C \in \omega$, $C' \in \omega$, $C \notin \gamma$, $C' \in \gamma$, $C \in \gamma'$, $C' \notin \gamma'$ gilt.*

Wieder genügt es natürlich, den Beweis für einen Teil des Satzes, etwa für den zweiten zu führen, und zwar braucht man dann nur noch den Desarguesschen $(C, \gamma; C', \omega)$-Satz mit $C \in \omega$, $C' \in \omega$, $C \notin \gamma$, $C' \in \gamma$ nachzuweisen; denn im Falle $C' \in \gamma'$ gilt ja $\gamma' = CC' = \omega$. Dessen Voraussetzung sei also mit $C' = C_{12}$, $\omega = \gamma_3$ erfüllt. Dann wird $C^* = C'$,

---

[1] Man sieht sofort, daß diese den Rang 8 haben. Der Desarguessche Satz folgt übrigens sogar schon aus einer Spezialisierung vom Rang 6: Man nimmt als diese Spezialisierung den Desarguesschen (C, D, δ, γ)-Satz bei festem D, δ, γ mit $D \in \delta$, $D \notin \gamma$ für alle $C \notin \delta$. Nach Satz 20, S. 76, ist dann nur noch der Fall $C \in \delta$ auf den Fall $C \notin \delta$ zurückzuführen: Auf einer von δ verschiedenen Geraden durch C gibt es zwei Punkte $C', C'' \neq C$, also $\notin \delta$, und nach Satz 11, S. 67 folgt dann der Desarguessche (C, γ)-Satz aus den Desarguesschen (C', γ)-, (C'', γ)-Sätzen.

$A_1^* = \gamma \cap \alpha_{23}$, $A_2^* = A_2$, $A_3^* = B_2$, $B_1^* = C_{13}$, $B_2^* = A_1$, $B_3^* = B_1$, $\gamma_1^* = \gamma$, $\gamma_2^* = \alpha_{12}$, $\gamma_3^* = \beta_{12}$, $\alpha_{12}^* = \alpha_{23}$, $\alpha_{13}^* = A_1^* B_2$, $\alpha_{23}^* = \gamma_2$, $\beta_{12}^* = \alpha_{13}$, $\beta_{13}^* = \beta_{13}$, $\beta_{23}^* = \gamma_1$, $C_{12}^* = A_3$, $C_{13}^* = \alpha_{13}^* \cap \beta_{13}$, $C_{23}^* = C$, $\gamma^* = C_{13}^* A_3$ gesetzt, so daß die Voraussetzung des Desarguesschen $(C^*, \gamma^*; A_3, \beta_{12})$-Satzes gilt. Dabei ist nun offenbar $C^* \in \omega$, $A_3 \in \omega$, $A_3 \in \gamma^*$, $C^* \in \beta_{12}$. Wegen $C_{12} \in \gamma_3$ würde aus $A_3 \in \beta_{12}$ mittels $\beta_{12} \neq \gamma_3$ die unmögliche Beziehung $A_3 = \gamma_3 \cap \beta_{12} = C_{12}$ folgen; also ist $A_3 \notin \beta_{12}$. Im Fall $C^* \in \gamma^*$ ergibt sich jetzt der Reihe nach mittels (1.10) und (1.11): $C_{12} \in C_{13}^* A_3$, $\alpha_{13}^* \cap \beta_{13} \in A_3 C_{12}$, $B_3 = \beta_{13} \cap A_3 C_{12} \in \alpha_{13}^*$, $\gamma \cap \alpha_{23} \in B_2 B_3 = \beta_{23}$, $C_{23} = \alpha_{23} \cap \beta_{23} \in \gamma$. Im Falle $C^* \notin \gamma^*$ dagegen folgt nach der vorausgesetzten Spezialisierung $C_{23}^* \in \gamma^*$ und daraus wieder mittels (1.10) und (1.11) der Reihe nach: $C \in C_{13}^* A_3$, $\alpha_{13}^* \cap \beta_{13} \in C A_3 = \gamma_3$, $B_3 = \beta_{13} \cap \gamma_3 \in A_1^* B_2$, $\gamma \cap \alpha_{23} \in B_2 B_3 = \beta_{23}$, $C_{23} = \alpha_{23} \cap \beta_{23} \in \gamma$.

Läßt man nun den Punkt O variabel, so folgt:

30. *Der Desarguessche Satz ist gleichwertig mit derjenigen Spezialisierung, die sich durch Hinzufügen von $C \notin \gamma$ und $C_{13} \notin \gamma_2$ zur Voraussetzung ergibt.*

Für diese Tatsache läßt sich natürlich ein einfacherer Beweis angeben. Die Zulässigkeit des Hinzufügens von $C \notin \gamma$ folgt aus Satz 27 von S. 83. Ist nun die Voraussetzung des Desarguesschen Satzes mit $C \notin \gamma$, aber $C_{13} \in \gamma_2$ erfüllt, so bildet man $B_3' = \gamma_3 \cap (\alpha_{23} \cap \gamma) B_2$, $A_3' = \gamma_3 \cap (B_1 B_3' \cap \gamma) A_1$. Aus $C_{23} \notin \gamma$ folgt dann $A_3' \neq A_3$, so daß mit A_3', B_3' an Stelle von A_3, B_3 die in der Behauptung genannte Spezialisierung angewandt werden darf und $A_2 A_3' \cap B_2 B_3' \in \gamma$ liefert. Wegen $A_2 A_3 \cap B_2 B_3' \in \gamma$ ergibt sich daraus aber ein Widerspruch zu $A_3' \neq A_3$.

Da in dem letzten Teil des Beweises C und γ festgehalten wurden, hat man damit zugleich gezeigt, daß im Falle $C \notin \gamma$ auch der Desarguessche (C, γ)-Satz aus derjenigen Spezialisierung folgt, die sich durch Hinzufügen von $C_{13} \notin \gamma_2$ (oder aber auch von $C_{12} \notin \gamma_3$) zur Voraussetzung ergibt.

3.3. Die Ausartungen des Desarguesschen Satzes.

Werden zu den Voraussetzungen des Desarguesschen Satzes noch die Inzidenz von Zentrum C und Achse γ sowie $n-1$ Inzidenzen von weiteren Paaren zusammengehöriger Variabler hinzugefügt, so bezeichnet man den so entstehenden Schließungssatz vom Rang $11-n$ als *n-fache Ausartung des Desarguesschen Satzes.* Die einfache Ausartung wird auch *kleiner Desarguesscher* Satz genannt. Man erkennt leicht, daß er konstruierbar ist. Infolge der Gleichwertigkeit von $(C, \gamma; C', \gamma')$-Satz und $(C', \gamma'; C, \gamma)$-Satz kann man den kleinen Desarguesschen Satz aus dem Desarguesschen Satz auch so gewinnen, daß man die Inzidenz *irgendeines* Paares zusammengehöriger Variabler fordert. Bei dieser Herleitung muß man allerdings das Paar C_{23}, γ_1 ausschließen; doch kann man dann auch für dieses die behauptete Ersetzungsmöglichkeit beweisen, indem man γ durch $C_{12}C_{23}$ ersetzt und 1 mit 2 vertauscht.

Infolge des Satzes 20 von S. 76 ist der kleine Desarguessche Satz offenbar bereits dann richtig, wenn er unter der einschränkenden Bedingung gilt, daß eine der in seiner Voraussetzung vorkommenden Geraden gleich einer festen Geraden ω ist. In **3.5** wird sich zeigen, daß man sich hier — anders als beim Satz von Desargues — nicht auf den Fall $\gamma = \omega$ beschränken darf, der als *affiner kleiner Desarguesscher Satz* für die affine Ebene $\mathfrak{E}_\omega$ bezeichnet wird, sondern daß man auch noch die beiden anderen Möglichkeiten[1] $\omega = \gamma_3$ und $\omega = \beta_{23}$ berücksichtigen

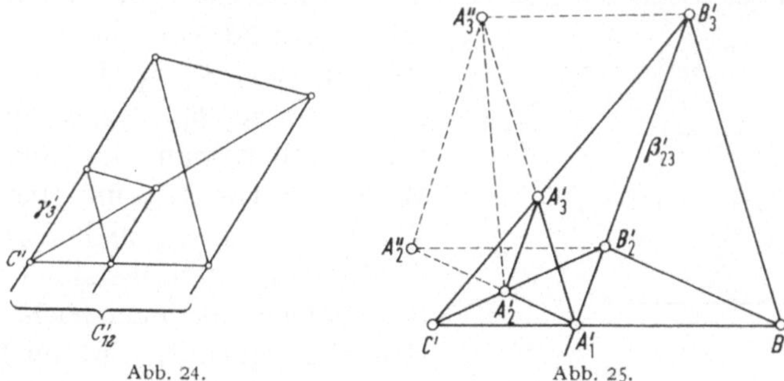

Abb. 24.

Abb. 25.

muß. Setzt man $\gamma' = \omega$ und benutzt die Gleichwertigkeit von $(C, \gamma; C', \gamma')$- und $(C', \gamma'; C, \gamma)$-Satz, so erkennt man, daß es sich dabei um die Gültigkeit des Desarguesschen (C', γ')-Satzes mit $\gamma' = \omega$, beliebigem C' und $C'_{12} \in \gamma'_3$ im ersten (Abb. 24), jedoch $A'_1 \in \beta'_{23}$ im zweiten (Abb. 25) Falle handelt. Im ersten Fall kann nicht $C' \in \omega$ sein (siehe unten), und im zweiten beweist man leicht (siehe die gestrichelten Geraden in Abb. 25), daß $C' \notin \omega$ keine Einschränkung des Satzes bedeutet. Anders als der affine kleine Desarguessche Satz besagen die Schließungssätze der affinen Ebene $\mathfrak{E}_\omega$, die in den Abb. 24 und 25 veranschaulicht sind [**112**] dasselbe wie der kleine Desarguessche Satz für die projektive Ebene $\mathfrak{E}$ (siehe Anhang **7.3**).

Um die mehrfachen Ausartungen zu untersuchen, werde erst einmal die auf S. 79 eingeführte Variablenbezeichnung verwandt. Sind nun $P_X \in \pi_Y$ und $P_{X'} \in \pi_{Y'}$ zwei bei einer Ausartung geforderte Inzidenzen, also $X \cap Y = \emptyset = X' \cap Y'$, so ist im Falle $X \cap X' = \emptyset$ die Voraussetzung unerfüllbar; denn man hat ja $X' \subset Y$, $X \subset Y'$, also $P_{X'} \in \pi_Y$, $P_X \in \pi_{Y'}$ und somit $P_X = P_{X'}$ oder $\pi_Y = \pi_{Y'}$. Schaltet man die Sätze mit unerfüllbarer Voraussetzung aus und berücksichtigt die Vertauschbarkeit von 2 mit 3 und von 4 mit 5, so bestehen noch die folgenden Möglich-

---

[1] Alle weiteren entstehen daraus durch die bekannten Umbenennungen.

keiten mehrfacher Ausartung, wobei der Einfachheit halber nur die in den zusätzlichen Inzidenzen auftretenden *Punkte* angegeben seien:

1a) C, A_1;   1b) C, A_2;

2a) C, A_1, A_2;   2b) C, A_2, A_3;   2c) C, A_1, B_1;   2d) C, A_2, B_2;

3) C, A_1, A_2, A_3.

Insbesondere gibt es also keine n-fachen Ausartungen mit $n \geq 5$. Die letzten drei der angeführten Schließungssätze sind nun zwar noch normal, aber nicht mehr offen und somit auch nicht mehr konstruierbar[1]. Zum Beweis wird in der zugehörigen Inzidenzstruktur (s. S. 27) jedes dieser Schließungssätze eine geschlossene Unterstruktur ange-

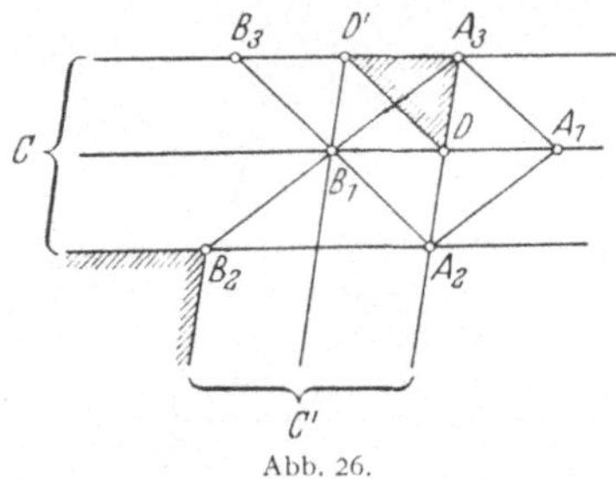

Abb. 26.

geben: Bei 2d wird eine solche Unterstruktur aus $C, A_1, B_1, A_2, B_2, C_{12}$, $C_{13}, \gamma_1, \gamma_2, \alpha_{12}, \beta_{12}, \alpha_{13}, \beta_{13}, \gamma$ gebildet, bei 2c erhält man eine solche durch Weglassen von C_{23} und bei 3 durch Weglassen von α_{23} und C_{23}.

Von den übrigbleibenden vier Schließungssätzen, die man leicht als konstruierbar erkennt, wird im folgenden gezeigt, daß[2] 1a mit 1b und[3] 2a mit 2b gleichwertig ist, so daß daher nur noch von *einer* zweifachen (1a oder 1b) und *einer* dreifachen (2a oder 2b) Ausartung gesprochen zu werden braucht. Die Gleichwertigkeit von 1a und 1b folgt, indem man vorübergehend $C, A_1, \gamma, \beta_{23}$ bzw. $C, A_2, \gamma, \beta_{13}$ zu Festelementen macht und das Ergebnis von S. 74/75 über die Vertauschbarkeit von 1 mit 2 anwendet. Dieses Verfahren kann bei 2a und 2b nicht benutzt werden, da ja dabei α_{13} und β_{13} in 2b als Festelemente (im Sinne von S. 74) auftreten würden.

In den folgenden Herleitungen werden bei Anwendung eines der Sätze 2a, 2b einfach die Punktetripel angegeben, welche dabei die Rolle der Tripel A_1, A_2, A_3 und B_1, B_2, B_3 spielen. Zur Vereinfachung der Mitteilung werden ferner die affine Ebene $\mathfrak{E}_\gamma$ und die Parallelitätsbeziehung in ihr benutzt. Zum Nachweis von 2b mittels 2a werden $D = \alpha_{23} \cap \gamma_1$ und $D' \in \gamma_3$ mit $DD' \| \alpha_{13}$ gebildet (Abb. 26). Mit den Tripeln A_3, B_1, D' und A_1, A_2, D liefert 2a dann $B_1 D' \| \alpha_{23}$. Setzt man nun

---

[1] Man zeigt übrigens leicht, daß in einer desarguesschen Ebene die Voraussetzung von 2c oder 2d nur erfüllbar ist, wenn der Koordinatenschiefkörper (vgl. **4.1**) die Charakteristik 2 hat, und die Voraussetzung von 3 nur, wenn diese Charakteristik = 3 ist.

[2] Vgl. [**147**], wo 1a als Satz 2 und 1b als Satz 2′ (übrigens nur in den Bezeichnungen von dem dortigen Satz 1 verschieden) bezeichnet wird.

[3] Vgl. [**145**], wo 2a als Satz II und 2b als Satz II′ bezeichnet ist. Der dortige Satz IV ist übrigens nur in den Bezeichnungen von II′ verschieden.

$C' = \gamma \cap \alpha_{23}$, so kann 2a auf die Tripel C, C', B_2 und D, D', A_3 angewandt werden, woraus $B_2 C' \cap \gamma_3 \in B_1 A_2 = \beta_{13}$, daraus $B_3 \in B_2 C'$ und weiter $\beta_{23} \| \alpha_{23}$ folgt: Zum Nachweis von 2a mittels 2b wird $D = \gamma_2 \cap \alpha_{13}$ gesetzt und D' durch $D' \in \alpha_{12}$, $B_2 D' \| \alpha_{13}$ bestimmt (Abb. 27). Mit den Tripeln B_1, A_1, B_2 und A_2, D, D' liefert 2b dann $DD' \| \beta_{23}$, so daß 2b mit $C' = \gamma \cap \beta_{23}$ auf die Tripel D', C', A_2 und B_2, C, B_3 angewandt werden kann. Daraus folgt $A_3 \in C' A_2$, also $C' \in \alpha_{23}$, d.h. aber $\alpha_{23} \| \beta_{23}$.

Als dreifache Ausartung des Desarguesschen Satzes wird meistens derjenige Satz angegeben, der aus dem Desarguesschen Satz durch Hinzunahme der Inzidenzen $A_1 \in \beta_{23}$, $A_2 \in \beta_{13}$, $A_3 \in \beta_{12}$ hervorgeht.

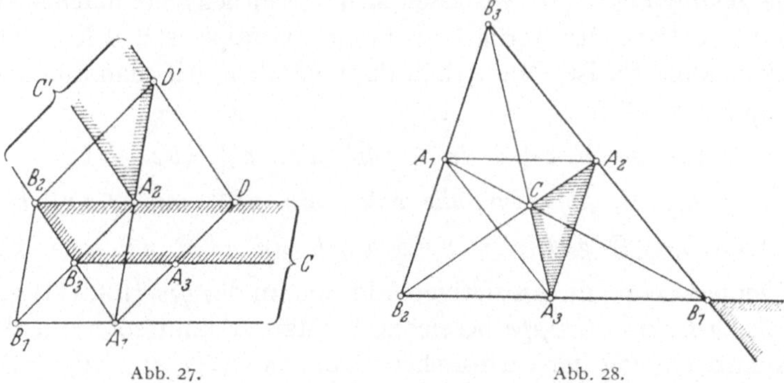

Abb. 27.   Abb. 28.

Daß dieser Satz sich von 2b nur in den Bezeichnungen unterscheidet, erkennt man leicht, indem man $A_1' = C$, $A_2' = A_2$, $A_3' = A_3$, $B_1' = B_1$, $B_2' = C_{12}$, $B_3' = C_{13}$ setzt. Zur Verdeutlichung dieses Zusammenhangs sind in Abb. 28 die Geraden $A_i' A_k'$, $B_i' B_k'$ schraffiert gezeichnet, und γ ist als uneigentliche Gerade gewählt. Nach demselben Verfahren führt man diesen Satz in die Dualisierung von 2a über, wobei man $A_1' = C_{23}$, $A_2' = C_{12}$, $A_3' = B_2$, $B_1' = A_3$, $B_2' = A_1$, $B_3' = C$ setzt und die Umbenennungen aus dem Beweis von Satz 24, S. 81 (mit $A_1', \ldots$ statt $A_1, \ldots$) benutzt. Die dreifache Ausartung des Desarguesschen Satzes ist also mit ihrer Dualisierung gleichwertig. Daß für die einfache und zweifache Ausartung dasselbe gilt, ergibt sich sofort aus Satz 24 von S. 81.

3.4. Cartesische Gruppen und Quasikörper.

Zur Vorbereitung auf die Untersuchungen in **3.5** sollen hier einige besondere Ternärkörper betrachtet werden, welche sämtlich *linear* sind, d.h. die *Linearitätsbedingung* (1.46) erfüllen. Jeder Ternärkörper $\mathfrak{K}$ mit (1.46) läßt sich natürlich als algebraische Struktur mit einem Paar von binären Verknüpfungen — Addition und Multiplikation genannt — auffassen und ist als solche nach den Entwicklungen von **2.4** eine Doppel-Loop[1].

---

[1] Diese Tatsache läßt sich natürlich auch rein algebraisch aus der Definition des Ternärkörpers herleiten.

Die Bedingungen (1.41), (1.43) lauten dann für die Doppel-Loop:

$$(7) \quad \begin{cases} Zu\ u_1, u_2, v_1, v_2 \in \Re\ gibt\ es\ im\ Falle\ u_1 \neq u_2\ genau\ ein\ x \in \Re \\ mit\ u_1 x + v_1 = u_2 x + v_2; \end{cases}$$

$$(8) \quad \begin{cases} zu\ x_1, x_2, y_1, y_2 \in \Re\ gibt\ es\ im\ Falle\ x_1 \neq x_2,\ y_1 \neq y_2 \\ Elemente\ u, v \in \Re\ mit\ y_i = u x_i + v \quad (i = 1, 2). \end{cases}$$

Umgekehrt erkennt man leicht, daß eine Doppel-Loop, welche die Bedingungen (7), (8) erfüllt, durch die mittels (1.46) erklärte ternäre Verknüpfung T zu einem linearen Ternärkörper wird. (2.43) ist offenbar ein Sonderfall von (7).

Die Bedingungen (7), (8) lassen sich wesentlich vereinfachen, wenn die additive Loop des Ternärkörpers eine Gruppe ist[1], d.h. wenn die Addition assoziativ ist. Man erhält dann nämlich, wie man durch kurze Umformung zeigt[2]:

$$(9) \qquad Aus\ a \neq b,\ c \neq d\ in\ \Re\ folgt\ a c - a d \neq b c - b d;$$

$$(10) \quad zu\ a, b, c \in \Re\ gibt\ es\ im\ Falle\ a \neq b\ ein\ x \in \Re\ mit\ -a x + b x = c;$$

$$(11) \quad zu\ a, b, c \in \Re\ gibt\ es\ im\ Falle\ a \neq b\ ein\ x \in \Re\ mit\ x a - x b = c.$$

Eine Doppel-Loop mit assoziativer Addition, in der (9), (10), (11) gelten, wird als *cartesische Gruppe* bezeichnet[3]. Man erkennt sofort, daß man zur Kennzeichnung der cartesischen Gruppen außer (9), (10), (11) und der Gruppeneigenschaft bezüglich der Addition nur (2.41) und die Existenz eines neutralen Elementes $\neq 0$ der Multiplikation benötigt. Enthält $\Re$ nur endlich viele Elemente, so folgen (10) und (11) bereits aus (9); denn nach (9) sind $x \rightarrow -a x + b x$ sowie $x \rightarrow x a - x b$ im Falle $a \neq b$ umkehrbare Abbildungen auf eine Teilmenge von $\Re$ und wegen der Endlichkeit von $\Re$ daher Abbildungen auf $\Re$. Gilt in einer cartesischen Gruppe $\Re$ das *linksdistributive*[4] *Gesetz*

$$(12) \qquad\qquad (a + b) c = a c + b c$$

---

[1] Daß dies nicht für jede Doppel-Loop mit (7), (8) gilt, zeigt die Doppel-Loop, die man aus einem angeordneten Schiefkörper nach Wahl eines festen positiven Elements $k \neq 1$ folgendermaßen erhält: Während die Multiplikation unverändert bleibt, wird die Summe von a und b bei $b > 0$ im Falle $0 > a > -k b$ zu $k^{-1} a + b$ und im Falle $-k b \geq a$ zu $a + k b$ abgeändert, sonst jedoch beibehalten. Vgl. auch [**156**, S. 139].

[2] Wie üblich ist $a - b$ Abkürzung für $a + (-b)$.

[3] [**164**]; der Begriff wurde unter dem Namen „cartesian number system" in [**18**] eingeführt.

[4] Entgegen einem vielfach geübten Sprachgebrauch richtet sich also hier die Bezeichnung „links-" bzw. „rechts-" nach dem Faktor, der als Summe geschrieben ist; dies erscheint sinnvoll, wenn man bedenkt, daß Distributivität als eine Eigenschaft der Multiplikation *bezüglich der Addition* bezeichnet wird; eine andere Stütze dieses Sprachgebrauchs findet man in der auf S. 237 angegebenen Bedeutung der Monotoniegesetze der rechts- bzw. linksseitigen Multiplikation für die Rechts- bzw. Linksquasikörper.

oder das *rechtsdistributive*[1] *Gesetz*

$$(13) \qquad c\,(a + b) = c\,a + c\,b,$$

so wird $\mathfrak{K}$ als *links-* bzw. *rechtsdistributiv* bezeichnet. Es gibt nichtkommutative cartesische Gruppen, d.h. solche mit nichtkommutativer Addition [**164**]. Dagegen gilt [**77, 156, 164**]:

31. *Jede links- oder rechtsdistributive cartesische Gruppe ist kommutativ.* (Zusatz siehe Anhang **7.4**.)

Beweis. $\mathfrak{K}$ sei eine rechtsdistributive cartesische Gruppe und $a, b \in \mathfrak{K}$. Es ist dann $a + b = b + a$ zu beweisen, wobei natürlich $a \neq 0$ vorausgesetzt werden darf. Es gibt also $r, s \in \mathfrak{K}$ mit $a = r\,a$, $b + a - b = s\,a$. Wäre $r \neq s$, so ließe sich nach (10) ein $x \in \mathfrak{K}$ mit $-s\,x + r\,x = b$ bestimmen, und daraus würde mittels (13)

$$-s\,(x + a) + r\,(x + a) = -s\,a - s\,x + r\,x + r\,a = b - a - b + b + a = b$$

folgen, was wegen $r \neq s$ und $x \neq x + a$ der Bedingung (9) widersprechen würde. Also ist $r = s$ und damit $b + a - b = a$, d.h. $b + a = a + b$. Den Fall einer linksdistributiven cartesischen Gruppe braucht man nun nicht besonders zu behandeln, kann ihn vielmehr sehr einfach auf den einer rechtsdistributiven zurückführen. Zu diesem Zweck wird die Menge der Elemente einer Doppel-Loop $\mathfrak{K}$ mit den durch $a \oplus b = b + a$, $a \circ b = b\,a$ erklärten Verknüpfungen $\oplus$ und $\circ$ als die zu $\mathfrak{K}$ *entgegengesetzte Struktur* $\mathfrak{K}°$ bezeichnet. $\mathfrak{K}°$ ist offenbar wieder Doppel-Loop und — wenn $\mathfrak{K}$ cartesische Gruppe — sogar cartesische Gruppe; denn beim Übergang von $\mathfrak{K}$ zu $\mathfrak{K}°$ geht (9) in sich über, während (10) und (11) die Rollen tauschen. Da nun $\mathfrak{K}°$ genau dann kommutativ ist, wenn $\mathfrak{K}$ diese Eigenschaft hat, und genau dann rechtsdistributiv, wenn $\mathfrak{K}$ linksdistributiv ist, wird durch den Übergang von $\mathfrak{K}$ zu $\mathfrak{K}°$ der noch fehlende Teil des Beweises auf den bereits erledigten zurückgeführt.

Im endlichen Fall läßt sich die Kommutativität der Addition aus schärferen Voraussetzungen über die Multiplikation ohne Verwendung des assoziativen Gesetzes der Addition herleiten [**160**]:

32. *Die Addition eines endlichen linearen Ternärkörpers mit kommutativer, assoziativer sowie distributiver Multiplikation*[2] *erfüllt die Rechenregel* (2.28)[3] *und ist kommutativ.*

---

[1] Siehe Fußnote 4, S. 90.

[2] Ein linearer Ternärkörper mit assoziativer sowie distributiver Multiplikation wird in [**160**] als *planarer Neokörper* bezeichnet; bei einem solchen lassen sich (7) und (8) durch die Forderung der eindeutigen Auflösbarkeit von $u\,x + u = u'\,x + 1$ ($u \neq u'$) und der Auflösbarkeit von $x\,u + u = x\,u' + 1$ ($u \neq u'$) nach x ersetzen [**160**].

[3] Das läßt sich bereits ohne die Distributivität zeigen [**160**]. Nach HUGHES [1955a] gilt Satz 32 auch bei nichtkommutativer Multiplikation.

Beweis. In dem die Voraussetzungen erfüllenden Ternärkörper $\mathfrak{K}$ erklärt man -1 durch $1 + (-1) = 0$ und hat dann $(-1)\left((-1)^{-1}+1\right)=0$, also $(-1)^{-1}+1=0$. Bei der umkehrbaren Abbildung $x \to x^{-1}+1$ der Menge aller $x \neq 0$ aus $\mathfrak{K}$ auf die Menge der Elemente $\neq 1$ von $\mathfrak{K}$ wird daher -1 auf 0 abgebildet. Man hat also mit der Abkürzung[1] $k = \prod\limits_{y \neq 0} y$:

$$k = \prod_{x \neq 0, -1} (x^{-1}+1) = \prod_{x \neq 0, -1} x^{-1} \prod_{x \neq 0, -1} (1+x) = k^{-1}(-1)\,k$$

und somit $k = -1$. Wendet man dieses Ergebnis nach Übergang zur entgegengesetzten Struktur an, bei dem sich ja k nicht ändert, so folgt $(-1)+1=0$. Da jetzt aus dem Distributivgesetz $x + (-1)\,x = \left(1 + (-1)\right)x=0$ und $(-1)\,x + x = \left((-1)+1\right)x=0$ folgt, besitzt jedes Element x der additiven Loop ein Inverses, welches — wie üblich — mit $-x$ bezeichnet werden soll. Wegen der eindeutigen Bestimmtheit des Inversen ist natürlich $-(-x)=x$. Mit $b \neq 0$ wird nach (7) durch

$$x + a = u\,x + (b + a)$$

die Menge der $u \neq 0, 1$ umkehrbar auf die Menge der $x \neq 0, b$ abgebildet. Erklärt man jetzt c durch $c + (b+a)=a$, so wird daher durch $u\,x = z$ eine umkehrbare Abbildung der $u \neq 0, 1$ auf die $z \neq 0, c$ erklärt, so daß Multiplikation über alle $u \neq 0, 1$ die Gleichung $k\,k\,b^{-1} = k\,c^{-1}$, also $-b^{-1}=c^{-1}$ und damit $c = -b$ ergibt: $-b + (b+a)=a$. Damit ist (2.28) bewiesen, da die Einschränkung $b \neq 0$ ja unwesentlich ist. Um nun $a + b = b + a$ herzuleiten, darf man sich wegen der Existenz der Inversen auf den Fall $a + b \neq 0$, also $b \neq -a$ beschränken. Wegen (7) liefert nun

$$x + (-b) = u(x + a)$$

eine umkehrbare Abbildung der $u \neq 0, 1$ auf die $x \neq b, -a$. Multiplikation über alle $u \neq 0, 1$ ergibt daraus $k\left((-a)+(-b)\right)^{-1}=k\,k\,(b+a)^{-1}$, also $b + a = -\left((-a)+(-b)\right)=(-1)\,(-a)+(-1)\,(-b)=a+b$.

Eine links- bzw. rechtsdistributive cartesische Gruppe wird als *Links-* bzw. *Rechtsquasikörper*[2] und eine links- und rechtsdistributive cartesische Gruppe als *distributiver Quasikörper* bezeichnet. „Quasikörper" soll im folgenden stets „Rechtsquasikörper" bedeuten[3]. Da (9) und (11) aus (13), (2.41) und der Loopeigenschaft bezüglich der Multiplikation (unter Benutzung der Gruppeneigenschaft bezüglich der Addition) folgen, kann man die Quasikörper auch als Doppel-Loops mit assoziativer Addition und den Eigenschaften (10), (13) kennzeichnen, wobei (10) im Falle der Endlichkeit nach dem auf S. 90 Festgestellten

---

[1] Wie üblich bedeutet $\prod y$ das Produkt aller $y \in \mathfrak{K}$, welche der unter dem $\prod$ stehenden Bedingung genügen.

[2] In [**79**] als *Veblen-Wedderburn-System* bezeichnet.

[3] In [**6**] bedeutet „Quasikörper" jedoch „Linksquasikörper".

überflüssig ist[1] [**198**], und entsprechend die distributiven Quasikörper als Doppel-Loops mit assoziativer Addition und distributiver Multiplikation. Bemerkt sei noch, daß mittels $0\,x = (0 + 0)\,x = 0\,x + 0\,x$ der erste Teil von (2.41) aus (12) und entsprechend der zweite aus (13) folgt. Unter einem *assoziativen Quasikörper* werde ein Quasikörper mit assoziativer Multiplikation verstanden. Die assoziativen distributiven Quasikörper werden *Schiefkörper* genannt. Die kennzeichnenden Eigenschaften der Schiefkörper sind also: Gruppeneigenschaft bezüglich der Addition sowie — nach Weglassen des neutralen Elementes der Addition — bezüglich der Multiplikation und Distributivität der Multiplikation. Kommutative Schiefkörper, d.h. solche mit kommutativer Multiplikation, heißen *Körper*.

Cartesische Gruppen, die weder links- noch rechtsdistributiv sind, gewinnt man durch folgendes Verfahren aus einem angeordneten Schiefkörper[2] $\mathfrak{K}$. Als Addition der cartesischen Gruppe wird die Addition von $\mathfrak{K}$ genommen, während die mit $*$ bezeichnete Multiplikation der cartesischen Gruppe nach Wahl eines festen positiven Elementes $k \neq 1$ von $\mathfrak{K}$ durch

$$(14) \qquad a * b = \begin{cases} a\,k\,b & \text{für} \quad a, b < 0, \\ a\,b & \text{sonst} \end{cases}$$

erklärt wird. Daß 1 neutrales Element für $*$ ist und (2.41) gilt, erkennt man sofort. Im Falle $0 > a < b$ erhält man

$$-a * x + b * x = \begin{cases} (b - a\,k)\,x & \text{für} \quad x < 0,\ b \geq 0, \\ (b - a)\,k\,x & \text{für} \quad x < 0,\ b < 0, \\ (b - a)\,x & \text{für} \quad x \geq 0. \end{cases}$$

Daraus folgt, daß $x \to -a * x + b * x$ im Falle $b > a$ eine monoton wachsende und daher umkehrbare Abbildung von $\mathfrak{K}$ auf sich ist. Damit hat man (9) und (10) bewiesen. Weiter zeigen aber die im Falle $a > b < 0$ geltenden Gleichungen

$$x * a - x * b = \begin{cases} x\,(a - k\,b) & \text{für} \quad x < 0,\ a \geq 0, \\ x\,k\,(a - b) & \text{für} \quad x < 0,\ a < 0, \\ x\,(a - b) & \text{für} \quad x \geq 0 \end{cases}$$

---

[1] Das gilt auch dann, wenn die additive Gruppe des Quasikörpers einen Schiefkörper (als Unterring des Endomorphismenringes) von mit allen Linksmultiplikationen $x \to a\,x$ vertauschbaren Endomorphismen besitzt und über diesem — als Vektorraum aufgefaßt — endliche Dimension hat; denn genau wie bei den Abbildungen einer endlichen Menge auf sich erkennt man ja auch bei einem Endomorphismus eines endlichdimensionalen Vektorraumes aus seiner Umkehrbarkeit die Übereinstimmung seines Bildraumes mit dem vollen Vektorraum. Daher sind insbesondere die in [**105**] betrachteten Fastkörper sämtlich Quasikörper.

[2] Zu diesem Begriff s. etwa [**163**, § 38]. Zu dem Folgenden vgl. [**134**]. Verallgemeinerungen siehe PIERCE [1961, 1964], PICKERT [1964], PETIT [1969a].

die Richtigkeit von (11). Die so hergestellte cartesische Gruppe ist weder links- noch rechtdistributiv: $(-1) * (-1) = k$, aber $(-1) * (1-1) = 0 = (1-1) * (-1)$. Endliche, weder links- noch rechtsdistributive cartesische Gruppen werden z.B. bei PICKERT [1967] angegeben.

Daß selbst ein distributiver Quasikörper nicht assoziativ zu sein braucht, wird sich auf S. 173 u. 208 ergeben. Im folgenden sollen Beispiele endlicher assoziativer Quasikörper gebildet werden, welche nicht distributiv, also keine Schiefkörper sind. Da im Falle der Endlichkeit (10) aus (9) folgt, sind die endlichen assoziativen Quasikörper durch die Endlichkeit, die Gruppeneigenschaft bezüglich der Addition sowie — nach Weglassen des neutralen Elementes — bezüglich der Multiplikation und durch die Rechenregeln (2.41) und (13) gekennzeichnet, sind also gerade das, was man als endliche *vollständige Fastkörper*[1] bezeichnet. Sei $\mathfrak{G}$ die additive Gruppe eines solchen. Dann bilden die *Linksmultiplikationen* $x \to a\,x$ für $a \neq 0$ offenbar eine Automorphismengruppe $\mathfrak{A}$ von $\mathfrak{G}$, welche auf $\mathfrak{G} - \{0\}$ *scharf transitiv* ist, d.h. die zu jedem Paar $a, b \in \mathfrak{G} - \{0\}$ genau einen Automorphismus von $\mathfrak{G}$ enthält, der a in b überführt. $\xi \to 1^\xi$ ($\xi \in \mathfrak{A}$) ist dann ein Antiisomorphismus von $\mathfrak{A}$ auf die multiplikative Gruppe des Fastkörpers, und es gilt

$$(15) \qquad\qquad 1^\xi x = x^\xi.$$

Sind umgekehrt eine endliche Gruppe $\mathfrak{G}$ (additiv geschrieben) mit einem vom neutralen Element 0 verschiedenen Element 1 und eine auf $\mathfrak{G} - \{0\}$ scharf transitive Automorphismengruppe $\mathfrak{A}$ von ihr gegeben, so gewinnt man auf die eben beschriebene Art daraus einen endlichen vollständigen Fastkörper: $\xi \to 1^\xi$ ist eine umkehrbare Abbildung von $\mathfrak{A}$ auf $\mathfrak{G} - \{0\}$, und erklärt man in $\mathfrak{G}$ eine Multiplikation durch (15) und $0\,x = 0$, so ist $\mathfrak{G} - \{0\}$ als multiplikative Struktur antiisomorph zu $\mathfrak{A}$, und es gelten (2.41) und (13). Aus Satz 31 von S. 91 folgt übrigens für $\mathfrak{G}$ die Kommutativität[2].

Um nun Beispiele solcher Gruppenpaare $\mathfrak{G}, \mathfrak{A}$ zu finden, geht man folgendermaßen vor [126]. Die additive Gruppe des Galoisfeldes $GF(p^n)$ aus p^n Elementen (p Primzahl) wird als $\mathfrak{G}$ genommen mit 1 als Einselement von $GF(p^n)$. w sei erzeugendes Element der multiplikativen Gruppe von $GF(p^n)$ und s ein gemeinsamer Teiler[3] >1 von n und $p^n - 1$ von der Eigenschaft, daß s die kleinste natürliche Zahl k ist, für welche

---

[1] In [218] wird eine vollständige Übersicht dieser Strukturen gegeben. Vgl. ferner [66]. Eine Verallgemeinerung des Fastkörperbegriffs findet man in [204].

[2] Diese gilt ohne die Voraussetzung der Endlichkeit für jeden vollständigen Fastkörper [237], ebenso wie die Darstellung mittels $\mathfrak{G}$ und $\mathfrak{A}$. Einen anderen Beweis der Kommutativität bei Endlichkeit findet man in [156].

[3] Nach [66, 218] ist jeder vollständige Fastkörper mit p^n Elementen ein Körper, falls n teilerfremd zu $p^n - 1$ ist.

$1 + p^r + \cdots + p^{r(k-1)}$ $(r = k^{-1}n)$ den Teiler k besitzt. Mit t als einer zu s teilerfremden natürlichen Zahl werden nun die Automorphismen α, β von $\mathfrak{G}$ durch $x^\alpha = x w^s$, $x^\beta = x^{p^r} w^t$ erklärt. Man rechnet leicht nach, daß die Gleichungen

$$\alpha^{(p^n-1)s^{-1}} = 1, \quad \beta^s = \alpha^{s'} \quad \left(s' = s^{-1}t(1 + p^r + \cdots + p^{r(s-1)})\right), \quad \alpha^i\beta^k = \beta^k\alpha^{ip^{rk}}$$

bestehen. Aus ihnen folgt nun, daß die $\beta^k\alpha^i$ $(i = 0, 1, \ldots, s^{-1}(p^n - 1) - 1;$ $k = 0, 1, \ldots, s - 1)$ eine Gruppe $\mathfrak{A}$ bilden. Da $x \to x^{p^{rk}}$ $(k = 0, 1, \ldots, s - 1)$ nur für $k = 0$ die identische Abbildung ist und $i = 0$ aus $w^{si} = 1$ $\left(i = 0, 1, \ldots, s^{-1}(p^n - 1) - 1\right)$ folgt, enthält $\mathfrak{A}$ genau $p^n - 1$ Elemente. Aus $1^{\beta^k\alpha^i} = 1$ folgt die Teilbarkeit von $t(1 + \cdots + p^{r(k-1)}) + s\,i$ durch $p^n - 1$ und daraus die Teilbarkeit von $1 + \cdots + p^{r(k-1)}$ durch s, also $k = 0$ wegen $0 \leq k < s$. Da dann i den Teiler $s^{-1}(p^n - 1)$ haben muß, ist auch $i = 0$. $1^\xi = 1$ $(\xi \in \mathfrak{A})$ zieht also $\xi = 1$ nach sich, so daß $\xi \to 1^\xi$ eine umkehrbare Abbildung von $\mathfrak{A}$ und aus Anzahlgründen eine solche auf $\mathfrak{G} - \{0\}$ ist. Das bedeutet aber gerade die scharfe Transitivität von $\mathfrak{A}$. Mit der Abkürzung $s_{ik} = t(1 + \cdots + p^{r(k-1)}) + s\,i$ wird nun gemäß (15) in dem durch $\mathfrak{G}$ und $\mathfrak{A}$ erklärten assoziativen Quasikörper der (in $GF(p^n)$ zu bildende) Wert $w^{s_{ik}}x^{p^{rk}}$ als das Produkt von $w^{s_{ik}}$ und x bezeichnet. Wäre der Quasikörper distributiv, so müßte es daher Indizes i, k so geben, daß in $GF(p^n)$ $x + w^t x^{p^r} = w^{s_{ik}} x^{p^{rk}}$ für alle x gelten würde; wegen $p^{rk} < p^n$, $1 < p^r < p^n$ ist das aber unmöglich, da $GF(p^n)$ ja p^n Elemente enthält.

Das einfachste Beispiel der eben beschriebenen Art erhält man für $p = 3$, $n = 2$, $s = 2$, $r = 1$, $t = 1$: $\mathfrak{G}$ wird als Vektorraum mit der Basis $\{1, j\}$ über dem aus $0, 1, -1$ bestehenden Primkörper $\mathfrak{P}_3$ der Charakteristik 3 aufgefaßt, so daß also die Elemente von $\mathfrak{G}$ die Gestalt $a + bj$ $(a, b \in \mathfrak{P}_3)$ haben; in $GF(9)$ soll j das Quadrat -1 haben, so daß $w = 1 + j$ gesetzt werden kann. Die Multiplikation im Quasikörper bestimmt sich dann für $a, b, c, d \in \mathfrak{P}_3$ durch

$$(a + bj)(c + dj) = \begin{cases} (ac - bd) + (bc + ad)\,j & \text{für } abd = 0, \\ (ac + bd) + (bc - ad)\,j & \text{für } abd \neq 0, \end{cases}$$

worin die Multiplikation der Elemente von $\mathfrak{P}_3$ wie im Körper $\mathfrak{P}_3$ zu erfolgen hat[1].

---

[1] Man erkennt leicht, daß die multiplikative Loop dieses bereits in [207] angegebenen Quasikörpers isomorph ist zur *Quaternionengruppe*, d.h. — mit den Bezeichnungen von S. 170 (insbesondere Fußnote) und mit $c_1 = -\frac{5}{4}$, $c_2 = -1$ — zur Gruppe der ± 1, $\pm e_i^*$ $(i = 1, 2, 3)$: Es wird $\pm(1 + j)$ auf $\pm e_1^*$, $\pm(-1 + j)$ auf $\pm e_2^*$ und $\pm j$ auf $\pm e_3^*$ abgebildet.

Nach dem Zusatz (zu Satz 31, S. 91) in Anhang **7.4** haben nicht nur die hier angegebenen, sondern alle endlichen Quasikörper eine Primzahlpotenz als Elementeanzahl. Verzichtet man in der oben angegebenen Konstruktion der endlichen vollständigen Fastkörper auf die Gruppeneigenschaft von $\mathfrak{A}$, setzt also nur voraus, daß $\mathfrak{A}$ eine auf $\mathfrak{G} - \{0\}$ scharf transitive, die identische Abbildung enthaltende Automorphismenmenge von $\mathfrak{G}$ ist[1], so erhält man offenbar durch Einführung einer Multiplikation mittels (15) gerade die sämtlichen endlichen Quasikörper mit $\mathfrak{G}$ als additiver Gruppe [**130**].

Nach diesem Verfahren gewinnt man folgendermaßen nichtdistributive Quasikörper [**79**]. Als $\mathfrak{G}$ nimmt man einen zweidimensionalen Vektorraum über dem mit $\mathfrak{L}$ bezeichneten[2] $GF(p^n)$. Eine Basis von $\mathfrak{G}$ über $\mathfrak{L}$ werde mit $\{1, j\}$ bezeichnet, so daß also die Elemente von $\mathfrak{G}$ die Gestalt $1 \cdot a + j \cdot b$ $(a, b \in \mathfrak{L})$ haben. Man wählt Elemente $r, s \in \mathfrak{L}$ mit $x^2 \neq r x + s$ für alle $x \in \mathfrak{L}$ und nimmt als Elemente von $\mathfrak{A}$ diejenigen linearen Abbildungen von $\mathfrak{G}$ auf sich, welche bezüglich der Basis $\{1, j\}$ Matrizen der Gestalt

$$\begin{pmatrix} a & 0 \\ 0 & a \end{pmatrix} \quad \text{mit} \quad a \neq 0 \quad \text{oder} \quad \begin{pmatrix} a & ((r - a)\, a + s)\, b^{-1} \\ b & r - a \end{pmatrix} \quad \text{mit} \quad b \neq 0$$

besitzen[3]. Man hat noch zu beweisen, daß es zu Elementen $1 \cdot c + j \cdot d$, $1 \cdot c' + j \cdot d' \neq 0$ von $\mathfrak{G}$ genau eine Abbildung $\xi \in \mathfrak{A}$ gibt, welche das erste in das zweite überführt. Eine solche Abbildung ξ kann offenbar nur bei $c\, d' - c'\, d = 0$ eine Matrix der ersten Gestalt besitzen und ist dann tatsächlich vorhanden und eindeutig bestimmt. Zu beweisen ist daher lediglich noch, daß nur im Falle $c\, d' - c'\, d \neq 0$ eine Abbildung ξ der genannten Eigenschaft mit einer Matrix der zweiten Gestalt vorhanden und dann auch eindeutig bestimmt ist. Für a und b erhält man die notwendigen und hinreichenden Bedingungen

$$a\, c + \big((r - a)\, a + s\big)\, b^{-1} d = c',$$
$$b\, c + (r - a)\, d = d'.$$

Bei $c = 0$ sind diese wegen $d \neq 0$, $(r - a)\, a + s \neq 0$ offenbar nur im Falle $c' \neq 0$ nach a, b mit $b \neq 0$ auflösbar, und zwar dann eindeutig. Dasselbe gilt — wie man sofort sieht — auch bei $d = 0$. Im Falle $c, d \neq 0$ benutzt man die nach kurzer Rechnung aus den beiden Gleichungen

---

[1] Setzt man noch voraus, daß $\mathfrak{A}$ und $\mathfrak{G} - \{0\}$ gleichviel Elemente enthalten, so kann man natürlich „scharf" fortlassen oder aber auch „scharf transitiv" durch die Forderung ersetzen, daß $\xi\eta^{-1} (\xi, \eta \in \mathfrak{A}, \xi \neq \eta)$ kein Fixelement $\neq 0$ besitzt.

[2] Nach [79] ist die folgende Konstruktion auch bei beliebigem Körper $\mathfrak{L}$ möglich; vgl. auch Fußnote 1, S. 93.

[3] Daß es tatsächlich Abbildungen von $\mathfrak{G}$ auf sich und damit Automorphismen der Gruppe $\mathfrak{G}$ sind, folgt aus der sofort einzusehenden Regularität dieser Matrizen.

folgende Gleichung

$$a\,(c\,d' - c'\,d) = c'\,d' - r\,c'\,d - s\,c\,d\,.$$

Da ihre rechte Seite im Falle $c\,d' - c'\,d = 0$ zu $c\,d\,(x^2 - r\,x - s)$ mit $x = c'\,c^{-1}$ wird, ist sie in diesem Falle nicht auflösbar. Bei $c\,d' - c'\,d \neq 0$ dagegen liefert sie einen eindeutig bestimmten Wert a, und dieser ergibt bei Einsetzen in jede der beiden Bedingungsgleichungen denselben Wert ($\neq 0$) für b. — Wegen $1 \cdot x + 1 \cdot y = 1 \cdot (x + y)$, $(1 \cdot x)(1 \cdot y) = 1 \cdot (x\,y)$ für $x, y \in \mathfrak{L}$ kann man $1 \cdot x$ durch x ersetzen, so daß das Einselement von $\mathfrak{L}$ auch Einselement des Quasikörpers wird und $1 \cdot a + j \cdot b = a + j\,b$ ist. Man rechnet leicht nach, daß in dem Quasikörper unter den Voraussetzungen $x \in \mathfrak{L}$, $z \notin \mathfrak{L}$ die Gleichungen

$$x\,u = u\,x, \quad (u\,v)\,x = u\,(v\,x), \quad z^2 = z\,r + s$$

für alle Elemente u, v gelten und daß ferner durch diese Rechenregeln sowie die Forderung, der Quasikörper solle aus p^{2n} Elementen bestehen und den Körper $\mathfrak{L}$ als Unterstruktur enthalten, der Quasikörper bereits bestimmt ist. Soll die zu $a + j$ ($a \in \mathfrak{L}$) gehörige Matrix die Summe der zu a und zu j gehörigen Matrizen sein, so muß $(r - a)\,a = 0$ gelten. Daher ist der Quasikörper für $p^n > 2$ bestimmt nichtdistributiv, während er — wie man leicht sieht — für $p^n = 2$ mit $GF(4)$ übereinstimmt. Bei $p^n = 3$ erhält man im Falle $r = 0$, $s = -1$ wegen $\big((r - a)\,a + s\big)\,b^{-1} = b$ (für $a \neq 0$) den auf S. 95 angegebenen Quasikörper aus 9 Elementen. Die zwei anderen Möglichkeiten bei $p^n = 3$ sind offenbar durch $r = \pm 1$, $s = 1$ gegeben[1].

3.5. Sonderfälle des Desarguesschen Satzes als Ternärkörpereigenschaften[2].

Wie in **1.5** und **1.6** sei in der affinen Ebene $\mathfrak{A} = \mathfrak{E}_\omega$ der Ternärkörper $\mathfrak{K}$ bezüglich der Punkte O, U, V, E (mit $\omega = UV$) gebildet und $W = OE \cap \omega$ gesetzt. Zur Vereinfachung der Bezeichnung wird im folgenden $\boldsymbol{P}(x, y)$ einfach durch (x, y) ersetzt, so daß also insbesondere $(0, x) = x$ ist. Zunächst soll nun die Linearitätsbedingung (1.46) durch einen Schließungssatz ausgedrückt werden. Zu diesem Zweck wird erst einmal die Einschränkung $x \neq 0$, $u \neq 0$, $u \neq 1$, $v \neq 0$ gemacht, wodurch sich in Anbetracht von (1.35), (1.38) und (1.47) die Bedeutung von (1.46)

---

[1] Außer $GF(9)$ und den hier angegebenen drei Quasikörpern gibt es nach [**79**] (Beweis bei Lombardo-Radice [1957]) noch (bis auf Isomorphismen) genau einen weiteren Quasikörper mit 9 Elementen. Die vier von $GF(9)$ verschiedenen Quasikörper liefern jedoch isomorphe affine Ebenen (s. hierzu Panella [1958, 1959]).

[2] Außer den im einzelnen angegebenen Arbeiten s. auch [**200**].

nicht ändert. Setzt man dann

$$A_1 = (u\,x, u\,x), \qquad A_2 = (x, u\,x), \qquad A_3 = O,$$
$$B_1 = (u\,x, u\,x + v), \qquad B_2 = (x, u\,x + v), \qquad B_3 = v,$$

so sind offenbar die Voraussetzungen des Desarguesschen $(V, UV; U, OV)$-Satzes erfüllt, wobei $A_3\ (= O)$ und $C_{13}\ (= W)$ als zusätzliche Festpunkte auftreten. Nach (1.47), (1.48), (1.49) liegt A_2 auf $(EV \cap Uu)\,O = (1, u)\,O$, so daß $(EV \cap Uu)\,O = A_2 A_3$ ist. Wegen $(xU \cap OE)\,V = A_2 B_2$ zeigen daher (1.48) und (1.49), daß $B_2' = \big(x, \boldsymbol{T}(u, x, v)\big)$ durch $B_2' B_3 \| A_2 A_3$ und $B_2' \in A_2 B_2$ bestimmt ist. Gl.(1.46), also $B_2 = B_2'$ bedeutet aber $B_2 B_3 \| A_2 A_3$, und das ist gerade die Behauptung des Desarguesschen $(V, UV; U, OV)$-Satzes. Da nach Satz 23 von S. 80 die bei diesem Schließungssatz hier zusätzlich auftretenden Festpunkte keine Einschränkung bedeuten, folgt [**77**]:

33. *Der Ternärkörper bezüglich O, U, V, E ist genau dann linear, wenn der Desarguessche $(V, UV; U, OV)$-Satz gilt.*

Die Gültigkeit von (1.46) ist also unabhängig von der Wahl des Punktes E. Die auf S. 41 gezeigte Übertragung der Linearitätsbedingung bei Dualisierung gilt somit auch ohne die dort für $\widetilde{E}$ getroffene Bestimmung. Man erkennt das übrigens auch daraus, daß mit den Bezeichnungen von **1.6** der Desarguessche $(V, UV; U, OV)$-Satz für $\mathfrak{E}$ nach Satz 24 von S. 81 gleichwertig mit dem Desarguesschen $(\widetilde{V}, \widetilde{U} \cap \widetilde{V}; \widetilde{U}, \widetilde{O} \cap \widetilde{V})$-Satz für $\widetilde{\mathfrak{E}}$ ist.

Setzt man den Desarguesschen $(V, UV; U, OV)$-Satz sowie die Bolschen U- und V-Bedingungen für O im (U, V, W)-Gewebe der Geraden durch U, V, W voraus, so kann man sofort den in **1.6** betrachteten Ternärkörper $\widetilde{\mathfrak{K}}$ der dualen Ebene $\widetilde{\mathfrak{E}}$ bestimmen, falls $1 + \widetilde{1} = 0$ vorausgesetzt ist. Der Desarguessche $(V, UV; U, OV)$-Satz besagt nämlich — wie eben bewiesen — die Linearitätsbedingung, so daß $\mathfrak{K}$ als Doppel-Loop betrachtet werden kann. Vergleich von (1.58) mit (2.28) zeigt nun, daß $x \widetilde{+} v = x + v$ aus der Bolschen V-Bedingung für O folgt. Nach Satz 14 von S. 56 ist daher $x \to x'$ zufolge der Bolschen U-Bedingung für O ein Antiisomorphismus der additiven Loop von $\mathfrak{K}$ auf die additive Loop von $\widetilde{\mathfrak{K}}$. Da diese Abbildung wegen (1.60) aber auch ein Antiisomorphismus der multiplikativen Loop von $\mathfrak{K}$ auf die von $\widetilde{\mathfrak{K}}$ ist, erkennt man[1] $\widetilde{\mathfrak{K}}$ als isomorph zur entgegengesetzten Struktur von $\mathfrak{K}$.

Aus (1.36), (1.37) erkennt man sofort, daß die Linearitätsbedingung auch durch die folgende Aussage wiedergegeben wird:

$$(16) \quad (x, y) \in \big(O(1, u) \cap UV\big)\,v \quad \textit{genau dann, wenn} \quad y = u\,x + v.$$

---

[1] Für den Fall einer cartesischen Gruppe in [**123, 133**] angegeben.

Diese Formulierung legt nun nahe, auch die ähnlich gebildete Aussage

$$(17) \quad \begin{cases} (x, y) \in \big(O(1, u) \cap UV\big)(w', 0) \quad \textit{genau dann, wenn} \quad y = u(x + w) \\ \qquad\qquad \textit{und} \quad w' + w = 0 \end{cases}$$

auf ihre Bedeutung hin zu untersuchen. Da bei $x = 0$ in (17) $y = uw$ ist, kann man in Anbetracht von (1.36) und (1.37) die Bedingung (17) auch durch die Rechenregel

$$(18) \qquad\qquad T(u, x, u\,w) = u(x + w)$$

ausdrücken, die im folgenden als *Faktorisierbarkeit* des Ternärkörpers bezeichnet wird; der Ternärkörper wird dann *faktorisierbar* genannt. Es gilt der Satz:

34. *Der Ternärkörper bezüglich O, U, V, E ist genau dann faktorisierbar, wenn der Desarguessche $(U, UV; V, OU)$-Satz gilt.*

Zum Beweis — bei dem stets $w' + w = 0$ vorausgesetzt sei — beachtet man zuerst, daß (17) in jedem der Fälle $x = w'$, $u = 0$, $u = 1$, $w = 0$ ohne weitere Voraussetzung gilt, so daß man sich beim Beweis von (17) auf $x \neq w'$, $u \neq 0$, $u \neq 1$, $w \neq 0$ beschränken darf. Man erkennt nun leicht, daß die Voraussetzung des Desarguesschen $(U, UV; V, OU)$-Satzes mit $C_{12} = V$, $\gamma_3 = OU$ und den zusätzlichen Festpunkten $A_3 = O$, $C_{13} = W$ gerade für die A_i, B_i besagt: Es gibt $x, u, w \in \Re$ mit $x \neq w'$, $u \neq 0$, $u \neq 1$, $w \neq 0$ und

$$A_1 = (x + w, x + w), \quad A_2 = \big(x + w, u(x + w)\big), \quad A_3 = O,$$
$$B_1 = (x, x + w), \qquad B_2 = \big(x, u(x + w)\big), \qquad B_3 = (w', 0).$$

Nach Satz 23 von S. 80 darf man A_3 und C_{13} wieder als variable Punkte ansehen. Die Behauptung des Desarguesschen $(U, UV; V, OU)$-Satzes besagt nun einfach $A_2 A_3 \| B_2 B_3$, also $B_2 B_3 = \big(O(1, u) \cap UV\big)(w', 0)$. Da nun $(x, y) \in B_2 B_3$ offenbar gleichwertig ist mit $y = u(x + w)$, folgt aus dem Desarguesschen $(U, UV; V, OU)$-Satz somit (17). Andererseits ergibt sich aus (17) $B_2, B_3 \in \big(O(1, u) \cap UV\big)(w', 0)$ und somit der Desarguessche $(U, UV; V, OU)$-Satz.

35. *Von Linearitätsbedingung, Faktorisierbarkeit und dem rechtsdistributiven Gesetz ziehen je zwei Aussagen die dritte nach sich.*

Beweis. Da (1.46) und (18) wegen (1.35) bei $u = 0$ erfüllt sind und im Falle $u \neq 0$ durch $v = uw$ eine umkehrbare Abbildung $w \to v$ des Ternärkörpers auf sich geliefert wird, sind (1.46) und (18) unter Voraussetzung von (13) gleichwertig. Andererseits folgt aus (1.46) und (18) $u(x + w) = ux + uw$, also (13).

36. *Die folgenden Aussagen sind gleichwertig*[1]*:*

(a) *Desarguesscher* (V, UV)-*Satz;*

(b) *Reidemeister-Bedingung für das* (U, V, W)-*Gewebe der Geraden durch* U, V, W *und Desarguesscher* $(V, UV; U, OV)$-*Satz;*

(c) *der Ternärkörper bezüglich* O, U, V, E *ist cartesische Gruppe.*

Beweis. Um unter der Voraussetzung (a) die Aussage (b) herzuleiten, braucht nur noch die Reidemeister-Bedingung bewiesen zu werden. Wegen der (V, UV)-Transitivität gibt es nun — wenn die Bezeichnungen von Abb. 11 (S. 52) verwandt werden — eine (V, UV)-Kollineation, die O in Q und daher P in R, O' in Q' und P' in R' überführt, so daß $PU = P'U$ in $RU = R'U$ übergeht. Aus der Reidemeister-Bedingung folgt nun nach S. 52 die Assoziativität der Addition, so daß nach Satz 33 von S. 98 (c) aus (b) folgt. Um unter der Voraussetzung (c) nun (a) zu beweisen, braucht man nach Satz 20 von S. 76 nur zu jedem Element a der cartesischen Gruppe eine (V, UV)-Kollineation anzugeben, welche 0 in a überführt. $(x, y) \to (x, y + a)$ ist eine solche; denn $y = ux + v$ bedeutet dasselbe wie $y + a = ux + (v + a)$, so daß jede Gerade in eine zu ihr parallele Gerade übergeht, während jede Gerade durch V festbleibt.

Zusammen mit Satz 33 von S. 98 und der Fußnote 1 von S. 90 folgt aus dem eben bewiesenen Satz, daß der Desarguessche $(V, UV; U, OV)$-Satz noch nicht den Desarguesschen (V, UV)-Satz nach sich zieht.

37. *Die folgenden Aussagen sind gleichwertig*[1]*:*

(a) *Desarguesscher* (U, UV)-*Satz;*

(b) *Reidemeister-Bedingung für das* (U, V, W)-*Gewebe der Geraden durch* U, V, W *und Desarguesscher* $(U, UV; V, OU)$-*Satz;*

(c) *der Ternärkörper bezüglich* O, U, V, E *ist faktorisierbar und seine Addition assoziativ.*

Der Beweis verläuft ganz entsprechend dem für den vorigen Satz. Bei Herleitung von (b) aus (a) verwendet man diejenige (U, UV)-Kollineation, welche O in O' und damit P in P', Q in Q', R in R' überführt. Beim Beweis von (c) mittels (b) benutzt man Satz 34 von S. 99. Beim Schluß von (c) auf (a) schließlich betrachtet man die Abbildung $(x, y) \to (x + a, y)$ und beachtet, daß $y = u(x + w)$ dasselbe bedeutet wie $y = u\big((x + a) + (-a + w)\big)$.

Da nach Satz 20 von S. 76 und Satz 11 von S. 67 die Desarguesschen (U, UV)- und (V, UV)-Sätze zusammen die (UV, UV)-Transitivität ergeben, folgt aus den letzten drei Sätzen sofort [79]:

---

[1] Gleichwertigkeit von (a) und (c) steht in [18].

38. *Der Ternärkörper bezüglich O, U, V, E ist genau dann ein Quasikörper, wenn die projektive Ebene (UV, UV)-transitiv ist.*

Nach den Sätzen 36, 38 zeigt die auf S. 93 beschriebene cartesische Gruppe, daß aus dem Desarguesschen (V, UV)-Satz noch nicht die (UV, UV)-Transitivität folgt[1].

Da nach S. 98 bei Übergang zur dualen Ebene der Quasikörper in eine dazu antiisomorphe Struktur, also in einen Linksquasikörper übergeht, erhält man durch Dualisierung weiter den Satz [77]:

39. *Der Ternärkörper bezüglich O, U, V, E ist genau dann ein Linksquasikörper, wenn die projektive Ebene (V, V)-transitiv ist.*

In Anbetracht des Satzes 12 von S. 68 liefern die Sätze 38, 39 sofort das Ergebnis [77]:

40. *Der Ternärkörper bezüglich O, U, V, E ist genau dann ein distributiver Quasikörper, wenn der Desarguessche (U, UV)-Satz und für (mindestens) eine Gerade $\alpha \neq UV$ durch V der Desarguessche (V, α)-Satz gilt.*

Die zur geometrischen Kennzeichnung der Rechts- und Linksquasikörper verwendeten Schließungssätze lassen sich gemäß dem folgenden Satz und seiner Dualisierung noch umformen.

41. *Die (V, V)-Transitivität bedeutet dasselbe wie die Desarguesschen (V, UV)- und $(O, UV; V, OV)$-Sätze zusammen[2].*

Beweis. In Anbetracht des Satzes 20 von S. 76 und des Satzes 26 von S. 83 folgen aus der (V, V)-Transitivität die genannten Schließungssätze. Umgekehrt folgt aus dem Desarguesschen (V, UV)-Satz nach Satz 36 von S. 100, daß der Ternärkörper bezüglich O, U, V, E eine cartesische Gruppe ist. Man wählt nun $u, v, a \neq 0$ und setzt $A_1 = (a, 0)$, $A_2 = (a, u\,a)$, $A_3 = -va$, so daß die Punkte (x, y) von $A_1 A_3$ durch $y = vx - va$, die von OA_2 durch $y = ux$ und die von $A_2 A_3$ durch $y = wx - va$ mit $wa = ua + va$ gekennzeichnet sind. Aus dem Desarguesschen $(O, UV; V, OV)$-Satz folgt dann sofort, daß w nur von u und v, nicht jedoch von a abhängt. Da $a = 1$ nun $w = u + v$ liefert, gilt daher das linksdistributive Gesetz $(u + v)a = ua + va$, bei dem ja die Einschränkung $u, v, a \neq 0$ keine Rolle spielt. Nach Satz 39 ist daher die projektive Ebene (V, V)-transitiv.

Wie bereits auf S. 98 bemerkt, stimmen die Additionen in $\Re$ und $\widetilde{\Re}$ überein, wenn der Desarguessche $(V, UV; U, OV)$-Satz und im (U, V, W)-Gewebe der Geraden durch U, V, W die Bolsche V-Bedingung für O gelten. Umgekehrt ergibt sich:

---

[1] Bei der durch die genannte cartesische Gruppe gelieferten projektiven Ebene handelt es sich im wesentlichen um das Moultonsche Beispiel einer nichtdesarguesschen Ebene [**153, 90, 124**].

[2] Eine etwas schwächere Aussage steht in [**156**].

42. *Aus der Übereinstimmung der Additionen in $\Re$ und $\widetilde{\Re}$ für jede zulässige Wahl des Punktes E bei festen Bezugspunkten O, U, V folgt der Desarguessche $(V, UV; U, OV)$-Satz.*

Beweis. Nach dem Satz 23 von S. 80 genügt es, in der Voraussetzung des Desarguesschen $(V, UV; U, OV)$-Satzes $A_3 = O$ anzunehmen. Wählt man nun $E = \alpha_{13} \cap \gamma_2$, so kann $A_1 = (a, a)$, $A_2 = (1, a)$, $B_3 = b$ geschrieben werden, und es folgt $B_1 = (a, a+b)$, $B_2 = (1, a+b)$, $a = \alpha_{12} \cap \gamma_3$, $a + b = \beta_{12} \cap \gamma_3$ (Abb. 29). Das Übereinstimmen von $+$ und $\widetilde{+}$ hat nach (1.54) die Beziehung

$$(19) \qquad (\gamma_3 \cap \beta_{12})\,(B_3 U \cap \gamma_2) \,\|\, (\gamma_3 \cap \alpha_{12})\,E'$$

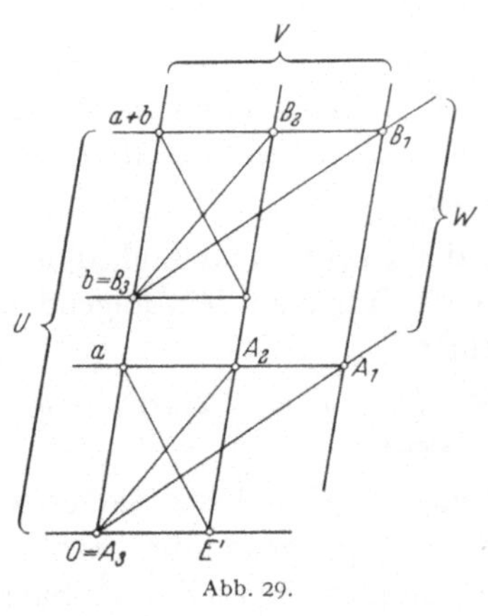

Abb. 29.

zur Folge. Verlegt man nun E nach A_2, so wird E' nicht verändert. Wegen (19) und des Übereinstimmens von $+$ mit $\widetilde{+}$ auch bei der neuen Wahl von E ist daher immer noch $a + b = \gamma_3 \cap \beta_{12}$ und daher $B_2 B_3 \,\|\, A_2 A_3$.

Mit der früheren Bemerkung zusammen erhält man daraus [**112**]:

43. *Der Desarguessche (V, UV)-Satz gilt genau dann, wenn für jede zulässige Wahl von U und E bei festen Bezugspunkten O, V und fester Geraden UV die Additionen in $\Re$ und $\widetilde{\Re}$ übereinstimmen.*

Denn einmal folgen aus dem Desarguesschen (V, UV)-Satz der Desarguessche $(V, UV; U, OV)$-Satz und die Bolsche V-Bedingung, so daß die Additionen in $\Re$ und $\widetilde{\Re}$ übereinstimmen. Umgekehrt ergibt sich nach Satz 42 aus der Übereinstimmung dieser Additionen der Desarguessche $(V, UV; U, OV)$-Satz für jede Wahl von $U\,(\neq V)$ bei festen Geraden UV und OV und festem Punkt V. Das besagt aber nach Satz 20 von S. 76 gerade den Desarguesschen (V, UV)-Satz.

Zusammen mit der Bemerkung von S. 101, unten, ergibt sich sofort:

44. *Gelten der Desarguessche $(V, UV; U, OV)$-Satz sowie im (U, V, W)-Gewebe der Geraden durch U, V, W die Bolsche V-Bedingung für O bei festen Punkten O, V und fester Geraden $UV\ (\neq OV)$ für alle U, W mit $V \neq U \neq W \neq V$ und $W \in UV$, so gilt auch der Desarguessche (V, UV)-Satz.*

Die geometrische Bedeutung des assoziativen Gesetzes der Multiplikation wird durch den folgenden Satz geklärt [**77**]:

45. *Das assoziative Gesetz der Multiplikation im Ternärkörper bezüglich O, U, V, E ist zusammen mit der Linearitätsbedingung gleichbedeutend mit* *dem Desarguesschen (U, OV)-Satz und zusammen mit der Faktorisierbarkeit gleichbedeutend mit dem Desarguesschen (V, OU)-Satz.*

Beweis. Daß Linearitätsbedingung und Faktorisierbarkeit aus den Schließungssätzen folgen, ergibt sich wegen des Satzes 26 von S. 83 aus den Sätzen 33, 34 von S. 98/9. Nun besagt weiter der Desarguessche (U, OV)-Satz nach Satz 20, S. 76, für jeden Wert $a \neq 0$ das Vorhandensein einer (U, OV)-Kollineation σ mit $(1, 0)^\sigma = (a, 0)$. Da bei σ die Geraden durch U festbleiben, während jede Gerade durch V wieder in eine solche übergeht, kann man die Abbildung τ durch $(x, 0)^\sigma = (x^\tau, 0)$ erklären und hat dann wegen $(x, y)^\sigma = (x^\tau, 0) \, V \cap y \, U$ die Gleichung $(x, y)^\sigma = (x^\tau, y)$. Da σ das Geradenbüschel in O auf sich abbildet und dabei OV festläßt, gibt es nun eine Abbildung ϱ so, daß $y = u^\varrho x$ dasselbe bedeutet wie $y = u x^\tau$, d.h. es besteht die Gleichung $u^\varrho x = u x^\tau$ für alle u, x. Wegen $1^\tau = a$ folgt daraus $u^\varrho = u a$ und mit $u = 1$ daher weiter $a x = x^\tau$. Zusammen ergibt das gerade das assoziative Gesetz $(u a) \, x = u \, (a x)$. Umgekehrt ist bei Erfülltsein der Linearitätsbedingung und des assoziativen Gesetzes der Multiplikation offenbar $(x, y) \rightarrow (a x, y)$ eine (U, OV)-Kollineation, welche $(1, 0)$ in $(a, 0)$ überführt. Geht man andererseits vom Desarguesschen (V, OU)-Satz aus, so hat man die (V, OU)-Kollineation σ mit $1^\sigma = a \; (\neq 0)$ zu verwenden und erhält — entsprechend der obigen Herleitung — $(x, y)^\sigma = (x, y^\sigma)$, so daß mit einer gewissen Abbildung ϱ die Gleichung $(u x)^\sigma = u^\varrho x$ für alle u, x besteht. Mit $x = 1$ folgt aus dieser $\sigma = \varrho$ und mit $u = 1$ weiter $x^\sigma = a x$, so daß gerade das assoziative Gesetz $a (u x) = (a u) \, x$ herauskommt. Umgekehrt ist bei Faktorisierbarkeit und assoziativer Multiplikation offenbar $(x, y) \rightarrow (x, a y)$ eine (V, OU)-Kollineation, welche 1 in a überführt.

46. *Die folgenden Aussagen sind gleichbedeutend* [**77**]:

(a) *Desarguesscher (U, OV)- und (P, UV)-Satz für (mindestens) einen Punkt $P \neq V$ auf UV;*

(a') *Desarguesscher (V, OU)- und (P, UV)-Satz für (mindestens) einen Punkt $P \neq U$ auf UV;*

(b) *(U, V)-Transitivität;*

(b') *(V, U)-Transitivität;*

(c) *der Ternärkörper bezüglich O, U, V, E ist ein assoziativer Quasikörper*[1].

Beweis. Enthält eine und damit jede Gerade genau drei Punkte, so ist die Ebene nach S. 68 transitiv und also jedenfalls (b) erfüllt. Enthält aber bei Gültigkeit von (a) UV noch einen Punkt $Q \neq U, V, P$, so gibt es bei $P \neq U$ eine (U, OV)-Kollineation, welche P in Q überführt, so daß

---

[1] Zu diesem Satz und seiner Dualisierung s. auch [**132, 133, 217, 227**].

die projektive Ebene auch (Q, UV)-transitiv und somit nach Satz 11 von S. 67 auch (U, UV)-transitiv ist. Die Dualisierung des eben benutzten Satzes 11 liefert dann gerade (b). Aus (b) folgen nun insbesondere die Desarguesschen (U, UV)-, (U, OV)-Sätze, und nach den Sätzen 33 (S. 98), 37 (S. 100), 35 (S. 99) ist daher der Ternärkörper ein Quasikörper. Da nach Satz 45 aus (b) das assoziative Gesetz der Multiplikation folgt, ist daher (c) aus (b) hergeleitet. Umgekehrt folgen nach den Sätzen 38 (S. 101), 45 (S. 102) aus (c) die (UV, UV)-Transitivität sowie der Desarguessche (U, OV)-Satz und damit wieder (a). Aus (c) ergibt sich ferner durch einfache Rechnung, daß $(x, y) \to (x, ay)$ für jeden Wert $a \neq 0$ eine (V, OU)-Kollineation ist. Das besagt gerade die (V, OU)-Transitivität[1], die nun zusammen mit der ebenfalls aus (c) folgenden (V, UV)-Transitivität nach der Dualisierung des Satzes 11 von S. 67 die Aussage (b') liefert. Aus (b) folgt somit (b') und aus Symmetriegründen daher auch (b) aus (b'). Die Gleichwertigkeit von (a) und (b) ergibt nun durch Vertauschen von U mit V die Gleichwertigkeit von (a') und (b'). Damit ist alles bewiesen.

Die Dualisierung von Satz 46 liefert die geometrische Kennzeichnung der assoziativen Linksquasikörper; denn die entgegengesetzte Struktur eines assoziativen Quasikörpers ist ein assoziativer Linksquasikörper. Bedingung (b') geht dabei in die (OV, UV)-Transitivität über. Eine Teilaussage davon hängt in folgender bemerkenswerten Weise mit dem assoziativen und dem linksdistributiven Gesetz der Multiplikation zusammen [77]:

47. Aus dem Desarguesschen (O, UV)-Satz folgen assoziatives und linksdistributives Gesetz der Multiplikation im Ternärkörper bezüglich O, U, V, E und umgekehrt folgt aus diesen Gesetzen zusammen mit Linearität oder Faktorisierbarkeit der Desarguessche (O, UV)-Satz.

Beweis. Aus dem Desarguesschen (O, UV)-Satz folgt für jeden Wert $a \neq 0$ das Vorhandensein einer (O, UV)-Kollineation σ mit $1^{\sigma} = a$. Da σ jede Gerade durch U oder V wieder in eine Gerade durch U bzw. V überführt, gibt es eine Abbildung τ mit $(x, y)^{\sigma} = (x^{\tau}, y^{\sigma})$. Wegen $(OE)^{\sigma} = OE$ folgt $x^{\tau} = y^{\sigma}$ aus $x = y$, d.h. es ist $\tau = \sigma$. Wegen $\alpha^{\sigma} = \alpha$ im Falle $O \in \alpha$ bedeutet $y = ux$ dasselbe wie $y^{\sigma} = ux^{\sigma}$. Es gilt also $(ux)^{\sigma} = ux^{\sigma}$ für alle u, x. Mit $x = 1$ folgt daraus $u^{\sigma} = ua$, so daß sich das assoziative Gesetz $(ux)a = u(xa)$ ergibt. Da $\alpha \| OE$ wieder $\alpha^{\sigma} \| OE$ nach sich zieht, ist $y = x + v$ gleichbedeutend mit $y^{\sigma} = x^{\sigma} + v^{\sigma}$, d.h. aber es gilt das linksdistributive Gesetz $(x + v)a = xa + va$. Wie man leicht nachrechnet, folgt umgekehrt aus diesen Rechengesetzen zusammen mit Linearität oder Faktorisierbarkeit, daß $(x, y) \to (xa, ya)$ eine (O, UV)-

---

[1] Diese läßt sich aus (c) auch mittels des Satzes 35 von S. 99 und des Satzes 45 von S. 102 gewinnen.

Kollineation ist, die 1 in a überführt, was aber gerade den Desarguesschen (O, UV)-Satz bedeutet.

Nach dem bisher angewandten Dualisierungsverfahren würde man zur Dualisierung dieses Satzes den Desarguesschen (O, UV)-Satz durch den Desarguesschen (V, OU)-Satz und das links- durch das rechtsdistributive Gesetz zu ersetzen haben. Da aber die auf S. 98 zur Begründung dieses Verfahrens gemachten Voraussetzungen hier nicht vorliegen, erhält man lediglich:

48. *Ein linearer Ternärkörper erfüllt bezüglich O, U, V, E genau dann das assoziative sowie das rechtsdistributive Gesetz der Multiplikation, wenn der Desarguessche (V, OU)-Satz gilt*[1].

Beweis. Da bei einer (V, OU)-Kollineation σ jede Gerade durch U wieder in eine solche übergeht, gilt $(x, y)^\sigma = (x, y^\sigma)$. Auf die Gerade mit der Gleichung $y = ux$ angewandt, ergibt dies $(ux)^\sigma = u'x$ mit einem von x unabhängigen Wert u', für den sich mittels $x = 1$ die Gleichung $u' = u^\sigma$ ergibt. Setzt man nun $u = 1$, $1^\sigma = a$, so folgt $x^\sigma = ax$. Damit hat man $a(ux) = (ux)^\sigma = u^\sigma x = (au)x$, also das assoziative Gesetz der Multiplikation. Auf die Gerade mit der Gleichung $y = x + v$ angewandt, ergibt σ jetzt die Gleichung $a(x + v) = u'x + v'$ mit einem von x unabhängigen Wert v', für den man mittels $x = 0$ die Gleichung $v' = av$ erhält, und einem auch noch von v unabhängigen Wert u', für den sich daher mittels $v = 0$ die Gleichung $u' = a$ ergibt. Damit ist das rechtsdistributive Gesetz hergeleitet. Umgekehrt folgt leicht aus der Linearitätsbedingung, dem assoziativen und dem rechtsdistributiven Gesetz der Multiplikation, daß $(x, y) \to (x, ay)$ für jeden Wert $a \neq 0$ eine (V, OU)-Kollineation ist und daher der Desarguessche (V, OU)-Satz gilt.

Der nächste Satz liefert nun die geometrische Kennzeichnung der Schiefkörper.

49. *Die folgenden Aussagen sind gleichbedeutend*[2]:

(a) *Desarguesscher Satz;*

(b) *Desarguesscher (U, OV)- und (V, OP)-Satz für (mindestens) einen Punkt $P \neq U, V$ auf UV;*

(c) *Desarguesscher (V, OV)-, (U, OV)-, (V, OU)-Satz;*

---

[1] Zusammen mit dem vorigen Satz ergibt sich daraus, daß der Ternärkörper bezüglich O, U, V, E genau dann ein planarer Neokörper ist (s. S. 91, Fußnote 2), wenn die Desarguesschen $(V, UV; U, OV)$-, (O, UV)- und (V, OU)-Sätze (und nach Satz 45 auch der (U, OV)-Satz) gelten; fordert man statt des distributiven nur das rechts- bzw. linksdistributive Gesetz, so erhält man nach Satz 45 mit 48 bzw. 47 entsprechend die (V, OU)-, (U, OV)- bzw. die (O, UV)-, (U, OV)-Sätze. Satz 48 folgt übrigens auch sehr leicht aus den Sätzen 35 und 45.

[2] Die Gleichwertigkeit von (a), (b), (c), (d) steht in [77].

(d) *Ternärkörper bezüglich O, U, V, E ist Schiefkörper*[1];

(e) *Desarguesscher (O, UV)-, (U, UV)-, (V, UV)-Satz.*

Beweis. Aus (a) folgt natürlich (b) und daraus (c) nach Satz 13 von S. 69. Nach dem Satz 45 von S. 102 ziehen die letzten beiden Sätze in (c) die Assoziativität der Multiplikation sowie beide Zerlegbarkeitsbedingungen und daher — nach Satz 35 von S. 99 — das rechtsdistributive Gesetz nach sich. Anwendung des Satzes 41 von S. 101 unter Vertauschen von O mit U und des Satzes 39 von S. 101 läßt andererseits aus den ersten beiden Sätzen in (c) erkennen, daß der Ternärkörper bezüglich O, U, V, E ein Linksquasikörper ist. Somit folgt (d) aus (c). Aus (d) ergeben sich nach dem Satz 47 von S. 104 der Desarguessche (O, UV)-Satz und nach Satz 38 von S. 101 die Desarguesschen (U, UV)- und (V, UV)-Sätze. Damit ist (e) aus (d) hergeleitet. Aus (e) folgt die (UV, UV)-Transitivität, so daß O unter Festlassen von UV in jeden anderen Punkt $\notin UV$ durch eine Kollineation übergeführt werden kann. Der Desarguessche (O, UV)-Satz zieht somit den Desarguesschen (X, UV)-Satz für alle $X \notin UV$ nach sich. Nach Satz 27 von S. 83 folgt daher (a) aus (e). (Ergänzung zu Satz 49 siehe Anhang **7.5**)

Eine Spezialisierung des Desarguesschen Satzes, welche nicht zugleich auch eine solche des kleinen Desarguesschen Satzes ist, trat zum erstenmal auf S. 102/3 im Zusammenhang mit dem assoziativen Gesetz der Multiplikation auf. Es ist daher von Wichtigkeit, Sonderfälle des assoziativen Gesetzes der Multiplikation aufzufinden, welche sich noch durch Spezialisierungen des kleinen Desarguesschen Satzes ausdrücken lassen. Es wird sich dabei um die für die Multiplikation angeschriebenen Gesetze (2.29) und (2.28) handeln. Nach dem auf S. 54 Entwickelten lassen sie sich als

$$(20) \qquad\qquad (b\,a)\,a^{-1} = b \quad \textit{für} \quad a \neq 0$$

bzw.

$$(21) \qquad\qquad a^{-1}(a\,b) = b \quad \textit{für} \quad a \neq 0$$

schreiben, wenn a^{-1} das durch $a\,a^{-1} = a^{-1}a = 1$ gekennzeichnete Inverse von $a\,(\neq 0)$ in der multiplikativen Loop bezeichnet, dessen Vorhandensein also durch (20) wie durch (21) mit ausgesagt wird. (20) und (21) werden wie in **2.3** *Rechts*- bzw. *Linksinversbedingung* genannt.

50. *Der Ternärkörper bezüglich O, U, V, E ist dann und nur dann ein distributiver Quasikörper mit Rechtsinversbedingung, wenn die projektive Ebene (ξ, ξ)-transitiv für alle Geraden ξ durch V ist, dann und nur dann ein solcher mit Linksinversbedingung, wenn die projektive Ebene (X, X)-*

---

[1] Nach den Definitionen in **3.4** besagt dies über die Schiefkörpereigenschaft bezüglich Addition und Multiplikation hinaus noch die Linearitätsbedingung; nach PICKERT [1956] kann man auf diese nicht verzichten.

transitiv für alle Punkte $X \in UV$ ist, und dann und nur dann ein solcher mit Rechts- und Linksinversbedingung, wenn in der projektiven Ebene der kleine Desarguessche Satz gilt [**150, 79, 81, 77, 123**].

Beweis. Der dritte Teil der Behauptung folgt nach dem Satz 12 von S. 68 sofort aus den beiden ersten Teilen. Da sich (20) und (21) bei Übergang zur entgegengesetzten Struktur vertauschen, folgt durch Dualisierung der zweite Teil aus dem ersten und umgekehrt. Daher genügt es, den zweiten Teil zu beweisen. Nach den Sätzen 38, 39 von S. 101 gelten bei distributivem Quasikörper als Ternärkörper die Desarguesschen (U, UV)- und (V, OV)-Sätze. Steht nun noch (21) zur Verfügung, so wird durch

$$(22) \quad \begin{cases} (x, y)^\sigma = (y, x), \quad U^\sigma = V, \quad V^\sigma = U \\ ((1, u) \, O \cap UV)^\sigma = (1, u^{-1}) \, O \cap UV \quad \text{für } u \neq 0 \end{cases}$$

eine Kollineation σ von $\mathfrak{E}$ erklärt; denn $y = ux + v$ läßt sich ja bei $u \neq 0$ auch als $x = u^{-1} y - u^{-1} v$ schreiben. Wegen $V^\sigma = U$, $O^\sigma = O$ gilt daher in $\mathfrak{E}$ auch der Desarguessche (U, OU)-Satz, und nach Satz 12.3 von S. 69 ist $\mathfrak{E}$ somit (X, X)-transitiv für alle $X \in UV$. Umgekehrt folgt aus der (X, X)-Transitivität für $X \in UV$ erst einmal nach Satz 40 von S. 101, daß der Ternärkörper bezüglich O, U, V, E ein distributiver Quasikörper ist. Ferner ergibt sich daraus das Vorhandensein einer (U, OU)-Kollineation σ mit $1^\sigma = E$. Zu dieser gibt es eine Abbildung τ mit $(x, y)^\sigma = ((x, y)^\tau, y)$, da die Geraden durch U Fixgeraden sind. Nun ist $(OV)^\sigma = O^\sigma 1^\sigma = OE$, und für irgendeine Gerade α durch V gilt daher $\alpha^\sigma \| OE$. Wegen $\alpha \cap OU \in \alpha^\sigma$ ergibt sich daraus, daß $x = a$ gleichbedeutend ist mit $y = (x, y)^\tau - a$, daß also $(x, y)^\tau = x + y$ gilt. Zu jeder Geraden $\alpha' \neq OE$ durch O gibt es nun eine durch O, aber nicht durch V gehende Gerade α mit $\alpha^\sigma = \alpha'$. Daher ist jedem Wert $w \neq 0$ ein Element u so zugeordnet, daß $y = ux$ dasselbe bedeutet wie $y = (1 + w)(x + y)$. Daraus folgt nach kurzer Rechnung unter Ausnutzung der Distributivgesetze $0 = x + w((1 + u) x)$ für alle x. Mit $x = 1$ und $ww' = 1$ folgt daraus $1 + u = -w'$, so daß also $ww' = 1$ die Gleichung $w(w' x) = x$ für alle x nach sich zieht. Das ist aber nun gerade die Linksinversbedingung.

Mittels des Satzes 14 von S. 70 ergibt sich nun aus dem bisher Bewiesenen leicht der folgende Satz [**123**]:

51. *Für eine projektive Ebene $\mathfrak{E}$ zu dem Ternärkörper $\mathfrak{K}$ (gemäß Satz 25, S. 38) ist $\mathbf{S}(\mathfrak{E})$ von der Art*

II *oder* III, *wenn $\mathfrak{K}$ eine weder links- noch rechtsdistributive cartesische Gruppe,*

IV a, *wenn $\mathfrak{K}$ nichtdistributiver assoziativer Rechtsquasikörper,*

IV b, *wenn $\mathfrak{K}$ nichtdistributiver assoziativer Linksquasikörper,*

V, *wenn $\Re$ distributiver Quasikörper, der weder Links- noch Rechts-inversbedingung erfüllt,*

VII, *wenn $\Re$ distributiver Quasikörper mit Links- und Rechtsinvers-bedingung ist.*

Bei IV a, b ist die Assoziativität natürlich nicht notwendig; ohne sie muß man aber, um bei nichtdistributivem Rechts- oder Linksquasi-körper den Fall V auszuschließen, voraussetzen, daß auch bei Änderung von V (unter Festlassen von UV) bzw. von U (unter Festlassen von V) der Ternärkörper .nicht distributiv wird. Da bei einem distributiven Quasikörper Links- und Rechtsinversbedingung äquivalent sind (siehe **6.5** und SAN SOUCIE [1955] sowie auch HUGHES, PIPER [1973, VI 7]) gibt es keine Ebenen der Art VI a, b.

Die auf S. 93 angegebenen cartesischen Gruppen zeigen nun nach Satz 51, daß jedenfalls einer der beiden Fälle II oder III vorkommt[1]. Die auf S. 95 angegebenen nichtdistributiven assoziativen Quasikörper zeigen, daß $S(\mathfrak{E})$ von der Art IV a sein kann, und ihre entgegengesetzten Strukturen daher, daß auch die Art IV b möglich ist. Nach Satz 15 von S. 71 hat man damit endliche projektive Ebenen aufgewiesen, welche keine Dualität besitzen [**123**]. Daß $S(\mathfrak{E})$ von der Art V sein kann, folgt aus dem auf S. 208 angegebenen Beispiel eines kommutativen nichtassoziativen distributiven Quasikörpers[2]. Daß die mit diesem Quasikörper gebildete projektive Ebene eine Dualität besitzt, folgt aus dem Satz [**123**]:

52. *Eine projektive Ebene mit einer cartesischen Gruppe als Ternär-körper besitzt eine Dualität, wenn die cartesische Gruppe zu ihrer ent-gegengesetzten Struktur isomorph ist.*

Der Beweis dieses Satzes ergibt sich daraus, daß nach einer Be-merkung von S. 98 die projektive Ebene und die zu ihr duale Ebene in dem vorausgesetzten Fall isomorphe Ternärkörper haben und daher nach Satz 24 von S. 37 isomorph sind.

4. Desarguessche Ebenen.

4.1. Kollineationen und homogene Koordinaten.

Nach Satz 49 von S. 105 ist jeder Ternärkörper einer desarguesschen Ebene Schiefkörper und wird daher im folgenden als *Koordinaten-schiefkörper* der projektiven Ebene bezeichnet. Da man bei beliebiger

---

[1] Nach YAQUB [1961] führen diese cartesischen Gruppen zu Ebenen der Art III. Ebenen der Art II werden z.B. von SPENCER [1960] und JONSSON [1963, 1963a] angegeben.

[2] Ferner aus Beispielen endlicher distributiver Quasikörper in [**66**]; vgl. [**123**].

projektiver Ebene nicht die Isomorphie aller Ternärkörper beweisen kann[1], ist der Satz wichtig:

1. *Die Koordinatenschiefkörper einer desarguesschen Ebene sind untereinander isomorph.*

Nach Satz 24, S. 37, folgt dies aus der wesentlich schärferen Aussage, daß die projektive Gruppe transitiv ist hinsichtlich der nichtausgearteten Punktquadrupel, d. h.:

2. *In einer desarguesschen Ebene gibt es zu zwei nichtausgearteten Punktquadrupeln stets eine projektive Kollineation, welche das erste in das zweite Quadrupel überführt.*

Zum Beweis dieses Satzes werde nun zuerst der folgende, auch für spätere Untersuchungen wichtige Satz abgeleitet (MENDELSOHN [1956, Th. 8]):

3. *Gilt in einer projektiven Ebene der kleine Desarguessche Satz, so gibt es zu nichtkollinearen Punkten O, U, V, einem vierten Punkt $W \in UV$ und Punkten O', U', V', W' entsprechender Eigenschaft stets eine kleine projektive Kollineation, welche O, U, V, W in O', U', V', W' überführt und Produkt von höchstens 4 zentralen Kollineationen mit Inzidenz von Zentrum und Achse ist.*

Beweis. Da es ein Produkt von 2 zentralen Kollineationen mit Inzidenz von Zentrum und Achse gibt, das V nach V' bringt und UV in eine Gerade $\neq U'V'$ überführt, kann man sich auf den Fall $V = V'$, $UV \neq U'V'$ beschränken, wobei man aber mit einem Produkt von höchstens 2 zentralen Kollineationen mit Inzidenz von Zentrum und Achse auskommen muß. Für $C = UU' \cap WW' (\neq V = V')$ gibt es nun eine (C, CV)-Kollineation σ mit $U' = U^\sigma$, $V' = V^\sigma$ und daher auch $W' = W^\sigma$. Im Falle $O' = O^\sigma$ ist der Beweis fertig. Andernfalls aber gibt es eine $(O'O^\sigma \cap U'V', U'V')$-Kollineation τ mit $O' = (O^\sigma)^\tau$, und $\sigma\tau$ führt dann die O, U, V, W in die O', U', V', W' über.

Zum Beweis von Satz 2 ist es nun lediglich noch erforderlich, zu nichtausgearteten Punktquadrupeln O, U, V, E und O, U, V, E' mit $OE \cap UV = OE' \cap UV (= W)$ die (O, UV)-Kollineation ϱ mit $E^\varrho = E'$ anzuwenden.

Um weitere Aussagen über Kollineationen und projektive Kollineationen machen zu können, empfiehlt es sich, die bisherigen, ja nur für die eigentlichen Punkte eingeführten Koordinaten zu ersetzen durch solche, welche auch den uneigentlichen Punkten zukommen. Zu diesem

---

[1] Siehe das Beispiel auf S. 208.

Zweck wird über dem Koordinatenschiefkörper $\Re$ (bezüglich O, U, V, E) ein Vektorraum[1] $\mathfrak{B}$ mit Basis $\{e_0, e_1, e_2\}$ gebildet. $\mathfrak{B}$ besteht also aus allen $\sum\limits_{i=0}^{2} e_i \cdot x_i$, und es gelten die Regeln

$$\sum_{i=0}^{2} e_i \cdot x_i + \sum_{i=0}^{2} e_i \cdot y_i = \sum_{i=0}^{2} e_i \cdot (x_i + y_i), \qquad \left(\sum_{i=0}^{2} e_i \cdot x_i\right) \cdot x = \sum_{i=0}^{2} e_i \cdot (x_i x).$$

Zum Unterschied von den meist mit kleinen deutschen Buchstaben bezeichneten Vektoren werden die Elemente von $\Re$ auch *Skalare* genannt. Dem eigentlichen Punkt $P = (x, y)$ wird nun der aus den Vektoren $(e_0 + e_1 \cdot x + e_2 \cdot y) \cdot z$ (z beliebig $\in \Re$) bestehende eindimensionale Vektorraum $\mathfrak{B}_P$ zugeordnet; für den uneigentlichen Punkt $P = (1, u) \, O \cap UV$ wird $\mathfrak{B}_P$ als Menge der Vektoren $(e_1 + e_2 \cdot u) \cdot z$ erklärt, während $\mathfrak{B}_V$ die Menge der $e_2 \cdot z$ bedeutet. $P \to \mathfrak{B}_P$ ist dann eine umkehrbare Abbildung der Menge der Punkte der desarguesschen Ebene $\mathfrak{E}$ auf die Menge der eindimensionalen Unterräume von $\mathfrak{B}$. Jeder Vektor $\neq 0$ aus $\mathfrak{B}_P$ wird *Koordinatenvektor* von P genannt; die Koordinaten x_0, x_1, x_2 eines solchen bezüglich der Basis $\{e_0, e_1, e_2\}$ werden als *homogene Koordinaten von P in dem durch O, U, V, E bestimmten Koordinatensystem* und die bisher benutzten Koordinaten x, y demgegenüber als die *inhomogenen Koordinaten* bezeichnet; es bestehen dann also die Gleichungen $x = x_1 x_0^{-1}$, $y = x_2 x_0^{-1}$. Die Punkte O, U, V, E haben $e_0, e_1, e_2, \sum\limits_{i=0}^{2} e_i$ als Koordinatenvektoren und demnach die Tripel homogener Koordinaten $(1, 0, 0)$, $(0, 1, 0)$, $(0, 0, 1)$, $(1, 1, 1)$. Für eine Gerade γ wird $\mathfrak{B}_\gamma = \bigcup\limits_{P \in \gamma} \mathfrak{B}_P$ gebildet, so daß $\mathfrak{B}_P \subset \mathfrak{B}_\gamma$ aus $P \in \gamma$ folgt. Man rechnet nun leicht aus, daß $\mathfrak{B}_\gamma$ im Falle $\gamma = UV$ der Unterraum mit der Basis $\{e_1, e_2\}$, im Falle $\gamma = (c, 0)V$ der Unterraum mit der Basis $\{e_0 + e_1 \cdot c, e_2\}$ und im Falle $\gamma = \big((1, u) O \cap UV\big) v$ der Unterraum mit der Basis $\{e_0 + e_2 \cdot v, e_1 + e_2 \cdot u\}$ ist. Da jeder zweidimensionale Unterraum von $\mathfrak{B}$ genau eine Basis von einer dieser drei Arten besitzt[2], ist damit $\gamma \to \mathfrak{B}_\gamma$ als umkehrbare Abbildung der Menge der Geraden von $\mathfrak{E}$ auf die Menge der zweidimensionalen Unterräume von $\mathfrak{B}$ erkannt. Da zwei verschiedene eindimensionale Unterräume nur den Nullvektor gemeinsam haben, folgt $P \in \gamma$ aus $\mathfrak{B}_P \subset \mathfrak{B}_\gamma$. Es gilt daher der Satz:

4. *Man erhält bis auf Isomorphie genau die sämtlichen desarguesschen Ebenen, wenn man als Punkte die eindimensionalen, als Geraden die zweidimensionalen Unterräume eines dreidimensionalen Vektorraums über*

---

[1] Die Bezeichnungen sind wie in [**167**] gewählt.

[2] Das geht z. B. aus dem bekannten Verfahren zur Auffindung einer Basis (vgl. etwa [**167**, S. 41]) hervor.

einem Schiefkörper und als Inzidenzrelation die Enthaltensein-Beziehung nimmt[1].

Eine Abbildung λ von $\mathfrak{B}$ in sich wird[2] als *halblinear* (bezüglich des Automorphismus φ von $\mathfrak{R}$) bezeichnet, wenn

$$(1) \qquad (\mathfrak{x} + \mathfrak{y})^\lambda = \mathfrak{x}^\lambda + \mathfrak{y}^\lambda, \qquad (\mathfrak{x} \cdot x)^\lambda = \mathfrak{x}^\lambda \cdot x^\varphi \quad \textit{für} \quad \mathfrak{x}, \mathfrak{y} \in \mathfrak{B}, \quad x \in \mathfrak{R}$$

gilt. Man rechnet leicht nach, daß das Produkt einer halblinearen Abbildung bezüglich φ mit einer solchen bezüglich ψ eine halblineare Abbildung bezüglich $\varphi\,\psi$ ist. Da eine umkehrbare halblineare Abbildung λ die lineare Abhängigkeit von Vektoren nicht zerstört, ruft sie eine Kollineation $\bar{\lambda}$ von $\mathfrak{E}$ hervor, und offensichtlich gilt $\overline{\lambda\lambda'} = \bar{\lambda}\,\bar{\lambda}'$, so daß $\lambda \to \bar{\lambda}$ ein Homomorphismus der Gruppe der umkehrbaren halblinearen Abbildungen von $\mathfrak{B}$ in sich in die Gruppe der Automorphismen von $\mathfrak{E}$ ist.

5. *Genau dann ist* $\bar{\lambda} = \bar{\lambda}'$, *wenn es ein* $c \neq 0$ *aus* $\mathfrak{R}$ *mit* $\mathfrak{x}^\lambda = \mathfrak{x}^{\lambda'} \cdot c$ *für alle* $\mathfrak{x} \in \mathfrak{B}$ *gibt*[3].

Da die halblinearen umkehrbaren Abbildungen eine Gruppe bilden, genügt es, den Beweis für den Fall $\lambda' = 1$ zu führen. Offensichtlich folgt $\bar{\lambda} = 1$ aus $\mathfrak{x}^\lambda = \mathfrak{x} \cdot c$. Sei umgekehrt $\bar{\lambda} = 1$. Dann gibt es also zu jedem $\mathfrak{x} \in \mathfrak{B}$ ein $c_\mathfrak{x} \in \mathfrak{R}$ mit $\mathfrak{x}^\lambda = \mathfrak{x} \cdot c_\mathfrak{x}$. Aus der ersten Gl. (1) folgt $(\mathfrak{x} + \mathfrak{y}) \cdot c_{\mathfrak{x}+\mathfrak{y}} = \mathfrak{x} \cdot c_\mathfrak{x} + \mathfrak{y} \cdot c_\mathfrak{y}$. Sind $\mathfrak{x}$ und $\mathfrak{y}$ linear unabhängig, so folgt daraus $c_\mathfrak{x} = c_{\mathfrak{x}+\mathfrak{y}} = c_\mathfrak{y}$. Sind aber $\mathfrak{x}, \mathfrak{y}$ linear abhängig und $\neq 0$, so kann man einen Vektor $\mathfrak{z} \in \mathfrak{B}$ so finden, daß $\mathfrak{x}, \mathfrak{z}$ und damit auch $\mathfrak{y}, \mathfrak{z}$ linear unabhängig sind. Nach dem eben Gezeigten ist dann $c_\mathfrak{x} = c_\mathfrak{z} = c_\mathfrak{y}$. Damit ist $c_\mathfrak{x} = c_\mathfrak{y}$ für zwei beliebige Vektoren $\neq 0$ bewiesen, d.h. es ist $c_\mathfrak{x} = c$ für alle $\mathfrak{x} \neq 0$, wenn $c = c_\mathfrak{y}$ für irgendeinen Vektor $\mathfrak{y}$ ($\neq 0$) gesetzt wird. Da ferner $0^\lambda = 0 = 0 \cdot c$ gilt und wegen der Umkehrbarkeit von λ natürlich $c \neq 0$ sein muß, ist damit alles bewiesen.

Mit den Gleichungen

$$(2) \qquad \mathfrak{x} = \sum_{k=0}^{2} \mathfrak{e}_k \cdot x_k, \qquad \mathfrak{x}^\lambda = \sum_{i=0}^{2} \mathfrak{e}_i \cdot x_i',$$

$$(3) \qquad \mathfrak{e}_k^\lambda = \sum_{i=0}^{2} \mathfrak{e}_i \cdot a_{ik} \qquad (k = 0, 1, 2)$$

---

[1] Daß man als Punkte und Geraden auch die Elemente einer Untergruppenmenge (von gewissen Eigenschaften) einer abelschen Gruppe nehmen kann, ohne über die desarguesschen Ebenen hinauszukommen, ergibt sich aus Anhang **1**.

[2] Und zwar bei beliebigem Vektorraum.

[3] Dieser Satz gilt auf Grund des folgenden Beweises offenbar für irgendeinen Vektorraum $\mathfrak{B}$ einer (möglicherweise unendlichen) Dimension ≥ 2 über $\mathfrak{R}$, sobald unter $\bar{\lambda}$ die von λ hervorgerufene Abbildung der Menge der Unterräume von $\mathfrak{B}$ verstanden wird. Man beachte, daß dabei von den kennzeichnenden Eigenschaften (1) einer halblinearen Abbildung nur die erste Hälfte benutzt wurde. Vgl. [**24**, S. 43, Prop. 3].

gewinnt man aus (1) die Darstellung

$$(4) \qquad x_i' = \sum_{k=0}^{2} a_{ik} x_k^{\varphi} \qquad (i = 0, 1, 2),$$

worin genau bei umkehrbarem λ die Matrix $A = (a_{ik})_{i,k=0,1,2}$ regulär[1] sein muß; umgekehrt definieren (2) und (4) eine halblineare Abbildung (bezüglich φ) mit (3). λ und damit $\bar{\lambda}$ läßt sich also (bei gegebener Basis) durch φ und die reguläre Matrix A bestimmen. Nach Satz 5 liefern in diesem Sinn die Paare A, φ und B, ψ genau dann dieselbe Kollineation, wenn es ein $c\,(\neq 0)$ mit $B = A\,c$ und

$$(5) \qquad c^{-1} x^{\varphi} c = x^{\psi} \quad \textit{für alle} \quad x \in \Re$$

gibt. (5) besagt, daß ψ das Produkt von φ mit dem *inneren Automorphismus* $y \to c^{-1} y\, c$ von $\Re$ ist:

6. *Der Automorphismus, bezüglich dessen λ halblinear ist, wird durch $\bar{\lambda}$ nur bis auf einen willkürlichen inneren Automorphismus bestimmt.*

Basisänderung von $\mathfrak{B}$ bewirkt übrigens, wie man leicht nachrechnet, keine Änderung von φ.

Sei jetzt σ eine beliebige Kollineation von $\mathfrak{E}$, und die e_0', e_1', e_2', e' mit $e_k' = \sum_{i=0}^{2} e_i \cdot e_{ik}$ $(k = 0, 1, 2)$, $e' = \sum_{i=0}^{2} e_i \cdot e_i$ seien Koordinatenvektoren von $O^\sigma, U^\sigma, V^\sigma, E^\sigma$. Da die ersten drei Punkte nicht kollinear sind, spannen e_0', e_1', e_2' gerade $\mathfrak{B}$ auf, d.h. es gibt $c_0, c_1, c_2 \in \Re$ mit $\sum_{k=0}^{2} e_{ik} c_k = e_i$ $(i = 0, 1, 2)$. Setzt man dann in (4) $a_{ik} = e_{ik} c_k$ und $\varphi = 1$, so hat $\tau = \sigma \bar{\lambda}^{-1}$ die Fixpunkte O, U, V, E. Aus (1.28) folgt daher

$$(6) \qquad (x, y)^\tau = (x^\tau, y^\tau),$$

und die Gln. (1.50), (1.51) zeigen, daß τ einen Automorphismus φ des Koordinatenschiefkörpers $\Re$ (bezüglich O, U, V, E) hervorruft. Betrachtet man nun die halblineare Abbildung μ bezüglich φ mit der Einheitsmatrix, so zeigt (6), daß $\bar{\mu}$ in der affinen Ebene $\mathfrak{A} = \mathfrak{E}_\omega$ dieselbe Kollineation hervorruft wie τ, so daß $\tau = \bar{\mu}$ und damit $\sigma = \bar{\mu}\,\bar{\lambda} = \overline{\mu\lambda}$ ist:

7. *Die Kollineation einer desarguesschen Ebene werden sämtlich durch umkehrbare halblineare Abbildungen des Raumes der Koordinatenvektoren dargestellt.*

---

[1] Das heißt ihre Spalten sind — als Elemente eines Rechtsvektorraumes betrachtet — linear unabhängig.

$\lambda \to \bar{\lambda}$ ist also ein Homomorphismus *auf* die Kollineationsgruppe von $\mathfrak{E}$.

Die halblinearen Abbildungen bezüglich des identischen Automorphismus werden als *lineare Abbildungen* bezeichnet. Nach Satz 6 läßt sich eine Kollineation genau dann in der Form $\bar{\lambda}$ mit linearer Abbildung λ darstellen, wenn eine solche Darstellung mit einer halblinearen Abbildung λ bezüglich eines inneren Automorphismus möglich ist. Es gilt nun:

8. *Genau die projektiven Kollineationen einer desarguesschen Ebene werden durch umkehrbare lineare Abbildungen des Raums der Koordinatenvektoren hervorgerufen.*

Beweis. Zuerst ist zu zeigen, daß für die halblineare Abbildung λ bezüglich φ der Automorphismus φ ein innerer ist, sobald $\bar{\lambda}$ eine zentrale Kollineation ist, und damit auch, sobald $\bar{\lambda}$ eine projektive Kollineation ist. Daß es sich bei $\bar{\lambda}$ um eine zentrale Kollineation handelt, besagt, daß es einen zweidimensionalen Unterraum $\mathfrak{V}'$ von $\mathfrak{V}$ gibt, dessen eindimensionale Unterräume von λ festgelassen werden. Wendet man nun[1] Satz 5 von S. 111 auf $\mathfrak{V}'$ an, so erhält man einen Skalar $c \neq 0$ mit $\mathfrak{x}^{\lambda} = \mathfrak{x} \cdot c$ für alle $\mathfrak{x} \in \mathfrak{V}'$. Zusammen mit (1) ergibt sich daraus $\mathfrak{x} \cdot c \, x^{\varphi} = \mathfrak{x}^{\lambda} \cdot x^{\varphi} = (\mathfrak{x} \cdot x)^{\lambda} = \mathfrak{x} \cdot xc$ für alle $x \in \mathfrak{R}$, und da man $\mathfrak{x} \neq 0$ wählen kann, weiter $x^{\varphi} = c^{-1} x c$, d.h. φ ist ein innerer Automorphismus. Umgekehrt ist nun zu zeigen, daß für jede lineare Abbildung λ die Kollineation $\bar{\lambda}$ projektiv ist. Nach Satz 2 von S. 109 und dem bereits Bewiesenen gibt es jedenfalls eine projektive Kollineation σ und eine lineare Abbildung μ so, daß $\bar{\mu} = \bar{\lambda} \, \sigma^{-1}$ ist und die Fixpunkte O, U, V, E besitzt. Man erkennt leicht, daß die Gln. (4) für μ dann $x_i' = a x_i$ $(i = 0, 1, 2)$ lauten. Erklärt man jetzt μ_k im Sinne von (4) durch die Gleichungen $x_i' = x_i$ für $i \neq k$, $x_k' = a x_k$, so ist $\mu = \mu_1 \mu_2 \mu_3$, und man hat $\bar{\lambda} = \bar{\mu}_1 \bar{\mu}_2 \bar{\mu}_3 \sigma$. Da nun aber offenbar $\bar{\mu}_k$ die Punkte einer Geraden festläßt, ist sie eine zentrale Kollineation und somit $\bar{\lambda}$ projektiv. — Es sei hier für die eben bewiesene Behauptung noch ein zweiter Beweis [24] angegeben, aus dem sich sofort ein weiterer Satz entnehmen läßt. Zuerst wird — was offenbar möglich ist — eine lineare Abbildung λ_0 mit $\mathfrak{e}_0^{\lambda_0} = \mathfrak{e}_0^{\lambda}$ und $\mathfrak{x}^{\lambda_0} = \mathfrak{x}$ für alle $\mathfrak{x}$ aus einem weder $\mathfrak{e}_0$ noch $\mathfrak{e}_0^{\lambda}$ enthaltenden zweidimensionalen Unterraum gebildet. $\bar{\lambda}_0$ ist dann also eine zentrale Kollineation, und $\lambda' = \lambda \, \lambda_0^{-1}$ hat den Fixvektor $\mathfrak{e}_0$. Weiter wird eine lineare Abbildung λ_1 mit $\mathfrak{e}_1^{\lambda_1} = \mathfrak{e}_1^{\lambda'}$ und $\mathfrak{x}^{\lambda_1} = \mathfrak{x}$ für alle $\mathfrak{x}$ aus einem zweidimensionalen, zwar $\mathfrak{e}_0$, aber weder $\mathfrak{e}_1$ noch $\mathfrak{e}_1^{\lambda'}$ enthaltenden Unterraum gebildet. $\bar{\lambda}_1$ ist dann ebenfalls eine zentrale Kollineation, und $\lambda'' = \lambda' \lambda_1^{-1}$ hat die Fixvektoren $\mathfrak{e}_0, \mathfrak{e}_1$. Schließlich bestimmt man die lineare Abbildung λ_2 durch $\mathfrak{e}_0^{\lambda_2} = \mathfrak{e}_0$, $\mathfrak{e}_1^{\lambda_2} = \mathfrak{e}_1$, $\mathfrak{e}_2^{\lambda_2} = \mathfrak{e}_2^{\lambda''}$, so daß $\bar{\lambda}_2$ eine zentrale Kollineation und

---

[1] Unter Beachtung von Fußnote 3, S. 111.

$\lambda'' = \lambda_2$ ist. Es folgt also $\bar\lambda = \bar\lambda_2 \bar\lambda_1 \bar\lambda_0$, so daß $\bar\lambda$ projektiv ist. Darüber hinaus hat sich ergeben:

9. *Jede projektive Kollineation einer desarguesschen Ebene läßt sich als Produkt dreier zentraler Kollineationen darstellen.*

Beschränkt man sich in dem eben angegebenen Beweis auf die Bildung von λ_0 und λ_1, so erkennt man in Anbetracht des Satzes 10 von S. 67, daß sich jede Projektivität einer Punktreihe durch das Produkt zweier zentraler Kollineationen hervorrufen läßt. Der Träger der Punktreihe ist hier die Verbindungsgerade α der Punkte mit den Koordinatenvektoren e_0, e_1. Nun kann man bei vorgegebener Geraden α und Kollineation $\bar\lambda$ im Falle $\alpha \neq \alpha^{\bar\lambda}$ offenbar e_0 und e_1 so wählen, daß weder e_0 noch e_1 zu $\mathfrak{B}_\alpha^\lambda$ gehört. Legt man nun weiter bei der Bildung von λ_0 den Unterraum der Fixvektoren durch e_1, so muß $e_1^\lambda \notin \mathfrak{B}_\alpha^{\lambda_0}$ sein, da sonst $e_1 \in \mathfrak{B}_\alpha^\lambda$ $(= \mathfrak{B}_\alpha^{\lambda_0})$ wäre. Also hat man $e_1^{\lambda_1} \notin \mathfrak{B}_\alpha$ und damit $\alpha^{\bar\lambda} \neq \alpha$. Aus $e_0^{\lambda_1} = e_0 \notin \mathfrak{B}_\alpha^\lambda$ folgt ferner $\alpha^{\bar\lambda_1} \neq \alpha^{\bar\lambda}$. Daher ruft $\bar\lambda_1$ eine Perspektivität von $\mathfrak{P}_\alpha$ hervor und ebenso $\bar\lambda_0$ eine solche von $\mathfrak{P}_{\alpha^{\bar\lambda_1}}$. Damit ist der Satz bewiesen[1]:

10. *In einer desarguesschen Ebene läßt sich jede Projektivität einer Punktreihe auf eine davon verschiedene als Produkt von zwei Perspektivitäten darstellen.*

Bei einer Projektivität einer Punktreihe auf sich kann man nach diesem Satz nur die Darstellbarkeit als Produkt dreier Perspektivitäten aussagen. Daß man tatsächlich hier im allgemeinen nicht mit zwei Perspektivitäten auskommt, erkennt man folgendermaßen. Ist die von 1 verschiedene Projektivität σ das Produkt einer Perspektivität von $\mathfrak{P}_\alpha$ auf $\mathfrak{P}_\beta$ und einer solchen von $\mathfrak{P}_\beta$ auf $\mathfrak{P}_\alpha$, so ergibt sich leicht, daß σ den Fixpunkt $\alpha \cap \beta$ besitzt. Andererseits gibt es aber bei passendem $\mathfrak{K}$ Projektivitäten einer Punktreihe auf sich, welche keinen Fixpunkt haben; man braucht z.B. nur in (4) $\varphi = 1$, $a_{00} = a_{11} = a_{20} = a_{21} = a_{02} = a_{12} = 0$, $a_{01} = 1$, $a_{10} = -1$ zu setzen und $\mathfrak{K}$ als den Körper der rationalen Zahlen zu wählen.

Der Satz 10 von S. 67 gestattet noch die folgende Umkehrung:

11. *Eine Kollineation einer projektiven Ebene, in welcher der kleine Desarguessche Satz gilt, ist bereits dann projektiv, wenn sie für (mindestens) eine Gerade eine Projektivität der Punktreihe auf dieser Geraden hervorruft.*

Beweis. Die Kollineation σ rufe eine Projektivität auf $\mathfrak{P}_\gamma$ hervor. Nach Satz 10, S. 67 läßt sich diese zu einer projektiven Kollineation π fortsetzen. Die Kollineation $\sigma\pi^{-1}$ hat dann jeden Punkt von γ als Fix-

---

[1] Einen rein geometrischen Beweis für diesen Satz findet man in [**88, 208**].

punkt und ist daher (nach S. 65, Mitte) eine zentrale Kollineation τ. Daraus ergibt sich $\sigma = \tau \pi$ dann als projektiv.

Bei Ersetzen des Punktquadrupels O, U, V, E durch das Punktquadrupel $\overline{O}, \overline{U}, \overline{V}, \overline{E}$ erhält man natürlich einen im allgemeinen völlig anderen, wenn auch zu $\Re$ isomorphen Koordinatenschiefkörper $\overline{\Re}$ der desarguesschen Ebene $\mathfrak{E}$, der nun aus den Punkten $\neq \overline{V}$ der Geraden $\overline{O}\,\overline{V}$ besteht. Der Isomorphismus von $\Re$ auf $\overline{\Re}$ wird nach S. 36 durch eine Kollineation σ von $\mathfrak{E}$ vermittelt. Um nun in ein und demselben Schiefkörper $\Re$ arbeiten zu können, denkt man sich auf alle Elemente von $\overline{\Re}$ die Abbildung σ^{-1} angewandt. Die auf diese Art gebildeten homogenen Koordinaten $\overline{x}_0, \overline{x}_1, \overline{x}_2$ eines Punktes X bezüglich $\overline{O}, \overline{U}, \overline{V}, \overline{E}$ sind dann offenbar weiter nichts als die Koordinaten von $X^{\sigma^{-1}}$ bezüglich O, U, V, E. Werden die homogenen Koordinaten von X bezüglich O, U, V, E mit x_0, x_1, x_2 bezeichnet und für σ die Darstellung (4) verwandt, so erhält man also

$$(7) \qquad x_i = \sum_{k=0}^{2} a_{ik} \overline{x}_k^{\varphi} \qquad (i = 0, 1, 2)$$

als Gleichung für *die von σ hervorgerufene Koordinatentransformation*. Nach Satz 8 von S. 113 hat man dann:

12. *Genau diejenigen Koordinatentransformationen einer desarguesschen Ebene, welche durch projektive Kollineationen hervorgerufen werden, entsprechen den Basistransformationen für die Koordinatenvektoren.*

Daß projektive und kleine projektive Gruppe nicht übereinzustimmen brauchen, zeigt der folgende Satz:

13. *Ist der Koordinatenschiefkörper der desarguesschen Ebene $\mathfrak{E}$ ein Körper, in dem nicht jedes Element eine dritte Potenz ist, so gibt es eine projektive Kollineation von $\mathfrak{E}$, welche nicht zur kleinen projektiven Gruppe gehört.*

Beweis. Wenn man die Darstellung (4) einer (C, γ)-Kollineation σ mit $C \in \gamma$ untersuchen will, so wird man sich nach dem über Koordinatentransformationen Hergeleiteten erst einmal den Fall $C = V, \gamma = UV$ ansehen. Nach S. 100 ist dann $(x, y)^{\sigma} = (x, y + a)$, so daß die Gln. (4) lauten: $x'_0 = x_0,\ x'_1 = x_1,\ x'_2 = x_2 + a x_0$. Die Matrix der dadurch gegebenen linearen Abbildung hat nun die Determinante 1, und das bleibt bei Koordinatentransformation (7) offenbar bestehen. Da die Matrix einer linearen Abbildung λ mit $\overline{\lambda} = \sigma$ nach S. 112 nur bis auf einen Skalarfaktor bestimmt ist, kann man willkürfrei natürlich nur die Aussage machen: Die Determinante ist eine dritte Potenz. Da es nun nach Voraussetzung einen Skalar gibt, der keine dritte Potenz ist, braucht man nur eine lineare Abbildung λ mit diesem Skalar als Determinante zu nehmen, um in $\overline{\lambda}$ eine projektive Kollineation der gewünschten Eigenschaft zu besitzen.

Es sollen nun diejenigen projektiven Kollineationen von $\mathfrak{E}$ untersucht werden, welche Kollineationen der affinen Ebene $\mathfrak{A} = \mathfrak{E}_\omega$ hervorrufen, d.h. welche die Fixgerade ω haben. Zu diesem Zweck wird ein Koordinatensystem mit $UV = \omega$ gewählt. Da dann für eine projektive Kollineation σ mit Fixgerade ω in (4) $a_{01} = a_{02} = 0$ ist, erhält man in inhomogenen Koordinaten mit

$$(8) \qquad\qquad (x, y)^\sigma = (x', y')$$

ein Gleichungssystem

$$(9) \qquad\qquad \begin{cases} x' = c_{10} + c_{11} x^\varphi + c_{12} y^\varphi \\ y' = c_{20} + c_{21} x^\varphi + c_{22} y^\varphi, \end{cases}$$

worin die c_{ik} eindeutig bestimmt sind, die Matrix $(c_{ik})_{i,k=1,2}$ regulär[1] und φ ein innerer Automorphismus von $\mathfrak{K}$ ist. Umgekehrt erkennt man sofort, daß bei beliebigen, diesen Bedingungen genügenden c_{ik}, φ die Gln. (8), (9) eine Kollineation σ von $\mathfrak{A}$ erklären, die sich zu einer projektiven Kollineation von $\mathfrak{E}$ fortsetzt. Es wird nun nach einer geometrischen Kennzeichnung derjenigen σ mit $\varphi = 1$ gesucht. Zuerst macht man die Feststellung, daß alle zentralen Kollineationen mit uneigentlichem Zentrum diese Eigenschaft haben. Da eine Koordinatentransformation (7) mit $UV = \overline{U}\overline{V}$ ja die Gültigkeit von $\varphi = 1$ in (9) nicht zerstört, darf man zum Beweis V als Zentrum und im Falle eigentlicher Achse diese als OV oder OU annehmen, je nachdem das Zentrum auf der Achse liegt oder nicht. Die Behauptung ergibt sich dann sofort aus den auf S. 100 und 103 gegebenen Darstellungen der (V, UV)- und der (V, OU)-Kollineationen sowie daraus, daß — wie man leicht nachrechnet — die (V, OV)-Kollineationen durch $(x, y) \to (x, a\,x + y)$ gegeben werden. Jedes Produkt von zentralen Kollineationen mit uneigentlichem Zentrum liefert nun ebenfalls in der Darstellung (9) $\varphi = 1$; denn bei Multiplikation der Kollineationen multiplizieren sich auch die zugehörigen inneren Automorphismen. Sei andererseits σ eine projektive Kollineation mit Fixgerade ω und $\varphi = 1$ in (9). Nach passender Koordinatentransformation kann man $U^\sigma \neq V$, also $c_{11} \neq 0$ annehmen. Dann werden die projektiven Kollineationen ϱ, τ durch $(x, y)^\varrho = (c_{11} x, c_{21} x + y)$, $(x, y)^\tau = (c_{10} + x, c_{20} + y)$ erklärt. Man rechnet nun leicht nach, daß ϱ die Punkte von OV, τ die von ω und $\sigma \tau^{-1} \varrho^{-1} = \varrho'$ die von OU als Fixpunkte besitzt. τ, ϱ, ϱ' sind also, da sie die Fixgerade ω besitzen, zentrale Kollineationen mit uneigentlichem Zentrum, und wegen $\sigma = \varrho' \varrho \tau$ ist damit der folgende Satz bewiesen [6]:

14. *In einer desarguesschen Ebene sind die Kollineationen mit Fixgerade ω, zu welchen in der Darstellung (9) der identische Automorphismus gehört, gerade die Produkte von zentralen Kollineationen mit Zentrum*

---

[1] Vgl. Fußnote 1, S. 112.

auf ω, und jedes derartige Produkt läßt sich als Produkt mit höchstens drei Faktoren schreiben.

Da die durch (8) und (9) mit $x^\varphi = c^{-1} x c$ gegebene Kollineation σ offenbar das Produkt der auf S. 104/5 als (O, UV)-Kollineation erkannten Abbildung $(x, y) \to (x c, y c)$ und einer im Sinne von (9) zum identischen Automorphismus gehörenden Kollineation ist, folgt aus Satz 14 noch:

15. *In einer desarguesschen Ebene läßt sich jede projektive Kollineation mit der Fixgeraden ω als Produkt von vier zentralen Kollineationen mit dieser Fixgeraden darstellen.*

Aus Satz 14 folgt weiter, daß die Streckung $(x, y) \to (x c, y c)$ genau dann als Produkt von zentralen Kollineationen mit Zentrum auf ω dargestellt werden kann, wenn $x \to c^{-1} x c$ der identische Automorphismus ist, also c im Zentrum[1] von $\Re$ liegt. Daraus ergibt sich sofort:

16. *Der Koordinatenschiefkörper einer desarguesschen Ebene ist genau dann kommutativ, wenn für eine und damit für jede Gerade ω der Ebene jede zentrale Kollineation mit Achse ω Produkt von zentralen Kollineationen mit Zentrum auf ω ist.*

4.2. Doppelverhältnisse.

Im folgenden sei immer eine desarguessche Ebene $\mathfrak{E}$ zugrunde gelegt. Der Koordinatenschiefkörper $\Re$ von $\mathfrak{E}$ wird mittels irgendeines festgewählten Koordinatensystems definiert, und alle anderen Koordinatensysteme werden durch Koordinatentransformationen (7) mit $\varphi = 1$ auf dieses bezogen, so daß alle im folgenden betrachteten Koordinatentransformationen durch projektive Kollineationen hervorgerufen werden. Nach Satz 6 von S. 9 kann man ein Tripel verschiedener kollinearer Punkte stets durch eine Projektivität in ein vorgegebenes Tripel gleicher Eigenschaft überführen. Es sollen nun die Bedingungen untersucht werden, unter welchen das Entsprechende für Punktequadrupel gilt. Zu diesem Zweck wird vier verschiedenen kollinearen Punkten A, B, C, D eine gegenüber Projektivitäten invariante Klasse von Skalaren zugeordnet. Man betrachtet alle Koordinatensysteme mit

$$(10) \qquad O = A, \quad V = B, \quad OV \cap EU = D.$$

In den Gln. (7), welche den Zusammenhang zwischen zwei solchen Koordinatensystemen beschreiben, hat man dann $a_{00} = a_{22} (= a)$, $a_{10} = a_{20} = a_{02} = a_{12} = 0$, da ja die nullte und zweite Koordinate von D in jedem der betrachteten Koordinatensysteme übereinstimmen. Für die homogenen Koordinaten von C hat man in Anbetracht von $\varphi = 1$

---

[1] Das Zentrum von $\Re$ ist der aus den c mit $c x = x c$ für alle $x \in \Re$ bestehende Unterkörper von $\Re$.

daher $x_0 = a\,\bar{x}_0$, $x_2 = a\,\bar{x}_2$ und daher für die inhomogenen Koordinaten y, $\bar{y}$ von C in den beiden Koordinatensystemen $y = x_2 x_0^{-1} = (a\,\bar{x}_2)\,(a\bar{x}_0)^{-1} = a\,\bar{y}\,a^{-1}$:

17. *Unter der Bedingung* (10) *für das Koordinatensystem wird die inhomogene Koordinate eines von B verschiedenen Punktes C auf AB bereits durch die Punkte A, B, C, D bis auf einen inneren Automorphismus bestimmt.*

Man bezeichnet nun mit $\langle y \rangle$ die Menge aller zu y *konjugierten*, d. h. aus y durch die inneren Automorphismen hervorgehenden Elemente von $\mathfrak{K}$ und nennt sie kurz die *Konjugierten-Klasse* von y. Nach Satz 17 ist also die Konjugierten-Klasse der inhomogenen Koordinate von C in einem Koordinatensystem mit (10) bereits durch die vier Punkte A, B, C, D eindeutig bestimmt. Sie heißt das *Doppelverhältnis* (A, B, C, D) der vier Punkte[1]. Besteht $\langle y \rangle$ nur aus dem Element y, so wird $\langle y \rangle = y$ gesetzt; das ist also genau dann der Fall, wenn y im Zentrum von $\mathfrak{K}$ liegt. Genau in diesem Fall wird C durch A, B, D und $(A, B, C, D) = \langle y \rangle$ eindeutig bestimmt; denn in den obigen Entwicklungen ist der Wert von a völlig willkürlich, abgesehen von der Bedingung $a \neq 0$. Offensichtlich bleibt die Definition des Doppelverhältnisses bestehen, wenn noch $C = A$ oder $C = D$ zugelassen wird, A, B, D aber nach wie vor untereinander verschieden sind; $(A, B, X, D) = 0$ bedeutet dann gerade $X = A$ und $(A, B, X, D) = 1$ gerade $X = D$, so daß also das Doppelverhältnis von vier verschiedenen Punkten weder den Wert 0 noch den Wert 1 haben kann. Da passend gewählte Koordinatenvektoren von O und V als Summe einen Koordinatenvektor von $OV \cap EU$ haben, gilt:

18. *Genau dann ist* $(A, B, C, D) = \langle u \rangle$, *wenn Koordinatenvektoren* $\mathfrak{a}$, $\mathfrak{b}$ *von A und B so gewählt werden können, daß* $\mathfrak{a} + \mathfrak{b} \cdot u$ *und* $\mathfrak{a} + \mathfrak{b}$ *Koordinatenvektoren von C und D sind.*

Daraus ersieht man sofort, daß jede Konjugierten-Klasse als Doppelverhältnis vorkommt. Ferner erkennt man leicht, daß aus $(A, B, C, D) = \langle u \rangle \neq 0$ die Gleichungen $(B, A, C, D) = \langle u^{-1} \rangle = (A, B, D, C)$, $(D, B, C, A) = \langle 1 - u \rangle$ folgen, da ja $\mathfrak{a} + \mathfrak{b} \cdot u = (\mathfrak{a} \cdot u^{-1} + \mathfrak{b}) \cdot u$, $\mathfrak{a} + \mathfrak{b} = \mathfrak{a} + (\mathfrak{b} \cdot u) \cdot u^{-1}$, $\mathfrak{a} + \mathfrak{b} \cdot u = \mathfrak{a} + \mathfrak{b} + (-\mathfrak{b}) \cdot (1 - u)$ gilt. Nun bedeutet offenbar $x \in \langle u \rangle$ dasselbe wie $x^{-1} \in \langle u^{-1} \rangle$ und auch dasselbe wie $1 - x \in \langle 1 - u \rangle$. Das berechtigt zu den Definitionen $\langle u \rangle^{-1} = \langle u^{-1} \rangle$ und $1 - \langle u \rangle = \langle 1 - u \rangle$, so daß man nach dem eben Hergeleiteten die Gleichungen

$$(11) \quad \begin{cases} (B, A, C, D) = (A, B, D, C) = (A, B, C, D)^{-1}, \\ (D, B, C, A) = 1 - (A, B, C, D) \end{cases}$$

---

[1] Verschiedentlich wird hierfür auch die Schreibweise $\begin{bmatrix} A\,B \\ C\,D \end{bmatrix}$ gebraucht; siehe z. B. [**24**].

hat. Aus diesen gewinnt man leicht die sich bei irgendeiner Vertauschung der vier Punkte ergebende Veränderung des Doppelverhältnisses. Das Doppelverhältnis erfüllt nun seinen Zweck in der folgenden Weise [24]:

19. *Sind A_1, A_2, A_3, A_4 und ebenso B_1, B_2, B_3, B_4 vier verschiedene kollineare Punkte, so gibt es genau dann eine Projektivität σ mit $A_i^\sigma = B_i$ $(i = 1, 2, 3, 4)$, falls $(A_1, A_2, A_3, A_4) = (B_1, B_2, B_3, B_4)$ gilt.*

Nach Satz 10 von S. 67 kann man beim Beweis „Projektivität σ" auch durch „projektive Kollineation σ" ersetzen. Wird nun $A_i^\sigma = B_i$ $(i = 1, 2, 3, 4)$ vorausgesetzt, so führt die durch σ gegebene Koordinatentransformation ein Koordinatensystem mit $O = A_1$, $V = A_2$, $OV \cap EU = A_4$ in ein Koordinatensystem mit $\overline{O} = B_1, \overline{V} = B_2, \overline{O}\,\overline{V} \cap \overline{E}\,\overline{U} = B_4$ über, bei dem ein Punkt X nach S. 115 die alten Koordinaten von $X^{\sigma^{-1}}$ als Koordinaten besitzt. Daher sind die alten Koordinaten von A_3 zugleich die neuen Koordinaten von B_3, also $(A_1, A_2, A_3, A_4) = (B_1, B_2, B_3, B_4)$. Sei nun umgekehrt die Doppelverhältnisgleichheit vorausgesetzt. Aus den Entwicklungen von S. 117/8 folgt dann, daß man ein Koordinatensystem mit $O = A_1$, $V = A_2$, $OV \cap EU = A_4$ und ein solches mit $\overline{O} = B_1$, $\overline{V} = B_2$, $\overline{O}\,\overline{V} \cap \overline{E}\,\overline{U} = B_4$ so finden kann, daß die Koordinaten von A_3 im ersten mit denen von B_3 im zweiten System übereinstimmen. Die Koordinatentransformation, welche das erste in das zweite Koordinatensystem überführt, wird nun durch eine projektive Kollineation σ hervorgerufen, und der Vergleich von (7) mit (4) zeigt $A_i^\sigma = B_i$ $(i = 1, 2, 3, 4)$.

Für einen Automorphismus oder Antiautomorphismus φ von $\mathfrak{K}$ ist $x^\varphi \in \langle u^\varphi \rangle$ gleichbedeutend mit $x \in \langle u \rangle$, so daß man $\langle u \rangle^\varphi = \langle u^\varphi \rangle$ setzen darf. Man erkennt leicht, daß $\langle u \rangle^\varphi$ sich nicht ändert, wenn φ um einen inneren Automorphismus abgeändert wird. Das ist in Übereinstimmung mit der folgenden Erweiterung des vorhergehenden Satzes [24]:

20. *Sind A_1, A_2, A_3, A_4 und ebenso B_1, B_2, B_3, B_4 vier verschiedene kollineare Punkte, so gibt es genau dann eine Kollineation $\overline{\lambda}$ mit λ als halblinearer Abbildung bezüglich φ und $A_i^{\overline{\lambda}} = B_i$ $(i = 1, 2, 3, 4)$, wenn $(A_1, A_2, A_3, A_4)^\varphi = (B_1, B_2, B_3, B_4)$ gilt.*

Beweis. Um die Doppelverhältnisgleichung herzuleiten, genügt es nach Satz 19, die durch $x_i' = x_i^\varphi$ (bei beliebig gewähltem Koordinatensystem) gegebene halblineare Abbildung λ zu betrachten. Die Behauptung folgt in diesem Fall einfach aus der nach (1) geltenden Gleichung $(\mathfrak{a} + \mathfrak{b} \cdot u)^\lambda = \mathfrak{a}^\lambda + \mathfrak{b}^\lambda \cdot u^\varphi$. Ist umgekehrt die Doppelverhältnisgleichung erfüllt, so erklärt man die halblineare Abbildung λ durch $x_i' = x_i^\varphi$ und hat dann nach dem eben Bewiesenen

$$(A_1^{\overline{\lambda}}, A_2^{\overline{\lambda}}, A_3^{\overline{\lambda}}, A_4^{\overline{\lambda}}) = (A_1, A_2, A_3, A_4)^\varphi = (B_1, B_2, B_3, B_4).$$

Nach dem vorigen Satz gibt es also eine lineare Abbildung λ' mit $A_i^{\overline{\lambda\lambda'}} = B_i$. Damit ist alles bewiesen.

Ist $\Re$ kommutativ, so folgt aus dem Satz 20, daß eine Kollineation, bei welcher das Doppelverhältnis von vier Punkten stets mit dem Doppelverhältnis ihrer Bildpunkte übereinstimmt, eine projektive Kollineation ist; denn da die Konjugierten-Klassen alle nur aus einem Element bestehen, muß $\varphi = 1$ sein. Ohne die Voraussetzung der Kommutativität von $\Re$ bedeutet die Doppelverhältnis-Invarianz für den Automorphismus φ nur, daß für alle x die Elemente x und x^φ konjugiert sind, woraus insbesondere folgt, daß jedes Zentrumselement von $\Re$ festgelassen wird. Jeder Automorphismus dieser letztgenannten Eigenschaft ist nun ein innerer Automorphismus, sobald $\Re$ endlichen Rang über seinem Zentrum hat (siehe z. B. [**209**, S. 202]). Somit gilt:

21. *Hat der Koordinatenschiefkörper endlichen Rang über seinem Zentrum, so sind die projektiven Kollineationen genau diejenigen Kollineationen, bei welchen das Doppelverhältnis von vier Punkten stets gleich dem Doppelverhältnis der Bildpunkte ist.*

Schiefkörper unendlichen Ranges über dem Zentrum, für welche die angegebene Kennzeichnung der projektiven Kollineationen ebenfalls richtig ist, sind nicht bekannt. Wohl aber kennt man solche Schiefkörper, für welche diese Kennzeichnung nicht gilt[1].

Im folgenden sei die Frage behandelt, welche umkehrbaren Abbildungen einer Punktreihe auf eine Punktreihe Punktequadrupel mit gewissen Doppelverhältniswerten stets in Punktequadrupel mit denselben Doppelverhältniswerten überführen[2]. Da eine Projektivität kein Doppelverhältnis verändert, braucht man nach Satz 6 von S. 9 nur solche Abbildungen φ einer Punktreihe auf sich zu betrachten, welche drei verschiedene Fixpunkte A, B, D besitzen. Nimmt man nun ein Koordinatensystem mit (10) an, so darf man die Punkte $\neq B$ von AB als die Elemente von $\Re$ auffassen, so daß φ eine umkehrbare Abbildung von $\Re$ auf sich mit den Fixelementen 0 und 1 hervorruft, welche im folgenden wieder mit φ bezeichnet sei. Man sagt, φ läßt den Doppelverhältniswert u aus dem Zentrum von $\Re$ fest, wenn aus $(A_1, A_2, A_3, A_4) = u$ stets $(A_1^\varphi, A_2^\varphi, A_3^\varphi, A_4^\varphi) = u$ folgt. Mit diesen Bezeichnungen gilt nun der folgende Satz [**94, 95, 24**]:

---

[1] In [**116**] wird ein solches Beispiel konstruiert (insbesondere S. 24—26, 30—31) und zwar als tensorielles Produkt von unendlich vielen Quaternionenschiefkörpern; ein Automorphismus, der sich aus inneren Automorphismen der einzelnen Faktoren zusammensetzt, führt dann jedes Element in ein konjugiertes über, ist aber selber kein innerer Automorphismus.

[2] Für die Ebene über dem Quaternionenschiefkörper siehe hierzu [**33, 34, 35**].

22. *Ist φ eine umkehrbare Abbildung einer Punktreihe auf sich mit drei verschiedenen Fixpunkten und u ein von 0 und 1 verschiedenes Element aus dem Zentrum von $\Re$, so sind die drei Aussagen gleichbedeutend:*

(a) *φ läßt den Doppelverhältniswert u fest (im Sinn von S. 120 unten);*

(b) *φ erfüllt $u^{\varphi} = u$ und $(x + y)^{\varphi} = x^{\varphi} + y^{\varphi}$, $(x y x)^{\varphi} = x^{\varphi} y^{\varphi} x^{\varphi}$ für alle $x, y \in \Re$;*

(c) *φ ist Automorphismus oder Antiautomorphismus von $\Re$ mit $u^{\varphi} = u$.*

Beweis. Ohne das Koordinatensystem durch (10) einzuschränken, wenn A, B, D die Fixpunkte von φ sind, kann man offenbar Koordinatenvektoren $\mathfrak{a}$, $\mathfrak{b}$ von A und B so wählen, daß der Bildpunkt eines Punktes mit dem Koordinatenvektor $\mathfrak{a} + \mathfrak{b} \cdot x$ einen Koordinatenvektor $\mathfrak{a} + \mathfrak{b} \cdot x^{\varphi}$ besitzt. In diesem Sinn seien $\mathfrak{a}$, $\mathfrak{b}$ im folgenden verwendet; dabei sollen in Doppelverhältnisgleichungen die Punkte einfach durch ihre Koordinatenvektoren wiedergegeben werden. Man hat dann — und zwar unabhängig von der besonderen Bedeutung der $\mathfrak{a}$, $\mathfrak{b}$ —, solange nur die vier Koordinatenvektoren verschiedene Punkte liefern:

$$(12) \qquad (\mathfrak{b}, \, \mathfrak{a} + \mathfrak{b} \cdot r, \, \mathfrak{a} + \mathfrak{b} \cdot s, \, \mathfrak{a} + \mathfrak{b} \cdot t) = \langle (s - r)^{-1}(t - r) \rangle;$$

denn

$$\mathfrak{a} + \mathfrak{b} \cdot t = \mathfrak{b} \cdot (t - r) + (\mathfrak{a} + \mathfrak{b} \cdot r)$$

und

$$\mathfrak{a} + \mathfrak{b} \cdot s = \big(\mathfrak{b} \cdot (t - r) + (\mathfrak{a} + \mathfrak{b} \cdot r) \cdot (s - r)^{-1}(t - r) \big) \cdot (t - r)^{-1}(s - r).$$

Es soll nun zuerst (b) aus (a) gefolgert werden. Nach (12) ist für $x \neq 0$

$$(\mathfrak{b}, \, \mathfrak{a}, \, \mathfrak{a} + \mathfrak{b} \cdot x, \, \mathfrak{a} + \mathfrak{b} \cdot x u) = u$$

sowie

$$(\mathfrak{b}, \, \mathfrak{a}, \, \mathfrak{a} + \mathfrak{b} \cdot x^{\varphi}, \, \mathfrak{a} + \mathfrak{b} \cdot (x u)^{\varphi}) = \langle (x^{\varphi})^{-1}(x u)^{\varphi} \rangle,$$

so daß aus (a) und wegen $0^{\varphi} = 0$

$$(13) \qquad\qquad (x u)^{\varphi} = x^{\varphi} u \quad \text{für alle} \quad x \in \Re$$

folgt. Insbesondere ergibt sich daraus wegen $1^{\varphi} = 1$ die Teilaussage $u^{\varphi} = u$ von (b). Weiter wird (12) mit $r \neq t$ und $s = r + u^{-1}(t - r)$ verwendet, so daß

$$(\mathfrak{b}, \, \mathfrak{a} + \mathfrak{b} \cdot r, \, \mathfrak{a} + \mathfrak{b} \cdot s, \, \mathfrak{a} + \mathfrak{b} \cdot t) = u,$$

$$(\mathfrak{b}, \, \mathfrak{a} + \mathfrak{b} \cdot r^{\varphi}, \, \mathfrak{a} + \mathfrak{b} \cdot s^{\varphi}, \, \mathfrak{a} + \mathfrak{b} \cdot t^{\varphi}) = \langle (s^{\varphi} - r^{\varphi})^{-1}(t^{\varphi} - r^{\varphi}) \rangle$$

gilt. Aus (a) folgt daher $(s^{\varphi} - r^{\varphi})^{-1}(t^{\varphi} - r^{\varphi}) = u$, also $s^{\varphi} u = r^{\varphi} u + t^{\varphi} - r^{\varphi}$ und weiter mittels (13) und $s u = r u + t - r$:

$$(14) \qquad (r u - r + t)^{\varphi} = r^{\varphi} u - r^{\varphi} + t^{\varphi} \quad \text{für alle} \quad r, t \in \Re;$$

denn diese Gleichung geht für den in der Herleitung ausgeschlossenen Fall $r = t$ in (13) über. Mit $t = 0$ liefert (14) die Gleichung

$$(15) \qquad (r(u-1))^\varphi = r^\varphi(u-1).$$

Setzt man für beliebige Elemente x, y nun in (14) $r = x(u-1)^{-1}$, $t = y$, so folgt mittels (15) der zweite Teil von (b):

$$(16) \qquad (x+y)^\varphi = x^\varphi + y^\varphi \quad \text{für alle} \quad x, y \in \Re.$$

Aus (12) erhält man bei Ersetzen von r, s, t durch r^{-1}, s^{-1}, t^{-1} und Vertauschen von $\mathfrak{a}$ mit $\mathfrak{b}$ wegen

$$(s^{-1} - r^{-1})^{-1}(t^{-1} - r^{-1}) = (r^{-1}(s-r)s^{-1})^{-1} r^{-1}(t-r) t^{-1}$$
$$= s(s-r)^{-1}(t-r) t^{-1} = s((s-r)^{-1}(t-r) t^{-1} s) s^{-1}$$

die Beziehung

$$(\mathfrak{a}, \ \mathfrak{a} + \mathfrak{b} \cdot r, \ \mathfrak{a} + \mathfrak{b} \cdot s, \ \mathfrak{a} + \mathfrak{b} \cdot t) = \langle (s-r)^{-1}(t-r) t^{-1} s \rangle,$$

so daß also nach (a) aus $(s-r)^{-1}(t-r) t^{-1} s = u$ stets

$$(s^\varphi - r^\varphi)^{-1}(t^\varphi - r^\varphi)(t^\varphi)^{-1} s^\varphi = u$$

folgt, sofern r, s, t drei verschiedene Elemente $\neq 0$ sind. Löst man diese Gleichungen nach r bzw. r^φ auf, so ergibt sich also

$$((u-1) s (u t - s)^{-1} t)^\varphi = (u-1) s^\varphi (u t^\varphi - s^\varphi)^{-1} t^\varphi.$$

Zusammen mit (15) folgt daraus

$$(17) \qquad (s(u t - s)^{-1} t)^\varphi = s^\varphi(u t^\varphi - s^\varphi)^{-1} t^\varphi \quad \text{im Falle} \quad u t \neq s.$$

Denn in den laut Herleitung ausgeschlossenen Fällen $s = 0$, $t = 0$, $s = t$ ist (17) trivialerweise erfüllt bzw. geht in (15) über. Setzt man nun in (17) $t = x$, $s = u x - y$ mit $y \neq 0$, so folgt $((u x - y) y^{-1} x)^\varphi = (u x - y)^\varphi (y^\varphi)^{-1} x^\varphi$. Mittels (16) und (13) wird diese Gleichung zu $u(x y^{-1} x)^\varphi - x^\varphi = u x^\varphi (y^\varphi)^{-1} x^\varphi - x^\varphi$, d.h. es ist

$$(18) \qquad (x y^{-1} x)^\varphi = x^\varphi (y^\varphi)^{-1} x^\varphi \quad \text{im Falle} \quad y \neq 0.$$

Mit $x = 1$ folgt daraus $(y^{-1})^\varphi = (y^\varphi)^{-1}$. Ersetzen von y^{-1} durch y in (18) liefert daher gerade den dritten Teil von (b):

$$(19) \qquad (x y x)^\varphi = x^\varphi y^\varphi x^\varphi \quad \text{für alle} \quad x, y \in \Re;$$

denn dieser gilt ja für $y = 0$ trivialerweise.

Weiter muß jetzt (c) aus (b) geschlossen werden. Mit $y = x^{-1}$ erhält man aus (19) $x^\varphi = x^\varphi (x^{-1})^\varphi x^\varphi$, also[1]

$$(20) \qquad (x^{-1})^\varphi = (x^\varphi)^{-1} \quad \text{für} \quad x \neq 0,$$

---

[1] Da nach N. S. Mendelsohn (Amer. Math. Monthly **51**, 171, 1944) in jedem Schiefkörper die Gleichung $x - (x^{-1} + (y^{-1} - x)^{-1})^{-1} = x y x$ für alle $x, y \neq 0$ mit $x y \neq 1$ gilt, folgt umgekehrt (19) aus (16) und (20).

und $y = 1$ ergibt aus (19)

$$(21) \qquad (x^\varphi)^2 = (x^2)^\varphi \quad \textit{für alle} \quad x \in \Re.$$

Ersetzt man in (21) x durch $x + y$, so folgt mittels (16)

$$(x^\varphi)^2 + x^\varphi\, y^\varphi + y^\varphi\, x^\varphi + (y^\varphi)^2 = (x^2)^\varphi + (x\, y)^\varphi + (y\, x)^\varphi + (y^2)^\varphi,$$

also

$$(22) \qquad (x\, y)^\varphi + (y\, x)^\varphi = x^\varphi y^\varphi + y^\varphi x^\varphi \quad \textit{für alle} \quad x, y \in \Re.$$

Für $x, y \neq 0$ erhält man mittels (19) und (20)

$$(y\, x)^\varphi = \big(x(y(x\, y)^{-1} y)\, x\big)^\varphi = x^\varphi\, y^\varphi \big((x\, y)^\varphi\big)^{-1} y^\varphi x^\varphi,$$

also mittels (22):

$$x^\varphi\, y^\varphi + y^\varphi\, x^\varphi = (x\, y)^\varphi + x^\varphi\, y^\varphi \big((x\, y)^\varphi\big)^{-1} y^\varphi x^\varphi$$

und daher

$$\big((x\, y)^\varphi - x^\varphi\, y^\varphi\big) \big((x\, y)^\varphi\big)^{-1} \big((x\, y)^\varphi - y^\varphi x^\varphi\big) = 0.$$

Man hat somit für $x, y \in \Re$ stets

$$(23) \qquad (x\, y)^\varphi = x^\varphi\, y^\varphi \quad oder \quad = y^\varphi\, x^\varphi.$$

Ferner gilt für x, y, z

$$(24) \qquad (x\, y)^\varphi = x^\varphi\, y^\varphi \quad oder \quad (x\, z)^\varphi = z^\varphi\, x^\varphi.$$

Zum Beweis sei die Falschheit von (24) angenommen, so daß also $(x\,y)^\varphi \neq x^\varphi\, y^\varphi$, $(x\,z)^\varphi \neq z^\varphi\, x^\varphi$ und daher nach (23) $(x\,y)^\varphi = y^\varphi\, x^\varphi$, $(x\,z)^\varphi = x^\varphi\, z^\varphi$ gilt. Mittels (16) folgt dann $y^\varphi x^\varphi + x^\varphi z^\varphi = \big(x(y+z)\big)^\varphi$ und daher nach (23) $y^\varphi x^\varphi + x^\varphi z^\varphi = x^\varphi y^\varphi + x^\varphi z^\varphi$ oder $y^\varphi x^\varphi + x^\varphi z^\varphi = y^\varphi x^\varphi + z^\varphi x^\varphi$, was beides unmöglich ist. Sei jetzt im Gegensatz zu (c) φ weder ein Automorphismus noch ein Antiautomorphismus. Dann muß es also Elemente a, b, c, d mit $(a\,b)^\varphi \neq b^\varphi a^\varphi$, $(c\,d)^\varphi \neq c^\varphi d^\varphi$ geben. Für irgendein Element $x \in \Re$ erhält man nach (24) daraus $(a\,x)^\varphi = a^\varphi x^\varphi$ und $(c\,x)^\varphi = x^\varphi c^\varphi$. Durch Übergang zum entgegengesetzten Schiefkörper, für den ja φ die bis jetzt gemachten Voraussetzungen unter Vertauschung von a mit b und von c mit d ebenfalls erfüllt, ergibt sich daraus $(y\,b)^\varphi = y^\varphi b^\varphi$, $(y\,d)^\varphi = d^\varphi y^\varphi$ für alle $y \in \Re$. Insbesondere hat man also $(a\,d)^\varphi = a^\varphi d^\varphi = d^\varphi a^\varphi$, $(c\,b)^\varphi = c^\varphi b^\varphi = b^\varphi c^\varphi$. Mittels (16) ergibt sich nun

$$\big((a + c)(b + d)\big)^\varphi = a^\varphi b^\varphi + (c\,b)^\varphi + (a\,d)^\varphi + d^\varphi c^\varphi,$$

während sich nach (23) und (16) hierfür der Ausdruck

$$(a + c)^\varphi (b + d)^\varphi = a^\varphi b^\varphi + (c\,b)^\varphi + (a\,d)^\varphi + c^\varphi d^\varphi$$

oder der Ausdruck

$$(b + d)^\varphi (a + c)^\varphi = b^\varphi a^\varphi + (c\,b)^\varphi + (a\,d)^\varphi + d^\varphi c^\varphi$$

ergibt; beide Möglichkeiten liefern aber einen Widerspruch.

Nun ist aus (c) wieder (a) herzuleiten. Ist φ ein Automorphismus, so folgt (a) sofort aus Satz 20 von S. 119. Sei also jetzt φ ein Antiautomorphismus und $(X_1, X_2, X_3, X_4) = u$. Zuerst wird der Fall behandelt, daß alle $X_i \neq B$ sind. Man kann dann für die X_i Koordinatenvektoren $\mathfrak{x}_i = \mathfrak{a} + \mathfrak{b} \cdot x_i$ angeben. Bestimmt man nun s, t durch

$$(25) \qquad x_3(1 + s) = x_1 + x_2 s, \qquad x_4(1 + t) = x_1 + x_2 t,$$

so gilt $\mathfrak{x}_3 \cdot (1 + s) = \mathfrak{x}_1 + \mathfrak{x}_2 \cdot s$, $\mathfrak{x}_4 \cdot (1 + t) = \mathfrak{x}_1 + \mathfrak{x}_2 \cdot t$, und man hat nach (12) und (11) $u = t^{-1}s$, also $s = t\,u = u\,t$. Die Bildpunkte X_i^φ haben nun Koordinatenvektoren $\mathfrak{a} + \mathfrak{b} \cdot x_i^\varphi$. Man kann wegen $X_i^\varphi \neq B$ wieder s', t' durch

$$(26) \qquad x_3^\varphi(1 + s') = x_1^\varphi + x_2^\varphi s', \qquad x_4^\varphi(1 + t') = x_1^\varphi + x_2^\varphi t'$$

bestimmen und erhält nach (12) und (11) $(X_1^\varphi, X_2^\varphi, X_3^\varphi, X_4^\varphi) = \langle t'^{-1}s' \rangle$. Mit $x_2^\varphi - x_1^\varphi = x \;(\neq 0)$ ergibt nun Elimination von x_3^φ, x_4^φ aus (26) und den durch Anwendung von φ auf (25) entstehenden Gleichungen die Beziehungen $s' = x^{-1}s^\varphi x$, $t' = x^{-1}t^\varphi x$. Daraus folgt schließlich $t'^{-1}s' = x^{-1}(t^\varphi)^{-1}(u\,t)^\varphi x = x^{-1}u\,x = u$, also $(X_1, X_2, X_3, X_4) = (X_1^\varphi, X_2^\varphi, X_3^\varphi, X_4^\varphi)$. Ist aber einer und damit genau einer der $X_i = B$, so kann man wegen (11) o. B. d. A. $X_2 = B$ voraussetzen. Mit $\mathfrak{x}_2 = \mathfrak{b}$ und x_1, x_3, x_4 in der früheren Bedeutung bestimmt man dann s und t durch $x_3 = x_1 + s$, $x_4 = x_1 + t$, so daß wieder $\mathfrak{x}_3 = \mathfrak{x}_1 + \mathfrak{x}_2 \cdot s$, $\mathfrak{x}_4 = \mathfrak{x}_1 + \mathfrak{x}_2 \cdot t$ und damit $s = tu$ ist. Für die entsprechend erklärten s', t' findet man dann $s' = s^\varphi$, $t' = t^\varphi$ und damit wieder $t'^{-1}s' = u$.

Aus (22) folgt

$$
\begin{aligned}
(x\,y\,x)^\varphi + (x^2\,y)^\varphi &= (x\,y)^\varphi x^\varphi + x^\varphi(x\,y)^\varphi, \\
(x^2\,y)^\varphi + (y\,x^2)^\varphi &= (x^2)^\varphi y^\varphi + y^\varphi(x^2)^\varphi, \\
(x\,y\,x)^\varphi + (y\,x^2)^\varphi &= x^\varphi(y\,x)^\varphi + (y\,x)^\varphi x^\varphi.
\end{aligned}
$$

Zusammen ergibt sich daraus, wieder mittels (22):

$$
\begin{aligned}
2(x\,y\,x)^\varphi &= (x^\varphi y^\varphi + y^\varphi x^\varphi)\,x^\varphi + x^\varphi(x^\varphi y^\varphi + y^\varphi x^\varphi) - y^\varphi(x^2)^\varphi - (x^2)^\varphi y^\varphi \\
&= 2 x^\varphi y^\varphi x^\varphi + y^\varphi\big((x^\varphi)^2 - (x^2)^\varphi\big) + \big((x^\varphi)^2 - (x^2)^\varphi\big) y^\varphi.
\end{aligned}
$$

Setzt man nun die Charakteristik von $\mathfrak{K}$ als von 2 verschieden, also $1 + 1 \neq 0$ voraus, so folgt mit $x = y$ aus (22) die Gl. (21), und die eben hergeleitete Gleichung liefert dann (19). Da bei der Herleitung von (c) aus (b) bereits gezeigt wurde, daß (21) aus (19) und mittels (16) weiter (22) aus (21) folgt, hat man zu Satz 22 noch den folgenden Zusatz[1]:

In (b) kann (19) durch (21) oder auch durch (22) ersetzt werden, falls $\mathfrak{K}$ eine von 2 verschiedene Charakteristik besitzt.

---

[1] In [**3, 4**], den ersten Untersuchungen von Abbildungen mit (a) bei nichtkommutativem Koordinatenschiefkörper, wird (22) verwandt. (19) ist die sinnvolle Verallgemeinerung von (22), wenn man ohne Charakteristikeinschränkung auskommen will; vgl. [**106, 101**].

Wählt man für u ein Element des Primkörpers von $\mathfrak{K}$ — d.h. einen Quotienten von Summen, deren Summanden alle $=1$ sind, oder das Negative eines solchen —, so ist natürlich in (b) wie in (c) die Bedingung $u^\varphi = u$ überflüssig. Einen solchen Wert u ($\neq 0, 1$) kann man aber nur dann wählen, wenn die Charakteristik von $\mathfrak{K}$ nicht $=2$ ist. In diesem Fall bezeichnet man das Punktepaar C, D als *harmonisch* zum Punktepaar A, B, wenn $(A, B, C, D) = -1$ ist. Nach (11) ist dies eine in den beiden Paaren symmetrische Aussage. Nach dem bisher Bewiesenen werden nun zueinander harmonische Punktepaare durch jede Kollineation wieder in solche übergeführt. Das geht auch aus der Tatsache hervor, daß nach der Einführung des Doppelverhältnisses auf S. 118 und nach (2.9) im Falle $DA = DB$, $BC = AB$, $U \neq W$, $BU = BW \neq AB$ die Gleichungen $(A, B, C, D) = -1$ und $C = ((AW \cap DU)\, B \cap AU)\, W \cap AB$ dasselbe bedeuten, was natürlich auch noch für den Fall der Charakteristik 2 gilt. Besonders bemerkenswert ist dabei, daß das Ergebnis der Konstruktion von C

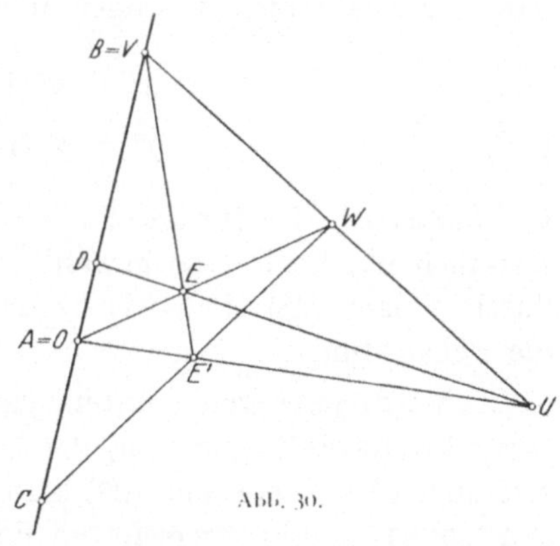

Abb. 30.

aus A, B, D (s. Abb. 30) nicht abhängt von der Wahl der Punkte U, W im Rahmen der oben angegebenen Bedingungen. Der in dieser Tatsache enthaltene Schließungssatz wird in **4.4** und **7.2** näher untersucht.

4.3. Quasiperspektivitäten.

Im folgenden sei eine desarguessche Ebene $\mathfrak{E}$ zugrunde gelegt. Auf S. 112 ist bereits gezeigt worden, daß zu einer Kollineation σ mit einem nichtausgearteten Fixpunktquadrupel ein Koordinatensystem und ein Automorphismus φ des Koordinatenschiefkörpers $\mathfrak{K}$ von $\mathfrak{E}$ so gefunden werden kann, daß σ dem Punkt mit dem Koordinatentripel (x_0, x_1, x_2) den Punkt mit dem Koordinatentripel $(x_0^\varphi, x_1^\varphi, x_2^q)$ zuordnet. σ werde dann als *durch φ bestimmt* bezeichnet. Offenbar ist $\sigma = 1$ gleichbedeutend mit $\varphi = 1$. Nach Satz 18 von S. 72 wird insbesondere jede Quasiperspektivität, welche keine zentrale Kollineation ist, in dem erklärten Sinn durch einen Automorphismus von $\mathfrak{K}$ bestimmt. Es fragt sich nun, welche Automorphismen φ von $\mathfrak{K}$ tatsächlich Quasiperspektivitäten bestimmen; diese können bei $\varphi \neq 1$ natürlich dann keine zentralen Kollineationen sein.

23. *Der Automorphismus φ von $\mathfrak{K}$ bestimmt genau dann eine Quasiperspektivität, wenn es ein $c \in \mathfrak{K}$ mit $c \neq 0$, $c^\varphi = c$, $(x^\varphi - x)^\varphi = (x^\varphi - x)\,c$ für alle $x \in \mathfrak{K}$ gibt* [21].

Beweis. Gibt es ein c mit den genannten Eigenschaften, so folgt $x_i^{\varphi^2} = x_i^\varphi (1 + c) - x_i c$ $(i = 0, 1, 2)$. Das heißt aber gerade $\varkappa(X, X^\sigma, X^{\sigma^2})$, wenn X die Koordinaten x_i hat, und nach Satz 17 von S. 71 ist σ daher eine Quasiperspektivität. Nach dem eben benutzten Satz 17 folgt umgekehrt für den eine Quasiperspektivität bestimmenden Automorphismus φ, daß zu Elementen $x, y \in \mathfrak{K}$, die ja als inhomogene Koordinaten eines Punktes X aufgefaßt werden können, ein $c \in \mathfrak{K}$ mit

$$(27) \qquad\qquad x^{\varphi^2} = x^\varphi (1 + c) - x c,$$

$$(28) \qquad\qquad y^{\varphi^2} = y^\varphi (1 + c) - y c$$

vorhanden ist. Da für $\varphi = 1$ die zu beweisende Behauptung selbstverständlich ist, kann y so gewählt werden, daß $y^\varphi \neq y$ ist und daher c durch y nach (28) eindeutig bestimmt wird. (27) besagt dann gerade die Behauptung.

Es werde jetzt weiter untersucht, welche Automorphismen φ Quasiperspektivitäten bestimmen, die keine Involutionen sind. Dann muß also auch $\varphi^2 \neq 1$ sein, und (27) ergibt daher $c \neq -1$. Man erkennt übrigens sofort, daß andererseits im Falle $\varphi^2 = 1$ (27) durch $c = -1$ erfüllt wird. Mit $x = y^2$ liefert (27)

$$(y^2)^\varphi (1 + c) - y^2 c = (y^2)^{\varphi^2} = (y^{\varphi^2})^2 = \big(y^\varphi (1 + c) - y c\big)^2,$$

und daraus folgt nach einfacher Rechnung

$$(y^\varphi - y)\, c\, y^\varphi (1 + c) = (y^\varphi - y)(1 + c)\, y c.$$

Das wiederum ergibt

$$(29) \qquad c\, y^\varphi (1 + c) = (1 + c)\, y c \qquad im\ Falle \qquad y^\varphi \neq y.$$

Da es wegen $\varphi \neq 1$ ein $y \in \mathfrak{K}$ mit $y^\varphi \neq y$ gibt, darf c wegen (29) nicht im Zentrum von $\mathfrak{K}$ liegen, muß also insbesondere $\neq 1$ sein. Sei nun $z^\varphi \neq z$. Dann folgt $(z^\varphi - z)^\varphi = (z^\varphi - z)\,c \neq z^\varphi - z$, so daß nach (29) mit $y = z^\varphi - z$

$$c(z^\varphi - z)\,c(1 + c) = c(z^\varphi - z)^\varphi (1 + c) = (1 + c)(z^\varphi - z)\,c$$

und weiter wegen $c \neq 0$

$$(30) \qquad\qquad c(z^\varphi - z)\,c = z^\varphi - z$$

gilt, was natürlich auch für $z^\varphi = z$ richtig ist. Aus (29) und (30) folgt nun

$$(31) \qquad\qquad x^\varphi = (1 + c)^{-1} x (1 + c)$$

im Falle $x^\varphi \neq x$. Um (31) auch für $x^\varphi = x$ zu beweisen, braucht man lediglich ein y mit $y^\varphi \neq y$ zu wählen und $x^\varphi = (x+y)^\varphi - y^\varphi$ durch Anwenden von (31) auf y und $x+y$ auszurechnen. Aus (31) und $c \neq 0$ folgt nun nach kurzer Rechnung

$$(1+c)^2 \left(x^{\varphi^2} - x^\varphi(1+c) + xc\right) = c\left((c^{-1}+c)x - x(c^{-1}+c)\right)c.$$

Damit besagt (27) unter den Voraussetzungen $c \neq 0$ und (31) gerade, daß $c^{-1}+c$ im Zentrum von $\mathfrak{K}$ liegt. Unter den Voraussetzungen (27) und (31) gilt schließlich: $\varphi = 1$, wenn c im Zentrum, und c im Zentrum, wenn $\varphi^2 = 1$. Beachtet man noch, daß aus (31) $c^\varphi = c$ folgt, so hat man daher den Satz [21]:

24. *Der Automorphismus φ bestimmt genau dann eine Quasiperspektivität, welche keine Involution ist, falls es ein nicht zum Zentrum gehöriges Element c von $\mathfrak{K}$ so gibt, daß $c^{-1}+c$ im Zentrum liegt und (31) gilt.*

Eine einfache Folgerung daraus lautet [21]:

Ist $\mathfrak{K}$ kommutativ, so ist eine Quasiperspektivität von $\mathfrak{E}$ stets eine zentrale Kollineation oder eine Involution.

Daß es tatsächlich bei passender Wahl von $\mathfrak{E}$ Quasiperspektivitäten gibt, welche weder Involutionen noch zentrale Kollineationen sind, zeigt z.B. der Fall, bei dem $\mathfrak{K}$ Quaternionenschiefkörper ist und (mit den Bezeichnungen von S. 170) $c_2 = -1$ gilt: Die Quaternion e_2 kann wegen $e_2^{-1} + e_2 = 0$ als Element c genommen werden.

4.4. Der Satz vom Viereckschnitt.

In einer projektiven Ebene $\mathfrak{E}$ nennt man die aus vier Punkten A_i ($i = 1, 2, 3, 4$), von denen keine drei kollinear sind, und ihren sechs Verbindungsgeraden $\alpha_{ik} = A_i A_k$ ($i, k = 1, 2, 3, 4;\ i \neq k$) bestehende Unterstruktur ein *vollständiges Viereck*; die Punkte und Geraden dieser Unterstruktur werden auch als die *Ecken* und *Seiten* des vollständigen Vierecks bezeichnet. Dual dazu spricht man von dem *vollständigen Vierseit* mit den *Seiten* α_i und den *Ecken* $\alpha_i \cap \alpha_k$. Sind nun A_{ik} ($i, k = 1, 2, 3, 4;\ i \neq k$) Punkte einer Geraden ω, zu welchen es ein vollständiges Viereck mit den nicht auf ω liegenden Ecken A_i und den Seiten α_{ik} so gibt, daß $A_{ik} \in \alpha_{ik}$ ($i, k = 1, 2, 3, 4; i \neq k$) gilt, so bezeichnet man das Paar der Tripel (A_{12}, A_{13}, A_{14}), (A_{34}, A_{42}, A_{23}) als einen *Viereckschnitt* mit dem *Träger* ω und drückt diesen Tatbestand durch

$$V(A_{12}, A_{13}, A_{14}; A_{34}, A_{42}, A_{23})$$

aus. Der duale Begriff wird *Vierseitprojektion* genannt. Jeder Viereckschnitt läßt sich unter Vertauschung der beiden Tripel als Schnitt seines Trägers mit einer Vierseitprojektion auffassen. Man braucht ja nur das

Vierseit mit den Seiten $\alpha_1 = \alpha_{34}$, $\alpha_2 = \omega$, $\alpha_3 = \alpha_{14}$, $\alpha_4 = \alpha_{13}$ zu bilden und A_2 als Träger der Vierseitprojektion zu wählen:

$$(\alpha_3 \cap \alpha_4)\,A_2 \cap \omega = A_{12}, \qquad (\alpha_4 \cap \alpha_2)\,A_2 \cap \omega = A_{13}, \qquad (\alpha_2 \cap \alpha_3)\,A_2 \cap \omega = A_{14},$$

$$(\alpha_1 \cap \alpha_2)\,A_2 \cap \omega = A_{34}, \qquad (\alpha_1 \cap \alpha_3)\,A_2 \cap \omega = A_{42}, \qquad (\alpha_1 \cap \alpha_4)\,A_2 \cap \omega = A_{23}.$$

Dual dazu läßt sich unter Vertauschung der beiden Tripel jede Vierseitprojektion durch Verbinden ihres Trägers mit einem Viereckschnitt herstellen. Man kann daher auf eine Behandlung der Vierseitprojektionen verzichten und sich auf die Betrachtung von Viereckschnitten beschränken. Da die $\alpha_{12}, \alpha_{13}, \alpha_{14}$ durch einen Punkt gehen, die $\alpha_{34}, \alpha_{42}, \alpha_{23}$ dagegen nicht, wird das erste Tripel als *Sterntripel*, das zweite als *Dreieckstripel* bezeichnet. Permutation der A_i zeigt, daß in einem Viereckschnitt die beiden Tripel ein und derselben Permutation unterworfen werden dürfen und daß ferner der erste und zweite, der zweite und dritte oder der dritte und erste Punkt des ersten Tripels mit den entsprechenden Punkten des zweiten vertauscht werden dürfen. Daß die beiden Tripel nicht immer ganz untereinander vertauscht werden dürfen, wird sich in **5.1** zeigen. Wegen $\alpha_{ik} \cap \alpha_{ih} = A_i \notin \omega$ können zwischen den Punkten A_{ik} eines Viereckschnitts höchstens die Gleichungen $A_{12} = A_{34}$, $A_{13} = A_{24}$, $A_{14} = A_{23}$ bestehen. Jede dieser Gleichungen besagt, daß ω einen der drei *Diagonalpunkte* $\alpha_{12} \cap \alpha_{34}$, $\alpha_{13} \cap \alpha_{42}$, $\alpha_{14} \cap \alpha_{23}$ des vollständigen Vierecks enthält. Diese Diagonalpunkte sind also untereinander verschieden. Die beiden Seiten, welche sich in einem Diagonalpunkt schneiden, werden als *gegenüberliegend* bezeichnet. Alle drei Gleichungen $A_{12} = A_{34}$, $A_{13} = A_{24}$, $A_{14} = A_{23}$ können nur dann bestehen, wenn die Diagonalpunkte kollinear sind[1]. Über diese Möglichkeit gibt der folgende Satz Auskunft:

25. *Genau dann sind in jedem vollständigen Viereck einer projektiven Ebene $\mathfrak{E}$ die Diagonalpunkte kollinear, wenn in jedem Ternärkörper von $\mathfrak{E}$ die Gleichung $x + x = 0$ für alle Koordinaten x gilt, wenn also im Falle, daß $\mathfrak{E}$ desarguessch ist, der Koordinatenschiefkörper von $\mathfrak{E}$ die Charakteristik 2 besitzt.*

Zum Beweis braucht man nur bei der Betrachtung der Bedingung paralleler Diagonalen auf S. 60 die offenbar erlaubte Annahme $X \neq O$ zu machen und das vollständige Viereck mit den Ecken O, P, Q, R zu betrachten.

---

[1] In diesem Fall bilden offenbar die Ecken, Diagonalpunkte und Seiten zusammen mit ω eine Unterebene. Nimmt man nun als Koordinatenschiefkörper für die desarguessche Ebene $\mathfrak{E}$ einen unendlichen Körper der Charakteristik 2, also etwa den Körper der rationalen Funktionen über dem Primkörper der Charakteristik 2, so erkennt man mittels Satz 25 leicht, daß in $\mathfrak{E}$ unendlich viele Unterebenen vorkommen, welche paarweise elementefremd sind.

Den auf S. 125 beschriebenen Zusammenhang zwischen den Punkten A, B, C, D kann man nun offenbar durch $V(A, B, C; A, B, D)$ ausdrücken, wenn man (s. Abb. 30) das vollständige Viereck mit den Ecken E, E', U, W benutzt. In desarguesschen Ebenen gilt also der folgende *Satz vom vollständigen Viereck: In einem Viereckschnitt, der mindestens zwei der drei zwischen seinen Punkten möglichen Gleichungen erfüllt, wird einer der in den Gleichungen nicht vorkommenden Punkte durch die andern eindeutig bestimmt.* Einfache Umformung gestattet, diesen Satz als konstruierbaren Schließungssatz vom Rang 11 aufzufassen. Man kann ihn offenbar auch so aussprechen: *Von den Schnittpunkten eines Paares gegenüberliegender Seiten eines vollständigen Vierecks mit der Verbindungsgeraden der nicht auf diesen Seiten liegenden Diagonalpunkte wird der eine bereits durch den andern und die beiden Diagonalpunkte eindeutig bestimmt.* In Verallgemeinerung der Definition von S. 125 bezeichnet man im Falle $V(A, B, C; A, B, D)$ oder $C = A = D$ oder $C = B = D$ das Paar C, D als *harmonisch* zum Paar A, B, welche Aussage nach dem oben Bemerkten symmetrisch in A, B sowohl wie in C, D ist. Dem Satz vom vollständigen Viereck kann man mit Hilfe dieses Begriffs auch die folgende Form geben: *Soll das Paar C, D harmonisch zum Paar A, B mit $A \neq B$ sein, so ist D durch A, B, C eindeutig bestimmt.* Man bezeichnet dann D auch wohl als den *vierten harmonischen Punkt* zu A, B, C.

Der in **7.2** noch näher zu untersuchende Satz vom vollständigen Viereck legt es nun nahe, den folgenden *Satz vom Viereckschnitt (VS-Satz)* zu untersuchen, den man leicht als konstruierbaren Schließungssatz vom Rang 13 formulieren kann: *In einem Viereckschnitt wird jeder Punkt durch die andern eindeutig bestimmt.*

Als Spezialisierung dieses Satzes erscheint nun der *reduzierte VS-Satz für die Gerade γ*, bei dem die fest gewählte Gerade γ der Träger des Viereckschnittes ist und zur Herstellung des Viereckschnittes nur solche vollständigen Vierecke zugelassen werden, die in zwei einander gegenüberliegenden Seiten übereinstimmen. Sind diese Seiten mit α und β bezeichnet, so formuliert man diesen Satz, der offenbar den Rang 9 hat, am einfachsten so[1] (s. Abb. 31):

Aus

$$A_{ik} \in \alpha, \quad \notin \beta, \quad \notin \gamma,$$
$$B_{ik} \notin \alpha, \quad \in \beta, \quad \notin \gamma,$$
$$C_{ik} \notin \alpha, \quad \notin \beta, \quad \in \gamma,$$

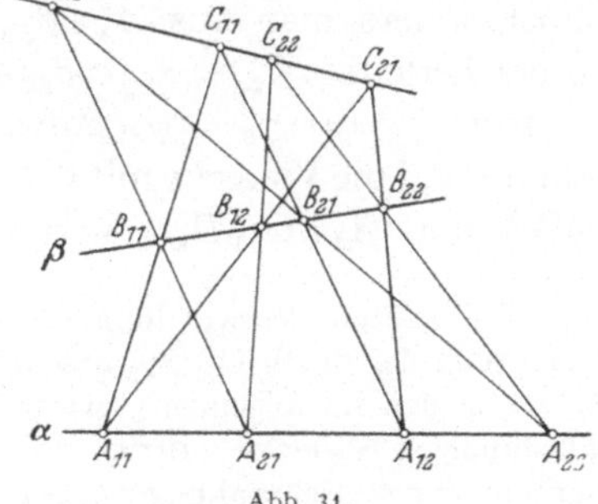

Abb. 31.

---

[1] Bezeichnungsweise wie in [**114**].

$$\varkappa(A_{ik}, B_{kl}, C_{li}) \quad \textit{für} \quad i, k, l = 1, 2 \quad \textit{mit Ausnahme von} \quad i = k = l = 2$$
folgt

$$\varkappa(A_{22}, B_{22}, C_{22}).$$

An sich müßte in der Voraussetzung noch $B_{i1} \neq B_{i2}$, $A_{1i} \neq A_{2i}$ ($i = 1, 2$) gefordert werden, um wirklich vollständige Vierecke zu erhalten; doch sieht man leicht, daß diese Annahme überflüssig ist. Weglassen des Zusatzes „für die Gerade γ" soll den zugehörigen allgemeinen Schließungssatz bedeuten, der offenbar vom Rang 11 ist. Die durch $A_{11} = C$ mit festem C sich ergebende Spezialisierung wird durch den Zusatz *„für den Punkt C"* gekennzeichnet. Man erkennt übrigens leicht, daß eine gleichwertige Spezialisierung entsteht, wenn statt A_{11} irgendeine der andern Punktvariablen zum Festelement gemacht wird.

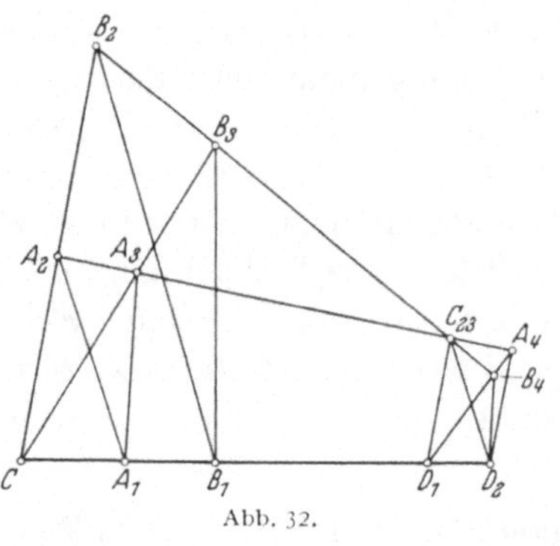

Abb. 32.

26. *Die folgenden Aussagen sind bei fester Wahl des Punktes C und der Geraden γ gleichwertig* [112]:

(a) *der reduzierte VS-Satz für die Gerade γ;*

(b) *der reduzierte VS-Satz für den Punkt C;*

(c) *der Satz von Desargues;*

(d) *der VS-Satz.*

Beweis. Zuerst wird im Falle $C \notin \gamma$ aus dem reduzierten VS-Satz für die Gerade γ und den Punkt C der Desarguessche (C, γ)-Satz hergeleitet. Die Voraussetzungen dieses Satzes seien wie auf S. 73 ausgedrückt. Sei nun die Behauptung nicht erfüllt, also $C_{23} \notin \gamma$. Zuerst wird dann der Fall $C_{23} \notin \gamma_1$ behandelt (s. Abb. 32). Mittels (1.11) und (1.12) erkennt man nun leicht, daß $(\gamma \cap \gamma_2) C_{23} \cap \gamma_1 = D_1$ und $C_{12} C_{23} \cap \gamma_1 = D_2$ weder auf α_{23} noch auf β_{23} noch auf γ liegen. Man kann daher $A_4 = \alpha_{23} \cap (\gamma \cap \gamma_3) D_1$ und $B_4 = \beta_{23} \cap (\gamma \cap \gamma_3) D_1$ bilden und erhält mittels (1.10) bis (1.13) $A_4, B_4 \notin \gamma_1, \gamma$ sowie $A_4 \notin \beta_{23}, B_4 \notin \alpha_{23}$; $A_4 \notin \beta_{23}$ beweist man dabei, indem man aus $A_4 \in \beta_{23}$ in der folgenden Weise einen Widerspruch herleitet: $C_{23} = \alpha_{23} \cap \beta_{23} \in (\gamma \cap \gamma_3) D_1$, $\gamma \cap \gamma_3 \in D_1 C_{23} = (\gamma \cap \gamma_2) C_{23}$, $C_{23} \in (\gamma \cap \gamma_2)(\gamma \cap \gamma_3) = \gamma$. Anwendung des reduzierten VS-Satzes[1] für γ und C auf die Vierecke mit den Ecken C, A_1, A_2, A_3 und D_1, D_2, C_{23}, A_4 liefert nun $A_4 \in C_{13} D_2$. Vertauschen der A_i mit den B_i gibt weiter

---

[1] Für spätere Verwendung sei schon hier darauf hingewiesen, daß bei der Herleitung der durch $C_{13} \in \gamma_2$ beschriebenen Ausartung des Desarguesschen (C, γ)-Satzes in den im folgenden verwandten Viereckschnitten ein Diagonalpunkt der vollständigen Vierecke auftritt, so daß man dann also den reduzierten VS-Satz nur mit der Einschränkung $C_{11} = C_{22}$ benötigt.

$B_4 \in C_{13} D_2$. Wegen $A_4 \neq B_4$ ergibt sich daher $(\gamma \cap \gamma_3) D_1 = A_4 B_4 = C_{13} D_2$. Mittels $C_{13} \notin \gamma_3$, also $C_{13} \neq \gamma \cap \gamma_3$, folgt schließlich daraus nach (1.5) und (1.13) der Widerspruch $D_1 \in (\gamma \cap \gamma_3) C_{13} = \gamma$. Im Fall $C_{23} \in \gamma_1$ wird $C_1 = C_{23}$, $C_i = C_1 C_{1i} \cap \gamma_i$ $(i = 2, 3)$ gesetzt. Mittels (1.10) und (1.11) erhält man dann $C_i \neq C$, A_i, B_i $(i = 1, 2, 3)$, $C_1 C_2 \neq C_1 C_3$, $C_2 C_3 \cap \alpha_{23} \notin \gamma_1$, $C_2 C_3 \cap \beta_{23} \notin \gamma_1$. Da nun aus $C_2 C_3 \cap \alpha_{23} \in \gamma$, $C_2 C_3 \cap \beta_{23} \in \gamma$ auch $C_{23} \in \gamma$ folgen würde, sind die Voraussetzungen des zuerst behandelten Falles $(C_{23} \notin \gamma_1)$ mit A_i, C_i an Stelle von A_i, B_i oder aber mit B_i, C_i an Stelle von A_i, B_i erfüllt, so daß sich auch hier wieder ein Widerspruch ergibt. Aus der damit bewiesenen Behauptung folgt nun mit Hilfe des Satzes 27 von S. 83, daß (a) sowohl wie (b) die Aussage (c) nach sich zieht. Aus (c) folgt nun auch (d). Sind nämlich A_i bzw. B_i $(i = 1, 2, 3, 4)$ in $\mathfrak{E}_\gamma$ die Ecken zweier vollständiger Vierecke, so bedeutet das Übereinstimmen der durch sie auf γ erzeugten Viereckschnitte in 5 Punkten das Erfülltsein von 5 der 6 Beziehungen $A_i A_k \| B_i B_k$ $(i, k = 1, 2, 3, 4; i < k)$, etwa von allen mit Ausnahme von $A_3 A_4 \| B_3 B_4$. Es sei jetzt τ die durch $A_1^\tau = B_1$ bestimmte Translation von $\mathfrak{E}_\gamma$, für die also $A_i^\tau B_1 = B_i B_1$ $(i = 2, 3, 4)$ und $A_2^\tau A_i^\tau \| B_2 B_i$ $(i = 3, 4)$ gilt, und σ die durch $A_2^{\tau\sigma} = B_2$ bestimmte Streckung von $\mathfrak{E}_\gamma$ mit Fixpunkt B_1, für die dann also $A_i^{\tau\sigma} = B_i$ $(i = 1, 2, 3, 4)$ gilt. Da nun auch $\tau\sigma$ jeden Punkt von γ festläßt, folgt daher $A_3 A_4 \| B_3 B_4$. Daß schließlich (a) sowohl wie (b) aus (d) folgt, ist klar. Damit ist alles bewiesen.

Daß (c) aus (d) folgt, läßt sich auch auf die im folgenden angedeutete Weise zeigen. Für die in **1.6** erklärten Verknüpfungen $\mp$ und $\sim$ ergeben sich an Hand der Abb. 7 und 8 (s. S. 40) sofort die Beziehungen:

$$(32) \qquad V(V, x, O; V, v, x \mp v),$$

$$(33) \qquad V(O, x, \tilde{1}; V, u, u \sim x).$$

Unter Benutzung von (d) kann man nun zeigen [**86, 206, 208**], daß die Koordinatenmenge mit diesen beiden Verknüpfungen einen Schiefkörper bildet. Da $\mp$ wegen (32) nicht von E' abhängt, bestehen nach (1.61) daher die nicht durch V gehenden Geraden von $\mathfrak{E}_{UV}$ aus den Punkten, deren Koordinatenpaare (x^*, y) eine Gleichung $y = x^* \sim u \mp v$ erfüllen, so daß nach Satz 49 von S. 105[1] $\mathfrak{E}$ tatsächlich eine desarguessche Ebene ist.

Da nach S. 79 die zu einer desarguesschen Ebene duale Ebene ebenfalls desarguessch ist, bedeutet der VS-Satz dasselbe wie seine Dualisierung, der *Satz von der Vierseitprojektion (VP-Satz)*, und ebenfalls dasselbe wie der *reduzierte VP-Satz*, der aus dem $V\tilde{P}$-Satz in entsprechender Weise entsteht wie der reduzierte VS-Satz aus dem VS-Satz und der daher dual ist zum reduzierten VS-Satz. Man erhält somit den

---

[1] Wobei man als W den uneigentlichen Punkt der durch $y = x^*$ beschriebenen Geraden zu nehmen hat und zum entgegengesetzten Schiefkörper übergehen muß.

Wortlaut des reduzierten VP-Satzes, indem man im Wortlaut des reduzierten VS-Satzes die griechischen mit den entsprechenden lateinischen Buchstaben vertauscht. Setzt man nun etwa $O = \alpha_{11} \cap \beta_{11}$, $O' = \alpha_{11} \cap \beta_{12}$, $P = \alpha_{12} \cap \beta_{21}$, $P' = \alpha_{12} \cap \beta_{22}$, $Q = \alpha_{21} \cap \beta_{11}$, $Q' = \alpha_{21} \cap \beta_{12}$, $R = \alpha_{22} \cap \beta_{21}$, $R' = \beta_{22} \cap \gamma_{22}$, so zeigt der Vergleich mit Abb. 11 (S. 52), daß der reduzierte VP-Satz einfach die Reidemeister-Bedingung für jedes aus den Geraden von drei verschiedenen Geradenbüscheln der projektiven Ebene gebildete 3-Gewebe und damit die Assoziativität der Addition und Multiplikation in jedem Ternärkörper bedeutet; der reduzierte VP-Satz ist also einfach der zur Reidemeister-Bedingung gehörige allgemeine Schließungssatz. Durch Dualisierung des oben Bewiesenen

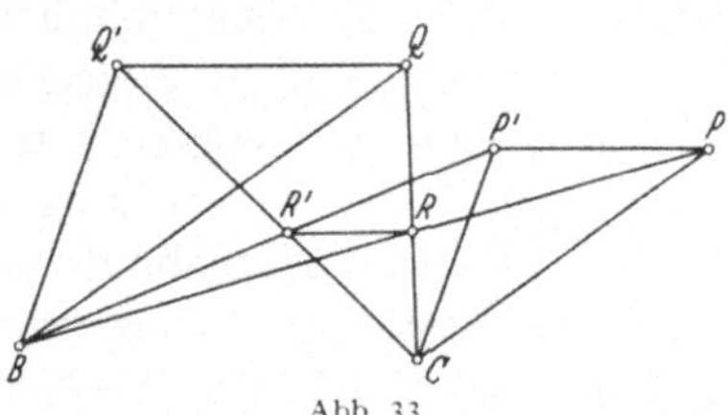

Abb. 33.

ergibt sich nun aber auch, daß dieser Satz gleichwertig ist mit der durch Erklärung von α_{11} zum Festelement sich ergebenden Spezialisierung. Ist $\alpha_{11} = \gamma$, so kann man diese als *reduzierten VP-Satz für die Gerade γ* bezeichnete Spezialisierung mit den oben eingeführten Bezeichnungen nach Ausschalten trivialer Sonderfälle als Schließungssatz der affinen Ebene $\mathfrak{E}_\gamma$ so formulieren[1] (Abb. 33): *Aus $QQ' \parallel PP'$, $CP' \parallel BQ'$, $CP \parallel BQ$, $B \notin CP$, CP', CQ, CQ' folgt $(BP \cap CQ)\,(BP' \cap CQ') \parallel PP'$, falls nicht $BP \parallel CQ$.*

Man kann nun aber noch weitere Spezialisierungen des reduzierten VP-Satzes finden, welche ebenfalls den Desarguesschen Satz nach sich ziehen und daher mit diesem gleichwertig sind. Beim Beweis des Desarguesschen Satzes auf S. 130/1 genügt es nach Satz 28 von S. 85, sich auf den Fall zu beschränken, daß γ_1 durch einen festen Punkt O von γ geht. Das bedeutet also, daß man den reduzierten VS-Satz für γ nur im Falle $\alpha \cap \gamma = O$ braucht. In der Dualisierung bedeutet das die Reidemeister-Bedingung für solche Geradenbüscheltripel, bei denen ein Träger fest ist und ebenso dessen Verbindungsgerade mit einem der beiden anderen Träger. Das besagt aber die Assoziativität der Addition und Multiplikation in jedem Ternärkörper bezüglich solcher Bezugspunkte O, U, V, E, bei denen V (oder U) sowie UV fest sind.

Man kann nun aber auch noch auf die Assoziativität der Addition verzichten, wenn man lediglich UV (oder wegen der Symmetrie der Reidemeister-Bedingung auch OU oder OV) als fest vorschreibt [113]. In der Dualisierung bedeutet das nämlich: $O \in \alpha$, $O \notin \beta$, $O \in \gamma$ bei festem

---

[1] Sätze (R) und (r) in [**112**, S. 135]; dort als Sätze über die Dreiecke C, P, P' und B, Q, Q' ausgesprochen, wobei in (r) $BP' \parallel CQ'$ aus $BP \parallel CQ$ gefolgert wird. Weitere affine Spezialisierungen, die mit dem VP-Satz gleichwertig sind, findet man in [**112, 113**].

Punkt O. Das Verfahren von S. 130/1 führt dann unter den üblichen Voraussetzungen des Desarguesschen Satzes zu

$$(34) \qquad C_{23} \in \gamma \quad oder \quad O \in \beta_{23}, \quad falls \quad O \in \gamma_1 \quad und \quad O \notin \alpha_{23}.$$

Lediglich der Fall $C_{23} \notin \gamma$, $C_{23} \in \gamma_1$, $O \in C_2 C_3$ (mit den Bezeichnungen von S. 130) bedarf dabei noch einer besonderen Betrachtung. Man setzt[1] $A_4 = C_2 C_3 \cap \alpha_{23}$, $C_4 = (A_1 A_4 \cap \gamma) C_1 \cap C A_4$, so daß $C \neq A_4 \neq C_4 \neq C$ gilt. Wegen $O \notin C_4 C_i$ und $A_4 A_i \cap \gamma_1 = C_1 \notin C_4 C_i$ $(i = 2, 3)$ liefert dann der bereits erledigte Fall $C_{23} \notin \gamma_1$ (mit 4 an Stelle von $i = 2$ bzw. 3 und C_k an Stelle von B_k) $\alpha_{23} \cap \gamma \in C_4 C_i$ $(i = 2, 3)$. Daraus folgt weiter $C_4 C_2 = C_4 C_3$, $C_4 \in C_2 C_3$ und somit der Widerspruch $C_4 = A_4$.

Um nun mittels (34) zum Ziel zu gelangen, braucht man wegen des Satzes 29 von S. 85 jetzt nur noch aus (34) den Desarguesschen (C, γ)-Satz bei beliebigem $C \notin \gamma$ und $O \in \gamma_3$, $O \notin \alpha_{12}$ herzuleiten. Es wird zu diesem Zweck $\gamma_2 \cap (\gamma \cap \alpha_{23}) B_3 = B_2'$ gesetzt. Dann ist nur noch $B_1 B_2' \cap \alpha_{12} \in \gamma$ aus den Voraussetzungen der beschriebenen Spezialisierung des Desarguesschen Satzes herzuleiten; denn daraus folgt ja $B_2 = B_2'$

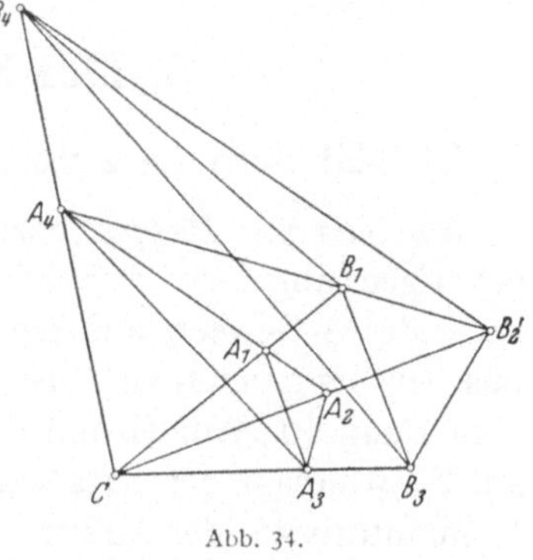
Abb. 34.

und somit $\alpha_{23} \cap \beta_{23} \in \gamma$. Sei im Gegenteil $A_4 = B_1 B_2' \cap \alpha_{12} \notin \gamma$. Dann muß $O \in B_1 B_2'$ und somit $A_4 \notin \gamma_3$ sein, da sonst nach Ersetzen von B_2 durch B_2' und Vertauschen von 1 mit 3 aus (34) $A_4 \in \gamma$ folgen würde. Daher und wegen $A_3, B_3 \notin \gamma$ kann $B_4 = (A_3 A_4 \cap \gamma) B_3 \cap C A_4$ gebildet werden (siehe Abb. 34), und es gilt $C \neq A_4 \neq B_4 \neq C$. Da man leicht $A_4 \notin \gamma_1, \gamma_2$ feststellt, kann man daher nach Ersetzen von B_2 durch B_2' (34) sowohl mit 3, 1, 4 wie mit 3, 2, 4 an Stelle von 1, 2, 3 anwenden und erhält so $B_1 B_4 \cap \alpha_{12} \in \gamma$ oder $O \in B_1 B_4$ sowie $B_2' B_4 \cap \alpha_{12} \in \gamma$ oder $O \in B_2' B_4$. Wegen $O \in B_1 B_2'$ und $O \neq B_1, B_2'$ ergibt sich daraus $B_4 \in B_1 B_2'$ und damit $A_4 = B_4$ im Widerspruch zu dem oben Festgestellten.

Da in dem eben geführten Beweis C und γ festgehalten wurden, ergibt sich noch, daß im Falle $C \notin \gamma$ der reduzierte VS-Satz für C und γ auch mit der Einschränkung $\alpha \cap \beta \notin \gamma$ den Desarguesschen (C, γ)-Satz nach sich zieht; denn nach dem Beweis von Satz 30 auf S. 86 kann man ja den Desarguesschen (C, γ)-Satz mit $C_{12} \in \gamma_3$ auf den mit $C_{12} \notin \gamma_3$ zurückführen. Dualisierung des gewonnenen Ergebnisses bei fester Geraden γ, aber variablem Punkt C $(\notin \gamma)$ zeigt dann, daß statt UV auch U oder V oder O als fest angenommen werden kann.

---

[1] Vgl. die entsprechende Konstruktion in Abb. 34.

Zusammenfassend hat man also den Satz:

27. *Es sind gleichwertig der Desarguessche Satz,*
der reduzierte VP-Satz für eine feste Gerade,
Assoziativität der Addition und Multiplikation in jedem Ternärkörper,
Assoziativität der Addition[1] und Multiplikation in jedem Ternärkörper
mit festem Bezugspunkt V (oder U) und fester Geraden UV,

Assoziativität der Multiplikation in jedem Ternärkörper mit fester
Geraden UV (oder OU oder OV),

Assoziativität der Multiplikation in jedem Ternärkörper mit festem
Bezugspunkt V (oder U oder O).

5. Der Satz von Pappos.

5.1. Mit dem Satz von Pappos gleichwertige Aussagen.

Als *Satz von Pappos* bezeichnet man den zur Thomsen-Bedingung gehörigen allgemeinen Schließungssatz, d.h. die Thomsen-Bedingung für jedes 3-Gewebe aus den Geraden dreier verschiedener Geradenbüschel. Es handelt sich also um einen konstruierbaren Schließungssatz vom Rang 10. Auf Grund der Bedeutung der Thomsen-Bedingung 19 auf S. 59 besagt der Satz von Pappos für eine projektive Ebene $\mathfrak{E}$ die Kommutativität der Addition und Multiplikation in jedem Ternärkörper von $\mathfrak{E}$. Bei der Thomsen-Bedingung darf wegen ihrer Symmetrie in U, V, W mit den Bezeichnungen von Abb. 16 die Behauptung als $XW = X'W$ angenommen werden; ferner darf man offenbar $O \neq X \neq Y \neq O$ voraussetzen, so daß auf Grund der Voraussetzung die vorkommenden Geradentripel der drei Büschel aus verschiedenen Geraden bestehen und daher unter den Punkten X, Y, Y', X', Z', Z bei zyklischer Anordnung kein kollineares Tripel mit zwei aufeinanderfolgenden Punkten vorkommt. Man bezeichnet nun Punkte X_i $(i = 0, 1, \ldots, 6; X_0 = X_6)$ mit der durch die Indizierung angegebenen zyklischen Anordnung, für welche — wie eben bei den Punkten der Thomsen-Bedingung festgestellt — $\varkappa(X_{i-1}, X_i, X_k)$ für $i = 1, \ldots, 6$ und $i - 1 \neq k \neq i$ unmöglich ist, zusammen mit den Geraden $\xi_i = X_{i-1}X_i$ $(i = 1, \ldots, 6)$ als ein *Sechseck*. Versieht man dabei auch die ξ_i mit der durch die Indizierung und die Festsetzung $\xi_0 = \xi_6$ beschriebenen zyklischen Anordnung, so ist dieser Begriff offensichtlich selbstdual, d.h. ein Sechseck ist zugleich Sechseck in der dualen Ebene. Die Geraden $X_i X_{i+3}$ $(i = 1, 2, 3)$ heißen die *Diagonalen* und dual dazu die Punkte $\xi_i \cap \xi_{i+3}$ $(i = 1, 2, 3)$ die *Diagonalpunkte* des Sechsecks. Offenbar kann ein Diagonalpunkt höch-

---

[1] Nach Pickert [1958] kann die Assoziativität der Addition weggelassen werden; man erhält nämlich ohne diese nach dem dortigen Satz 1 bei Festlassen auch von U die (U, V)-Transitivität, daher (bei Festlassen nur von V und UV) die (V, γ)-Transitivität für alle γ mit $V \notin \gamma$, nach Satz 27, S. 83 also den Satz von Desargues.

stens auf *einer* Diagonalen liegen, z.B. $\xi_1 \cap \xi_4$ höchstens auf $X_2 X_5$; diese Diagonale wird als die *zugehörige* des betreffenden Diagonalpunktes bezeichnet, und diese Beziehung bleibt offenbar bei Übergang zur dualen Ebene erhalten. Die Diagonalpunkte sind untereinander alle verschieden, da z.B. aus $X_1 X_2 \cap X_4 X_5 = X_2 X_3 \cap X_5 X_6$ eine der beiden unmöglichen Beziehungen $X_1 X_2 = X_2 X_3$, $X_2 \in X_4 X_5$ folgen würde. Auf der Verbindungsgeraden zweier Diagonalpunkte liegt kein Sechseckpunkt; denn aus $X_1 \in (\xi_3 \cap \xi_6)(\xi_2 \cap \xi_5)$ z.B. würde wegen $X_1 \notin \xi_5$, also $X_1 \neq \xi_2 \cap \xi_5$, der Widerspruch $\xi_3 \cap \xi_6 \in (\xi_2 \cap \xi_5) X_1 = \xi_2$ folgen. Mit Hilfe dieser Tatsachen erkennt man nun leicht, daß dem Satz von Pappos die folgende selbstduale Form[1] gegeben werden kann [**88, 28**], welche hier als die *erste hexagonale Form* bezeichnet werden soll: *Liegen bei einem Sechseck zwei Diagonalpunkte auf ihren zugehörigen Diagonalen, so trifft dies auch auf den dritten Diagonalpunkt zu.*

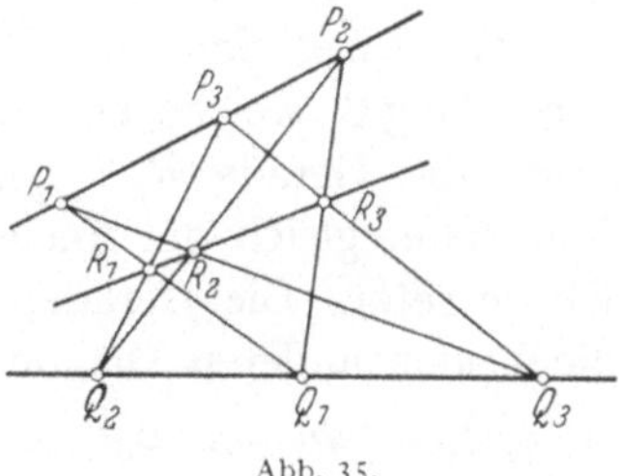

Abb. 35.

Die zum Satz von Pappos gehörige Inzidenzstruktur, welche aus neun Punkten (nämlich den sechs Sechseckpunkten und den drei Diagonalpunkten) und neun Geraden (nämlich den sechs Sechseckgeraden und den drei Diagonalen) besteht, läßt sich nach Hinzufügen der die Behauptung des Satzes darstellenden Inzidenz übrigens am einfachsten beschreiben, wenn $A_i = X_{2i-1}$, $B_i = X_{2i}$, $C_i = \xi_{2i} \cap \xi_k$ $(i = 1, 2, 3;$ $k \equiv 2i + 3 \mod 6)$ gesetzt wird: In der Inzidenzstruktur gilt $\varkappa(A_i, B_k, C_l)$ genau dann, wenn $i + k + l \equiv 0 \mod 3$ ist[2].

Ein Sechseck wird als *pascalsch* bezeichnet, wenn seine Diagonalpunkte kollinear sind. Mit dieser Begriffsbildung kann man die *zweite hexagonale Form des Satzes von Pappos* aussprechen: *Ein Sechseck, dessen Punkte auf zwei Geraden liegen, ist pascalsch* (Abb. 35). Man braucht nämlich nur bei der Thomsen-Bedingung $Y' = P_1$, $V = P_2$, $Z = P_3$, $Y = Q_1$, $Z' = Q_2$, $U = Q_3$ zu setzen; dann bilden auf Grund der Voraussetzung der Thomsen-Bedingung $P_1, Q_1, P_2, Q_2, P_3, Q_3$ ein Sechseck mit $\varkappa(P_1, P_2, P_3)$, $\varkappa(Q_1, Q_2, Q_3)$ und den Diagonalpunkten $R_1 = W$, $R_2 = X'$, $R_3 = X$, so daß die zweite hexagonale Form tatsächlich gerade die Behauptung der Thomsen-Bedingung liefert. Ist umgekehrt ein Sechseck mit den Punkten $P_1, Q_1, P_2, Q_2, P_3, Q_3$ gegeben, welche auf den Geraden α, β liegen, so muß (abgesehen von einer möglichen Vertauschung von α mit β) $P_i \in \alpha$, $Q_i \notin \alpha$, $P_i \notin \beta$, $Q_i \in \beta$ $(i = 1, 2, 3)$ sein. Mit $R_1 = P_1 Q_1 \cap P_3 Q_2$ ist nun $R_1 P_2 \cap \beta \neq Q_1, Q_2$, da sonst $P_1 Q_1, Q_1 P_2$, $P_3 Q_2$ oder $P_1 Q_1, P_2 Q_2, Q_2 P_3$ durch einen Punkt gehen würden; ebenso gilt $R_1 Q_3 \cap \alpha \neq P_1, P_3$, und ferner ist $P_2 Q_3 \cap \alpha = P_2$, $P_2 Q_3 \cap \beta = Q_3$.

---

[1] Andere selbstduale Formen findet man in [**63, 142**].

[2] Vgl. [**125**, S. 108]. Weiteres über diese Inzidenzstruktur s. [**136**].

Keiner der Punkte P_1, P_3, Q_1, Q_2 liegt also auf einer der Geraden
$P_2 Q_3$, $Q_3 R_1$, $R_1 P_2$. Mit $U = Q_3$, $V = P_2$, $W = R_1$, $X = P_2 Q_1 \cap P_3 Q_3 = R_3$,
$X' = P_1 Q_3 \cap P_2 Q_2 = R_2$, $Y = Q_1$, $Y' = P_1$, $Z = P_3$, $Z' = Q_2$ ist daher die
Voraussetzung der Thomsen-Bedingung erfüllt, und deren Behauptung
liefert gerade die Behauptung $\varkappa (R_1, R_2, R_3)$ der zweiten hexagonalen
Form.

Durch Hinzunahme einiger trivialer Fälle kann man die zweite
hexagonale Form des Satzes von Pappos noch in die folgende Ge-
stalt bringen: *Sind die Punkte* $R_1 = P_3 Q_2 \cap P_1 Q_1$, $R_2 = P_1 Q_3 \cap P_2 Q_2$,
$R_3 = P_2 Q_1 \cap P_3 Q_3$ *vorhanden, so folgt* $\varkappa (R_1, R_2, R_3)$ *aus* $\varkappa (P_1, P_2, P_3)$,
$\varkappa (Q_1, Q_2, Q_3)$. Man braucht nämlich nur zu beachten, daß im Falle
$P_1 = P_2$ die Beziehungen $R_1, R_3 \in P_1 Q_1$, $R_2 = P_1$ gelten, während im
Falle $\varkappa (P_1, Q_i, Q_k)$ $(i, k = 1, 2, 3)$ die Gleichungen $R_1 = Q_2 = R_3$ folgen.

Als *affinen Satz von Pappos* bezeichnet man jene Spezialisierung
vom Rang 8, welche entsteht, wenn man in der zweiten hexagonalen
Form die Gerade $R_2 R_3$, in der ersten hexagonalen Form also eine
Diagonale, gleich der uneigentlichen Geraden der betreffenden affinen
Ebene setzt. Die Geraden α, β, also in der ersten hexagonalen Form
die beiden anderen Diagonalen, heißen dann die *Trägergeraden*.

1. *Der Satz von Pappos ist in einer projektiven Ebene* $\mathfrak{E}$ *gleichwertig
mit jeder der folgenden Aussagen:*

(a) *Kommutativität der Multiplikation in jedem Ternärkörper;*

(b) *Kommutativität der Multiplikation in jedem Ternärkörper mit
fester Geraden UV (oder OU oder OV);*

(c) *Desarguesscher Satz und Kommutativität der Multiplikation*[1] *in
einem Ternärkörper;*

(d) *ein Ternärkörper von* $\mathfrak{E}$ *ist Körper*[2];

(e) *jeder Ternärkörper von* $\mathfrak{E}$ *ist Körper;*

(f) *affiner Satz von Pappos in* $\mathfrak{E}_\omega$ *bei fester Geraden* ω *und festem
uneigentlichen Punkt einer Trägergeraden;*

(g) *affiner Satz von Pappos in* $\mathfrak{E}_\omega$ *bei fester Geraden* ω *und mit nicht-
parallelen Trägergeraden*[3].

---

[1] Auf Grund des Satzes, daß ein Schiefkörper kommutativ ist, wenn bei jedem
Element eine Potenz desselben im Zentrum liegt [**107**, **85**], kann man diese Forderung noch abschwächen. Eine Verallgemeinerung des eben erwähnten Satzes
wird in [**154**] angegeben.

[2] Das bedeutet also nach S. 118, daß alle Doppelverhältnisse Koordinatenwerte
sind. In [**121**] wird dies zu einer mit dem Satz von Pappos gleichwertigen Bedingung
verschärft.

[3] Nach PICKERT [1959a] lassen sich (f), (g) ersetzen durch: affiner Satz von
Pappos in $\mathfrak{E}_\omega$ bei fester Geraden ω, einer festen Trägergeraden und beliebiger, dazu
nicht parallelen zweiten Trägergeraden. Siehe auch BURN [1968].

Beweis. Da der Satz von Pappos die Kommutativität der Addition und Multiplikation in jedem Ternärkörper bedeutet, folgt aus ihm (a) und daraus selbstverständlich (b). Nach Satz 20 von S. 59 zieht nun die Kommutativität der Multiplikation bei festen Bezugspunkten O, U, V und jeder Wahl von E die Assoziativität nach sich. Nach Satz 27 von S. 134 ergibt sich daher (c) aus (b) und weiter (d) aus (c) nach Satz 49 von S. 105. Nach demselben Satz in Verbindung mit dem Satz 1 von S. 109 folgt aus (d) weiter (e) und daraus schließlich der Satz von Pappos. Die Dualisierung von (f) besagt gerade die Kommutativität der Addition und Multiplikation in jedem Ternärkörper mit festem Bezugspunkt V und fester Geraden UV, während die Dualisierung von (g) die Kommutativität der Multiplikation in jedem Ternärkörper mit festem Bezugspunkt V bedeutet. Nach Satz 20 von S. 59 und Satz 27 von S. 134 folgt aus jeder dieser Aussagen (c) und damit der Satz von Pappos. Da dieser selbstdual ist, zieht also (f) sowohl wie (g) den Satz von Pappos nach sich, aus dem selbstverständlich (f) und (g) folgen.

Der Schluß von (c) auf den Satz von Pappos zeigt, daß unter Voraussetzung des Desarguesschen Satzes der Satz von Pappos bereits aus einer Spezialisierung folgt, die sich durch Vorschreiben von vier Festpunkten (nämlich O, U, V, E) ergibt. Allerdings sind diese Festpunkte nicht einfach feste Werte von Variablen des Satzes von Pappos in einer der beiden hexagonalen Formen. Dieser Mangel läßt sich nun aber beheben [**45**]:

2. In einer desarguesschen projektiven Ebene folgt der Satz von Pappos bereits aus derjenigen Spezialisierung, welche sich aus der zweiten hexagonalen Form daraus ergibt, daß man P_1, P_2, Q_1, Q_2 als die Punkte eines festen nichtausgearteten Punktquadrupels wählt.

Beweis. Man setzt $U = P_1$, $V = Q_1$, $O = P_1 P_2 \cap Q_1 Q_2$, $E = P_1 Q_2 \cap P_2 Q_1$ und rechnet leicht nach, daß O, U, V, E ebenfalls ein nichtausgeartetes Punktquadrupel bilden, bezüglich dessen man also den Koordinatenschiefkörper der desarguesschen Ebene bilden kann. Mit $(a, 0)$ als Koordinatenpaar von P_3 und $b = Q_3$ liefert eine kurze Rechnung für $R_2 = P_2 Q_2 \cap P_1 Q_3$ und $R_3 = P_3 Q_3 \cap P_2 Q_1$ die Koordinatenpaare $(1 - b, b)$ und $(1, b - b\, a^{-1})$. Da $R_1 = P_1 Q_1 \cap P_3 Q_2$ der uneigentliche Punkt von $P_3 Q_2$ ist, ergibt sich weiter $R_3 \in R_1 R_2$ als gleichbedeutend mit

$$a^{-1}(1 - b) + b = a^{-1} + b - b\, a^{-1},$$

also mit $ab = ba$. Da diese Gleichung für die hier ausgeschlossenen Werte 0 und 1 von a, b selbstverständlich ist, hat man damit nach dem vorigen Satz den Satz von Pappos hergeleitet.

Der Schluß vom Satz von Pappos auf Aussage (c) des vorletzten Satzes zeigt insbesondere, daß der Satz von Pappos den Satz von

Desargues nach sich zieht[1] (s. auch **5.2**). Das Umgekehrte gilt jedoch nicht; denn es gibt ja nichtkommutative Schiefkörper. Der Desarguessche Satz läßt sich ersetzen durch die Forderung, das Produkt zweier Perspektivitäten solle unter gewissen Umständen wieder eine Perspektivität sein (S. 76). Eine Umformung derselben Art ist für den Satz von Pappos möglich:

3. *In einer projektiven Ebene bedeutet der Satz von Pappos, daß das Produkt der Perspektivität der Punktreihe in γ_1 auf die Punktreihe in γ_2 von S_{12} aus mit der Perspektivität der Punktreihe in γ_2 auf die Punktreihe in γ_3 von S_{23} aus im Falle $\gamma_1 \cap \gamma_3 \notin \gamma_2$, $\varkappa(\gamma_1 \cap \gamma_3, S_{12}, S_{23})$ wieder eine Perspektivität ist.*

Beweis. Zur Herleitung des genannten Satzes darf man offenbar $S_{12} \neq S_{23}$ annehmen. Die Verschiedenheit der γ_i ist bereits in der Voraussetzung $\gamma_1 \cap \gamma_3 \notin \gamma_2$ enthalten. Der Bildpunkt von $\gamma_1 \cap \gamma_2$ bei dem Produkt der Perspektivitäten liegt auf $(\gamma_1 \cap \gamma_2) S_{23}$, der Urbildpunkt von $\gamma_2 \cap \gamma_3$ auf $(\gamma_2 \cap \gamma_3) S_{12}$. Falls das Produkt nun tatsächlich eine Perspektivität ist, muß deren Zentrum der Punkt $S_{13} = (\gamma_1 \cap \gamma_2) S_{23} \cap (\gamma_2 \cap \gamma_3) S_{12}$ sein. Offenbar ist $\gamma_1 \cap \gamma_3$ Fixpunkt des Produktes. Man hat also nur noch zu beweisen, daß für einen weder auf γ_2 noch auf γ_3 liegenden Punkt X_1 von γ_1, dessen Bildpunkt X_2 bei der ersten Perspektivität nicht auf γ_3 liegt, der Bildpunkt X_3 beim Produkt kollinear ist mit X_1 und S_{13}. Zu diesem Zweck setzt man $P_1 = S_{12}$, $P_2 = \gamma_1 \cap \gamma_3$, $P_3 = S_{23}$, $Q_1 = \gamma_2 \cap \gamma_3$, $Q_2 = \gamma_1 \cap \gamma_2$, $Q_3 = X_2$ und rechnet leicht nach, daß dann die Voraussetzungen des Satzes von Pappos in der zweiten hexagonalen Form erfüllt sind. Wegen $R_1 = P_1 Q_1 \cap P_3 Q_2 = S_{13}$, $R_2 = P_2 Q_2 \cap P_1 Q_3 = \gamma_1 \cap S_{12} X_2 = X_1$, $R_3 = P_3 Q_3 \cap P_2 Q_1 = X_3$ folgt aus dem Satz von Pappos gerade die Behauptung $\varkappa(S_{13}, X_1, X_3)$. Wird umgekehrt der genannte Satz über das Produkt zweier Perspektivitäten vorausgesetzt, so betrachtet man bei erfüllter Voraussetzung des Satzes von Pappos in der zweiten hexagonalen Form als erste die Perspektivität der P_2, Q_2, R_2 enthaltenden Punktreihe auf die Q_1, Q_2, Q_3 enthaltende Punktreihe von P_1 aus und als zweite die Perspektivität der Q_1, Q_2, Q_3 enthaltenden auf die P_2, Q_1, R_3 enthaltende Punktreihe von P_3 aus. Das Produkt dieser Perspektivitäten ist also nun wegen $\varkappa(P_1, P_2, P_3)$ eine Perspektivität, und zwar nach dem Vorhergehenden eine solche vom Punkte $(P_2 Q_2 \cap Q_1 Q_2) P_3 \cap (Q_1 Q_2 \cap P_2 Q_1) P_1 = Q_2 P_3 \cap Q_1 P_1 = R_1$ aus. Da der Bildpunkt von R_2 bei der ersten Perspektivität $= P_1 R_2 \cap Q_1 Q_3 = Q_3$ und der Bildpunkt von diesem bei der zweiten Perspektivität $= Q_3 P_3 \cap P_2 R_3 = R_3$ ist, folgt daher $\varkappa(R_1, R_2, R_3)$, also gerade die Behauptung des Satzes von Pappos.

---

[1] Über Schließungssätze, die aus dem Desarguesschen Satz nicht folgen und mit ihm zusammen den Satz von Pappos nicht nach sich ziehen, s. [**65, 210**]. Einen solchen stellt z.B. die Forderung der Kollinearität der Diagonalpunkte in jedem vollständigen Viereck dar.

Die Bedingung $\varkappa(\gamma_1 \cap \gamma_3, S_{12}, S_{23})$ besagt offenbar weiter nichts, als daß $\gamma_1 \cap \gamma_3$ beim Produkt der beiden Perspektivitäten festbleibt, und ist daher im Falle $\gamma_1 \neq \gamma_3$ notwendig dafür, daß dies Produkt wieder eine Perspektivität ist. Wird dann noch $\gamma_1 \neq \gamma_2 \neq \gamma_3$ angenommen, so folgt — wie aus dem Beweis hervorgeht — für das Zentrum S_{13} dieser Perspektivität noch $\varkappa(\gamma_2 \cap \gamma_3, S_{12}, S_{13})$ und $\varkappa(\gamma_1 \cap \gamma_2, S_{13}, S_{23})$. Daß die Bedingung $\gamma_1 \cap \gamma_3 \notin \gamma_2$ fortgelassen werden kann, ergibt sich aus dem folgenden Satz (auch mittels Satz 1 (c), S. 136 aus Satz 20 (d), S. 76).

4. *In einer projektiven Ebene besagen die folgenden Aussagen dasselbe:*

(a) *der Satz von Pappos*;

(b) *jede Projektivität einer Punktreihe mit drei[1] Fixpunkten ist die identische Abbildung*;

(c) *jede Projektivität einer Punktreihe ist bereits durch die Bildpunkte dreier Punkte eindeutig bestimmt*;

(d) *jede Projektivität einer Punktreihe auf eine andere mit einem Fixpunkt ist eine Perspektivität*;

(e) *jede Projektivität einer Punktreihe auf sich mit Fixpunkt ist Produkt zweier Perspektivitäten.*

Beweis. Aus (a) folgt nach Satz 1 von S. 136, daß jeder Ternärkörper der projektiven Ebene ein Körper ist, daher der Punkt X der Geraden AB durch die drei verschiedenen Punkte A, B, C und das Doppelverhältnis (A, B, X, C) eindeutig bestimmt wird. Für eine Projektivität σ mit den Fixpunkten A, B, C gilt nun nach Satz 19 von S. 119 $(A, B, X, C) = (A, B, X^\sigma, C)$ für jeden von B verschiedenen Punkt $X \in AB$ und daher $X^\sigma = X$ allgemein[2], d.h. $\sigma = 1$. Somit folgt (b) aus (a). Sind jetzt σ und τ Projektivitäten von $\mathfrak{P}_{AB}$ mit $A^\sigma = A^\tau$. $B^\sigma = B^\tau$, $C^\sigma = C^\tau$, so hat $\sigma \tau^{-1}$ die Fixpunkte A, B, C. Aus (b) folgt dann $\sigma \tau^{-1} = 1$, also $\sigma = \tau$. (b) zieht daher (c) nach sich. Ist jetzt σ eine Projektivität von $\mathfrak{P}_{AB}$ mit $A^\sigma = A$, $AB^\sigma \neq AB$ und ist $CA = CB$, so gibt es nach S. 9 eine Perspektivität τ mit $A^\sigma = A^\tau$, $B^\sigma = B^\tau$, $C^\sigma = C^\tau$. Aus (c) folgt dann $\sigma = \tau$, d.h. aber (c) zieht (d) nach sich. Satz 3 von S. 138 und die Bemerkung am Schluß seines Beweises zeigen schließlich, daß aus (d) wieder (a) folgt. Aus (c) folgt jetzt (e). Ist nämlich σ eine Projektivität von $\mathfrak{P}_\alpha$ auf sich und $A^\sigma = A$, $B \neq C$, $AB = AC = \alpha$, so wählt man durch A eine Gerade $\beta \neq \alpha$ und nimmt eine Perspektivität π von $\mathfrak{P}_\alpha$ auf $\mathfrak{P}_\beta$. Dann liegt $B^\pi B^\sigma \cap C^\pi C^\sigma$ weder auf α noch auf β,

---

[1] Nach SCHLEIERMACHER [1967] genügt hier „fünf“; zu der mit „sechs“ gebildeten Bedingung siehe BARLOTTI [1964], SCHL.-STRAMBACH [1967], SCHL. [1971].

[2] Will man bei diesem Beweis den Doppelverhältnisbegriff vermeiden, so setzt man gemäß Satz 10 von S. 67 die Projektivität zu einer projektiven Kollineation mit den Fixpunkten $A = U$, $B = V$, $C = W$ fort, für die in (4.9), S. 116 daher $c_{12} = c_{21} = 0$, $c_{11} = c_{22}$ gilt und wegen $\varphi = 1$ (Kommutativität der Multiplikation!) also jeder Punkt auf UV Fixpunkt ist.

so daß dieser Punkt als Zentrum einer Perspektivität π' von $\mathfrak{P}_\beta$ auf $\mathfrak{P}_\varkappa$ genommen werden kann. Es gilt dann $A^{\pi\pi'} = A^\sigma$, $B^{\pi\pi'} = B^\sigma$, $C^{\pi\pi'} = C^\sigma$, so daß nach (c) $\sigma = \pi\pi'$ ist. Andererseits folgt aus (e) wieder (b). Denn nach (e) ist eine Perspektivität σ von $\mathfrak{P}_\alpha$ auf sich mit Fixpunkten Produkt einer Perspektivität von $\mathfrak{P}_\alpha$ auf $\mathfrak{P}_\beta$ mit Zentrum S und einer solchen von $\mathfrak{P}_\beta$ auf $\mathfrak{P}_\alpha$ mit Zentrum S'. Für einen Punkt $X \in \alpha$ bedeutet nun $X = X^\sigma$ dasselbe wie $XS \cap \beta = XS' \cap \beta$, also $XS = XS'$ oder $XS \cap XS' \in \beta$, d.h. aber $X = \alpha \cap \beta$ oder $\varkappa(X, S, S')$. Im Falle $S \neq S'$ gibt es also nur die (möglicherweise zusammenfallenden) Fixpunkte $\alpha \cap \beta$, $SS' \cap \alpha$. Da σ drei Fixpunkte haben soll, muß also $S = S'$, d.h. $\sigma = 1$ sein.

Gl. (4.33) zusammen mit der Tatsache (s. S. 128), daß in einem Viereckschnitt zwei Punkte des einen gegen die entsprechenden Punkte des anderen Tripels ausgetauscht werden dürfen, zeigt nach Satz 1 von S. 136:

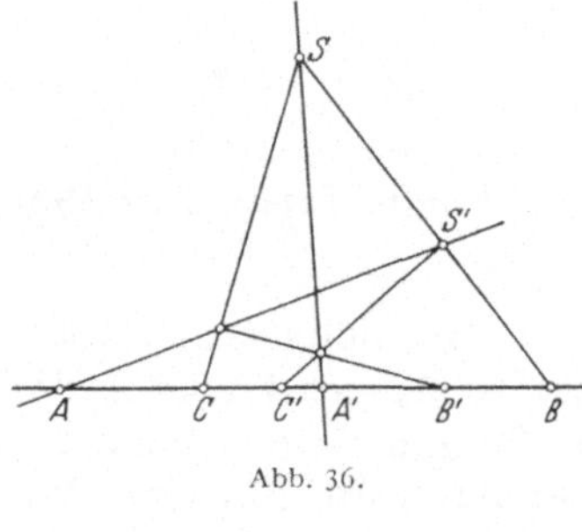

Abb. 36.

5. *In einer desarguesschen Ebene bedeutet der Satz von Pappos die Vertauschbarkeit von Stern- und Dreieckstripel in jedem Viereckschnitt.*

Mittels dieses Ergebnisses läßt sich der folgende Satz beweisen.

6. *In einer desarguesschen Ebene ist der Satz von Pappos gleichwertig mit jeder der beiden Aussagen:*

(a) *Jede Projektivität σ einer Punktreihe, für welche es einen Punkt A mit $A^{\sigma^2} = A \neq A^\sigma$ gibt, ist involutorisch[1];*

(b) *jede Projektivität einer Punktreihe, für welche es Punkte A, B mit $A \neq B \neq A^\sigma$, $A^{\sigma^2} = A \neq A^\sigma$, $B^{\sigma^2} = B \neq B^\sigma$ gibt, ist involutorisch[1].*

Beweis. Aus (a) folgt natürlich sofort (b). Eine Projektivität σ mit den in (b) erwähnten Eigenschaften erhält man nun folgendermaßen (s. Abb. 36). Man wählt auf einer Geraden vier Punkte A, A', B, B', ferner außerhalb dieser Geraden einen Punkt S und auf SB einen von S und B verschiedenen Punkt S'. Dann bildet man das Produkt σ der Perspektivität von $\mathfrak{P}_{AB}$ auf $\mathfrak{P}_{AS'}$ von S aus, der Perspektivität von $\mathfrak{P}_{AS'}$ auf $\mathfrak{P}_{SA'}$ von B' aus und der Perspektivität von $\mathfrak{P}_{SA'}$ auf $\mathfrak{P}_{AB}$ von S' aus. Es ergeben sich nun leicht die Gleichungen $A^\sigma = A'$, $A'^\sigma = A$, $B^\sigma = B'$, $B'^\sigma = B$. Für einen von A, A', B, B' verschiedenen Punkt C erkennt man schließlich aus dem vollständigen Viereck mit den Ecken S, S', $SC \cap AS'$, $(SC \cap AS')B' \cap SA'$, daß $C' = C^\sigma$ dasselbe bedeutet wie $V(A', B', C'; A, B, C)$. σ ist also genau dann immer involutorisch, wenn $V(A', B', C'; A, B, C)$ stets $V(A, B, C; A', B', C')$ nach sich zieht; denn in den bisher ausgeschlossenen Fällen $A = A'$

---

[1] D. h. es ist $\sigma^2 = 1 \neq \sigma$.

und $B = B'$ ist das nach S. 128 sowieso der Fall. Aus dem vorigen Satz ergibt sich also, daß (b) den Satz von Pappos nach sich zieht. Gilt nun der Satz von Pappos und erfüllt σ die Voraussetzungen von (a), so wird ein Punkt B mit $A B = A^\sigma B$ gewählt, für den natürlich auch $B^\sigma \neq A$, A^σ sein muß. Nach Wahl von $S \notin A B$ und $S' \neq S$, B auf $S B$ bildet man nun mit $A^\sigma = A'$, $B^\sigma = B'$ wie eben ein Produkt von drei Perspektivitäten. Da dieses A, A^σ, B in dieselben Punkte überführt wie σ, so ist es nach Satz 4 von S. 139 gleich σ. Nach Satz 5 und dem oben über das Produkt der drei Perspektivitäten Hergeleiteten (wobei $B \neq B'$ nicht benötigt wurde) ist also σ involutorisch.

In Anbetracht des Satzes 4 von S. 139 ist nun bei Voraussetzung des Satzes von Pappos im Falle B, $B' \neq A \neq A' \neq B$, B' die involutorische Projektivität σ durch $A^\sigma = A'$, $A'^\sigma = A$, $B^\sigma = B'$ eindeutig bestimmt, und zwar gilt für $X \neq A$, A', B, B' nach dem oben Gezeigten

$$(1) \qquad\qquad V(A', B', X^\sigma; A, B, X).$$

Offenbar gilt (1) auch noch im Falle $B = B'$. Darüber hinaus läßt sich zeigen, daß (1) sogar noch im Falle $A = A'$, $B = B'$ gilt. Nach Satz 4 von S. 139 ist σ in diesem Fall nämlich Produkt von zwei Perspektivitäten. Zufolge des am Schluß des Beweises von Satz 4 Hergeleiteten müssen dann für die Zentren S, S' der beiden Perspektivitäten, $\alpha = A B$ und den Träger β der Punktreihe, auf welche die erste Perspektivität abbildet, abgesehen von einer möglichen Vertauschung von A mit B, die Beziehungen $A = \alpha \cap \beta$, $B = S S' \cap \alpha$ bestehen. Für $X \in \alpha$, $X \neq A$, B ist nun $X^\sigma \neq X$ wegen $\sigma \neq 1$ und ferner $(S X \cap \beta) S' \cap \alpha = X^\sigma$, $(S X^\sigma \cap \beta) S' \cap \alpha = X$. Aus dem Viereck mit den Ecken S, S', $S X \cap \beta$, $S X^\sigma \cap \beta$ ergibt sich daher $V(X, X^\sigma, A; X, X^\sigma, B)$ und somit $(X, X^\sigma, A, B) = -1$. Aus (4.11) erhält man dann $(A, B, X, X^\sigma) = -1$ und somit (1) [1]. Daraus folgt nun:

7. *Hat in einer projektiven Ebene, in welcher der Satz von Pappos gilt, eine involutorische Projektivität einer Punktreihe einen Fixpunkt A, so besitzt sie genau dann einen weiteren Fixpunkt B, wenn der Koordinatenkörper eine von 2 verschiedene Charakteristik hat, und zwar ordnet sie dann jedem Punkt $X \neq A$, B den vierten harmonischen Punkt zu A, B, X zu.*

Aus $(X, X^\sigma, A, B) = -1$ und $A \neq B$ folgt nämlich $1 \neq -1$, d.h. die Charakteristik ist $\neq 2$. Hat andererseits der Koordinatenkörper eine Charakteristik $\neq 2$, besitzt die involutorische Projektivität σ den Fixpunkt A und ist $C^\sigma = C' \neq C$, so bestimmt man den Punkt B durch $(C, C', A, B) = -1$, so daß $A \neq B$ gilt, und hat dann $(A, B, C, C') = -1$. Nach (1) ordnet die involutorische Projektivität mit den Fixpunkten

---

[1] Mit Hilfe des Satzes 9 von S. 193 kann man hier die Verwendung des Doppelverhältnisbegriffes vermeiden.

A, B dem Punkt C gerade den Punkt C' zu, stimmt also nach (1) mit σ überein.

8. *Gilt in einer projektiven Ebene der Satz vom vollständigen Viereck und hat in ihr kein vollständiges Viereck kollineare Diagonalpunkte, so ist in ihr der Satz von Pappos gleichwertig mit der Aussage[1]: Sind A_1, A_2, A_3 nichtkollineare Punkte $\notin PQ$ und ist A_i' $(i = 1, 2, 3)$ der vierte harmonische Punkt zu $P, Q, PQ \cap A_k A_l$ $(i \neq k, l)$, so gehen die Geraden $A_i A_i'$ $(i = 1, 2, 3)$ durch einen Punkt* [26].

Beweis. Gilt der Satz von Pappos, so betrachtet man auf PQ die involutorische Projektivität mit den Fixpunkten P, Q. Bei dieser hat dann nach dem letzten Satz $PQ \cap A_k A_l$ den Bildpunkt A_i'. Die $A_i^* = PQ \cap A_k A_l$ sind nun sämtlich verschieden. Ferner darf man $A_i' \neq A_k^*$ für $i \neq k$ annehmen, da im Falle $A_i' = A_k^*$, $i \neq k$ auch $A_k' = A_i^*$ und daher $A_l \in A_i A_i'$, $A_k A_k'$ für $l \neq i, k$ gilt, die zu beweisende Aussage also (unabhängig vom Satz von Pappos) richtig ist. Da somit insbesondere zwischen den A_1', A_2', A_1^*, A_2^* höchstens die Gleichungen $A_i' = A_i^*$ $(i = 1, 2)$ bestehen können, folgt aus (1)

$$(2) \qquad\qquad V(A_1', A_2', A_3'; A_1^*, A_2^*, A_3^*).$$

Aus $A_i' \neq A_k^*$ $(i \neq k)$ ergibt sich noch $A_i' \notin A_i A_k$, so daß $A_4 = A_1 A_1' \cap A_2 A_2'$ auf keiner der Geraden $A_1 A_2$, $A_2 A_3$, $A_3 A_1$ liegt. Da wegen $A_1' \neq A_2'$ außerdem $A_4 \notin PQ$ gilt, darf man mit den Bezeichnungen von S. 127 $\omega = PQ$ setzen und gewinnt dann $A_1' = A_{14}$, $A_2' = A_{24}$, $A_1^* = A_{23}$, $A_2^* = A_{31}$, $A_3^* = A_{12}$, so daß aus (2) $A_3' = A_{34}$ folgt. A_4 liegt also auch auf $A_3 A_3'$. — Umgekehrt werden nun die eben aus dem Satz von Pappos hergeleitete Aussage und die Voraussetzung des Satzes von Pappos in der zweiten hexagonalen Form mit den Bezeichnungen von S. 135 angenommen. Die Punktquadrupel P_1, Q_2, R_1, R_2 und P_1, Q_2, P_3, Q_3 und P_1, Q_2, P_2, Q_1 sind dann nichtausgeartet, so daß sie die Ecken von vollständigen Vierecken bilden. Diese haben dann die Seite $P_1 Q_2$ gemeinsam und als nicht auf dieser Seite liegende Diagonalpunkte die Paare A_2, A_3 bzw. A_3, A_1 bzw. A_1, A_2, wenn

$$A_1 = P_1 P_2 \cap Q_1 Q_2, \qquad A_2 = P_1 Q_1 \cap P_2 Q_2, \qquad A_3 = P_1 Q_3 \cap P_3 Q_2$$

gesetzt wird. Man erklärt nun $B_i = A_k A_l \cap P_1 Q_2$ $(i \neq k, l)$ und C_i als vierten harmonischen Punkt zu A_k, A_l, B_i $(i \neq k, l)$, so daß also die A_k, A_l, B_i, C_i untereinander verschieden sind und $C_1 \in R_1 R_2$, $C_2 \in P_3 Q_3$, $C_3 \in P_2 Q_1$ gilt. Zuerst wird nun der Fall der Ungültigkeit von $\varkappa(A_1, A_2, A_3)$ behandelt. Für irgendeine Permutation i, k, l der Indizes 1, 2, 3 gilt dann

---

[1] Diese erkennt man leicht als erfüllt, wenn in jedem Viereck die Diagonalpunkte kollinear sind. Da es aber nichtkommutative Schiefkörper der Charakteristik 2 gibt (s. S. 177/8), so folgt wegen Satz 25, S. 128, aus der Kollinearität der Diagonalpunkte noch nicht der Satz von Pappos.

$B_i \notin A_i A_k$, $A_i A_l$, so daß die Punkte A_i, A_k, B_l durch Projektion von B_i aus in die Punkte A_i, A_l, B_k übergeführt werden. Nun wird in Satz 8 auf S. 192 gezeigt werden, daß unter Voraussetzung des Satzes vom vollständigen Viereck eine Perspektivität zueinander harmonische Punktepaare wieder in solche überführt. Daraus und aus der eindeutigen Bestimmtheit des vierten harmonischen Punktes folgt jetzt $\varkappa(B_i, C_k, C_l)$. Wegen $B_i \neq C_i$ folgt aus $B_i = A_k A_l \cap C_k C_l$ die Nichtkollinearität der C_i und aus $B_i = P_1 Q_2 \cap A_k A_l$ die Beziehung $C_i \notin P_1 Q_2$. Auf die Punkte C_i (an Stelle der A_i) und P_1, Q_2 (an Stelle von P, Q) kann daher die vorausgesetzte Aussage angewandt werden, wobei die A_i^* gerade die B_i sind. Projiziert man nun die Punkte A_k, A_l, B_i, C_i für $i=1$ von R_1 aus, für $i=2$ von Q_3 aus und für $i=3$ von P_2 aus auf die P_1, Q_2 enthaltende Punktreihe, so zeigt der Satz 8 von S. 192, daß der vierte harmonische Punkt zu P_1, Q_2, B_i für $i=1$ gleich $P_1 Q_2 \cap R_1 C_1$, für $i=2$ gleich $P_1 Q_2 \cap Q_3 C_2$ und für $i=3$ gleich $P_1 Q_2 \cap P_2 C_3$ ist. Wegen $R_1 C_1 = R_1 R_2$, $Q_3 C_2 = P_3 Q_3$, $P_2 C_3 = P_2 Q_1$ erhält man aus der vorausgesetzten Aussage daher gerade die zu beweisende Beziehung $R_3 = P_3 Q_3 \cap P_2 Q_1 \in R_1 R_2$. Im Falle $\varkappa(A_1, A_2, A_3)$ nun benötigt man zum Beweis des Satzes von Pappos lediglich den Satz vom vollständigen Viereck. Es ergibt sich nämlich $B_1 = B_2 = B_3 = P_1 Q_2 \cap A_1 A_2$, und die wie oben durchgeführte Projektion von R_1, Q_3, P_2 aus zeigt $R_1 C_1 \cap P_1 Q_2 = Q_3 C_2 \cap P_1 Q_2 = P_2 C_3 \cap P_1 Q_2$, woraus wieder wie oben $R_3 \in R_1 R_2$ folgt.

Über die Gesamtheit der aus dem Satz von Pappos folgenden Schließungssätze läßt sich das Folgende aussagen [79]:

9. *Die in einer desarguesschen Ebene mit dem Körper der rationalen Zahlen als Koordinatenschiefkörper geltenden konstruierbaren[1] Schließungssätze sind in jeder projektiven Ebene richtig, welche dem Satz von Pappos genügt.*

Beweis. In der Voraussetzung des vorliegenden konstruierbaren Schließungssatzes wird — mit den Bezeichnungen von S. 29 — jede Gerade von $\mathfrak{J}_s$ eingeführt als Verbindungsgerade zweier ihrer Punkte, von denen also mindestens einer als Variable neu hinzuzufügen ist. Dadurch wird offenbar die Bedeutung des Schließungssatzes nicht geändert. Die in $\mathfrak{J}_s$ auftretenden Variablen — man kann sich dabei auf Punkte beschränken — können nun in der projektiven Ebene $\mathfrak{E}$, welche dem Satz von Pappos genügt und daher desarguessch ist, gemäß **4.1**

---

[1] Diese in [79] fehlende Voraussetzung darf nicht weggelassen werden: Der Schließungssatz z.B., welcher besagt, daß in jedem Ternärkörper $a + a = 0$ im Falle $a^2 + 1 = 0$ gilt, ist richtig in einer desarguesschen projektiven Ebene mit dem Körper der rationalen Zahlen als Koordinatenschiefkörper, jedoch nicht in einer solchen mit dem Gaußschen Zahlkörper als Koordinatenschiefkörper. Mit Hilfe des Satzes 1 von S. 325 erkennt man leicht, daß sich „konstruierbar" durch „offen" ersetzen läßt.

durch Koordinatentripel dargestellt werden. Bei einem Punkt Z jedoch, welcher in $\mathfrak{J}_{i+1}$ als Punkt $\in XY$ mit X, Y aus $\mathfrak{J}_i$ eingeführt wird, nimmt man statt eines Koordinatentripels von Z ein Paar von Skalaren u, v so, daß $x_i u + y_i v$ die homogenen Koordinaten von Z sind, wenn X, Y die homogenen Koordinaten x_i bzw. y_i haben. Auf diese Weise erhält man eine Reihe von Variablen $u_1, \ldots, u_m$, welche Werte aus dem Koordinatenschiefkörper $\mathfrak{K}$ von $\mathfrak{E}$ annehmen, die Inzidenzstruktur $\mathfrak{J}_s$ völlig bestimmen und durch die in der Voraussetzung des Schließungssatzes vorkommenden Inzidenzen in keiner Weise eingeschränkt werden. Die übrigen Variablen des Schließungssatzes, welche sich ja durch Verbinden und Schneiden aus den Elementen von $\mathfrak{J}_s$ ergeben, haben nun — wie man leicht nachrechnet — ganz-rationale homogene Ausdrücke in den $u_1, \ldots, u_m$ mit Koeffizienten der Form $n \cdot 1$ ($n =$ ganze Zahl) als homogene Koordinaten. Nichtinzidenzen lassen sich durch Nichtverschwinden eines ebensolchen Ausdrucks wiedergeben. Um $X \neq Y$ für Punktvariable X, Y ebenso darstellen zu können, wird ein neuer variabler Punkt Z mit dem Koordinatentripel (z_1, z_2, z_3) eingeführt: $X \neq Y$ ist dann bekanntlich eine Folge von

$$(x_2 y_3 - x_3 y_2) z_1 + (x_3 y_1 - x_1 y_3) z_2 + (x_1 y_2 - x_2 y_1) z_3 \neq 0.$$

$\xi \neq \eta$ läßt sich durch Einführung eines variablen Punktes Z mit $Z \in \xi, Z \notin \eta$ ersetzen. Offenbar kann man sich auf den Fall beschränken, daß die Behauptung des Schließungssatzes nur aus einer Inzidenz besteht. Nach diesen Umformungen gibt es also zwei in den $u_1, \ldots, u_m$ ganzrationale homogene Ausdrücke f, g mit Koeffizienten der Form $n \cdot 1$ (n ganze Zahl) so, daß der Schließungssatz in $\mathfrak{E}$ gerade besagt: $f = 0$, wenn $g \neq 0$. Das kann man nun aber auch als $fg = 0$ schreiben. Wird jetzt der Ausdruck fg nach Potenzprodukten der $u_1, \ldots, u_m$ geordnet, so ergibt sich aus seinem Verschwinden für alle Werte aus dem rationalen Zahlkörper bekanntlich, daß die Koeffizienten sämtlich $= 0$ sind. Da aus $n \cdot 1 = 0$ im rationalen Zahlkörper sets $n = 0$ folgt, gilt $fg = 0$ auch in $\mathfrak{K}$ für alle Variablenwerte, womit der Schließungssatz in $\mathfrak{E}$ bewiesen ist.

5.2. Weitere Herleitungen des Desarguesschen Satzes aus dem Satz von Pappos.

Wegen der besonderen Bedeutung der Tatsache, daß der Satz von Pappos den Desarguesschen Satz nach sich zieht, seien hier zwei weitere Beweise[1] dafür angegeben, und zwar zuerst der ursprüngliche Hessenbergsche Beweis [87].

---

[1] Einen von diesen verschiedenen Beweis findet man in [64]; dort wird auch darauf hingewiesen, daß die sonst „üblichen" Beweise — z.B. in [87 §4, 88, 162, 63, 176, 91, 175, 78] — mangelhaft sind, weil in ihnen die sich durch Zusammenfallen gewisser Punkte oder Geraden ergebenden Sonderfälle nicht behandelt werden. In [67] wird die in dem Beweis aus [87, §4] enthaltene Lücke ausgefüllt.

Nach Satz 20 von S. 76 braucht man zur Herleitung des Desarguesschen (C, γ)-Satzes nur zu zeigen, daß für drei verschiedene Geraden α_i $(i = 1, 2, 3)$ durch C und zwei verschiedene Punkte $S_{12}, S_{23} \in \gamma$ mit $S_{ik} \notin \alpha_i, \alpha_k$ das Produkt der Perspektivität σ_{12} von S_{12} aus, welche $\mathfrak{P}_{\alpha_1}$ auf $\mathfrak{P}_{\alpha_2}$ abbildet, mit der Perspektivität σ_{23} von S_{23} aus, welche $\mathfrak{P}_{\alpha_2}$ auf $\mathfrak{P}_{\alpha_3}$ abbildet, stets wieder eine Perspektivität ist. Die Bezeichnungen sind im folgenden immer so zu verstehen, daß ein Punkt X_i auf α_i liegt und X_k der Bildpunkt von X_i bei σ_{ik} ist. Auf γ wird jetzt ein von S_{12}, S_{23}, C verschiedener Punkt S benötigt. Einen solchen gibt es lediglich dann nicht, wenn $C \subset \gamma$ gilt und γ sowie damit jede Gerade nur drei Punkte enthält. Diesen Fall kann man auf zweierlei Weise ausschließen: Einmal darf man sich nach S. 83 auf $C \notin \gamma$ beschränken; zum andern ist eine projektive Ebene mit nur drei Punkten auf jeder Geraden nach S. 68 transitiv und damit desarguessch. Man darf also einen Punkt S mit den angegebenen Eigenschaften annehmen. Sei nun $S \notin \alpha_1, \alpha_3$. Gilt dann $(\xi \cap \alpha_1)^{\sigma_{12}\sigma_{23}} = \xi \cap \alpha_3$ für jede Gerade ξ durch S, so ist $\sigma_{12}\sigma_{23}$ offenbar die Perspektivität vom Zentrum S aus. Im entgegengesetzten Fall kann man also eine Gerade α_4 durch S so wählen, daß $P_1 = \alpha_1 \cap \alpha_4$ verschieden ist vom Urbildpunkt R_1 des Punktes $R_3 = \alpha_3 \cap \alpha_4$ bei $\sigma_{12}\sigma_{23}$. Auch in den Fällen $S \in \alpha_3$ oder $S \in \alpha_1$ kann man α_4 so wählen: Man braucht nur $R_3 = S$, $P_1 \neq C$, R_1 bzw. $P_1 = S$, $R_3 \neq C$, P_3 zu nehmen und $\alpha_4 = P_1 R_3$ zu setzen; denn dann ist wegen $S \neq C$ wieder $\alpha_1 \cap \alpha_4 = P_1$ und $\alpha_3 \cap \alpha_4 = R_3$. Im folgenden sei also α_4 in der angegebenen Weise gewählt, so daß insbesondere $C \notin \alpha_4$ ist. Wegen $\gamma \neq \alpha_4$ und $S \neq S_{12}, S_{23}$ gilt dann $S_{12}, S_{23} \notin \alpha_4$. Man setzt $\alpha_4 \cap \alpha_2 = Q_2$. Wäre $R_2 = Q_2$, so würde $S_{23} \in R_2 R_3 = Q_2 R_3 = \alpha_4$ folgen. Also ist $R_2 \neq Q_2$. Der Punkt $S_{14} = Q_2 S_{12} \cap R_1 R_3$ liegt nun nicht auf α_1; denn sonst wäre $R_1 \in Q_2 S_{12}$, d.h. $R_2 = Q_2$. Ferner gilt $S_{14} \notin \alpha_4$; denn sonst wäre $R_3 \in Q_2 S_{12}$, $S_{12} \in \alpha_4$. Man kann daher die Perspektivität σ_{14} von $\mathfrak{P}_{\alpha_1}$ auf $\mathfrak{P}_{\alpha_4}$ von S_{14} aus einführen. Wegen $Q_2 = \alpha_2 \cap \alpha_4 \notin \alpha_1$ und $\varkappa(Q_2, S_{12}, S_{14})$ folgt nun nach S. 138, 139 aus dem Satz von Pappos, daß $\sigma_{12}^{-1}\sigma_{14}$ eine Perspektivität σ_{24} von einem Punkt S_{24} aus ist und $\varkappa(C, S_{14}, S_{24})$, also $S_{14} \in C S_{24}$ gilt. $\sigma_{23}^{-1}\sigma_{24} = \sigma_{23}^{-1}\sigma_{12}^{-1}\sigma_{14}$ läßt nun den Punkt $R_3 = \alpha_3 \cap \alpha_4$ fest. Wegen $\alpha_3 \cap \alpha_4 \notin \alpha_2$ folgt nun wie eben, daß dieses Produkt eine Perspektivität σ_{34} von einem Punkt S_{34} aus ist und $\varkappa(C, S_{34}, S_{24})$, also $S_{34} \in C S_{24}$ gilt. Es ergibt sich somit $\varkappa(C, S_{14}, S_{34})$ und wegen $C = \alpha_1 \cap \alpha_3 \notin \alpha_4$ daher durch eine dritte Anwendung des Satzes von Pappos nach S. 138, daß $\sigma_{14}\sigma_{34}^{-1} = \sigma_{14}\sigma_{14}^{-1}\sigma_{12}\sigma_{23} = \sigma_{12}\sigma_{23}$ eine Perspektivität ist.

Mit der Einschränkungsmöglichkeit $C \notin \gamma$ kann man diesen Beweis noch folgendermaßen vereinfachen[1]. Durch $\gamma \cap \alpha_3$ wählt man im Fall $S_{12} \notin \alpha_3$ eine Gerade $\alpha_4 \neq \alpha_3, \gamma$ und bezeichnet mit σ_{14}, σ_{42} die Perspektivi-

---

[1] Vgl. auch [121].

täten mit Zentrum S_{12} von $\mathfrak{P}_{\alpha_1}$ auf $\mathfrak{P}_{\alpha_4}$ bzw. von $\mathfrak{P}_{\alpha_4}$ auf $\mathfrak{P}_{\alpha_2}$, so daß $\alpha_3 \cap \alpha_4 \in S_{12}S_{23}$ und $\sigma_{12} = \sigma_{14}\sigma_{42}$ gilt. Wegen $\alpha_2 \cap \alpha_3 \notin \alpha_4$ ergibt sich nach S. 138 nun aus dem Satz von Pappos $\sigma_{42}\sigma_{23}$ als Perspektivität σ_{43} von $\mathfrak{P}_{\alpha_4}$ auf $\mathfrak{P}_{\alpha_2}$ mit einem Zentrum auf $S_{12}C$ und aus demselben Grund daher weiter $\sigma_{12}\sigma_{23} = \sigma_{14}\sigma_{43}$ ebenfalls als Perspektivität. In dem wegen der Symmetrie in 1, 3 allein übrig bleibenden Fall $S_{12} \in \alpha_3$, $S_{23} \in \alpha_1$ darf man (siehe S. 145 oben) durch C eine Gerade $\alpha_4 \neq \alpha_1$, α_2, α_3 annehmen, so daß sich das schon Bewiesene auf α_1, α_2, α_4 mit $S_{24} = S_{23}$, $\sigma_{12}\sigma_{24} = \sigma_{14}$ und dann auf α_1, α_4, α_3 mit $S_{43} = S_{23}$, $\sigma_{14}\sigma_{43} = \sigma_{12}\sigma_{23}$ anwenden läßt.

Für den zweiten hier darzustellenden Beweis[1] benötigt man den folgenden Begriff. Ein 12-tupel $(E_i, \varepsilon_i)_{i=1,\dots,6}$ von Punkten E_i und Geraden ε_i mit E_{i-1}, $E_i \in \varepsilon_i$ $(i = 1, \dots, 6; E_0 = E_6)$ wird als *Sechseckanordnung* bezeichnet und soll im folgenden dann auch als

$$\begin{bmatrix} E_1 & E_2 & E_3 & E_4 & E_5 & E_6 \\ \varepsilon_1 & \varepsilon_2 & \varepsilon_3 & \varepsilon_4 & \varepsilon_5 & \varepsilon_6 \end{bmatrix}$$

geschrieben werden; dabei ist zyklische Umnumerierung gestattet. Die Sechseckanordnung heißt *pascalsch*, wenn es kollineare Punkte D_i mit $D_i \in \varepsilon_i$, ε_{i+3} $(i = 1, 2, 3)$ gibt. Der Satz von Pappos ist nun gleichwertig mit dem folgenden *Vertauschungssatz*[2]:

Erfüllen die Sechseckanordnungen $\mathfrak{S} = (E_i, \varepsilon_i)_{i=1,\dots,6}$ *und* $\mathfrak{S}' = (E_i', \varepsilon_i')_{i=1,\dots,6}$ *die Gleichungen* $E_i' = E_i$ $(i = 1, 4, 5, 6)$, $E_2' = E_3$, $E_3' = E_2$, $\varepsilon_i' = \varepsilon_i$ $(i = 1, 3, 5, 6)$, *gehen ferner die Geraden keines der Tripel* $(\varepsilon_2, \varepsilon_4, \varepsilon_5)$, $(\varepsilon_1, \varepsilon_2, \varepsilon_4)$, $(\varepsilon_2', \varepsilon_4', \varepsilon_5')$, $(\varepsilon_1', \varepsilon_2', \varepsilon_4')$, $(\varepsilon_1, \varepsilon_3, \varepsilon_4)$ *durch je einen Punkt, so ist* $\mathfrak{S}'$ *pascalsch, wenn dies für* $\mathfrak{S}$ *zutrifft.*

Daß aus dem Vertauschungssatz der Satz von Pappos folgt, sieht man folgendermaßen. Es sei die Voraussetzung des Satzes von Pappos in der zweiten hexagonalen Form erfüllt. Die Sechseckanordnung

$$\mathfrak{S} = \begin{bmatrix} & P_1 & P_2 & Q_1 & Q_2 & P_3 & Q_3 \\ Q_3P_1 & P_1P_2 & P_2Q_1 & Q_1Q_2 & Q_2P_3 & P_3Q_3 \end{bmatrix}$$

ist dann wegen $Q_3P_1 \cap Q_1Q_2 = Q_3$ und $P_1P_2 \cap Q_2P_3 = P_3$ pascalsch. $\mathfrak{S}$ und die durch Vertauschung von P_2 mit Q_1 (in beiden Zeilen!) daraus hervorgehende Sechseckanordnung $\mathfrak{S}'$ erfüllen nun, wie man leicht sieht, die Voraussetzung des Vertauschungssatzes, so daß auch $\mathfrak{S}'$ pascalsch ist. Das besagt aber gerade die Behauptung des Satzes von

---

[1] Zu diesem s. [**127, 197**]. Die dort gegebenen Formulierungen und Herleitungen sind wesentlich kürzer und eleganter als die hier folgenden, sind dafür aber leider unkorrekt, weil das mögliche Zusammenfallen gewisser Punkte oder Geraden unberücksichtigt bleibt.

[2] Daß dabei als Indexpaar der zu vertauschenden Punkte (2, 3) ausgezeichnet wird, ist natürlich wegen der Möglichkeit zyklischer Umnumerierung belanglos.

Pappos. Seien jetzt umgekehrt unter Voraussetzung des Satzes von Pappos $\mathfrak{S}$, $\mathfrak{S}'$ zwei Sechseckanordnungen, welche die Voraussetzung des Vertauschungssatzes erfüllen. Gilt $\varepsilon_i' = \varepsilon_{i+3}'$ auch nur für einen Index i, so ist offenbar $\mathfrak{S}'$ pascalsch. Man darf daher $\varepsilon_i' \neq \varepsilon_{i+3}'$ annehmen und die Punkte $D_i' = \varepsilon_i' \cap \varepsilon_{i+3}'$ einführen, deren Kollinearität also nun zu beweisen ist. Man setzt $P_1 = E_1$, $P_2 = E_3$, $P_3 = D_2'$, $Q_1 = E_2$, $Q_2 = E_4$, $Q_3 = D_1'$ und hat dann $\varkappa(P_1, P_2, P_3)$ sowie $\varkappa(Q_1, Q_2, Q_3)$. Aus den Voraussetzungen über $\mathfrak{S}$ und $\mathfrak{S}'$ ergeben sich $E_3 \notin \varepsilon_1$, $E_1 \notin \varepsilon_4$, ε_4' und $E_4 \notin \varepsilon_2$, ε_2'. Daraus erschließt man $E_2 \neq E_3$, $E_3 \neq E_4$, $E_1 \neq E_2$ und weiter:

$$P_2 Q_2 \cap P_1 Q_3 = \varepsilon_4 \cap E_1 D_1' = \varepsilon_1 \cap \varepsilon_4 = D_1,$$

$$P_1 Q_1 \cap P_3 Q_2 = \varepsilon_2 \cap E_4 D_2' = \varepsilon_2 \cap \varepsilon_5 = D_2.$$

Da $\mathfrak{S}'$ bei $D_1' = D_2'$ oder $D_1' D_2' = \varepsilon_3$ wegen $D_3' = \varepsilon_3 \cap \varepsilon_6$ pascalsch ist, darf $D_1' D_2' \neq \varepsilon_3$ angenommen werden, so daß aus dem Satz von Pappos[1] $\varkappa(D_1, D_2, \varepsilon_3 \cap D_1' D_2')$ folgt. Da ε_2, ε_4, ε_5 nicht durch einen Punkt gehen, ist $D_1 \neq D_2$. Ferner ergibt sich aus den Voraussetzungen über $\mathfrak{S}$ die Unmöglichkeit von $D_1 \in \varepsilon_3$, so daß aus dem bisher Gewonnenen $\varepsilon_3 \cap D_1 D_2 \in D_1' D_2'$ folgt. Da $\mathfrak{S}$ pascalsch ist, gilt $D_3' \in D_1 D_2$ und daher $D_3' = \varepsilon_3 \cap D_1 D_2 \in D_1' D_2'$.

Zum Beweis des Desarguesschen Satzes beachtet man nun zuerst, daß nach Satz 30 von S. 86 zur Voraussetzung des Desarguesschen Satzes noch $C \notin \gamma$ und $C_{13} \notin \gamma_2$ hinzugefügt werden darf, und bildet dann die Sechseckanordnung:

$$\begin{bmatrix} B_1 & C & \gamma \cap \gamma_2 & C_{13} & A_3 & \beta_{12} \cap \alpha_{23} \\ \beta_{12} & \gamma_1 & \underline{\gamma_2} & \gamma & \alpha_{13} & \alpha_{23} \end{bmatrix}.$$

Diese ist offenbar pascalsch, so daß nach dem Vertauschungssatz[2] auch die Sechseckanordnung

$$\begin{bmatrix} B_1 & \gamma \cap \gamma_2 & C & C_{13} & A_3 & \beta_{12} \cap \alpha_{23} \\ \beta_{12} & (\gamma \cap \gamma_2) B_1 & \gamma_2 & \underline{C_{13} C} & \alpha_{13} & \alpha_{23} \end{bmatrix}$$

pascalsch ist. Nochmalige Anwendung des Vertauschungssatzes[2] — diesmal unter Vertauschung des dritten mit dem vierten Punkt — ergibt die pascalsche Sechseckanordnung

$$\begin{bmatrix} B_1 & \gamma \cap \gamma_2 & C_{13} & C & A_3 & \beta_{12} \cap \alpha_{23} \\ \beta_{12} & (\gamma \cap \gamma_2) B_1 & \underline{\gamma} & C_{13} C & \gamma_3 & \alpha_{23} \end{bmatrix}.$$

[1] S. die Umformung der zweiten hexagonalen Form auf S. 136.

[2] Daß die Voraussetzung des Vertauschungssatzes erfüllt ist, erkennt man leicht aus dem auf S. 73 Hergeleiteten zusammen mit den hier zusätzlich gemachten Annahmen. Der besseren Übersicht halber sind jeweils die Verbindungsgeraden der zu vertauschenden Punkte unterstrichen.

Daraus schließlich ergibt eine dritte Anwendung des Vertauschungssatzes, daß auch die Sechseckanordnung

$$\begin{bmatrix} B_1 & C_{13} & \gamma \cap \gamma_2 & C & A_3 & \beta_{12} \cap \alpha_{23} \\ \beta_{12} & \beta_{13} & \gamma & \gamma_2 & \gamma_3 & \alpha_{23} \end{bmatrix}$$

pascalsch ist, und das besagt gerade $\varkappa(B_2, B_3, \gamma \cap \alpha_{23})$, also die Behauptung des Desarguesschen Satzes[1].

5.3. Homogenität einer projektiven Ebene.

Eine Dualität σ einer projektiven Ebene $\mathfrak{E}$ wird als (C, γ)-*Dualität* bezeichnet, wenn $C \notin \gamma$ und

(3) $$\xi^\sigma = \xi \cap \gamma \quad \textit{für} \quad C \in \xi,$$

(4) $$X^\sigma = XC \quad \textit{für} \quad X \in \gamma$$

ist. Aus (3), (4) folgt offenbar $C^\sigma = \gamma$, $\gamma^\sigma = C$ sowie $X \in X^\sigma$ für alle $X \in \gamma$; umgekehrt ergeben sich daraus mit $C \notin \gamma$ für eine Dualität σ wieder (3), (4). Ferner ist σ eine (γ, C)-Dualität der zu $\mathfrak{E}$ dualen Ebene $\widetilde{\mathfrak{E}}$; bei dieser Ersetzung von $\mathfrak{E}$ durch $\widetilde{\mathfrak{E}}$ vertauschen nämlich (3) und (4) einfach ihre Rollen.

10. *Das Inverse einer* (C, γ)-*Dualität ist wieder eine, das Produkt zweier* (C, γ)-*Dualitäten ist eine* (C, γ)-*Kollineation, und das Produkt einer* (C, γ)-*Dualität mit einer* (C, γ)-*Kollineation ist eine* (C, γ)-*Dualität.*

Beweis. Aus der Definition auf S. 3 folgt für Dualitäten σ, τ sofort, daß σ^{-1} ebenfalls Dualität und $\sigma\tau$ Kollineation ist. Aus $C \in \xi$, $C \notin \gamma$ folgt nun $\xi = (\xi \cap \gamma)C$ und daher nach (4) $\xi^{\sigma^{-1}} = \xi \cap \gamma$. Durch Dualisierung dieser Überlegung erhält man $X^{\sigma^{-1}} = XC$ für $X \in \gamma$. Daher ist σ^{-1} ebenfalls (C, γ)-Dualität. Ist nun auch τ eine (C, γ)-Dualität, so erhält man für $C \in \xi$ aus (3) $\xi^\sigma \in \gamma$ und daher nach (3) und (4) $\xi^{\sigma\tau} = \xi^\sigma C = (\xi \cap \gamma)C = \xi$ und für $X \in \gamma$ in gleicher Weise $X^{\sigma\tau} = X$. Damit ist $\sigma\tau$ als (C, γ)-Kollineation erkannt. Die letzte Behauptung des Satzes ergibt sich in Anbetracht der Definition von S. 3 sofort aus (3) und (4) zusammen mit der Tatsache, daß bei einer (C, γ)-Kollineation alle Punkte $\in \gamma$ und alle Geraden durch C fest bleiben.

Die projektive Ebene $\mathfrak{E}$ heißt (C, γ)-*homogen* [**18**], wenn es zu jedem Paar D, δ mit

(5) $$\gamma \cap \delta \in CD, \quad D \notin \gamma, \quad C \notin \delta$$

eine (C, γ)-Dualität σ mit $\delta^\sigma = D$ gibt.

---

[1] Wie man sieht, braucht man zum Nachweis des Desarguesschen Satzes eine Vertauschung des zweiten mit dem vierten Punkt in einer pascalschen Sechseckanordnung. Man kann tatsächlich einen solchen „kleinen" Vertauschungssatz so formulieren, daß er mit dem Desarguesschen Satz gleichwertig wird. Die in [**197**, **127**] angegebene Formulierung ist natürlich unzureichend (vgl. Fußnote 1, S. 146).

11. $\mathfrak{E}$ *ist genau dann* (C, γ)*-homogen, wenn* $\widetilde{\mathfrak{E}}$ (γ, C)*-homogen ist.*

Beweis. Man braucht offenbar nur unter der Voraussetzung der (C, γ)-Homogenität von $\mathfrak{E}$ zu zeigen, daß es zu einem Punkt D und einer Geraden δ von $\mathfrak{E}$ mit (5) eine (γ, C)-Dualität von $\widetilde{\mathfrak{E}}$, also eine (C, γ)-Dualität von $\mathfrak{E}$ gibt, welche D in δ überführt. Nun gibt es nach Voraussetzung aber eine (C, γ)-Dualität σ mit $\delta^{\sigma} = D$, und die im vorigen Satz als (C, γ)-Dualität erkannte Abbildung σ^{-1} leistet dann das Gewünschte.

12. *Eine projektive Ebene ist genau dann* (C, γ)*-homogen, wenn sie* (C, γ)*-transitiv ist und eine* (C, γ)*-Dualität besitzt* [18].

Beweis. Sind D, D' Punkte $\notin \gamma$ mit $CD = CD'$, so wählt man eine Gerade $\delta \neq CD$, γ durch $CD \cap \gamma$. Aus der (C, γ)-Homogenität folgt dann das Vorhandensein von (C, γ)-Dualitäten σ, τ mit $\delta^{\sigma} = D$, $\delta^{\tau} = D'$. Nach Satz 10 von S. 148 ist nun $\sigma^{-1}\tau$ eine (C, γ)-Kollineation, und da diese D in D' überführt, ist damit die (C, γ)-Transitivität bewiesen. Da man offenbar stets einen Punkt D und eine Gerade δ mit (5) angeben kann, folgt aus der (C, γ)-Homogenität das Vorhandensein einer (C, γ)-Dualität. Ist umgekehrt die projektive Ebene (C, γ)-transitiv, ist eine (C, γ)-Dualität σ vorhanden und erfüllen D, δ die Beziehung (5), so folgen wegen $CD \cap \gamma \in \delta$, $\delta \neq \gamma$, $C \notin \delta$ und (4) die Beziehungen $\delta^{\sigma} \in (CD \cap \gamma) C = CD$, $C \neq \delta^{\sigma} \notin \gamma$, und man kann daher eine (C, γ)-Kollineation τ mit $\delta^{\sigma\tau} = D$ angeben. Da $\sigma\tau$ nach Satz 10 von S. 148 eine (C, γ)-Dualität ist, ·hat man damit die (C, γ)-Homogenität bewiesen.

Ist die projektive Ebene $\mathfrak{E}$ (C, γ)-homogen für alle nicht auf γ liegenden Punkte C einer von γ verschiedenen Geraden γ', so wird $\mathfrak{E}$ als (γ', γ)*-homogen* [18] bezeichnet.

13. *Im Falle* $C \neq C'$ *ist eine* (C, γ)*- und* (C', γ)*-homogene projektive Ebene auch* (CC', γ)*-homogen* [18].

Beweis. Im Falle $DC = DC'$, $D \notin \gamma$ gibt es nach dem vorigen Satz eine (C', γ)-Kollineation σ mit $C^{\sigma} = D$. Da σ ein Automorphismus der projektiven Ebene ist, zieht die (C, γ)-Homogenität daher die (D, γ)-Homogenität nach sich.

Eine projektive Ebene heißt *homogen* [18], wenn sie (C, γ)-homogen ist für alle C, γ mit $C \notin \gamma$.

14. *Die folgenden Aussagen für eine projektive Ebene* $\mathfrak{E}$ *sind gleichwertig* [18]:

(a) $\mathfrak{E}$ *ist homogen;*

(b) *es gibt zwei verschiedene Geraden* α *und* β *so, daß* $\mathfrak{E}$ (α, β)*-homogen ist;*

(c) *es gibt drei nichtkollineare Punkte* O, U, V *so, daß* $\mathfrak{E}$ (V, UV)*-transitiv und* (O, UV)*-homogen ist;*

(d) *in* $\mathfrak{E}$ *gilt der Satz von Pappos.*

Beweis. Aus (a) folgt offenbar (b), und nach Satz 12 folgt (c) aus (b). Nach demselben Satz zieht (c) die (O, UV)-Transitivität nach sich, so daß nach Satz 47 von S. 104 und Satz 36 von S. 100 der Ternärkörper $\Re$ bezüglich O, U, V, E ein assoziativer Linksquasikörper ist. Um (d) herzuleiten, braucht man nach Satz 1 von S. 136 (Aussage d) nur noch die Kommutativität der Multiplikation nachzuweisen, da dann ja auch das rechtsdistributive Gesetz gilt und $\Re$ ein Körper ist. Wegen der (O, UV)-Homogenität gibt es eine (O, UV)-Dualität σ mit $(EV)^\sigma = 1$. Man erhält nun

$$(1, b)^\sigma = \big(EV \cap (1, b)\, O\big)^\sigma = \big((1, b)\, O \cap UV\big)\, 1,$$

so daß $(x, y) \in (1, b)^\sigma$ dasselbe bedeutet wie $y = bx + 1$. Wegen

$$(bU)^\sigma = \big((1, b)\, U\big)^\sigma = (1, b)^\sigma \cap U^\sigma = (1, b)^\sigma \cap OU$$

ist daher für $b \neq 0$

$$(6) \qquad\qquad\qquad (bU)^\sigma = \big(b^{-1}(-1), 0\big).$$

Mittels (6) ergibt sich nun für $a \neq 0$:

$$(a, a)^\sigma = (OE \cap aU)^\sigma = (OE)^\sigma (aU)^\sigma = \big(a^{-1}(-1), 0\big)\, W,$$

so daß $(x, y) \in (a, a)^\sigma$ dasselbe bedeutet wie $y = x - a^{-1}(-1)$. Wegen

$$\big((a, 0)\, V\big)^\sigma = \big((a, a)\, V\big)^\sigma = (a, a)^\sigma \cap OV$$

ist daher für $a \neq 0$:

$$(7) \qquad\qquad\qquad \big((a, 0)\, V\big)^\sigma = \big(0, -a^{-1}(-1)\big).$$

Aus $(a, c\, a) \in (1, c)\, O$ folgt $(1, c)\, O \cap UV \in (a, c\, a)^\sigma$. Es gibt also ein $v \in \Re$ so, daß $(x, y) \in (a, c\, a)^\sigma$ gleichbedeutend ist mit $y = cx + v$. (6) und (7) liefern nun für $a, c \neq 0$:

$$(a, c\, a)^\sigma = \big((a, 0)\, V \cap (c\, a)\, U\big)^\sigma = \big(0, -a^{-1}(-1)\big)\, \big(a^{-1} c^{-1}(-1), 0\big),$$

so daß $v = -a^{-1}(-1)$ ist und die Gleichung $0 = c\, a^{-1} c^{-1}(-1) - a^{-1}(-1)$ besteht. Aus dieser folgt jetzt aber die für $a = 0$ oder $c = 0$ sowieso gültige Beziehung $ac = ca$. Damit ist das kommutative Gesetz der Multiplikation hergeleitet. — Um aus (d) die (C, γ)-Homogenität für $C \notin \gamma$ zu folgern, braucht man — da nach Satz 1 von S. 136 der Desarguessche Satz gilt — nach Satz 12 von S. 149 nur noch das Vorhandensein einer (C, γ)-Dualität nachzuweisen. Zu diesem Zweck wird ein Koordinatensystem mit $O = C$, $UV = \gamma$ gewählt. Nach Satz 1 von S. 136 ist der Ternärkörper der Koordinaten ein Körper. Für den Koordinatenvektor $\mathfrak{x} = \sum_{i=0}^{2} \mathfrak{e}_i \cdot x_i$ des Punktes X (im Sinne von S. 110) ist die Menge der Vektoren $\sum_{i=0}^{2} \mathfrak{e}_i \cdot y_i$ mit $x_0 y_0 + x_2 y_1 - x_1 y_2 = 0$ nun ein zweidimensionaler, nur von X abhängender Vektorraum, dem also (im Sinne von S. 110) eine Gerade entspricht, die mit X^σ bezeichnet sei. Bekanntlich[1] läßt sich jeder zweidimensionale Raum von Koordinatenvektoren auf diese Weise durch einen Koordinatenvektor $\mathfrak{x}$ beschreiben, und zwar wird $\mathfrak{x}$ durch den zweidimensionalen Raum bis auf einen Skalarfaktor $\neq 0$ eindeutig bestimmt. σ ist also eine umkehrbare Abbildung der Punktmenge von $\mathfrak{E}$ auf die der dualen Ebene $\widetilde{\mathfrak{E}}$. Nun bedeutet $X \in X'X''$ mit $\mathfrak{x}^{(\nu)} = \sum\limits_{i=0}^{2} \mathfrak{e}_i \cdot x_i^{(\nu)}$ als Koordinatenvektor von $X^{(\nu)}$ das Vorhandensein von Skalaren s', s'' mit $x_i = x_i' s' + x_i'' s''$ $(i = 0, 1, 2)$, so daß $x_0^{(\nu)} y_0 + x_2^{(\nu)} y_1 - x_1^{(\nu)} y_2 = 0$ $(\nu = 1, 2)$ die Gleichung $x_0 y_0 + x_2 y_1 - x_1 y_2 = 0$ nach sich zieht, also $X'^\sigma, X''^\sigma, X^\sigma$ durch einen Punkt gehen. Nach einer Bemerkung von S. 9 ist daher σ ein Isomorphismus von $\mathfrak{E}$ auf $\widetilde{\mathfrak{E}}$, also eine Dualität von $\mathfrak{E}$. Für $X \in UV$ ist nun $x_0 = 0$, so daß $O, X \in X^\sigma$, folgt und damit $(UV)^\sigma = O$. Da schließlich auch $O^\sigma = UV$ gilt, ist σ also eine (C, γ)-Dualität.

Die (C, γ)-Homogenität läßt sich mit Hilfe des Viereckschnittbegriffs so ausdrücken, daß infolge des eben bewiesenen Satzes die Vertauschbarkeit von Stern- und Dreieckstripel in einem Viereckschnitt auf Grund des Satzes von Pappos (Satz 5, S. 140) sofort ersichtlich ist [18]:

15. *Die projektive Ebene $\mathfrak{E}$ ist genau dann (C, γ)-homogen, wenn in $\mathfrak{E}$ für zwei vollständige Vierecke mit den nicht auf γ liegenden Eckpunkten A_i bzw. A_i' $(i = 1, 2, 3, 4)$ und den Viereckschnittpunkten $A_{ik} = \gamma \cap A_i A_k$ bzw. $A_{ik}' = \gamma \cap A_i' A_k'$ aus $A_1' = A_1 = C$, $A_{12}' = A_{34}$, $A_{13}' = A_{42}$, $A_{14}' = A_{23}$, $A_{42}' = A_{13}$, $A_{23}' = A_{14}$ auch die Gleichung $A_{34}' = A_{12}$ folgt.*

Beweis. $\mathfrak{E}$ sei (C, γ)-homogen, und die beiden Vierecke mögen die genannten Voraussetzungen erfüllen. Dann gilt

$$A_3 A_4 \cap \gamma = A_{34} \in A_1' A_2' = C A_2', \quad A_2' \notin \gamma, \quad C \notin A_3 A_4,$$

so daß es eine (C, γ)-Dualität σ mit $(A_3 A_4)^\sigma = A_2'$ gibt. Für $(i, k) = (3, 4)$ oder $= (4, 3)$ hat man nun wegen (3), (4) und (1.9)

$$A_i' = C A_{1i}' \cap A_{2i}' A_2' = C A_{2k} \cap A_{1k} A_2' = \gamma^\sigma (C A_{2k})^\sigma \cap (C A_{1k})^\sigma (A_3 A_4)^\sigma$$
$$= ((\gamma \cap C A_{2k}) (C A_{1k} \cap A_3 A_4))^\sigma = (A_{2k} A_k)^\sigma = (A_2 A_k)^\sigma$$

und $A_{12} = (A_1 A_2)^\sigma$. Durch Anwenden von σ folgt aus $A_2 A_3 \cap A_2 A_4 \in A_1 A_2$ daher $A_{12} \in A_3' A_4'$, also $A_{34}' = A_{12}$. — Sei jetzt umgekehrt die soeben aus der (C, γ)-Homogenität von $\mathfrak{E}$ hergeleitete Aussage über zwei vollständige Vierecke vorausgesetzt. D und δ mögen der Beziehung (5)

---

[1] Siehe z.B. [**167**, Abschn. 6].

genügen. Um nun eine (C, γ)-Dualität zu finden, welche δ in D überführt, wird eine Abbildung σ zuerst einmal durch $C^\sigma = \gamma$, (4) und

$$(8) \qquad\qquad X^\sigma = (CX \cap \gamma) D \quad \text{für} \quad X \in \delta$$

auf der aus C und den Punkten von γ und δ bestehenden Menge erklärt.
Soll sich diese Abbildung nun zu einer Dualität fortsetzen lassen, so
muß unter der Voraussetzung $C \neq X \notin \gamma$, δ und $Y \notin CX$, γ und $Y \in \delta$
wegen $X = (\gamma \cap XY) Y \cap (CX \cap \gamma) C$, (4), (8), (1.9) und (1.12)

$$(9) \qquad\qquad X^\sigma = \big((\gamma \cap XY) C \cap (CY \cap \gamma) D \big) (CX \cap \gamma)$$

sein. Um (9) als Definition einer Fortsetzung von σ auf die Menge
aller Punkte von $\mathfrak{E}$ verwenden zu können, muß erst einmal gezeigt werden,
daß die rechte Seite von (9) sich bei Ersetzung von Y durch irgendeinen andern Punkt Y' von δ mit $Y' \notin CX$, γ nicht ändert. Man setzt
zu diesem Zweck $A_1 = A_1' = C$, $A_2 = X$, $A_3 = Y'$, $A_4 = Y$, $A_2' = D$,
$A_3' = (\gamma \cap XY) C \cap (CY \cap \gamma) D$, $A_4' = (\gamma \cap XY') C \cap (CY' \cap \gamma) D$. Offenbar
sind die A_i die Eckpunkte eines vollständigen Vierecks. Daß dies auch
für die A_i' zutrifft, also weder A_3' noch A_4' auf CD liegt und A_3', A_4' weder
mit C noch mit D kollinear sind, erkennt man wegen der Verschieden-
heit von Y, Y', $CD \cap \gamma$ einfach daraus, daß $Y \to (\gamma \cap XY) C$ und
$Y \to (CY \cap \gamma) D$ Projektivitäten, also umkehrbare Abbildungen sind.
Man rechnet nun leicht $A_{12}' = A_{34}$, $A_{13}' = A_{42}$, $A_{14}' = A_{23}$, $A_{42}' = A_{13}$,
$A_{23}' = A_{14}$ nach, so daß nach der Voraussetzung auch $A_{34}' = A_{12}$, also
$(CX \cap \gamma) A_3' = (CX \cap \gamma) A_4'$ gilt. Somit darf (9) in die Definition von σ
aufgenommen werden. Aus (9) folgt mittels (1.10), (1.11) unter Be-
achtung der über X und Y gemachten Voraussetzung $X^\sigma \neq \gamma$, $C \notin X^\sigma$,
$D \notin X^\sigma$. Durch σ werden daher C und die Punkte von γ und δ eineindeutig in γ und die Geraden durch C sowie die durch D übergeführt.
Daß σ nun auch den übrigen Punkten eineindeutig die übrigen Geraden
zuordnet, sieht man folgendermaßen. Es sei $\xi \neq \gamma$, $C \notin \xi$, $D \notin \xi$. Sucht
man nun einen Punkt X mit $X^\sigma = \xi$, so muß $X \neq C$, $X \notin \gamma$, δ und daher
nach (9) $X \in (\xi \cap \gamma) C$ sein. Für Y darf man dann irgendeinen Punkt
$\neq \gamma \cap \delta$, $(\xi \cap \gamma) C \cap \delta$ auf δ nehmen und gewinnt aus (9) mittels (1.10),
(1.11) der Reihe nach

$$(\gamma \cap XY) C \cap (CY \cap \gamma) D \in \xi, \qquad (CY \cap \gamma) D \cap \xi \in (\gamma \cap XY) C,$$
$$\gamma \cap XY \in \big((CY \cap \gamma) D \cap \xi \big) C, \qquad \big((CY \cap \gamma) D \cap \xi \big) C \cap \gamma \in XY,$$
$$X \in \big(\big((CY \cap \gamma) D \cap \xi \big) C \cap \gamma \big) Y.$$

Da man nach demselben Verfahren erkennt, daß die zuletzt angeschriebene Gerade den Punkt C nicht enthält, also $\neq (\xi \cap \gamma) C$ ist, zieht
somit $X^\sigma = \xi$ die Gleichung

$$X = \big(\big(((CY \cap \gamma) D \cap \xi) C \cap \gamma \big) Y \cap (\xi \cap \gamma) C$$

nach sich. Mittels (1.13), (1.14), (1.15) rechnet man nun leicht nach, daß aus dieser Bestimmung von X gerade $X^\sigma = \xi$ folgt. Damit ist σ als umkehrbare Abbildung der Menge aller Punkte von $\mathfrak{E}$ auf die Menge aller Geraden von $\mathfrak{E}$ erkannt. Um σ nun als Dualität von $\mathfrak{E}$ nachzuweisen, braucht man nach S. 9 nur noch zu jeder Geraden ξ einen Punkt ξ^σ so anzugeben, daß aus $X \in \xi$ stets $\xi^\sigma \in X^\sigma$ folgt; dadurch wird dann zugleich die Auswirkung der Dualität σ auf die Geraden von $\mathfrak{E}$ angegeben. Offenbar kann man $\gamma^\sigma = C$ und $\delta^\sigma = D$ wählen. Ist $\gamma \cap \delta \notin \xi$, so kann

$$(10) \qquad \xi^\sigma = (\xi \cap \gamma) C \cap \big((\xi \cap \delta) C \cap \gamma \big) D$$

gesetzt werden; denn im Falle $C \notin \xi$ darf man in (9) $Y = \xi \cap \delta$ wählen, so daß $XY = \xi$ ist, und im Falle $C \in \xi$ geht (10) nach (1.12), (1.13) in (3) über. Betrachtet man nun die den Punkt $E = \gamma \cap \delta$ nicht enthaltenden Geraden ξ durch einen von C verschiedenen Punkt $A \notin \gamma, \delta$, so gilt $\xi^\sigma \in A^\sigma$ und — wie oben bemerkt — $C \notin A^\sigma$. Nach (10) ist somit $\xi^\sigma = A^\sigma \cap (\xi \cap \gamma) C$, und da $\xi \to (\xi \cap \gamma) C$ als Projektivität eine umkehrbare Abbildung ist, werden die durch A gehenden Geraden $\neq AE$ durch σ eineindeutig den von $A^\sigma \cap CD$ verschiedenen Punkten von A^σ zugeordnet. Nimmt man nun einen Punkt B mit $AB = BE$, so werden in gleicher Weise die Geraden $\neq AE$ durch B den von $B^\sigma \cap CD$ verschiedenen Punkten von B^σ eineindeutig zugeordnet. Da nun keine Gerade $\neq AE$ sowohl A wie B enthält, dürfen A^σ, B^σ nur einen auf CD gelegenen Punkt gemeinsam haben. Somit hängt $A^\sigma \cap CD$ nur von der Geraden AE ab und darf daher $= (AE)^\sigma$ gesetzt werden, wenn man beachtet, daß wegen $E^\sigma = CD$ dann auch $(AE)^\sigma \in E^\sigma$ gilt. Wegen $C^\sigma = \gamma$ und (9) darf man schließlich $(CD)^\sigma = CD \cap \gamma = E$ setzen. Damit ist dann auch (3) vollständig bewiesen, und σ ist als (C, γ)-Dualität mit $\delta^\sigma = D$ erkannt.

5.4. Ausartungen des Satzes von Pappos.

Als *axiale* bzw. *zentrale einfache Ausartung des Satzes von Pappos* oder kürzer *axialer* bzw. *zentraler kleiner Satz von Pappos* wird diejenige Spezialisierung des Satzes von Pappos bezeichnet, welche aus dessen erster hexagonaler Form dadurch hervorgeht, daß die Diagonalpunkte als kollinear bzw. die Diagonalen als durch einen Punkt gehend vorausgesetzt werden. Die kleinen Sätze von Pappos, welche offenbar beide den Rang 9 haben, sind somit dual zueinander[1], d. h. der axiale kleine Satz von Pappos gilt in einer projektiven Ebene genau dann, wenn in der dualen Ebene der zentrale kleine Satz von Pappos gilt. Vergleicht man die Bezeichnungen der zweiten mit denen der ersten

---

[1] Es ist unbekannt, ob sie gleichwertig sind.

hexagonalen Form unter Vermittlung der Bezeichnungen der Thomsen-Bedingung, so sieht man, daß in der zweiten hexagonalen Form der axiale kleine Satz von Pappos durch die Zusatzvoraussetzung $\varkappa(P_2, Q_3, R_1)$ und der zentrale kleine Satz von Pappos durch die Zusatzvoraussetzung $\alpha \cap \beta \in R_2 R_3$ entsteht.

16. *Aus dem kleinen Desarguesschen Satz folgen in einer projektiven Ebene beide kleinen Sätze von Pappos*[1].

Da der kleine Desarguessche Satz mit seiner Dualisierung gleichwertig ist, braucht man zum Beweis nur den axialen kleinen Satz von Pappos aus dem kleinen Desarguesschen Satz zu folgern. Der axiale kleine Satz von Pappos besagt nun aber — als Thomsen-Bedingung aufgefaßt — die Kommutativität der Addition in jedem Ternärkörper. Diese aber folgt nach Satz 38 von S. 101 und Satz 31 von S. 91 tatsächlich aus dem kleinen Desarguesschen Satz.

Die Spezialisierung des axialen bzw. zentralen kleinen Satzes von Pappos, welche — mit den Bezeichnungen der zweiten hexagonalen Form — durch Hinzunahme der Voraussetzung $P_2 Q_3 = \omega$ bzw. $R_2 R_3 = \omega$ entsteht, wird als *affiner axialer* bzw. *zentraler kleiner Satz von Pappos* für die affine Ebene $\mathfrak{E}_\omega$ bezeichnet. In Verschärfung des obigen Satzes gilt nun [**112**]:

17. *Aus dem affinen kleinen Desarguesschen Satz folgen in einer affinen Ebene beide affinen kleinen Sätze von Pappos.*

Beweis. Für den affinen axialen kleinen Satz von Pappos ergibt sich die Behauptung genau wie oben. Der zweite Teil der Behauptung ist jetzt aber nicht mehr dual zum ersten. Nun folgt aber aus dem affinen kleinen Desarguesschen Satz für $\mathfrak{E}_\omega$, daß die Addition in jedem Ternärkörper bezüglich O, U, V, E mit $UV = \omega$ assoziativ und kommutativ ist und daher nach (1.58) auch die durch (1.54) erklärte Verknüpfung $\widetilde{+}$ mit $+$ übereinstimmt, also ebenfalls kommutativ ist. Die Kommutativität von $\widetilde{+}$ besagt nun aber gerade den affinen zentralen kleinen Satz von Pappos, wie man mittels der Gleichsetzungen $P_2 = x$, $P_3 = v$, $P_1 = x \widetilde{+} v$, $Q_2 = E'$, $Q_3 = E'V \cap vU$, $Q_1 = E'V \cap xU$ aus (1.54) sofort erkennt.

An Hand der Abb. 13 erkennt man leicht, daß der zentrale kleine Satz von Pappos für eine projektive Ebene $\mathfrak{E}$ dasselbe besagt wie die Gültigkeit der Sechseckbedingung für jedes 3-Gewebe aus drei Geradenbüscheln von $\mathfrak{E}$. Man braucht nur unter den Voraussetzungen der Sechseckbedingung $OU \cap PV = R^*$ einzuführen; dann besagt die Behauptung der Sechseckbedingung $OU = RU$, also $R = R^*$, und das ist gerade zugleich auch dasselbe wie die Behauptung $QW = QR^*$ des zen-

---

[1] Es ist unbekannt, ob aus einem der kleinen Sätze von Pappos oder beiden der kleine Desarguessche Satz folgt.

tralen kleinen Satzes von Pappos. Damit hat man schon einen Teil des folgenden Satzes bewiesen.

18. *In einer projektiven Ebene $\mathfrak{E}$ sind die folgenden Aussagen gleichwertig*:

(a) *Der zentrale kleine Satz von Pappos*;

(b) *in jedem Ternärkörper von $\mathfrak{E}$ besitzt jedes Element a ein Inverses $-a$ bezüglich der Addition und jedes Element $a \neq 0$ ein Inverses a^{-1} bezüglich der Multiplikation*;

(c) *in jedem Ternärkörper von $\mathfrak{E}$ besitzt jedes Element $\neq 0$ ein Inverses bezüglich der Multiplikation*.

Zum Beweis braucht man offenbar nur noch die Sechseckbedingung für ein 3-Gewebe aus Büscheln mit kollinearen Trägern zurückzuführen auf die Sechseckbedingung im Falle nichtkollinearer Träger. Es sei nun mit den Bezeichnungen von Abb. 13 bei kollinearen Punkten U, V, W die Voraussetzung der Sechseckbedingung erfüllt, jedoch $RU \neq R'U$, d.h. $R \notin OU$. Bildet man nun $R^* = OU \cap RV$, so ist $W \notin R^*R$, also $W \notin QR^*$. Daraus folgt, daß $W^* = OW \cap QR^*$ nicht auf UV liegt. W^* liegt aber auch nicht auf OU, OV oder QU, weshalb O und Q gewöhnliche Punkte des (U, V, W^*)-Gewebes aus den Büscheln mit den Trägern U, V, W^* sind. Man kann nun weiter die ebenfalls gewöhnlichen Punkte $P'^* = O'W^* \cap OV$, $P^* = P'^*U \cap R^*V$ bilden und erkennt leicht der Reihe nach $P'^* \neq P'$, $P^* \neq P$, $P^*W^* \neq OW^*$. In Anbetracht der Symmetrie der Sechseckbedingung folgt daraus, daß die Sechseckbedingung im (U, V, W^*)-Gewebe nicht gilt. Damit ist alles bewiesen.

19. *Der axiale kleine Satz von Pappos ist in einer projektiven Ebene gleichwertig mit derjenigen Spezialisierung des reduzierten VS-Satzes, die entsteht, wenn man in der Formulierung von S. 129/30 $A_{11} = A_{22}$, $B_{21} = B_{12}$ und damit $C_{12} = C_{21}$ setzt.*

Beweis. Die Sechseckbedingung entsteht nach S. 54 aus der Reidemeister-Bedingung durch Hinzunahme von $R' = O$ zur Voraussetzung. Gemäß der Übertragung von S. 132 bedeutet das beim reduzierten VP-Satz $\alpha_{11} \cap \beta_{11} = \beta_{22} \cap \gamma_{22}$. Beim Dualisieren ergibt das den reduzierten VS-Satz mit der zusätzlichen Voraussetzung $A_{11}B_{11} = B_{22}C_{22}$. Diese bedeutet nun wegen $\varkappa(A_{11}, B_{11}, C_{11})$ einfach $B_{11} = B_{22}$, $C_{11} = C_{22}$. Die Behauptung des reduzierten VS-Satzes wird daher zu $A_{11} = A_{22}$ oder — was wegen $\varkappa(A_{22}, B_{21}, C_{12})$ auf dasselbe hinauskommt — zu $\varkappa(A_{11}, B_{21}, C_{12})$. Man braucht jetzt nur noch die Bezeichnungen B_{i1} mit B_{i2} und C_{1i} mit C_{2i} $(i = 1, 2)$ zu vertauschen, um die in der Behauptung angegebene Spezialisierung zu erhalten. Diese ist also gleichwertig mit der Dualisierung der Aussage, daß die Sechseckbedingung in jedem 3-Gewebe aus drei Geradenbüscheln gilt. Nach dem weiter oben Gezeigten ist damit der Satz bewiesen.

Fügt man der Voraussetzung des Satzes von Pappos in der ersten hexagonalen Form noch die Forderung hinzu, daß die Diagonalpunkte

kollinear sein und die Diagonalen durch einen Punkt gehen sollen, so
entsteht die allgemeinste gemeinsame[1] Spezialisierung der beiden kleinen
Sätze von Pappos. Diese hat offenbar den Rang 8 und stimmt mit
ihrer Dualisierung überein. Sie wird als die *zweifache Ausartung des
Satzes von Pappos* bezeichnet. Man darf sie nicht verwechseln mit dem
ebenfalls 8-rangigen *Sechsecksatz*, der die Gültigkeit der Sechseckbedingung in jedem 3-Gewebe aus drei Büscheln mit kollinearen Trägern
besagt und daher gleichwertig ist mit der Aussage, daß in jedem Ternärkörper jedes Element ein Inverses bezüglich der Addition besitzt. Die

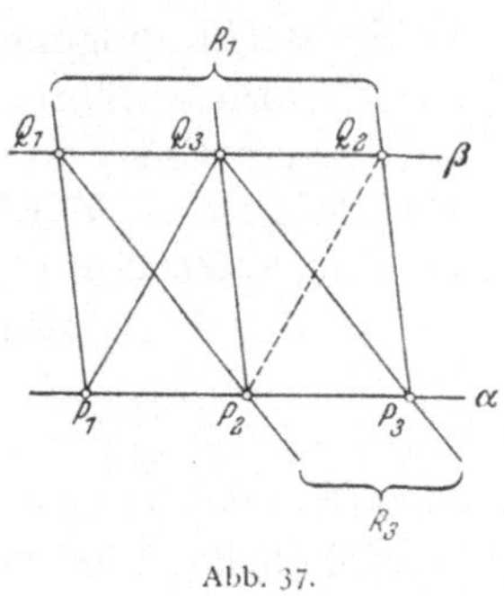

Abb. 37.

Ähnlichkeit der beiden Sätze liegt darin, daß
— wie man sofort sieht — ihre zugehörigen
Inzidenzstrukturen durch Hinzunahme der
die Behauptungen bildenden Inzidenzen dieselbe Inzidenzstruktur ergeben. Dagegen ist
die zweifache Ausartung des Satzes von
Pappos im Gegensatz zum Sechsecksatz nicht
offen; da sie offenbar auch primitiv ist, folgt
aus ihr nach Satz 21 von S. 29 nicht der
Sechsecksatz. In **11.2** wird gezeigt, daß der
Sechsecksatz gleichwertig ist mit der dreifachen Ausartung des Desarguesschen Satzes.

Aus dem Beweis des folgenden Satzes ergibt sich noch, daß der Sechsecksatz ebenfalls eine Spezialisierung des axialen sowie eine solche des
zentralen kleinen Satzes von Pappos ist.

20. *In einer projektiven Ebene ist der Sechsecksatz gleichbedeutend mit
seiner Dualisierung sowie mit derjenigen Spezialisierung des reduzierten
VS-Satzes, die entsteht, wenn man in der Formulierung von S.* 129/30
$A_{11} = A_{22}$, $B_{21} = B_{12}$ *sowie* $\alpha \cap \beta \in \gamma$ *setzt.*

Beweis. Setzt man $P_1 = A_{21}$, $P_2 = A_{11} = A_{22}$, $P_3 = A_{12}$, $Q_1 = B_{11}$,
$Q_2 = B_{22}$, $Q_3 = B_{21} = B_{12}$, $R_1 = C_{12} = C_{21}$, $R_3 = C_{11}$, so erkennt man leicht
(s. Abb. 37), daß die genannte Spezialisierung des reduzierten VS-Satzes
gleichwertig ist mit der durch die Forderung $\alpha \cap \beta \in R_1 R_3$ aus dem
axialen kleinen Satz von Pappos entstehenden Spezialisierung[2]. Wird
nun nach S. 135 die Übersetzung in die Bezeichnungen der Thomsen-
Bedingung vorgenommen, so ergibt sich durch Vergleich der Abb. 13
(S. 54) mit der Abb. 16 (S. 59) sofort der Sechsecksatz. Der Beweis
von Satz 19 schließlich zeigt, daß die genannte Spezialisierung des reduzierten VS-Satzes einfach die Dualisierung des Sechsecksatzes ist.

---

[1] Bei gleicher Benennung der Punkte und Geraden! Werden Umbenennungen
zugelassen, so gibt es auch noch andere „gemeinsame" Spezialisierungen vom
Rang 8 (so z. B. den Sechsecksatz w. u.).

[2] Diese erweist sich durch Vertauschen von 1 mit 2 sofort als Spezialisierung
auch des zentralen kleinen Satzes von Pappos.

6. Alternativkörper.

6.1. Definitionen und Rechenregeln.

Satz 50 von S. 106 legt es nahe, distributive Quasikörper mit Links- oder Rechtsinversbedingung zu betrachten. Man hat nun den Satz:

1. *In einem distributiven Quasikörper folgt aus der Rechtsinversbedingung die Rechenregel*

$$(1) \qquad (b\,a)\,a = b\,a^2$$

und aus der Linksinversbedingung die Rechenregel

$$(2) \qquad a\,(a\,b) = a^2\,b.$$

Es genügt, den zweiten Teil zu beweisen, da der erste Teil der Behauptung daraus durch Übergang zur entgegengesetzten Struktur folgt. Ferner darf man offenbar a, $b \neq 0$ voraussetzen, sich also auf die multiplikative Loop eines distributiven Quasikörpers $\Re$ mit Linksinversbedingung beschränken. In einer projektiven Ebene $\mathfrak{E}$, die $\Re$ als auf O, U, V, E bezogenen Ternärkörper hat, ist nach S. 39 (Schluß von **1.5**) die multiplikative Loop von $\Re$ isomorph zur Loop, die gemäß **2.1** dem (U, O, V)-Gewebe bez. E zugeordnet wird, wobei Änderung von E nach Satz 3, S. 48 bis auf Isomorphie die sämtlichen isotopen Loops liefert. Nach Satz 50, S. 106/7 sind aber auch die anderen Ternärkörper von $\mathfrak{E}$ distributive Quasikörper mit Linksinversbedingung, sofern man UV unverändert läßt. Somit erfüllen alle Isotope der multiplikativen Loop von $\Re$ die Linksinversbedingung, und das besagt nach Satz 10, S. 54 und (2.33), wenn man darin noch die Addition durch die Multiplikation ersetzt und a mit b vertauscht,

$$(3) \qquad \big(a\,(c\,a)\big)\,b = a\,\big(c\,(a\,b)\big).$$

Mit $c = 1$ erhält man daraus dann (2).

Rein algebraisch ergibt sich (3) unter den (unwesentlichen) Einschränkungen $c \neq 0$ und $a \neq 0$, $-c^{-1}$ so:

$$(a + c^{-1})\,\big((a^{-1} - (a + c^{-1})^{-1})\,(a\,x)\big) = (a + c^{-1})\,x - a\,x = c^{-1}x,$$

$$a\,x = \big(a^{-1} - (a + c^{-1})^{-1}\big)^{-1}\big((a + c^{-1})^{-1}(c^{-1}x)\big),$$

insbesondere mit $x = c\,a + 1$ also $a(c\,a + 1) = \big(a^{-1} - (a + c^{-1})^{-1}\big)^{-1}$ und damit dann

$$a\,x = \big(a\,(c\,a + 1)\big)\big((a + c^{-1})^{-1}(c^{-1}x)\big),$$

woraus mit $x = c\big((a + c^{-1})\,b\big) = c\,(a\,b) + b$ dann (3) folgt.

Wird der *Assoziator* $[a, b, c] = (a\,b)\,c - a\,(b\,c)$ eingeführt, so läßt sich (1) als

$$(4) \qquad [b, a, a] = 0$$

und (2) als

$$(5) \qquad [a, a, b] = 0$$

schreiben. Nun bezeichnet man eine auf einer additiv geschriebenen kommutativen Gruppe erklärte Funktion f mehrerer Argumente als *alternierend*, wenn sie multilinear ist, d.h. hinsichtlich jedes einzelnen Arguments — also unter Festlassen der anderen Argumente — einen Endomorphismus der Gruppe darstellt, und bei gleichen Werten verschiedener Argumente den Wert 0 annimmt. Wegen[1]

$$0 = f(a + b, a + b) = f(a, a + b) + f(b, a + b)$$
$$= f(a, a) + f(a, b) + f(b, a) + f(b, b) = f(a, b) + f(b, a)$$

geht der Funktionswert c einer alternierenden Funktion bei Anwendung einer ungeraden Permutation auf die Argumente in $-c$ über, während er bei Anwendung einer geraden Permutation erhalten bleibt. Da $(x, y) \rightarrow [a, x, y]$ offenbar multilinear ist, folgt daher aus (4)

$$(6) \qquad\qquad [a, b, c] = - [a, c, b]$$

und somit aus (5) die Rechenregel

$$(7) \qquad\qquad [a, b, a] = 0.$$

Daher ist die natürlich ebenfalls multilineare Funktion $(x, y, z) \rightarrow [x, y, z]$ alternierend. Aus diesem Grund wird (4) als das *rechtsalternative* und (5) als das *linksalternative Gesetz* bezeichnet. Eine algebraische Struktur mit einem Paar binärer Verknüpfungen, Addition und Multiplikation genannt, welche bezüglich der Addition eine kommutative Gruppe ist und bei der die Multiplikation rechts- und linksdistributiv bezüglich der Addition ist, heißt *Rechtsalternativring*, wenn (4) gilt, *Linksalternativring*, wenn (5) gilt, und *Alternativring*[2], wenn (4) und (5) gelten. Wie schon bei Ringen üblich, heißt ein Alternativring *nullteilerfrei*, wenn aus $a, b \neq 0$ stets $ab \neq 0$ folgt. Wird in den Definitionen der Begriffe Linksalternativring, Rechtsalternativring, Alternativring noch die Forderung hinzugefügt, daß ein Element $\neq 0$ vorhanden ist und Elemente a, b mit $a \neq 0$ stets eindeutig Elemente x, y mit $ax = b = ya$ bestimmen, so entstehen die Begriffe *Rechtsalternativkörper*, *Linksalternativkörper*, *Alternativkörper*. Jeder distributive Quasikörper mit Links- bzw. Rechtsinversbedingung ist also nach Satz 1 ein Links- bzw. Rechtsalternativkörper.

Es seien nun zuerst einige Rechenregeln für Alternativringe hergeleitet [**56**]. Dazu wird der *Kommutator* $[a, b] = ab - ba$ eingeführt. Einfache Rechnung zeigt dann ohne Benutzung von (4) und (5):

$$(8) \qquad [ab, c] - a[b, c] - [a, c]b = [a, b, c] - [a, c, b] + [c, a, b],$$

$$(9) \qquad [ab, c, d] - [a, bc, d] + [a, b, cd] = [a, b, c]d + a[b, c, d].$$

---

[1] Der Einfachheit halber ist f als Funktion zweier Argumente angenommen; eventuelle weitere Argumente können natürlich noch mit jeweils demselben Wert hinzugefügt werden.

[2] Einen kurzen Überblick der Theorie der Alternativringe und ihrer Probleme findet man in [**225**].

Das Alternieren des Assoziators bei Vertauschen der Argumente liefert aus (8)

$$(10) \qquad [a\,b, c] = a\,[b, c] + [a, c]\,b + 3\,[a, b, c]\,.$$

Die durch

$$(11) \qquad f(w, x, y, z) = [w\,x, y, z] - [x, y, z]\,w - x\,[w, y, z]$$

erklärte Funktion f ist offenbar multilinear. Nach (9) und dem Alternieren des Assoziators ergibt sich

$$(12) \quad \begin{cases} f(w, x, y, z) - f(x, y, z, w) + f(y, z, w, x) = \\ \quad [w, [x, y, z]] - [x, [y, z, w]] + [y, [z, w, x]] - [z, [w, x, y]]\,. \end{cases}$$

Addition der daraus durch Ersetzen von w, x, y, z durch x, y, z, w entstehenden Gleichung liefert

$$f(w, x, y, z) = -f(z, w, x, y)\,.$$

Mehrfache Anwendung dieser Vertauschungsmöglichkeit auf die aus dem Alternieren des Assoziators folgende Gleichung

$$f(w, x, y, z) = -f(w, x, z, y)$$

zeigt, daß der Wert von f sich bei Vertauschen zweier nebeneinanderstehender Argumente mit -1 multipliziert, also bei Vertauschen irgend zweier Argumente erhalten bleibt, wenn er $=0$ war. Die aus (4) und (11) folgende Gleichung

$$f(w, x, y, y) = 0$$

zeigt daher, daß f alternierend ist. (12) wird somit zu

$$(13) \quad \begin{cases} 3f(w, x, y, z) = [w, [x, y, z]] - [x, [y, z, w]] + \\ \qquad\qquad\qquad\quad + [y, [z, w, x]] - [z, [w, x, y]]\,. \end{cases}$$

Ferner ergibt sich mittels (11)

$$2f(w, x, y, z) = [[w, x], y, z] - [x, [y, z, w]] + [w, [x, y, z]]\,.$$

Addition der daraus durch Vertauschen des Paares w, x mit dem Paar y, z entstehenden Gleichung und Subtraktion von (13) ergibt wegen $f(w, x, y, z) = f(y, z, w, x)$ dann

$$(14) \qquad f(w, x, y, z) = [[w, x], y, z] + [[y, z], w, x]\,.$$

Wegen des Alternierens von f liefert (11) mit $w = x$ bzw. $w = z$ bzw. $z = x$ die Rechenregeln

$$(15) \qquad [a^2, b, c] = [a, b, c]\,a + a\,[a, b, c]\,,$$

$$(16) \qquad [c\,a, b, c] = [a, b, c]\,c\,, \qquad [a\,c, b, c] = c\,[a, b, c]\,.$$

Beachtet man neben (16) noch die daraus durch Vertauschen der Argumente in den Assoziatoren hervorgehenden Gleichungen, so ergibt sich die *Multiplikationsregel des Assoziators*:

2. *Die Multiplikation eines Assoziators mit einem seiner Argumente läßt sich auch durch Multiplikation eines der beiden anderen Argumente, und zwar von der anderen Seite her, bewirken.*

(11) und (14) ergeben mittels der aus (7) folgenden Gleichung $[dc, c] = [d, c]c$ sowie der Multiplikationsregel des Assoziators:

$$\begin{aligned}
f(dc, c, a, b) &= \big[[dc], c], a, b\big] + \big[[a, b], dc, c\big] \\
&= c\big[[d, c], a, b\big] + [c, a, b][d, c] + f\big([d, c], c, a, b\big) + c\big[[a, b], d, c\big] \\
&= c f(d, c, a, b) + [c, a, b][d, c] - f(cd, c, a, b) + f(dc, c, a, b).
\end{aligned}$$

Daraus folgt

$$(17) \qquad f(cd, c, a, b) = c f(d, c, a, b) + [c, a, b][d, c].$$

Mittels der Multiplikationsregel des Assoziators gewinnt man die als *Moufang-Identitäten* bezeichneten Regeln

$$(18) \qquad\qquad\qquad (a\,b)(c\,a) = a\big((b\,c)\,a\big),$$

$$(19) \qquad\qquad\qquad \big((a\,b)\,a\big)c = a\big(b(a\,c)\big),$$

$$(20) \qquad\qquad\qquad (a\,b)(c\,a) = \big(a(b\,c)\big)a,$$

$$(21) \qquad\qquad\qquad \big((a\,b)\,c\big)b = a\big(b(c\,b)\big).$$

Es ist nämlich

$$(a\,b)(c\,a) = a\big(b(c\,a)\big) + [a, b, c\,a] = a\big(b(c\,a) + [b, c, a]\big) = a\big((b\,c)\,a\big)$$

und

$$\begin{aligned}
\big((a\,b)\,a\big)c &= (a\,b)(a\,c) + [a\,b, a, c] = (a\,b)(a\,c) + [b, a, c]\,a \\
&= (a\,b)(a\,c) - [a, b, a\,c] = a\big(b(a\,c)\big),
\end{aligned}$$

womit (18) und (19) bewiesen sind. Um (20) und (21) herzuleiten, braucht man nun lediglich zur entgegengesetzten Struktur $\mathfrak{K}^\circ$ des Alternativrings $\mathfrak{K}$ überzugehen. Wie man leicht sieht, gilt für den Assoziator in $\mathfrak{K}^\circ$: $[a, b, c]^\circ = [a, b, c]$, weshalb $\mathfrak{K}^\circ$ ebenfalls Alternativring ist, was übrigens auch schon aus dem Vertauschen von (1) und (2) beim Übergang von $\mathfrak{K}$ zu $\mathfrak{K}^\circ$ hervorgeht. Die Regeln (18), (19) in $\mathfrak{K}^\circ$ ergeben dann gerade die Regeln (20), (21) in $\mathfrak{K}$. Übrigens erhält man für den Kommutator in $\mathfrak{K}^\circ$ $[a, b]^\circ = -[a, b]$ und daher für die der Funktion f in $\mathfrak{K}^\circ$ entsprechende Funktion f° die Gleichung $f^\circ(w, x, y, z) = -f(w, x, y, z)$. In den Regeln (2.37), (2.39), (2.40), (2.35) erkennt man nun die Moufang-Identitäten wieder, so daß unter Vorgriff auf Satz 4 gilt:

3. *Die multiplikative Loop eines Alternativkörpers ist eine Moufang-Loop.*

Mit Hilfe der Multiplikationsregel des Assoziators läßt sich nun beweisen:

4. *Die Alternativkörper sind genau die distributiven Quasikörper mit Links- und Rechtsinversbedingung.*

Es ist nur noch zu zeigen, daß ein Alternativkörper ein Einselement (d.h. ein neutrales Element der Multiplikation) besitzt und die Rechtsinversbedingung erfüllt; daß die Linksinversbedingung dann ebenfalls gilt, folgt durch Übergang zur entgegengesetzten Struktur. Für spätere Verwendung (s. S. 182) ist darauf hinzuweisen, daß die folgende Herleitung außer (4) von der genannten Regel nur den Fall

$$(22) \qquad\qquad [c, b, a]\, a = [c, a\, b, a]$$

benötigt. Man nimmt nun ein Element $a \neq 0$ und bestimmt das Element 1 so, daß $a\, 1 = a$ gilt. Aus (22) und (4) folgt dann $[x, 1, a]\, a = 0$, also $[x, 1, a] = 0$, d.h. $(x\, 1)\, a = x\, (1\, a)$ für jedes x. Mit $x = a$ folgt daraus $a\, a = a\, (1\, a)$, also $1\, a = a$ und daher weiter $x\, 1 = x$. Anwendung des eben Hergeleiteten auf x an Stelle von a liefert $1\, x = x$ für $x \neq 0$. Da diese Gleichung auch für $x = 0$ gilt, ist damit 1 als Einselement erkannt. Zu einem Element $a \neq 0$ kann man stets ein b mit $a\, b = 1$ bestimmen. (22) zeigt dann mit Hilfe der ja aus (4) allein folgenden Regel (6) $[x, a, b] = -[x, b, a] = 0$, so daß $(x\, a)\, b = x$ für alle x gilt. Das ist aber gerade die Rechtsinversbedingung.

Sind $\mathfrak{A}_i$ Untermengen eines Alternativringes $\mathfrak{R}$, wobei eine nur aus einem Element bestehende Menge diesem gleichgesetzt sei, so soll $\mathfrak{A}_1 \mathfrak{A}_2$ die Menge der $x_1 x_2$ mit $x_i \in \mathfrak{A}_i$ und $[\mathfrak{A}_1, \mathfrak{A}_2, \mathfrak{A}_3]$ die Menge der $[x_1, x_2, x_3]$ mit $x_i \in \mathfrak{A}_i$ bedeuten; insbesondere besagt dann also $[\mathfrak{A}_1, \mathfrak{A}_2, \mathfrak{A}_3] = 0$, daß $\mathfrak{A}_i$ nicht leer und $[x_1, x_2, x_3] = 0$ für alle $x_i \in \mathfrak{A}_i$ ist. Entsprechendes gelte für den Kommutator und für f. Als den *von der Menge $\mathfrak{A}$ erzeugten Unteralternativring* von $\mathfrak{R}$ bezeichnet man den Durchschnitt aller die Menge $\mathfrak{A}$ enthaltenden Unteralternativringe[1] von $\mathfrak{R}$, dessen Alternativringeigenschaft leicht erkennbar ist. Es gilt nun der *Satz von Artin* [**220, 56, 187**]:

5. *Sind $\mathfrak{A}$, $\mathfrak{B}$, $\mathfrak{C}$ Untermengen eines Alternativringes $\mathfrak{R}$ mit*

$$[\mathfrak{A}, \mathfrak{A}, \mathfrak{R}] = [\mathfrak{B}, \mathfrak{B}, \mathfrak{R}] = [\mathfrak{C}, \mathfrak{C}, \mathfrak{R}] = [\mathfrak{A}, \mathfrak{B}, \mathfrak{C}] = 0,$$

so ist der von $\mathfrak{A} \cup \mathfrak{B} \cup \mathfrak{C}$ erzeugte Unteralternativring assoziativ[2].

Beweis. Nach (11) ergibt die Voraussetzung wegen des Alternierens von f

$$f(\mathfrak{A}, \mathfrak{A}, \mathfrak{R}, \mathfrak{R}) = f(\mathfrak{B}, \mathfrak{B}, \mathfrak{R}, \mathfrak{R}) = f(\mathfrak{C}, \mathfrak{C}, \mathfrak{R}, \mathfrak{R}) = 0$$

---

[1] Eine nichtleere Teilmenge von $\mathfrak{R}$ heißt *Unteralternativring* von $\mathfrak{R}$, wenn sie mit a, b auch stets $a - b$ und $a\, b$ enthält.

[2] Zum entsprechenden Satz für Moufang-Loops s. [**151, 53, 54**].

und ferner für $\mathfrak{D} = \mathfrak{A} \cup \mathfrak{B} \cup \mathfrak{C}$ die Gleichungen

$$[\mathfrak{D}, \mathfrak{D}, \mathfrak{D}] = 0, \qquad f(\mathfrak{D}, \mathfrak{D}, \mathfrak{D}, \mathfrak{D}) = 0.$$

Für die Menge $\mathfrak{X}$ der x mit $[\mathfrak{D}, \mathfrak{D}, x] = 0 = f(\mathfrak{A}, \mathfrak{B}, \mathfrak{C}, x)$ gilt daher $\mathfrak{D} \subseteqq \mathfrak{X}$. Aus der Definition von $\mathfrak{X}$ ergibt sich nach (11) sofort $[\mathfrak{D}\mathfrak{D}, \mathfrak{D}, \mathfrak{X}] = 0 = [\mathfrak{D}\mathfrak{X}, \mathfrak{D}, \mathfrak{D}]$, so daß $[\mathfrak{A}\,\mathfrak{X}, \mathfrak{A}, \mathfrak{D}\,\mathfrak{D}] = 0$ und weiter $f(\mathfrak{B}, \mathfrak{C}, \mathfrak{A}, \mathfrak{A}\,\mathfrak{X}) = 0$ aus (11) folgt. Aus Symmetriegründen hat man also auch

$$f(\mathfrak{A}, \mathfrak{B}, \mathfrak{C}, \mathfrak{D}\,\mathfrak{X}) = 0$$

und somit $\mathfrak{D}\,\mathfrak{X} \subseteqq \mathfrak{X}$. Für die Menge $\mathfrak{Y}$ der $y \in \mathfrak{X}$ mit $[\mathfrak{D}, \mathfrak{X}, y] = 0$, $y\,\mathfrak{X} \subseteqq \mathfrak{X}$ gilt daher $\mathfrak{D} \subseteqq \mathfrak{Y}$. Die Menge $\mathfrak{R}$ der $y \in \mathfrak{Y}$ mit $[\mathfrak{X}, \mathfrak{Y}, y] = 0$ enthält nun offenbar $\mathfrak{D}$, ist assoziativ, d.h. $[\mathfrak{R}, \mathfrak{R}, \mathfrak{R}] = 0$, und bezüglich der Addition ein Modul. Man braucht also nur noch $\mathfrak{R}\,\mathfrak{R} \subseteqq \mathfrak{R}$ nachzuweisen, um die Behauptung des Satzes zu erkennen; denn dann ist der von $\mathfrak{D}$ erzeugte Unteralternativring Unterring des Ringes $\mathfrak{R}$. Wegen $\mathfrak{R} \subseteqq \mathfrak{Y} \subseteqq \mathfrak{X}$ und $\mathfrak{Y}\,\mathfrak{X} \subseteqq \mathfrak{X}$ folgt aus (11)

$$f(\mathfrak{Y}, \mathfrak{X}, \mathfrak{R}, \mathfrak{R}) = 0,$$

daraus wegen des Alternierens von f

$$f(\mathfrak{R}, \mathfrak{R}, \mathfrak{Y}, \mathfrak{X}) = 0$$

und somit wieder nach (11)

$$[\mathfrak{R}\,\mathfrak{R}, \mathfrak{Y}, \mathfrak{X}] = 0.$$

Man braucht also nur noch $\mathfrak{R}\,\mathfrak{R} \subseteqq \mathfrak{Y}$ zu zeigen. Jedenfalls ist $\mathfrak{R}\,\mathfrak{R} \subseteqq \mathfrak{Y}\,\mathfrak{X} \subseteqq \mathfrak{X}$ sowie $[\mathfrak{D}, \mathfrak{X}, \mathfrak{R}\,\mathfrak{R}] = 0$. Wegen $[\mathfrak{R}, \mathfrak{R}, \mathfrak{X}] = 0$ gilt schließlich $(\mathfrak{R}\,\mathfrak{R})\,\mathfrak{X} \subseteqq \mathfrak{R}(\mathfrak{Y}\,\mathfrak{X}) \subseteqq \mathfrak{R}\,\mathfrak{X} \subseteqq \mathfrak{Y}\,\mathfrak{X} \subseteqq \mathfrak{X}$. Damit ist $\mathfrak{R}\,\mathfrak{R} \subseteqq \mathfrak{Y}$ bewiesen.

Aus dem Satz von Artin ergibt sich insbesondere, indem man $\mathfrak{A}, \mathfrak{B}, \mathfrak{C}$ aus nur je einem Element bestehen läßt und $\mathfrak{A} = \mathfrak{B}$ setzt, daß der von zwei Elementen erzeugte Unteralternativring eines Alternativringes assoziativ ist. *Mit zwei Elementen darf man in einem Alternativring also stets assoziativ rechnen.* Mittels dieser Bemerkung gelingt der Beweis des folgenden Satzes [**223**]:

6. *Ein kommutativer Alternativkörper ist assoziativ.*

Beweis[1]. Aus der vorausgesetzten Kommutativität folgt mit Hilfe von (18), (21) und der obigen Bemerkung

$$(u\,v)\,a^3 = a^3(u\,v) = a\big(a(u\,v)\,a\big) = a\big((a\,u)\,(v\,a)\big)$$
$$= \big((u\,a)\,(a\,v)\big)\,a = u\big(a\big((a\,v)\,a\big)\big) = u(v\,a^3).$$

Man darf also mit dritten Potenzen stets assoziativ rechnen. Zu Elementen $a, b, c \neq 0$ kann man nun ein Element d mit $(a\,b)\,c = \big(a(b\,c)\big)\,d$ bestimmen. Da aus der Kommutativität sowie aus der oben gemachten

---

[1] Bei Charakteristik $\neq 3$ folgt die Behauptung auch sofort aus (10) und bei Charakteristik 3 aus dem Ergebnis von S. 328 unten.

Bemerkung die Rechenregel $(xy)^3 = x^3 y^3$ folgt, gewinnt man durch Potenzieren $a^3 b^3 c^3 = a^3 b^3 c^3 d^3$, also $d^3 = 1$. Wegen $[a, b, c] = (a(bc))(d-1)$ und der aus (10) und der Kommutativität folgenden Gleichung $3[a, b, c] = 0$ ergibt sich nun $3(d-1) = 0$. Dann hat man $(d-1)^3 = d^3 - 1 - 3(d-1)d = 0$, also $d = 1$ und damit $[a, b, c] = 0$.

Im folgenden werden noch einige Rechenregeln für nullteilerfreie[1] Alternativringe benötigt [**56**]:

$$(23) \qquad [[a, b, c], a, b] = [a, b][a, b, c] = -[a, b, c][a, b],$$

$$(24) \qquad [[a, b, c]^2, a, b] = 0,$$

$$(25) \qquad [[a, b, c]^2, a] = 0.$$

Zum Beweis von (23) wird $u = [a, b, c]$, $v = [a, b]$ gesetzt. (15) und (16) liefern dann:

$$[a^2, b, cb] = a[a, b, cb] + [a, b, cb]a = a(bu) + (bu)a,$$

$$[a^2, b, cb] = b[a^2, b, c] = b(au) + b(ua),$$

also

$$0 = a(bu) - b(au) + [b, u, a]$$
$$= (ab)u - [a, b, u] - (ba)u + [b, a, u] + [b, u, a]$$
$$= vu - [u, a, b]$$

und somit $[u, a, b] = vu$. Diese sowie die daraus durch Übergang zur entgegengesetzten Struktur sich ergebende Gleichung $[u, a, b] = -uv$ zusammen besagen nun gerade (23), und (24) folgt jetzt mittels (15), (23) und (7) so:

$$[u^2, a, b] = u[u, a, b] + [u, a, b]u = u(vu) - (uv)u = 0.$$

Wegen (24) ergibt sich (25) nun sofort aus dem Satz:

7. *Wenn in einem nullteilerfreien Alternativring* $[a, b, c] \neq 0$ *und* $[d, a, c] = [d, b, c] = [d, [a, b, c], a] = 0$ *ist, so gilt* $[d, a] = 0$.

Beweis. Man setzt $u = [a, b, c]$. Mittels (11), der Multiplikationsregel des Assoziators und des Alternierens von f folgt dann:

$$[ad, b, c] - du = f(a, d, b, c) = f(a, b, c, d) = [ab, c, d],$$

$$f(a, d, ab, c) = [ad, ab, c] - [d, ab, c]a - d(ua),$$

---

[1] Diese Voraussetzung benötigt man nur bei (25); sie läßt sich hier und im folgenden noch abschwächen zu: Aus $y, z \neq 0$ und $xy = zx = 0$ folgt $x = 0$. Denn z.B. wird die beim Beweis von (25) benutzte Gleichung $u[d, a] = 0$ beim Übergang zur entgegengesetzten Struktur zu $[d, a]u = 0$.

und daraus ergibt sich weiter unter zusätzlicher Benutzung von (17)

$$a\,f(d, a, b, c) + u\,[d, a] = f(a\,d, a, b, c) = f(a, b, a\,d, c)$$
$$= [a\,b, a\,d, c] - [b, a\,d, c]\,a$$
$$= \big(f(a\,b, a, c, d) - [a\,b, c, d]\,a - d\,(u\,a)\big) + \big([a\,b, c, d] + d\,u\big)\,a$$
$$= f(a\,b, a, c, d) = a\,f(b, a, c, d) = a\,f(d, a, b, c),$$

also $[d, a] = 0.$

6.2. Alternativkörper als Algebra[1] über dem Zentrum.

Die Menge $\mathfrak{K}_0$ der Elemente x eines Alternativrings $\mathfrak{K}$ mit $[x, \mathfrak{K}, \mathfrak{K}] = 0$ heißt der *Kern* von $\mathfrak{K}$ und die Menge $\mathfrak{Z}$ der $x \in \mathfrak{K}$ mit $[x, \mathfrak{K}] = 0 = [x, \mathfrak{K}, \mathfrak{K}]$ das *Zentrum* von $\mathfrak{K}$. Da man also mit den Elementen von $\mathfrak{Z}$ allen Elementen gegenüber kommutativ und assoziativ rechnen darf, gilt für $z \in \mathfrak{Z}$ stets $[z\,a, b] = z\,[a, b]$, $[z\,a, b, c] = z\,[a, b, c]$. Offensichtlich sind $\mathfrak{K}_0$ und $\mathfrak{Z}$ Untergruppen bezüglich der Addition. Sie sind aber auch Unteralternativringe und damit Unterringe; denn aus $x, y \in \mathfrak{K}_0$ und $u, v \in \mathfrak{K}$ folgt

$$(x\,y)\,(u\,v) = x\,\big(y\,(u\,v)\big) = x\,\big((y\,u)\,v\big) = \big(x\,(y\,u)\big)\,v = \big((x\,y)\,u\big)\,v$$

und im Falle $x, y \in \mathfrak{Z}$ weiter

$$(x\,y)\,u = x\,(y\,u) = x\,(u\,y) = (u\,y)\,x = u\,(y\,x) = u\,(x\,y).$$

Wegen $z\,(a\,b) = (z\,a)\,b = a\,(z\,b)$ für $z \in \mathfrak{Z}$ ist $\mathfrak{K}$ Algebra über $\mathfrak{Z}$. Diese algebraische Struktur wird in diesem und den folgenden beiden Abschnitten untersucht.

Im folgenden sei nun, soweit nicht ausdrücklich anders vermerkt, $\mathfrak{K}$ ein Alternativkörper. Man erkennt sofort, daß $\mathfrak{K}$ genau im Falle $\mathfrak{K} = \mathfrak{K}_0$ ein Schiefkörper und genau im Falle $\mathfrak{K} = \mathfrak{Z}$ ein Körper ist. Im Falle $\mathfrak{K} > \mathfrak{K}_0$ wird $\mathfrak{K}$ als *echter* Alternativkörper bezeichnet. Offenbar gilt $1 \subset \mathfrak{Z}$. Daß $\mathfrak{Z}$ sogar Unterkörper und $\mathfrak{K}_0$ Unterschiefkörper ist, ergibt sich so: Aus $x\,y = 1$, $x \in \mathfrak{K}_0$ und $u, v \in \mathfrak{K}$ folgt $x\,\big(y\,(u\,v)\big) = u\,v = \big(x\,(y\,u)\big)\,v = x\,\big((y\,u)\,v\big)$, also $y\,(u\,v) = (y\,u)\,v$, und liegt x sogar in $\mathfrak{Z}$, so gilt

$$x\,(y\,u) = u = u\,(y\,x) = (u\,y)\,x = x\,(u\,y), \quad \text{also} \quad y\,u = u\,y.$$

Die Charakteristik des Körpers $\mathfrak{Z}$ — also die kleinste positive ganze Zahl n mit $n \cdot 1 = 0$, falls eine solche vorhanden[2], andernfalls 0 — wird als *Charakteristik* von $\mathfrak{K}$ bezeichnet. Nach (10) folgt übrigens bei Charakteristik $\neq 3$ aus $[x, \mathfrak{K}] = 0$ stets $[x, \mathfrak{K}, \mathfrak{K}] = 0$, so daß die Definition

---

[1] Hier im weiteren Sinn gemeint, ohne Forderung der Assoziativität für die Multiplikation; s. z.B. [**163**, S. 78].

[2] In diesem Fall ist die Charakteristik bekanntlich eine Primzahl.

des Zentrums in diesem Fall zur üblichen Definition des Zentrums eines Schiefkörpers vereinfacht werden kann. Mit den hier eingeführten Bezeichnungen gilt nun der Satz[1] [**56**]:

8. *Der Kern eines echten Alternativkörpers $\Re$ ist gleich dem Zentrum von $\Re$, und aus $a, b \in \Re$, $[a, b, \Re] = 0$ folgt $[a, b] = 0$.*

Beweis. Zuerst wird

$$(26) \qquad [a, b] = 0, \quad falls \quad a \in \Re_0 \quad und \quad [a, b, \Re] = 0$$

gezeigt. Mittels (11) und (14) erhält man aus $[a, b, \Re] = 0$ nämlich $[[a, b], \Re, \Re] = 0$, also $[a, b] \in \Re_0$. Da sich nach der Multiplikationsregel des Assoziators $[a, b\,a, \Re] = 0$ ergibt, liegt somit $[a, b\,a] = a(b\,a) - (b\,a)\,a = [a, b]\,a$ in $\Re_0$. Da $\Re_0$ Schiefkörper ist, würde im Falle $[a, b] \neq 0$ auch $a \in \Re_0$ folgen. Aus der damit bewiesenen Beziehung (26) liest man $[\Re_0, \Re - \Re_0] = 0$ ab. Nach Voraussetzung gibt es nun ein $c \in \Re - \Re_0$. Für $0 \neq x \in \Re_0$ ist dann wegen der Schiefkörpereigenschaft von $\Re_0$ auch $x\,c \notin \Re_0$, so daß sich für irgendein $y \in \Re_0$ nach (10)

$$0 = [x\,c, y] = x[c, y] + [x, y]\,c + 3[x, c, y] = [x, y]\,c$$

ergibt. Wegen $c \neq 0$ gilt somit $[x, y] = 0$, also $[\Re_0, \Re_0] = 0$. Damit ist aber $[\Re_0, \Re] = 0$, also $\Re_0 = \mathfrak{Z}$ bewiesen, und die weitere Behauptung des Satzes ergibt sich sofort aus (26).

9. *Das Zentrum eines von der Menge $\mathfrak{M}$ erzeugten Alternativrings besteht aus allen x mit $[x, \mathfrak{M}] = 0 = [x, \mathfrak{M}, \mathfrak{M}]$* [**56**].

Beweis. Es sei $[a, \mathfrak{M}] = [a, \mathfrak{M}, \mathfrak{M}] = 0$ und $\mathfrak{X}$ die Menge der x mit $[a, x, \mathfrak{M}] = 0$. Für $x, x' \in \mathfrak{X}$ und $m \in \mathfrak{M}$ ergibt sich nun aus (11) und (14)

$$[x'\,x, a, m] = [[x', x], a, m] = [x'\,x, a, m] - [x\,x', a, m],$$

also $[x\,x', a, m] = 0$ und damit $x\,x' \in \mathfrak{X}$. Da offenbar auch $x - x' \in \mathfrak{X}$ gilt, ist $\mathfrak{X}$ ein Unteralternativring und wegen $\mathfrak{X} \geqq \mathfrak{M}$ also gerade der von $\mathfrak{M}$ erzeugte Alternativring $\Re$, so daß $[a, \mathfrak{M}, \Re] = 0$ gilt. Jetzt bezeichne $\mathfrak{Y}$ die Menge der y mit $[a, y, \Re] = 0$, so daß also $\mathfrak{Y} \geqq \mathfrak{M}$ ist. Nach (11) und wegen des Alternierens von f erhält man dann für $y, y' \in \mathfrak{Y}$ und $x \in \Re$:

$$[y\,y', x, a] = f(y, y', x, a) = -f(y, x, y', a) = -[y\,x, y', a] = 0$$

und damit $y\,y' \in \mathfrak{Y}$. Da offenbar auch $y - y' \in \mathfrak{Y}$ gilt, ist $\mathfrak{Y}$ Unteralternativring von $\Re$ und wegen $\mathfrak{Y} \geqq \mathfrak{M}$ also $= \Re$, d.h. $[a, \Re, \Re] = 0$. Um nun auch noch $[a, \Re] = 0$ und damit die Behauptung des Satzes völlig zu beweisen, wird die Menge $\mathfrak{X}^*$ der x mit $[x, a] = 0$ eingeführt. Aus (10) ergibt sich dann $[x\,x', a] = 0$ für $x, x' \in \mathfrak{X}^*$, da ja $[a, \Re, \Re] = 0$ schon bewiesen ist. Wie bei $\mathfrak{X}$ und $\mathfrak{Y}$ erhält man daher $\mathfrak{X}^* = \Re$ und somit $[a, \Re] = 0$.

---

[1] Dieser gilt auch noch für nullteilerfreie Alternativringe.

Das Hauptergebnis dieses Abschnitts ist nun [56]:

10. *Ein echter Alternativkörper mit einer von 2 verschiedenen Charakteristik ist als Algebra über seinem Zentrum quadratisch, d.h. jedes Element genügt einer quadratischen Gleichung mit nicht sämtlich verschwindenden, im Zentrum liegenden Koeffizienten.*

Beweis[1]. Für Elemente aus dem Zentrum $\mathfrak{Z}$ des Alternativkörpers $\mathfrak{K}$ ist die quadratische Gleichung natürlich sofort hinzuschreiben. Sei also a ein nicht im Zentrum und daher nach Satz 8 von S. 165 auch nicht im Kern von $\mathfrak{K}$ liegendes Element $\in \mathfrak{K}$. Es gibt also $b, c \in \mathfrak{K}$ mit $[a, b, c] \neq 0$. Man setzt

$$u = [a, b, c], \quad v = a\,u + u\,a, \quad w = u\,a,$$

so daß nach der im Anschluß an den Satz von Artin gemachten Bemerkung (s. S. 162)

$$u^2 a^2 - (u\,v)\,a + w^2 = 0$$

gilt. Man braucht also nur noch $u^2, u v, w^2 \in \mathfrak{Z}$ zu beweisen. Zu diesem Zweck wird zuerst einmal das Zentrum $\mathfrak{Z}'$ des von $\mathfrak{Z}$ und der Menge $\mathfrak{M} = \{a, b, c\}$ erzeugten Unteralternativrings $\mathfrak{K}'$ eingeführt. Es gilt dann:

Aus $d = [a', b, c] = [a, b', c] = [a, b, c'] \in \mathfrak{K}'$ mit $a', b', c' \in \mathfrak{K}$ folgt $d^2 \in \mathfrak{Z}'$.

Denn nach (24) und (25) ist $[d^2, \mathfrak{M}] = 0 = [d^2, \mathfrak{M}, \mathfrak{M}]$, und daraus folgt $d^2 \in \mathfrak{Z}'$ nach Satz 9 von S. 165, weil ja $[\mathfrak{K}, \mathfrak{Z}] = 0 = [\mathfrak{K}, \mathfrak{K}, \mathfrak{Z}]$ gilt. Mittels der eben bewiesenen Tatsache erkennt man nun sofort $u^2 \in \mathfrak{Z}'$ und weiter $v^2, (u + v)^2 \in \mathfrak{Z}'$ wegen der sich nach (15) und der Multiplikationsregel des Assoziators ergebenden Gleichungen

$$v = [a^2, b, c] = [a, a\,b + b\,a, c] = [a, b, a\,c + c\,a],$$

$$u + v = [a + a^2, b, c] = [a, b + a\,b + b\,a, c] = [a, b, c + a\,c + c\,a].$$

Wegen $u^2 \in \mathfrak{Z}'$ ist nun $u v = u(a\,u + u\,a) = u(a\,u) + u^2 a = (u\,a)\,u + a\,u^2 = v u$ und daher $u v = 2^{-1}\big((u + v)^2 - u^2 - v^2\big) \in \mathfrak{Z}'$. Aus der Multiplikationsregel des Assoziators folgt $w = [a, a\,b, c] = [a, b, a\,c]$, so daß sich nach (24) und (25) $[w^2, \mathfrak{M}] = [w^2, a, b] = [w^2, a, c] = 0$ ergibt. Wegen $v = [a^2, b, c]$ erhält man aus der Gleichung $w^2 = (u\,v)\,a - u^2 a^2$ unter Beachtung von $u v, u^2 \in \mathfrak{Z}'$ schließlich[2]

$$[w^2, b, c] = [(u\,v)\,a, b, c] - [u^2 a^2, b, c] = u(u\,v) - u^2 v = 0.$$

Man hat also $[w^2, \mathfrak{M}] = 0 = [w^2, \mathfrak{M}, \mathfrak{M}]$ und daher nach Satz 9 von S. 165 $w^2 \in \mathfrak{Z}'$.

---

[1] Siehe auch Anhang **4**.

[2] Vgl. die Bemerkung zu Anfang von **6.2** über das Rechnen mit Zentrumselementen.

Da man nun, ohne u und $\mathfrak{K}'$ zu ändern, das Tripel (a,b,c) auch durch (b, c, a) oder durch $(a+b, b, c)$ ersetzen darf, liegen $u^2 a^2$, $u^2 b^2$, $u^2(a+b)^2$ sämtlich in dem von $1, a, b$ erzeugten $\mathfrak{Z}'$-Modul. Es gibt also auch $p, q, r \in \mathfrak{Z}'$ mit

$$u^2(a\,b + b\,a) = p\,a + q\,b + r$$

und daher

$$2u^2 a\,b - q\,b = p\,a + r + u^2[a, b].$$

Daraus folgt $[a, b] \neq 0$; denn es gilt[1] $[2u^2 a\,b - q\,b, c, a] = u(2u^2 a - q) \neq 0$ wegen $[q, b, c] = 0 \neq 2u^2[a, b, c] = [2u^2 a, b, c]$, während[1] $[p\,a + r, c, a] = 0$ ist. Da die bisherigen Herleitungen über a, b, c lediglich $[a, b, c] \neq 0$ voraussetzten, hat man also damit gezeigt, daß $[a, b] \neq 0$ aus $[a, b, \mathfrak{K}] \neq 0$ folgt. Zusammen mit der zweiten Behauptung des Satzes 8 von S. 165 ergibt sich daraus

(27) $\qquad\qquad [x, y] = 0 \quad\textit{genau dann, wenn}\quad [x, y, \mathfrak{K}] = 0.$

Mittels (27) beweist man jetzt, daß $x \in \mathfrak{Z}$ aus $[x, a] = 0 = [x, b]$ folgt, so daß also insbesondere u^2, uv, w^2 tatsächlich in $\mathfrak{Z}$ liegen. Zu diesem Zweck werden die Menge $\mathfrak{R}$ der $r \in \mathfrak{K}$ mit $[r, a] = 0 = [r, b]$ und die Menge $\mathfrak{S}$ der $s \in \mathfrak{K}$ mit $[\mathfrak{R}, s] = 0$ eingeführt, so daß also $a, b \in \mathfrak{S}$ gilt und $\mathfrak{R} \subseteq \mathfrak{Z}$ zu beweisen ist. Wegen $[\mathfrak{R}, \mathfrak{S}] = 0$ gilt nach (27)

(28) $\qquad\qquad\qquad [\mathfrak{R}, \mathfrak{S}, \mathfrak{K}] = 0$

und somit nach (11)

(29) $\qquad\qquad\qquad f(\mathfrak{K}, \mathfrak{K}, \mathfrak{R}, \mathfrak{S}) = 0.$

Aus (13), (28), (29) folgt weiter $\left[\mathfrak{R}, [\mathfrak{S}, \mathfrak{S}, \mathfrak{K}]\right] = 0$ und somit

(30) $\qquad\qquad\qquad [\mathfrak{S}, \mathfrak{S}, \mathfrak{K}] \subseteq \mathfrak{S}.$

Aus (10) und (28) ergibt sich nun $[\mathfrak{S}\,\mathfrak{S}, \mathfrak{R}] = 0$, also $\mathfrak{S}\,\mathfrak{S} \subseteq \mathfrak{S}$. Auf (11) angewandt liefern (28) und (29) in Anbetracht des Alternierens von f

$$[s\,x, y, r] = [x, y, r]\,s, \qquad [x\,s, y, r] = s[x, y, r] \quad\text{für}\quad r \in \mathfrak{R},\ s \in \mathfrak{S}.$$

Diese Gleichungen zusammen mit (28) und (30) erlauben nun für $r \in \mathfrak{R}$, $s, s' \in \mathfrak{S}$ die Umrechnungen

$$\begin{aligned}
\big[[x, y, r], s', s\big] &= \big[s, [x, y, r], s'\big] = \big(s[x, y, r]\big)s' - s\big([x, y, r]s'\big) \\
&= [x\,s, y, r]\,s' - s[s'x, y, r] \\
&= [s'(x\,s), y, r] - [(s'x)\,s, y, r] \\
&= \big[[s, x, s'], y, r\big] = 0
\end{aligned}$$

---

[1] Siehe Fußnote 2 von S. 166.

sowie unter weiterer Ausnutzung des so gewonnenen Ergebnisses und der Beziehungen $\mathfrak{S}\mathfrak{S}\subseteq\mathfrak{S}$ und $a, b \in \mathfrak{S}$:

$$[x, y, r]\,[a, b] = [x, y, r]\,(a\,b) - [x, y, r]\,(b\,a)$$
$$= [(a\,b)\,x, y, r] - ([x, y, r]\,b)\,a$$
$$= [(a\,b)\,x, y, r] - [a\,(b\,x), y, r]$$
$$= [[a, b, x], y, r] = 0.$$

Wegen $[a, b] \neq 0$ ist daher $[\mathfrak{R}, \mathfrak{K}, \mathfrak{K}] = 0$, nach (27) somit auch $[\mathfrak{R}, \mathfrak{K}] = 0$, also $\mathfrak{R} \subseteq \mathfrak{Z}$.

6.3. Quadratische Algebren.

Satz 10 von S. 166 legt es nahe, diejenigen quadratischen Algebren $\mathfrak{A}$ über einem Körper $\mathfrak{K}$ zu untersuchen, welche Alternativkörper sind[1]. Für $x, y \in \mathfrak{A}$ liegt dann x^2 in $\mathfrak{K}\,x + \mathfrak{K}$, y^2 in $\mathfrak{K}\,y + \mathfrak{K}$, $(x + y)^2$ in $\mathfrak{K}\,(x + y) + \mathfrak{K}$, und daraus folgt:

$$(31) \qquad\qquad x\,y + y\,x \in \mathfrak{K}\,x + \mathfrak{K}\,y + \mathfrak{K}.$$

Es sei nun zuerst $x^2 \in \mathfrak{K}$ für alle $x \in \mathfrak{A}$ angenommen. (31) verschärft sich dann natürlich zu $x\,y + y\,x \in \mathfrak{K}$. Da man nach S. 162 mit x, y assoziativ rechnen darf, folgt aus $x^2 \in \mathfrak{K}$ noch $(y\,x)\,(x\,y) = y\,x^2\,y = x^2\,y^2$ und daher

$$(x\,y)^2 = - x^2\,y^2 + (x\,y + y\,x)\,x\,y.$$

Im Falle $x\,y \notin \mathfrak{K}$ ergibt sich somit wegen $x\,y + y\,x$, $(x\,y)^2$, x^2, $y^2 \in \mathfrak{K}$

$$(32) \qquad\qquad x\,y + y\,x = 0.$$

Da $x^2 \in \mathfrak{K}$ gilt, ist im Falle $x \notin \mathfrak{K}$ nun $x\,(x + 1) = x^2 + x \notin \mathfrak{K}$, so daß $\mathfrak{A}$ im Falle $\mathfrak{A} \neq \mathfrak{K}$ wegen $x\,(x + 1) = (x + 1)\,x$ und (32) die Charakteristik 2 hat. Nach (32) ist $\mathfrak{A}$ also kommutativ; denn für $x\,y = z \in \mathfrak{K}$ ist $x = 0$ oder $y = 0$ oder $x = z\,y^{-1}$, und während in den ersten beiden Fällen $x\,y = y\,x$ klar ist, hat man im dritten Fall $y\,x = y\,z\,y^{-1} = z\,y\,y^{-1} = z$. Nach Satz 6, S. 162 ist $\mathfrak{A}$ daher ein Körper. Falls $\mathfrak{A}$ kein Körper ist (und das sei im folgenden stets angenommen), gibt es also ein $x \in \mathfrak{A}$ mit $x^2 \notin \mathfrak{K}$ und daher $r, s \in \mathfrak{K}$ mit $r \neq 0$ und $x^2 = r\,x + s$. Setzt man dann $r^{-1}\,x = e_1$ und $r^{-2}\,s = c_1$, so hat man

$$(33) \qquad\qquad e_1^2 = e_1 + c_1, \quad e_1 \notin \mathfrak{K}, \quad c_1 \in \mathfrak{K}.$$

$\mathfrak{K}\,e_1 + \mathfrak{K}$ ist nun offenbar ein Körper. Es gibt daher in $\mathfrak{A}$ ein $y \notin \mathfrak{K}\,e_1 + \mathfrak{K}$ Gemäß (31) sei

$$e_1\,y + y\,e_1 = r\,e_1 + s\,y + t$$

---

[1] $\mathfrak{K}$ ist dann natürlich im Zentrum von $\mathfrak{A}$ enthalten.

mit $r, s, t \in \Re$. Daraus und aus $y^2 - y\,c \in \Re$, $c \in \Re$ folgt für $u, v \in \Re$:

$$- (u\,e_1 + v\,y)^2 + (u + v\,r)\,u\,e_1 + (v\,c + u\,s)\,v\,y \in \Re.$$

Wegen $-(u\,e_1 + v\,y)^2 + w\,(u\,e_1 + v\,y) \in \Re$, $w \in \Re$ folgt daraus weiter

$$(u + v\,r - w)\,u\,e_1 + (v\,c + u\,s - w)\,v\,y \in \Re.$$

Da $y, e_1, 1$ über $\Re$ linear unabhängig sind, gilt also

$$(u + v\,r - w)\,u = 0 = (v\,c + u\,s - w)\,v$$

und daher

$$(34) \qquad u\,(1 - s) = v\,(c - r), \quad \text{wenn} \quad u, v \neq 0.$$

Mit $d \neq 0, 1$ aus $\Re$ liefert nun (34) $1 - s = c - r = d\,(1 - s)$, also $s = 1, r = c$. Besteht aber $\Re$ nur aus den Elementen 0 und 1, so muß $c = c_1 = 1$ sowie $y^2 - y = 1 = (e_1 y)^2 - e_1 y$ sein, da ja keines der Elemente $e_1, y, e_1 y$ gleich 0 oder 1 sein darf. Wäre nun nicht $s = 1, r = c$, so müßte wegen (34) $r = s = 0$ und daher $0 = (e_1 y)^2 - e_1 y - 1 = e_1 + y + t\,y + t\,e_1 y$ sein, woraus sich leicht in jedem der Fälle $t = 0$ und $t = 1$ ein Widerspruch zu $y \notin \Re e_1 + \Re$ ergibt. Man hat daher

$$(35) \qquad e_1 y + y\,e_1 = r\,e_1 + y + t \quad (r, t \in \Re),$$

$$(36) \qquad y^2 - r\,y \in \Re.$$

In (33) ist $4c_1 + 1 \neq 0$; denn sonst wäre $(2e_1 - 1)^2 = 0$ im Widerspruch zu $e_1 \notin \Re$. Man darf also $e_2 = y - (r + 2t)\,(4c_1 + 1)^{-1} e_1 + (t - 2r\,c_1)\,(4c_1 + 1)^{-1}$ setzen. Natürlich sind nun auch $1, e_1, e_2$ linear unabhängig über $\Re$. (35) liefert

$$(37) \qquad e_1 e_2 + e_2 e_1 = e_2$$

und (36) mit e_2 an Stelle von y

$$(38) \qquad e_2^2 = c_2 \neq 0, \quad c_2 \in \Re.$$

Aus $e_1 e_2 = a\,e_2 + b\,e_1 + c$ mit $a, b, c \in \Re$ würde sich $e_2 = (e_1 - a)^{-1}(b\,e_1 + c) \in \Re e_1 + \Re$ ergeben. Daher sind mit $e_3 = e_1 e_2$ die $1, e_1, e_2, e_3$ linear unabhängig über $\Re$. Schreibt man das Produkt $e_i e_k$ in die i-te Zeile und k-te Spalte, so erhält man nach kurzer Rechnung mittels (33), (37), (38) und der Tatsache, daß die Multiplikation der e_i nach S. 162 assoziativ erfolgt, die folgende Multiplikationstafel:

$$
(39) \qquad
\begin{array}{ccc}
e_1 + c_1 & e_3 & e_3 + c_1 e_2 \\[4pt]
e_2 - e_3 & c_2 & c_2 - c_2 e_1 \\[4pt]
-c_1 e_2 & c_2 e_1 & -c_1 c_2.
\end{array}
$$

Somit ist $\Omega = \Re + \Re\,e_1 + \Re\,e_2 + \Re\,e_3$ eine assoziative Unteralgebra von $\mathfrak{A}$. Allgemein bezeichnet man eine Algebra Ω, welche über dem Körper $\Re$

eine Basis $\{1, e_1, e_2, e_3\}$ mit der Multiplikationstafel (39), wobei $c_1, c_2 \in \Re$, besitzt und daher — wie man leicht nachrechnet — assoziativ, jedoch nicht kommutativ ist, als *Quaternionenalgebra*[1]. Setzt man in einer solchen

$$x = x_0 + \sum_{\nu=1}^{3} x_\nu e_\nu \quad (x_0, x_1, x_2, x_3 \in \Re), \text{ so ist die Abbildung}$$

$$x \to \bar{x} = (x_1 + 2x_0) - x = (x_1 + x_0) - \sum_{\nu=1}^{3} x_\nu e_\nu$$

ein *involutorischer Antiautomorphismus von $\mathfrak{O}$ bezüglich* $\Re$, d.h. es ist

$$\bar{\bar{x}} = x, \quad \overline{x+y} = \bar{x} + \bar{y}, \quad \overline{xy} = \bar{y}\,\bar{x} \quad \text{für } x, y \in \mathfrak{O} \text{ und } \bar{z} = z \text{ für } z \in \Re,$$

was man leicht mit Hilfe von (39) nachrechnet. $\bar{x}$ wird als das zu x *konjugierte* Element, $S(x) = x + \bar{x} = x_1 + 2x_0 \ (\in \Re)$ als die *Spur* und $N(x) = x\bar{x} = x_0^2 + x_0 x_1 - x_1^2 c_1 - (x_2^2 + x_2 x_3 - x_3^2 c_1)c_2 = \bar{x}x \ (\in \Re)$ als die *Norm* von x bezeichnet. $\mathfrak{O}$ ist quadratisch über $\Re$; denn es gilt

$$(40) \qquad\qquad\qquad x^2 = S(x)\,x - N(x).$$

Ist $\mathfrak{O}$ nullteilerfrei, so muß

$$(41) \qquad\qquad\qquad N(x) \neq 0 \quad \textit{für} \quad x \neq 0$$

gelten. Diese Bedingung reicht aber auch hin; denn man hat ja dann $x N(x)^{-1} \bar{x} = 1$, also $x^{-1} = N(x)^{-1} \bar{x}$ für $x \neq 0$, so daß $\mathfrak{O}$ bei Gültigkeit von (41) sogar ein Schiefkörper ist; $\mathfrak{O}$ heißt dann auch *Quaternionenschiefkörper*. Wegen $N(xy) = xy\overline{xy} = xy\bar{y}\bar{x} = x\bar{x}y\bar{y} = N(x)N(y)$ und (41) ist $x \to N(x)$ ein Homomorphismus der multiplikativen Gruppe des Quaternionenschiefkörpers $\mathfrak{O}$ in die multiplikative Gruppe von $\Re$.

Setzt man nun $\mathfrak{A}$ insbesondere als Schiefkörper voraus, so ergibt sich für irgendein Element $y \in \mathfrak{A}$:

$$(42) \quad y(2e_3 - e_2) = (e_1 y + y e_1 - y)e_2 - e_1(e_2 y + y e_2) + (e_3 y + y e_3).$$

Liegt y in keinem der Unterkörper $\Re e_\nu + \Re$, so sind die auf der rechten Seite von (42) vorkommenden Klammerausdrücke und daher auch y selbst in $\mathfrak{O}$ enthalten. Für den ersten Klammerausdruck folgt das nämlich aus (35). Für $\nu = 2$ oder $\nu = 3$ darf man ferner nach (31) $e_\nu y + y e_\nu = r e_\nu + s y + t$ mit $r, s, t \in \Re$ setzen und erhält für $u, v \in \Re$ und $y^2 - y c \in \Re$, $c \in \Re$:

$$-(u e_\nu + v y)^2 + v r u e_\nu + (v c + u s) v y \in \Re.$$

Die beim Beweis von (35) verwandte Methode liefert daraus $s = 0$, also $e_\nu y + y e_\nu \in \mathfrak{O}$. Damit ist gezeigt:

---

[1] Bei Charakteristik $\neq 2$ erhält man eine bequemer zu handhabende Multiplikationstafel, wenn man neben 1 die Basiselemente $e_1^* = e_1 - 2^{-1}$, $e_2^* = e_2$, $e_3^* = e_3 - 2^{-1}e_2$ benutzt; dann ist $e_i^* e_k^* = -e_k^* e_i^*$ für $i \neq k$.

11. *Eine quadratische Algebra ist genau dann Quaternionenschiefkörper, wenn sie Schiefkörper, aber kein Körper ist.*

Sei nun weiter $\mathfrak{A}$ echter Alternativkörper, so daß $\mathfrak{Q} \neq \mathfrak{A}$ ist. Nach dem auf S. 168 Bewiesenen gibt es ein $y \in \mathfrak{A}$ mit $y^2 \notin \mathfrak{K}$. Man betrachtet nun den von $\mathfrak{K} \cup \{x, y\}$ erzeugten Unteralternativring $\mathfrak{L}$ von $\mathfrak{A}$, der nach dem Satz von Artin assoziativ ist. Aus der quadratischen Gleichung, der ein Element von $\mathfrak{A}$ über $\mathfrak{K}$ genügen muß, sieht man, daß $\mathfrak{L}$ zu jedem Element $\neq 0$ auch sein Inverses enthält. $\mathfrak{L}$ ist also ein Schiefkörper und im Falle der Nichtkommutativität daher nach Satz 11 ein Quaternionenschiefkörper. Im kommutativen Fall enthält $\mathfrak{L}$ nun keinen Quaternionenschiefkörper, muß also nach dem auf S. 168/9 Bewiesenen wegen $y^2 \notin \mathfrak{K}$ von der Gestalt $\mathfrak{K} e_1 + \mathfrak{K}$ sein, und es gibt in $\mathfrak{A}$ einen Quaternionenschiefkörper $\mathfrak{Q}' \supset \mathfrak{L}$. Damit hat man zu $x, y \in \mathfrak{A}$ unter der Voraussetzung $y^2 \notin \mathfrak{K}$ einen Quaternionenschiefkörper $\mathfrak{Q}' \subset \mathfrak{A}$ mit $x, y \in \mathfrak{Q}'$ gefunden. Ist $\mathfrak{Q}''$ ein weiterer Quaternionenschiefkörper $\subset \mathfrak{A}$ mit $x \in \mathfrak{Q}''$ und werden Spur und Norm in $\mathfrak{Q}'$ bzw. $\mathfrak{Q}''$ mit S', N' bzw. S'', N'' bezeichnet, so hat man nach (40)

$$x^2 = S'(x)\, x - N'(x) = S''(x)\, x - N''(x).$$

Im Falle $x \notin \mathfrak{K}$ ergibt sich daraus $S'(x) = S''(x)$, während im entgegengesetzten Fall $S'(x) = 2x = S''(x)$ gilt. Man darf daher ohne Bezugnahme auf den verwendeten Quaternionenschiefkörper von der *Spur* $S(x)$ und wegen (40) dann auch von der *Norm* $N(x)$ des Elementes $x \in \mathfrak{A}$ sprechen. Im Falle $y^2 \notin \mathfrak{K}$ erhält man unter Verwendung von $\mathfrak{Q}'$ mit $x, y \in \mathfrak{Q}'$ sofort

$$(43) \qquad\qquad S(x + y) = S(x) + S(y),$$

$$(44) \qquad\qquad S(a\,x) = a\, S(x) \quad \textit{für} \quad a \in \mathfrak{K}$$

sowie ferner (43), wenn darin y durch irgendein Element von $\mathfrak{K}$ ersetzt wird. Um (43) bei beliebigem y zu beweisen, braucht man also nur noch den Fall $x^2, y^2 \in \mathfrak{K}$, $x, y \notin \mathfrak{K}$ zu betrachten, in dem dann wegen (40) $S(x) = S(y) = 0$ ist: Im Fall $x + y \in \mathfrak{K}$ hat man $S(x + y) - S(x) = S(x + y) + S(-x) = S(y)$, während bei $x + y \notin \mathfrak{K}$ aus $S(x + y) \neq 0$, also der Falschheit von (43), wegen (40) $(x + y)^2 \notin \mathfrak{K}$ und damit wieder dieselbe Gleichung folgen würde. — Mit $\bar{x} = S(x) - x$ als dem zu x *konjugierten* Element beweist man nun

$$(45) \qquad\qquad \overline{x\,y} = \bar{y}\,\bar{x}.$$

Diese Gleichung ergibt sich wieder mit Hilfe eines die Elemente x, y enthaltenden Quaternionenschiefkörpers sofort in den Fällen $x^2 \notin \mathfrak{K}$, $y^2 \notin \mathfrak{K}$, $x \in \mathfrak{K}$, $y \in \mathfrak{K}$, $x\,y \in \mathfrak{K}$. Übrig bleibt also nur noch der Fall $x^2, y^2 \in \mathfrak{K}$, $x, y, x\,y \notin \mathfrak{K}$, in dem $\bar{x} = -x$, $\bar{y} = -y$ gilt: Man hat nun

$$(x\,y)^2 - (x\,y + y\,x)\,x\,y = -y\,x^2\,y = -x^2\,y^2$$

und wegen $xy \notin \mathfrak{K}$ daher

$$S(xy) = xy + yx, \quad \text{also} \quad \overline{xy} = yx = \bar{y}\bar{x}.$$

Da man natürlich auch $\bar{\bar{x}} = x$ für alle $x \in \mathfrak{A}$ und $\bar{x} = x$ für $x \in \mathfrak{K}$ gewinnt, ist $x \to \bar{x}$ wegen (43) und (45) ein *involutorischer Antiautomorphismus von $\mathfrak{A}$ bezüglich $\mathfrak{K}$*.

Wegen $\mathfrak{A} \neq \mathfrak{Q}$ gibt es in $\mathfrak{A}$ ein $y \notin \mathfrak{Q}$. In $y + \mathfrak{Q}$ werde jetzt ein Element e mit

$$(46) \qquad\qquad e^2 = c \in \mathfrak{K},$$

$$(47) \qquad\qquad xe = e\bar{x} \quad \textit{für alle} \quad x \in \mathfrak{Q}$$

gesucht. Zu diesem Zweck setzt man $e = y + x_0 + \sum_{\nu=1}^{3} x_\nu e_\nu$ $(x_0, x_1, x_2, x_3 \in \mathfrak{K})$. Wegen $e \notin \mathfrak{K}$ ist (46) gleichbedeutend mit $S(e) = 0$, also nach (43), (44) mit

$$(48) \qquad\qquad S(y) + 2x_0 + \sum_{\nu=1}^{3} x_\nu S(e_\nu) = 0.$$

Aus $S(e) = 0$ folgt nun $\bar{e} = -e$, so daß (47) wegen (45) zu $xe + \overline{xe} = 0$, also zu $S(xe) = 0$ wird. Wegen (43), (44) und $S(e) = 0$ darf man sich dabei auf $x = e_\nu$ $(\nu = 1, 2, 3)$ beschränken. (46), (47) sind also gleichwertig mit dem aus (48) und den drei Gleichungen

$$S(e_\mu y) + x_0 S(e_\mu) + \sum_{\nu=1}^{3} x_\nu S(e_\mu e_\nu) = 0 \qquad (\mu = 1, 2, 3)$$

bestehenden Gleichungssystem für die x_ν $(\nu = 0, 1, 2, 3)$. Die Determinante dieses Gleichungssystems berechnet sich nun mittels (39) zu $-(4c_1 + 1)^2 c_2^2 \neq 0$. Daher gibt es tatsächlich ein $e \notin \mathfrak{Q}$ mit (46), (47). Wegen $e \notin \mathfrak{Q}$ hat der Vektorraum $\mathfrak{A}_0 = \mathfrak{Q} + e\mathfrak{Q}$ über $\mathfrak{K}$ die Basis $\{1, e_1, e_2, e_3, e, ee_1, ee_2, ee_3\}$, also die Dimension 8. Wegen der aus (47) und $\bar{e} = -e$ folgenden Gleichung

$$(49) \qquad\qquad \overline{x + ex'} = \bar{x} - ex' \quad \textit{für} \quad x, x' \in \mathfrak{Q}$$

enthält $\mathfrak{A}_0$ mit jedem Element auch das konjugierte. $\mathfrak{A}_0$ ist ferner Unteralternativring von $\mathfrak{A}$; es gilt nämlich

$$(50) \quad (x + ex')(y + ey') = (xy + cy'\bar{x}') + e(yx' + \bar{x}y') \quad \textit{für} \quad x, x', y, y' \in \mathfrak{Q}.$$

Zum Beweis[1] benötigt man offenbar nur die folgenden Regeln:

$$(51_1) \qquad\qquad (ea)(eb) = cb\bar{a},$$

$$(51_2) \qquad\qquad (ea)b = e(ba),$$

$$(51_3) \qquad\qquad b(ea) = e(\bar{b}a)$$

$$\left. \right\} \quad \textit{für} \quad a, b \in \mathfrak{Q}.$$

---

[1] Man erkennt, daß man dabei die Assoziativität der Multiplikation in $\mathfrak{Q}$ nicht benötigt.

Die erste ergibt sich mittels (47), (18), (2), (46):

$$(e\,a)\,(e\,b) = (e\,a)\,(\bar{b}\,e) = e\,((a\,\bar{b})\,e) = e\,(e\,(b\,\bar{a})) = c\,(b\,\bar{a}),$$

die zweite mittels (46), (2), (47), (21), (1):

$$(e\,a)\,b = c^{-1}(e\,a)\,(c\,b) = c^{-1}(e\,a)\,(e\,(e\,b)) = c^{-1}(e\,a)\,(e\,(\bar{b}\,e)) = ((c^{-1}(e\,a)\,e)\,\bar{b})\,e$$
$$= ((c^{-1}(\bar{a}\,e)\,e)\,\bar{b})\,e = (\bar{a}\,\bar{b})\,c = e\,(b\,a),$$

und die dritte folgt schließlich aus der zweiten mittels Übergang zu den konjugierten Elementen und (47):

$$\overline{b\,(e\,a)} = -\,(\bar{a}\,e)\,\bar{b} = -\,(e\,a)\,\bar{b} = -\,e\,(\bar{b}\,a) = (\bar{a}\,b)\,\bar{e} = \overline{e\,(\bar{b}\,a)}.$$

Ein Alternativkörper, welcher — wie eben $\mathfrak{A}_0$ — aus einem 8-dimensionalen Vektorraum $\mathfrak{Q} + e\mathfrak{Q}$ über dem Körper $\mathfrak{K}$ mit einem Quaternionenschiefkörper $\mathfrak{Q}$ durch Einführung der Multiplikation mittels (50) hervorgeht, wobei c im Grundkörper $\mathfrak{K}$ von $\mathfrak{Q}$ liegt, und welcher daher Algebra über $\mathfrak{K}$ ist, wird als *Cayley-Algebra*[1] bezeichnet. Es soll nun gezeigt werden, daß $\mathfrak{Q} + e\mathfrak{Q}$ genau dann durch (50) zu einer Cayley-Algebra wird, wenn

$$(52) \qquad\qquad c \neq N(x) \quad \textit{für alle} \quad x \in \mathfrak{Q}$$

gilt. Zu diesem Zweck definiert man das durch Überstreichen gekennzeichnete konjugierte Element durch (49) und rechnet leicht nach, daß $x + e\,x' \to \overline{x + e\,x'}$ ein involutorischer Antiautomorphismus bezüglich $\mathfrak{K}$ ist und daß

$$(53) \qquad\qquad (x + e\,x')\,\overline{(x + e\,x')} = N(x) - c\,N(x')$$

gilt. Ist $\mathfrak{Q} + e\mathfrak{Q}$ nullteilerfrei, so folgt aus (53) $x = x' = 0$ im Falle $N(x) = c\,N(x')$. Damit ist (52) wegen $N(1) = 1$ bewiesen. Umgekehrt folgt für $x' \neq 0$ aus (52) und (41)

$$N(x) - c\,N(x') = (N(x\,x'^{-1}) - c)\,N(x') \neq 0,$$

so daß nach (53) $(N(x) - c\,N(x'))^{-1}\overline{(x + e\,x')}$ Rechtsinverses von $x + e\,x'$ ist. Um nun $\mathfrak{Q} + e\mathfrak{Q}$ als Alternativkörper nachzuweisen, genügt daher wegen des vorhandenen Antiautomorphismus der Beweis der wegen $\bar{y} = -y + S(y)$, $S(y) \in \mathfrak{K}$ mit (1) gleichwertigen Regel

$$(54) \quad ((x + e\,x')\,(y + e\,y'))\,(\bar{y} - e\,y') = (x + e\,x')\,(N(y) - c\,N(y')).$$

---

[1] Vielfach *Cayley-Dickson-Algebra* genannt, auch mit dem Zusatz „verallgemeinerte". Manchmal wird in der Definition „Alternativkörper" durch „Alternativring" sowie „Quaternionenschiefkörper" durch „Quaternionenalgebra" ersetzt. Für die hier gegebene Beschreibung der Cayley-Algebren vgl. [**221, 180**]; eine andere Darstellung findet man in [**50**].

Mit Rücksicht auf eine spätere Anwendung wird gleich die folgende Verschärfung bewiesen: Man setzt über Ω nicht mehr voraus als über $\mathfrak{A}$ und zeigt dann, daß unter Voraussetzung von (50) die allgemeine Gültigkeit von (54) gleichbedeutend ist mit der Assoziativität von Ω. Zu diesem Zweck wird aus (50) unter Verwendung der ja in Ω unabhängig von der Assoziativität geltenden Regel $y(\bar{y}x) = (y\bar{y})x = x(y\bar{y}) = (xy)\bar{y}$ die Beziehung

$$\big((x + ex')(y + ey')\big)(\bar{y} - ey') = (x + ex')\big(N(y) - cN(y')\big) +$$
$$+ c\big((y'\bar{x}')\bar{y} - y'(\bar{x}'\bar{y})\big) + e\big(\bar{y}(\bar{x}y') - (\bar{y}\bar{x})y'\big)$$

hergeleitet, aus welcher man die Behauptung sofort abliest. — Da $\Omega + e\Omega$ wegen (53) und $(x + ex') + \overline{(x + ex')} = x + \bar{x} \in \mathfrak{K}$ quadratisch über $\mathfrak{K}$ ist, aus Dimensionsgründen aber kein Quaternionenschiefkörper sein kann, ist keine Cayley-Algebra assoziativ.

Weil $\mathfrak{A}_0 = \Omega + e\Omega$ wegen der Nullteilerfreiheit (52) erfüllt, ist $\mathfrak{A}_0$ Cayley-Algebra. Sei nun y ein nicht in $\mathfrak{A}_0$ liegendes Element von $\mathfrak{A}$. Man sucht dann ein Element $e' \in y + \mathfrak{A}_0$ mit $e'^2 = c' \in \mathfrak{K}$, $xe' = e'\bar{x}$ für alle $x \in \mathfrak{A}_0$. Wie bei (46) und (47) erkennt man, daß mit

$$e' = y + x_0 + \sum_{\nu=1}^{3} x_\nu e_\nu + x_0' e + \sum_{\nu=1}^{3} x_\nu' e e_\nu$$

diese Forderung für die x_ν, x_ν' ($\in \mathfrak{K}$; $\nu = 0, 1, 2, 3$) das Gleichungssystem

$$S(y) + 2x_0 + \sum_{\nu=1}^{3} x_\nu S(e_\nu) + x_0' S(e) + \sum_{\nu=1}^{3} x_\nu' S(e e_\nu) = 0,$$

$$S(e_\mu y) + x_0 S(e_\mu) + \sum_{\nu=1}^{3} x_\nu S(e_\mu e_\nu) + x_0' S(e_\mu e) + \sum_{\nu=1}^{3} x_\nu' S\big(e_\mu(e e_\nu)\big) = 0$$
$$(\mu = 1, 2, 3),$$

$$S(ey) + x_0 S(e) + \sum_{\nu=1}^{3} x_\nu S(e e_\nu) + 2x_0' c + \sum_{\nu=1}^{3} x_\nu' S\big(e(e e_\nu)\big) = 0,$$

$$S\big((e e_\mu)y\big) + x_0 S(e e_\mu) + \sum_{\nu=1}^{3} x_\nu S\big((e e_\mu)e_\nu\big) + x_0' S\big((e e_\mu)e\big) +$$
$$+ \sum_{\nu=1}^{3} x_\nu' S\big((e e_\mu)(e e_\nu)\big) = 0 \quad (\mu = 1, 2, 3)$$

bedeutet. Mittels (49), (51) und der Multiplikationstafel (39) ergibt sich die Determinante dieses Gleichungssystems zu $-c^4 c_2^4 (4c_1 + 1)^4 \neq 0$, und man kann daher e' mit den geforderten Eigenschaften bilden. Da beim Beweis von (50) die Assoziativität der Multiplikation von Ω nicht benötigt wurde, ist $\mathfrak{A}_0 + e'\mathfrak{A}_0$ ein Alternativring. Daraus aber ergibt sich nun nach dem oben Bewiesenen die Assoziativität von $\mathfrak{A}_0$ im Widerspruch dazu, daß $\mathfrak{A}_0$ als Cayley-Algebra nichtassoziativ ist. Also kann es in $\mathfrak{A}$ kein $y \notin \mathfrak{A}_0$ geben, d.h. es ist $\mathfrak{A} = \mathfrak{A}_0$. Man hat somit den Satz [**180**]:

12. Ein echter Alternativkörper ist Cayley-Algebra, wenn er quadratische Algebra über einem Körper ist.

Satz 10 von S. 166 liefert daher [**55, 56, 185, 186, 222**]:

13. Ein echter Alternativkörper mit von 2 verschiedener Charakteristik ist Cayley-Algebra.

Quaternionenschiefkörper und Cayley-Algebren besitzen noch die folgende gemeinsame Kennzeichnung [**79, 224**]:

14. Ein Alternativkörper ist genau dann Quaternionenschiefkörper oder Cayley-Algebra, wenn in ihm die Regel

$$(55) \qquad (x y - y x)^2 z = z (x y - y x)^2$$

gilt und er kein Körper ist.

Beweis. In der Quaternionenalgebra $\mathfrak{Q} = \mathfrak{K} + \sum\limits_{\nu=1}^{3} \mathfrak{K} e_\nu$ ergibt sich aus (39) sofort $S([e_\nu, e_\mu]) = 0$ $(\nu, \mu = 1, 2, 3)$ und daher wegen (43), (44) $S([x, y]) = 0$ für alle $x, y \in \mathfrak{Q}$, also $\overline{[x, y]} = -[x, y]$, $[x, y]^2 = -[x, y]\overline{[x, y]} \in \mathfrak{K}$ und damit (55). In der Cayley-Algebra $\mathfrak{Q} + e\mathfrak{Q}$ nun erhält man für $k = [x + e x', y + e y']$ mit $x, x', y, y' \in \mathfrak{Q}$:

$$S(k) = S\big([x, y] + e(y' \bar{x}' - x' \bar{y}')\big) = S([x, y]) = 0,$$

also $\bar{k} = -k$, $k^2 = -k\bar{k} \in \mathfrak{K}$ und damit wieder (55). Wegen Satz 12 und Satz 11 (S. 171) braucht man jetzt nur noch für einen Alternativkörper $\mathfrak{A}$ aus (55) zu folgern, daß er quadratisch über seinem Zentrum $\mathfrak{Z}$ ist. Falls $\mathfrak{A}$ kein Schiefkörper und seine Charakteristik $\neq 2$ ist, folgt die Behauptung bereits aus Satz 10 von S. 166[1]. Man darf daher diesen Fall im folgenden ausschließen, so daß nach einer Bemerkung von S. 164/5 $z \in \mathfrak{Z}$ gleichbedeutend ist mit $x z = z x$ für alle $x \in \mathfrak{A}$ und nach (55) somit das Quadrat jedes Kommutators in $\mathfrak{Z}$ liegt. Zu dem vorgelegten Element $x \in \mathfrak{A} - \mathfrak{Z}$ wählt man ein $y \in \mathfrak{A}$ mit $u = [x, y] \neq 0$. Man setzt $v = [x^2, y]$ und hat dann, da man ja nach einer Bemerkung von S. 162 mit x, y assoziativ rechnen darf, die Gleichung

$$(56) \qquad (u v) x = u^2 x^2 + (u x)^2.$$

Wegen $u x = [x, y x]$, $u + v = [x + x^2, y]$ liegen neben u^2, v^2 auch $(u x)^2$ und $(u + v)^2$ in $\mathfrak{Z}$. Im Falle einer Charakteristik $\neq 2$ folgt wegen

$$u v = u(u x + x u) = u^2 x + u(x u) = x u^2 + (u x) u = (x u + u x) u = v u$$

dann

$$u v = 2^{-1}\big((u + v)^2 - u^2 - v^2\big) \in \mathfrak{Z},$$

---

[1] Wie man die Benutzung dieses Satzes umgehen kann, wird in [**224**] gezeigt; s. auch Anhang **4**.

so daß (56) bereits die gewünschte quadratische Gleichung ist. Im Falle der Charakteristik 2 schließt man aus (56) und u^2, $(ux)^2 \in \mathfrak{Z}$, daß $(uvx)\,x = x\,(uvx)$ und daher wegen $uv = vu$ die Gleichung $(uvx)^2 = (uv)^2 x^2 = u^2 v^2 x^2$ gilt. Durch Quadrieren ergibt (56) daher nach Multiplikation mit u^{-4}

$$(57) \qquad\qquad x^4 + a\,x^2 + b = 0$$

mit $a = u^{-2} v^2 \in \mathfrak{Z}$, $b = (ux)^4 u^{-4} \in \mathfrak{Z}$. Bei Ersetzung von y durch ein anderes Element y', das natürlich ebenfalls der Bedingung $[x, y'] \neq 0$ genügen soll, werde (57) zu $x^4 + a'\,x^2 + b' = 0$. Im Falle $a \neq a'$ entsteht durch Abziehen dieser Gleichung von (57) dann die gewünschte quadratische Gleichung für x. Es braucht also nur noch der Fall betrachtet zu werden, daß a und damit auch b gar nicht mehr von y abhängt. Man setzt $(ux)^2 u^{-2} = c$ $(\in \mathfrak{Z})$, so daß also wegen $c^2 = b$ und $c = -c$ auch c nicht mehr von y abhängt, und erhält mittels (57):

$$u\,x = c^{-1} (x^3 + a\,x)\,u,$$

$$y\,x^2 = (x\,y + u)\,x = x\,(x\,y + u) + u\,x = x^2 y + c^{-1} (x^3 + (a + c)\,x)\,u,$$

$$y\,x^3 = (y\,x^2)\,x = x^3 y + x^2 u + (x^3 + (a + c)\,x)\,(ux)^{-1} u^2$$

$$= x^3 y + (x^2 + (x^3 + (a + c)\,x)\,x^{-1})\,u = x^3 y + (a + c)\,u,$$

$$y\,(x^3 + (a + c)\,x) = (x^3 + (a + c)\,x)\,y.$$

Die letzte Gleichung ist damit für alle y mit $[x, y] \neq 0$ bewiesen. Da sie im Falle $[x, y] = 0$ natürlich ebenfalls gilt, liegt also $x^3 + (a + c)\,x$ in $\mathfrak{Z}$, und x genügt daher einer Gleichung dritten Grades mit nicht sämtlich verschwindenden Koeffizienten aus $\mathfrak{Z}$. Zusammen mit (57) erhält man dann nach dem bekannten Divisionsalgorithmus für Polynome auch eine quadratische Gleichung für x mit nicht sämtlich verschwindenden Koeffizienten aus $\mathfrak{Z}$. Damit ist alles bewiesen.

Es sollen nun noch die Bedingungen (41) und (52) auf ihre Erfüllbarkeit hin untersucht werden. Offenbar folgt aus (41)

$$(58) \qquad\qquad c_2 \neq x_0^2 + x_0 x_1 - x_1^2 c_1 \quad \textit{für alle} \quad x_0, x_1 \in \mathfrak{K}.$$

Ferner ist auf S. 169 aus der Nullteilerfreiheit bereits die Bedingung

$$(59) \qquad\qquad 4c_1 + 1 \neq 0$$

hergeleitet worden. Aus (58), (59) soll nun umgekehrt wieder (41) gefolgert werden. Zuerst einmal wird die Unmöglichkeit von $c_1 = d^2 + d$ $(d \in \mathfrak{K})$ nachgewiesen. Aus dieser Gleichung folgt nämlich

$$x_0^2 + x_0 x_1 - x_1^2 c_1 = (x_0 - d\,x_1)\,(x_0 + (d + 1)\,x_1),$$

und da man das Gleichungssystem $x_0 - d\,x_1 = 1$, $x_0 + (d+1)\,x_1 = c_2$ wegen $(2d+1)^2 = 4c_1 + 1$ und (59) nach x_0, x_1 auflösen kann, ergibt sich ein Widerspruch zu (58). Aus der eben bewiesenen Unmöglichkeit folgt $N(x_0 + x_1 e_1) \neq 0$ für $x_0 + x_1 e_1 \neq 0$ $(x_0, x_1 \in \mathfrak{K})$. Im Falle $x_2 \neq 0$ oder $x_3 \neq 0$ aber hat man nach (58) $c_2 \neq N\big((x_2 + x_3 e_1)^{-1}(x_0 + x_1 e_1)\big)$ und daher

$$N\left(x_0 + \sum_{\nu=1}^{3} x_\nu\, e_\nu\right) = N(x_0 + x_1 e_1) - N(x_2 + x_3 e_1)\, c_2 \neq 0.$$

Damit ist (41) vollständig hergeleitet. (58) und (59) sind also notwendige und hinreichende Bedingungen dafür, daß die Multiplikationstafel (39) einen Quaternionenschiefkörper beschreibt. Ist $\mathfrak{K}$ ein angeordneter Körper[1], so sind (58), (59) sicher erfüllt, wenn

$$(60) \qquad\qquad 4c_1 + 1 < 0, \qquad c_2 < 0$$

gilt; denn dann ist

$$4N(x_0 + x_1 e_1) = (2x_0 + x_1)^2 - (4c_1 + 1)\, x_1^2 > 0.$$

Daraus und aus (60) folgt übrigens noch $N(x) > 0$ für alle $x \neq 0$, so daß (52) bestimmt im Falle

$$(61) \qquad\qquad c < 0$$

erfüllt ist. Über jedem angeordneten Körper sind also Quaternionenschiefkörper und Cayley-Algebren vorhanden. Ist $\mathfrak{K}$ sogar *reell-quadratisch-abgeschlossen*, d.h. jedes Element > 0 aus $\mathfrak{K}$ von der Form a^2 $(a \in \mathfrak{K})$, so erkennt man (60) und (61) leicht sogar als notwendige Bedingungen. Setzt man

$$-(4c_1 + 1) = d_1^2, \qquad -c_2 = d_2^2, \qquad -c = d^2,$$

$$c_1' = 2d_1^{-1} e_1 + 2^{-1}(1 - 2d_1^{-1}), \qquad e_2' = d_2^{-1} e_2, \qquad e' = d^{-1} e,$$

so erhält man aus (33), (37), (38), (46) die Gleichungen

$$e_1'^2 = e_1' - \tfrac{5}{4}, \qquad e_1' e_2' + e_2' e_1' = e_2', \qquad e_2'^2 = -1, \qquad e'^2 = -1.$$

Daher gibt es über einem reell-quadratisch-abgeschlossenen Körper bis auf Isomorphie nur *einen* Quaternionenschiefkörper und nur *eine* Cayley-Algebra.

Daß auch Cayley-Algebren der Charakteristik 2 vorhanden sind, zeigt die folgende Konstruktion[2]. $\mathfrak{K}$ entstehe aus einem Körper der Charakteristik 2 durch Adjunktion dreier unabhängiger Transzendenter u, v, w — mit anderen Worten: $\mathfrak{K}$ ist Quotientenkörper des Polynomringes in u, v, w über dem betreffenden Körper. Man setzt $c_1 = u$,

---

[1] Zur Definition dieses Begriffs vgl. S. 237.

[2] Vgl. die Besprechung von [186] in Math. Rev. **14**, 240; in [186] wird fälschlich behauptet, jeder Alternativkörper der Charakteristik 2 sei ein Schiefkörper.

$c_2 = v$, $c = w$. Dann ist (59) klar. Wäre nun (58) falsch, so gäbe es Polynome f, g, h in u, v, w mit

$$h^2 v = f^2 + f g - g^2 u.$$

Da hier die linke Seite ungeraden Grad hat, muß mit m, n als den Graden von f, g sicher $2m \leq m + n$ oder aber $2m < 2n + 1$, also in jedem Fall $m \leq n$ gelten. Daher muß die Summe der Glieder höchsten Grades von $h^2 v$ gleich der Summe der Glieder höchsten Grades von $-g^2 u$ sein. Das ist aber unmöglich, weil u in den zuerst genannten Gliedern stets mit geradem und in den zuletzt genannten stets mit ungeradem Exponenten auftritt. Damit ist (58) bewiesen. Wäre (52) falsch, so gäbe es Polynome f, g, f', g', h in u, v, w mit

$$h^2 w = f^2 + f g - g^2 u - (f'^2 + f' g' - g'^2 u) v.$$

Bezeichnet man die Grade von f, g, f', g' mit m, n, m', n', so muß

$$2m, \; 2n' + 2 \leq \mathrm{Max}\,(m + n, \; 2n + 1, \; 2m' + 1, \; m' + n' + 1)$$

sein; denn die Summe der Glieder höchsten Grades von f^2 kann nicht gleich der Summe der Glieder höchsten Grades von $g'^2 uv$ sein. Aus dieser Ungleichung folgt nun, daß das darin auftretende Maximum weder $= m + n$ noch $= m' + n' + 1$ sein kann. Daher muß die Summe der Glieder höchsten Grades von $h^2 w$ gleich der Summe der Glieder desselben Grades von $-g^2 u - f'^2 v$ sein. Das ist aber unmöglich, weil in den zuerst genannten Gliedern u, v mit geraden Exponenten, in den zuletzt genannten jedoch mit ungeraden Exponenten auftreten.

6.4. Alternativkörper der Charakteristik 2.

Im Fall der Charakteristik 2 kann man für die Cayley-Algebren eine einfachere Darstellung als die in **6.3** beschriebene angeben. Das ergibt sich aus dem folgenden Satz, der zugleich den Satz 13 von S. 175 von Einschränkungen hinsichtlich der Charakteristik befreit [**111**]:

15. *Ein echter Alternativkörper der Charakteristik* 2 *ist eine Cayley-Algebra und besitzt über seinem Zentrum* $\mathfrak{Z}$ *eine Basis*

$$\{1, a, b, c, a b, a c, b c, (a b) c\}$$

mit

(62) $$a^2, b^2, c^2, [a, b, c] \in \mathfrak{Z},$$

(63) $$[a, b] = [b, c] = [c, a] = 0;$$

drei Elemente a, b, c *mit* (63) *sowie* $[a, b, c] \neq 0$ *liefern stets eine solche Basis, und* $\mathfrak{Z}$ *besteht dann aus allen* z *mit*

(64) $$[z, a, b] = [z, b, c] = [z, c, a] = 0.$$

Beweis. Zuerst wird in dem echten Alternativkörper $\Re$ der Charakteristik 2 das Vorhandensein von Elementen a, b, d nachgewiesen, für die im Gegensatz zu (27) die Beziehungen

$$(65) \qquad\qquad [a, b] = 0, \qquad [a, b, d] \neq 0$$

gelten. Zu diesem Zweck wird die Unmöglichkeit von (65), also die Gültigkeit von (27) in $\Re$ angenommen und daraus ein Widerspruch hergeleitet. Bei dem Beweis des Satzes 10 von S. 166 ist außer bei der Herleitung von (27) nur noch an einer einzigen Stelle die Voraussetzung „Charakteristik $\neq 2$" benutzt worden, nämlich beim Beweis von $uv \in \mathfrak{Z}'$. Dort kann man aber auf die folgende Weise ohne sie auskommen[1]. Nach Satz 9 von S. 165 und wegen der Symmetrie in b und c genügt es nämlich,

$$[uv, b, c] = [uv, a, b] = [uv, b] = [uv, a] = 0$$

nachzuweisen. Nach (11), (14), (23) und den auf S. 166 bewiesenen Gleichungen $uv = vu$, $v = [a^2, b, c]$ ergibt sich

$$[uv, b, c] = [v, b, c]\,u + v\,[u, b, c] + [[b, c], u, v]$$
$$= -\,(v\,[b, c])\,u + v\,([b, c]\,u) + [[b, c], u, v] = 0.$$

Wegen $uv = uau + u^2 a$ und $u^2 \in \mathfrak{Z}'$ ist $[uv, a, b] = [uau, a, b]$, und nach der Multiplikationsregel des Assoziators folgt $a\,[uau, a, b] = 0$ wegen der auf S. 166 bewiesenen Gleichung $[(ua)^2, a, b] = 0$. Damit hat man $[uv, a, b] = 0$ und somit auch $[uv, a, c] = 0$ bewiesen. Die Multiplikationsregel des Assoziators liefert zusammen mit (23) und $u^2 \in \mathfrak{Z}'$

$$[u, v, b] = u\,[u, a, b] + [u, a, b]\,u = -\,u^2\,[a, b] + [a, b]\,u^2 = 0,$$

also $\qquad\qquad [uv, u, b] = [v, u, b]\,u = 0.$

Satz 7 von S. 163 ergibt daher $[uv, b] = 0$. Die letzte Gleichung $[uv, a] = 0$ kann man ebenfalls aus diesem Satz gewinnen, aber auch einfach mittels $u^2 \in \mathfrak{Z}'$ und der auf S. 166 bewiesenen Gleichung $[(ua)^2, a] = 0$ folgendermaßen herleiten:

$$a\,(uv) = a\,(uau) + a\,(u^2 a) = a\,(ua)^2\,a^{-1} + (u^2 a)\,a$$
$$= (ua)^2 + (u^2 a)\,a = (uv)\,a.$$

Somit ist $\Re$ quadratische Algebra über $\mathfrak{Z}$ und daher nach Satz 12 von S. 175 eine Cayley-Algebra. Nun braucht man — mit den Bezeichnungen von **6.3** — nur $a = e_3$, $b = ee_2$, $d = e$ zu setzen, um mittels (39) und (51) nach kurzer Rechnung (65) zu erhalten. Der so erhaltene Widerspruch beweist die Möglichkeit von (65). Im folgenden wird (65) vorausgesetzt.

---

[1] Ein anderer Beweis wird in [**226**] gegeben.

Für $v = [a, b, d]$ erhält man mittels der Multiplikationsregel des Assoziators $[v, a] = v a - a v = [a, a b, d] - [a, b a, d] = 0$ und daher für $c = v d$ nach (10) und (23) $[c, a] = v [d, a] + [v, d, a] = 0$. Genau so leitet man $[c, b] = 0$ her. Da aus (23) und (65) $[v, a, b] = 0$ folgt, liefern (11) und (14) $[d v, a, b] - v^2 = [[d, v], a, b]$, also $[c, a, b] = v^2$. Damit ist (63) sowie $[a, b, c] \neq 0$ nachgewiesen. Nur diese beiden Eigenschaften der Elemente a, b, c werden im folgenden gebraucht, wobei $u = [a, b, c]$ gesetzt ist.

Mit $\mathfrak{Z}$ wird nun der Modul der z bezeichnet, welche den Gleichungen (64) genügen. Mit Hilfe von (23) und der aus (15) sowie der Multiplikationsregel des Assoziators folgenden Gleichung

$$[a^2, b, c] = [a, b a, c] + [a, a b, c] = [a, [a, b], c]$$

gewinnt man nun (62) aus (63). Als Nächstes wird

(66) $$[\mathfrak{Z}, a] = [\mathfrak{Z}, b] = [\mathfrak{Z}, c] = 0$$

gezeigt. Nach (11) und (14) erhält man für $z \in \mathfrak{Z}$:

$$[z a, b, c] = u z + [[z, a], b, c], \quad \text{also} \quad [a z, b, c] = u z.$$

Da aus (63) und der Multiplikationsregel des Assoziators

$$b [a z, b, c] = [a z, b, c b] = [a z, b, b c] = [a z, b, c] b$$

folgt, ist somit $[u z, b] = 0$. (11), (14), (63) liefern nun unter Berücksichtigung der Symmetrie von f (Charakteristik 2!) und der Multiplikationsregel des Assoziators

$$[(b a) c, z, b] = f (b a, c, z, b) = f (b a, b, z, c) = [[z, c], b a, b] = [[z, c], a, b] b$$
$$= f (z, c, a, b) b.$$

Mittels (11) und der Multiplikationsregel des Assoziators erhält man daher

$$[u, z, b] = f (z, c, a, b) b + [a c, z, b] b = 0.$$

Wegen $[u, b] = u b - b u = [b a, b, c] - [a b, b, c] = 0$ erhält man schließlich nach (10) $0 = [u z, b] = u [z, b]$, also $[z, b] = 0$ wegen $u \neq 0$. Infolge der Symmetrie in a, b, c ist damit (66) bewiesen. (66) und (64) zeigen nun nach dem bei Satz 9 von S. 165 angewandten Beweisverfahren für den von a, b, c erzeugten Unteralternativring $\mathfrak{S}$

(67) $$[\mathfrak{Z}, \mathfrak{S}] = [\mathfrak{Z}, \mathfrak{S}, \mathfrak{S}] = 0.$$

Aus $z, z' \in \mathfrak{Z}$ folgt nach (11), (14) und (63) $[z z', a, b] = 0$, aus Symmetriegründen daher $z z' \in \mathfrak{Z}$. Ist auch noch $z \neq 0$, so ergibt das gleiche

Verfahren $[z^{-1}, a, b]\,z = 0$ und daher $z^{-1} \in \mathfrak{Z}$. Damit hat man $\mathfrak{Z}$ als Alternativkörper erkannt. Wegen $\mathfrak{Z}\,\mathfrak{Z} = \mathfrak{Z}$ folgt aus (10) und (67) noch

$$(68) \qquad\qquad [\mathfrak{Z}, \mathfrak{Z}, \mathfrak{S}] = 0.$$

Nach (11), (14), (64), (66) gilt wegen der Symmetrie von f für $z, z' \in \mathfrak{Z}$:

$$[(a\,z')\,z, b, c] - z\,[a\,z', b, c] = f(a\,z', z, b, c) = f(a\,z', b, z, c) = [[a\,z', b], z, c].$$

Andererseits ergibt (10) wegen (63), (66) und (67) $[a\,z', b] = 0$, so daß man $[(a\,z')\,z, b, c] = z\,[a\,z', b, c]$ erhält. Da nun die Elemente von $\mathfrak{Z}$ wegen (67) mit allen Elementen von $\mathfrak{S}$ kommutieren und assoziieren, folgt aus dieser Gleichung mit Rücksicht auf (68) $(z'z)\,u = z\,(z'u) = (zz')\,u$, also $z'z = zz'$. Nach Satz 6 von S. 162 ist $\mathfrak{Z}$ somit ein Körper.

Es sei jetzt $\mathfrak{M}$ der Modul der x mit $[x, a] = [x, b] = 0$. Für $x \in \mathfrak{M}$ erhält man nun nach (63) und (14) wegen der Symmetrie von f

$$[[x, c], b, c] = [[x, c], c, a] = [[x, c], a, b] = 0, \quad \text{also} \quad [x, c] \in \mathfrak{Z}.$$

Nach demselben Verfahren ergibt sich $[x, a\,c]$, $[x, b\,c] \in \mathfrak{Z}$ sowie unter Verwendung von $[x, c] \in \mathfrak{Z}$ und (67) auch $[x, a\,b] \in \mathfrak{Z}$. Man setzt nun

$$x^* = x - ([x, c]\,u^{-1})\,a\,b - ([x, b\,c]\,u^{-1})\,a - ([x, a\,c]\,u^{-1})\,b - ([x, a\,b]\,u^{-1})\,c.$$

Da nach (10), (63) und der Multiplikationsregel des Assoziators $[a\,b, c] = u$ und $[a\,b, b\,c] = [a, b\,c]\,b + [a, b, b\,c] = -u\,b + u\,b = 0$ ist, erhält man wegen (63), (67) und der Kommutativität von $\mathfrak{Z}$:

$$[x^*, a] = [x^*, b] = [x^*, c] = [x^*, a\,b] = [x^*, b\,c] = [x^*, a\,c] = 0,$$

also nach (10)

$$[x^*, a, b] = [x^*, b, c] = [x^*, c, a] = 0, \quad \text{d.h.} \quad x^* \in \mathfrak{Z}.$$

Es gilt daher

$$(69) \qquad\qquad \mathfrak{M} \subseteq \mathfrak{Z} + \mathfrak{Z}\,a + \mathfrak{Z}\,b + \mathfrak{Z}\,c + \mathfrak{Z}\,a\,b.$$

Für irgendein $x \in \mathfrak{K}$ liefern (11) und (14)

$$[c\,x, b, a] = [x, b, a]\,c + x\,u + [[c, x], b, a],$$

also

$$x = [x\,c, b, a]\,u^{-1} + ([x, b, a]\,c)\,u^{-1}.$$

Nach (63) und der Multiplikationsregel des Assoziators liegen nun $[x\,c, b, a]$ und $[x, b, a]$ in $\mathfrak{M}$, so daß wegen c^2, $u \in \mathfrak{Z}$ und (66), (68), (69) x in der Form

$$(70) \qquad x = z_1 + z_2\,a + z_3\,b + z_4\,c + z_5\,a\,b + z_6\,a\,c + z_7\,b\,c + z_8\,(a\,b)\,c$$

mit $z_\nu \in \mathfrak{Z}$ ($\nu = 1, \ldots, 8$) dargestellt werden kann. Mittels (10), (11), (14), (67), (68) und der Kommutativität von $\mathfrak{Z}$ ergibt sich $[\mathfrak{Z}\mathfrak{S}, \mathfrak{S}] = [\mathfrak{Z}\mathfrak{S}, \mathfrak{Z}, \mathfrak{Z}] = [\mathfrak{Z}\mathfrak{S}, \mathfrak{S}, \mathfrak{Z}] = 0$ und weiter — mit Hilfe dieser Ergebnisse — $[\mathfrak{Z}\mathfrak{S}, \mathfrak{Z}\mathfrak{S}, \mathfrak{Z}] = 0$. Wegen der Darstellungsmöglichkeit (70) ist $\mathfrak{K}$ daher Algebra über $\mathfrak{Z}$. Einfache Rechnung unter Benutzung von (10), (63) und der Multiplikationsregel des Assoziators ergibt nun aus (70) $x^2 - z_8 u x \in \mathfrak{Z}$. Nach Satz 12 von S. 175 ist $\mathfrak{K}$ somit Cayley-Algebra über $\mathfrak{Z}$. Da $\mathfrak{K}$ dann über $\mathfrak{Z}$ als Vektorraum die Dimension 8 hat, ergibt sich $\{1, a, b, c, ab, ac, bc, (ab)c\}$ als Basis. $\mathfrak{K}$ kann nicht Algebra über einem umfassenderen Körper als $\mathfrak{Z}$ sein, da es über diesem dann als Vektorraum eine Dimension < 8 haben würde und somit nicht mehr Cayley-Algebra sein könnte. Also ist $\mathfrak{Z}$ tatsächlich das Zentrum von $\mathfrak{K}$.

6.5. Rechtsalternativkörper.

Im folgenden wird der Satz bewiesen[1] [**188**]:

16. *Jeder Rechtsalternativkörper mit von 2 verschiedener Charakteristik ist bereits Alternativkörper*[2].

Durch Übergang zur entgegengesetzten Struktur folgt daraus natürlich auch, daß jeder Linksalternativkörper mit von 2 verschiedener Charakteristik Alternativkörper ist.

Bei einem Rechtsalternativkörper $\mathfrak{K}$ hat man (1) und damit (4) sowie (6) zur Verfügung. Ferner kann man natürlich die von den Alternativgesetzen unabhängige Regel (9) benutzen. Im folgenden habe $\mathfrak{K}$ eine Charakteristik $\neq 2$. Mittels (6), (9), (4) ergibt sich nun

$$0 = c\,[a, b, a] + c\,[a, a, b] = [c\,a, b, a] - [c, a\,b, a] + [c, a, b\,a] - [c, a, b]\,a$$
$$+ [c\,a, a, b] - [c, a^2, b] + [c, a, a\,b]$$
$$= 2\,[c, a, a\,b] - [c, a^2, b] + [c, a, b\,a] - [c, a, b]\,a.$$

Durch Benutzen der aus (9), (4), (6) folgenden Gleichung

$$(71) \qquad\qquad [c, b, a]\,a = [c, a, b\,a] - [c, a^2, b]$$

erhält man weiter nach Division durch 2 in Anbetracht von (6) gerade die Regel (22), also den Sonderfall der Multiplikationsregel des Assoziators über das Hineinnehmen eines rechtsstehenden Faktors in das zweite oder dritte Argument des Assoziators. Damit ist nach dem Beweis von Satz 4 auf S. 161 gezeigt, daß $\mathfrak{K}$ ein Einselement 1 besitzt und die Rechtsinversbedingung erfüllt. Aus (71) wird mit (22) und (6)

$$(72) \qquad\qquad [c, a^2, b] = [c, a, a\,b] + [c, a, b\,a].$$

---

[1] Andere Beweise findet man in [**236**] und HUGHES, PIPER [1973, VI 7].

[2] Nach BRUCK (siehe SAN SOUCIE [1955]) gilt dieser Satz bei Charakteristik 2 nicht.

Mit Hilfe von (22) ergibt sich

$$a\big((bc)\,b\big) = \big(a(bc)\big)\,b - [a, bc, b] = \big((ab)\,c\big)\,b - [a, b, c]\,b - [a, c, b]\,b,$$

also (nach S. 157 auch eine Folge der Rechtsinversbedingúng)

$$(73) \qquad a\big((bc)\,b\big) = \big((ab)\,c\big)\,b.$$

Ersetzt man nun darin b durch $b+d$, so folgt unter zweimaliger Verwendung von (73)

$$(74) \qquad a\big((bc)\,d\big) + a\big((dc)\,b\big) = \big((ab)\,c\big)\,d + \big((ad)\,c\big)\,b$$

und daraus

$$a\,[b, c, d] - [a, dc, b] = [ab, c, d] + [a, d, c]\,b + [a, b, cd],$$

also wegen (6):

$$(75) \qquad [ab, c, d] + [a, d, c]\,b - a\,[b, c, d] + [a, b, [c, d]] = 0.$$

Aus (74) ergibt sich ferner

$$[a, b, c]\,d + [a, d, c]\,b + [a, bc, d] + [a, dc, b] = 0.$$

Mit $d = bc$ wird daraus nach (1) und (4)

$$[a, b, c]\,(bc) + [a, bc, c]\,b + [a, bc^2, b] = 0,$$

und diese Gleichung liefert zusammen mit der aus (6), (72) und (22) folgenden Gleichung

$$[a, bc, c]\,b + [a, bc^2, b] = -\big([a, b, c]\,c\big)\,b$$

die Gleichung

$$(76) \qquad [a, b, c]\,(bc) = \big([a, b, c]\,c\big)\,b.$$

Ersetzen von b durch $b+d$ ergibt daraus

$$(77) \qquad [a, b, c]\,(dc) + [a, d, c]\,(bc) = \big([a, b, c]\,c\big)\,d + \big([a, d, c]\,c\big)\,b$$

und Ersetzen von c durch $c+d$:

$$(78) \qquad [a, b, c]\,(bd) + [a, b, d]\,(bc) = \big([a, b, c]\,d\big)\,b + \big([a, b, d]\,c\big)\,b.$$

Ersetzen von c durch $c+e$ in (77) schließlich führt zu:

$$(79) \quad \left\{ \begin{aligned} &[a, b, c]\,(de) + [a, b, e]\,(dc) + [a, d, c]\,(be) + [a, d, e]\,(bc) \\ &= \big([a, b, c]\,e\big)\,d + \big([a, b, e]\,c\big)\,d + \big([a, d, c]\,e\big)\,b + \big([a, d, e]\,c\big)\,b. \end{aligned} \right.$$

Im folgenden sei $[a, a, b] \neq 0$ für fest gewählte Elemente a, b angenommen, woraus also nun ein Widerspruch hergeleitet werden muß. $\mathfrak{M}$ bezeichne den Modul der x mit $(xa)\,b = x\,(ba)$, oder, damit gleichbedeutend, $[x, a, b] = x\,[b, a]$, und $\mathfrak{N}$ den Modul der x mit $\big(x(ba)\big)\,a = x\,\big(a(ba)\big)$. Aus (76) folgt dann

$$(80) \qquad [x, a, b] \in \mathfrak{M}, \qquad [x, ba, a] \in \mathfrak{N}$$

für alle $x \in \mathfrak{K}$. Für $x \in \mathfrak{M} \cap \mathfrak{N}$ ergibt sich nach (73):

$$x\,[a, b, a] = \big((x\,a)\,b\big)\,a - x\,\big(a\,(b\,a)\big) = \big(x\,(b\,a)\big)\,a - \big(x\,(b\,a)\big)\,a = 0,$$

also — da wegen (6) $[a, b, a] \neq 0$ ist —:

$$(81) \qquad\qquad \mathfrak{M} \cap \mathfrak{N} = \{0\}.$$

Für $u = [c, a, b]$ folgt mittels (22) aus (78)

$$\big(u\,(a\,b)\big)\,a + \big((u\,a)\,b\big)\,a = u\,\big(a\,(a\,b)\big) + (u\,a)\,(a\,b),$$

also

$$-\,[u, a, b]\,a + 2\,\big((u\,a)\,b\big)\,a = -\,[u, a, a\,b] + 2\,(u\,a)\,(a\,b).$$

Wegen (22) ergibt Division durch 2 daraus $\big((u\,a)\,b\big)\,a = (u\,a)\,(a\,b)$, wegen (6) also $[u\,a, a, b] = (u\,a)\,[b, a]$, d.h.

$$(82) \qquad\qquad [c, a, b]\,a \in \mathfrak{M}.$$

Ist $\big[c, a, [a, b]\big] = 0$, so erhält man nach (22), (6) und (80)

$$[c, a, b]\,a = [c, a, a\,b] = [c, a, b\,a] = -\,[c, b\,a, a] \in \mathfrak{N}.$$

Nach (81) und (82) ergibt sich somit

$$(83) \qquad\qquad [c, a, b] = 0, \quad \textit{falls} \quad \big[c, a, [a, b]\big] = 0.$$

Aus (79) folgt bei Ersetzung von a, b, c durch c, a, b sofort

$$(84) \qquad [c, d, e] \in \mathfrak{M}, \quad \textit{falls} \quad [c, a, b] = [c, a, e] = [c, d, b] = 0.$$

Aus (77) und (6) erhält man

$$(85) \qquad\qquad [c, a, x] \in \mathfrak{M}, \quad \textit{falls} \quad [c, a, b] = 0.$$

(85), (80) und (81) ergeben nun:

$$(86) \qquad\qquad [c, a, b\,a] = 0, \quad \textit{falls} \quad [c, a, b] = 0.$$

Beachtet man, daß $\mathfrak{M}$ bei Ersetzung von a, b durch $b\,a, a$ in $\mathfrak{N}$ übergeht und daß bei der Herleitung von (84) die Voraussetzung $[a, a, b] \neq 0$ nicht benötigt wurde, so ergeben (84), (86) und (81) unter Beachtung von (6) die Regel:

$$(87) \quad [c, d, e] = 0, \quad \textit{falls} \quad [c, a, b] = [c, a, e] = [c, d, b] = [c, b\,a, d] = 0.$$

Wird jetzt wieder $[c, a, b] = 0$ vorausgesetzt, so liefert (78) mittels (86) $[c, a, x] \in \mathfrak{N}$. Wegen (85) und (81) ist daher $[c, a, x] = 0$ im Falle $[c, a, b] = 0$. Anwenden von (87) liefert nun unter Verwendung dieses Ergebnisses, der Voraussetzung $[c, a, b] = 0$ sowie von (22), (4) und (6) der Reihe nach $[c, b, x] = 0$, $[c, b\,a, x] = 0$, $[c, x, y] = 0$. Es gilt also

$$(88) \qquad\qquad [c, \mathfrak{K}, \mathfrak{K}] = 0, \quad \textit{falls} \quad [c, a, b] = 0.$$

Nach (80) ist $[x, a, b] [b, a] = [[x, a, b], a, b]$ und daher auch $[x, a, b] [b, a] \in \mathfrak{M}$, so daß in Anbetracht von (6) die aus (74) und (4) folgende Gleichung

$$(89) \qquad [x[a, b], a, b] + [x, b, a] [a, b] - x[[a, b], a, b] = 0$$

wegen (80) schließlich $x[[a, b], a, b] \in \mathfrak{M}$ liefert. Wäre nun $[[a, b], a, b] \neq 0$, so würde daraus (mit $x = [[a, b], a, b]^{-1}$) $1 \in \mathfrak{M}$, also $[a, b] = 0$ und damit $[[a, b], a, b] = 0$ folgen. Somit ist $[[a, b], a, b] = 0$ und daher nach (88)

$$(90) \qquad [[a, b], \mathfrak{K}, \mathfrak{K}] = 0.$$

Aus (83) ergibt sich nun $[a, a, [a, b]] \neq 0$, d.h. die bisher vorausgesetzte Ungleichung $[a, a, b] \neq 0$ ist auch mit $[a, b]$ an Stelle von b erfüllt. Mit dieser Ersetzung liefert (90)

$$[[a, [a, b]], a, b] = 0.$$

Diese Gleichung ergibt nun zusammen mit (90), (6) und der aus (9) sowie (90) folgenden Gleichung

$$(91) \qquad [[a, b] x, y, z] = [a, b] [x, y, z]$$

aus (89) die Gleichung

$$(92) \qquad [a, b] [a, a, b] = [a, a, b] [a, b].$$

Aus (78) folgt

$$[x, a, b] \big(a(ba)\big) + [x, a, ba] (ab) = \big([x, a, b] (ba)\big) a + ([x, a, ba] b) a.$$

Mittels (6), (73) und (76) wird daraus

$$\begin{aligned}
([x, ba, a] b) a - [x, ba, a] (ab) &= \big([x, a, b] (ba)\big) a - [x, a, b] \big(a(ba)\big) \\
&= \big(([x, a, b] a) b\big) a - [x, a, b] \big(a(ba)\big) \\
&= [x, a, b] \big((ab) a\big) - [x, a, b] \big(a(ba)\big) \\
&= [x, a, b] [a, b, a],
\end{aligned}$$

also wegen (6)

$$(93) \qquad ([x, ba, a] b) a = [x, ba, a] (ab) - [x, a, b] [a, a, b].$$

Für $u = [a, a, b]^{-1}$ folgt aus (9) (mit u, a, a, b statt a, b, c, d), (72), (6), (4)

$$1 = [ua, a, b] + [u, ba, a].$$

Multiplikation mit b und dann mit a von rechts macht daraus nach (76) und (93):

$$ba = ([ua, a, b] + [u, ba, a]) (ab) - [u, a, b] [a, a, b] = ab - [u, a, b] u^{-1}.$$

Nach der Rechtskürzungsregel ergibt sich also

$$(94) \qquad [a, b]\, u = [u, a, b].$$

Nach (80) ist daher $[a, b]\, u \in \mathfrak{M}$, d.h.

$$[[a, b]\, u, a, b] = ([a, b]\, u)\, [b, a],$$

und aus (91) folgt deshalb

$$[a, b]\, [u, a, b] = ([a, b]\, u)\, [b, a]$$

und weiter mittels (94)

$$[a, b]\, ([a, b]\, u) = -\, ([a, b]\, u)\, [a, b].$$

Nach (90) darf man das als

$$[a, b]\, ([a, b]\, u + u\, [a, b]) = 0$$

schreiben. Unter der Annahme $[a, b] \neq 0$ ergibt sich also $[a, b]\, u = - u\, [a, b]$, und daraus wird unter Benutzung von (92)

$$[a, b] = -\,(u\,[a, b])\, u^{-1} = -\,[u, [a, b], u^{-1}] - u\,([a, b]\, u^{-1})$$
$$= [u, u^{-1}, [a, b]] - u\,(u^{-1}\,[a, b])$$
$$= [a, b] - 2u\,(u^{-1}\,[a, b]).$$

Da die Charakteristik $\neq 2$ ist, folgt somit $[a, b] = 0$ aus der Voraussetzung $[a, b] \neq 0$. Damit ist $[a, b] = 0$ hergeleitet. Das ergibt aber nach (83) den Widerspruch $[a, a, b] = 0$ zur Voraussetzung $[a, a, b] \neq 0$, was zu beweisen war.

7. Moufang-Ebenen.

7.1. Moufang-Ebenen und Alternativkörper.

Eine projektive Ebene, in welcher der kleine Desarguessche Satz gilt, wird als *Moufang-Ebene* bezeichnet. Die Moufang-Ebenen kann man nun auch durch eine Spezialisierung des VS-Satzes kennzeichnen, wie im folgenden gezeigt werden soll. Man beschränkt zu diesem Zweck den VS-Satz auf solche Viereckschnitte, bei denen eine der beiden möglichen Gleichheiten (s. S. 128) gilt, in denen der sechste, durch die fünf anderen zu bestimmende Punkt nicht vorkommt. Die so erhaltene Spezialisierung vom Rang 12 wird als *kleiner VS-Satz* bezeichnet. Eine Spezialisierung von diesem wiederum ist offenbar der *kleine reduzierte VS-Satz*, der aus dem reduzierten VS-Satz in der Form von S. 129/30 durch Hinzufügen der Voraussetzung $C_{12} = C_{21}$ entsteht und daher den Rang 10 hat. Unter Verwendung des Punktes $B'_{22} = \beta \cap A_{22}C_{22}$ erkennt man leicht, daß die Behauptung $\varkappa(A_{22}, B_{22}, C_{22})$ dieses Satzes ohne Veränderung seines Gültigkeitsbereiches mit dem Voraussetzungsteil $\varkappa(A_{12}, B_{22}, C_{21})$ vertauscht werden darf. Wie man durch Vertauschen von C_{l1} mit C_{l2} und von A_{1k} mit A_{2k} erkennt, ist daher der kleine reduzierte VS-Satz gleichwertig mit derjenigen Spezialisierung des reduzierten VS-Satzes, welche durch Hinzufügen der Voraussetzung $C_{11} = C_{22}$ entsteht. Es gilt nun der Satz:

1. *In einer projektiven Ebene sind gleichwertig die folgenden Aussagen:*

(a) *der kleine Desarguessche Satz;*

(b) *der kleine VS-Satz;*

(c) *der kleine reduzierte VS-Satz*[1]*;*

(d) *es gibt genau eine Projektivität der Geraden $AB = AB'$ $(B \neq B')$ auf sich, welche Produkt zweier Perspektivitäten ist, nur den Punkt A festläßt und den Punkt B in den Punkt B' überführt.*

Beweis. Um (b) aus (a) zu folgern, betrachtet man in der projektiven Ebene $\mathfrak{E}$ die Viereckschnitte, welche die vollständigen Vierecke mit den Ecken A_i und B_i $(i = 1, 2, 3, 4)$ auf der Geraden γ ergeben und welche in fünf entsprechenden Punkten übereinstimmen mögen, so daß also in $\mathfrak{E}_\gamma$ die Beziehungen $A_i A_k \parallel B_i B_k$ für alle Paare (i, k) mit $1 \leq i < k \leq 4$ unter Ausnahme von $(1, 4)$ gelten. Die Zusatzvoraussetzung des kleinen VS-Satzes kann dann durch $A_1 A_3 \parallel A_2 A_4$ wiedergegeben werden. In $\mathfrak{E}_\gamma$ gibt es nun nach (a) eine Translation τ mit $A_1^\tau = B_1$, $A_i^\tau \in B_1 B_i$ $(i = 2, 3)$. Im Falle $A_2^\tau = B_2$ folgt leicht $A_3^\tau = B_3$ und $A_4^\tau = B_4$, so daß auch $A_1 A_4 \parallel B_1 B_4$ gilt. Im andern Fall kann man auf die Punkttripel A_i^τ, B_i, $B_3 B_i \cap \gamma$ $(i = 2, 4)$ den Desarguesschen $(B_1 B_3 \cap \gamma, B_1 B_3)$-Satz anwenden (Abb. 38): Es ergibt sich $A_4^\tau B_4 \cap A_2^\tau B_2 \in B_1 B_3$, also $B_1 B_4 = B_1 A_4^\tau$ und damit wieder $A_1 A_4 \parallel B_1 B_4$. Aus (b) folgt natürlich (c). Daß aus (c) wieder (a) folgt, ergibt sich sofort aus dem Beweis des Satzes 26 von S. 130 unter Beachtung der dortigen Fußnote; denn die dortige Einschränkung $C \notin \gamma$ folgt nach S. 87 aus der jetzt vor-

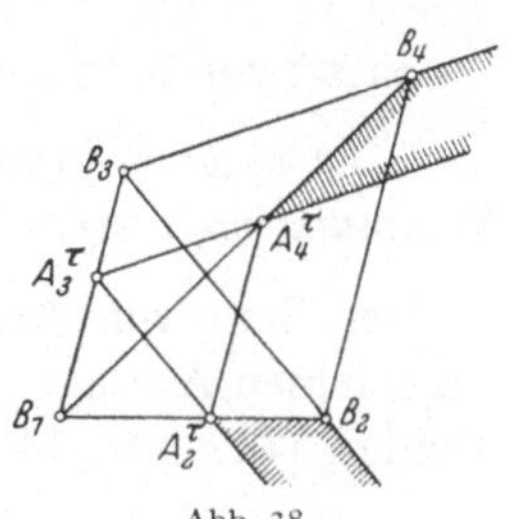

Abb. 38.

genommenen Einschränkung $C_{13} \in \gamma_2$, und nach dem zu Beginn von **3.3** Bemerkten besagt der Desarguessche Satz mit der Einschränkung $C_{13} \in \gamma_2$ dasselbe wie der kleine Desarguessche Satz. Daß schließlich (d) dasselbe bedeutet wie (b), sieht man so. Ist σ das Produkt der Perspektivität

---

[1] Wie man leicht sieht, ist die Dualisierung des kleinen reduzierten VS-Satzes mit den Bezeichnungen von S. 132 einfach die Bolsche W-Bedingung für das aus den Geradenbüscheln mit den Trägern U, V, W gebildete Gewebe; genau wie beim Sechsecksatz (s. S. 155) kann man sich dabei noch auf den Fall nichtkollinearer U, V, W beschränken, so daß der kleine Desarguessche Satz gleichwertig ist mit der Gültigkeit der Inversbedingungen (3.20), (3.21) in jedem Ternärkörper und damit natürlich auch mit der Gültigkeit der Moufang-Identitäten in der multiplikativen Loop jedes Ternärkörpers. Eine Verschärfung des eben Angedeuteten ergibt sich noch aus der in [**112**, Satz 11] bewiesenen Gleichwertigkeit des affinen kleinen Desarguesschen Satzes mit dem in Fußnote 1, S. 132, genannten Satz (r).

von $\mathfrak{P}_\alpha$ auf $\mathfrak{P}_\beta$ mit Zentrum S und der Perspektivität von $\mathfrak{P}_\beta$ auf $\mathfrak{P}_\alpha$ mit Zentrum S' und hat σ nur den Fixpunkt A, so folgt nach einer Bemerkung von S. 140: $A = S S' \cap \beta$. Sind nun B, X zwei untereinander und von A verschiedene Punkte $\in \alpha$, so folgt aus dem vollständigen Viereck mit den Ecken $S, S', SB \cap \beta, SX \cap \beta$ (Abb. 39)

$$V(A, B^\sigma, X^\sigma; A, X, B).$$

Danach ist nun σ genau dann stets durch A, B, B^σ eindeutig bestimmt, wenn der kleine VS-Satz gilt.

Nach Satz 50 von S. 106/7 ist eine Moufang-Ebene auch zu kennzeichnen als eine solche projektive Ebene, in der ein und damit jeder Ternärkörper ein Alternativkörper ist. Daher liefert Satz 50 von S. 106/7 zusammen mit Satz 16 von S. 182 sowie dem schon auf S. 108 erwähnten Ergebnis von SAN SOUCIE [1955]:

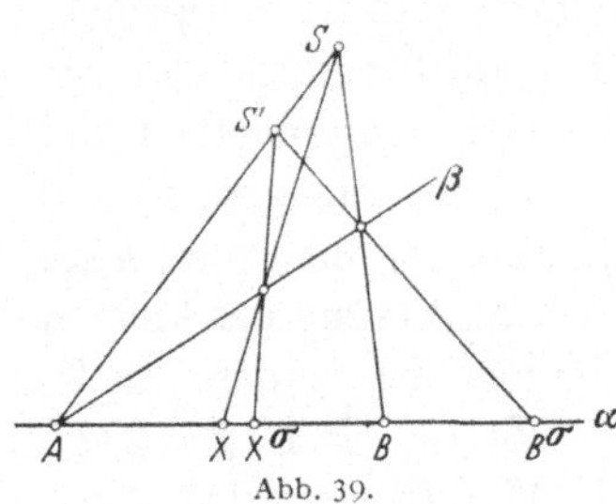
Abb. 39.

2. *Ist die projektive Ebene $\mathfrak{E}$ (ξ, ξ)-transitiv für alle Geraden ξ durch einen Punkt oder aber (X, X)-transitiv für alle Punkte X auf einer Geraden, so ist $\mathfrak{E}$ eine Moufang-Ebene.*

Satz 6 von S. 162 liefert zu Satz 1 von S. 136 die folgende Verschärfung:

3. *In einer Moufang-Ebene folgt der Satz von Pappos bereits aus der Kommutativität eines Ternärkörpers.*

Der Satz von Artin (s. S. 161) läßt sich zum Beweis einer recht allgemeinen Aussage über die Schließungssätze in Moufang-Ebenen verwenden [**147, 148, 149**]:

4. *In einer Moufang-Ebene gilt jeder allgemeine konstruierbare primitive[1] Schließungssatz vom Rang 10, der aus dem Satz von Desargues folgt, und jeder allgemeine konstruierbare primitive[1] Schließungssatz vom Rang 9 oder 8, der aus dem Satz von Pappos folgt.*

---

[1] Ein normaler nichtprimitiver Schließungssatz ist gleichwertig mit der gleichzeitigen Gültigkeit aller derjenigen primitiven Schließungssätze, die aus ihm durch Hinzufügen einer Anzahl von Ungleichungen und Gleichsetzen aller dann noch nicht sich als ungleich ergebenden Variablen entstehen. Keiner dieser primitiven Schließungssätze hat höheren Rang als der ursprüngliche Schließungssatz; denn durch Gleichsetzen zweier Variablen wird der Rang eines normalen Schließungssatzes erniedrigt, weil ja die doppelte Variablenanzahl dabei um 2 sinkt, die Anzahl der Inzidenzen aber höchstens um 1 wegen des Umstandes, daß die beiden gleichzusetzenden Variablen mit höchstens einer Variablen gemeinsam inzidieren. Man kann daher „konstruierbare primitive" durch „normale" ersetzen, wenn man nur verlangt, daß alle in dem eben beschriebenen Sinn aus dem Schließungssatz hervorgehenden primitiven Schließungssätze konstruierbar sind.

Beweis. Es liege ein Schließungssatz mit den angegebenen Eigenschaften vor, und $\mathfrak{J}$ sei seine zugehörige Inzidenzstruktur. Eine Ersetzung der Variablen des Schließungssatzes durch Punkte und Geraden der Moufang-Ebene $\mathfrak{E}$ läßt sich als umkehrbarer Homomorphismus σ von $\mathfrak{J}$ auf eine Unterstruktur $\mathfrak{J}^\sigma$ von $\mathfrak{E}$ auffassen. Falls $\mathfrak{J}^\sigma$ ausgeartet ist, erkennt man leicht aus der auf S. 14 gegebenen Kennzeichnung der ausgearteten Inzidenzstrukturen, daß sich $\mathfrak{J}^\sigma$ isomorph in eine projektive Ebene mit einem Körper — etwa dem der rationalen Zahlen — als Koordinatenschiefkörper einbetten läßt. Nach den Voraussetzungen über den Schließungssatz ist dessen Behauptung dann also auch in $\mathfrak{E}$ erfüllt. Man darf daher von jetzt ab $\mathfrak{J}^\sigma$ als nichtausgeartet annehmen. Nach Satz 2 von S. 326 wird die von $\mathfrak{J}^\sigma$ erzeugte projektive Ebene $\mathfrak{E}^*$ nun auch erzeugt durch eine Inzidenzstruktur, welche aus einem nichtausgearteten Punktquadrupel O, U, V, E und möglicherweise noch untereinander sowie von O, V verschiedenen Punkten $a, b \in OV$ besteht, wobei im Falle eines Ranges < 10 aber höchstens einer der beiden Punkte a, b — etwa a — wirklich auftreten kann. Im Ternärkörper $\mathfrak{K}$ bezüglich O, U, V, E, der nach Voraussetzung ein Alternativkörper ist, betrachtet man nun den von $a, b, 1$ bzw. den von $a, 1$ oder von 1 allein erzeugten Unteralternativring $\mathfrak{R}$, der nach dem Satz von Artin assoziativ, also ein Ring ist. Falls $\mathfrak{K}$ ein Schiefkörper ist, wird der Durchschnitt aller $\mathfrak{R}$ enthaltenden Unterschiefkörper mit $\mathfrak{K}^*$ bezeichnet. Im andern Fall sei $\mathfrak{K}^*$ der von $\mathfrak{R}$ und dem Zentrum $\mathfrak{Z}$ von $\mathfrak{K}$ erzeugte Unterring[1], der wegen der nach Satz 10, S. 166, und Satz 15, S. 178, für jedes Element vorhandenen quadratischen Gleichung zu jedem Element $\neq 0$ das Inverse enthält und daher ebenfalls ein Schiefkörper ist. Beschränkung auf die Punkte mit Koordinaten aus $\mathfrak{K}^*$ ergibt nun eine desarguessche affine Ebene, deren Ergänzung zur projektiven Ebene $\mathfrak{E}^*$ als Unterstruktur enthält. Damit ist die Behauptung im Falle des Ranges 10 bewiesen. Ist der Rang aber < 10, so wird $\mathfrak{R}$ von $a, 1$ oder von 1 allein erzeugt und besteht daher aus allen Summen von Elementen der Form

$$n \cdot a^i \quad (i = 0, 1, 2, \ldots;\ a^0 = 1) \quad \text{oder} \quad n \cdot 1 \quad (n = 0, \pm 1, \pm 2, \ldots).$$

Daher ist $\mathfrak{R}$ kommutativ, und die Inversen der Elemente $\neq 0$ von $\mathfrak{R}$ sind dann, falls $\mathfrak{K}$ Schiefkörper ist, auch untereinander sowie mit den Elementen von $\mathfrak{R}$ vertauschbar: $\mathfrak{K}^*$ besteht aus den $s\,t^{-1}$ mit $s, t \in \mathfrak{R}$ und ist ebenfalls kommutativ. Falls $\mathfrak{K}$ kein Schiefkörper ist, besteht $\mathfrak{K}^*$ offenbar aus allen Summen von Elementen der Form $z\,a^i$ $(i = 0, 1, 2, \ldots;\ a^0 = 1;\ z \in \mathfrak{Z})$ oder ist $= \mathfrak{Z}$, in jedem Fall also kommutativ. Aus der damit bewiesenen Kommutativität von $\mathfrak{K}^*$ folgt nun der Satz von Pappos in $\mathfrak{E}^*$ und damit die Behauptung auch in den Fällen der Ränge 9 und 8.

---

[1] Dieser besteht offenbar aus allen Summen von Elementen der Form $r\,z$ $(r \in \mathfrak{R},\ z \in \mathfrak{Z})$.

7.2. Der Satz vom vollständigen Viereck.

Den Satz vom vollständigen Viereck für die projektive Ebene $\mathfrak{E}$ kann man offenbar auch so aussprechen:

Sind in der affinen Ebene $\mathfrak{E}_\omega$ bei beliebiger Wahl der Geraden ω Punkte $P_i, Q_i\ (i = 1, 2, 3, 4)$ mit $P_1P_2 \| P_3P_4 \| Q_1Q_2 \| Q_3Q_4$, $P_1P_3 \| P_2P_4 \| Q_1Q_3 \| Q_2Q_4$, $P_2P_3 \| Q_2Q_3$, $P_1 \notin P_2P_3$ gegeben, so gilt $P_1P_4 \| Q_1Q_4$.

Die Spezialisierung, die entsteht, wenn man die beiden Vierecke in einem Paar entsprechender Eckpunkte übereinstimmen läßt, ist nun

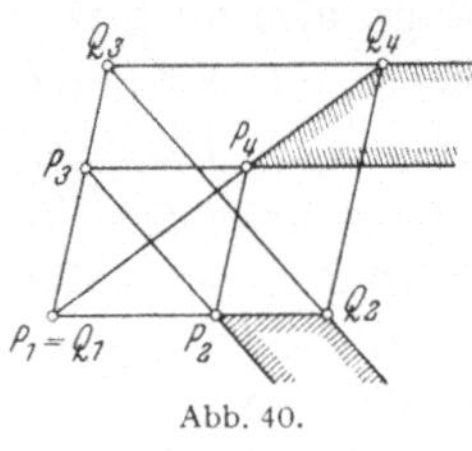

Abb. 40.

weiter nichts als die zweifache Ausartung des Desarguesschen Satzes. Um das einzusehen, muß man erst mal beachten, daß die genannte Spezialisierung an sich zwei verschiedene Möglichkeiten umfaßt, nämlich einmal $P_1 = Q_1$ und zum andern $P_2 = Q_2$. Setzt man nun $P_1P_3 \cap \omega = C$, $P_3P_4 \cap \omega = A_1$, $P_4 = A_2$, $Q_4 = A_3$, $P_2P_3 \cap \omega = B_1$, $P_2 = B_2$, $Q_2 = B_3$, so erkennt man leicht, daß der Fall $P_1 = Q_1$ mit der Form $1a$ der zweifachen Ausartung des Desarguesschen Satzes (s. S. 88) übereinstimmt (Abb. 40). Vertauschen der Indizes 1 und 2 sowohl bei den P_i, Q_i wie bei den A_i, B_i und Vertauschen der Indizes 3, 4 bei den P_i, Q_i ergibt

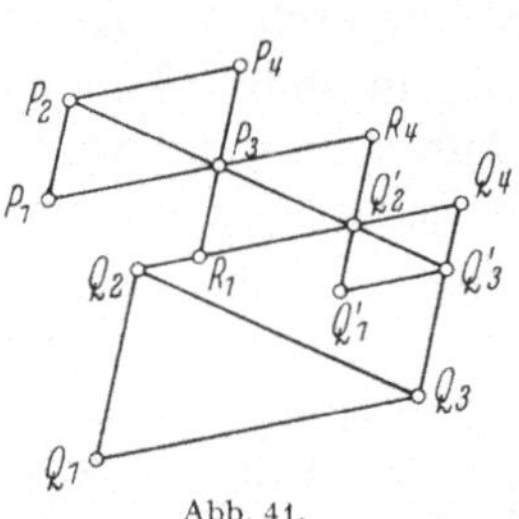

Abb. 41.

in gleicher Weise das Übereinstimmen des Falles $P_2 = Q_2$ mit der Form $1b$ der zweifachen Ausartung des Desarguesschen Satzes (s. S. 88). Damit ist gezeigt, daß die beiden möglichen Spezialisierungen untereinander gleichwertig sind, daher als eine einzige Spezialisierung aufgefaßt werden dürfen und daß diese tatsächlich nichts weiter ist als die zweifache Ausartung des Desarguesschen Satzes. Es gilt weiter [**147**]:

5. *In einer projektiven Ebene ist der Satz vom vollständigen Viereck gleichwertig mit der zweifachen Ausartung des Desarguesschen Satzes*[1].

Beweis. Nach dem eben Ausgeführten braucht man nur noch zu zeigen, daß der Satz vom vollständigen Viereck aus seiner erwähnten Spezialisierung folgt. Die Bezeichnungen seien wie bisher gewählt. Aus $Q_1, Q_4 \in P_2P_3$ und $P_1, P_4 \in Q_2Q_3$ folgt $Q_1Q_4 = P_2P_3$, $Q_2Q_3 = P_1P_4$ und daher wegen $P_2P_3 \| Q_2Q_3$ die Behauptung $P_1P_4 \| Q_1Q_4$. Da man 1 mit 4 und P_i mit Q_i vertauschen kann, darf man daher o. B. d. A. $Q_4 \notin P_2P_3$ annehmen. Mit $Q_i' = P_2P_3 \cap Q_4Q_i\ (i = 2, 3)$ und $Q_1' = (Q_3Q_4 \cap \omega)\,Q_2' \cap (Q_2Q_4 \cap \omega)\,Q_3'$ (s. Abb. 41) gewinnt man dann aus der genannten Spezialisierung $Q_1Q_4 = Q_1'Q_4$. Im Falle $P_3 = Q_2'$ liefert die Spezialisierung $P_1P_4 \| Q_1'Q_4$,

---

[1] Weitere damit gleichwertige Sätze s. [**190**].

während man im Falle $P_3 \neq Q_2'$ erst $R_1 = P_3 P_4 \cap Q_2 Q_4$, $R_4 = P_1 P_3 \cap Q_1' Q_2'$ bilden muß, um aus der Spezialisierung $P_1 P_4 \| R_1 R_4 \| Q_1' Q_4$ zu erhalten. Damit ist die Behauptung bewiesen.

Daraus, daß — wie eben gezeigt — der Satz vom vollständigen Viereck bereits aus der Spezialisierung folgt, die durch Gleichsetzen eines Paares entsprechender Ecken der beiden vollständigen Vierecke entsteht, ergibt sich noch für seine als *Satz vom vollständigen Vierseit* bezeichnete Dualisierung:

6. *In einer projektiven Ebene ist der Satz vom vollständigen Vierseit gleichwertig mit dem Satz vom vollständigen Viereck.*

Beweis. Man braucht natürlich nur zu zeigen, daß der zweite Satz aus dem ersten folgt, und dabei kann man sich — in der Bezeichnung von S. 127 — auf den Fall

$$V(A_{12}, A_{13}, A_{14}; A_{34}, A_{42}, A_{23}), \quad V(A_{12}', A_{13}', A_{14}'; A_{34}', A_{42}', A_{23}')$$

mit $A_{12} = A_{34} = A_{12}' = A_{34}'$, $A_{13} = A_{42} = A_{13}' = A_{42}'$, $A_{14} = A_{14}'$, $A_2 = A_2'$ beschränken. Die beiden Viereckschnitte lassen sich dann nach

S. 128 als Schnitte ihres Trägers mit zwei Vierseitprojektionen auffassen, welche denselben Träger A_2 haben. Da man den Satz vom vollständigen Vierseit natürlich als Spezialisierung des VP-Satzes auffassen kann, folgt aus ihm die Übereinstimmung der beiden Vierseitprojektionen und damit auch $A_{23} = A_{23}'$, also die Behauptung des Satzes vom vollständigen Viereck.

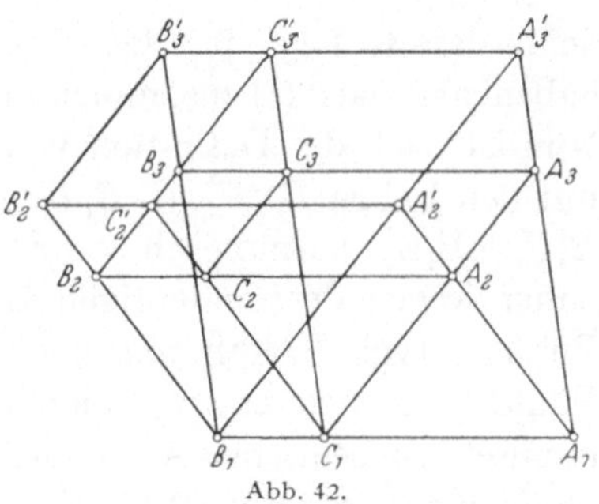

Abb. 42.

Nach Satz 5 von S. 190 folgt der Satz vom vollständigen Viereck aus dem kleinen Desarguesschen Satz. Das Umgekehrte konnte bisher nur unter einer einschränkenden Voraussetzung bewiesen werden [**147**]:

7. *Hat in der projektiven Ebene $\mathfrak{E}$ kein vollständiges Viereck kollineare Diagonalpunkte, so folgt in $\mathfrak{E}$ der kleine Desarguessche Satz aus dem Satz vom vollständigen Viereck.*

Beweis[1]. Die Bezeichnungen beim kleinen Satz von Desargues seien wie in **3.2** gewählt, und im folgenden sei alles in der affinen Ebene $\mathfrak{E}_\gamma$ betrachtet. Da die zweifache Ausartung des Desarguesschen Satzes eine Spezialisierung des Satzes vom vollständigen Viereck ist, darf man $B_1 \notin A_2 A_3$ annehmen, so daß $C_1 = A_1 B_1 \cap A_2 A_3 \neq B_1$ ist. Man setzt ferner (s. Abb. 42)

$$A_i' = A_1 A_i \cap (A_2 A_3 \cap \gamma) B_1, \quad B_i' = B_1 B_i \cap C A_i',$$
$$C_i = (A_1 A_i \cap \gamma) C_1 \cap C A_i, \quad C_i' = C_1 C_i \cap C A_i' \quad (i = 2, 3).$$

---

[1] Ein anderer Beweis ergibt sich auf S. 213.

Die vollständigen Vierecke mit den Ecken B_1, B_i', A_1, A_i' und C_1, C_i, A_1, A_i ergeben dann $\varkappa(B_i', C_i, A_1)$ $(i = 2, 3)$ und daher die vollständigen Vierecke mit den Ecken B_i, B_i', C_i, C_i' und C_1, C_i, A_1, A_i wegen $C_1 A_i = A_2 A_3$ weiter

$$(1) \qquad B_i C_i' \,\|\, A_2 A_3 \qquad (i = 2, 3).$$

Aus der zweifachen Ausartung des Desarguesschen Satzes ergibt sich wegen $A_2 A_3 \,\|\, A_2' A_3'$ sofort

$$(2) \qquad B_2' B_3' \,\|\, A_2 A_3 \,\|\, C_2 C_3.$$

Nach (1) und (2) werden die Punkte B_3', C_3, $B_3' C_3 \cap \gamma$, $B_3' C_3 \cap B_3 C_3'$ durch eine Perspektivität mit dem Zentrum $A_2 A_3 \cap \gamma$ in die Punkte B_2', C_2, $B_2' C_2 \cap \gamma$, $B_2' C_2 \cap B_3 C_3'$ übergeführt; denn wegen (1) und der Nichtkollinearität der Diagonalpunkte gilt $A_2 A_3 \cap \gamma \notin B_i' C_i$ $(i = 2, 3)$. Um die Behauptung $B_2 B_3 \,\|\, A_2 A_3$ des kleinen Desarguesschen Satzes zu beweisen, genügt nun der Nachweis von

$$B_2' C_2 \cap B_3 C_3' = B_2' C_2 \cap B_2 C_2';$$

denn daraus folgt ja, daß $B_3 C_3'$ und $B_2 C_2'$ einen Punkt gemeinsam haben, also nach (1) zusammenfallen und somit $B_2 B_3 = B_2 C_2' \,\|\, A_2 A_3$ gilt[1]. Nun ist nach der Definition von S. 129 — wie das vollständige Viereck mit den Ecken B_i, C_i', C, $B_1 B_i \cap \gamma$ erkennen läßt — das Paar $B_i' C_i \cap \gamma$, $B_i' C_i \cap B_i C_i'$ harmonisch zum Paar B_i', C_i $(i = 2, 3)$. Man braucht daher wegen der eindeutigen Bestimmtheit des vierten harmonischen Punktes (vgl. S. 129) nur noch zu zeigen, daß die Eigenschaft eines Punktepaares, zu einem anderen Punktepaar derselben Punktreihe harmonisch zu sein, bei Anwenden einer Perspektivität auf die Punktepaare nicht verlorengeht[2]:

8. *Gilt in einer projektiven Ebene der Satz vom vollständigen Viereck und ist das Punktepaar C, D harmonisch zum Punktepaar A, B, so ist bei einer Perspektivität auch das Paar der Bildpunkte C', D' von C, D harmonisch zum Paar der Bildpunkte A', B' von A, B.*

Beweis. O. B. d. A. darf man sich auf den Fall $V(A, B, C; A, B, D)$ beschränken, da die Behauptung in den Fällen $C = A = D$ und $C = B = D$ selbstverständlich ist. S sei das Zentrum der Perspektivität. Es wird zuerst der Fall $C = C'$ behandelt. Da der Fall $A'B' = AB$ trivial ist, darf man das Vorhandensein von $T = AB' \cap A'B$ voraussetzen. Das vollständige Viereck mit den Ecken A', B', S, T hat dann $A = TB' \cap SA'$ und $B = TA' \cap SB'$ als Diagonalpunkte, während $C = A'B' \cap AB$ ist.

---

[1] Die hier benutzte Abänderung des in [147] dargestellten Beweisverfahrens wurde von Herrn Günther Emde im Winter 1952/53 in einem Seminar an der Universität Tübingen angegeben.

[2] Für desarguessche Ebenen ist das bereits auf S. 125 festgestellt worden; denn jede Perspektivität wird dort ja durch eine Kollineation hervorgerufen.

Man hat also $V(A, B, C; A, B, ST \cap AB)$, so daß nach dem Satz vom vollständigen Viereck $D = ST \cap AB$, also $T \in SD = SD'$ gilt. Betrachtung des vollständigen Vierecks mit den Ecken A, B, S, T zeigt wegen $ST \cap A'B' = D'$ nun $V(A', B', C'; A', B', D')$, also die Behauptung. Ist jetzt sowohl $C \neq C'$ wie $D \neq D'$ und $C \neq D$, so braucht man lediglich die gegebene Perspektivität als Produkt der Perspektivität von $\mathfrak{P}_{AB}$ auf $\mathfrak{P}_{CD'}$ und der von $\mathfrak{P}_{CD'}$ auf $\mathfrak{P}_{A'B'}$, jeweils mit demselben Zentrum S, aufzufassen. Da bei jeder dieser beiden Perspektivitäten der eben behandelte Fall vorliegt, ist damit der Satz im Falle $C \neq D$ bewiesen. Im Falle $C = D \ (\neq A, B)$ beachtet man, daß die Aussage $V(A, B, C; A, B, C)$ symmetrisch in den A, B, C ist, und kann daher — entsprechend dem eben bei $C \neq D$ Ausgeführten — die Perspektivität von $\mathfrak{P}_{AB}$ auf $\mathfrak{P}_{BC'}$ und die von $\mathfrak{P}_{BC'}$ auf $\mathfrak{P}_{A'C'}$ mit dem Zentrum S verwenden.

Auf S. 140 ist (vgl. Abb. 36) zu vier verschiedenen Punkten einer Punktreihe eine Projektivität dieser Punktreihe auf sich angegeben worden, welche A mit A' und B mit B' vertauscht. Der vorige Satz zeigt daher:

9. *Gilt in einer projektiven Ebene der Satz vom vollständigen Viereck, so folgt daraus, daß das Punktepaar A', B' mit $A' \neq B'$ harmonisch zum Paar A, B ist, auch die umgekehrte Beziehung;*
denn wegen $A' \neq B'$ muß $V(A, B, A'; A, B, B')$ gelten, so daß die A, A', B, B' untereinander verschieden sind.

Nach S. 128/29 bedeutet die Kollinearität der Diagonalpunkte eines vollständigen Vierecks, daß es ein Paar zusammenfallender Punkte gibt, welches zu einem Paar nichtzusammenfallender Punkte harmonisch ist. Da man nun nach Satz 6 von S. 9 stets eine Projektivität angeben kann, welche ein Tripel verschiedener kollinearer Punkte in ein vorgegebenes Tripel verschiedener kollinearer Punkte überführt, ergibt der vorletzte Satz noch [**165**]:

10. *In einer projektiven Ebene, in welcher der Satz vom vollständigen Viereck gilt*[1], *sind die Diagonalpunkte entweder in keinem oder in jedem vollständigen Viereck kollinear.*

Zusammen mit den Sätzen 5 und 7 von S. 190/91 hat man daher das Ergebnis:

11. *In einer projektiven Ebene, in welcher es ein vollständiges Viereck mit nichtkollinearen Diagonalpunkten gibt, folgt der kleine Desarguessche Satz aus der zweifachen Ausartung des Desarguesschen Satzes.*

Sind in einer projektiven Ebene $\mathfrak{E}$ die Diagonalpunkte jedes vollständigen Vierecks kollinear, so ist natürlich der Satz vom vollständigen

---

[1] Daß diese Voraussetzung nicht überflüssig ist, zeigen die Beispiele in [**164, 165, 122, 157**].

Viereck trivialerweise erfüllt, da ja dann nach S. 128/29 im Falle $A \neq B$ genau dann das Paar C, D harmonisch zu A, B ist, wenn $C = D$ gilt. Es ist nicht bekannt, ob in $\mathfrak{E}$ dann auch der kleine Desarguessche Satz gilt (siehe aber S. 301 für endliche Ebenen). Aus Satz 25 von S. 128, Satz 24 von S. 60 und einer Bemerkung von S. 154 ergibt sich lediglich [**173**]:

12. *In einer projektiven Ebene zieht die Kollinearität der Diagonalpunkte in jedem vollständigen Viereck den axialen kleinen Satz von Pappos[1] nach sich.*

Die *Fano-Bedingung* (auch: Fano-Axiom) besagt für eine projektive Ebene die Nichtkollinearität der Diagonalpunkte in jedem vollständigen Viereck. Daher sei eine projektive Ebene, bei der die Diagonalpunkte jedes vollständigen Vierecks kollinear sind, die Fano-Bedingung also „maximal" verletzt ist, *Anti-Fano-Ebene* genannt (leider findet man vielfach die Bezeichnung „Fano-Ebene"). Nach ZADDACH [1956] gilt auch in jeder Anti-Fano-Ebene der zweite Teil von Satz 4, S. 188, so daß (wegen der Sätze 4, 10, 11) die zweifache Ausartung des Desarguesschen Satzes für eine projektive Ebene gerade die Gültigkeit aller aus dem Satz von Pappos folgenden allgemeinen konstruierbaren primitiven Schließungssätze der Ränge 8 und 9 besagt.

7.3. Die Kollineationsgruppe.

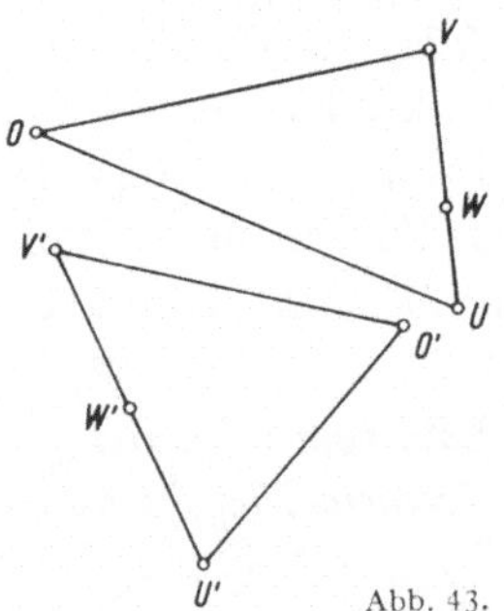

Abb. 43.

Nach Satz 3 von S. 109 ist die kleine projektive Gruppe einer Moufang-Ebene transitiv hinsichtlich der Tripel nichtkollinearer Punkte, und es gilt ferner:

13. *Sind in einer Moufang-Ebene $\mathfrak{E}$ die Punkte O, U, V, W, W' mit $O \notin UV$, $W, W' \in UV$, $W, W' \neq U, V$ gegeben, so gibt es in der kleinen projektiven Gruppe von $\mathfrak{E}$ ein Element σ mit $W^\sigma = W'$ und den Fixpunkten O, U, V.*

Daß man allgemein kein besseres Ergebnis erzielen kann, ergibt sich aus dem folgenden Beispiel. Man nimmt für $\mathfrak{E}$ die desarguessche Ebene mit dem Galois-Feld aus vier Elementen als Koordinatenschiefkörper $\mathfrak{K}$ bezüglich O, U, V, E. Nach S. 115 ist dann die Determinante der einem Element σ der kleinen projektiven Gruppe im Sinne von (4.4) zugeordneten Matrix $(a_{ik})_{i,k=0,1,2}$ eine dritte Potenz und daher $= 1$, da 0 und 1 die einzigen dritten Potenzen in $\mathfrak{K}$ sind. Soll σ nun die Fixpunkte $O, U, V, OE \cap UV$ haben, so muß $a_{11} = a_{22}$ und $a_{ik} = 0$ für $i \neq k$ sein.

---

[1] Dieser gilt nach den Sätzen 19, S. 155, und 1, S. 187 in jeder Moufang-Ebene.

Nimmt man, was o. B. d. A. möglich, $a_{00} = 1$ an, so folgt daher $a_{11}^2 = 1$, also auch $a_{11} = a_{22} = 1$ und somit $\sigma = 1$.

Bedingungen, unter denen die kleine projektive Gruppe einer nicht-desarguesschen Moufang-Ebene sogar viereckstransitiv ist (d. h. transitiv hinsichtlich der nichtausgearteten Punktquadrupel), werden von PICKERT [1959b] und SALZMANN [1959a] angegeben (siehe dazu SPRINGER [1962]).

Die volle Automorphismengruppe einer Moufang-Ebene ist nun aber stets viereckstransitiv [**55, 185**]:

14. *In einer Moufang-Ebene gibt es zu zwei nichtausgearteten Punkt-quadrupeln stets eine Kollineation, welche das erste in das zweite Quadrupel überführt.*

Beweis. Nach Satz 3 von S. 109 genügt es zu zeigen, daß man im Falle $O \notin UV$, $E, E' \notin OU, OV, UV$ stets eine Kollineation φ mit den Fixpunkten O, U, V und $E^\varphi = E'$ angeben kann. Nach Satz 24 von S. 37 hat man dazu die Isomorphie der Ternärkörper bezüglich O, U, V, E und bezüglich O, U, V, E' nachzuweisen. Diese Ternärkörper sind nun *isotope Alternativkörper* $\mathfrak{A}, \mathfrak{A}'$, d. h. es gibt Automorphismen ϱ, σ, τ der additiven Gruppe von $\mathfrak{A}$, die zugleich auch die von $\mathfrak{A}'$ ist, so daß — mit o als der Multiplikation in $\mathfrak{A}'$ —

$$(3) \qquad (x \circ z)^\varrho = x^\sigma z^\tau \quad \text{für alle} \quad x, z \in \mathfrak{A}$$

gilt und daher die multiplikativen Loops von $\mathfrak{A}$ und $\mathfrak{A}'$ isotop sind. Bestimmt man nämlich e, u durch $E' = \boldsymbol{P}(e, u\,e)$ (bezüglich O, U, V, E), so folgt aus der für o angeschriebenen Gl. (1.51) die Beziehung (3) mit $\varrho = 1$ und den durch $x = x^\sigma e$ und $z = u z^\tau$ erklärten Abbildungen σ, τ, die offenbar Automorphismen der additiven Gruppe sind[1]. Die Behauptung des zu beweisenden Satzes ergibt sich daher aus dem folgenden Satz [**180**]:

15. *Isotope Alternativkörper sind isomorph.*

Beweis. Das in **2.2** über Isotopie Hergeleitete darf nach einer Bemerkung von S. 49 auch hier angewandt werden, weil die Abbildungen $x \to xc$ und $x \to cx$ für $c \neq 0$ ja Automorphismen der additiven Gruppe sind. Wegen des möglichen Übergangs zur entgegengesetzten Struktur, durch den sich also — mit den Bezeichnungen von S. 48/49 — der Übergang von $\mathfrak{L}^\circ$ zu $\mathfrak{L}^*$ auf den von $\mathfrak{L}$ zu $\mathfrak{L}^\circ$ zurückführen läßt, darf man sich daher auf den Fall beschränken, bei dem (3) die Form

$$(4) \qquad x \circ z = x(b^{-1}z)$$

---

[1] Man benötigt dabei nur, daß $\mathfrak{A}$ und damit auch $\mathfrak{A}'$ ein distributiver Quasi-körper ist: σ, τ sind umkehrbare Abbildungen von $\mathfrak{A}$ auf sich (Loopeigenschaft bezüglich der Multiplikation!) und σ^{-1}, τ^{-1}, damit aber auch σ, τ, wegen der Distributivgesetze Automorphismen.

annimmt. Da im Fall eines Schiefkörpers $\mathfrak{A}$ die Isomorphie sich nach Satz 4 von S. 48 ergibt[1], kann weiter $\mathfrak{A}$ als echter Alternativkörper angenommen werden[2]. Nach S. 171 gibt es nun in $\mathfrak{A}$ einen Quaternionenschiefkörper $\mathfrak{Q}$ mit $b \in \mathfrak{Q}$, und $\mathfrak{A}$ besitzt dann eine Darstellung $\mathfrak{A} = \mathfrak{Q} + e\,\mathfrak{Q}$ mit (6.46), (6.47). $x \to b\,x$ ist ein Isomorphismus von $\mathfrak{Q}$ in $\mathfrak{A}'$; denn nach (4) ergibt sich wegen der Assoziativität von $\mathfrak{Q}$ die Gleichung[3] $b\,x \circ b\,y = b(x\,y)$. Die Menge der Elemente von $\mathfrak{Q}$ bildet also auch einen in $\mathfrak{A}'$ enthaltenen Quaternionenschiefkörper $\mathfrak{Q}'$. Wegen des angegebenen Isomorphismus von $\mathfrak{Q}$ auf $\mathfrak{Q}'$ kann man das in $\mathfrak{Q}'$ zu x konjugierte Element $\overset{\circ}{x}$ durch

$$(5) \qquad\qquad \overset{\circ}{x} = b\,\overline{\overline{b^{-1}}\,x} = b\,\bar{x}\,\bar{b}^{-1}$$

erklären. Dann ergibt sich mittels (4), (6.47), (6.51_1)

$$b\,e \circ b\,e = (b\,e)\,e = (e\,\bar{b})\,e = c\,b$$

und mittels (4), (5), (6.47), (6.51_2)

$$b\,e \circ \overset{\circ}{x} = (b\,e)\,(\bar{x}\,\bar{b}^{-1}) = (e\,\bar{b})\,(\bar{x}\,\bar{b}^{-1}) = e\,\bar{x} = x\,e = x \circ b\,e,$$

so daß also die den Gln. (6.46), (6.47) entsprechenden Beziehungen auch in $\mathfrak{A}'$ gelten. Aus (6.50) und (5) ergibt sich nun, daß die Abbildung

$$x + e\,x' \to b\,x + b\,e \circ b\,x',$$

welche offenbar ein Automorphismus der additiven Gruppe von $\mathfrak{A}$ ist, auch bezüglich der Multiplikation die Isomorphismuseigenschaft besitzt, also ein Isomorphismus des Alternativkörpers $\mathfrak{A}$ auf den Alternativkörper $\mathfrak{A}'$ ist:

$$(b\,x + b\,e \circ b\,x') \circ (b\,y + b\,e \circ b\,y')$$
$$= (b\,x \circ b\,y + b\,c \circ b\,y' \circ b\,\bar{x}') + b\,e \circ (b\,y \circ b\,x' + b\,\bar{x} \circ b\,y')$$
$$= b(x\,y + c\,y'\,\bar{x}') + b\,e \circ b(y\,x' + \bar{x}\,y').$$

Aus Satz 24 von S. 37 kann man nun sofort weiter folgern:

16. *Die Ternärkörper einer Moufang-Ebene sind untereinander isomorph.*

---

[1] Vgl. die Bemerkung auf S. 49 über die Einschränkungsmöglichkeit für die Abbildungen.

[2] Den Fall eines Schiefkörpers benötigt man zum Beweis des vorhergehenden Satzes übrigens nicht, da ja schon Satz 2 von S. 109 für desarguessche Ebenen ein schärferes Ergebnis liefert.

[3] Zur Vereinfachung der Schreibweise ist hier und im folgenden $(u\,v) \circ w$ durch $u\,v \circ w$ und $u \circ (v\,w)$ durch $u \circ v\,w$ abgekürzt.

Jeder Moufang-Ebene ist also bis auf Isomorphie eindeutig ein bestimmter Alternativkörper zugeordnet[1]. Satz 52 von S. 108 läßt sich daher für Moufang-Ebenen zu der Aussage verschärfen:

17. Eine Moufang-Ebene besitzt genau dann eine Dualität, wenn der ihr zugeordnete Alternativkörper einen Anti-Automorphismus besitzt.

Nach den Ergebnissen von Abschnitt **6** hat demzufolge eine nichtdesarguessche Moufang-Ebene stets eine Dualität[2].

In einer Moufang-Ebene $\mathfrak{E}$ kann man durch (3.22) eine Kollineation erklären, die offensichtlich involutorisch ist und sämtliche Punkte von EV sowie den Punkt $(-1, 0) = (OE \cap UV)\,(EU \cap OV) \cap OU$ als Fixpunkte besitzt. Sind nun in $\mathfrak{E}$ die Diagonalpunkte eines vollständigen Vierecks nicht kollinear, ist also $-1 \neq 1$, so gilt $(-1, 0) \notin EV$. Umgekehrt kann man in dem genannten Fall zu einer Geraden γ und einem Punkt $C \notin \gamma$ stets ein nichtausgeartetes Punktquadrupel O, U, V, E so angeben, daß $(OE \cap UV)\,(EU \cap OV) \cap OU = C$ und $EV = \gamma$ ist: Man wählt $V \in \gamma$, $U \notin \gamma$ mit $C \notin UV$, $E \in \gamma$ mit $E \notin UV$, CU und bestimmt O als vierten harmonischen Punkt zu $C, CU \cap \gamma, U$; dann ist nach Satz 9 von S. 193 $C, CU \cap \gamma$ harmonisch zum Paar O, U, so daß aus dem vollständigen Viereck mit den Ecken $V, E, OE \cap UV, EU \cap OV$ die Beziehung $C \in (OE \cap UV)\,(EU \cap OV)$ folgt. Bei nichtkollinearen Diagonalpunkten eines vollständigen Vierecks gibt es also im Falle $C \notin \gamma$ stets eine involutorische (C, γ)-Kollineation; eine solche wird als (C, γ)-*Spiegelung*[3] bezeichnet. Um zu untersuchen, wieviel (C, γ)-Spiegelungen bei gegebenem C, γ auftreten, genügt es, von der projektiven Ebene lediglich den Satz vom vollständigen Viereck vorauszusetzen, was nach Satz 11 von S. 193 natürlich nur eine geringfügige Abschwächung der Voraussetzung bedeutet. Es seien σ eine (C, γ)-Kollineation $\neq 1$ und P, Q Punkte $\notin \gamma$ mit $CP \neq CQ$. Wegen (3.1) ist

$$P^{\sigma^2} = CP^{\sigma} \cap (QP^{\sigma} \cap \gamma)\, Q^{\sigma}$$

und daher $\sigma^2 = 1$ gleichbedeutend mit:

$$PQ^{\sigma} \cap P^{\sigma}Q \in \gamma \quad \text{für jedes Punktepaar} \quad P, Q \notin \gamma \quad \text{mit} \quad CP \neq CQ.$$

---

[1] Falls dies die Cayley-Algebra über dem Körper der reellen Zahlen ist, läßt sich für die Punkte und Geraden der Moufang-Ebene eine Darstellung durch 3-reihige hermitesche Matrizen über dieser Cayley-Algebra angeben und auf diese Weise die Kollineationsgruppe der Moufang-Ebene bestimmen [**75, 76**]; s. dazu auch [**103, 104**]. Eine Verallgemeinerung auf Moufang-Ebenen von Charakteristik $\neq 2, 3$ findet man bei SPRINGER [1960, 1962].

[2] Für desarguessche Ebenen ist dies nicht der Fall; vgl. [**115**].

[3] Auch *projektive Spiegelung* genannt [**146**].

Betrachtet man nun das vollständige Viereck mit den Ecken P, P^σ, Q, Q^σ, so erkennt man, daß wegen (3.1) der Diagonalpunkt $PQ \cap P^\sigma Q^\sigma$ stets auf γ liegt. Da C und $PQ^\sigma \cap P^\sigma Q \in \gamma$ die andern beiden Diagonalpunkte sind, erhält man daher:

18. *In einer Anti-Fano-Ebene gibt es im Falle $C \notin \gamma$ keine (C, γ)-Spiegelung, während im Falle $C \in \gamma$ jede (C, γ)-Kollineation $\neq 1$ eine (C, γ)-Spiegelung ist.*

Betrachtet man das vollständige Viereck mit den Ecken Q, Q^σ, $PQ^\sigma \cap P^\sigma Q$, $PQ \cap P^\sigma Q^\sigma$, das P, P^σ als Diagonalpunkte besitzt, so erkennt man $\sigma^2 = 1$ als gleichbedeutend damit, daß $C, \gamma \cap CP$ harmonisch zu P, P^σ ist. Somit folgt [**146**]:

19. *In einer projektiven Ebene mit Fano-Bedingung gibt es im Falle $C \in \gamma$ keine (C, γ)-Spiegelung, dagegen im Fall $C \notin \gamma$ genau eine (C, γ)-Spiegelung[1], und bei dieser hat jeder Punkt $P \neq C$ den vierten harmonischen Punkt zu $C, \gamma \cap CP, P$ als Bildpunkt.*

Die bei der obigen Herleitung dieses Satzes im Falle $C \notin \gamma$ benutzten Sätze 7, S. 191, und 50, S. 106, braucht man dabei nicht, wenn man folgenden Weg einschlägt: Für $P \neq C$ wird P^σ als der vierte harmonische Punkt zu $C, \gamma \cap CP, P$ bestimmt, während $C^\sigma = C$ gesetzt wird; im Falle $C \notin \xi \neq \gamma$, $P \notin \gamma$, $P \in \xi$ hängt dann nach Satz 8 von S. 192 die Gerade $(\xi \cap \gamma) P^\sigma$ nur von ξ ab, so daß σ tatsächlich eine Kollineation und damit eine (C, γ)-Spiegelung ist.

Die Bedeutung der (C, γ)-Spiegelungen für den Aufbau der kleinen projektiven Gruppe ergibt sich aus dem Satz:

20. *In einer Moufang-Ebene mit Fano-Bedingung ist im Falle $C \in \gamma$ jede (C, γ)-Kollineation Produkt einer (C, γ_1)- und einer (C, γ_2)-Spiegelung mit $\gamma_1 \cap \gamma = \gamma_2 \cap \gamma$.*

Beweis. Es sei die (C, γ)-Kollineation $\sigma \neq 1$ mit $C \in \gamma$ gegeben und P ein Punkt $\notin \gamma$. Man wählt auf γ einen Punkt $C' \neq C$ und bestimmt D als vierten harmonischen Punkt zu P, P^σ, C. Mit $\gamma_1 = C'P$, $\gamma_2 = C'D$ bildet man nun die (C, γ_i)-Spiegelungen σ_i $(i = 1, 2)$. Offensichtlich ist $P^{\sigma_1 \sigma_2} = P^{\sigma_2} = P^\sigma$. Da jede Gerade durch C Fixgerade von σ_1, σ_2 und damit auch von $\sigma_1 \sigma_2$ ist und σ_i einen Punkt $X \in \gamma$ in den vierten harmonischen Punkt zu C, C', X überführt, also $X^{\sigma_1 \sigma_2} = X$ gilt, ist $\sigma_1 \sigma_2$ eine (C, γ)-Kollineation. Nach S. 66 ergibt sich daher $\sigma = \sigma_1 \sigma_2$. Im Falle $\sigma = 1$ dagegen braucht man nur $\gamma_1 = \gamma_2 \neq \gamma$ zu wählen, um ebenfalls $\sigma = \sigma_1 \sigma_2$ zu erhalten.

---

[1] Auf S. 213 wird sich ergeben, daß die Existenz dieser Spiegelungen umgekehrt den Satz vom vollständigen Viereck sowie die Nichtkollinearität der Diagonalpunkte nach sich zieht.

8. Translationsebenen.
8.1. Translationsebenen und Kongruenzen.

Eine affine Ebene $\mathfrak{A} = \mathfrak{E}_\omega$ wird als *Translationsebene* bezeichnet [6], wenn die Gruppe $\mathfrak{T}$ ihrer Translationen, also die Gruppe der zentralen Kollineationen mit Achse ω und Zentrum $\in \omega$, transitiv ist hinsichtlich der Menge aller Punkte von $\mathfrak{A}$. Man erkennt sofort, daß dies gleichbedeutend ist mit der (ω, ω)-Transitivität von $\mathfrak{E}$, also mit der Gültigkeit des affinen kleinen Desarguesschen Satzes in $\mathfrak{A}$. Nach Satz 38 von S. 101 ist $\mathfrak{A}$ also genau dann eine Translationsebene, wenn einer — und damit jeder — ihrer Ternärkörper bezüglich O, U, V, E mit $UV = \omega$ Quasikörper ist. Nach Satz 25 von S. 38 und Satz 38 von S. 101 kann man zu einem Quasikörper $\mathfrak{R}$ stets eine Translationsebene angeben, welche bezüglich passend gewählter Punkte O, U, V, E einen zu $\mathfrak{R}$ isomorphen Ternärkörper besitzt. Eine solche affine Ebene wird im folgenden als *Translationsebene über* $\mathfrak{R}$ bezeichnet. Verwendet man die Bezeichnungen von **3.5**, so sind die Elemente von $\mathfrak{T}$ gerade die Abbildungen

$$(x, y) \to (x + a, \ y + b);$$

denn eine solche ist das Produkt der (V, UV)-Kollineation $(x, y) \to (x, y + b)$ mit der (U, UV)-Kollineation $(x, y) \to (x + a, y)$ (vgl. S. 100), und sie führt ferner den Punkt $O = (0, 0)$ in den beliebig vorgebbaren Punkt (a, b) über. Wegen Satz 31 von S. 91 gilt somit:

1. *Die Translationsgruppe einer Translationsebene ist kommutativ.*

Das läßt sich übrigens bei beliebiger affiner Ebene $\mathfrak{A}$ beweisen, falls nicht alle Elemente $\neq 1$ von $\mathfrak{T}$ dasselbe Zentrum besitzen[1] [**181, 11**]. Haben nämlich die Translationen $\sigma, \tau \neq 1$ nicht denselben Punkt als Zentrum, so ist $X^\sigma X \neq X^\tau X$, $X^{\sigma\tau} X^\tau \| X^\sigma X$, $X^{\sigma\tau} X^\sigma \| X^\tau X$, $X^{\tau\sigma} X^\tau \| X^\sigma X$, $X^{\tau\sigma} X^\sigma \| X^\tau X$ für jeden Punkt X. Daraus folgt nun $X^{\tau\sigma} X^\sigma = X^{\sigma\tau} X^\sigma$, $X^{\tau\sigma} X^\tau = X^{\sigma\tau} X^\tau$ und weiter $X^{\sigma\tau} = X^{\sigma\tau} X^\sigma \cap X^{\sigma\tau} X^\tau = X^{\tau\sigma} X^\sigma \cap X^{\tau\sigma} X^\tau = X^{\tau\sigma}$, also $\sigma\tau = \tau\sigma$. Haben aber τ, τ' dasselbe Zentrum und daher die Paare $\sigma\tau, \tau'$ sowie $\sigma, \tau'\tau$ jeweils verschiedene Zentren, so folgt aus dem eben Bewiesenen $\sigma\tau\tau' = \tau'\sigma\tau = \tau'\tau\sigma = \sigma\tau'\tau$ und daraus weiter $\tau\tau' = \tau'\tau$.

Die Translationsgruppe $\mathfrak{T}$ einer Translationsebene $\mathfrak{A}$ sei im folgenden stets additiv geschrieben, d.h. $\sigma\tau$ wird für $\sigma, \tau \in \mathfrak{T}$ durch $\sigma + \tau$ ersetzt und die Translation 1 durch 0 bezeichnet. Man betrachtet nun die Menge **K** der Untergruppen $\mathfrak{T}_C$ für alle $C \in \omega$, welche aus den Translationen mit Zentrum C bestehen. Offenbar erfüllt **K** die Bedingungen

$$(1) \qquad\qquad \mathfrak{X} \subset \mathfrak{T}, \quad \textit{wenn} \quad \mathfrak{X} \in \mathsf{K},$$

$$(2) \qquad \mathfrak{X} \cap \mathfrak{Y} = \{0\}, \quad \textit{wenn} \quad \mathfrak{X} \neq \mathfrak{Y} \quad \textit{und} \quad \mathfrak{X}, \mathfrak{Y} \in \mathsf{K},$$

$$(3) \qquad\qquad\qquad \bigcup_{\mathfrak{X} \in \mathsf{K}} \mathfrak{X} = \mathfrak{T}.$$

---

[1] Nach GLEASON [1956] haben dann alle Translationen ($\neq 1$) dieselbe Ordnung (eine Primzahl, falls endlich).

Aus Satz 11 von S. 67 oder auch aus dem auf S. 199 über die Koordinatendarstellung der Translationen Gesagten folgt weiter

$$(4) \qquad \mathfrak{X} + \mathfrak{Y} = \mathfrak{T}, \quad \textit{wenn} \quad \mathfrak{X} \neq \mathfrak{Y} \quad \textit{und} \quad \mathfrak{X}, \mathfrak{Y} \in \mathsf{K}.$$

Allgemein bezeichnet man bei einer Gruppe $\mathfrak{T}$ eine Untergruppenmenge K mit den Eigenschaften (1) bis (4) als *Kongruenz*[1] und $\mathfrak{T}$ als ihre *Trägergruppe* oder ihren *Träger* [6]. Jeder Translationsebene $\mathfrak{A}$ wird also eine Kongruenz mit der Translationsgruppe von $\mathfrak{A}$ als Träger zugeordnet. $\mathfrak{A}$ läßt sich nun mittels dieser Kongruenz beschreiben. Nach Wahl eines festen Punktes O werden nämlich einmal die Punkte X von $\mathfrak{A}$ mittels $O^\tau = X$ eineindeutig den Elementen τ von $\mathfrak{T}$ zugeordnet; denn aus $O^\tau = O^{\tau'}$ folgt ja entweder $\tau = 0 = \tau'$ oder aber, daß τ, τ' beide das Zentrum $O\,O^\tau \cap \omega$ haben und daher nach S. 66 übereinstimmen. Die Punktreihen von $\mathfrak{A}$ entsprechen bei dieser Zuordnung dann eineindeutig den Nebenklassen der Untergruppen $\in \mathsf{K}$; denn im Falle $O^\tau \in \alpha$ erhält man aus O^τ die sämtlichen Punkte $\in \alpha$ durch Anwenden aller Translationen mit dem Zentrum $\alpha \cap \omega$. Man bezeichnet nun die Kongruenzen K, K' mit den Trägergruppen $\mathfrak{T}, \mathfrak{T}'$ als isomorph, wenn es einen Isomorphismus φ von $\mathfrak{T}$ auf $\mathfrak{T}'$ so gibt, daß K' aus allen $\mathfrak{X}^\varphi$ mit $\mathfrak{X} \in \mathsf{K}$ besteht, wobei $\mathfrak{X}^\varphi$ die Menge der τ^φ mit $\tau \in \mathfrak{X}$ bedeutet. Ist jetzt ψ ein Isomorphismus von $\mathfrak{A}$ auf die affine Ebene $\mathfrak{A}'$ mit der Translationsgruppe $\mathfrak{T}'$, so ist offenbar $\tau \to \psi^{-1} \tau \psi$ ein Isomorphismus von $\mathfrak{T}_C$ auf $\mathfrak{T}'_{C\psi}$; daher ergibt sich aus dem Vorhergehenden, daß Translationsebenen genau dann isomorph sind, wenn dies für die ihnen zugeordneten Kongruenzen gilt. Um nun die Frage zu klären, ob man durch die Translationsebenen sämtliche Kongruenzen erhält, wird — nahegelegt durch die obige Beschreibung einer Translationsebene mittels der ihr zugeordneten Kongruenz — aus einer Kongruenz K mit der additiv geschriebenen Trägergruppe $\mathfrak{T}$ auf die folgende Weise eine affine Ebene $\mathfrak{A}_\mathsf{K}$ hergestellt: Die Elemente von $\mathfrak{T}$ sind die Punkte und die Rechtsnebenklassen aller Untergruppen $\in \mathsf{K}$ die Geraden, wobei die Enthaltenseinbeziehung als Inzidenzrelation dient. Zum Beweis von (1.2) und (1.16) sei $\tau, \tau' \in \mathfrak{T}$ und $\tau \neq \tau'$. Offenbar enthält eine Gerade genau dann den Punkt τ, wenn sie als $\mathfrak{X} + \tau$ mit $\mathfrak{X} \in \mathsf{K}$ geschrieben werden kann, und genau dann auch noch den Punkt τ', wenn $\tau' - \tau \in \mathfrak{X}$ gilt. Wegen $\tau' - \tau \neq 0$ ist $\mathfrak{X}$ nach (2) dadurch aber eindeutig bestimmt. Zum Nachweis von (1.19) sei $\tau' \notin \mathfrak{X} + \tau$, $\mathfrak{X} \in \mathsf{K}$. Die Gerade $\mathfrak{X} + \tau'$ durch τ' hat dann keinen Punkt mit $\mathfrak{X} + \tau$ gemeinsam, da ja sonst $\tau' \in \mathfrak{X} + \tau$ wäre. Dagegen hat die Gerade $\mathfrak{X}' + \tau'$ im Falle $\mathfrak{X} \neq \mathfrak{X}' \in \mathsf{K}$ einen Punkt mit $\mathfrak{X} + \tau$ gemeinsam; denn nach (4) gibt es ja $\xi \in \mathfrak{X}$, $\xi' \in \mathfrak{X}'$ mit $\tau - \tau' = \xi + \xi'$, also $-\xi + \tau = \xi' + \tau'$. Aus diesem Beweis von (1.19) folgt

---

[1] Die Wahl dieser Bezeichnung wird auf S. 206 erklärt.

übrigens noch, daß $\mathfrak{X} + \tau \parallel \mathfrak{X}' + \tau'$ dasselbe bedeutet wie $\mathfrak{X} = \mathfrak{X}'$. Die Elemente von K entsprechen somit eineindeutig den sämtlichen Parallelenbüscheln von $\mathfrak{A}_\mathsf{K}$. Aus (1) und (3) erkennt man, daß K zwei verschiedene, nicht nur aus 0 bestehende Elemente besitzt. Daher gehen durch 0 zwei verschiedene Geraden, von welchen jede noch mindestens einen von 0 verschiedenen Punkt enthält. Damit ist (1.20) bewiesen und $\mathfrak{A}_\mathsf{K}$ als affine Ebene erkannt. $\xi \to \xi + \tau$ führt die Gerade $\mathfrak{X} + \tau_0$ in die Gerade $\mathfrak{X} + (\tau_0 + \tau)$, also in eine dazu parallele über und ist daher eine zentrale Kollineation von $\mathfrak{A}_\mathsf{K}$ mit der uneigentlichen Geraden als Achse. Da sie im Falle $\tau \neq 0$ offenbar in $\mathfrak{A}_\mathsf{K}$ keinen Fixpunkt besitzt, ist sie also eine Translation. Daraus ersieht man, daß die Translationsgruppe von $\mathfrak{A}_\mathsf{K}$ transitiv ist und ferner, da der Punkt ξ nur durch genau eine Translation in den Punkt ξ' übergeführt werden kann, daß die durch $\xi^{\tau^*} = \xi + \tau$ (für alle $\xi \in \mathfrak{T}$) erklärten Abbildungen τ^* ($\tau \in \mathfrak{T}$) gerade die sämtlichen Elemente der Translationsgruppe $\mathfrak{T}^*$ von $\mathfrak{A}_\mathsf{K}$ sind. $\tau \to \tau^*$ ist nun wegen

$$\xi^{\tau_1^* \tau_2^*} = (\xi + \tau_1) + \tau_2 = \xi + (\tau_1 + \tau_2) = \xi^{(\tau_1 + \tau_2)^*} \quad \text{und} \quad 0^{\tau^*} = \tau$$

ein Isomorphismus von $\mathfrak{T}$ auf $\mathfrak{T}^*$. Diejenigen τ^*, welche die Gerade $\mathfrak{X}$ ($\in \mathsf{K}$) und damit jede zu ihr parallele Gerade festlassen, sind durch $\mathfrak{X} + \tau = \mathfrak{X}$, also $\tau \in \mathfrak{X}$ gekennzeichnet. Daher ist K isomorph[1] zu der zu $\mathfrak{A}_\mathsf{K}$ gehörigen Kongruenz. Man hat somit den Satz [6]:

2. *Die Translationsebenen sind bis auf Isomorphie eineindeutig den sämtlichen Kongruenzen zugeordnet, und zwar so, daß die Translationsgruppe einer Translationsebene die Trägergruppe der zugehörigen Kongruenz ist.*

Aus Satz 1 von S. 199 folgt jetzt noch, daß die Trägergruppe jeder Kongruenz kommutativ ist. Ferner ergibt sich [6]:

3. *Zwei Elemente einer Kongruenz sind stets isomorph.*

Beweis. O. B. d. A. kann man die zu untersuchende Kongruenz K als die zu einer Translationsebene gehörige Kongruenz voraussetzen. Da auf der uneigentlichen Geraden der Translationsebene mindestens drei Punkte liegen, enthält K mindestens drei Elemente. Zu $\mathfrak{X}, \mathfrak{X}' \in \mathsf{K}$ kann man also stets ein $\mathfrak{X}'' \neq \mathfrak{X}, \mathfrak{X}'$ aus K angeben. Nach (2) folgt aus $\tau_1' + \tau_1'' = \tau_2' + \tau_2''$, $\tau_i' \in \mathfrak{X}'$, $\tau_i'' \in \mathfrak{X}''$ stets $\tau_1' = \tau_2'$. Wegen (4) ist daher $\tau \to \tau'$ mit $\tau = \tau' + \tau''$, $\tau' \in \mathfrak{X}'$, $\tau'' \in \mathfrak{X}''$ eine umkehrbare Abbildung von $\mathfrak{X}$ auf $\mathfrak{X}'$. Aus der Kommutativität der Trägergruppe folgt dann, daß diese Abbildung ein Isomorphismus ist.

---

[1] Will man hier Gleichheit und nicht nur Isomorphie erhalten, so braucht man nur bei der Bildung der zugehörigen Kongruenz statt der Translationsgruppe die zu ihr isomorphe Gruppe aller Punkte ($\tau \to O^\tau$) als Trägergruppe zu verwenden [6] und bei der Bildung der zu $\mathfrak{A}_\mathsf{K}$ gehörigen Kongruenz insbesondere für O das Nullelement von $\mathfrak{T}$ zu nehmen.

8.2. Der Kern einer Translationsebene.

Es sei wieder $\mathfrak{A} = \mathfrak{E}_\omega$ eine Translationsebene, $\mathfrak{T}$ ihre Translationsgruppe und K die der Translationsebene $\mathfrak{A}$ zugeordnete Kongruenz mit der Trägergruppe $\mathfrak{T}$. Man betrachtet nun die Menge $\boldsymbol{K}(\mathfrak{A})$ aller derjenigen Endomorphismen σ von $\mathfrak{T}$ in sich, für welche $\mathfrak{X}^\sigma \subseteq \mathfrak{X}$ im Falle $\mathfrak{X} \in \mathsf{K}$ gilt. Definiert man in der üblichen Weise Summen und Produkte zweier Endomorphismen ϱ, σ durch

$$(5) \qquad \tau^{\varrho+\sigma} = \tau^\varrho + \tau^\sigma, \quad \tau^{\varrho\sigma} = (\tau^\varrho)^\sigma \quad \textit{für alle} \quad \tau \in \mathfrak{T},$$

so ist, wie man leicht erkennt, $\boldsymbol{K}(\mathfrak{A})$ mit diesen beiden Verknüpfungen ein Ring, dessen Nullelement 0 durch $\tau^0 = 0$ (für alle $\tau \in \mathfrak{T}$) erklärt ist und dessen Einselement die Abbildung 1 ist. Dieser Ring wird als der *Kern der Translationsebene* $\mathfrak{A}$ oder auch als der *Kern der Kongruenz* K bezeichnet [**6**]. Um seine Struktur zu untersuchen, wird der Ternärkörper $\mathfrak{K}$ von $\mathfrak{A}$ bezüglich O, U, V, E mit $UV = \omega$ herangezogen und die durch

$$(6) \qquad\qquad O^{\tau\bar{\sigma}} = O^{\tau^\sigma} \quad \textit{für alle} \quad \tau \in \mathfrak{T}$$

erklärte umkehrbare Abbildung $\sigma \to \bar{\sigma}$ der Menge aller Abbildungen von $\mathfrak{T}$ in sich auf die Menge aller Abbildungen der Menge $\mathfrak{P}$ der Punkte von $\mathfrak{A}$ in sich verwendet. Es wird nun für die $\bar{\sigma}$ mit $\sigma \in \boldsymbol{K}(\mathfrak{A})$ die Darstellung in Koordinaten gesucht und dabei im folgenden der Punkt mit dem Koordinatenpaar (x, y) einfach diesem gleichgesetzt. Da bei der Abbildung $\tau \to O^\tau$ die $\mathfrak{X} + \tau$ ($\mathfrak{X} \in \mathsf{K}$) in die Geraden von $\mathfrak{A}$ übergehen (s. S. 200), führt $\bar{\sigma}$ im Falle $\sigma \in \boldsymbol{K}(\mathfrak{A})$ wegen $(\mathfrak{X} + \tau)^\sigma \subseteq \mathfrak{X} + \tau^\sigma$ die Punkte jeder Geraden in Punkte einer zu dieser parallelen Geraden und insbesondere — da wegen $O^0 = O$ und $0^\sigma = 0$ der Punkt O festbleibt — die Punkte einer Geraden durch O wieder in Punkte derselben Geraden über. Daraus folgt nun, daß $\bar{\sigma}$ im Falle $0 \neq \sigma \in \boldsymbol{K}(\mathfrak{A})$ — wie im folgenden gezeigt wird — eine umkehrbare Abbildung von $\mathfrak{P}$ auf sich, also nach Satz 9 von S. 12 eine Kollineation und somit eine (O, ω)-Kollineation ist. Wegen $\sigma \neq 0$ gibt es nämlich Punkte $P' \neq O$ und P mit $P^{\bar{\sigma}} = P'$, und für einen Punkt $Q' \notin OP'$ folgt dann $Q^{\bar{\sigma}} = Q'$ für $Q = (P'Q' \cap \omega)P \cap OQ'$; Benutzung von Q' an Stelle von P' zeigt schließlich, daß auch jeder Punkt von OP' Bildpunkt ist. Aus $P^{\bar{\sigma}} = O \neq P$ würde für $Q \notin OP$ sofort $Q^{\bar{\sigma}} = (PQ \cap \omega)O \cap OQ = O$ und weiter — mit Q an Stelle von P — auch $R^{\bar{\sigma}} = O$ für $R \in OP$ folgen, im Gegensatz zu der Existenz eines Bildpunktes $\neq O$. Ist schließlich $P_i^{\bar{\sigma}} = P' \neq O$ ($i = 1, 2$), so nimmt man einen Punkt $Q \notin OP'$, für den dann nach dem schon Bewiesenen $Q^{\bar{\sigma}} \neq O$, also $\notin OP'$ ist, und erhält $QP_1 \parallel Q^{\bar{\sigma}}P' \parallel QP_2$, daraus $QP_1 = QP_2$ und weiter $P_1 = OP' \cap QP_1 = OP' \cap QP_2 = P_2$.

    Nach dem eben Bewiesenen gehören die $\bar{\sigma}$ mit $0 \neq \sigma \in \boldsymbol{K}(\mathfrak{A})$ also sämtlich zur Gruppe der (O, ω)-Kollineationen, der *Streckungsgruppe*

$\mathfrak{S}_0$ mit Zentrum O, und genügen daher wegen der beim Beweis des Satzes 47 von S. 104 ausgeführten Überlegungen[1] der Gleichung

$$(7) \qquad (x, y)^{\bar{\sigma}} = (x\, a, y\, a)$$

mit $1^{\bar{\sigma}} = a$ und

$$(8) \qquad (r\, s)\, a = r\,(s\, a) \quad \textit{für alle} \quad r, s \in \mathfrak{R}.$$

Gilt umgekehrt $\bar{\sigma} \in \mathfrak{S}_0$, so hat man $O^{\bar{\sigma}} = O$ und daher nach (6) $O^{\bar{\sigma}^{-1}\tau\bar{\sigma}} = O^{\tau^{\sigma}}$ für alle $\tau \in \mathfrak{T}$. Da nach einer Bemerkung von S. 67 $\bar{\sigma}^{-1}\tau\bar{\sigma}$ eine Translation mit demselben Zentrum wie τ ist, ergibt sich aus der eben hergeleiteten Gleichung $\bar{\sigma}^{-1}\tau\bar{\sigma} = \tau^{\sigma}$ und weiter $\mathfrak{X}^{\sigma} \subseteq \mathfrak{X}$ für $\mathfrak{X} \in \mathsf{K}$. Wegen $\bar{\sigma}^{-1}(\tau_1 + \tau_2)\bar{\sigma} = \bar{\sigma}^{-1}\tau_1\tau_2\bar{\sigma} = \bar{\sigma}^{-1}\tau_1\bar{\sigma}\bar{\sigma}^{-1}\tau_2\bar{\sigma}$ ist damit σ als Element von $\mathbf{K}(\mathfrak{A})$ erkannt. Aus

$$(\bar{\sigma}_1\bar{\sigma}_2)^{-1}\tau\bar{\sigma}_1\bar{\sigma}_2 = \bar{\sigma}_2^{-1}\bar{\sigma}_1^{-1}\tau\bar{\sigma}_1\bar{\sigma}_2 = \bar{\sigma}_2^{-1}\tau^{\sigma_1}\bar{\sigma}_2 = \tau^{\sigma_1\sigma_2}$$

und der eindeutigen Bestimmtheit von $\bar{\sigma}$ durch σ in (6) folgt die für $\sigma_1 = 0$ oder $\sigma_2 = 0$ selbstverständlich ebenfalls richtige Gleichung $\overline{\sigma_1\sigma_2} = \bar{\sigma}_1\bar{\sigma}_2$, d.h. die Abbildung $\sigma \to \bar{\sigma}$ ist hinsichtlich der Multiplikation ein Isomorphismus. Man hat daher als erstes Ergebnis [**6**]:

4. *Der Kern einer Translationsebene ist ein Schiefkörper, dessen multiplikative Gruppe zu jeder Streckungsgruppe isomorph ist.*

Es taucht nun zur Vervollständigung der Koordinatendarstellung (7) die Frage auf, welche Bedingung außer (8) der Wert a erfüllen muß, damit durch (7) und (6) ein $\sigma \in \mathbf{K}(\mathfrak{A})$ erklärt wird. $a = 0$ liefert natürlich $\sigma = 0$ und darf daher im folgenden außer Betracht bleiben. Es ist also nur noch festzustellen, wann durch (7) mit $a \neq 0$ und (8) eine Streckung $\bar{\sigma}$ erklärt wird. Notwendig und hinreichend dafür, daß (7) dann überhaupt eine Kollineation liefert, ist offenbar die folgende Bedingung: Zu u, v gibt es u', v' mit

$$(9) \qquad (u\, x + v)\, a = u'(x\, a) + v'$$

für alle x, wobei u' nur von u und nicht mehr von v abhängt. Mit $x = 0$ gibt (9) $v' = v\, a$ und mit $v = 0$, $x = 1$ dann $u = u'$, so daß sich schließlich aus (9) mit $x = 1$

$$(10) \qquad (u + v)\, a = u\, a + v\, a \quad \textit{für alle} \quad u, v \in \mathfrak{R}$$

ergibt. Mit $u' = u$, $v' = v\, a$ folgt wegen (8) aus (10) wieder (9). Da nun für eine Kollineation $\bar{\sigma}$ aus (7) folgt, daß $O = (0, 0)$ der einzige Fixpunkt in $\mathfrak{A}$ und — wegen $u = u'$ — jede Gerade durch O Fixgerade ist, stellt (10) bereits die gesuchte, (8) ergänzende Bedingung dar. Die Menge der

---

[1] Statt der (O, UV)-Transitivität hat man jetzt lediglich die Voraussetzung, daß es eine (O, UV)-Kollineation gibt, welche 1 in a überführt — und mehr wurde an der angegebenen Stelle auch nicht benutzt.

Elemente a mit (8) und (10) wird als der *Kern* $\Re_0$ *des Quasikörpers* $\Re$ bezeichnet[1]. $\sigma \to 1^{\bar{\sigma}}$ ist nun eine umkehrbare Abbildung von $K(\mathfrak{A})$ auf $\Re_0$. Sie ist sogar ein Isomorphismus des Schiefkörpers $K(\mathfrak{A})$ in den Quasikörper $\Re$. Denn mit $1^{\bar{\sigma}'} = a'$ folgt wegen (7)

$$1^{\overline{\bar{\sigma}'\bar{\sigma}}} = 1^{\bar{\sigma}'\bar{\sigma}} = (1\,a')\,a = 1^{\bar{\sigma}'}\,1^{\bar{\sigma}},$$

und mit $O^{\tau} = 1$ ist $O^{\tau\sigma'} = 1^{\bar{\sigma}'}$ und daher

$$1^{\overline{\sigma + \sigma'}} = (O^{\tau\sigma})^{\tau\sigma'} = a^{\tau\sigma'} = 1^{\bar{\sigma}} + 1^{\bar{\sigma}'}.$$

Es ergibt sich somit [6]:

5. *Der Kern eines Ternärkörpers einer Translationsebene ist ein zum Kern der Translationsebene isomorpher Schiefkörper.*

Offenbar gilt $\Re = \Re_0$ genau dann, wenn $\Re$ ein Schiefkörper, also $\mathfrak{A}$ desarguessch ist. Setzt man $\tau \cdot \sigma = \tau^{\sigma}$ $(\tau \in \mathfrak{T},\ \sigma \in K(\mathfrak{A}))$ sowie $r \cdot a = r\,a$ $(r \in \Re,\ a \in \Re_0)$, so zeigen (5), (8), (10), daß mit den so erklärten Verknüpfungen $\mathfrak{T}$ sowie jedes Element von K Vektorraum über $K(\mathfrak{A})$ und $\Re$ Vektorraum über $\Re_0$ ist. Man erkennt nun sofort, daß der Satz 3 von S. 201 auch bestehen bleibt, wenn darin die Elemente der Kongruenz in dem eben erläuterten Sinn als Vektorräume über dem Kern aufgefaßt werden. Eine weitergehende Aussage zeigt man am bequemsten an dem Element $\mathfrak{T}_V$: $\tau \to O^{\tau} = y$ ist offenbar eine umkehrbare Abbildung von $\mathfrak{T}_V$ auf $\Re$, die wegen

$$O^{\tau_1 + \tau_2} = (O^{\tau_1})^{\tau_2} = y_1^{\tau_2} = y_1 + y_2 \qquad (O^{\tau_i} = y_i)$$

ein Isomorphismus hinsichtlich der Addition ist. Aus (5) und (7) ergibt sich nun $O^{\tau\sigma} = y^{\bar{\sigma}} = y\,1^{\bar{\sigma}}$ für $\sigma \in K(\mathfrak{A})$, d.h. aus $\tau \to y$ folgt $\tau \cdot \sigma \to y \cdot 1^{\bar{\sigma}}$. Identifiziert man also die Elemente von $K(\mathfrak{A})$ mit denen von $\Re_0$ gemäß dem Isomorphismus $\sigma \to 1^{\bar{\sigma}}$, so sind $\mathfrak{T}_V$ und $\Re$ als Vektorräume über $\Re_0$ isomorph. Man hat also — da ja die Ternärkörper einer affinen Ebene $\mathfrak{E}_\omega$ nur bezüglich solcher Quadrupel O, U, V, E mit $UV = \omega$ gebildet werden — das Ergebnis [6]:

6. *Die Kerne zweier Ternärkörper einer Translationsebene lassen sich gemäß einem Isomorphismus so identifizieren, daß die additiven Gruppen der Ternärkörper als Vektorräume über dem Kern betrachtet isomorph sind.*

Während — wie sich auf S. 208 herausstellen wird — bei ein und derselben Translationsebene verschiedene nichtisomorphe Ternärkörper vorkommen können, hat man also im Kern des Ternärkörpers und in der additiven Gruppe $\Re^+$ des Ternärkörpers als Vektorraum über dem

---

[1] Offensichtlich stimmt diese Definition für einen Alternativkörper mit der auf S. 164 gegebenen überein.

Kern zwei algebraische Strukturen angegeben, welche der Translationsebene bis auf Isomorphie eindeutig zugeordnet sind. Diese beiden bestimmen — bis auf Isomorphie — einmal nach Satz 4 von S. 203 die
Streckungsgruppen, zum andern aber auch die Translationsgruppe;
denn nach (2) und (4) ist $\mathfrak{T}$ als Vektorraum die direkte Summe je zweier
verschiedener Elemente[1] von K und somit — bei der oben angegebenen
Identifizierung — isomorph zur direkten Summe von $\mathfrak{K}^+$ mit sich selbst.
Die Dimension von $\mathfrak{T}$ als Vektorraum über dem Kern ist also im Falle
ihrer Endlichkeit gerade. Da die Translationsebene $\mathfrak{A}$ genau dann
desarguessch ist, wenn $\mathfrak{K}=\mathfrak{K}_0$ gilt, also $\mathfrak{K}^+$ die Dimension 1 und damit
$\mathfrak{T}$ die Dimension 2 hat, kann man die desarguesschen affinen Ebenen
auch als diejenigen Translationsebenen beschreiben, deren Translationsgruppen über dem Kern die Dimension 2 haben. Das trifft übrigens
für eine Translationsebene genau dann zu, wenn deren Kongruenz aus
den sämtlichen eindimensionalen Untervektorräumen der Translationsgruppe über dem Kern besteht [6]; denn hat $\mathfrak{K}^+$ und damit jedes $\mathfrak{X} \in \mathsf{K}$
die Dimension 1, so folgt aus (3) $\tau \cdot K(\mathfrak{A}) \in \mathsf{K}$ für $0 \neq \tau \in \mathfrak{T}$, und ist
umgekehrt ein $\mathfrak{X} \in \mathsf{K}$ eindimensional, so auch $\mathfrak{K}^+$.

Da $\mathfrak{T}$ Vektorraum über dem Kern $K(\mathfrak{A})$ ist, ergibt sich noch der
Satz [**131**] (folgt wie Satz 1, S. 199 auch aus Satz 31, S. 91):

*7. Jedes vom neutralen verschiedene Element der Translationsgruppe
einer Translationsebene hat dieselbe Ordnung; diese ist — falls endlich —
eine Primzahl und gleich der Charakteristik des Kerns.*

Die Charakteristik p des Kerns wird auch als die *Charakteristik der
Translationsebene* bezeichnet. Offenbar läßt sie sich — falls >0 — auch
dadurch beschreiben, daß das p-fache jedes Elementes eines Ternärkörpers stets gleich 0 ist. Man bezeichnet p daher auch als die Charakteristik jedes Ternärkörpers[2].

Ist $\mathfrak{L}$ ein Unterschiefkörper von $K(\mathfrak{A})$, so kann man $\mathfrak{T}$ natürlich
auch als Vektorraum über $\mathfrak{L}$ betrachten. Bei Endlichkeit der Dimension von $\mathfrak{T}$ über $\mathfrak{L}$ muß diese wieder eine gerade Zahl $2n$ sein. Die
Elemente von K kann man dann in der üblichen Weise[3] als $(n-1)$-
dimensionale Unterräume des $(2n-1)$-dimensionalen projektiven Raumes $\Pi^{(2n-1)}$ über dem Schiefkörper $\mathfrak{L}$ deuten. Man erkennt leicht, daß
sich dann der Begriff der Kongruenz so beschreiben läßt [6]: *Eine
Menge $(n-1)$-dimensionaler linearer Unterräume des $\Pi^{(2n-1)}$, von denen
durch jeden Punkt des $\Pi^{(2n-1)}$ genau einer hindurch geht.* Im einfachsten
nichttrivialen Fall $n=2$ erhält man so mit $\mathfrak{L}$ als dem Körper der reellen

---

[1] Das heißt Basen zweier verschiedener Elemente von K bilden zusammen
eine Basis von $\mathfrak{T}$.

[2] Das ist offenbar in Übereinstimmung mit der Definition der Charakteristik
eines Alternativkörpers auf S. 164.

[3] Siehe etwa [**24, 167**].

Zahlen die bekannte Liesche Darstellung der komplexen Ebene, d.h. einer Translationsebene über dem Körper der komplexen Zahlen, durch eine *elliptische Geradenkongruenz* (Menge aller Geraden des reellen dreidimensionalen projektiven Raumes, die ein Paar windschiefer konjugiert-komplexer imaginärer Geraden treffen)[1]. Aus diesem Zusammenhang erklärt sich die Wahl des Namens „Kongruenz". Die Geraden einer elliptischen Geradenkongruenz lassen sich nun mit Ausnahme zweier Geraden auf zueinander fremde Regelscharen verteilen[1]. Die elliptische Geradenkongruenz bleibt dann offenbar in dem hier verwandten Sinn des Wortes eine Kongruenz, wenn man einige, aber nicht alle dieser Regelscharen durch die konjugierten Regelscharen[2] ersetzt. Auf diese Weise gewinnt man aus der komplexen Ebene andere, und zwar nicht-desarguessche Ebenen. Dieses Verfahren läßt sich dahingehend verallgemeinern, daß man von einer Translationsebene über einem Körper $\Re$ ausgeht [6], der eine endliche Gruppe $\mathfrak{G} \neq \{1\}$ von Automorphismen besitzt. $\mathfrak{L}$ sei der Unterkörper der x mit $x^\gamma = x$ für alle $\gamma \in \mathfrak{G}$. Wie üblich wird $\prod\limits_{\gamma \in \mathfrak{G}} x^\gamma$ als die *Norm* $N(x)$ von x bezeichnet, so daß also stets $N(x) \in \mathfrak{L}$ gilt. Jedem $x \in \mathfrak{L}$ wird nun ein γ_x so zugeordnet, daß $\gamma_0 = \gamma_1 = 1$ gilt und ein $d \in \Re$ mit $\gamma_{N(d)} \neq 1$ vorhanden ist. Als neue Translationsebene tritt dann diejenige über dem Quasikörper $\Re^\circ$ auf, dessen additive Gruppe mit der von $\Re$ übereinstimmt, während seine Multiplikation $\circ$ durch

$$(11) \qquad\qquad a \circ b = a \, b^{\gamma_{N(a)}}$$

erklärt wird[3]. Daß durch diese Multiplikation die additive Gruppe $\Re^+$ von $\Re$ zu einer Doppel-Loop mit rechtsdistributivem Gesetz wird, ist leicht zu sehen; man hat nur zu beachten, daß aus $a \, b^{\gamma_{N(a)}} = c$ die Gleichung $N(a) N(b) = N(c)$ folgt. Es bleibt also zur Feststellung der Quasikörpereigenschaft nur noch (3.10) für die Multiplikation $\circ$ nachzuweisen: $x \to -a \circ x + b \circ x$ ist im Falle $a \neq b$ wegen der für $\circ$ geltenden Beziehung (3.9) ein umkehrbarer Endomorphismus von $\Re^+$ als Vektorraum über $\mathfrak{L}$ und daher ein Automorphismus, weil ja nach der Galois-Theorie die Dimension dieses Vektorraumes gleich der Ordnung von $\mathfrak{G}$ und somit endlich ist. Wäre $\Re^\circ$ sogar ein distributiver Quasikörper, so müßte $(1 + d) \circ x = x + d \circ x$, also mit $\gamma = \gamma_{N(1+d)}$

$$(1 + d) \, x^\gamma = x + d \, x^{\gamma_{N(d)}}$$

und daher

$$x^\gamma = (x + d \, x^{\gamma_{N(d)}}) \, (1 + d)^{-1}$$

---

[1] Siehe etwa [**211**].

[2] Die zwei Regelscharen auf ein und derselben Quadrik werden als *zueinander konjugiert* bezeichnet.

[3] Die so entstehenden Quasikörper und die über ihnen gebildeten Ebenen werden nach André benannt (siehe Hughes, Piper [1973]); für $\Re = GF(9)$ ist $\Re^\circ$ gerade der auf S. 95 angegebene Quasikörper.

für alle x sein, weil ja wegen $\gamma_{N(d)} \neq 1$ insbesondere $d \neq -1$ gilt. Wegen $(x^2)^\gamma = (x^\gamma)^2$ würde man nun weiter daraus

$$(x + d\, x^{\gamma N(d)})^2 = (1 + d)\left(x^2 + d(x^{\gamma N(d)})^2\right)$$

und schließlich $(x^{\gamma N(d)} - x)^2 = 0$ im Widerspruch zu $\gamma_{N(d)} \neq 1$ erhalten.

Nach dem eben beschriebenen Verfahren kann man nun auch einen nichtdistributiven Quasikörper der Charakteristik 2 und damit eine nichtdesarguessche Translationsebene der Charakteristik 2 angeben. Man nimmt für $\mathfrak{K}$ das Galois-Feld aus 16 Elementen und für $\mathfrak{L}$ das darin enthaltene Galois-Feld aus 4 Elementen, so daß man $d \in \mathfrak{K} - \mathfrak{L}$ mit $d^2 + d = a \in \mathfrak{L} - \{0, 1\}$ und daher $a^2 + a + 1 = 0$ finden kann. Wird dann für $\mathfrak{G}$ die Gruppe der Automorphismen von $\mathfrak{K}$ bezüglich $\mathfrak{L}$ genommen, so ist $N(d) = d^2 + d \neq 1$, und man erfüllt daher die Voraussetzungen des Verfahrens, wenn man für γ_{d^2+d} das einzige von 1 verschiedene Element $\in \mathfrak{G}$ nimmt, $\gamma_0 = \gamma_1 = 1$ setzt und schließlich γ_{d^2+d+1} ganz beliebig wählt. Nun ist

$$d^4 + d + 1 = (d^2 + d)^2 + (d^2 + d) + 1 = 0,$$

daher $d^3, d^5 \neq 1$, somit d erzeugendes Element der multiplikativen Gruppe von $\mathfrak{K}$, und weiter $d^{\gamma_{d^2+d}} = d^4$. Je nachdem nun $\gamma_{d^2+d+1} = 1$ oder $\neq 1$ ist, beschreibt sich daher die Multiplikation $\circ$ der Elemente $\neq 0$ durch[1]

$$(12) \qquad d^i \circ d^k = \begin{cases} d^{i+k} & \textit{für} \quad i \not\equiv 1 \mod 3 \\ d^{i+4k} & \textit{für} \quad i \equiv 1 \mod 3 \end{cases}$$

oder durch

$$(12') \qquad d^i \circ d^k = \begin{cases} d^{i+k} & \textit{für} \quad i \equiv 0 \mod 3 \\ d^{i+4k} & \textit{für} \quad i \not\equiv 0 \mod 3. \end{cases}$$

Da aus (12) sowohl wie aus (12') $d \circ d = d^5 \in \mathfrak{L}$, jedoch $d^2 \circ d^2 \neq d^5$ folgt, läßt sich keiner der beiden Quasikörper nach dem auf S. 96 geschilderten Verfahren herstellen, welches natürlich — mit $p = 2$ — ebenfalls nichtdistributive Quasikörper der Charakteristik 2 liefert (vgl. auch **12.3**).

8.3. Die Kollineationsgruppe.

Es sei $\mathfrak{A} = \mathfrak{E}_\omega$ eine Translationsebene. Gibt es eine Kollineation σ von $\mathfrak{E}$, welche ω nicht als Fixgerade besitzt, so ist $\mathfrak{E}$ auch $(\omega^\sigma, \omega^\sigma)$-transitiv und nach Satz 12 von S. 68 daher (ξ, ξ)-transitiv für alle Geraden ξ durch $\omega \cap \omega^\sigma$. Nach Satz 2 von S. 188 ist dann $\mathfrak{E}$ also sogar eine Moufang-Ebene. Die Bestimmung der Kollineationsgruppe von $\mathfrak{E}$ läßt sich daher zurückführen auf die Bestimmung der Kollineationsgruppe von $\mathfrak{A}$ und die Betrachtung des Sonderfalles der Moufang-Ebenen. Im folgenden werden lediglich die Kollineationen von $\mathfrak{A}$ betrachtet.

---

[1] (12) stellt gerade die in [**122**] verwandte Multiplikation dar; dort ist d^2 an Stelle von d als erzeugendes Element benutzt.

Es gibt Translationsebenen $\mathfrak{A} = \mathfrak{E}_\omega$, bei welchen die Kollineationsgruppe nicht transitiv ist hinsichtlich der nichtausgearteten Punktquadrupel O, U, V, E mit $UV = \omega$. Nach Satz 24 von S. 37 braucht man zum Nachweis dieser Behauptung nur eine Translationsebene mit zwei nichtisomorphen Ternärkörpern anzugeben. Dies kann man sogar noch mit der Verschärfung erreichen, daß die Ternärkörper distributive Quasikörper sind. Man bildet zu diesem Zweck für einen Körper $\mathfrak{L}$, der ein Element $c \neq 0, 1$ enthält, die Menge $\mathfrak{K}$ derjenigen Abbildungen σ des Ringes der ganzen Zahlen in den Körper $\mathfrak{L}$, denen ganze Zahlen n_σ mit $i^\sigma = 0$ für $i < n_\sigma$, $n_\sigma^\sigma \neq 0$ zugeordnet sind, zusammen mit der durch $i^0 = 0$ ($\in \mathfrak{L}$) für alle ganzen Zahlen i erklärten Abbildung 0. In $\mathfrak{K}$ definiert man nun eine Addition $+$ und eine Multiplikation $\circ$ durch $i^{\alpha + \beta} = i^\alpha + i^\beta$, $i^{\alpha \circ \beta} = \sum_{j+k=i} j^\alpha k^\beta c_{jk}$ mit $c_{12} = c_{21} = c$ und $c_{ik} = 1$ sonst, und erkennt dann leicht, daß $\mathfrak{K}$ dadurch zu einem kommutativen distributiven Quasikörper wird [50][1]. Die Nichtassoziativität folgt mit $i^\varepsilon = 0$ ($i \neq 1$), $1^\varepsilon = 1$ aus[2] $\varepsilon \circ (\varepsilon \circ \varepsilon^2) \neq \varepsilon^2 \circ \varepsilon^2$. Man bildet nun die Translationsebene $\mathfrak{A}$ über $\mathfrak{K}$, wobei die Punkte O, U, V, E so gewählt seien, daß $\mathfrak{A}$ bezüglich O, U, V, E einen zu $\mathfrak{K}$ isomorphen Ternärkörper besitzt. Ersetzt man jetzt E durch irgendeinen von V und $EV \cap OU$ verschiedenen Punkt $E' \in VE$, so ist nach (2.22)[3] die multiplikative Loop des Ternärkörpers bezüglich O, U, V, E' ein Isotop der im Satz 6 von S. 49 betrachteten Art zur multiplikativen Loop von $\mathfrak{K}$, und man erhält auf diese Art alle derartigen Isotope. Wären nun alle Ternärkörper bezüglich O, U, V, E' isomorph zu $\mathfrak{K}$, so müßte nach Satz 6 von S. 49 $\mathfrak{K}$ assoziativ sein.

Allgemein gilt für die Kollineationen [6]:

8. *Ordnet man jeder Kollineation σ einer Translationsebene $\mathfrak{A}$ die Abbildung $\tau \to \sigma^{-1} \tau \sigma$ der Translationsgruppe $\mathfrak{T}$ von $\mathfrak{A}$ zu, so wird dadurch die Kollineationsgruppe von $\mathfrak{A}$ homomorph und die Untergruppe der ein und denselben Punkt festlassenden Kollineationen isomorph abgebildet auf die Gruppe derjenigen Automorphismen von $\mathfrak{T}$ auf sich, welche die der Translationsebene zugeordnete Kongruenz K in sich überführen; diese Automorphismen sind halblineare Abbildungen von $\mathfrak{T}$ als Vektorraum über dem Kern.*

Beweis. Wegen $\sigma_2^{-1} (\sigma_1^{-1} \tau \sigma_1) \sigma_2 = (\sigma_1 \sigma_2)^{-1} \tau (\sigma_1 \sigma_2)$ ist die angegebene Zuordnung wirklich ein Homomorphismus. Der Einfachheit halber wird die Abbildung $\tau \to \sigma^{-1} \tau \sigma$ wieder als σ bezeichnet, so daß also $\sigma^{-1} \tau \sigma = \tau^\sigma$ ist. Nach S. 66 gilt dann $\mathfrak{T}_C^\sigma = \mathfrak{T}_{C\sigma}$, so daß σ wirklich K in

---

[1] Endliche nichtassoziative kommutative distributive Quasikörper siehe [66].

[2] Demnach erfüllt $\mathfrak{K}$ weder die Links- noch die Rechtsinversbedingung.

[3] Man beachte, daß man bei Anwendung dieser Gleichung auf die Multiplikation nach S. 39 V, W, O, O' durch O, V, E, E' zu ersetzen hat.

sich überführt. Man hat weiter

$$(\tau_1 + \tau_2)^\sigma = \sigma^{-1} \tau_1 \tau_2 \sigma = \sigma^{-1} \tau_1 \sigma \, \sigma^{-1} \tau_2 \sigma = \tau_1^\sigma + \tau_2^\sigma.$$

Liegt ϱ im Kern $\boldsymbol{K}(\mathfrak{A})$, ist also $\mathfrak{T}_C^\varrho = \mathfrak{T}_C$ für alle $C \in \omega$, so folgt $\mathfrak{T}_C^{\sigma^{-1}\varrho\sigma} = \mathfrak{T}_{C\sigma^{-1}}^{\varrho\sigma} = \mathfrak{T}_{C\sigma^{-1}}^\sigma = \mathfrak{T}_C$, d.h. $\sigma^{-1}\varrho\,\sigma \in \boldsymbol{K}(\mathfrak{A})$. Daher gilt

$$(\tau \cdot \varrho)^\sigma = \tau^{\varrho\sigma} = \tau^{\sigma\sigma^{-1}\varrho\sigma} = \tau^\sigma \cdot (\sigma^{-1}\varrho\,\sigma).$$

$\varrho \to \sigma^{-1}\varrho\,\sigma$ ist nun offensichtlich ein Automorphismus von $\boldsymbol{K}(\mathfrak{A})$ und daher σ eine halblineare Abbildung[1] von $\mathfrak{T}$ als Vektorraum über $\boldsymbol{K}(\mathfrak{A})$. Man braucht jetzt nur noch zu zeigen, daß sich bei vorgegebenem Punkt O zu jedem Automorphismus σ von $\mathfrak{T}$, welcher K in sich überführt, genau eine Kollineation $\bar\sigma$ mit $O^{\bar\sigma} = O$ und $\bar\sigma^{-1}\tau\bar\sigma = \tau^\sigma$ für alle $\tau \in \mathfrak{T}$ angeben läßt. Die zuletzt genannten Bedingungen sind offensichtlich erfüllt, wenn $\bar\sigma$ unter Beachtung der umkehrbaren Abbildung $\tau \to O^\tau$ durch (6) erklärt wird. $\bar\sigma$ ist dann eine umkehrbare Abbildung der Menge aller Punkte von $\mathfrak{A}$ auf sich, da σ eine umkehrbare Abbildung von $\mathfrak{T}$ auf sich ist. Bei $\tau \to O^\tau$ werden nun die Nebenklassen $\mathfrak{X} + \tau$ mit $\mathfrak{X} \in \mathsf{K}$ eineindeutig den sämtlichen Geraden von $\mathfrak{A}$ zugeordnet. Wegen $(\mathfrak{X} + \tau)^\sigma = \mathfrak{X}^\sigma + \tau^\sigma$ und $\mathfrak{X}^\sigma \in \mathsf{K}$ werden daher durch $\bar\sigma$ die Punkte einer Geraden stets wieder in die Punkte einer Geraden übergeführt, so daß nach Satz 9 von S. 12 $\bar\sigma$ tatsächlich eine Kollineation von $\mathfrak{A}$ ist. Da aus $\bar\sigma^{-1}\tau\bar\sigma = \tau^\sigma$ und $O^{\bar\sigma} = O$ aber auch (6) folgt, erfüllt auch nur die eben angegebene Kollineation die gestellten Anforderungen.

Ersetzt man jeweils die Translation τ durch das Koordinatenpaar (x, y) von O^τ, was nach S. 204/05 ein Isomorphismus von $\mathfrak{T}$ auf die direkte Summe von $\mathfrak{K}^+$ mit sich selbst ist, so erkennt man aus dem eben Bewiesenen, daß die Kollineationen von $\mathfrak{A}$ mit den Fixpunkten O, U, V, E durch

$$(13) \qquad\qquad (x, y) \to (x^\varphi, y^\varphi)$$

wiedergegeben werden, wobei φ ein Automorphismus von $\mathfrak{K}^+$ mit $1^\varphi = 1$ ist. Nun wird bei festem Wert z die aus den Punkten (x, zx) bestehende Gerade bei der Abbildung (13) in eine Gerade aus Punkten (x', y') übergeführt, für die mit einem festen Wert z' die Gleichung $y' = z'x'$ gilt. Man hat also nach (13) $(zx)^\varphi = z'x^\varphi$, woraus sich mit $x = 1$ die Gleichung $z^\varphi = z'$ und daher weiter $(zx)^\varphi = z^\varphi x^\varphi$ ergibt: φ ist ein Automorphismus von $\mathfrak{K}$. Da offenbar (13) für jeden Automorphismus φ von $\mathfrak{K}$ eine Kollineation von $\mathfrak{A}$ mit Fixpunkten O, U, V, E ist, hat man somit den Satz [8]:

9. *Die Automorphismengruppe des Ternärkörpers einer Translationsebene $\mathfrak{A}$ bezüglich O, U, V, E ist isomorph zur Gruppe der Kollineationen von $\mathfrak{A}$ mit Fixpunkten O, U, V, E.*

---

[1] Vgl. die Definition auf S. 111.

Ist $\mathfrak{A}$ desarguessch, so enthält K jeden von $\{0\}$ und $\mathfrak{T}$ verschiedenen Unterraum von $\mathfrak{T}$, so daß bei dem in Satz 8 hergestellten Isomorphismus sämtliche umkehrbaren halblinearen Abbildungen auftreten. Man erhält somit ·gerade wieder die Darstellung (4.9), jetzt allerdings mit einem beliebigen Automorphismus φ von $\mathfrak{K}$, wenn man noch $\tau \to O^\tau$ verwendet und beachtet, daß — wie leicht zu sehen ist — in einer Translationsebene jede Kollineation in der Form $\bar{\sigma}\tau$ mit $O^{\bar{\sigma}} = O$ dargestellt werden kann. Aus Kommutativität und Transitivität der Transitionsgruppe ergibt sich:

10. *In einer Translationsebene $\mathfrak{A}$ ist eine mit jeder Translation vertauschbare Abbildung φ von $\mathfrak{A}$ in sich wieder eine Translation.*

Beweis. Nach Wahl von O gibt es zu jedem Punkt X ein $\tau \in \mathfrak{T}$ mit $X = O^\tau$ und insbesondere $\tau_0 \in \mathfrak{T}$ mit $O^\varphi = O^{\tau_0}$. Daraus folgt $X^\varphi = O^{\tau\varphi} = O^{\varphi\tau} = O^{\tau_0\tau} = O^{\tau\tau_0} = X^{\tau_0}$, also $\varphi = \tau_0$.

Nach Satz 8 wird jeder Kollineation von $\mathfrak{A}$ eindeutig ein Automorphismus des Kerns zugeordnet, und nach dem auf S. 111 über die Multiplikation halblinearer Abbildungen Gesagten ist diese Zuordnung ein Homomorphismus. In einer desarguesschen Ebene sind nach Satz 14 von S. 116 diejenigen Kollineationen, welchen auf diese Weise der identische Automorphismus entspricht, gerade die Produkte von zentralen Kollineationen mit Zentrum auf ω. Ohne den Desarguesschen Satz läßt sich lediglich zeigen [6]:

11. *Ist $\mathfrak{E}_\omega$ Translationsebene, so gehört zu jedem Produkt von zentralen Kollineationen von $\mathfrak{E}$ mit Zentrum auf ω der identische Automorphismus des Kerns von $\mathfrak{E}_\omega$.*

Beweis. Für die Translationen ist die Behauptung klar, da diesen ja die identische Abbildung von $\mathfrak{T}$ zugeordnet wird. Liegt aber nun andererseits eine (C', CO)-Kollineation $\bar{\sigma}$ mit $C, C' \in \omega$, $O \notin \omega$ vor, so sei τ eine nichtidentische Translation mit Zentrum C. Für $\varrho \in \boldsymbol{K}(\mathfrak{A})$ gilt dann auch $\tau \cdot \varrho \in \mathfrak{T}_C$, so daß $(O^{\tau\cdot\varrho})^{\bar{\sigma}} = O^{\tau\cdot\varrho}$ neben $(O^\tau)^{\bar{\sigma}} = O^\tau$ besteht. Aus diesen Gleichungen folgt jetzt nach (6) $\tau^{\varrho\sigma} = \tau^\varrho$ und $\tau^\sigma = \tau$, also $\tau \cdot (\sigma^{-1}\varrho\,\sigma) = \tau^{\sigma^{-1}\varrho\sigma} = \tau^{\varrho\sigma} = \tau^\varrho = \tau \cdot \varrho$, und da $\tau \neq 0$ ist, gilt daher $\sigma^{-1}\varrho\,\sigma = \varrho$, d.h. der zu $\bar{\sigma}$ gehörige Automorphismus von $\boldsymbol{K}(\mathfrak{A})$ ist der identische. Da die Zuordnung der Automorphismen zu den Kollineationen ein Homomorphismus ist, hat man damit die Behauptung bewiesen.

8.4. Translationsebenen der Charakteristik $\neq 2$.

Es sei $\mathfrak{A} = \mathfrak{E}_\omega$ eine Translationsebene mit Charakteristik $\neq 2$ und der Translationsgruppe $\mathfrak{T}$. Da jeder Ternärkörper $\mathfrak{K}$ von $\mathfrak{A}$ ein Quasikörper ist und $(1 + 1)^{-1}$ im Kern liegt, ist $x + x = a$ $(a, x \in \mathfrak{K})$ gleichbedeutend mit $x = a(1 + 1)^{-1}$. Beachtet man nun die Isomorphie von $\mathfrak{T}_C$ $(C \in \omega)$ mit der additiven Gruppe von $\mathfrak{K}$ (s. S. 204), so folgt aus

$\tau^2 = 1$, $\tau \in \mathfrak{T}$ sofort $\tau = 1$, und da ferner τ im Fall $\tau^2 \neq 1$ dasselbe Zentrum wie τ^2 haben muß, kann man somit jede Translation auf genau eine Weise in der Form τ^2 darstellen. Durch

$$(14) \qquad (X, Y)^\mu = X^\tau, \qquad X^{\tau^2} = Y$$

wird daher eine Abbildung μ der Menge aller Punktepaare in die Menge der Punkte von $\mathfrak{A}$ erklärt. $(X, Y)^\mu$ heißt der *Mittelpunkt*[1] des Paares (X, Y). Die Abbildung μ genügt nun den folgenden Bedingungen:

$$(15) \qquad (X, Y)^\mu Y = XY \quad oder \quad (X, Y)^\mu = X = Y;$$

$$(16) \qquad zu\ X \neq Z\ gibt\ es\ genau\ einen\ Punkt\ Y\ mit\ (X, Y)^\mu = Z;$$

$$(17) \qquad (X, Y)^\mu = (Y, X)^\mu;$$

$$(18) \qquad (X, Y)^{\mu\pi} = (X^\pi, Y^\pi)^\mu$$

$$\textit{für jede Perspektivität } \pi \textit{ mit Zentrum } \in \omega.$$

Zu (15), (16) ist nach dem bisher Gesagten nichts mehr zu beweisen. Um (17) und (18) nachzuweisen, beachtet man, daß (14) sich mit $Z = (X, Y)^\mu$ auch als $Y = Z^\tau$, $X = Z^{\tau^{-1}}$ schreiben läßt. Damit wird (17) selbstverständlich. Bei (18) ist im Fall $X = Y$ wegen (15) nichts zu beweisen. Bei $X \neq Y$ bestimmt man die Translationen τ' und τ'' durch $Z^{\pi\tau'} = Y^\pi$, $Z^{\tau''} = Z^\pi$, falls π eine Perspektivität mit Zentrum $S \in \omega$ ist. Wegen $\tau'' \in \mathfrak{T}_S$ hat man $(SZ)^{\tau'} = (SZ)^{\tau''\tau'} = (SZ^\pi)^{\tau'} = SY^\pi = SY$, so daß sich wegen $Y^{\tau^{-1}\tau'} = Z^{\tau'}$ die Beziehung $\tau^{-1}\tau' \in \mathfrak{T}_S$ ergibt. Daraus folgt nun $X^{\tau\tau'^{-1}} \in SX = SX^\pi$. Der Punkt $X^{\tau\tau'^{-1}\tau''} = Z^{\tau'^{-1}\tau''} = Z^{\tau''\tau'^{-1}} = Z^{\pi\tau'^{-1}}$ liegt daher auf SX^π sowohl wie auf $(X^\pi Y^\pi)^{\tau'^{-1}} = X^\pi Y^\pi$ und ist daher $= X^\pi$, so daß $X^\pi = Z^{\pi\tau'^{-1}}$ folgt.

Die Bedingungen (15) bis (18) sind nun in der folgenden Weise kennzeichnend für die Bildung des Mittelpunktes in einer Translationsebene [**20**]:

12. *Eine affine Ebene mit einer den Bedingungen* (15) *bis* (18) *genügenden Abbildung μ der Menge der Punktepaare in die Menge der Punkte ist eine Translationsebene mit Charakteristik $\neq 2$, und $(X, Y)^\mu$ ist der Mittelpunkt des Paares (X, Y).*

Beweis. Im Falle $X \neq Y$, $Z = (X, Y)^\mu$ wird ein Punkt $X' \notin XY$ gewählt und $Y' = X'Z \cap (XX' \cap \omega) Y$ gesetzt. Die Perspektivität mit dem Zentrum $XX' \cap \omega$ von $\mathfrak{P}_{XY}$ auf $\mathfrak{P}_{X'Y'}$ zeigt dann nach (18) $Z = (X', Y')^\mu$. Weiter gilt für die Perspektivität π mit Zentrum $X'Y \cap \omega$ von $\mathfrak{P}_{X'Y'}$ auf $\mathfrak{P}_{XY}$ nach (17), (18):

$$(Y, X)^\mu = Z = Z^\pi = (X'^\pi, Y'^\pi)^\mu = (Y, Y'^\pi)^\mu.$$

---

[1] Andere Art der Einführung s. [**74**].

Da nun wegen $X \neq Y$ nach (15) $Z \neq Y$ ist, folgt daraus nach (16) $X = Y'^{\pi}$, d.h. $X'Y \parallel Y'X$. Man gewinnt daher:

$$(19) \quad (X, Y)^{\mu} = \left((X'Y \cap \omega) X \cap (XX' \cap \omega) Y \right) X' \cap XY, \quad \textit{falls} \quad X' \notin XY.$$

Damit ist besonders gezeigt, daß eine affine Ebene höchstens *eine* den Bedingungen (15) bis (18) genügende Abbildung μ besitzen kann und daß diese daher — wenn die Ebene eine Translationsebene ist — die Bildung des Mittelpunktes darstellt; aus der dann geltenden Beziehung (14) ergibt sich noch die Charakteristik als $\neq 2$. Es bleibt also nur noch nachzuweisen, daß eine Translationsebene vorliegt. Zu diesem Zweck werden zunächst einmal die (C, ω)-Spiegelungen, also die involutorischen (C, ω)-Kollineationen, im Falle $C \notin \omega$ untersucht. Ist σ eine solche, so folgt aus $X^{\sigma} = Y$ und $X' \notin XY$ nach (3.1)

$$(X'Y \cap \omega) X \cap CX' = X'^{\sigma} = (X'X \cap \omega) X^{\sigma} \cap CX'$$

und daher aus (19)

$$(20) \qquad\qquad\qquad (X, X^{\sigma})^{\mu} = C.$$

Durch (20) wird nach (15), (16), (17) wirklich eine involutorische und daher umkehrbare Abbildung der Menge aller eigentlichen Punkte auf sich mit dem Fixpunkt C erklärt, so daß es insbesondere höchstens eine (C, ω)-Spiegelung geben kann. Gemäß Satz 9 von S. 12 braucht man jetzt lediglich zu jeder Geraden ξ eine Gerade ξ^{σ} so anzugeben, daß $X \in \xi$ stets $X^{\sigma} \in \xi^{\sigma}$ nach sich zieht. Im Falle $C \in \xi$ kann man offenbar $\xi^{\sigma} = \xi$ setzen. Bei $C \notin \xi$ nimmt man einen Punkt $X_0 \in \xi$ und setzt $\xi^{\sigma} = (\xi \cap \omega) X_0^{\sigma}$; die Perspektivität von $\mathfrak{P}_{CX_0}$ auf $\mathfrak{P}_{CX}$ mit dem Zentrum $\xi \cap \omega$ bildet dann X_0, X_0^{σ}, C im Fall $X \in \xi$ auf $X, \xi^{\sigma} \cap CX, C$ ab, so daß nach (18) und (20) $X^{\sigma} = \xi^{\sigma} \cap CX \in \xi^{\sigma}$ folgt. Da alle Geraden durch C Fixgeraden von σ sind, hat man damit σ als (C, ω)-Spiegelung erkannt. Sie wird im folgenden mit σ_C bezeichnet und *Spiegelung am Punkt C* genannt. Man hat jetzt mit Hilfe dieser Spiegelungen die Translation zu bilden, welche den Punkt A in den Punkt $B \neq A$ überführt. Zu diesem Zweck wird $(A, B)^{\mu} = C$ gesetzt und $\tau = \sigma_A \sigma_C$ gebildet. τ ist natürlich wieder eine zentrale Kollineation mit der Achse ω, und da nach (20) $(A, A^{\sigma_C})^{\mu} = C$ gilt, folgt wegen $A^{\sigma_A} = A$ nach (16) $A^{\tau} = B$. Wird $X \notin AB$ gewählt und ist π die Perspektivität von $\mathfrak{P}_{AX}$ auf $\mathfrak{P}_{CX^{\sigma_A}}$ mit Zentrum $AB \cap \omega$, so folgt nach (18) und (17)

$$(X^{\sigma_A}, X^{\pi})^{\mu} = A^{\pi} = C = (X^{\sigma_A}, X^{\tau})^{\mu}$$

und daraus nach (16) $X^{\pi} = X^{\tau}$, d.h. X und X^{τ} liegen auf einer zu AB parallelen Geraden. Daher ist das Zentrum von τ uneigentlich, d.h. τ ist eine Translation[1].

---

[1] Diese Bildung der Translationen ist in Moufang-Ebenen offenbar dual zu der sich aus Satz 20 von S. 198 ergebenden.

Statt wie eben bei der Herstellung der Translationen die Abbildung μ zu verwenden, kann man sich nach Bildung der Punktspiegelungen auf den folgenden Satz berufen:

13. *Die affine Ebene* $\mathfrak{E}_\omega$ *ist eine Translationsebene mit Charakteristik* $\neq 2$, *wenn es in ihr zu jedem Punkt* $C \notin \omega$ *eine* (C, ω)-*Spiegelung gibt.*

Beweis[1]. Zuerst wird gezeigt, daß $\sigma_P \sigma_Q$ im Falle $P \neq Q$ eine Translation mit dem Zentrum $PQ \cap \omega$ ist. Nach S. 65 handelt es sich bei $\sigma_P \sigma_Q$ jedenfalls um eine (R, ω)-Kollineation mit $R \in PQ$. Aus $R^{\sigma_P \sigma_Q} = R$ ergibt sich auch $R' = R^{\sigma_P}$ als Fixpunkt von $\sigma_P \sigma_Q$, so daß also $R' = R$ oder $R' \in \omega$ sein muß. Bei $R' = R$ ist R Fixpunkt von σ_P und von σ_Q, wegen $P \neq Q$ also $R \in \omega$, und aus $R' \in \omega$ folgt ebenfalls $R \in \omega$. Damit ist $\sigma_P \sigma_Q$ als Translation erkannt. Um jetzt eine Translation zu finden, welche A in B $(\neq A)$ überführt, wählt man einen eigentlichen Punkt $P \notin AB$. Wegen $(AB \cap \omega) P \cap \omega = AB \cap \omega \neq A^{\sigma_P} B \cap \omega$ und $P \notin A^{\sigma_P} B$ wird dann durch $Q = (AB \cap \omega) P \cap A^{\sigma_P} B$ ein eigentlicher Punkt $Q \neq P$ geliefert. Da $\sigma_P \sigma_Q$ eine Translation mit Zentrum $PQ \cap \omega = AB \cap \omega$ ist, hat sie AB als Fixgerade. Wegen $B = AB \cap A^{\sigma_P} Q$ und $A^{\sigma_P \sigma_Q} \in A^{\sigma_P} Q$ ergibt sich daher $A^{\sigma_P \sigma_Q} = B$. Damit ist $\mathfrak{E}_\omega$ als Translationsebene erkannt. Da eine (C, ω)-Spiegelung eine involutorische Streckung ist, gibt es nach Satz 4 von S. 203 im Kern von $\mathfrak{E}_\omega$ ein Element $a \neq 1$ mit $a^2 = 1$, so daß die Charakteristik von 2 verschieden sein muß.

Nach dem eben bewiesenen Satz erkennt man übrigens eine projektive Ebene, in der im Falle $C \notin \gamma$ stets eine (C, γ)-Spiegelung vorhanden ist. als Moufang-Ebene mit Charakteristik $\neq 2$. Zusammen mit Satz 19 von S. 198 (dort auch ohne Satz 7, S. 191 bewiesen) liefert dieses Ergebnis einen neuen Beweis für Satz 7 von S. 191. Ein anderer Beweis (siehe Anhang **7.6**) ergibt sich aus einem entsprechend Satz 12, S. 211, aber ohne (17) gebildeten Satz.

Der Satz vom Schnittpunkt der Seitenhalbierenden eines Dreiecks nimmt in einer Translationsebene mit Charakteristik $\neq 2$ die folgende Gestalt an [**20**]:

Sind A, B, C *nichtkollineare Punkte und* A', B', C' *die Mittelpunkte der Paare* (B, C), (C, A), (A, B), *so gehen bei Charakteristik* $\neq 3$ *die Geraden* AA', BB', CC' *durch einen eigentlichen Punkt, während sie bei Charakteristik* 3 *parallel sind.*

Beweis. Man setzt $O = A$, $U = AB \cap \omega$, $V = AC \cap \omega$, $E = BV \cap CU$, so daß nach (14) B' das Koordinatenpaar $(0, 2^{-1})$ und C' das Koordinatenpaar $(2^{-1}, 0)$ besitzt, während nach (19) $AA' = OE$ ist. Der Punkt mit dem Koordinatenpaar (x, y) liegt nun — wie man leicht nachrechnet — genau dann auf BB', wenn $y = -2^{-1} x + 2^{-1}$, und genau dann auf CC', wenn $y = -2x + 1$ gilt. Diese Gleichungen zusammen

---

[1] Nach brieflicher Mitteilung von Herrn R. Baer.

sind offenbar genau dann nach x auflösbar, wenn $2 \neq 2^{-1}$, also $1+1+1 \neq 0$ ist, und liefern in diesem Fall $x = y$, d.h. $BB' \cap CC' \in AA'$, während sich im Fall $1+1+1 = 0$ wegen $-2^{-1} = -2 = 1$ die Parallelität der Geraden AA', BB', CC' ergibt.

8.5. Translationsebenen über assoziativen Quasikörpern.

Die affine Ebene $\mathfrak{A} = \mathfrak{E}_\omega$ habe bezüglich O, U, V, E (mit $UV = \omega$) den Ternärkörper $\mathfrak{K}$. Gemäß (1.34) gehört zu jeder Geraden α mit $U, V \notin \alpha$ die durch

$$(21) \qquad\qquad x^{\sigma_\alpha} = T(u, x, v)$$

erklärte umkehrbare Abbildung σ_α von $\mathfrak{K}$ auf sich, wobei u, v ($\in \mathfrak{K}$) durch (1.37) bestimmt sind und lediglich der Einschränkung $u \neq 0$ genügen müssen. Nach den Ausführungen von **1.5** genügt die Menge Σ dieser σ_α den Bedingungen (1.31), (1.32), wenn darin $\mathfrak{M}$ durch $\mathfrak{K}$ ersetzt wird. Mittels Σ läßt sich nun sehr einfach der Fall kennzeichnen, daß $\mathfrak{K}$ assoziativer Quasikörper ist [**79**]:

14. *Die für einen Ternärkörper $\mathfrak{K}$ einer affinen Ebene gemäß* (21) *gebildete Menge umkehrbarer Abbildungen von $\mathfrak{K}$ auf sich ist genau dann eine Gruppe, wenn $\mathfrak{K}$ assoziativer Quasikörper ist.*

· Beweis. Ist $\mathfrak{K}$ ein Quasikörper, so hat man nach (21) und **3.4** für $\sigma, \sigma' \in \Sigma$

$$x^\sigma = u\,x + v, \qquad x^{\sigma'} = u'\,x + v'$$

mit passenden $u, u', v, v' \in \mathfrak{K}$ und $u, u' \neq 0$, und daraus folgt mittels des assoziativen Gesetzes der Multiplikation

$$x^{\sigma\sigma'} = u'(u\,x + v) + v' = (u'\,u)\,x + (u'\,v + v')$$

sowie

$$x^{\sigma^{-1}} = u^{-1}\,x + u^{-1}(-v).$$

Damit ist aber bereits die Gruppeneigenschaft von Σ nachgewiesen. Sei jetzt umgekehrt Σ als Gruppe vorausgesetzt und α diejenige Gerade mit $U, V \notin \alpha$, welcher nach (1.37) die Elemente $u, v \in \mathfrak{K}$ mit $u \neq 0$ zugeordnet sind. In Σ liegen nun auch die beiden durch

$$x^\sigma = u\,x, \qquad x^{\sigma'} = x + v$$

erklärten Abbildungen σ, σ'. Zuerst wird der Fall $v \neq 0$ behandelt. Die Abbildung $\tau = \sigma^{-1}\sigma_\alpha \in \Sigma$ besitzt dann wegen (1.42) kein Fixelement, und nach (1.38) ist $O^\tau = v$. Dasselbe gilt aber auch für σ', so daß nach (1.32) — worin σ durch 1 zu ersetzen ist — $\sigma' = \tau$ folgt. Das gilt aber auch noch für $v = 0$, also $\sigma' = 1$; denn man hat dann neben $O^\tau = O$ nach (1.47) $1^\tau = 1$, so daß $\tau = 1$ aus (1.31) folgt. Damit gilt allgemein

$\sigma_\alpha = \sigma\sigma'$, wegen (21) also die Linearitätsbedingung (1.46). Betrachtet man nun die durch

$$(22) \qquad\qquad x^\tau = x + v, \qquad x^{\tau'} = x + v'$$

gegebenen Abbildungen $\tau, \tau' \in \Sigma$ im Falle $v \neq v'$, so hat $\tau^{-1}\tau'$ kein Fixelement, ist also nach (1.32) das einzige Element von Σ, welches v in v' überführt. Das wird aber auch von τ'' mit $x^{\tau''} = x + v''$, $v + v'' = v'$ geleistet, so daß $\tau^{-1}\tau' = \tau''$ und damit $(x + v) + v'' = x + (v + v'')$ für alle x, v, v'' mit $v'' \neq 0$ folgt. Da diese Gleichung für $v'' = 0$ selbstverständlich ist, hat man damit die Assoziativität der Addition gezeigt. Da die in (22) erklärte Abbildung τ kein Fixelement besitzt, gilt dasselbe auch für die mit $\sigma \in \Sigma$ gebildete Abbildung $\tau' = \sigma^{-1}\tau\,\sigma$, welche daher nach (1.32) von der in (22) angegebenen Gestalt ist. Erklärt man σ insbesondere durch

$$(23) \qquad\qquad x^\sigma = u\,x,$$

so folgt $u(x + v) = u\,x + v'$, und da sich mit $x = 0$ daraus $v' = uv$ ergibt, hat man damit das rechtsdistributive Gesetz (3.13) bewiesen, das ja für den hier ausgeschlossenen Fall $u = 0$ selbstverständlich ist. Nimmt man zu σ aus (23) noch eine entsprechend mit u' an Stelle von u erklärte Abbildung $\sigma' \in \Sigma$ hinzu, so folgt aus $\sigma\sigma' \in \Sigma$ das Vorhandensein von $u'', v'' \in \Re$ mit $u'(u\,x) = u''\,x + v''$ für alle x. Die Sonderfälle $x = 0$, $x = 1$ liefern daraus $v'' = 0$ und $u'' = u'u$, so daß damit auch das in den Fällen $u = 0$ oder $u' = 0$ selbstverständliche assoziative Gesetz der Multiplikation bewiesen und $\Re$ als assoziativer Quasikörper erkannt ist.

Bei dem eben durchgeführten Beweis hat man von (1.32) nur die Eindeutigkeitsaussage, nicht dagegen die Existenzforderung benutzt. Man kommt nun tatsächlich bei der Kennzeichnung der hier auftretenden Gruppen Σ mit diesem Teil von (1.32) aus; denn es gilt, wenn Σ im Falle (1.31) als *scharf zweifach transitiv* bezeichnet wird, der Satz [**79**]:

15. *Eine Gruppe von umkehrbaren Abbildungen einer Menge von mindestens zwei Elementen auf sich läßt sich genau dann als nach (21) aus dem Ternärkörper einer affinen Ebene entstanden auffassen, wenn sie scharf zweifach transitiv ist und die fixelementfreien Elemente zusammen mit der identischen Abbildung eine Untergruppe bilden; die zweite Bedingung ist bei endlicher Gruppe überflüssig*[1].

Beweis. Daß eine gemäß (21) aus dem Ternärkörper $\Re$ einer affinen Ebene entstandene Gruppe Σ von umkehrbaren Abbildungen von $\Re$

---

[1] Damit lassen sich die endlichen assoziativen Quasikörper durch scharf zweifach transitive Gruppen beschreiben. Die Behauptung in [**58**, S. 402], daß solche Quasikörper isomorph sind, wenn dies für ihre multiplikativen Gruppen gilt, wurde von LÜNEBURG [1971] widerlegt.

auf sich die genannten Eigenschaften besitzt, folgt sofort aus (1.31) und
(1.32). Sei jetzt umgekehrt eine scharf zweifach transitive Gruppe Σ
von Abbildungen einer Menge $\mathfrak{K}$ auf sich gegeben. Bei endlicher Gruppe
folgt dann die Behauptung sofort aus Satz 23 von S. 32. Im folgenden
sei nun vorausgesetzt, daß die fixelementfreien Elemente von Σ zusammen mit der identischen Abbildung eine Untergruppe bilden. Da
für die fixelementfreien $\tau, \tau' \in \Sigma$ im Falle $x^{\tau\sigma} = x^{\tau'\sigma}$ ($x \in \mathfrak{K}$, $\sigma \in \Sigma$) die
Gleichung $x^{\tau'\tau^{-1}} = x$ und daher $\tau'\tau^{-1} = 1$ folgt, gilt jedenfalls die Eindeutigkeitsaussage von (1.32). Nach Satz 23 von S. 32 braucht man
nun lediglich noch die Existenzforderung von (1.32) zu beweisen. Dazu
wird erst einmal überhaupt ein fixelementfreies $\tau \in \Sigma$ hergestellt. Wegen
der scharf zweifachen Transitivität enthält Σ Elemente der Ordnung 2:
Zu $a \neq b$ gibt es ein $\varphi \in \Sigma$ mit $a^\varphi = b$, $b^\varphi = a$, so daß φ^2 die Fixelemente a, b besitzt und daher $= 1$ ist. Es genügt daher, den Fall zu
betrachten, daß jedes Element der Ordnung 2 ein Fixelement besitzt.
Dann enthält $\mathfrak{K}$ mehr als zwei Elemente, so daß in Σ mindestens zwei
verschiedene Elemente der Ordnung 2 vorkommen. Das Vorhandensein
eines fixelementfreien $\tau \in \Sigma$ ist daher nachgewiesen, wenn aus $\varphi^2 = 1 \neq \varphi$,
$\psi^2 = 1 \neq \psi$ und $a^{\varphi\psi} = a$ die Gleichung $\varphi = \psi$ hergeleitet wird. Zu diesem
Zweck betrachtet man zuerst den Fall $a^\varphi = a = a^\psi$. Für $b \neq a$ gilt dann
$b^\varphi \neq b$, $b^\psi \neq b$. Bestimmt man nun $\varrho \in \Sigma$ durch $b^\varrho = b$, $b^{\varphi\varrho} = b^\psi$, so
vertauscht $\varrho^{-1}\varphi\varrho$ ebenso wie ψ die Elemente b, b^ψ und ist daher $= \psi$.
Daraus folgt $a^{\varrho^{-1}} = a^{\varrho^{-1}\varphi}$, also $a^{\varrho^{-1}} = a$, so daß ϱ die verschiedenen Fix-
elemente a, b besitzt und daher $= 1$ ist. Aus $\varrho^{-1}\varphi\varrho = \psi$ ergibt sich daher
$\varphi = \psi$. Im Falle $a^\varphi \neq a$ folgt $\varphi = \psi$ daraus, daß φ sowie ψ beide die
Elemente a, a^φ vertauschen. Zu der somit gefundenen fixelement-
freien Abbildung $\tau \in \Sigma$ wird nun im Fall $x^\sigma \neq y$ ($x, y \in \mathfrak{K}$; $\sigma \in \Sigma$) ein $\varrho \in \Sigma$
mit $x^\sigma = x$, $x^{\tau\sigma} = y^{\sigma^{-1}}$ gebildet. Die natürlich ebenfalls fixelementfreie
Abbildung $\tau' = \varrho^{-1}\tau\varrho$ erfüllt dann gerade die Forderung $x^{\tau'\sigma} = y$.

Nach Satz 46 von S. 103 ist $\mathfrak{K}$ genau dann assoziativer Quasikörper,
wenn $\mathfrak{E}$ (U, V)-transitiv und — damit gleichbedeutend — (V, U)-tran-
sitiv ist. Das Punktepaar U, V erweist sich nun in diesem Fall als
eindeutig bestimmt — von der Reihenfolge abgesehen natürlich —,
wenn $\mathfrak{E}$ nichtdesarguessch und von der im folgenden zu beschreibenden
Ausnahmeebene verschieden ist. Als diese Ausnahmeebene wird die
Translationsebene über dem auf S. 95 angegebenen assoziativen Quasikörper mit 9 Elementen[1] erklärt; auch die Ergänzung dieser Translationsebene zur projektiven Ebene wird im folgenden als Ausnahmeebene bezeichnet. Die Bedeutung dieser Ausnahmeebene liegt darin,

---

[1] Nach [**218**, **79**] ist dies der einzige assoziative nichtdistributive Quasikörper
mit 9 Elementen und nach [**79**] (vgl. Fußn. 1, S. 97) darüber hinaus die Ausnahmeebene die einzige nichtdesarguessche Translationsebene mit 9 (eigentlichen) Punkten auf jeder Geraden.

daß jeder assoziative nichtdistributive Quasikörper $\mathfrak{K}$ mit

$$(24) \qquad x^2 = -1 \quad \textit{für alle} \quad x \neq 0, \pm 1$$

zu dem eben genannten Quasikörper isomorph ist. Zum Beweis zeigt man zuerst

$$(25) \qquad x\,y = -y\,x, \quad \textit{falls} \quad x, y \neq 0, \pm 1 \quad \textit{und} \quad x \neq \pm y;$$

man hat nämlich dann[1] $x\,y^{-1} \neq 0, \pm 1$ und nach (24) daraufhin weiter

$$x\,y = -x\,y^{-1} = (x\,y^{-1})^{-1} = y\,x^{-1} = -y\,x.$$

Für ein nicht zum Primkörper des Kerns gehöriges Element $u \in \mathfrak{K}$ ergibt sich jetzt mittels (24), (25)

$$-1 = (1+u)^2 = 1 + u + (1+u)\,u$$
$$= 1 + u - u(1+u) = 1 + u - u - u^2 = 2,$$

d.h. die Charakteristik von $\mathfrak{K}$ beträgt 3. Aus der Annahme, es gebe in $\mathfrak{K}$ Elemente u, v, welche zusammen mit 1 über dem im Kern enthaltenen $GF(3)$ linear unabhängig seien, folgt nun mittels (24), (25) der Widerspruch:

$$-1 = (1+u+v)^2 = 1 + u + v + (1+u+v)\,u + (1+u+v)\,v$$
$$= 1 + u + v - u(1+u+v) - v(1+u+v)$$
$$= 1 + u + v - u + 1 - uv - v + uv + 1 = 0.$$

$\mathfrak{K}$ hat somit als Vektorraum über $GF(3)$ die Dimension 2. Da die Elemente von $GF(3)$ mit allen Elementen von $\mathfrak{K}$ vertauschbar sind, ergibt sich daher $\mathfrak{K}$ wegen (24) nach dem Verfahren von S. 96/97 gerade als der oben genannte Quasikörper mit 9 Elementen.

Die oben ausgesprochene Behauptung folgt offenbar in Verbindung mit dem zu Anfang von **8.3** Festgestellten aus dem Satz [**8**]:

16. *In der projektiven Ebene* $\mathfrak{E}$ *gilt der Satz von Desargues, wenn es in* $\mathfrak{E}$ *Punkte* U, V, U', V' *mit* $U'V' = UV$, $U' \neq U, V$ *so gibt, daß* $\mathfrak{E}$ (U, V)- *und* (U', V')-*transitiv und* $\mathfrak{E}_{UV}$ *nicht die Ausnahmeebene ist.*

Beweis. Man wählt einen Punkt $O \notin UV$ und zeigt dann, daß man sich auf den Fall beschränken darf, in dem

$$(26) \qquad V' \notin (EU \cap OV)(EV \cap OU) \quad \textit{für}^2 \quad E \in OU', \quad E \neq O, U'$$

---

[1] Die im folgenden benötigte, in jedem assoziativen Quasikörper geltende Regel $(-1)\,a = -a\ (= a(-1))$ beweist man so: Wegen $(-1)^2 = -(-1) = 1$ gilt $(-1)((-1)\,a + a) = a + (-1)\,a = 1((-1)\,a + a)$, daher $-1 = 1$ oder $(-1)\,a + a = 0$, in jedem Fall also $(-1)\,a = -a$.

[2] Mittels der in Fußnote 1 hergeleiteten Regel rechnet man leicht nach, daß es gleich ist, ob man hier „einen Punkt E mit" oder „alle Punkte E mit" hinzugefügt denkt.

gilt. Man benutzt zu diesem Zweck bei $E \in OU'$, $E \neq O$, U' den Ternärkörper $\Re$ von $\mathfrak{E}$ bezüglich O, U, V, E, der also ein assoziativer Quasikörper ist, und bezeichnet die Punkte von $\mathfrak{E}_{UV}$ durch ihre Koordinatenpaare. Ist nun (26) verletzt, so heißt das $VE \cap OV' = (1, -1)$,
so daß insbesondere wegen $U' \neq V'$ die Charakteristik von $\Re$ von 2
verschieden ist. Da, wie man leicht nachrechnet, $\mathfrak{E}$ die (V, OU)-Kolli-
neationen

$$(27) \qquad\qquad (x, y) \to (x, b\,y) \qquad (b \neq 0)$$

besitzt, bleibt dann die Voraussetzung des zu beweisenden Satzes rich-
tig, wenn U, V durch $\overline{U} = U'$, $\overline{V} = V'$ und (mit beliebigem $b \neq 0$ aus $\Re$)
die Punkte U', V' durch $\overline{U}' = (1, b)\,O \cap UV$, $\overline{V}' = (1, -b)\,O \cap UV$ ersetzt
werden. Wählt man dementsprechend $\overline{E} = (1, b)$, so ergibt eine kurze
Rechnung, da 2^{-1} im Kern von $\Re$ liegt,

$$\left((\overline{E}U' \cap OV')\,(\overline{E}V' \cap OU') \cap UV \right) O \cap EV = (1, b^{-1}).$$

Daher ist (26) für die $\overline{U}, \overline{V}, \overline{U}', \overline{V}', \overline{E}$ erfüllt, wenn man nur $b^{-1} \neq -b$
voraussetzt. Eine solche Wahl von b ist aber wegen der angenommenen
Falschheit von (24) möglich. Im folgenden darf also (26) vorausgesetzt
werden. Durch

$$(28) \qquad\qquad (x, y)^{\pi} = (y, x)$$

wird jetzt offenbar eine Kollineation π von $\mathfrak{E}$ mit $U^{\pi} = V$, $V^{\pi} = U$,
$X^{\pi} = X$ für alle $X \in OE$ erklärt. Für $P = (EU \cap OV)\,(EV \cap OU) \cap UV$
ergibt sich nun nach kurzer Rechnung die Gleichwertigkeit von
$(x, y) \in (0, c)\,P$ mit $x + y = c$. Daher läßt π jede Gerade durch P fest, so
daß man π als (P, OE)-Kollineation erkennt. Wegen $V' \neq U'$ und (26)
gilt $P \neq V' \notin OE$, so daß $V'' = V'^{\pi} \neq V'$ ist. Aus der (V', U')-Transi-
tivität ergibt sich nun nach Satz 7 von S. 66 mittels π die (V'', U')-
Transitivität und daraus nach Satz 11 von S. 67 die (V, U')-Transi-
tivität. Nach Satz 49 von S. 105 (Aussage b) folgt daraus und aus der
(U, V)-Transitivität wegen $U' \neq U, V$ der Desarguessche Satz.

Eine einfache Folgerung des eben bewiesenen Satzes lautet nach
dem zu Anfang von **8.3** Festgestellten [8]:

17. *Besitzt die von der Ausnahmeebene verschiedene nichtdesarguessche
projektive Ebene* $\mathfrak{E}$ *bezüglich* O, U, V, E *einen assoziativen nichtdistributiven Quasikörper als Ternärkörper, so läßt jede Kollineation von* $\mathfrak{E}$
entweder die Punkte U, V *fest oder vertauscht sie.*

Die Behauptung dieses und damit auch die des vorhergehenden
Satzes wird für die Ausnahmeebene falsch. In dieser rechnet man
nämlich mittels (24), (25) leicht nach, daß $(x, y) \to (x + y, x - y)$ eine

Kollineation ist, welche U in $OE \cap UV$ ($\neq U, V$) überführt, und mit Hilfe der Kollineationen (27), (28) ergibt sich dann, daß die Kollineationsgruppe in den Punkten von UV transitiv ist [**79**]. Da beim Beweis der letzten beiden Sätze von der Ausnahmeebene nur benötigt wurde, daß ihr Ternärkörper bezüglich der vorgelegten Punkte O, U, V, E ein assoziativer Quasikörper mit (24) ist, erfüllen somit alle Ternärkörper der Ausnahmeebene, welche assoziative Quasikörper sind, die Bedingung (24) und sind daher untereinander isomorph. Daher braucht bei dem folgenden Satz keine Ausnahme gemacht zu werden:

18. *Diejenigen Ternärkörper einer Translationsebene, welche assoziative Quasikörper sind, sind isomorph* [**8**].

Beweis. Nach dem eben Festgestellten darf man die Ausnahmeebene und nach Satz 1 von S. 109 die desarguesschen Ebenen im folgenden ausschließen. Die Ternärkörper bezüglich O, U, V, E und bezüglich O', U', V', E' der affinen Ebene $\mathfrak{E}_\omega$ mit $\omega = UV = U'V'$ seien assoziative Quasikörper, so daß nach Satz 16 von S. 217 entweder $U = U'$, $V = V'$ oder $U = V'$, $V = U'$ ist. Nach Satz 24 von S. 37 braucht man lediglich eine Kollineation anzugeben, welche O, U, V, E in O', U', V', E' überführt. Unter Verwendung der Translationen und der Kollineationen π aus (28) kann man sich offenbar auf den Fall $O = O'$, $U = U'$, $V = V'$ beschränken. Nun besitzt $\mathfrak{E}$ — wie man leicht nachrechnet — außer den (V, OU)-Kollineationen (27) noch die (U, OV)-Kollineationen

$$(29) \qquad\qquad (x, y) \to (a\,x, y) \qquad (a \neq 0).$$

Hat E' bezüglich O, U, V, E die Koordinaten a, b ($\neq 0$), so sieht man jetzt sofort, daß die Hintereinanderausführung von (27) und (29) gerade die Punkte O, U, V festläßt und E in E' überführt.

Es sollen nun die projektiven Kollineationen der von der Ausnahmeebene verschiedenen nichtdesarguesschen projektiven Ebene $\mathfrak{E}$ aufgestellt werden, welche bezüglich O, U, V, E den assoziativen Quasikörper $\mathfrak{R}$ als Ternärkörper besitzt. Die Punkte von $\mathfrak{E}_{UV}$ werden dabei wieder durch ihre Koordinaten bezeichnet. Die (C, γ)-Kollineationen von $\mathfrak{E}$, welche weder Translationen noch Streckungen sind, müssen — da UV Fixgerade jeder Kollineation von $\mathfrak{E}$ ist — die Bedingung $C \in UV \neq \gamma$ erfüllen. Da die Translationsgruppe transitiv bezüglich der Menge der Punkte von $\mathfrak{E}_{UV}$ ist, kann man sich auf den Fall $O \in \gamma$ beschränken. Bei $U \in \gamma$ muß nun die (C, γ)-Kollineation auch V festlassen, so daß $C = V$ ist: Es ergeben sich die Kollineationen (27). Genau so wird der Fall $V \in \gamma$ durch (29) beschrieben. Zu jeder durch O, aber weder durch U noch durch V gehenden Geraden γ gibt es nun eine zentrale Kollineation mit der Achse γ; denn wird die Kollineation (29), welche OE in γ überführt, mit σ bezeichnet, so leistet wegen (28) $\sigma^{-1}\pi\sigma$ das Gewünschte. Diese Kollineation wird nach (28), (29) in Koordinaten offenbar durch

$$(30) \qquad (x, y) \to (a\,y, a^{-1}\,x)$$

dargestellt. Ist nun weiter $C \in UV$, so muß eine (C, γ)-Kollineation φ die Punkte U, V vertauschen, da sie ja wegen $U, V \notin \gamma$ nicht beide festlassen kann. $\sigma\,\pi\,\sigma^{-1}\varphi$ hat dann die Fixpunkte U, V, ist aber nach einer Bemerkung von S. 65 wieder eine zentrale Kollineation mit Achse γ und daher die identische Abbildung: φ ist die Kollineation (30). Die Kollineationen (27), (29), (30) erzeugen also zusammen mit den Streckungen und Translationen die projektive Gruppe von $\mathfrak{E}$. Mit Hilfe von (8.7) und der zu Anfang von **8.1** angegebenen Darstellung der Translationen erkennt man daher [**8**]:

19. *Die projektiven Kollineationen einer von der Ausnahmeebene verschiedenen nichtdesarguesschen projektiven Ebene $\mathfrak{E}$, welche bezüglich O, U, V, E den assoziativen Quasikörper $\mathfrak{K}$ als Ternärkörper besitzt, sind bei Beschränkung auf $\mathfrak{E}_{UV}$ und Ersetzen der Punkte durch ihre Koordinatenpaare gerade die sämtlichen Abbildungen*

$$(31) \qquad (x, y) \to (a\,x\,s + c, b\,y\,s + d),$$

$$(32) \qquad (x, y) \to (a\,y\,s + c, b\,x\,s + d)$$

mit $a, b, s \neq 0$ und s aus dem Kern von $\mathfrak{K}$.

Aus (31), (32) erhält man unter Beachtung von (27), (29), (30) und der eben erwähnten Darstellung der Translationen und Streckungen das dem Satz 15 von S. 117 entsprechende Ergebnis [**8**]:

20. *Jede projektive Kollineation einer von der Ausnahmeebene verschiedenen projektiven Ebene, welche einen assoziativen Quasikörper als Ternärkörper besitzt, läßt sich als Produkt von vier zentralen Kollineationen darstellen.*

Da nach Satz 17 von S. 218 eine Kollineation die Punkte U, V entweder vertauscht oder festläßt, kann man sie offenbar durch Multiplikation mit einer Kollineation (31) oder (32) in eine Kollineation mit den Fixpunkten O, U, V, E überführen. In Anbetracht der Darstellung dieser Kollineationen durch (13) gewinnt man daher den Satz [**8**]:

21. *Die Kollineationen einer von der Ausnahmeebene verschiedenen nichtdesarguesschen projektiven Ebene, welche bezüglich O, U, V, E den assoziativen Quasikörper $\mathfrak{K}$ als Ternärkörper besitzt, erhält man aus den Darstellungen (31), (32) dadurch, daß man darin auf den rechten Seiten einen beliebigen Automorphismus von $\mathfrak{K}$ auf x, y anwendet.*

9. Angeordnete Ebenen.

9.1. Anordnungen, Zwischen- und Trennbeziehungen.

Eine in einer Menge $\mathfrak{M}$ erklärte binäre Relation $<$ wird als *Anordnung* von $\mathfrak{M}$ und $\mathfrak{M}$ dann als *geordnet*[1] oder *angeordnet* bezeichnet, wenn die folgenden Bedingungen für alle $a, b, c \in \mathfrak{M}$ erfüllt sind:

$$(1) \qquad a \neq b, \quad wenn \quad a < b;$$

$$(2) \qquad a < c, \quad wenn \quad a < b \quad und \quad b < c;$$

$$(3) \qquad a < b \quad oder \quad b < a, \quad wenn \quad a \neq b.$$

Wegen (1) und (2) kann man in (3) „oder" auch zu „entweder ... oder" verschärfen. Eine umkehrbare Abbildung σ von $\mathfrak{M}$ auf eine durch $<'$ angeordnete Menge heißt *ordnungserhaltend*, wenn aus $a < b$ stets $a^{\sigma} <' b^{\sigma}$ folgt; wegen (3) ist mit σ auch σ^{-1} ordnungserhaltend. Wie üblich soll $a \leq b$ bedeuten: $a < b$ oder $a = b$. Offenbar ist die zu $<$ konverse Relation $>$, für welche also $a > b$ dasselbe bedeutet wie $b < a$, wieder eine Anordnung von $\mathfrak{M}$; sie wird als die zu $<$ *entgegengesetzte Anordnung* bezeichnet.

Zu jeder Anordnung $<$ von $\mathfrak{M}$ wird nun in $\mathfrak{M}$ eine ternäre Relation ζ gebildet, die so erklärt ist:

$$(4) \qquad \zeta(a, b, c) \quad genau \ dann, \ wenn \quad a < b < c \quad oder \quad c < b < a.$$

Sie wird als die zu $<$ gehörige *Zwischenbeziehung* bezeichnet und stimmt offenbar mit der zu $>$ gehörigen Zwischenbeziehung überein. Man darf also nur erwarten, daß durch ζ lediglich das ungeordnete Relationenpaar $<, >$ eindeutig festgelegt wird. Das ist nun aber auch tatsächlich der Fall; denn nach Wahl verschiedener Elemente[2] $o, e \in \mathfrak{M}$ wird $<$ mittels (4) und $o < e$ eindeutig bestimmt, weil nämlich mit $\zeta = \varrho$ die sofort einzusehende Beziehungen gelten:

$$(5) \qquad\qquad x < o \quad genau \ dann, \ wenn \quad \varrho(x, o, e);$$

$$(6) \quad \begin{cases} x < y \quad im \ Falle \quad x, y \neq o \quad genau \ dann, \ wenn \quad \varrho(o, x, y), \ o < x \\ oder \quad \varrho(o, y, x), \ y < o \quad oder \quad x < o, \ o < y. \end{cases}$$

Die beiden Anordnungen werden daher als durch die Zwischenbeziehung ζ *hervorgerufen* bezeichnet. Es fragt sich nun, durch welche Eigenschaften die Zwischenbeziehungen gekennzeichnet sind. Aus (1) bis (4) folgt

---

[1] Vielfach sagt man statt dessen auch *vollständig geordnet* oder *linear geordnet*.

[2] Eine Menge mit nur einem Element besitzt nach (1) auch nur eine Anordnung, nämlich die für kein Elementepaar erfüllte Relation.

leicht, daß eine Zwischenbeziehung ϱ den Bedingungen genügt:

(7) $\quad a \neq b \neq c \neq a, \quad wenn \quad \varrho(a, b, c)$;

(8) $\quad \varrho(a, b, c), \quad wenn \quad \varrho(c, b, a)$;

(9) $\quad \varrho(a, b, c) \quad falsch, wenn \quad \varrho(a, c, b)$;

(10) $\varrho(a, b, c) \quad oder \quad \varrho(b, c, a) \quad oder \quad \varrho(c, a, b), \quad wenn \quad a \neq b \neq c \neq a$;

(11) $\varrho(a, b, d) \quad oder \quad \varrho(d, b, c), \quad wenn \quad \varrho(a, b, c) \quad und \quad d \neq a, b, c$.

Es gilt nun der Satz [**98**] (Weiteres s. [**119, 170**]):

1. *Eine ternäre Relation ϱ ist genau dann eine Zwischenbeziehung, wenn sie die Eigenschaften* (7) *bis* (11) *besitzt*[1].

Beweis. Zuerst werden aus (7) bis (11) die folgenden Beziehungen hergeleitet:

(12) $\qquad \varrho(a, c, d), \quad wenn \quad \varrho(a, b, c), \; \varrho(b, c, d)$;

(13) $\qquad \varrho(a, b, d), \quad wenn \quad \varrho(a, b, c), \; \varrho(b, c, d)$;

(14) $\qquad \varrho(b, c, d), \quad wenn \quad \varrho(a, b, c), \; \varrho(a, c, d)$;

(15) $\qquad \varrho(a, b, d), \quad wenn \quad \varrho(a, b, c), \; \varrho(a, c, d)$.

Im Falle $\varrho(a, b, c)$, $\varrho(b, c, d)$ hat man nach (7), (8), (9) $a \neq b, c, d$ sowie $d \neq a, b, c$ und daher, weil nach (8), (9) weder $\varrho(b, c, a)$ noch $\varrho(d, b, c)$ sein kann, nach (11) $\varrho(a, c, d)$ und $\varrho(a, b, d)$. Damit sind (12) und (13) hergeleitet. Übrigens ergibt sich (13) durch mehrfache Anwendung von (8) auch leicht aus (12) und umgekehrt. Im Falle $\varrho(a, b, c)$, $\varrho(a, c, d)$ hat man nach (7), (9) $b \neq a, c, d$ und daher, weil nach (9) $\varrho(a, c, b)$ unmöglich ist, nach (11), (8) $\varrho(b, c, d)$ und weiter nach (13) $\varrho(a, b, d)$. Damit sind auch (14) und (15) hergeleitet. Aus einer ternären Relation ϱ, welche die Eigenschaften (7) bis (11) und damit auch die Eigenschaften (12) bis (15) besitzt, wird nun eine binäre Relation $<$ hergestellt durch die Vorschriften (5), (6) und

(16) $\quad o < x \quad genau \; dann, \; wenn \quad x \neq o \quad und \; nicht \quad x < o$;

dabei sind also wieder o, e zwei beliebig gewählte verschiedene Elemente. Aus (7) folgt (1). Sei jetzt $x < y$, $y < o$ und damit $x, y \neq o$, also nach (6) $\varrho(o, x, y)$ oder $\varrho(o, y, x)$. Im ersten Fall ergibt sich nach (8) und (14) $\varrho(x, o, e)$ und im zweiten Fall dasselbe nach (8) und (12). Wegen (5) gilt also:

$$x < o, \quad wenn \quad x < y \quad und \quad y < o.$$

Durch einfache logische Umformung folgt daraus unter Beachtung von (16) und der Falschheit von $o < o$:

$$o < y, \quad wenn \quad o < x \quad und \quad x < y.$$

---

[1] (11) gilt dann sogar mit vorgesetztem „Entweder": Man wendet (10) mit d statt b an, auf die 3 Glieder darin jeweils (11) und beachtet (8), (9).

Damit hat man (2) im Falle $a = o$ oder $c = o$ bereits bewiesen. Ferner erkennt man daraus, daß die in (6) auftretenden drei Fälle einander gegenseitig ausschließen. Den Beweis von (2) mit $a, c \neq o$ führt man nun getrennt nach den folgenden Fällen durch, wobei man für spätere Verwendung gleich noch $\varrho(a, b, c)$ mit beweist:

1. $o < a$.

Wegen $a, b, c \neq o$ und $o < b, c$ hat man $\varrho(o, a, b)$, $\varrho(o, b, c)$. Daraus folgt nach (15) $\varrho(o, a, c)$, also $a < c$ und nach (14) $\varrho(a, b, c)$.

2. $b = o$.

$a < c$ folgt sofort aus (6). Aus $o < c$ ergibt sich nach (5), (16), (10) $\varrho(o, e, c)$ oder $\varrho(e, c, o)$ oder $e = c$. Wegen $\varrho(a, o, e)$, $c \neq a$ folgt daraus nach (13), (14), (8) $\varrho(a, b, c)$.

3. $a < o < b$.

Wegen $b < c$ ist dann $o < c$, also nach (6) $a < c$. Aus dem unter 2 Bewiesenen folgt $\varrho(a, o, b)$, und diese Beziehung liefert mit $\varrho(o, b, c)$ nach (12) $\varrho(a, b, c)$.

4. $b < o < c$.

Wegen $a < b$ ist dann $a < o$, also nach (6) $a < c$. Aus dem unter 2 Bewiesenen folgt $\varrho(b, o, c)$, und diese Beziehung liefert mit $\varrho(o, b, a)$ nach (8) und (13) $\varrho(a, b, c)$.

5. $c < o$.

Wegen $a, b, c \neq o$ und $a, b < o$ hat man $\varrho(o, b, a)$, $\varrho(o, c, b)$. Daraus folgt nach (15) $\varrho(o, c, a)$, also $a < c$ und nach (14), (8) $\varrho(a, b, c)$.

Im Falle $a = o$ oder $b = o$ folgt (3) sofort aus (16) und im Falle $a < o < b$ oder $b < o < a$ sofort aus (6). Man braucht also nur noch den Fall $o < a, b$ und den Fall $a, b < o$ zu betrachten. Im ersten Fall zieht $o < a$ gemäß (5), (16), (10) $\varrho(o, e, a)$ oder $\varrho(e, a, o)$ oder $e = a$ nach sich. Wäre $\varrho(b, o, a)$, so würde sich nach (14), (13), (8) daher $\varrho(b, o, e)$ im Widerspruch zu $o < b$ ergeben. Nach (10) gilt daher $\varrho(o, a, b)$ oder $\varrho(o, b, a)$, d.h. $a < b$ oder $b < a$. Im zweiten Fall hat man $\varrho(a, o, e)$ und $\varrho(b, o, e)$. Aus $\varrho(a, e, b)$ würde dann nach (14) und (8) $\varrho(b, e, o)$ folgen, was wegen (9) nicht sein kann. Nach (10) hat man also $\varrho(e, b, a)$ oder $\varrho(b, a, e)$, und durch zweimalige Anwendung von (14) unter Beachtung von (8) ergibt sich daraus $\varrho(o, b, a)$ oder $\varrho(o, a, b)$, also ebenfalls $a < b$ oder $b < a$. Man hat jetzt nur noch zu zeigen, daß ϱ gleich der durch (4) erklärten Zwischenbeziehung ζ ist. Aus $\zeta(a, b, c)$ folgt $\varrho(a, b, c)$; das wurde oben schon für $a, c \neq o$ nachgewiesen, und für $a = o$ oder $c = o$ folgt es sofort aus (6). Die Falschheit von $\zeta(a, b, c)$ ergibt nun nach (10) (für ζ): $a = b$ oder $b = c$ oder $a = c$ oder $\zeta(b, c, a)$ oder $\zeta(c, a, b)$. Nach dem vorher Bewiesenen sowie nach (7), (8), (9) ergibt sich daraus aber die Falschheit von $\varrho(a, b, c)$. Damit ist $\varrho = \zeta$ bewiesen.

Es gilt noch der folgende Zusatz des eben bewiesenen Satzes [**98, 99**]:

2. *Unter Voraussetzung von* (7) *bis* (10) *ist* (11) *gleichwertig mit* (12), (14) *sowie mit* (13), (14).

Zum Beweis braucht nur noch (11) aus (7) bis (10) und (13), (14) hergeleitet werden; denn — wie schon bemerkt — aus (12) folgt mittels (8) sofort (13). Aus $\varrho(a, b, c)$ und $d \neq a, b, c$ folgt nach (7) und (10) $\varrho(d, b, c)$ oder $\varrho(b, c, d)$ oder $\varrho(c, d, b)$. Nun ergeben $\varrho(a, b, c)$, $\varrho(b, c, d)$ nach (13) $\varrho(a, b, d)$ und $\varrho(c, b, a)$, $\varrho(c, d, b)$ nach (14) $\varrho(d, b, a)$, also nach (8) wieder $\varrho(a, b, d)$.

Aus einer Anordnung $<$ der Menge $\mathfrak{M}$ pflegt man auf folgende Weise eine ternäre Relation ϱ der aus $\mathfrak{M}$ durch Hinzufügen eines Elementes $u \notin \mathfrak{M}$ entstehenden Menge $\mathfrak{M}^*$ zu gewinnen:

$$(17_1) \quad \begin{cases} \varrho(a, b, c) \quad \textit{im Falle} \quad a, b, c \neq u \quad \textit{genau dann, wenn} \quad a < b < c \\ \qquad\qquad \textit{oder} \quad b < c < a \quad \textit{oder} \quad c < a < b; \end{cases}$$

$$(17_2) \qquad \varrho(a, b, u) \quad \textit{genau dann, wenn} \quad a < b \quad \textit{und} \quad a, b \neq u;$$

$$(17_3) \qquad \varrho(a, u, c) \quad \textit{genau dann, wenn} \quad c < a \quad \textit{und} \quad a, c \neq u;$$

$$(17_4) \qquad \varrho(u, b, c) \quad \textit{genau dann, wenn} \quad b < c \quad \textit{und} \quad b, c \neq u.$$

Eine so entstehende Relation ϱ nennt man *zyklische Anordnung von* $\mathfrak{M}^*$. Aus (17_2) erkennt man, daß ϱ umgekehrt $<$ eindeutig bestimmt. Die zyklischen Anordnungen lassen sich folgendermaßen kennzeichnen [**98**][1]:

3. *Eine ternäre Relation* ϱ *ist genau dann eine zyklische Anordnung, wenn sie die Eigenschaften* (7), (9), (11) *und*

$$(18) \qquad\qquad\qquad \varrho(b, c, a), \quad \textit{wenn} \quad \varrho(a, b, c),$$

$$(19) \qquad\quad \varrho(a, b, c) \quad \textit{oder} \quad \varrho(b, a, c), \quad \textit{wenn} \quad a \neq b \neq c \neq a$$

besitzt. Läßt man aus der Menge, in welcher ϱ *erklärt ist, ein beliebiges Element* u *weg, so wird durch*

$$(20) \qquad\qquad a < b \quad \textit{genau dann, wenn} \quad \varrho(a, b, u)$$

in der Restmenge eine Anordnung $<$ *erklärt, für welche* (17) *gilt.*

Beweis. Man erkennt leicht, daß (7), (9), (11), (18), (19) von jeder zyklischen Anordnung erfüllt werden. Es ist nun lediglich noch für eine ternäre Relation ϱ mit (7), (9), (11), (18), (19) zu zeigen, daß durch (20) eine Anordnung erklärt ist, welche (17) erfüllt. Zuerst wird

$$(21) \qquad \varrho(a, c, d) \quad \textit{und} \quad \varrho(a, b, c), \quad \textit{wenn} \quad \varrho(a, b, d), \varrho(b, c, d)$$

hergeleitet[2]: Aus $\varrho(a, b, d)$, $\varrho(b, c, d)$ folgt nach (7), (9), (18) und (11) $\varrho(a, b, c)$ oder $\varrho(c, b, d)$ sowie $\varrho(b, c, a)$ oder $\varrho(a, c, d)$; wegen (18) und

---

[1] Andere Kennzeichnungen s. [**96, 97**] u. (einfacher) Lenz [1967].

[2] Aus dem folgenden Beweis erkennt man, daß in dem Satz (11) durch (21) ersetzt werden kann.

(9) ist $\varrho(c, b, d)$ unmöglich und daher aus dem gleichen Grund $\varrho(b, c, a)$. Die Richtigkeit von (1) und (3) erkennt man sofort aus (7) und (19), während (2) aus (21) folgt. (17_2) ergibt sich aus (20), und (18) liefert dann weiter (17_3), (17_4). Nach (21) folgt $\varrho(a, b, c)$ aus $a < b < c$ und nach (18) daher auch aus $a < b < c$ oder $b < c < a$ oder $c < a < b$. Da $a < b < c < a$ wegen (1) und (2) unmöglich ist, kann man wegen (18) im Falle $\varrho(a, b, c)$ und $a, b, c \neq u$ o. B. d. A. $b < a$, also $\varrho(b, a, u)$ annehmen. Aus (21) und (18) folgen dann $\varrho(c, a, u)$ sowie $\varrho(b, c, u)$. Damit hat sich $b < c < a$ ergeben, und auch (17_1) ist bewiesen.

Mit ϱ ist auch die durch die folgende Vorschrift erklärte Relation ϱ° eine zyklische Anordnung:

$$\varrho^\circ(a, b, c) \quad \text{genau dann, wenn} \quad \varrho(c, b, a);$$

denn nach (17) ergibt sie sich aus der entgegengesetzten Anordnung. ϱ° wird daher als die zu ϱ *entgegengesetzte zyklische Anordnung* bezeichnet. Die durch

$$(22) \quad \begin{cases} a\,b\,|\,c\,d \quad \textit{genau dann, wenn} \quad \varrho(a, b, c) \quad \textit{und} \quad \varrho(b, a, d) \\ \qquad\qquad \textit{oder} \quad \varrho(b, a, c) \quad \textit{und} \quad \varrho(a, b, d) \end{cases}$$

erklärte quaternäre Relation $|$ bleibt offenbar unverändert, wenn ϱ durch ϱ° ersetzt wird. Sie heißt die zur zyklischen Anordnung ϱ gehörige *Trennbeziehung*. $a\,b\,|\,c\,d$ wird gelesen als: a, b trennt c, d. Um nun zu erkennen, wie $|$ das ungeordnete Relationenpaar ϱ, ϱ° bestimmt, läßt man ein Element u fort, wodurch ϱ, ϱ° in der Restmenge Anordnungen $<, >$ hervorrufen. Dem ungeordneten Paar ϱ, ϱ° wird somit in der Restmenge eindeutig eine Zwischenbeziehung zugeordnet, deren Bestehen zwischen den Elementen a, b, c hier und im folgenden kurz mit $a\,b\,c$ — zu lesen: b zwischen a und c — wiedergegeben sei. Aus (4) — worin jetzt also $\zeta(a, b, c)$ durch $a\,b\,c$ zu ersetzen ist —, (22) und (17) folgt

$$(23) \qquad a\,b\,c \quad \textit{genau dann, wenn} \quad a\,c\,|\,b\,u.$$

Die Trennbeziehung bestimmt also das ungeordnete Paar ϱ, ϱ° der zyklischen Anordnungen eindeutig. Aus (4), (22), (17) ergibt sich ferner:

$$(24) \quad \begin{cases} a\,b\,|\,c\,d \quad \textit{für} \quad a, b, c, d \neq u \quad \textit{genau dann,} \\ \textit{wenn} \quad a\,c\,b, \; d \neq a, b \quad \textit{und nicht} \quad a\,d\,b \\ \textit{oder} \quad a\,d\,b, \; c \neq a, b \quad \textit{und nicht} \quad a\,c\,b. \end{cases}$$

Aus (22) folgt sofort

$$(25) \qquad a, b, c, d \quad \textit{untereinander verschieden, wenn} \quad a\,b\,|\,c\,d;$$

mittels (18) und (21) ergibt (22) ferner

$$(26) \qquad ba|cd \quad und \quad cd|ab, \quad wenn \quad ab|cd.$$

Da man u bei der Gewinnung einer Zwischenbeziehung mittels (23) völlig willkürlich wählen kann, erhält man aus den Eigenschaften (9), (10), (14) der Zwischenbeziehung unter Zuhilfenahme von (26) leicht[1]:

$$(27) \qquad ab|cd \quad falsch, \quad wenn \quad ac|bd;$$

$$(28) \qquad \begin{cases} ab|cd \quad oder \quad ca|bd \quad oder \quad bc|ad, \\ wenn \quad a, b, c, d \quad untereinander \ verschieden; \end{cases}$$

$$(29) \qquad cd|ea, \quad wenn \quad ab|cd, \ bc|de.$$

Es gilt nun der Satz:

4. *Eine quaternäre Relation* | *ist genau dann eine Trennbeziehung, wenn* (25) *bis* (29) *gelten*[2].

Beweis. Nach Wahl eines Elementes u wird abc durch (23) erklärt. Damit hat man nun tatsächlich eine Zwischenbeziehung erhalten; denn wenn $\varrho(x, y, z)$ durch xyz ersetzt wird, folgt (7) aus (25), (8) aus (26), (9) aus (27), (10) aus (28), und schließlich ergeben sich (13), (14) und damit nach Satz 2 von S. 224 (11) aus (29) (mit $u = c$ bzw. $u = d$) unter Zuhilfenahme von (26). In Anbetracht von (23) und (26) braucht man nun lediglich noch (24) zu beweisen; denn aus diesen Beziehungen erhält man mittels (4) und (17) wieder (22). Aus acb, $d \neq a, b$ und der Falschheit von adb ergeben sich wegen (10) die beiden Möglichkeiten $ab|cu$, $da|bu$ oder $ab|cu$, $bd|au$. Daraus folgt nach (29) $bu|cd$ bzw. $au|cd$. Wäre nun $ca|bd$, so würde sich nach (29) und (26) $bd|au$ bzw. $ac|ub$ ergeben. Nach (26) und (27) widerspricht das aber den Beziehungen $da|bu$ bzw. $ab|cu$, so daß also $ca|bd$ unmöglich ist. Vertauschen von a mit b zeigt mittels (26), daß auch $bc|ad$ unmöglich ist. Nach (28) gilt also $ab|cd$. Nimmt man noch das durch Vertauschen von c mit d entstehende Ergebnis hinzu, so zeigt sich, daß aus der in (24) aufgeführten Bedingung $ab|cd$ folgt. Da man wegen (26) in $ab|cd$ die Elemente c, d vertauschen darf, braucht man zum vollständigen Nachweis von (24) jetzt offenbar nur noch zu zeigen, daß aus $ab|cd$, $u \neq a, b, c, d$ und der Falschheit von adb die Beziehung acb folgt. Nun bedeutet nach (23), (27), (28) wegen der Verschiedenheit der a, d, b, u die Falschheit von adb entweder $da|bu$ oder $bd|au$. Aus $ab|cd$, $da|bu$ folgt nach (26) und (29) aber $ab|cu$. Hinzunahme der daraus durch Vertauschen von a mit b entstehenden Folgerung beendet nun wegen (23) und (26) den Beweis.

---

[1] Man hat in den folgenden Beziehungen $d = u$ zu setzen.

[2] (25) bis (29) sind im wesentlichen die linearen Trennungsaxiome in [63].

9.2. Angeordnete affine und projektive Ebenen.

Eine projektive Ebene heißt *angeordnet*, wenn in jeder ihrer Punktreihen mindestens vier Punkte liegen und eine Trennbeziehung erklärt ist, welche bei Übergang von einer Punktreihe zu einer anderen mittels einer Perspektivität stets erhalten bleibt. Bezeichnet man — was im folgenden stets geschehen soll — die Trennbeziehung wie in **9.1** mit $|$ und ist σ eine Projektivität einer Punktreihe auf eine Punktreihe, so soll also aus $AB|CD$ stets $A^\sigma B^\sigma|C^\sigma D^\sigma$ folgen. Da auf S. 140 zu vier kollinearen Punkten A, B, A', B' ohne jede Voraussetzung über die projektive Ebene eine Projektivität σ mit $A^\sigma = A'$, $B^\sigma = B'$, $B'^\sigma = B$, $A'^\sigma = A$ gebildet worden ist, kann man bei einer angeordneten projektiven Ebene unter den kennzeichnenden Eigenschaften der Trennbeziehung in (26) $cd|ab$ wegfallen lassen. Die Definition der Anordnung einer projektiven Ebene läßt offenbar auch die folgende selbstduale Form zu [**63**]: *In jeder Punktreihe und jedem Geradenbüschel gibt es mindestens 4 Elemente, und es ist in ihnen eine Trennbeziehung erklärt, welche bei Perspektivität von Punktreihe und Geradenbüschel erhalten bleibt.*

Eine affine Ebene heißt *angeordnet*, wenn in jeder ihrer Punktreihen mindestens drei Punkte liegen und eine Zwischenbeziehung erklärt ist, welche bei Übergang von einer Punktreihe zu einer anderen durch eine affine Projektivität (s. S. 12) erhalten bleibt[1]. Die Zwischenbeziehung sei dann im folgenden stets in der auf S. 225 eingeführten Weise bezeichnet; die Aussage ABC soll dabei die Kollinearität von A, B, C gleich mitenthalten. In einer angeordneten affinen Ebene gilt offenbar:

$$(30) \qquad AB'C', \quad wenn \quad ABC, \; AB' = AC' \neq AB, \; BB' \| CC';$$

$$(31) \qquad \begin{cases} A_1' A_2' A_3', \quad wenn \quad A_1 A_2 A_3, \quad SA_i \| S'A_i' \quad (i = 1, 2, 3), \\ \qquad\qquad S S' \neq A_1 A_2 = A_1' A_2' \| S S'. \end{cases}$$

Die Trennbeziehung einer angeordneten projektiven Ebene $\mathfrak{E}$ ruft nach S. 225 in jeder Punktreihe der affinen Ebene $\mathfrak{E}_\omega$ eine Zwischenbeziehung hervor, und diese Zwischenbeziehung macht $\mathfrak{E}_\omega$ offenbar zu einer angeordneten affinen Ebene. Die Anordnung von $\mathfrak{E}_\omega$ bestimmt die Anordnung von $\mathfrak{E}$ völlig; denn auf einer eigentlichen Geraden bestimmt die Zwischenbeziehung nach S. 225 die Trennbeziehung, und die Punktreihe auf der uneigentlichen Geraden läßt sich ja durch eine Perspektivität auf eine andere Punktreihe beziehen. Die so bestimmte Anordnung von $\mathfrak{E}$ wird als *Fortsetzung* der Anordnung von $\mathfrak{E}_\omega$ bezeichnet. Es gilt nun der Satz:

5. *Die Anordnung einer affinen Ebene $\mathfrak{E}_\omega$ läßt sich eindeutig zu einer Anordnung der projektiven Ebene $\mathfrak{E}$ fortsetzen.*

---

[1] Eine einheitliche Definition des Anordnungsbegriffs für projektive und affine Ebenen wird in [**215**] gegeben.

Beim Beweis benötigt man außer den kennzeichnenden Eigenschaften (7) bis (11) der Zwischenbeziehung lediglich (30) (die ebenfalls benutzte Aussage (31) wird in Anhang **7.7** hergeleitet) sowie die Mindestzahl von drei Punkten auf jeder Geraden. Es wird daher zugleich gezeigt:

6. *Eine affine Ebene wird durch eine in jeder ihrer Punktreihen erklärte Zwischenbeziehung bereits dann zu einer angeordneten affinen Ebene, wenn (30) gilt und jede Gerade mindestens drei Punkte enthält.*

Zum Beweis dieser beiden Sätze sei in jeder Punktreihe der affinen Ebene $\mathfrak{E}_\omega$ eine Zwischenbeziehung erklärt, welche (30) erfüllt. Dann gilt auch

$$(32) \qquad B'AC', \quad \text{wenn} \quad BAC, \ AB' = AC' \neq AB, \ BB' \| CC';$$

denn wäre $B'AC'$ falsch, so müßte nach (9) und (8) $AC'B'$ oder $AB'C'$ sein, woraus dann nach (30) ACB oder ABC folgen würde, was nach (8) und (9) aber der Voraussetzung BAC widerspricht. Es wird nun das *Axiom von Pasch* hergeleitet:

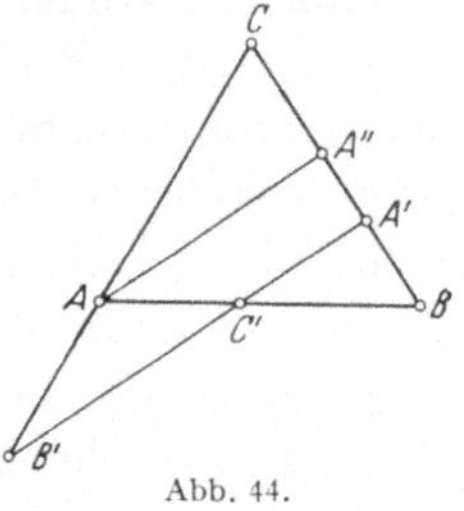

Abb. 44.

7. *Geht die Gerade α durch keinen der nichtkollinearen Punkte A, B, C und enthält sie einen Punkt C' mit $BC'A$, so enthält sie einen Punkt B' mit $AB'C$ oder einen Punkt A' mit $CA'B$.*

Für $\alpha \| AC$ oder $\alpha \| BC$ handelt es sich wegen (8) offenbar einfach um (30), weshalb man (30) auch als das *kleine Axiom von Pasch* bezeichnet. Im entgegengesetzten Fall kann man nun $B' = \alpha \cap AC$, $A' = \alpha \cap BC$, $A'' = (\alpha \cap \omega) A \cap BC$ bilden (Abb. 44) und hat $B' \neq A, C$ sowie $A', A'' \neq B, C$. Aus (30) und $BC'A$ folgt $BA'A''$. Ist nun $AB'C$ falsch, so gilt wegen (9) CAB' oder $B'CA$. Im ersten Fall, also CAB', ergibt sich nach (30) $CA''A'$. Daraus und aus $BA'A''$ folgt dann nach (8) und (12) $CA'B$. Im Falle $B'CA$ folgt nach (32) $A'CA''$, was zusammen mit $BA'A''$ nach (8) und (14) wieder $CA'B$ ergibt. Mit $A' = B' = C'$, $A'' = A$ bleibt diese Herleitung offenbar auch bei drei kollinearen Punkten A, B, C gültig, so daß man in Satz 7 ,,nichtkollinear'' durch ,,drei'' ersetzen darf.

Mit Hilfe des Axioms von Pasch läßt sich jetzt zeigen, daß zu jeder Geraden α genau eine *Seiteneinteilung* der affinen Ebene gehört; das ist eine Verteilung der nicht auf α liegenden Punkte auf zwei Klassen so, daß zwei Punkte $A, B \notin \alpha$ genau dann zu verschiedenen Klassen gehören, wenn es auf α einen Punkt C mit ACB gibt. Dazu braucht man offenbar nur zu beweisen, daß die durch

$$A \underset{\alpha}{\sim} B \ \text{genau dann, wenn} \ A, B \notin \alpha \ \text{und} \ AXB \ \text{für kein} \ X \in \alpha$$

erklärte Relation $\underset{\alpha}{\sim}$ (,,*auf derselben Seite von α wie*'') in $\mathfrak{E}_\omega - \alpha$ eine Äquivalenzrelation mit genau zwei Äquivalenzklassen, den *Seiten* von α, ist. Reflexivität und Symmetrie von $\underset{\alpha}{\sim}$ erkennt man unmittelbar. Die Transitivität läßt sich (für $A, B, C \notin \alpha$) umformen zu ,,Wenn nicht

$A \underset{\alpha}{\sim} B$, so nicht $A \underset{\alpha}{\sim} C$ oder nicht $C \underset{\alpha}{\sim} B$" und folgt daher für verschiedene A, B, C unmittelbar aus Satz 7 (und der Bemerkung am Schluß seines Beweises), während sie bei Auftreten von Gleichheiten zwischen den A, B, C trivial ist. Daß $\underset{\alpha}{\sim}$ höchstens zwei Äquivalenzklassen besitzt, besagt (für $A, B, C \notin \alpha$): Wenn weder $A \underset{\alpha}{\sim} B$ noch $C \underset{\alpha}{\sim} B$, so $A \underset{\alpha}{\sim} C$. Das ist bei Auftreten von Gleichheiten sowie bei $A C \| \alpha$ trivial und folgt bei verschiedenen A, B, C sowie $A C \cap \alpha = B'$ mit den Bezeichnungen von Abb. 44 daraus, daß wegen $A C' B$ nach (30) $A'' A' B$ und weiter wegen $C A' B$ nach der Fußn. zu Satz 1, S. 222 nicht $A'' A' C$ und nach (30) daher auch nicht $A B' C$ sein kann, was nun $A \underset{\alpha}{\sim} C$ besagt. Daß zu jedem Punkt $A \notin \alpha$ ein $C \notin \alpha$ ohne $A \underset{\alpha}{\sim} C$ existiert, also tatsächlich auch mindestens zwei Äquivalenzklassen vorhanden sind, ist für das Folgende nicht wesentlich; es folgt mit $B \in \alpha$ unmittelbar aus der letzten Aussage in Satz 9 und der Definition von $\underset{\alpha}{\sim}$.

Durch die Zwischenbeziehung wird nun auf jeder Geraden $\neq \omega$ von $\mathfrak{E}$ eine Trennbeziehung so erklärt, daß (23), (24) gilt. Seien jetzt vier verschiedene kollineare Punkte $A, B, C, D \notin \omega$ gegeben. Für einen Punkt $S \notin A B$ werden die Geraden $\alpha = A S$, $\beta = B S$, $\gamma = C S$, $\delta = D S$ gebildet. Dann erkennt man aus (24), daß $A B | C D$ gerade besagt: A, B liegen in $\mathfrak{E}_\omega$ auf verschiedenen Seiten einer der Geraden γ, δ und auf derselben Seite der anderen Geraden. Wegen (23) gilt dasselbe, wenn $A, B, C, S \notin \omega$, $D \in \omega$ ist. Nimmt man außer A einen anderen von S verschiedenen Punkt $A' \in \alpha$, so liegen A, A' offenbar entweder auf verschiedenen Seiten von γ und δ oder aber auf gleichen Seiten von γ und δ, je nachdem nämlich $A S A'$ gilt oder nicht. Man darf also in der obigen, mit $A B | C D$ gleichwertigen Aussage A durch A' ersetzen. Da das Entsprechende natürlich für B ebenfalls richtig ist, bedeutet also $A B | C D$ im Fall $A, B, C \notin \omega \neq \delta$, daß in $\mathfrak{E}_\omega$ ein Punkt $\neq S$ von α und ein Punkt $\neq S$ von β auf verschiedenen Seiten einer der Geraden γ, δ und auf derselben Seite der anderen Geraden liegen. Im Falle $A, B, C \notin \omega = S D$ erkennt man nach demselben Verfahren leicht, daß $A B | C D$ einfach besagt: In $\mathfrak{E}_\omega$ liegen ein Punkt von α und ein Punkt von β stets auf verschiedenen Seiten von γ. Also hat sich $A B | C D$ als Aussage über die Geraden $\alpha, \beta, \gamma, \delta$ ausdrücken lassen. Damit ist bewiesen, daß die auf den Geraden $\neq \omega$ erklärte Trennbeziehung bei Perspektivitäten erhalten bleibt.

Man wählt jetzt eine eigentliche Gerade α sowie einen eigentlichen Punkt $S \notin \alpha$ und bildet die Punktreihe $\mathfrak{P}_\omega$ auf $\mathfrak{P}_\alpha$ durch die Perspektivität σ mit Zentrum S ab. Durch die Festsetzung, daß $A B | C D$ für $A, B, C, D \in \omega$ genau dann gelten soll, wenn $A^\sigma B^\sigma | C^\sigma D^\sigma$ ist, wird dann auf ω eine Trennbeziehung erklärt, und diese bleibt bei Anwenden von σ erhalten. Man hat jetzt nur noch zu zeigen, daß diese Trennbeziehung auch bei jeder anderen nichtidentischen Perspektivität τ von $\mathfrak{P}_\omega$ erhalten bleibt. τ möge das Zentrum T haben und auf $\mathfrak{P}_\beta$ abbilden.

Im Falle $S = T$, $\alpha \neq \beta$ ist $\tau = \sigma\,\sigma'$, wenn σ' die Perspektivität von $\mathfrak{P}_\alpha$ auf $\mathfrak{P}_\beta$ mit Zentrum S bedeutet. Da nach dem schon Bewiesenen die Trennbeziehung bei σ' erhalten bleibt, gilt dasselbe auch für τ. Im Falle $S \neq T$ wählt man eine S, T nicht enthaltende eigentliche Gerade $\gamma \parallel ST$ und verwendet die Perspektivitäten σ', τ' von $\mathfrak{P}_\alpha$ bzw. $\mathfrak{P}_\beta$ auf $\mathfrak{P}_\gamma$ mit Zentrum S bzw. T. Da die Trennbeziehung bei σ', τ' erhalten bleibt, braucht man nur noch das gleiche für die durch $\sigma\,\sigma'\varrho = \tau\,\tau'$ erklärte Projektivität ϱ nachzuweisen. Nun ist $XS \parallel X^\varrho T$ für $X \in \gamma$, so daß nach (31) bei ϱ die Zwischenbeziehung und daher wegen $(\omega \cap \gamma)^\varrho = \omega \cap \gamma$ nach (23), (24) auch die Trennbeziehung erhalten bleibt.

Ein Teilergebnis des eben beendeten Beweises läßt sich noch verschärfen zu dem Satz:

8. *Ist in jeder Punktreihe einer affinen Ebene eine Zwischenbeziehung erklärt, so gilt das Axiom von Pasch genau dann, wenn zu jeder Geraden eine Seiteneinteilung vorhanden ist.*

Man braucht nur noch aus der vorhandenen Seiteneinteilung das Axiom von Pasch herzuleiten. Die in diesem Axiom genannten Punkte A, B liegen nach Voraussetzung auf verschiedenen Seiten von α, und C liegt daher entweder mit A oder mit B auf verschiedenen Seiten von α. Das besagt aber gerade die Behauptung, sogar mit der Verschärfung von „oder" zu „entweder ... oder".

9. *Eine in jeder Punktreihe einer affinen Ebene $\mathfrak{A}$ erklärte ternäre Relation ϱ ist genau dann eine Zwischenbeziehung und macht $\mathfrak{A}$ zu einer angeordneten affinen Ebene, wenn* (7), (8), (9) *sowie das Axiom von Pasch gelten und zu zwei Punkten A, B stets ein Punkt $C \in AB$ mit $\varrho(A, B, C)$ vorhanden ist* [**90, 100**].

Beweis. Die Gültigkeit des Axioms von Pasch in einer angeordneten Ebene ist bereits bewiesen worden. Um die in der Behauptung zuletzt genannte Bedingung für die Zwischenbeziehung einer angeordneten affinen Ebene $\mathfrak{A}$ nachzuweisen[1], erweitert man $\mathfrak{A}$ zu einer projektiven Ebene $\mathfrak{E}$, auf welche man die Anordnung von $\mathfrak{A}$ fortsetzt. Es gibt nun in $\mathfrak{E}$ vier kollineare Punkte, und wegen (26), (28) kann man sie so als A', B', C', D' bezeichnen, daß $A'C' \mid B'D'$ gilt. Nach Satz 6 von S. 9 gibt es eine Projektivität, welche A', B' in A bzw. B und D' in den uneigentlichen Punkt U von AB überführt. Mit C als dem Bildpunkt von C' gilt dann $AC \mid BU$, also nach (23) ABC. Sind nun umgekehrt die im Satz genannten Bedingungen erfüllt und wird $\varrho(X, Y, Z)$ durch XYZ abgekürzt, so hat man, da (30) ja ein Sonderfall des Axioms von Pasch ist, nach den Sätzen 1 und 6 von S. 222, 228 lediglich noch (10), (11) oder — was nach Satz 2 von S. 224 dasselbe ist — (10), (12), (14) nachzuweisen. Um (10) herzuleiten, seien drei

---

[1] Diese Bedingung folgt auch sehr einfach aus den Ergebnissen von **9.3**

kollineare Punkte A, B, C gegeben, für welche weder CAB noch BCA und daher nach (8) auch nicht ACB gilt. Man wählt einen Punkt $D \notin AC$ und kann dann einen Punkt G mit BDG finden (Abb. 45). Anwendung des Axioms von Pasch auf das Tripel B, G, C und die Gerade AD zeigt dann, daß für den Punkt $E = CG \cap AD$ die Beziehung GEC gelten muß. Vertauschen von A mit C liefert GFA mit $F = AG \cap CD$. Da nach (8), (9) wegen GEC nicht ECG sein kann, folgt nach dem Axiom von Pasch — angewandt auf das Tripel G, A, E und die Gerade FD — die Beziehung ADE. Da nach (8), (9) wegen GEC nicht EGC sein kann, liefert schließlich das Axiom von Pasch — angewandt auf das Tripel A, E, C und die Gerade DG — die Behauptung ABC von (10). Zum Beweis von (12) wird ABC, BCD vorausgesetzt, ein Punkt $E \notin AB$ sowie ein Punkt F mit CEF gewählt (Abb. 46). Nach demselben Verfahren wie eben zeigt dann zweimalige Anwendung des Axioms von Pasch (Tripel B, C, F und A, C, E), daß FGB, EGA für $G = FB \cap AE$ gilt. Wieder nach dem Axiom von Pasch (Tripel B, D, G) folgt daher DHG für $H = DG \cap CE$ und daher weiter schließlich (Tripel A, D, G) die Behauptung ACD von (12). Zum Beweis von (14) setzt man ABC, ACD voraus und wählt einen Punkt $G \notin AB$ sowie einen Punkt F mit BGF (Abb. 46). Da weder ACB noch BFG gilt, folgt aus dem Axiom von Pasch (Tripel A, B, G), daß GEA falsch ist wenn $E = AG \cap FC$ gesetzt wird. Wieder nach dem Axiom von Pasch (Tripel A, D, G) ergibt sich für $H = DG \cap FC$ daher DHG und weiter dann (Tripel B, D, G) die Behauptung BCD von (14).

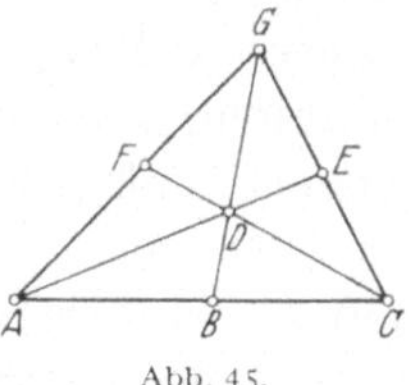

Abb. 45.

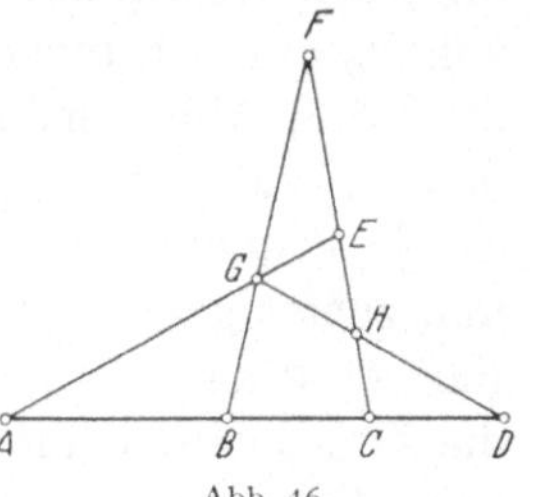

Abb. 46.

9.3. Einfluß der Anordnung auf die Koordinatenbereiche.

Da die Erklärung jeder der beiden binären Verknüpfungen Addition und Multiplikation im Koordinatenbereich bereits bei Beschränkung auf ein 3-Gewebe ausgeführt werden kann, scheint es für die Untersuchung des Einflusses der Anordnung auf den Koordinatenbereich zweckmäßig, zuerst einmal den Begriff des *angeordneten* (U, V, W)-*Gewebes* zu bilden. Als solches wird ein (U, V, W)-Gewebe zusammen mit einer in der Menge der gewöhnlichen Punkte jeder Geraden erklärten Zwischenbeziehung verstanden, falls jede U-, V- oder W-Gerade mindestens drei gewöhnliche Punkte enthält und (30) gilt; in (30) sollen dabei natürlich alle vorkommenden Punkte gewöhnliche Punkte sein, und $\alpha \parallel \beta$ soll bedeuten, daß die Geraden α, β beide U-Geraden oder beide

V-Geraden oder beide W-Geraden sind. Jedes durch drei Geradenbüschel einer angeordneten projektiven Ebene gebildete 3-Gewebe wird offenbar durch die von der Trennbeziehung hervorgerufene Zwischenbeziehung zu einem angeordneten Gewebe gemacht. Wie auf S. 228 folgt auch für ein angeordnetes Gewebe die Eigenschaft (32). Man denkt sich nun auf jeder U-, V- oder W-Geraden eines angeordneten (U, V, W)-Gewebes durch die Zwischenbeziehung eine Anordnung $<$ bestimmt. Bei dieser Bestimmung braucht man gemäß (5), (6) die Zwischenbeziehung nur für den Fall, daß eines ihrer drei Argumente einen festen, beliebig gewählten Wert hat. Daher besagen (30) und (32) zusammen, daß jede Abbildung σ der Menge der gewöhnlichen Punkte einer V-Geraden auf die Menge der gewöhnlichen Punkte einer U-Geraden, bei welcher $XW = X^\sigma W$ für alle X gilt, entweder monoton wachsend oder monoton fallend[1] ist und daß diese Aussage bei beliebiger Permutation der U, V, W gilt. Dabei darf man die U-Gerade auch durch eine V-Gerade β ersetzen, weil ja die Abbildung $X \to XW \cap \beta$ unter Benutzung einer U-Geraden α als Produkt der Abbildungen $X \to XW \cap \alpha$ und $X \to XW \cap \beta$ dargestellt werden kann. Nimmt man nun mit irgendeinem gewöhnlichen Punkt O des Gewebes die Menge $\mathfrak{B}_O$ der gewöhnlichen Punkte von OV als Koordinatenmenge, so sind für jeden Koordinatenwert a die Abbildungen $x \to a + x$ und $x \to x + a$ von $\mathfrak{B}_O$ auf sich monoton; denn nach (2.5) sind sie Produkte von zwei bzw. drei Abbildungen der eben beschriebenen Art. Auch die Abbildung $x \to x'$ mit $x + x' = 0$ ist monoton; denn wegen (2.13) und (2.9) ist sie Produkt von drei Abbildungen der beschriebenen Art. Es soll nun zuerst gezeigt werden, daß $x \to a + x$ monoton wachsend ist.[2] Der Fall $a = 0$ kann dabei als trivial weggelassen werden. Da man — ohne die Zwischenbeziehung sowie die Aussage des monotonen Wachsens zu verändern — zur entgegengesetzten Anordnung von $\mathfrak{B}_O$ übergehen darf, kann o. B. d. A. $0 < a$ vorausgesetzt werden. Zuerst wird nun a als nicht maximal angenommen, d. h. es gibt ein Element $b \in \mathfrak{B}_O$ mit $a < b$. Die Monotonie von $x \to x + b'$ liefert daraus entweder $b' < a + b' < 0$ oder $0 < a + b' < b'$. Bei monoton wachsender Abbildung $x \to x'$ wäre $0 < a' < b'$, daher nur der zweite Fall möglich, d. h. $x \to x + b'$ monoton wachsend und somit $b' < b + b' = 0$ im Widerspruch zu $0 < b'$. Also ist $x \to x'$ monoton abnehmend, daher $b' < a' < 0$ und somit nur der erste Fall möglich, also $a + b' < 0$: Es gilt $b' < a'$ und $a + b' < a + a' (= 0)$, d. h $x \to a + x$ ist monoton wachsend. Nimmt man nun aber a als maximal und $x \to a + x$ als monoton fallend an, so wird bei dieser umkehrbaren Abbildung von $\mathfrak{B}_O$ auf sich das maximale Element a zum minima-

---

[1] Das heißt aus $X < Y$ folgt entweder stets $X^\sigma < Y^\sigma$ oder stets $Y^\sigma < X^\sigma$.

[2] Ein anderer Beweis hierfür läßt sich so führen wie der von (1) in Anhang **7.7**.

len Element $a+a$ und dieses wieder zum maximalen Element $a+(a+a)=a$, d.h. es gilt $a+a=0$. Somit ist in diesem Fall 0 minimales Element, und es gibt ein Element b mit $0<b<a$. Dann ist b also nicht maximal und daher nach dem bereits Bewiesenen $x\to b+x$ monoton wachsend. Da eine monoton wachsende umkehrbare Abbildung von $\mathfrak{V}_O$ auf sich nun das maximale Element festlassen muß, würde sich somit $b+a=a$, also $b=0$ im Widerspruch zu $b\neq 0$ ergeben. Damit ist $x\to a+x$ für jedes $a\in\mathfrak{V}_O$ als monoton wachsend erkannt. Insbesondere folgt $a<a+a$ aus $0<a$ und $a+a<a$ aus $a<0$. Daraus erkennt man nun, daß auch $x\to x+a$ für jedes $a\in\mathfrak{V}_O$ monoton wachsend ist. Somit wird jede zu einem angeordneten Gewebe gehörige Loop durch jede der beiden Anordnungen der Koordinatenmenge, die von der Zwischenbeziehung hervorgerufen werden, zu einer *angeordneten Loop* gemacht, d.h. zu einer Loop mit einer das *linksseitige* und das *rechtsseitige Monotoniegesetz der Addition*

$$(33) \qquad a+c<b+c, \quad wenn \quad a<b,$$

$$(34) \qquad c+a<c+b, \quad wenn \quad a<b$$

erfüllenden Anordnung und mindestens zwei Elementen. Man erhält auf diese Weise aber auch — natürlich nur bis auf ordnungserhaltende Isomorphismen — sämtliche angeordneten Loops mit mehr als einem Element. Denn ist die Loop $\mathfrak{L}$ angeordnet, so braucht man nur auf den Geraden des (U, V, W)-Gewebes[1] $\mathfrak{G}_\mathfrak{L}$ folgendermaßen eine Anordnung und damit eine Zwischenbeziehung zu erklären:

$$(a, y_1)<(a, y_2) \quad \text{genau dann, wenn} \quad y_1<y_2 \quad (V\text{-Gerade});$$

$$(x_1, b)<(x_2, b) \quad \text{genau dann, wenn} \quad x_1<x_2 \quad (U\text{-Gerade});$$

$$(x_1, x_1+c)<(x_2, x_2+c) \quad \text{genau dann, wenn} \quad x_1<x_2 \quad (W\text{-Gerade}).$$

Die Zwischenbeziehung bleibt dann offenbar erhalten bei der Abbildung $X\to XV\cap PW$ von $\mathfrak{U}_P$ auf $\mathfrak{W}_P$ (P ein gewöhnlicher Punkt) und damit natürlich auch bei ihrer Umkehrabbildung. Wegen (33) gilt dasselbe für die Abbildung $X\to XU\cap PV$ von $\mathfrak{W}_P$ auf $\mathfrak{V}_P$. Aus $a<b$, $c<d$ folgt nach (33) und (34) $a+c<b+c$, $b+c<b+d$; wegen (2) erhält man also:

$$(35) \qquad a+c<b+d, \quad wenn \quad a<b \quad und \quad c<d.$$

Weiter gilt:

$$(36) \qquad x_2<x_1, \quad wenn \quad z_1<z_2 \quad und \quad x_1+z_1=x_2+z_2;$$

denn da $x_1\neq x_2$ sein muß, würde andernfalls nach (3) $x_1<x_2$ und daher nach (35) $x_1+z_1<x_2+z_2$ folgen. (34) und (36) ergeben nun $x_2<x_1$, wenn

---

[1] Einfachheitshalber sind hier gegenüber S. 46 die Bezeichnungen U^*, V^*, W^* durch U, V, W ersetzt.

$y_1 < y_2$ und $y_i = a + z_i$, $b = x_i + z_i$ $(i = 1, 2)$. Wegen $(a, y) W \cap (a, b) U = (x, b)$ mit $y = a + z$, $b = x + z$ bleibt daher die Zwischenbeziehung auch bei der Abbildung $X \to XW \cap PU$ von $\mathfrak{B}_P$ auf $\mathfrak{U}_P$ und damit natürlich auch bei ihrer Umkehrung erhalten. Durch diese Überlegungen ist nun (30) in allen möglichen Fällen nachgewiesen. $\mathfrak{L}$ enthält außer 0 noch ein weiteres Element a. Je nachdem, ob $0 < a$ oder $a < 0$ ist, ergibt sich aus (33) und (35) entweder $a < a + a$, $0 < a + a$ oder $a + a < a$, $a + a < 0$, jedenfalls daher $a + a \neq a, 0$. Also ist $\mathfrak{G}_\mathfrak{L}$ mit der oben erklärten Zwischenbeziehung ein angeordnetes Gewebe und $x \to (0, x)$ ein ordnungserhaltender Isomorphismus von $\mathfrak{L}$ auf die Koordinatenloop $L\big(\mathfrak{G}_\mathfrak{L}, (0, 0)\big)$ von $\mathfrak{G}_\mathfrak{L}$. — Zusammenfassend hat man den Satz:

10. *Die angeordneten Loops sind bis auf ordnungserhaltende Isomorphismen gerade die sämtlichen Koordinatenloops angeordneter 3-Gewebe, wobei die Zwischenbeziehung in der Koordinatenmenge die Anordnung der Loop hervorruft*[1].

Definiert man in einer Loop rekursiv $n \cdot a$ für alle ganzen Zahlen n durch

$$(37) \qquad 0 \cdot a = 0, \qquad (n + 1) \cdot a = a + n \cdot a,$$

so folgt, wenn die Loop noch als angeordnet vorausgesetzt wird, aus (33): $n \cdot a < (n + 1) \cdot a$, falls $0 < a$ und $(n + 1) \cdot a < n \cdot a$, falls $a < 0$. Somit ist $n \to n \cdot a$ für $a \neq 0$ eine monotone (s. S. 232) und daher umkehrbare Abbildung. Insbesondere folgt daraus nach dem bisher Bewiesenen:

11. *Jede Gerade einer angeordneten projektiven Ebene enthält unendlich viele Punkte*[2].

Da sich aus dem oben Abgeleiteten im Falle $a \neq 0$ noch $(-1) \cdot a < 0 < a$ oder $a < 0 < (-1) \cdot a$ ergibt, während $a + (-1) \cdot a = 0$ ist, erkennt man an Hand von Abb. 30, S. 125, noch:

12. *In einer angeordneten projektiven Ebene wird jedes Paar von Diagonalpunkten eines vollständigen Vierecks getrennt durch das Paar der Schnittpunkte der durch den dritten Diagonalpunkt gehenden Viereckseiten mit der Verbindungsgeraden der Diagonalpunkte*[3].

Die projektive Ebene $\mathfrak{E}$ mit mindestens vier Punkten auf einer Geraden habe jetzt bezüglich O, U, V, E den Ternärkörper $\mathfrak{K}$, und es

---

[1] Aus den Überlegungen von S. 47 gewinnt man noch leicht den folgenden Zusatz: Ein die Zwischenbeziehung erhaltender Isomorphismus von $\mathfrak{G}_\mathfrak{L}$ auf $\mathfrak{G}_{\mathfrak{L}'}$ ist genau dann vorhanden, wenn die angeordneten Loops $\mathfrak{L}, \mathfrak{L}'$ isotop sind und dabei eine der in (2.16) vorkommenden Abbildungen monoton ist, woraus dann auch die Monotonie der andern beiden Abbildungen folgt.

[2] Es gibt demnach keine endliche angeordnete Ebene. In [**120, 102**] werden daher in endlichen Ebenen als Ersatz für eine Zwischenbeziehung ternäre Relationen mit schwächeren Eigenschaften betrachtet.

[3] Daher erfüllt die Ebene die Fano-Bedingung.

gelte in $\mathfrak{E}$ der Desarguessche (V, UV)-Satz, d.h. also — nach Satz 36 von S. 100 — $\mathfrak{R}$ sei cartesische Gruppe. Ferner sei in jeder Punktreihe der affinen Ebene $\mathfrak{E}_{UV}$ eine Zwischenbeziehung erklärt, welche das kleine Axiom von Pasch (30) erfüllt. Von den beiden Anordnungen, welche diese Zwischenbeziehung dann in $\mathfrak{R}$ (= Menge der Punkte $\neq V$ auf OV) hervorruft, wird diejenige mit $<$ bezeichnet, für welche $0 < 1$ $(= EU \cap OV)$ gilt. Nach dem oben über angeordnete 3-Gewebe Hergeleiteten gelten in $\mathfrak{R}$ nun (33) und (34). Um eine weitere Eigenschaft von $\mathfrak{R}$ zu gewinnen, werden unter der Voraussetzung $a < b$ die Punkte[1] $A = (1, a)\, O \cap UV$, $B = (1, b)\, O \cap UV$ gebildet. Nimmt man dann noch die aus den Geradenbüscheln mit den Trägern B, V, A bzw. (bei $W \neq B$) $W, V; B$ gebildeten 3-Gewebe hinzu, so erweist sich die Abbildung

$$Z \to \big((ZA \cap OB)\, V \cap OW\big)\, U \cap OV$$

von $\mathfrak{R}$ auf sich als monoton. Setzt man nun $Z = (0, z)$ und $ZA \cap OB = (x, y)$, so gilt $y = ax + z$, $y = bx$, also $z = -ax + bx$. Die Abbildung

$$x \to -ax + bx$$

ist daher die Umkehrung der eben angegebenen Abbildung und also ebenfalls monoton. Da aus $a < b$ nach (33) $-a0 + b0 = 0 < -a + b = -a1 + b1$ folgt, erkennt man sie wegen $0 < 1$ sogar als monoton wachsend. Aus $d < c$ ergibt sich demnach $-ad + bd < -ac + bc$, was man wegen der Assoziativität der Addition mittels (33), (34) zu $ac - ad < bc - bd$ umformen kann. Es gilt also in $\mathfrak{R}$:

$$(38) \qquad ac - ad < bc - bd, \quad \text{wenn} \quad a < b \quad \text{und} \quad d < c.$$

Eine cartesische Gruppe, die wie $\mathfrak{R}$ mit einer die Bedingungen (33), (34), (38) erfüllenden Anordnung versehen ist, nennt man *angeordnete cartesische Gruppe*. In (38) ist übrigens die Eigenschaft (3.9) aus der Definition des Begriffs der cartesischen Gruppe enthalten, wie man sofort erkennt. Wie (3.9) bleibt auch (38) bei Übergang zur entgegengesetzten Struktur erhalten. In einer angeordneten cartesischen Gruppe muß stets $0 < 1$ sein, so daß also (38) für die entgegengesetzte Anordnung nicht richtig ist; denn aus $1 < 0$ würde nach (38) mit $a = d = 1$, $b = c = 0$ ja $-1 < 0$ im Widerspruch zu (36) folgen. Damit erhält man [**166**]:

13. *Ist ein Ternärkörper einer angeordneten affinen Ebene eine cartesische Gruppe, so wird diese durch genau eine der beiden von der Zwischenbeziehung hervorgerufenen Anordnungen zu einer angeordneten cartesischen Gruppe.*

---

[1] Der Einfachheit halber seien im folgenden die Punkte von $\mathfrak{E}_{UV}$ ihren Koordinatenpaaren gleichgesetzt.

Als Umkehrung dieses Satzes ergibt sich weiter [**166**]:

14. *Eine affine Ebene, welche eine angeordnete cartesische Gruppe als Ternärkörper besitzt, läßt sich auf genau eine Weise so anordnen, daß die Zwischenbeziehung in der cartesischen Gruppe gerade deren Anordnung hervorruft.*

Beweis. Der Ternärkörper $\Re$ bezüglich O, U, V, E der affinen Ebene $\mathfrak{A}$ sei eine angeordnete cartesische Gruppe. Wegen $0 < 1$ und (33) enthält diese mindestens drei Elemente $(0, 1, 1 + 1)$, so daß es auf jeder Geraden von $\mathfrak{A}$ mindestens drei Punkte gibt. Soll nun $\mathfrak{A}$ in der angegebenen Weise angeordnet werden können, so muß die Zwischenbeziehung offenbar zu der folgendermaßen auf jeder Geraden erklärten Anordnung gehören:

$$(a, y_1) < (a, y_2) \quad \text{genau dann, wenn} \quad y_1 < y_2;$$

$$(x_1, u\,x_1 + v) < (x_2, u\,x_2 + v) \quad \text{genau dann, wenn} \quad x_1 < x_2.$$

Um nun zu zeigen, daß eine durch diese Anordnungen bestimmte Zwischenbeziehung $\mathfrak{A}$ wirklich zu einer angeordneten affinen Ebene macht, braucht man nur noch (30) zu beweisen, d.h.: Für drei paarweise nichtparallele Geraden α, α', β ist die durch $Z \in \alpha$, $Z' \in \alpha'$, $ZZ' \| \beta$ (falls $Z \neq Z'$) erklärte Abbildung $Z \to Z'$ monoton. Im Fall $V \notin \beta$ genügt es für diesen Zweck offenbar, sich auf $\alpha = OV$ zu beschränken. Es sei $\beta \cap UV = (1, w)$ $O \cap UV$, $Z = (0, z)$ und ferner $(x, y) \in \alpha'$ gleichbedeutend entweder mit $y = u\,x + v$ oder mit $x = a$. Für $Z' = (x, y)$ hat man dann entweder $u\,x + v = y = w\,x + z$, also $z = -w\,x + u\,x + v$, oder $y = w\,a + z$. Wegen $w \neq u$ ergibt sich daraus nach (33), (34), (38) die Behauptung. Im Falle $V \in \beta$ folgt die Monotonie von $Z \to Z'$ sofort aus der Definition der Anordnungen. Damit ist alles bewiesen.

In Verallgemeinerung der Sätze 13, 14 wurde von Crampe [1958] bewiesen:

15. *Ein Ternärkörper einer angeordneten affinen Ebene wird durch genau eine der beiden aus der Zwischenbeziehung hervorgehenden Anordnungen zu einem angeordneten Ternärkörper; umgekehrt läßt sich eine affine Ebene mit einem angeordneten Ternärkörper auf genau eine Weise so anordnen, daß die Zwischenbeziehung die Anordnung des Ternärkörpers hervorruft.*

Dabei heißt ein Ternärkörper mit der Verknüpfung T und einer in ihm gegebenen Anordnung $<$ *angeordneter Ternärkörper*, wenn die beiden folgenden Monotoniegesetze gelten (Crampe [1958, S. 444]):

$$T(u, x, v_1) < T(u, x, v_2) \quad \text{falls} \quad v_1 < v_2$$

$$T(u_1, x, v_1) \lessgtr T(u_2, x, v_2) \quad \text{falls} \quad u_1 < u_2,\; x_0 \lessgtr x,$$

$$T(u_1, x_0, v_1) = T(u_2, \dot{x}_0, v_2).$$

(dabei sind jeweils die oberen bzw. unteren Zeichen zu nehmen). Eine cartesische Gruppe mit einer Anordnung erweist sich genau dann in diesem Sinn als angeordneter Ternärkörper, wenn sie (im Sinn von S. 235) angeordnete cartesische Gruppe ist (CRAMPE [1958, Anm. 3, S. 449]).

Mit $d = 0$ bzw. $a = 0$ in (38) und der Hilfe von (33) erkennt man, daß in einer angeordneten cartesischen Gruppe die *Monotoniegesetze der rechts-* bzw. *linksseitigen Multiplikation* gelten:

$$(39) \qquad ac < bc, \quad wenn \quad a < b \quad und \quad 0 < c;$$

$$(40) \qquad bd < bc, \quad wenn \quad d < c \quad und \quad 0 < b.$$

In einem Rechts-Quasikörper, also bei Gültigkeit des rechtsdistributiven Gesetzes (3.13), folgt umgekehrt (38) aus (39) und (33), weil nach (33) $d < c$ dasselbe besagt wie $0 < c - d$. Durch Übergang zur entgegengesetzten Struktur ergibt sich sofort, daß (38) unter Voraussetzung des linksdistributiven Gesetzes (3.12) aus (40) und (34) folgt. Eine in dem Rechts- bzw. Links-Quasikörper $\Re$ erklärte Anordnung macht also $\Re$ genau dann zu einer angeordneten cartesischen Gruppe oder — wie man dann auch sagt — zu einem *angeordneten Rechts-* bzw. *Links-Quasikörper*, wenn (33), (39) bzw. (33), (40) gelten, denn wegen der Kommutativität der Addition (s. S. 91) kann man auf (34) verzichten. Gelten in $\Re$ beide Distributivgesetze, so kann man offenbar statt (39) oder (40) auch die folgende Bedingung nehmen: $0 < ab$, wenn $0 < a, b$. Falls $\Re$ sogar ein Schiefkörper ist, geht diese Kennzeichnung gerade in die übliche Definition der angeordneten Schiefkörper über[1]. Aus Satz 2 von S. 109 zusammen mit Satz 10 von S. 67 folgt noch, daß die Koordinatenschiefkörper einer angeordneten desarguesschen Ebene untereinander *ähnlich-isomorph* sind; d.h. jeder läßt sich durch einen ordnungserhaltenden Isomorphismus in jeden anderen überführen. Für einen noch engeren Sonderfall erhält man den folgenden Satz:

16. *Gilt in einer angeordneten projektiven Ebene* $\mathfrak{E}$ *der Satz von Pappos und ist jedes positive Element des Koordinatenkörpers von* $\mathfrak{E}$ *ein Quadrat, so bedeutet* $AA' \mid BB'$ *für vier Punkte* A, A', B, B' *einer Geraden* α *dasselbe wie das Vorhandensein einer involutorischen Projektivität von* $\mathfrak{P}_\alpha$ *auf sich, welche* A *in* A' *sowie* B *in* B' *überführt und keinen Fixpunkt besitzt* [2].

---

[1] Siehe etwa [**163**, § 38].

[2] Diese Aussage wird in [**128**] gerade als Definition der Trennbeziehung bei untereinander verschiedenen Argumenten genommen, nachdem unter Voraussetzung des Satzes von Pappos durch geeignete geometrische Forderungen dafür gesorgt ist, daß auf diese Weise wirklich eine Trennbeziehung entsteht; s. auch [**46, 47, 48**].

Beweis. Nach S. 140/41 gibt es zu vier Punkten A, A', B, B' einer Geraden α stets genau eine involutorische Projektivität σ von $\mathfrak{P}_\alpha$ mit $A^\sigma = A'$, $B^\sigma = B'$, und der Punkt $X \in \alpha$ ist nach (5.1) genau dann Fixpunkt von σ, wenn

$$V(A', B', X; A, B, X)$$

gilt. Man wählt nun — was offenbar möglich — die Bezugspunkte O, U, V, E für einen Koordinatenkörper $\mathfrak{K}$ so, daß $O = A'$, $V = A$, $B' = -1$ und daher insbesondere jeder Punkt $\neq V$ von α ein Element von $\mathfrak{K}$ ist. Nach (4.33) und (1.60) mit $\tilde{1} = -1$ hat man dann für x

$$V(A', x, B'; A, x, -x^2).$$

Wegen der Umordnungsmöglichkeit in Stern- und Geradentripel (s. S. 128) ergibt sich daher nach dem VS-Satz x genau dann als Fixpunkt von σ, wenn $B = -x^2$ ist. Nach der Voraussetzung über den Koordinatenkörper besitzt also σ genau im Falle $B > 0$ keinen Fixpunkt. Wegen $-1 < 0$ besagt aber $B > 0$ nach (23), (26), (4) dasselbe wie $AA' | BB'$.

In dem auf S. 93 angegebenen Beispiel einer weder links- noch rechtsdistributiven cartesischen Gruppe erkennt man leicht, daß die Anordnung des zugrunde gelegten Schiefkörpers auch eine Anordnung der cartesischen Gruppe ist. In Anbetracht der Sätze 38, 39 von S. 101 gibt es also eine angeordnete projektive Ebene, welche zwar für ein bestimmtes inzidentes Paar C, γ (C, γ)-transitiv, jedoch weder (X, γ)-transitiv noch (C, ξ)-transitiv für irgendwelche X, ξ mit $C \neq X \in \gamma$, $C \in \xi \neq \gamma$ ist[1]. Daß bei festen, voneinander verschiedenen Punkten C, D aus der (C, D)-Transitivität einer angeordneten projektiven Ebene noch nicht der Desarguessche Satz folgt, ergibt sich nach Satz 46 von S. 103 und Satz 49 von S. 105 aus dem folgenden Beispiel eines angeordneten assoziativen Quasikörpers, der kein Schiefkörper ist. $\mathfrak{K}$ wird eingeführt als die Menge derjenigen Abbildungen σ des Ringes der ganzen Zahlen in einen angeordneten Körper $\mathfrak{L}$, denen ganze Zahlen n_σ mit

$$i^\sigma = 0 \quad \text{für} \quad i < n_\sigma, \quad n_\sigma^\sigma \neq 0$$

zugeordnet sind, sowie der durch $i^0 = 0$ $(\in \mathfrak{L})$ für alle ganzen Zahlen i erklärten Abbildung 0. Die Addition $+$ wird in $\mathfrak{K}$ durch

$$i^{\alpha+\beta} = i^\alpha + i^\beta$$

---

[1] Die in [71] ausgesprochene Behauptung, das Axiom von Pasch ziehe den Desarguesschen Satz nach sich, ist also falsch, wie schon in der Besprechung dieser Arbeit, Zbl. **44**, 348 (1952), festgestellt wurde.

eingeführt und die Multiplikation $\circ$ durch $\alpha \circ 0 = 0 \circ \alpha = 0$ sowie

$$i^{\alpha \circ \beta} = \sum_{j+k=i} j^{\alpha}\, k^{\beta}\, (n_{\alpha}, k)^{\varphi} \quad \text{für} \quad \alpha, \beta \neq 0;$$

dabei sei φ eine Abbildung der Menge der Paare ganzer Zahlen in die Menge der Elemente >0 aus $\mathfrak{L}$, welche die Bedingungen

$$(x, y)^{\varphi}\, (x + x', y')^{\varphi} = (x, y + y')^{\varphi}\, (x', y')^{\varphi}, \quad (0, 0)^{\varphi} = 1$$

erfüllt und zu der es ganze Zahlen p, q, r mit $(p, r)^{\varphi} \neq (q, r)^{\varphi}$ gibt. Man kann für φ also etwa die Abbildung $(x, y) \rightarrow c^{xy}$ nehmen, wobei $c > 0$, $c \in \mathfrak{L} - \{1\}$ ist. In der Definition der Multiplikation treten unter dem Summenzeichen offenbar nur $i - (n_{\beta} + n_{\alpha}) + 1$ Glieder $\neq 0$ auf, so daß lediglich scheinbar eine unendliche Summe vorliegt. Für $i < n_{\alpha} + n_{\beta}$ ist die Summe leer, also $= 0$, und wegen $(n_{\alpha} + n_{\beta})^{\alpha \circ \beta} = n_{\alpha}^{\alpha} n_{\beta}^{\beta} (n_{\alpha}, n_{\beta})^{\varphi} \neq 0$ gilt daher

$$n_{\alpha \circ \beta} = n_{\alpha} + n_{\beta}.$$

Aus den Bedingungen für φ folgt $(x, 0)^{\varphi} = (0, y')^{\varphi}$ und daher $(x, 0)^{\varphi} = 1 = (0, y)^{\varphi}$. Deswegen ist die Abbildung, welche die ganze Zahl 0 in das Einselement von $\mathfrak{L}$ und alle anderen Zahlen in das Nullelement von $\mathfrak{L}$ überführt, neutrales Element der Multiplikation $\circ$. Man rechnet nun leicht nach, daß $\mathfrak{K}$ ein assoziativer Quasikörper ist. Wird

$$i^{\alpha} = \begin{cases} 1 & \text{für} \quad i = p \\ 0 & \text{für} \quad i \neq p, \end{cases} \qquad i^{\beta} = \begin{cases} 1 & \text{für} \quad i = q \\ 0 & \text{für} \quad i \neq q, \end{cases} \qquad i^{\gamma} = \begin{cases} 1 & \text{für} \quad i = r \\ 0 & \text{für} \quad i \neq r \end{cases}$$

gesetzt und, was o. B. d. A. möglich, $p < q$ angenommen, so hat man

$$(q + r)^{(\alpha + \beta) \circ \gamma} = (p, r)^{\varphi} \neq (q, r)^{\varphi} = (q + r)^{\alpha \circ \gamma + \beta \circ \gamma},$$

also

$$(\alpha + \beta) \circ \gamma \neq \alpha \circ \gamma + \beta \circ \gamma,$$

d. h. $\mathfrak{K}$ ist kein Schiefkörper. Erklärt man $\alpha < \beta$ als $0 < n_{\beta - \alpha}^{\beta - \alpha}$, so ist $<$ eine Anordnung, welche (33) und (39) erfüllt, und $\mathfrak{K}$ damit ein angeordneter assoziativer Quasikörper[1]. Ersetzt man in dem eben gebildeten

---

[1] Ist $\mathfrak{L}$ abzählbar, so gewinnt man einen abzählbaren angeordneten assoziativen, aber nicht distributiven Quasikörper dadurch, daß man den Durchschnitt aller Unterquasikörper von $\mathfrak{K}$ bildet, welche jedes $\alpha \in \mathfrak{K}$ enthalten, zu dem es ein m mit $i^{\alpha} = 0$ für $i > m$ gibt.

Beispiel unter Beibehaltung aller übrigen Definitionen die Definition der Multiplikation im Falle von 0 verschiedener Faktoren durch

$$i^{\alpha \circ \beta} = \sum_{j+k=i} j^{\alpha}\,(k^{\beta})^{\sigma^{j}},$$

wobei σ ein nichtidentischer ordnungserhaltender Automorphismus von $\mathfrak{L}$ ist, so rechnet man leicht nach, daß $\mathfrak{K}$ ein angeordneter Schiefkörper, jedoch kein Körper ist. Einen angeordneten Körper $\mathfrak{L}$ mit einem nichtidentischen ordnungserhaltenden Automorphismus erhält man z. B., wenn man die eben angegebene Konstruktion auf einen angeordneten Körper $\mathfrak{L}_0$ (an Stelle von $\mathfrak{L}$) mit 1 an Stelle von σ anwendet und dann σ durch $i^{\alpha \sigma} = c^i i^{\alpha}$ erklärt, wobei $c > 0$, $c \in \mathfrak{L}_0 - \{1\}$ ist[1]. In Anbetracht der Sätze 49 und 1 von S. 105 bzw. 136 gibt es somit eine angeordnete desarguessche Ebene, in welcher der Satz von Pappos nicht gilt [**90**]. Auf dieselbe Weise wie in den hier betrachteten Beispielen kann man nun auch den auf S. 208 eingeführten nichtassoziativen distributiven Quasikörper $\mathfrak{K}$ zu einem angeordneten machen, vorausgesetzt, daß der dort zugrunde liegende Körper $\mathfrak{L}$ angeordnet und $c > 0$ ist. Es gibt also eine angeordnete nichtdesarguessche Ebene, welche bezüglich einer festen Geraden α und eines festen Punktes $A \in \alpha$ sowohl (α, α)- wie (A, A)-transitiv ist.

Durch die bisherigen Feststellungen könnte man zu der Vermutung gelangen, durch Hinzunahme der Anordnung würden keine neuen Folgerungsbeziehungen zwischen Schließungssätzen auftreten. Daß diese Vermutung falsch ist, zeigt der folgende Satz [**55, 56, 185**]:

17. Eine angeordnete projektive Ebene, in welcher der kleine Satz von Desargues gilt, ist desarguessch.

Beweis. Nach Satz 50 von S. 106 und Satz 4 von S. 161 hat man lediglich zu zeigen, daß ein angeordneter Alternativkörper $\mathfrak{K}$ bereits Schiefkörper ist. Da nach S. 234 die $n \cdot 1$ ($n = 0, 1, 2, \ldots$) alle untereinander verschieden sind, hat $\mathfrak{K}$ die Charakteristik 0. Aus $[a, b] = [b, c] = [c, a] = 0$ folgt nach (6.10) $3 \cdot [a, b, c] = [ab, c] = [ba, c] = 3 \cdot [b, a, c]$, also wegen des Alternierens des Assoziators $6 \cdot [a, b, c] = 0$ und daraus $[a, b, c] = 0$. Wäre $\mathfrak{K}$ kein Schiefkörper, so müßte es daher Elemente a, b, c mit $[a, b, c] \neq 0$, $[a, b] \neq 0$ geben. O. B. d. A. darf man dann $0 < [a, b]$ annehmen. Im Falle $0 < [a, b, c]$, also wegen (33) $-[a, b, c] < 0$, würde sich dann nach (39) und (40) $-[a, b, c]\,[a, b] < 0 < [a, b]\,[a, b, c]$ im Widerspruch zu (6.23) ergeben. Im Falle $[a, b, c] < 0$ gelangt man offenbar auf dieselbe Weise zum Widerspruch.

---

[1] Bei abzählbarem $\mathfrak{L}_0$ kann man auch hier nach dem in der vorigen Fußnote angegebenen Verfahren einen abzählbaren angeordneten, nicht kommutativen Schiefkörper bilden. Zur Bildung angeordneter Schiefkörper s. auch [**152**].

9.4. Archimedische Anordnung.

Bildet man in einem angeordneten (U, V, W)-Gewebe $\mathfrak{G}$ zu zwei gewöhnlichen Punkten O, A ein und derselben V-Geraden die durch

$$A_1 = A, \qquad A_{n+1} = \big((OW \cap AU)\, V \cap A_n W\big)\, U \cap OV$$

rekursiv definierte Punktfolge (Abb. 47), so ist der Fall von besonderer Bedeutung, daß zu jedem Punkt B mit OAB eine Zahl n mit OBA_n gefunden werden kann. Liegt dieser Fall *bei beliebiger Wahl von O und A* vor, so wird das angeordnete Gewebe als *archimedisch angeordnet* bezeichnet. Diese Eigenschaft bedeutet wegen (2.5) und (37) offenbar, daß jede Loop $\mathfrak{L}\,(= \boldsymbol{L}(\mathfrak{G}, O))$ von $\mathfrak{G}$ die Bedingung erfüllt: *Zu Elementen a, b, a', b' mit $b' < a' < 0 < a < b$ gibt es stets natürliche Zahlen n, n' mit $n' \cdot a' < b'$, $b < n \cdot a$.* Eine angeordnete Loop mit dieser Eigenschaft wird ebenfalls als *archimedisch angeordnet* bezeichnet. Diese Benennung wird auch angewandt für angeordnete cartesische Gruppen, insbesondere Quasikörper, Schiefkörper und Körper, welche als angeordnete Loops bezüglich der Addition betrachtet archimedisch angeordnet sind. Nichtarchimedisch angeordnet sind z. B. — wie man leicht erkennt — die auf S. 239/40 angegebenen Quasikörper und

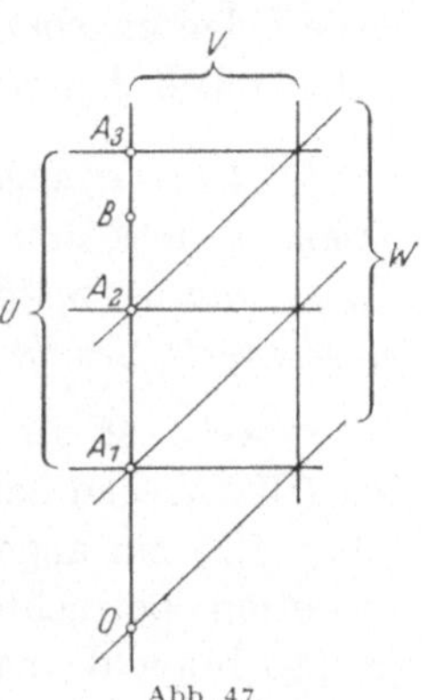

Abb. 47.

Schiefkörper; setzt man dabei $\sigma = 1$, so ergibt sich ein nichtarchimedisch angeordneter Körper[1]. Hat in einer angeordneten Loop jedes Element ein Inverses und gilt $n \cdot (-a) = -n \cdot a$ für alle Loopelemente a und alle natürlichen Zahlen n, so ist die Loop bereits dann archimedisch angeordnet, wenn es zu Elementen a, b mit $0 < a < b$ stets eine natürliche Zahl n mit $b < n \cdot a$ gibt. Denn ist $b' < a' < 0$, so folgt nach (36) $0 < -a' < -b'$, so daß es eine natürliche Zahl n' mit $-b' < n' \cdot (-a') = -n' \cdot a'$ gibt, woraus nach (36) endlich $n' \cdot a' < b'$ folgt. Ist in einer angeordneten projektiven Ebene jedes aus drei Geradenbüscheln mit kollinearen Trägern gebildete Gewebe archimedisch angeordnet, so heißt die projektive Ebene *archimedisch angeordnet* (hierzu Crampe [1960], Priess-Crampe [1966, 1967]). Bei angeordneten Moufang-Ebenen genügt nach Satz 3, S. 109, zum Beweis der archimedischen Anordnung natürlich schon die archimedische Anordnung nur eines dieser Gewebe.

18. *Die zu einer archimedisch angeordneten projektiven Ebene duale Ebene ist ebenfalls archimedisch angeordnet.*

---

[1] Es handelt sich dabei um den Potenzreihenkörper in einer Erzeugenden über $\mathfrak{L}$; vgl. etwa [**163**, S. 277].

Zum Beweis hat man lediglich zu beachten, daß für die auf EV unter Ersetzung von O durch $E' = (1, 0)$ und von W durch $UV \cap aE'$ $(a \neq 0)$ erklärte Addition $+$ nach (2.5) und (1.54) die Gleichung

$$(1, a) + (1, b) = (1, a \widetilde{+} b)$$

gilt und daß $x \to (1, x)$ als von einer Perspektivität hervorgerufen eine die Zwischenbeziehung erhaltende Abbildung ist.

Aus der archimedischen Anordnung eines in einer angeordneten projektiven Ebene enthaltenen Gewebes kann man unter Umständen neue Folgerungsbeziehungen zwischen Schließungssätzen gewinnen. Man hat nämlich den Satz:

19. *In einer angeordneten projektiven Ebene $\mathfrak{E}$ gilt der Satz von Pappos, wenn es in $\mathfrak{E}$ drei verschiedene kollineare Punkte U, V, W so gibt, daß $\mathfrak{E}_{UV}$ Translationsebene und das aus den Geraden durch U, V, W gebildete angeordnete Gewebe archimedisch angeordnet ist.*

Beweis. $\mathfrak{K}$ sei der Ternärkörper von $\mathfrak{E}$ bezüglich O, U, V, E mit $E \in OW$. Wegen Satz 38 von S. 101 ist $\mathfrak{K}$ dann zufolge der Voraussetzung über $\mathfrak{E}_{UV}$ ein angeordneter Quasikörper, der als Gruppe bezüglich der Addition betrachtet archimedisch angeordnet ist. Nach Satz 1 von S. 136 braucht man jetzt nur noch zu zeigen, daß die Multiplikation eines solchen Quasikörpers assoziativ und kommutativ ist. Zu jedem Element $a \in \mathfrak{K}$ wird für jede natürliche Zahl n die kleinste ganze Zahl m_n mit $n \cdot a < m_n \cdot 1$ gebildet, was wegen der archimedischen Anordnung und $m \cdot (-1) = -m \cdot 1$, $-1 < 0$ offenbar möglich ist. Wegen $(m_1 - 1) \cdot 1 \leq a$ und der daraus folgenden Ungleichung $n(m_1 - 1) \cdot 1 \leq n \cdot a$ ist $n(m_1 - 1) < m_n$, also $m_1 - 1 < n^{-1} m_n$. Die Folge der $n^{-1} m_n$ besitzt also eine reelle Zahl r_a als untere Grenze. Damit ist eine Abbildung $a \to r_a$ von $\mathfrak{K}$ auf eine Menge von reellen Zahlen gewonnen. Bildet man entsprechend m_n zu a' und $a'' = a + a'$ die ganzen Zahlen m_n', m_n'', so gilt nach (35) $(m_n + m_n' - 2) \cdot 1 \leq n \cdot a'' < (m_n + m_n') \cdot 1$ und daher $m'' = m_n + m_n'$ oder $m_n'' = m_n + m_n' - 1$. Daraus schließt man nun in der üblichen Weise, daß weder $r_{a''} < r_a + r_{a'}$ noch $r_a + r_{a'} < r_{a''}$ sein kann. Es ist also $r_{a+a'} = r_a + r_{a'}$. Bei $0 < a$ wählt man eine natürliche Zahl k mit $1 < k \cdot a$ und bestimmt zu $n \geq k$ die natürliche Zahl q mit $qk \leq n < (q + 1) k$, so daß also $q \cdot 1 < n \cdot a < m_n \cdot 1$, daher (siehe die Bemerkung nach (37), S. 234) $q < m_n$ und weiter $0 < (2k)^{-1} \leq ((q + 1) k)^{-1} q < n^{-1} q < n^{-1} m_n$ für alle $n \geq k$ und somit $0 < r_a$ folgt. Wegen (34) besagt $a' < a''$ gerade $0 < a$ für $a + a' = a''$, woraus sich wegen $r_a + r_{a'} = r_{a''}$, $0 < r_a$ dann $r_{a'} < r_{a''}$ ergibt. $a \to r_a$ ist somit ein ordnungserhaltender Isomorphismus der aus der Menge $\mathfrak{K}$ mit der Verknüpfung $+$ gebildeten kommutativen Gruppe

$\Re^+$ auf eine additive Gruppe $\Re$ reeller Zahlen, unter denen wegen $r_1 = 1$ die Zahl 1 vorkommt. Mit $e \in \Re - \{0\}$ statt 1 gilt diese Aussage noch, wenn man $\Re^+$ durch eine beliebige, archimedisch angeordnete kommutative Gruppe ersetzt; denn mehr hat man offenbar beim Beweis nicht benötigt. — Wegen (3.13) und (38), (33) ist bei festem $b \neq 0$ die Abbildung $a \rightarrow ba$ ein monotoner Automorphismus von $\Re^+$, nämlich monoton wachsend für $0 < b$ und monoton fallend für $b < 0$, und daher $r_a \rightarrow r_{ba}$ ebenfalls ein monotoner Automorphismus σ von $\Re$. Jede rationale $n^{-1}m$ (n natürliche, m ganze Zahl) liegt in $\Re$, nämlich als r_x mit $n \cdot x = x(n \cdot 1) = m \cdot 1$, und man hat $(n^{-1}m)^\sigma = n^{-1}m \, 1^\sigma$. Da jede reelle Zahl Grenzwert von rationalen Zahlen ist, während Grenzwertbeziehungen bei monotoner Abbildung von $\Re$ auf sich bestehenbleiben, gilt $r^\sigma = 1^\sigma r$ für alle $r \in \Re$ und daher $r_{ba} = r_b r_a$. Da diese Gleichung für $b = 0$ selbstverständlich ist, hat man somit die Abbildung $a \rightarrow r_a$ als einen Isomorphismus auch bezüglich der Multiplikation erkannt, so daß sich aus der Assoziativität und Kommutativität der Multiplikation reeller Zahlen die zu beweisende Assoziativität und Kommutativität der Multiplikation in $\Re$ ergibt.

Ein Sonderfall des soeben bewiesenen Satzes ist der folgende [**89**]:

20. *In einer archimedisch angeordneten desarguesschen Ebene gilt der Satz von Pappos.*

Der oben durchgeführte Beweis zeigt noch, daß ein archimedisch angeordneter Quasikörper durch einen ordnungserhaltenden Isomorphismus auf einen Unterkörper des Körpers der reellen Zahlen abgebildet werden kann. Eine projektive Ebene, welche einen solchen Quasikörper als Ternärkörper besitzt, läßt sich also unter Erhaltung der Trennbeziehung auf eine Unterebene einer angeordneten projektiven Ebene abbilden, welche den Körper der reellen Zahlen als Ternärkörper besitzt und welche man daher als *reelle projektive Ebene* bezeichnet. Da alle reellen projektiven Ebenen sich natürlich unter Erhaltung der Trennbeziehung isomorph aufeinander abbilden lassen, darf man auch von *der* reellen projektiven Ebene sprechen. Man hat also den Satz:

21. *Eine archimedisch angeordnete desarguessche Ebene läßt sich unter Erhaltung der Trennbeziehung isomorph auf eine Unterebene der reellen projektiven Ebene abbilden.*

Die oben über den Automorphismus σ von $\Re$ angestellten Überlegungen bleiben offenbar auch für einen ordnungserhaltenden Isomorphismus des Körpers der reellen Zahlen in sich richtig, und da für einen solchen $1^\sigma = 1$ ist, folgt, daß jeder ordnungserhaltende Isomorphismus des Körpers der reellen Zahlen in sich die identische Abbildung ist.

Diese Tatsache und der vorige Satz ergeben nun zusammen sofort die folgende Kennzeichnung der reellen projektiven Ebene[1]:

22. *Eine archimedisch angeordnete desarguessche[2] Ebene ist genau dann reelle projektive Ebene, wenn sie nicht Unterebene einer anderen archimedisch angeordneten desarguesschen Ebene ist.*

Für eine reelle projektive Ebene $\mathfrak{E}$ wird $\mathfrak{E}_\omega$ als *reelle affine Ebene* bezeichnet. Ein (U, V, W)-Gewebe, das unter Erfüllung von $U, V, W \in \omega$ Unterstruktur von $\mathfrak{E}$ ist, mit der durch die Zwischenbeziehung von $\mathfrak{E}_\omega$ hervorgerufenen Zwischenbeziehung wird als ein *angeordnetes Parallelengewebe* der reellen affinen Ebene bezeichnet. Es gilt der Satz [**202, 37, 175, 168**]:

23. *Ein angeordnetes 3-Gewebe läßt sich genau dann unter Erhaltung der Zwischenbeziehung isomorph auf ein angeordnetes Parallelengewebe der reellen affinen Ebene abbilden, wenn es archimedisch angeordnet ist und die Sechseckbedingung erfüllt[3].*

Daß die angeordneten Parallelengewebe der reellen affinen Ebene die angegebenen Bedingungen erfüllen, erkennt man nach den Ergebnissen von **2.3** aus der sofort einzusehenden Tatsache, daß die Loops solcher Gewebe additive Gruppen reeller Zahlen sind (bis auf ordnungserhaltende Isomorphismen natürlich nur). Um nun auch das Umgekehrte zu zeigen, wird zunächst einmal bewiesen [**168**]:

24. *Erfüllt ein 3-Gewebe die Sechseckbedingung, so sind die Loops dieses Gewebes sämtlich potenzassoziativ[4].*

Dabei wird eine Loop als *potenzassoziativ* bezeichnet, wenn jedes ihrer Elemente in einer assoziativen Unterloop liegt, also für jedes Element a die in (37) erklärten $n \cdot a$ eine Gruppe (mit der Verknüpfung $+$) bilden. Nach den Sätzen 11, 2, 3 auf den S. 54, 47, 48 bedeutet die Sechseckbedingung für ein 3-Gewebe, daß in einer Loop $\mathfrak{L}$ des Gewebes und jeder zu ihr isotopen Loop für jedes Element Linksinverses gleich Rechtsinversem ist. Nach Satz 5 von S. 48 und (2.18) besagt das nun die Regel:

$$(41) \quad v + u = b + a, \quad \text{wenn} \quad x + a = b + u, \quad b + z = v + a, \quad x + z = b + a;$$

---

[1] Die hier zur Kennzeichnung verwandte „Maximalität" der reellen projektiven Ebene ist in [**90**] durch das sog. *Vollständigkeitsaxiom* ausgedrückt. Andere Kennzeichnungen der reellen projektiven Ebene findet man z. B. in [**208, 162, 65**].

[2] Nach Satz 19 von S. 242 kann man diese Eigenschaften natürlich durch schwächere ersetzen.

[3] Über m-Gewebe der reellen affinen Ebene mit $m > 3$ s. [**12, 141, 174, 38** § 12].

[4] Das Umgekehrte gilt natürlich auch; jedoch nicht mehr bei Beschränkung auf *eine* Loop, weil nämlich nach [**69**] die Potenzassoziativität nicht durch eine Regel wie (41) ausgedrückt werden kann.

denn $b+a$ ist ja das neutrale Element des Hauptisotops $\mathfrak{L}^*$. Aus (41) wird durch vollständige Induktion nach $m+n=k$

$$(42) \qquad\qquad m \cdot c + n \cdot c = (m + n) \cdot c$$

für alle natürlichen Zahlen m, n und alle $c \in \mathfrak{L}$ hergeleitet; für $m=0$ oder $n=0$ ist (42) wegen $0 \cdot c = 0$ selbstverständlich. Als Induktionsvoraussetzung dient dabei $m' \cdot c + n' \cdot c = (m' + n') \cdot c$ für $m', n' > 0$ mit $m' + n' < k$. Um nun (42) für $m+n=k$ zu beweisen, wird Schluß von m auf $m+1$ verwendet. Für $m=1$ geht (42) in die Definitionsgleichung (37) über, so daß also nur noch aus (42) mit $m < k-1$ die Gleichung $(m+1) \cdot c + (n-1) \cdot c = (m+n) \cdot c$ herzuleiten ist. Zu diesem Zweck setzt man in (41) $z=n \cdot c$, $a=(n-1) \cdot c$, $b=m \cdot c$. Die Bestimmung von x aus $x+z=b+a$ liefert dann nach Induktionsvoraussetzung $x=(m-1) \cdot c$ und die Bestimmung von u aus $x+a=b+u$ weiter $u=(n-2) \cdot c$, denn es ist ja $n=k-m \geq 2$. Bestimmt man schließlich v durch $(m+n) \cdot c = v + (n-1) \cdot c$, so ist nach (42) $b+z=v+a$ und daher nach (41) $v+u=b+a$, also nach Induktionsvoraussetzung $v=(m+1) \cdot c$, womit der Induktionsbeweis beendet ist. — Als nächstes wird

$$(43) \qquad m \cdot (-c) + n \cdot c = \begin{cases} (n - m) \cdot c & \text{für} \quad m \leq n \\ (m - n) \cdot (-c) & \text{für} \quad n < m \end{cases}$$

hergeleitet, wobei m, n ganze Zahlen ≥ 0 seien. Als Induktionsvoraussetzung des Beweises durch vollständige Induktion nach m dient die Gültigkeit von (43) für jede ganze Zahl m' an Stelle von m, welche die Ungleichung $0 \leq m' < m$ befriedigt. Da (43) für $m=0$ wegen $0 \cdot c = 0$ selbstverständlich ist, darf $m \geq 1$ angenommen werden. Der Beweis von (43) wird nun durch Schluß von n auf $n+1$ geführt. Für $n=0$ ist (43) wieder selbstverständlich. Man hat also nur noch unter der Voraussetzung von (43) die daraus mit $n+1$ an Stelle von n gebildete Gleichung herzuleiten. Zu diesem Zweck setzt man in (41) $a=n \cdot c$, $b=(m-1) \cdot (-c)$, $z=(n-1) \cdot c$. Die Bestimmung von x aus $x+z=b+a$ liefert dann nach (37) $x=c$ für $m=1$ und nach Induktionsvoraussetzung $x=(m-2) \cdot (-c)$ für $m \geq 2$. Die Bestimmung von u aus $x+a=b+u$ ergibt dann weiter aus demselben Grund $u=(n+1) \cdot c$ und die von v aus $b+z=v+a$ unter Zuhilfenahme von (43) $v=m \cdot (-c)$. Nach (41) hat man dann $v+u=b+a$, und das ergibt mittels der Induktionsvoraussetzung gerade

$$m \cdot (-c) + (n+1) \cdot c = \begin{cases} ((n+1) - m) \cdot c & \text{für} \quad m \leq n+1 \\ (m - (n+1)) \cdot (-c) & \text{für} \quad n+1 < m. \end{cases}$$

Die damit vollständig bewiesene Gl. (43) zeigt nun, für $m=1$ und $c=-a$ angeschrieben, wegen $-(-a)=a$ durch Vergleich mit (37):

$n \cdot (-a) = (-n) \cdot a$ für alle natürlichen Zahlen n. Wegen (42) und (43) ist daher $n \to n \cdot c$ ein Homomorphismus der additiven Gruppe der ganzen Zahlen auf die aus den $n \cdot c$ bestehende Untermenge der Loop $\mathfrak{L}$ und diese Untermenge somit eine assoziative Unterloop.

Als nächstes wird der Satz bewiesen [**168**]:

25. *Eine archimedisch angeordnete potenzassoziative Loop ist kommutativ*[1].

Beweis. Zuerst wird der Fall behandelt, daß unter den Elementen >0 der Loop ein kleinstes Element c vorkommt. Da wegen der Potenzassoziativität

$$(44) \qquad n \cdot (-c) = -n \cdot c$$

und nach (33) $-c < 0$ ist, kann man wegen der archimedischen Anordnung zu jedem Element a der Loop eine ganze Zahl n mit $n \cdot c \leq a < (n+1) \cdot c$ bestimmen. Daraus folgt nach (33) und der Potenzassoziativität $0 \leq a + (-n \cdot c) < c$ und daher nach Definition von c also $a + (-n \cdot c) = 0$. Diese Gleichung bedeutet aber $a = n \cdot c$, und daraus folgt wegen der Potenzassoziativität sofort die Kommutativität. Falls unter den Elementen >0 kein kleinstes vorkommt, seien entgegen der Behauptung Elemente a, b mit $a + b \neq b + a$ gegeben. O. B. d. A. darf man dann $a + b < b + a$ annehmen. Für das durch $d + (a + b) = b + a$ bestimmte Element d gilt nach (36) $0 < d$. Nach Voraussetzung gibt es nun ein Element d' mit $0 < d' < d$, und (36) liefert für das durch $d' + d'' = d$ bestimmte Element d'' wieder $0 < d''$. Offenbar gibt es dann ein Element c mit $0 < c \leq d', d''$, woraus nach (35) $2 \cdot c \leq d$ folgt. Wegen (44) und der archimedischen Anordnung kann man nun ganze Zahlen m, n mit

$$m \cdot c \leq a < (m+1) \cdot c,$$
$$n \cdot c \leq b < (n+1) \cdot c$$

finden. Aus diesen Ungleichungen folgt nach (35)

$$m \cdot c + n \cdot c \leq a + b, \qquad b + a < (n+1) \cdot c + (m+1) \cdot c$$

und daher wegen der Potenzassoziativität sowie (34), (33):

$$(m + n + 2) \cdot c \leq 2 \cdot c + (a + b) \leq d + (a + b) = b + a < (m + n + 2) \cdot c,$$

was unmöglich ist. Damit hat man die Kommutativität der Loop bewiesen.

Ist jetzt ein archimedisch angeordnetes 3-Gewebe gegeben, das die Sechseckbedingung erfüllt, so weiß man nach dem Satz 24 von S. 244, daß seine Loops sämtlich potenzassoziativ und daher nach Satz 25 als

---

[1] Für Gruppen zuerst in [**93**] bewiesen; die dortige Beweismethode läßt sich auch hier fast unverändert verwenden.

archimedisch angeordnete Loops sämtlich kommutativ sind. Nach Satz 3 von S. 48 sind daher also alle Isotope einer Loop $\mathfrak{L}$ des Gewebes kommutativ, so daß $\mathfrak{L}$ nach Satz 6 von S. 49 assoziativ ist. Damit hat man $\mathfrak{L}$ als archimedisch angeordnete kommutative Gruppe erkannt. Setzt man nun auf S. 243 $\mathfrak{L}$ an Stelle der kommutativen Gruppe $\mathfrak{R}^+$, so ergibt sich ein ordnungserhaltender Isomorphismus σ von $\mathfrak{L}$ auf eine additive Gruppe reeller Zahlen. Ordnet man jetzt dem Gewebepunkt mit dem Koordinatenpaar (x, y) den Punkt der reellen affinen Ebene mit dem Koordinatenpaar (x^σ, y^σ) zu, so liegt offenbar eine Abbildung des Gewebes auf ein Parallelengewebe der reellen affinen Ebene vor. In Anbetracht der auf S. 233 und 236 gegebenen Erklärungen der Zwischenbeziehung in Gewebe und affiner Ebene durch die Anordnungen der Koordinatenbereiche bleibt die Zwischenbeziehung bei dieser Abbildung erhalten. Damit ist Satz 23 bewiesen.

9.5. Ordnungsfunktionen[1].

Die Seiteneinteilungen in einer angeordneten affinen Ebene legen es nahe, ganz allgemein in einer affinen Ebene[2] $\mathfrak{A}$ Abbildungen o der Menge aller Paare (ξ, X) mit $X \notin \xi$ in die Menge der ganzen Zahlen $1, -1$ zu betrachten; eine solche Funktion heißt *Ordnungsfunktion* von $\mathfrak{A}$. Eine Aussage, in welcher der Term $(\xi, X)^o$ vorkommt, soll zugleich die Existenz des Terms, also $X \notin \xi$ mit besagen. Ist $\mathfrak{A}$ angeordnet, so kann man eine Ordnungsfunktion o so gewinnen, daß man bei jeder Geraden ξ für die Punkte X der einen Seite $(\xi, X)^o = 1$ und für die der anderen Seite $(\xi, X)^o = -1$ setzt. Definiert man dann die ternäre Relation ϱ, bei der im Falle $\varrho(x, y, z)$ sowohl x wie z ein Punkt, y aber eine Gerade ist, durch

$$(45) \qquad \varrho(X, \xi, Y) \quad \textit{genau dann, wenn} \quad (\xi, X)^o (\xi, Y)^o = -1,$$

so besteht zwischen ϱ und der Zwischenbeziehung offenbar der folgende Zusammenhang: $\varrho(X, \xi, Y)$ ist gleichbedeutend mit $X(\xi \cap XY) Y$. Allgemein werde daher eine ternäre Relation ϱ, welche in einer affinen Ebene durch eine Ordnungsfunktion o mittels (45) erklärt wird, als *Quasi-Zwischenbeziehung* bezeichnet. Aus (45) folgt sofort

$$(46) \qquad X, Y \notin \xi, \quad \textit{wenn} \quad \varrho(X, \xi, Y);$$

$$(47) \qquad \begin{cases} \textit{wenn} \quad X_i \notin \xi \ (i = 1, 2, 3), \quad \textit{so gilt} \quad \varrho(X_i, \xi, X_k) \\ \textit{für keins oder für genau zwei der Paare } (i, k) \textit{ mit } i < k. \end{cases}$$

---

[1] Dieser Begriff wurde von JUNKERS [1966, 1969, 1970, 1971, 1972] verallgemeinert, indem die multiplikative Gruppe $\{1, -1\}$ durch eine beliebige Gruppe ersetzt wird. Es ergeben sich Beziehungen zu LESIEUR [1966] und PETIT [1966, 1969 b]; siehe auch PICKERT [1970].

[2] Für einen großen Teil des Folgenden benötigt man viel weniger, nämlich nur die Eigenschaft (1.1) der Inzidenzbeziehung; vgl. [193].

Man erkennt leicht, daß (47) für den oben behandelten Fall einer angeordneten affinen Ebene bei nichtkollinearen X_i gerade das Axiom von Pasch mit der Verschärfung von S. 230 besagt. Es gilt nun der Satz [**193**]:

26. *Eine ternäre Relation ϱ, bei der das mittlere Argument durch die Geraden und die anderen beiden durch die Punkte einer affinen Ebene ausgefüllt werden*[1], *ist genau dann eine Quasi-Zwischenbeziehung, wenn sie den Bedingungen* (46), (47) *genügt.*

Zum Beweis hat man nur noch unter der Voraussetzung von (46), (47) eine Ordnungsfunktion o zu erklären, für welche (45) gilt. Man setzt zu diesem Zweck $(X, \xi, Y)^\varrho = -1$, falls $\varrho(X, \xi, Y)$ gilt, und $(X, \xi, Y)^\varrho = 1$ sonst. Man wählt zu jeder Geraden ξ einen Punkt $P_\xi \notin \xi$ und definiert die Ordnungsfunktion o durch

$$(\xi, X)^o = (X, \xi, P_\xi)^\varrho, \quad \text{falls} \quad X \notin \xi.$$

Nach (47) ergibt sich im Falle $X, Y \notin \xi$ dann

$$(\xi, X)^o (\xi, Y)^o (X, \xi, Y)^\varrho = 1,$$

also (45). Ist aber $X \in \xi$ oder $Y \in \xi$, so ergibt sich (45) daraus, daß einerseits nach (46) $\varrho(X, \xi, Y)$ nicht gilt, andererseits für die Ordnungsfunktion o einer der Terme $(\xi, X)^o$, $(\xi, Y)^o$ nicht existiert und daher $(\xi, X)^o (\xi, Y)^o = -1$ falsch ist.

Der Begriff der Ordnungsfunktion wird auch auf projektive Ebenen ausgedehnt und dort genau so erklärt wie in affinen Ebenen. In einer angeordneten projektiven Ebene $\mathfrak{E}$ betrachtet man nach Wahl einer beliebigen Geraden ω eine Ordnungsfunktion o, welche in der affinen Ebene $\mathfrak{E}_\omega$ eine Ordnungsfunktion hervorruft, die mit der Zwischenbeziehung in dem in Anschluß an (45) erklärten Zusammenhang steht und für die weiter $(\omega, X)^o = 1$ für alle $X \notin \omega$ gilt. Erklärt man dann eine quaternäre Relation τ, bei der die ersten beiden Argumente durch Geraden und die letzten beiden durch Punkte ausgefüllt werden, durch

(48) $\tau(\xi, \eta; X, Y)$ *genau dann, wenn* $(\xi, X)^o (\xi, Y)^o (\eta, X)^o (\eta, Y)^o = -1,$

so ergibt sich mittels (23), (24), (25), (26) und des Zusammenhangs der Zwischenbeziehung mit der durch (45) erklärten Relation ϱ: Für[2] $X, Y \notin \omega$ ist $\tau(\xi, \eta; X, Y)$ gleichbedeutend mit $(\xi \cap XY) (\eta \cap XY) | XY$. Allgemein wird daher eine quaternäre Relation τ, welche in einer projektiven Ebene durch eine Ordnungsfunktion o mittels (48) erklärt wird,

---

[1] Siehe Fußnote 2, S. 247.

[2] Im Anschluß an Satz 28 wird auf S. 251 gezeigt, daß man diese Einschränkung durch passende Festsetzung der Werte (ξ, X) für $X \in \omega \neq \xi$ beseitigen kann.

als eine *Quasi-Trennbeziehung* bezeichnet. Aus (48) ergibt sich sofort:

$$(49) \qquad X, Y \notin \xi, \eta, \quad wenn \quad \tau(\xi, \eta; X, Y);$$

$$(50) \quad \begin{cases} wenn \quad X_i \notin \xi, \eta \quad (i = 1, 2, 3), \quad so\ gilt \quad \tau(\xi, \eta; X_i, X_k) \\ für\ keins\ oder\ für\ genau\ zwei\ der\ Paare\ (i, k)\ mit\ i < k; \end{cases}$$

$$(51) \quad \begin{cases} wenn \quad X, Y \notin \xi_i \quad (i = 1, 2, 3), \quad so\ gilt \quad \tau(\xi_i, \xi_k; X, Y) \\ für\ keins\ oder\ für\ genau\ zwei\ der\ Paare\ (i, k)\ mit\ i < k. \end{cases}$$

Bei angeordneter projektiver Ebene ist (50) offenbar die projektive Form von (47). Die Aussagen (50) und (51) sind dual zueinander. Es gilt nun der Satz [**193**]:

27. Eine quaternäre Relation τ, bei der die ersten beiden Argumente durch die Geraden und die letzten beiden durch die Punkte einer projektiven Ebene mit mindestens sechs Punkten auf jeder Geraden[1] ausgefüllt werden, ist genau dann eine Quasi-Trennbeziehung, wenn sie die Bedingungen (49), (50), (51) erfüllt.

Zum Beweis hat man nur noch unter Voraussetzung von (49), (50), (51) eine Ordnungsfunktion o zu erklären, für welche (48) gilt. Man wählt in der projektiven Ebene $\mathfrak{E}$ eine Gerade ω und betrachtet in der affinen Ebene $\mathfrak{E}_\omega$ die ternäre Relation ϱ, welche dadurch erklärt wird, daß $\varrho(X, \xi, Y)$ dasselbe bedeuten soll wie $\tau(\xi, \omega; X, Y)$. Wegen (49), (50) erfüllt ϱ dann die Bedingungen (46), (47), so daß es in $\mathfrak{E}_\omega$ eine Ordnungsfunktion o gibt, welche (45) erfüllt. Man setzt nun $(\xi, \eta; X, Y)^\tau = -1$, falls $\tau(\xi, \eta; X, Y)$, und $= 1$ sonst, so daß nach dem eben Bewiesenen

$$(\xi, \omega; X, Y)^\tau = (\xi, X)^o (\xi, Y)^o \quad für \quad X, Y \notin \xi, \omega \quad und \quad \xi \neq \omega$$

gilt. Nach (51) ist daher

$$(\xi, X)^o (\xi, Y)^o (\eta, X)^o (\eta, Y)^o (\xi, \eta; X, Y)^\tau = 1,$$

also

$$(52) \quad (\xi, \eta; X, Y)^\tau = (\xi, X)^o (\xi, Y)^o (\eta, X)^o (\eta, Y)^o \quad für \quad X, Y \notin \xi, \eta$$

unter den weiteren Einschränkungen $X, Y \notin \omega$ und $\xi, \eta \neq \omega$. Aus (50) und (51) folgt noch

$$(53) \quad \begin{cases} (\xi, \xi; X, Y)^\tau = 1 = (\xi, \eta; X, X)^\tau, \\ (\xi, \eta; X, Y)^\tau = (\eta, \xi; X, Y)^\tau = (\xi, \eta; Y, X)^\tau \quad für \quad X, Y \notin \xi, \eta; \end{cases}$$

denn man hat

$$((\xi, \xi; X, Y)^\tau)^3 = 1 = ((\xi, \eta; X, Y)^\tau)^3$$

---

[1] Nach einer Mitteilung von Herrn E. Sperner kann man den Satz auch ohne diese Voraussetzung beweisen; s. auch die Bemerkung in [**193**, S. 111].

und

$$(\xi,\eta;X,Y)^{\tau}\,(\xi,\xi;X,Y)^{\tau}\,(\eta,\xi;X,Y)^{\tau} = 1$$
$$= (\xi,\eta;X,Y)^{\tau}\,(\xi,\eta;X,X)^{\tau}\,(\xi,\eta;Y,X)^{\tau}.$$

Zur Fortsetzung von o auf $\mathfrak{E}$ erklärt man $(\omega,X)^o=1$ für $X\notin\omega$. Das hat zur Folge, daß (52) wegen (53) auch gilt, wenn $\xi=\omega$ oder $\eta=\omega$ ist. Daher kann in der zu (52) angegebenen Einschränkung $\xi,\eta\neq\omega$ gestrichen werden. Man muß jetzt nur noch $(\xi,X)^o$ für $X\in\omega\neq\xi$ so erklären, daß (52) auch bei $X\in\omega$ oder $Y\in\omega$ gilt. Zu diesem Zweck wird erst einmal festgestellt, daß für $X\in\omega$, $X\notin\xi,\eta$ sowie $Z\notin\xi,\eta,\omega$ und $\xi,\eta\neq\omega$ der Ausdruck

$$(\eta,Z)^o\,(\xi,Z)^o\,(\eta,\xi;X,Z)^{\tau}$$

nicht von Z abhängt; gilt nämlich auch $Z'\notin\xi,\eta,\omega$, so folgt aus (50)

$$(\eta,\xi;X,Z)^{\tau}\,(\eta,\xi;X,Z')^{\tau} = (\eta,\xi;Z,Z')^{\tau} = (\eta,Z)^o\,(\eta,Z')^o\,(\xi,Z)^o\,(\xi,Z')^o,$$

also

$$(\eta,Z)^o\,(\xi,Z)^o\,(\eta,\xi;X,Z)^{\tau}\,(\eta,Z')^o\,(\xi,Z')^o\,(\eta,\xi;X,Z')^{\tau} = 1.$$

Man wählt nun zu jedem Punkt $X\in\omega$ eine nicht durch X gehende Gerade $\gamma_X\neq\omega$ und setzt dann für $X\notin\xi\neq\omega$ und $Z\notin\xi,\gamma_X,\omega$:

$$(54)\qquad (\xi,X)^o = (\gamma_X,Z)^o\,(\xi,Z)^o\,(\gamma_X,\xi;X,Z)^{\tau}.$$

Ist auch noch $X\notin\eta\neq\omega$, so wählt man einen Punkt $Z\notin\xi,\eta,\gamma_X,\omega$; das Vorhandensein eines solchen Z folgt daraus, daß es ja mehr als vier Geraden geben muß, die vier Geraden also mit einer von ihnen verschiedenen Geraden geschnitten werden können, so daß auf dieser Schnittgeraden ein von den höchstens vier Schnittpunkten verschiedener Punkt als Z gewählt werden kann. Man erhält dann nach (54), (51), (50) und dem schon bewiesenen Teil von (52) für $Y\notin\xi,\eta,\omega$:

$$(\xi,X)^o\,(\eta,X)^o = (\xi,Z)^o\,(\eta,Z)^o\,(\gamma_X,\xi;X,Z)^{\tau}\,(\gamma_X,\eta;X,Z)^{\tau}$$
$$= (\xi,Z)^o\,(\eta,Z)^o\,(\xi,\eta;X,Z)^{\tau}$$
$$= (\xi,Z)^o\,(\eta,Z)^o\,(\xi,\eta;X,Y)^{\tau}\,(\xi,\eta;Z,Y)^{\tau}$$
$$= (\xi,Y)^o\,(\eta,Y)^o\,(\xi,\eta;X,Y)^{\tau}$$

und damit wieder (52). In Anbetracht von (53) braucht man also jetzt (52) nur noch für $X,Y\in\omega$ zu beweisen. Zu diesem Zweck benötigt man einen Punkt $Z\notin\xi,\eta,\gamma_X,\gamma_Y,\omega$, dessen Vorhandensein man genau so beweist wie oben. Man erhält dann also mittels (54), (50), (51) und (53):

$$(\xi,X)^o\,(\xi,Y)^o\,(\eta,X)^o\,(\eta,Y)^o$$
$$= (\gamma_X,\xi;X,Z)^{\tau}\,(\gamma_Y,\xi;Y,Z)^{\tau}\,(\gamma_X,\eta;X,Z)^{\tau}\,(\gamma_Y,\eta;Y,Z)^{\tau}$$
$$= (\xi,\eta;X,Z)^{\tau}\,(\xi,\eta;Y,Z)^{\tau}$$
$$= (\xi,\eta;X,Y)^{\tau}.$$

Damit ist (52), also (48) im Falle $X, Y \notin \xi, \eta$ bewiesen. Nach (49) ist nun $\tau(\xi, \eta; X, Y)$ bei Verletzung der Bedingung $X, Y \notin \xi, \eta$ falsch, und dasselbe gilt in diesem Fall wegen Nichtexistenz mindestens eines der Faktoren für die Gleichung $(\xi, X)^o (\xi, Y)^o (\eta, X)^o (\eta, Y)^o = -1$. Damit ist (48) vollständig bewiesen. Beim Beweis hat sich zugleich ergeben:

28. *Eine Quasi-Trennbeziehung einer projektiven Ebene mit mindestens sechs Punkten auf jeder Geraden läßt sich bei vorgegebener Geraden ω durch eine solche Ordnungsfunktion o darstellen, für welche im Falle $X \notin \omega$ stets $(\omega, X)^o = 1$ gilt*[1].

Nach diesem Satz läßt sich das auf S. 248 einleitend über den Zusammenhang der Trennbeziehung einer angeordneten projektiven Ebene mit einer Quasi-Trennbeziehung Gesagte vervollständigen. Die Trennbeziehung definiert offensichtlich eine Quasi-Trennbeziehung τ durch die Festsetzung: $\tau(\xi, \eta; X, Y)$ genau dann, wenn $(\xi \cap XY)(\eta \cap XY)|XY$. Wählt man nun die Ordnungsfunktion o gemäß dem letzten Satz[2], so folgt, daß die von o in $\mathfrak{E}_\omega$ hervorgerufene Ordnungsfunktion mit der Zwischenbeziehung von $\mathfrak{E}_\omega$ gerade in dem auf S. 247 im Anschluß an (45) betrachteten Zusammenhang steht.

Bei der Einführung der Quasi-Zwischenbeziehungen und der Quasi-Trennbeziehungen in angeordneten affinen bzw. projektiven Ebenen war man von Relationen in der Menge der Punkte ausgegangen. Umgekehrt ergibt sich nun die Frage, wann eine Quasi-Zwischenbeziehung ϱ bzw. eine Quasi-Trennbeziehung τ eine ternäre Relation ϱ^* bzw. eine quaternäre Relation τ^* in der Menge der Punkte erzeugt, für welche gilt:

$$(55) \quad \left\{ \begin{array}{l} \varrho^*(X, Z, Y) \quad \textit{gleichbedeutend mit} \quad \varrho(X, \xi, Y), \\ \quad \textit{falls} \quad XZ = YZ, \; X, Y \notin \xi, \; Z \in \xi, \\ \textit{und} \quad XZ = YZ, \quad \textit{falls} \quad \varrho^*(X, Z, Y); \end{array} \right.$$

$$(56) \quad \left\{ \begin{array}{l} \tau^*(U, V; X, Y) \quad \textit{gleichbedeutend mit} \quad \tau(\xi, \eta; X, Y), \\ \quad \textit{falls} \quad XU = YV, \; X, Y \notin \xi, \eta, \; U \in \xi, \; V \in \eta, \\ \textit{und} \quad XU = YU = XV = YV, \quad \textit{falls} \quad \tau^*(U, V; X, Y). \end{array} \right.$$

Aus (55) und (45) folgt nun sofort:

$$(\xi, X)^o (\xi, Y)^o (\eta, X)^o (\eta, Y)^o = 1,$$

falls $X, Y \notin \xi, \eta$ *und* $Z \in \xi, \eta$ *sowie* $XZ = YZ$.

Diese Bedingung wird als *Geradenrelation* bezeichnet [**193**]. In einer projektiven Ebene bedeutet sie gemäß (48), daß $\tau(\xi, \eta; X, Y)$ unter

---

[1] Daß in einer desarguesschen projektiven Ebene diese Bedingung hier nicht erfüllt zu sein braucht, zeigt das Konstruktionsverfahren von S. 256.

[2] Nach Satz 11 von S. 234 enthält jede Gerade einer angeordneten projektiven Ebene ja sogar unendlich viele Punkte.

den Voraussetzungen $X, Y \notin \xi, \eta$ und $Z \in \xi, \eta$ sowie $XZ = YZ$ falsch ist. Unter diesen Voraussetzungen ist aber nach (56) $\tau(\xi, \eta; X, Y)$ gleichbedeutend mit $\tau(\xi, \xi; X, Y)$, so daß nach (53) die Geradenrelation auch aus (56) folgt. Aus der Geradenrelation erkennt man umgekehrt sofort, daß durch (55) und (56) tatsächlich Relationen ϱ^*, τ^* erklärt werden können: Gilt nämlich auch noch $X, Y \notin \xi'$ und $Z \in \xi'$ bzw. $X, Y \notin \xi', \eta'$ und $U \in \xi', V \in \eta'$, so ist

$$(X, \xi, Y)^\varrho (X, \xi', Y)^\varrho = (\xi, X)^o (\xi, Y)^o (\xi', X)^o (\xi', Y)^o = 1$$

bzw.

$$(\xi, \eta; X, Y)^\tau (\xi', \eta'; X, Y)^\tau$$
$$= (\xi, X)^o (\xi, Y)^o (\eta, X)^o (\eta, Y)^o (\xi', X)^o (\xi', Y)^o (\eta', X)^o (\eta', Y)^o = 1.$$

Man hat damit bewiesen [**193**]:

29. *Die Geradenrelation für eine Ordnungsfunktion o ist notwendig und hinreichend sowohl dafür, daß die durch sie nach* (45) *bestimmte Quasi-Zwischenbeziehung ϱ nach* (55) *eine ternäre Relation ϱ^* in der Menge der Punkte liefert, wie auch dafür, daß die durch sie nach* (48) *bestimmte Quasi-Trennbeziehung τ nach* (56) *eine quaternäre Relation τ^* in der Menge der Punkte liefert.*

Die Relationen τ^* lassen sich folgendermaßen kennzeichnen [**194**]:

30. *Eine in jeder Punktreihe einer projektiven Ebene erklärte*[1] *quaternäre Relation τ^* geht genau dann gemäß* (56) *aus einer Quasi-Trennbeziehung hervor, wenn sie bei Perspektivitäten erhalten bleibt und die Eigenschaften besitzt:*

$$(57) \qquad U, V \neq X, Y \quad und \quad X \neq Y, \quad wenn \quad \tau^*(U, V; X, Y);$$

$$(58) \qquad \tau^*(U, V; X, Y), \quad wenn \quad \tau^*(U, V; Y, X);$$

$$(59) \quad \begin{cases} im\ Falle \quad X_i \neq Y_j \ (i = 1, 2, 3; j = 1, 2) \quad gilt \quad \tau^*(X_i, X_k; Y_1, Y_2) \\ für\ keins\ oder\ für\ genau\ zwei\ der\ Paare\ (i, k)\ mit\ i < k. \end{cases}$$

Die Quasi-Trennbeziehung ist dabei durch τ^* eindeutig bestimmt.

Beweis. Aus (56), (53), (51) folgen sofort (57), (58), (59). Sei nun σ die Perspektivität von $\mathfrak{P}_\alpha$ auf $\mathfrak{P}_\beta$ mit Zentrum S und $U, V, X, Y \in \alpha$ mit $\tau^*(U, V; X, Y)$. Aus (56) ergibt sich dann $\tau(SU, SV; X, Y)$, also nach (48)

$$(SU, X)^o (SU, Y)^o (SV, X)^o (SV, Y)^o = -1.$$

Wegen $SX = SX^\sigma, SY = SY^\sigma$ folgt nun aus der Geradenrelation:

$$(SU, X)^o (SU, X^\sigma)^o (SV, X)^o (SV, X^\sigma)^o = 1,$$

$$(SU, Y)^o (SU, Y^\sigma)^o (SV, Y)^o (SV, Y^\sigma)^o = 1,$$

---

[1] Das heißt aus dem Bestehen der Relation zwischen vier Punkten folgt deren Kollinearität!

und durch Multiplikation dieser drei Gleichungen erhält man

$$(SU, X^\sigma)^o \, (SU, Y^\sigma)^o \, (SV, X^\sigma)^o \, (SV, Y^\sigma)^o = -1 \, .$$

Nach (48) ist also $\tau(SU, SV; X^\sigma, Y^\sigma)$ und wegen $SU = SU^\sigma$, $SV = SV^\sigma$ nach (56) daher schließlich $\tau^*(U^\sigma, V^\sigma; X^\sigma, Y^\sigma)$. Damit ist auch das Erhaltenbleiben bei Perspektivitäten bewiesen. Sei jetzt umgekehrt in jeder Punktreihe eine quaternäre Relation τ^* mit den im Satz genannten Eigenschaften gegeben. Soll dann für eine Quasi-Trennbeziehung τ (56) gelten, so folgt:

$$(60) \quad \tau(\xi, \eta; X, Y) \quad genau \ dann, \ wenn \quad \tau^*(XY \cap \xi, \ XY \cap \eta; \ X, Y);$$

denn aus $\tau(\xi, \eta; X, Y)$ ergibt sich nach (53) und (49) $X \neq Y$ sowie $X, Y \notin \xi, \eta$, so daß $XY \cap \xi$, $XY \cap \eta$ vorhanden sind, und aus $\tau^*(XY \cap \xi, XY \cap \eta; X, Y)$ folgt nach (57) $X, Y \notin \xi, \eta$. Damit ist nun schon die eindeutige Bestimmtheit von τ gezeigt. Gilt $X, Y \notin \xi_i$ $(i = 1, 2, 3)$, so ist im Falle $X = Y$ nach (60) keine der Aussagen $\tau(\xi_i, \xi_k; X, Y)$ richtig[1]. Im Falle $X \neq Y$ sind die Punkte $XY \cap \xi_i$ $(i = 1, 2, 3)$ vorhanden und $\neq X, Y$, so daß aus (60) und (59) die Behauptung von (51) folgt. Zum Beweis von (50) schließlich verwendet man einfachheitshalber den wie auf S. 249 zu erklärenden Ausdruck $(\xi, \eta; X, Y)^\tau$. Da aus (59) die Falschheit von $\tau^*(Z, Z; X, Y)$ folgt, gilt nach (60):

$$(61) \quad (\xi, \eta; X, Y)^\tau = 1, \quad wenn \quad Z \in \xi, \eta \quad und \quad \varkappa(X, Y, Z) \, .$$

Sei nun $X_i \notin \xi_k$ $(i = 1, 2, 3; k = 1, 2)$. Falls die X_i nicht kollinear sind, existieren dann die Punkte $Z_i = \xi_i \cap X_i X_3$ $(i = 1, 2)$ sowie die Gerade $\xi = Z_1 Z_2$, und es gilt $X_i \notin \xi$ $(i = 1, 2, 3)$. Aus (61) folgt nun

$$(62) \qquad (\xi, \xi_i; X_i, X_3)^\tau = 1 \quad (i = 1, 2) \, .$$

Mit k als der von i und 3 verschiedenen natürlichen Zahl ≤ 3 ist $\tau(\xi, \xi_i; X_k, X_3)$ nach (60) gleichbedeutend mit

$$\tau^*(X_k X_3 \cap \xi, \ X_k X_3 \cap \xi_i; \ X_k, X_3) \, .$$

Die Perspektivität von $\mathfrak{P}_{X_k X_3}$ auf $\mathfrak{P}_{X_k X_i}$ mit Zentrum Z_i erweist diese Aussage als gleichbedeutend mit

$$\tau^*(X_k X_i \cap \xi, \ X_k X_i \cap \xi_i; \ X_k, X_i) \, ,$$

was wegen (60) dasselbe besagt wie $\tau(\xi, \xi_i; X_k, X_i)$. Somit gilt

$$(\xi, \xi_i; X_k, X_3)^\tau = (\xi, \xi_i; X_k, X_i)^\tau \, .$$

Mit (62) ergibt das unter Verwendung von (58)

$$(\xi, \xi_i; X_1, X_2)^\tau \, (\xi, \xi_i; X_1, X_3)^\tau \, (\xi, \xi_i; X_2, X_3)^\tau = 1 \quad (i = 1, 2) \, .$$

---

[1] Man beachte die Festsetzung von S. 5 über den Gebrauch der Terme $\alpha \cap \beta$, AB.

Unter Zuhilfenahme der aus (51) folgenden Gleichung

$$(\xi, \xi_1; X_i, X_k)^\tau \, (\xi, \xi_2; X_i, X_k)^\tau = (\xi_1, \xi_2; X_i, X_k)^\tau$$

ergibt sich durch Multiplikation dieser beiden Gleichungen

$$(\xi_1, \xi_2; X_1, X_2)^\tau \, (\xi_1, \xi_2; X_1, X_3)^\tau \, (\xi_1, \xi_2; X_2, X_3)^\tau = 1 .$$

Das ist aber gerade die Behauptung von (50). Sind zwei der X_i einander gleich, so folgt (50) aus (58) und (60). Im Fall $X_1 X_2 = X_2 X_3 = X_3 X_1 = \gamma$ wählt man einen Punkt $S \in \xi_1, \xi_2$. Liegt dieser auf γ, so ergibt (61) die Gleichungen $(\xi_1, \xi_2; X_i, X_k)^\tau = 1$, woraus die Behauptung von (50) sofort folgt. Bei $S \notin \gamma$ wählt man auf $S X_3$ einen Punkt $X_3' \neq X_3, S$. Die Perspektivität von $\mathfrak{P}_\gamma$ auf $\mathfrak{P}_{X_i X_3'}$ mit Zentrum S zeigt nun die Gleichwertigkeit von $\tau^*(\xi_1 \cap \gamma, \xi_2 \cap \gamma; X_i, X_3)$ und $\tau^*(\xi_1 \cap X_i X_3', \xi_2 \cap X_i X_3'; X_i, X_3')$, so daß nach (60) $\tau(\xi_1, \xi_2; X_i, X_3)$ und $\tau(\xi_1, \xi_2; X_i, X_3')$ dasselbe besagen. Damit ist aber die Zurückführung auf den weiter oben behandelten Fall nichtkollinearer X_i geleistet und der Beweis von (50) vollendet. Im Falle $\tau^*(U, V; X, Y)$ folgt aus (57) $XU = YU = XV = YV$ und weiter im Falle $X, Y \notin \xi, \eta$, $U \in \xi, V \in \eta$ dann $XY \cap \xi = U$, $XY \cap \eta = V$, so daß nach (60) $\tau(\xi, \eta; X, Y)$ ist. Umgekehrt folgt aus $\tau(\xi, \eta; X, Y)$, $XU = YV$, $X, Y \notin \xi, \eta$ und $U \in \xi, V \in \eta$, daß nach (53) $X \neq Y$ und daher $XY \cap \xi = U$, $XY \cap \eta = V$ ist, so daß (60) schließlich $\tau^*(U, V; X, Y)$ ergibt. Damit hat man auch (56) bewiesen.

Außer (58) besitzt nun τ^* auch noch die folgende Symmetrieeigenschaft [**109**][1]:

31. *Aus $\tau^*(U, V; X, Y)$ folgt $\tau^*(X, Y; U, V)$.*

Beweis. Aus $\tau^*(U, V; X, Y)$ ergibt sich $XU = XV = YU = YV$. Man wählt nun $Z \notin XU$ sowie Z' mit $ZZ' = VZ'$ und setzt $ZX = \xi'$, $ZY = \eta'$, $Z'U = \xi$, $(Z'U \cap \eta') V = \eta$, $(Z'U \cap \xi') V = \zeta$ (s. Abb. 48). Die Geradenrelation liefert dann, wie man leicht erkennt:

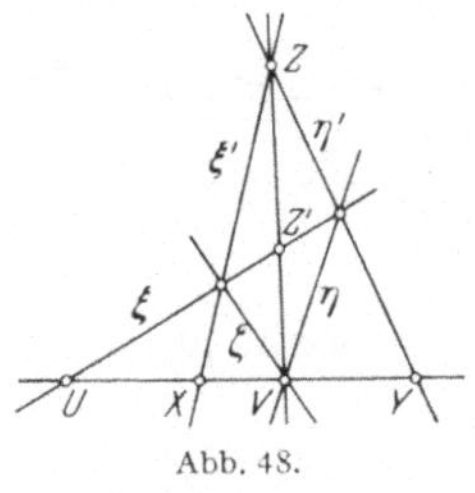

Abb. 48.

$$(\xi, X)^\circ (\xi, Z)^\circ (\zeta, X)^\circ (\zeta, Z)^\circ = 1 ,$$
$$(\xi, Y)^\circ (\xi, Z)^\circ (\eta, Y)^\circ (\eta, Z)^\circ = 1 ,$$
$$(\eta, X)^\circ (\eta, U)^\circ (\zeta, X)^\circ (\zeta, U)^\circ = 1 ,$$
$$(\eta, Z)^\circ (\eta, Z')^\circ (\zeta, Z)^\circ (\zeta, Z')^\circ = 1 ,$$
$$(\xi', U)^\circ (\xi', Z')^\circ (\zeta, U)^\circ (\zeta, Z')^\circ = 1 ,$$
$$(\xi', V)^\circ (\xi', Z')^\circ (\eta', V)^\circ (\eta', Z')^\circ = 1 ,$$
$$(\eta, U)^\circ (\eta, Z')^\circ (\eta', U)^\circ (\eta', Z')^\circ = 1 .$$

---

[1] Dort wird auch noch gezeigt, daß — falls X, Y harmonisch zu U, V ist — die Wahrheit oder Falschheit von $\tau^*(U, V; X, Y)$ nicht von den Punkten U, V, X, Y abhängt.

Multiplikation dieser Gleichungen ergibt nun

$$(\xi', U)^o\,(\xi', V)^o\,(\eta', U)^o\,(\eta', V)^o = (\xi, X)^o\,(\xi, Y)^o\,(\eta, X)^o\,(\eta, Y)^o = 1$$

und damit $\tau^*(X, Y; U, V)$.

Eine Abbildung χ einer multiplikativ geschriebenen Loop in die Menge der ganzen Zahlen 1, -1 bezeichnet man als einen *quadratischen Charakter* der Loop, wenn $(xy)^\chi = x^\chi y^\chi$ für alle Loopelemente x, y gilt. Den Zusammenhang dieses Begriffes mit denen der Ordnungsfunktion und der Geradenrelation stellt der folgende Satz her [**193**]:

32. *Eine Ordnungsfunktion o mit Geradenrelation in einer projektiven Ebene $\mathfrak{E}$ bestimmt in der multiplikativen Loop der Elemente $\neq 0$ des Ternärkörpers bezüglich O, U, V, E von $\mathfrak{E}$ einen quadratischen Charakter χ durch die Gleichung*

$$(63) \qquad x^\chi = (OE, 1)^o\,(OE, x)^o\,(UV, 1)^o\,(UV, x)^o;$$

χ bestimmt dann die aus o nach (48) gebildete Quasi-Trennbeziehung eindeutig.

Beweis. Zur Abkürzung setzt man $OE = \varepsilon$, $UV = \omega$. Für $x \neq 0$ und mit $\alpha = \boldsymbol{P}(1, x)\,O$ wird nun das Produkt σ der Perspektivitäten von $\mathfrak{P}_{OV}$ auf $\mathfrak{P}_\varepsilon$ mit Zentrum U, von $\mathfrak{P}_\varepsilon$ auf $\mathfrak{P}_\alpha$ mit Zentrum V und von $\mathfrak{P}_\alpha$ auf $\mathfrak{P}_{OV}$ mit Zentrum U gebildet. Dann ist $V^\sigma = V$ und nach (1.51) $y^\sigma = xy$. Bildet man nun τ^* gemäß (56), so sind demnach $\tau^*(O, V; 1, y)$ und $\tau^*(O, V; x, xy)$ und daher wegen (60) auch $\tau(\varepsilon, \omega; 1, y)$ und $\tau(\varepsilon, \omega; x, xy)$ gleichbedeutend, also $(\varepsilon, \omega; 1, y)^\tau = (\varepsilon, \omega; x, xy)^\tau$. Mittels (50) und (53) folgt dann

$$(\varepsilon, \omega; 1, xy)^\tau = (\varepsilon, \omega; 1, x)^\tau\,(\varepsilon, \omega; x, xy)^\tau = (\varepsilon, \omega; 1, x)^\tau\,(\varepsilon, \omega; 1, y)^\tau.$$

Wegen (63) und (48) ist damit χ als quadratischer Charakter erkannt. Da man nach Satz 6 von S. 9 drei verschiedene kollineare Punkte stets durch eine passende Projektivität in $O, 1, V$ überführen kann, ist wegen (56) und (63) die Frage nach dem Bestehen der Relation τ^* bei untereinander verschiedenen Argumenten bereits mittels χ zu beantworten. Da im entgegengesetzten Fall aber nach (56) und (53) τ^* nicht bestehen kann, ist damit τ^*, also auch τ durch χ eindeutig bestimmt.

Wählt man, was ja nach S. 248 möglich, in einer angeordneten projektiven Ebene die Ordnungsfunktion o so, daß τ^* die Trennbeziehung ist, so folgt aus (23), (26) und (5) (mit $o = 0$ und $e = 1$), daß[1] $x^\chi = -1$ gleichbedeutend ist mit $x < 0$ und daher $x^\chi = 1$ gleichbedeutend mit $x > 0$.

---

[1] Aus diesem Grund wird in [**193**] die Aufteilung der Ternärkörperelemente $\neq 0$ auf die Menge der x mit $x^\chi = -1$ und die Menge der x mit $x^\chi = 1$ als *Halbordnung* des Ternärkörpers bezeichnet.

33. In einer desarguesschen projektiven Ebene gibt es zu jedem quadratischen Charakter χ der multiplikativen Gruppe[1] des Koordinatenschiefkörpers eine Ordnungsfunktion o mit Geradenrelation und (63) [**193, 194, 195**].

Beweis. Nach S. 110 kann man bezüglich O, U, V, E jedem Punkt X ein Tripel homogener Koordinaten (x_0, x_1, x_2) zuordnen. Die Bedingung, daß ein Punkt auf einer Geraden liegt, läßt sich nun als lineare Gleichung in den homogenen Koordinaten des Punktes darstellen. Somit läßt sich also jeder Geraden ξ ein Tripel nicht sämtlich verschwindender Skalare (u_0, u_1, u_2) so zuordnen, daß der Punkt mit den homogenen Koordinaten x_i genau dann auf der Geraden liegt, wenn $\sum\limits_{i=0}^{2} u_i x_i = 0$ ist. Nach fester Wahl der genannten Zuordnung kann man daher eine Ordnungsfunktion o durch

$$(64) \qquad (\xi, X)^o = \left(\sum_{i=0}^{2} u_i x_i \right)^\chi$$

bestimmen[2]. Mit $(0, a, -a)$, $(b, 0, 0)$, $(c, 0, c)$, $(d, 0, xd)$ als den Geraden ε, ω und den Punkten 1, x zugeordneten Tripeln folgt dann

$$(\varepsilon, 1)^o (\varepsilon, x)^o (\omega, 1)^o (\omega, x)^o = (-ac)^\chi (-axd)^\chi (bc)^\chi (bd)^\chi = x^\chi.$$

Damit ist (63) bewiesen. Um die Geradenrelation nachzuweisen, seien (u_0, u_1, u_2), (v_0, v_1, v_2), (x_0, x_1, x_2), (y_0, y_1, y_2), (z_0, z_1, z_2) die den Geraden ξ, η und den Punkten X, Y, Z zugeordneten Tripel, so daß die Voraussetzungen der Geradenrelation lauten: Es gibt Skalare a, b, c mit $a \neq 0$ oder $b \neq 0$ und

$$x_i a + y_i b + z_i c = 0 \quad (i = 0, 1, 2),$$

$$\sum_{i=0}^{2} u_i z_i = 0 = \sum_{i=0}^{2} v_i z_i, \quad \sum_{i=0}^{2} u_i x_i \neq 0, \quad \sum_{i=0}^{2} u_i y_i \neq 0, \quad \sum_{i=0}^{2} v_i x_i \neq 0, \quad \sum_{i=0}^{2} v_i y_i \neq 0.$$

Daraus ergibt sich nun

$$\left(\sum_{i=0}^{2} u_i x_i \right) a + \left(\sum_{i=0}^{2} u_i y_i \right) b = 0 = \left(\sum_{i=0}^{2} v_i x_i \right) a + \left(\sum_{i=0}^{2} v_i y_i \right) b$$

und weiter daraus

$$\left(\sum_{i=0}^{2} u_i x_i \right)^{-1} \left(\sum_{i=0}^{2} u_i y_i \right) = \left(\sum_{i=0}^{2} v_i x_i \right)^{-1} \left(\sum_{i=0}^{2} v_i y_i \right).$$

---

[1] Eine Übersicht über die quadratischen Charaktere einer Gruppe wird in [**16**] gegeben.

[2] Diese Ordnungsfunktionen werden in [**108**] einem allgemeineren Begriff untergeordnet, indem von χ nur noch gefordert wird, daß sie in die aus 1 und -1 bestehende Menge abbildet.

Anwendung von χ auf das letzte Ergebnis liefert dann nach (64) gerade die Behauptung der Geradenrelation.

Der eben bewiesene Satz gilt auch noch dann, wenn der Ternärkörper $\Re$ bezüglich O, U, V, E der projektiven Ebene lediglich ein distributiver Quasikörper ist [**109**][1]. Um das zu zeigen, wählt man, was hier möglich, zu jeder Geraden $\xi \neq \omega = UV$ Elemente $u, v \in \Re$, $w \in \{0, 1\}$ derart, daß der eigentliche Punkt (x, y) genau dann auf ξ liegt, wenn $u x + v = w y$ gilt. Ferner wird jeder von V verschiedene Punkt $X \in \omega$ in der Form $X = (1, u')\, O \cap \omega$ dargestellt. Man erklärt nun die Ordnungsfunktion o mittels eines quadratischen Charakters χ der multiplikativen Loop von $\Re$ so:

$$(\xi, X)^o = \begin{cases} (u x + v - w y)^\chi & \text{für} \quad X \notin \omega \neq \xi, \\ (u - w u')^\chi & \text{für} \quad V \neq X \in \omega, \\ 1 & \text{für} \quad X = V \quad \text{oder} \quad \xi = \omega. \end{cases}$$

Auf Grund dieser Definition ergibt sich

$$(OE, 1)^o\, (OE, x)^o\, (\omega, 1)^o\, (\omega, x)^o = (-1)^\chi\, (-x)^\chi = x^\chi,$$

also (63). Um die Geradenrelation nachzuweisen, seien die Punkte A_i und die Geraden α_i $(i = 1, 2, 3)$ mit $A_1, A_2 \notin \alpha_1, \alpha_2$, $A_i \in \alpha_3$, $A_3 \in \alpha_i$ $(i = 1, 2, 3)$ gegeben. Zuerst wird der Fall $A_i \notin \omega$ $(i = 1, 2, 3)$ betrachtet. Man kann dann also $A_i = (a_i, b_i)$ setzen und $(x, y) \in \alpha_i$ durch $u_i x + v_i = w_i y$ wiedergeben, so daß

$$w_i b_3 = u_i a_3 + v_i, \quad w_3 b_i = u_3 a_i + v_3 \quad (i = 1, 2, 3)$$

gilt. Unter Benutzung der Distributivgesetze erhält man im Falle $w_3 = 1$ daraus, weil $w_i = 0$ oder $= 1$ ist,

$$u_i a_k + v_i - w_i b_k = (u_i - w_i u_3)\, (a_k - a_3)$$

und im Falle $w_3 = 0$, da ja dann $a_k = a_3$ sein muß,

$$u_i a_k + v_i - w_i b_k = - w_i (b_k - b_3).$$

Man hat somit $\prod\limits_{i,\, k = 1,\, 2} (\alpha_i, A_k)^o = 1$. Als nächstes behandelt man den Fall $A_3 \notin \omega$, $A_1 \in \omega$. Bis auf die Darstellung von A_1 können die bisherigen Bezeichnungen beibehalten werden. Bei $w_3 = 1$ ist dann $A_1 = (1, u_3)\, O \cap \omega$ und daher $(\alpha_i, A_1)^o = (u_i - w_i u_3)^\chi$ $(i = 1, 2)$, während sich wie eben

$$(\alpha_i, A_2)^o = (u_i - w_i u_3)^\chi\, (a_2 - a_3)^\chi \quad (i = 1, 2)$$

---

[1] In dieser Arbeit wird bei beliebigem Ternärkörper eine notwendige und hinreichende Bedingung dafür angegeben, daß zum quadratischen Charakter χ eine Ordnungsfunktion o mit (63) vorhanden ist, und diese Bedingung wird bei Voraussetzung der Distributivgesetze von jedem quadratischen Charakter erfüllt.

ergibt, so daß wieder $\prod\limits_{i,\,k=1,\,2} (\alpha_i, A_k)^o = 1$ gilt. Bei $w_3 = 0$ erhält man ebenfalls dieses Ergebnis, weil dann $A_1 = V$, also $(\alpha_i, A_1)^o = 1$ $(i = 1,\,2)$ und
$(\alpha_i, A_2)^o = (-w_i)^\varkappa (b_2 - b_3)^\varkappa$ $(i = 1,\,2)$ ist. Schließlich bleibt noch der
Fall $A_3 \in \omega$ übrig. Ist dann $\alpha_3 \neq \omega$, so folgt die Behauptung der Geradenrelation aus der Tatsache $(\alpha_i, A_1)^o = (\alpha_i, A_2)^o$ $(i = 1,\,2)$; für $\alpha_i = \omega$
ergibt sich diese Gleichung sofort aus der Definition von o, während
man für $\alpha_i \neq \omega$ mit den früheren Bezeichnungen $u_i = u_3$, $w_i = w_3$ und
daher $u_i a_k + v_i - w_i b_k = v_i - v_3$ als von k unabhängig erhält. Ist aber
$\alpha_3 = \omega$, so folgt die Behauptung der Geradenrelation einfach aus der
sich wegen $u_1 = u_2$, $w_1 = w_2$ ergebenden Gleichung

$$(\alpha_1, A_i)^o = (\alpha_2, A_i)^o \quad (i = 1,\,2).$$

Um die nach (55) aus Quasi-Zwischenbeziehungen in affinen Ebenen
hervorgehenden Relationen ϱ^* in entsprechender Weise wie die τ^* (vgl.
Satz 30 von S. 252) kennzeichnen zu können, wird an die Quasi-Zwischenbeziehung ϱ noch die Forderung gestellt:

$$(65) \qquad \varrho(X, \xi, Y) \quad \textit{falsch, wenn} \quad XY \| \xi.$$

Dann gilt der Satz [**16**]:

34. *Eine in jeder Punktreihe einer affinen Ebene erklärte ternäre*
Relation ϱ^* geht genau dann gemäß (55) aus einer Quasi-Zwischenbezie-
hung ϱ mit (65) hervor, wenn sie bei Perspektivitäten mit uneigentlichem
Zentrum erhalten bleibt und die Eigenschaften besitzt:

$$(66) \qquad X \neq Y \neq Z \neq X, \quad \textit{wenn} \quad \varrho^*(X, Z, Y);$$

$$(67) \quad \begin{cases} \textit{im Falle } Z \neq X_i \ (i = 1,\,2,\,3) \ \textit{ gilt } \ \varrho^*(X_i, Z, X_k) \\ \textit{für keins oder für genau zwei der Paare } (i,\,k) \textit{ mit } i < k. \end{cases}$$

Die Quasi-Zwischenbeziehung ist dann durch ϱ^* eindeutig bestimmt.

Beweis. (66) und (67) folgen sofort aus (55), (45) und (47). Sei nun
σ eine Perspektivität einer die Punkte X, Y, Z enthaltenden Punktreihe auf eine andere Punktreihe mit dem uneigentlichen Zentrum S,
und es gelte $\varrho^*(X, Z, Y)$. Aus (66) folgt dann $X, Y \notin SZ$, so daß
$\varrho(X, SZ, Y)$ gilt. Weiter ist $\varrho(X, SZ, X^\sigma)$ falsch; denn im Falle $X = X^\sigma$
folgt das aus (45) und im Falle $X \neq X^\sigma$ wegen $XX^\sigma = SX \| SZ$ aus (65).
Wegen $X, X^\sigma, Y \notin SZ$ ergibt sich aus (47) daher $\varrho(X^\sigma, SZ, Y)$ und somit
wegen (45) auch $\varrho(Y, SZ, X^\sigma)$. Da genau wie $\varrho(X, SZ, X^\sigma)$ auch
$\varrho(Y, SZ, Y^\sigma)$ falsch ist, folgt schließlich wegen $X^\sigma, Y^\sigma, Y \notin SZ$ nach (47)
$\varrho(X^\sigma, SZ, Y^\gamma)$ und somit wegen $X^\sigma, Y^\sigma \notin SZ$ und $Z^\sigma \in SZ$ nach (55)
$\varrho^*(X^\sigma, Z^\sigma, Y^\sigma)$. Damit ist gezeigt, daß ϱ^* bei einer Perspektivität mit
uneigentlichem Zentrum erhalten bleibt. Sei jetzt umgekehrt ϱ^* eine

in jeder Punktreihe erklärte ternäre Relation, welche die im Satz genannten Eigenschaften besitzt. Soll nun eine Quasi-Zwischenbeziehung ϱ mit (55) und (65) vorhanden sein, so muß für sie gelten:

$$(68) \qquad \varrho(X, \xi, Y) \quad \textit{genau dann, wenn} \quad \varrho^*(X, XY \cap \xi, Y);$$

denn aus $\varrho(X, \xi, Y)$ folgt nach (45) und (65) das Vorhandensein von $Z = XY \cap \xi$ sowie $X, Y \notin \xi$, so daß (55) $\varrho^*(X, Z, Y)$ ergibt, und umgekehrt folgt aus $\varrho^*(X, XY \cap \xi, Y)$ nach (66) $X, Y \notin \xi$, so daß sich nach (55) $\varrho(X, \xi, Y)$ ergibt. Damit ist nun schon die eindeutige Bestimmtheit von ϱ^* gezeigt. Man braucht jetzt nur noch zu beweisen, daß die durch (68) erklärte Relation ϱ die Bedingungen (46), (47), (65), (55) erfüllt. (46) folgt aus (66), da $X, Y \neq XY \cap \xi$ insbesondere $X, Y \notin \xi$ nach sich zieht, und (65) ergibt sich sofort aus (68)[1]. Um (47) herzuleiten, legt man durch die drei Punkte $X_i \notin \xi$ die Geraden $\xi_i \| \xi$ und führt die Schnittpunkte $Y_i = \xi_i \cap \eta \notin \xi$ dieser Geraden mit einer nicht zu ξ parallelen Geraden η ein. Da ϱ^* bei Perspektivitäten mit uneigentlichem Zentrum erhalten bleibt, bedeutet $\varrho^*(Y_i, \xi \cap \eta, Y_k)$, falls $X_i X_k$ nicht parallel zu ξ ist, dasselbe wie $\varrho^*(X_i, \xi \cap X_i X_k, X_k)$ und damit nach (68) dasselbe wie $\varrho(X_i, \xi, X_k)$; ist aber $X_i = X_k$ oder $X_i X_k \| \xi$, so ist $Y_i = Y_k$ und damit nach (66) $\varrho^*(Y_i, \xi \cap \eta, Y_k)$ falsch, während sich die Falschheit von $\varrho(X_i, \xi, X_k)$ aus (46) und (68) ergibt. Da somit $\varrho^*(Y_i, \xi \cap \eta, Y_k)$ stets dasselbe bedeutet wie $\varrho(X_i, \xi, X_k)$, folgt (47) einfach aus (67). Aus $\varrho^*(X, Z, Y)$ folgt nach (66) die Verschiedenheit der kollinearen Punkte X, Y, Z, so daß $XZ = YZ$ und im Falle $X, Y \notin \xi$, $Z \in \xi$ weiter $XY \cap \xi = Z$ und nach (68) daher $\varrho(X, \xi, Y)$ ist. Umgekehrt folgt aus $XZ = YZ$, $X, Y \notin \xi$ und $Z \in \xi$, daß $XY \cap \xi = Z$ und daher nach (68) im Falle $\varrho(X, \xi, Y)$ wieder $\varrho^*(X, Z, Y)$ ist. Damit hat man auch (55) bewiesen.

Für eine durch (45) mit der Quasi-Zwischenbeziehung ϱ verbundene Ordnungsfunktion o bedeutet (65) offenbar:

$$(\xi, X)^o = (\xi, Y)^o, \quad \textit{wenn} \quad XY \| \xi;$$

diese Aussage wird als die *Parallelenbedingung* bezeichnet. Der in den Sätzen 32, 33 auf S. 255, 256 beschriebene Zusammenhang zwischen den Ordnungsfunktionen mit Geradenrelation einer projektiven Ebene und den quadratischen Charakteren läßt sich nun auch übertragen auf die Ordnungsfunktionen mit Geradenrelation und Parallelenbedingung einer affinen Ebene. In (63) wird einfach $(UV, x)^o = 1$ für alle x gesetzt. Der darauf folgende Beweis bleibt gültig, da nur Perspektivitäten mit uneigentlichen Zentren verwandt werden und bei diesen ja ϱ^* und damit wegen $(\omega, x)^o = 1$ auch τ^* erhalten bleibt. Bei desarguesschen

---

[1] Vgl. Fußnote 1 auf S. 253.

affinen Ebenen kann die Bildung einer Ordnungsfunktion nach dem Verfahren von S. 256 jetzt so durchgeführt werden, daß für alle eigentlichen Punkte $x_0 = 1$ gesetzt und der uneigentlichen Geraden ω das Tripel $(1, 0, 0)$ zugeordnet wird. Weil aus $1^{\varkappa} 1^{\varkappa} = 1^{\varkappa}$ ja $1^{\varkappa} = 1$ folgt, gilt dann $(\omega, X)^o = 1$ für alle $X \notin \omega$. Wenn X, Y, ξ die Tripel (x_0, x_1, x_2), (y_0, y_1, y_2), (u_0, u_1, u_2) mit $x_0 = y_0 = 1$ zugeordnet sind, bedeutet $XY \parallel \xi$ bekanntlich $\sum\limits_{i=0}^{2} u_i x_i = \sum\limits_{i=0}^{2} u_i y_i$. Daher genügt die durch (64) erklärte Ordnungsfunktion o dann auch der Parallelenbedingung. Die so erhaltenen Ordnungsfunktionen einer desarguesschen affinen Ebene bezeichnet man als *normal* [**196**]. Es gilt nun der Satz [**196**]:

35. *In einer desarguesschen affinen Ebene genügen genau die normalen Ordnungsfunktionen der Geradenrelation, der Parallelenbedingung und der Bedingung, für keinen festen Wert des Geradenarguments nur den Wert* -1 *anzunehmen.*

Beweis. Da $\sum\limits_{i=0}^{2} u_i x_i$ bei festen u_i und $x_0 = 1$ offenbar jeden Wert annehmen kann, folgt aus (64), daß eine normale Ordnungsfunktion bei keinem festen Wert des Geradenarguments nur den Wert -1 annimmt. Nach dem oben bereits Hergeleiteten braucht man daher nur noch zu zeigen, daß jede Ordnungsfunktion o mit Geradenrelation und Parallelenbedingung, welche bei keinem festen Wert des Geradenarguments nur den Wert -1 annimmt, normal ist. Aus der Parallelenbedingung entnimmt man, daß $(\xi, X)^o$, wenn ξ, X die Tripel (u_0, u_1, u_2), (x_0, x_1, x_2) mit $x_0 = 1$ zugeordnet sind, bei fester Geraden ξ nur noch von $\sum\limits_{i=0}^{2} u_i x_i$ abhängt. Durch

$$(69) \qquad (\xi, X)^o = \left(\sum_{i=0}^{2} u_i x_i \right)^{\varkappa_\xi}$$

wird also eine Abbildung $\varkappa_\xi$ der multiplikativen Gruppe des Koordinatenschiefkörpers in die Menge der Zahlen $1, -1$ erklärt. Da es nach Voraussetzung zu jeder Geraden ξ einen Punkt X mit $(\xi, X)^o = 1$ gibt, kann man die den Geraden zugeordneten Tripel noch so wählen, daß $1^{\varkappa_\xi} = 1$ ist. Ist jetzt der nicht zu ξ parallelen Geraden η das Tripel (v_0, v_1, v_2) zugeordnet, so lassen sich bei vorgegebenen Skalaren u, u', $v, v' \neq 0$ die Punkte X und Y, denen die Tripel (x_0, x_1, x_2) und (y_0, y_1, y_2) mit $x_0 = y_0 = 1$ zugeordnet sind, eindeutig durch

$$\sum_{i=0}^{2} u_i x_i = u, \qquad \sum_{i=0}^{2} u_i y_i = u', \qquad \sum_{i=0}^{2} v_i x_i = v, \qquad \sum_{i=0}^{2} v_i y_i = v'$$

bestimmen. Nach der Rechnung von S. 256 bedeutet dann die Voraussetzung der Geradenrelation einfach $u^{-1} u' = v^{-1} v'$, und daraus muß also $u^{\chi_\xi} u'^{\chi_\xi} = v^{\chi_\eta} v'^{\chi_\eta}$ folgen. $u' = v' = 1$ liefert daher $u^{\chi_\xi} = u^{\chi_\eta}$ für alle $u \neq 0$, also $\chi_\xi = \chi_\eta$. Somit ist χ_ξ von ξ unabhängig, so daß man $\chi_\xi = \chi$ setzen darf: (69) geht in (64) über. Setzt man in dem obigen Ergebnis nun lediglich $u = 1$, so folgt $(v\,u')^\chi = v^\chi u'^\chi$ für alle $v, u' \neq 0$, d.h. χ ist ein quadratischer Charakter.

10. Topologische Ebenen[1].

10.1. Topologie und Ternärkörper.

Eine nichtleere Menge $\mathfrak{M}$ wird dadurch zu einem *topologischen Raum*[2], daß eine Abbildung $x \to \Omega_x$ von $\mathfrak{M}$ in die Menge der nichtleeren Mengen von Teilmengen von $\mathfrak{M}$ mit den folgenden Eigenschaften angegeben wird:

(1) $$x \in \mathfrak{X}, \quad wenn \quad \mathfrak{X} \in \Omega_x;$$

(2) $$zu \quad \mathfrak{X}, \mathfrak{X}' \in \Omega_x \quad gibt \ es \ ein \quad \mathfrak{X}'' \in \Omega_x \quad mit \quad \mathfrak{X}'' \subseteq \mathfrak{X} \cap \mathfrak{X}';$$

(3) $$\begin{cases} zu \ \mathfrak{X} \in \Omega_x \ gibt \ es \ ein \ \mathfrak{X}' \in \Omega_x \ so, \ daß \ zu \ jedem \ x' \in \mathfrak{X}' \ ein \ \mathfrak{X}'' \in \Omega_{x'} \\ mit \ \mathfrak{X}'' \subseteq \mathfrak{X} \ vorhanden \ ist^3. \end{cases}$$

Diejenigen Mengen $\subseteq \mathfrak{M}$, welche eine Menge $\mathfrak{X} \in \Omega_x$ umfassen, werden als *Umgebungen* von x bezeichnet. Zwei topologische Räume, die aus derselben Menge $\mathfrak{M}$ durch die Abbildungen $x \to \Omega_x$ und $x \to \Omega_x'$ entstehen, heißen *gleich*, wenn jedes Element im einen dieselben Umgebungen besitzt wie im andern, d.h. wenn es zu $\mathfrak{X} \in \Omega_x$ ein $\mathfrak{X}' \in \Omega_x'$ mit $\mathfrak{X}' \subseteq \mathfrak{X}$ gibt und umgekehrt[4]; man sagt dann auch, in der Menge $\mathfrak{M}$ werde durch $x \to \Omega_x$ sowohl wie durch $x \to \Omega_x'$ dieselbe *Topologie* erzeugt. Die *gröbste Topologie* liegt dann vor, wenn die Menge $\mathfrak{M}$ selbst die einzige Umgebung ist, und die *feinste* oder auch *diskrete Topologie*, wenn jede x enthaltende Menge $\subseteq \mathfrak{M}$ Umgebung von x ist.

Macht man nun die Menge $\mathfrak{P}$ der Punkte und die Menge $\mathfrak{G}$ der Geraden einer projektiven Ebene $\mathfrak{E}$ so zu topologischen Räumen, daß die Bildung der Verbindungsgeraden sowohl wie die Bildung des Schnittpunktes stetige Verknüpfungen sind, so entsteht eine *topologische Ebene* [**117, 189**]. Im folgenden soll dann zur Bezeichnung der Umgebungssysteme in $\mathfrak{P}$ und $\mathfrak{G}$ derselbe Buchstabe Ω verwandt werden. Die geforderte Stetigkeit der Verbindungsgeradenbildung bedeutet dann: *Zu verschiedenen Punkten A, B und einer Geradenmenge* $\mathfrak{Z} \in \Omega_{AB}$ *gibt es*

---

[1] Für die Entwicklung nach 1955 siehe die im Anhang zum Literaturverzeichnis angegebenen Veröffentlichungen von BETTEN, BREITSPRECHER, POLLEY, SALZMANN, STRAMBACH.

[2] Zu den im folgenden verwandten topologischen Begriffen und Sätzen vgl. man etwa [**49**].

[3] Besteht Ω_x nur aus offenen Umgebungen, so gilt (3) sogar mit $\mathfrak{X}' = \mathfrak{X}$.

[4] In diesem Fall brauchen (1), (2), (3) nur für $x \to \Omega_x$ vorausgesetzt zu werden, da sie für $x \to \Omega_x'$ dann daraus folgen.

Punktmengen $\mathfrak{X} \in \Omega_A$, $\mathfrak{Y} \in \Omega_B$ so, *daß aus* $X \in \mathfrak{X}$, $Y \in \mathfrak{Y}$, $X \neq Y$ *stets* $XY \in \mathfrak{Z}$ *folgt.* Die Stetigkeit der Schnittpunktsbildung drückt sich natürlich in dazu dualer Weise aus. Die zu $\mathfrak{E}$ duale Ebene ist offenbar unter Beibehaltung der Topologie wieder topologisch. Man sieht sofort ein, daß eine projektive Ebene dann zu einer topologischen Ebene wird, wenn man sowohl ihre Punktmenge wie ihre Geradenmenge entweder mit der gröbsten oder mit der diskreten Topologie versieht.

Die in einer Punktreihe $\mathfrak{P}_\gamma$ der topologischen Ebene $\mathfrak{E}$ hervorgerufene Topologie wird dadurch erklärt, daß jedem $X \in \gamma$ die Menge $\Omega_{X,\gamma}$ aller $\mathfrak{X} \cap \mathfrak{P}_\gamma$ mit $\mathfrak{X} \in \Omega_X$ zugeordnet wird. Dual dazu erklärt man die in einem Geradenbüschel hervorgerufene Topologie. Aus der Stetigkeit von Verbindungsgeraden- und Durchschnittsbildung folgt dann sofort, daß jede Perspektivität stetig ist und damit die durch die hervorgerufenen Topologien zu topologischen Räumen gemachten Punktreihen und Geradenbüschel einer topologischen Ebene sämtlich homöomorph sind. Jede dieser hervorgerufenen Topologien wird als *lineare Topologie* von $\mathfrak{E}$ bezeichnet. Nach dem eben Festgestellten darf man von *der* linearen Topologie sprechen.

Ist die lineare Topologie die gröbste, so auch die Topologie in $\mathfrak{P}$; denn aus $Q \notin \mathfrak{X} \in \Omega_P$ folgt ja $Q \notin \mathfrak{X} \cap \mathfrak{P}_{PQ} \in \Omega_{P,PQ}$. Da die lineare Topologie bei Übergang zur dualen Ebene unverändert bleibt, ist dann auch $\mathfrak{G}$ mit der gröbsten Topologie versehen. *Dieser Fall der gröbsten Topologie sei im folgenden bei allen topologischen Ebenen ausgeschlossen.* Um dann ebenfalls beweisen zu können, daß die lineare Topologie die Topologie in $\mathfrak{P}$ und damit die in $\mathfrak{G}$ bereits bestimmt, wird zuerst gezeigt [**179**]:

1. *In einer topologischen Ebene gibt es zu zwei Punkten* P, Q *stets eine Umgebung von* P, *welche* Q *nicht enthält.*

Beweis. Da nach dem oben Hergeleiteten und Festgesetzten $\mathfrak{P}_{PQ}$ nicht mit der gröbsten Topologie versehen ist, gibt es $S, T, \mathfrak{Z}$ mit $ST = PQ$, $T \notin \mathfrak{Z} \in \Omega_{S,PQ}$. Nach Satz 6 von S. 9 kann man nun eine Projektivität σ mit $S^\sigma = P$, $T^\sigma = Q$ angeben, und aus der Stetigkeit von σ^{-1} folgt daher das Vorhandensein von $\mathfrak{X} \in \Omega_P$ mit $Q \notin \mathfrak{X} \cap \mathfrak{P}_{PQ}$, also $Q \notin \mathfrak{X}$.

Der Zusammenhang zwischen linearer Topologie und den Topologien in $\mathfrak{P}$ und $\mathfrak{G}$ wird nun durch den folgenden Satz und seine Dualisierung gegeben [**179**]:

2. *Nimmt man nach Wahl von* U, V *mit* $P \notin UV$ *für* Ω'_P *die Menge aller Mengen, die bei festen* $\mathfrak{X} \in \Omega_{PU}$, $\mathfrak{Y} \in \Omega_{PV}$ *aus den* $\xi \cap \eta$ *mit* $\xi \in \mathfrak{X}$, $\eta \in \mathfrak{Y}$ *bestehen, und für* Ω''_P *die Menge aller Mengen* $\bigcup_{\xi \in \mathfrak{X}} \mathfrak{P}_\xi \cap \bigcup_{\eta \in \mathfrak{Y}} \mathfrak{P}_\eta$ *mit* $UV \notin \mathfrak{X} \in \Omega_{PU,U}$, $UV \notin \mathfrak{Y} \in \Omega_{PV,V}$, *so erzeugen die Abbildungen* $P \to \Omega'_P$ *und* $P \to \Omega''_P$ *in* $\mathfrak{P}$ *dieselbe Topologie wie* $P \to \Omega_P$.

Beweis. Wegen der Stetigkeit von $(\xi, \eta) \to \xi \cap \eta$ an der Stelle (PU, PV) gibt es zu jedem $\mathfrak{Z} \in \Omega_P$ ein $\mathfrak{Z}' \in \Omega'_P$ mit $\mathfrak{Z}' \subseteq \mathfrak{Z}$. Da eine Menge aus Ω''_P offenbar auch in der Gestalt $\bigcup_{U \in \xi \in \mathfrak{X}} \mathfrak{P}_\xi \cap \bigcup_{V \in \eta \in \mathfrak{Y}} \mathfrak{P}_\eta$ mit $UV \notin \mathfrak{X} \in \Omega_{PU}$, $UV \notin \mathfrak{Y}) \in \Omega_{PV}$ geschrieben werden kann, also aus allen $\xi \cap \eta$ mit den angegebenen Bedingungen für ξ, η besteht, und nach der Dualisierung von Satz 1 sowie nach (2) zu $\mathfrak{X}' \in \Omega_{PU}$, $\mathfrak{Y}' \in \Omega_{PV}$ stets $\mathfrak{X} \in \Omega_{PU}$, $\mathfrak{Y} \in \Omega_{PV}$ mit $UV \notin \mathfrak{X}$, $\mathfrak{Y}$ gefunden werden können, gibt es zu $\mathfrak{Z}' \in \Omega'_P$ auch ein $\mathfrak{Z}'' \in \Omega''_P$ mit $\mathfrak{Z}'' \subseteq \mathfrak{Z}'$. Zu $\mathfrak{X}$ mit $UV \notin \mathfrak{X} \in \Omega_{PU}$ kann man wegen der Stetigkeit von $Z \to ZU$ an der Stelle P und nach Satz 1 eine Menge $\mathfrak{X}' \in \Omega_P$ mit $ZU \in \mathfrak{X}$ für alle $Z \in \mathfrak{X}'$ angeben, so daß also zu jedem Z eine Gerade $\xi \in \mathfrak{X}$ mit $U \in \xi$ und $Z \in \mathfrak{P}_\xi$ vorhanden ist. Bildet man entsprechend zu $\mathfrak{Y}$ mit $UV \notin \mathfrak{Y}) \in \Omega_{PV}$ eine Menge $\mathfrak{Y}' \in \Omega_P$, so ist daher jeder Punkt von $\mathfrak{X}' \cap \mathfrak{Y}'$ in $\bigcup_{U \in \xi \in \mathfrak{X}} \mathfrak{P}_\xi \cap \bigcup_{V \in \eta \in \mathfrak{Y}} \mathfrak{P}_\eta$ enthalten. Wegen (2) hat man so gezeigt, daß zu $\mathfrak{Z}'' \in \Omega''_P$ eine Menge $\mathfrak{Z} \in \Omega_P$ mit $\mathfrak{Z} \subseteq \mathfrak{Z}''$ vorhanden ist. Damit ist die Gleichheit der drei Topologien bewiesen[1].

Die linearen Topologien einer topologischen Ebene müssen die notwendige Bedingung erfüllen, bei Perspektivitäten ineinander überzugehen, d.h. alle Perspektivitäten zu stetigen Abbildungen zu machen. Es ist durch kein Gegenbeispiel belegt, daß diese Bedingung nicht hinreicht. Einfache nichttopologische Bedingungen — etwa Schließungssätze —, unter denen die genannte notwendige Bedingung auch hinreicht, sind nicht bekannt.

In Verschärfung von Satz 1, S. 262, kann man nun zeigen [**179**]:

3. In einer topologischen Ebene ist jede Punktreihe und jedes Geradenbüschel abgeschlossen.

Beweis. Nach dem Dualitätsprinzip kann man sich auf den Nachweis der Abgeschlossenheit für ein Geradenbüschel mit Träger P beschränken. Es sei $P \notin \gamma$ und $P \in \beta$. Nach der Dualisierung von Satz 1 und nach Satz 2 von S. 262 gibt es nun $\mathfrak{X}$, $\mathfrak{Y}$ mit $\beta \notin \mathfrak{X} \in \Omega_\gamma$, $\mathfrak{Y} \in \Omega_\beta$, welche ein $\mathfrak{Z} \in \Omega'_{\beta \cap \gamma}$ mit $P \notin \mathfrak{Z}$ erzeugen. Im Falle $P \in \alpha \in \mathfrak{X}$ wäre dann $\alpha \cap \beta = P \in \mathfrak{Z}$. Also ist das Geradenbüschel in P abgeschlossen.

Es soll nun die Auswirkung der Topologie der topologischen Ebene $\mathfrak{E}$ auf den Ternärkörper $\mathfrak{K}$ von $\mathfrak{E}$ bezüglich O, U, V, E untersucht werden. Die Menge $\mathfrak{K}$ wird natürlich durch die in ihr hervorgerufene Topologie ebenfalls zu einem topologischen Raum. Ohne die Topologie von $\mathfrak{E}$ zu verändern, kann man wegen Satz 1, S. 262, offenbar Ω_x für $x \in \mathfrak{K}$ noch so verkleinern, daß $\Omega_{x,OV}$ nur Teilmengen von $\mathfrak{K}$ enthält. Die so abgeänderten $\Omega_{x,OV}$ seien mit Ω_x^* bezeichnet. $x \to \Omega_x^*$ erzeugt dann die Topologie von $\mathfrak{K}$. Um Anschluß an die in der Analysis übliche Bezeichnung zu gewinnen, werde für das in $\mathfrak{K}$ nicht vorhandene Element V

---

[1] Man beachte Fußnote 4 von S. 261.

die Bezeichnung ∞ verwandt. Die Abbildung

$$x \to x' = \big(((x\,U \cap EV)\,O \cap EU)\,V \cap OE\big)\,U \cap OV$$

hat nun — wie man leicht nachrechnet — die Eigenschaften $x\,x' = 1$ mit $x' \neq 0$, ∞ für $x \neq 0$, ∞ und $\infty' = 0$, $0' = \infty$. Da diese Abbildung und ihre Umkehrung stetig sind, kann man daher ohne Veränderung der linearen Topologie $\Omega_{V,\,OV}$ durch die Menge Ω_∞^* der aus den $\mathfrak{X} \in \Omega_0^*$ durch die Abbildung $x \to x'$ entstehenden Mengen ersetzen. Die Topologie von $\mathfrak{K}$ bestimmt also bereits die lineare Topologie und damit die Topologie von $\mathfrak{E}$. Da $VZ \to (VZ \cap OE)\,U \cap OV = x_Z$ und $UZ \to UZ \cap OV = y_Z$ Homöomorphismen der Geradenbüschel in U bzw. V auf $\mathfrak{P}_{OV}$ sind,

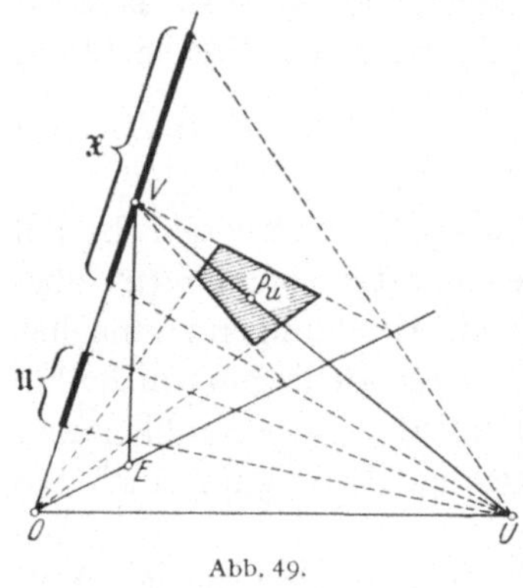

Abb. 49.

kann man nach Satz 2 von S. 262 Ω_P im Falle $P \notin UV$ einfach durch die Menge der $\boldsymbol{P}(\mathfrak{X}, \mathfrak{Y})$ mit $\mathfrak{X} \in \Omega_{x_P}^*$, $\mathfrak{Y} \in \Omega_{y_P}^*$ ersetzen, wobei $\boldsymbol{P}(\mathfrak{X}, \mathfrak{Y})$ die Menge der $\boldsymbol{P}(x, y)$ mit $x \in \mathfrak{X}$, $y \in \mathfrak{Y}$ bedeuten soll. Insbesondere ergibt sich also, wenn man die um eine Punktreihe verminderte Punktmenge kurz als *affine Punktmenge* und eine um einen Punkt verminderte Punktreihe als *affine Punktreihe* bezeichnet, der Satz [**179**]:

4. *In einer topologischen Ebene ist eine affine Punktmenge homöomorph zum Produkt einer affinen Punktreihe mit sich selbst.*

$u \to (uU \cap EV)\,O$ ist eine samt ihrer Umkehrung stetige Abbildung von $\mathfrak{P}_{OV}$ auf das Geradenbüschel in O und $x \to (xU \cap OE)\,V$ eine Abbildung gleicher Eigenschaft von $\mathfrak{P}_{OV}$ auf das Geradenbüschel in V. Setzt man $P_u = (uU \cap EV)\,O \cap UV$ für $u \in OV$, so kann man nach Satz 2, S. 262, daher Ω_{P_u} im Falle $u \neq \infty$ ersetzen durch die Menge aller Mengen, die mit $\mathfrak{X} \in \Omega_\infty^*$, $\mathfrak{U} \in \Omega_u^*$ aus allen $P_{u'}$ mit $u' \in \mathfrak{U}$ sowie allen $\boldsymbol{P}(x, u'x)$ mit $u' \in \mathfrak{U}$ und $x \in \mathfrak{X}$ bestehen (Abb. 49). Schließlich kann man — wie in gleicher Weise ersichtlich — Ω_V ersetzen durch die Menge aller Mengen, die mit $\mathfrak{Y}$, $\mathfrak{U} \in \Omega_\infty^*$ aus allen P_u mit $u \in \mathfrak{U}$ sowie allen $\boldsymbol{P}(x, y)$ mit $y = ux \in \mathfrak{Y}$, $u \in \mathfrak{U}$ bestehen. Zur Beschreibung der Topologie in $\mathfrak{G}$ kann man nach der Dualisierung von Satz 2, S. 262, bei den nicht durch V gehenden Geraden die linearen Topologien in $\mathfrak{P}_{UV}$, $\mathfrak{P}_{OV}$, bei den durch V, aber nicht durch U gehenden Geraden die linearen Topologien in $\mathfrak{P}_{UV}$, $\mathfrak{P}_{OU}$ und bei UV schließlich die linearen Topologien in $\mathfrak{P}_{OU}$, $\mathfrak{P}_{OV}$ verwenden. Zu diesem Zweck definiert man mit $\boldsymbol{T}$ als der ternären Verknüpfung von $\mathfrak{K}$ die Ausdrücke $v_{u,c}$, $u_{c,v}$ (mit $c \neq 0$ beim zweiten) durch $\boldsymbol{T}(u, c, v_{u,c}) = 0 = \boldsymbol{T}(u_{c,v}, c, v)$ und beachtet, daß als lineare Topologie in $\mathfrak{P}_{UV}$ die durch die Projektivität $u \to P_u$ aus der Topologie in $\mathfrak{P}_{OV}$ entstehende genommen werden kann. Im Falle $\gamma = v P_u$ $(u, v \in \mathfrak{K})$ kann man Ω_γ dann ersetzen durch die Menge aller Mengen, die für $\mathfrak{U} \in \Omega_u^*$, $\mathfrak{V} \in \Omega_v^*$ aus allen $v' P_{u'}$ mit $u' \in \mathfrak{U}$, $v' \in \mathfrak{V}$ bestehen, und im Falle $\gamma = (c\,U \cap OE)\,V$ $(c \in \mathfrak{K})$ durch die Menge aller Mengen, die für $\mathfrak{U} \in \Omega_\infty^*$, $\mathfrak{C} \in \Omega_c^*$ aus allen $(c'\,U \cap OE)\,V$ mit $c' \in \mathfrak{C}$ sowie allen $v_{u',c'} P_{u'}$ mit $u' \in \mathfrak{U}$, $c' \in \mathfrak{C}$ bestehen, während Ω_{UV} zu ersetzen ist durch die Menge aller Mengen, die für $\mathfrak{V}, \mathfrak{C} \in \Omega_\infty^*$ aus UV und allen $v' P_{u_{c',v'}}$ mit $v' \in \mathfrak{V}$, $c' \in \mathfrak{C}$ bestehen.

Aus (2.5), (2.9), (2.10) erkennt man sofort, daß die Funktionen $(x, y) \to x + y$, $(x, y) \to xy$ sowie die durch $x + z_1 = y$, $z_2 + x = y$, $xz_3 = y$, $z_4 x = y$ erklärten Funktionen $(x, y) \to z_i$ $(i = 1, 2, 3, 4;\ x \neq 0$ für $i = 3, 4)$ stetig sind. Man kann nun an Hand der oben angegebenen Umgebungsdefinitionen in $\mathfrak{P}$ und $\mathfrak{G}$ diese Aussagen zu notwendigen und hinreichenden Bedingungen dafür verschärfen, daß die Ternärkörpertopologie die projektive Ebene zu einer topologischen macht[1]. Man hat jedoch noch keine genügend handliche Formulierung für solche Bedingungen gefunden[2]. Im Sonderfall einer desarguesschen Ebene, in dem also $\mathfrak{K}$ ein Schiefkörper ist, rechnet man an Hand der durch die obigen Umgebungsdefinitionen geforderten Fallunterscheidungen leicht nach, daß die angegebenen Stetigkeitsaussagen auch hinreichen. Sie sind dann bekanntlich gleichbedeutend mit der Stetigkeit von $(x, y) \to x - y$, von $(x, y) \to xy$ und von $x \to x^{-1}$ $(x \neq 0)$, d.h. sie besagen, daß $\mathfrak{K}$ ein *topologischer Schiefkörper* ist. Man hat also den Satz:

5. *Der Koordinatenschiefkörper einer desarguesschen topologischen Ebene wird durch die in ihm hervorgerufene Topologie zu einem topologischen Schiefkörper, und jeder topologische Schiefkörper ist Koordinatenschiefkörper einer topologischen Ebene, welche in ihm seine Topologie hervorruft.*

Aus Satz 2 von S. 109 zusammen mit Satz 10 von S. 67 folgt noch:

6. *Die Koordinatenschiefkörper einer desarguesschen topologischen Ebene sind, als topologische Schiefkörper aufgefaßt, zueinander stetig isomorph*[3].

Mit Hilfe der Stetigkeit der Addition und ihrer Umkehrungen läßt sich nun zeigen, daß jede Umgebung eines Elementes von $\mathfrak{K}$ eine abgeschlossene Umgebung dieses Elementes enthält. Da $x \to x + a$ ein Homöomorphismus ist, darf man sich auf die Betrachtung des Elementes 0 beschränken. Zu einer Umgebung $\mathfrak{Z}$ von 0 gibt es wegen der Stetigkeit der Addition eine Umgebung $\mathfrak{X}$ von 0 mit $\mathfrak{X} + \mathfrak{X} \subseteq \mathfrak{Z}$. Wegen der Stetigkeit

---

[1] Vgl. die Andeutung in [189]; unter anderem muß T stetig sein.

[2] Die in [229] darüber angestellten Untersuchungen konnten hier leider nicht mehr berücksichtigt werden.

[3] „Stetig isomorph" bedeutet dabei, daß es einen Isomorphismus vom einen auf den andern Schiefkörper gibt, welcher samt seiner Umkehrung stetig ist.

von $(x, y) \to z_2$ ist für ein $a \in \Re$ die Menge aller x', zu denen es ein $x \in \mathfrak{X}$ mit $x + x' = a$ gibt, eine Umgebung $\mathfrak{X}'$ von a. Liegt jetzt a in der abgeschlossenen Hülle $\overline{\mathfrak{X}}$ von $\mathfrak{X}$, so enthält $\mathfrak{X}'$ ein $x \in \mathfrak{X}$, d. h. es ist $a \in \mathfrak{X} + \mathfrak{X} \subseteq \mathfrak{Z}$. Damit hat man $\overline{\mathfrak{X}} \subseteq \mathfrak{Z}$ bewiesen. Wegen Satz 4, S. 264, kommt die somit für $\Re$ hergeleitete Eigenschaft auch der Menge $\mathfrak{P}$ aller Punkte von $\mathfrak{E}$ zu. Bildet man jetzt nach Satz 1, S. 262, zu zwei verschiedenen Punkten P, Q ein $\mathfrak{X} \in \Omega_P$ mit $Q \notin \mathfrak{X}$, so gibt es also eine abgeschlossene Umgebung $\mathfrak{X}' \subseteq \mathfrak{X}$ von P und daher wegen $Q \notin \mathfrak{X}'$ eine zu $\mathfrak{X}'$ fremde Umgebung von Q. Damit hat man den Satz gewonnen [**179**]:

7. *Die Punktmenge einer topologischen Ebene ist ein regulärer topologischer Raum* [1].

Eine topologische Ebene heißt *zusammenhängend*, wenn die Menge ihrer Punkte diese Eigenschaft hat. Der folgende Satz zeigt insbesondere, daß die duale Ebene einer zusammenhängenden Ebene wieder zusammenhängt, und führt die Frage des Zusammenhangs auf den Ternärkörper zurück.

8. *In einer topologischen Ebene sind gleichwertig der Zusammenhang* (a) *der Menge aller Punkte,* (a') *der Menge aller Geraden,* (b) *einer Punktreihe,* (c) *einer affinen Punktreihe,* (d) *einer affinen Punktmenge* [2] [**179**].

Beweis. Es sei (b) falsch, also die Punktreihe $\mathfrak{P}_\gamma$ nicht zusammenhängend. Man betrachtet nun die Quasikomponente eines Punktes P in $\mathfrak{P}_\gamma$, d. h. den Durchschnitt aller in $\mathfrak{P}_\gamma$ zugleich offenen und abgeschlossenen Umgebungen (in $\mathfrak{P}_\gamma$) von P. Diese kann nach Voraussetzung nicht $= \mathfrak{P}_\gamma$ sein. Da sie nun bei allen P festlassenden Homöomorphismen von $\mathfrak{P}_\gamma$ unverändert bleibt, nach Satz 6 von S. 9 aber durch solche Homöomorphismen ein Punkt $\neq P$ von γ in jeden Punkt $\neq P$ von γ übergeführt werden kann, muß sie aus dem Punkt P allein bestehen. Für $Q \notin \gamma$ betrachtet man jetzt die Quasikomponente $\mathfrak{Q}$ von P in $\mathfrak{P} - \{Q\}$. Wegen der Stetigkeit von $X \to XQ \cap \gamma$ in allen Punkten $\neq Q$ führt die Abbildung $\mathfrak{X} \to \bigcup_{X \in \mathfrak{X}} \mathfrak{P}_{QX} - \{Q\}$ die zugleich offenen und abgeschlossenen Teilmengen von $\mathfrak{P}_\gamma$ wieder in zugleich offene und abgeschlossene Teilmengen von $\mathfrak{P} - \{Q\}$ über. Da für jede Menge von Mengen $\mathfrak{X} \subseteq \mathfrak{P}_\gamma$ mit dem Durchschnitt $\mathfrak{D}$ der Durchschnitt aller $\bigcup_{X \in \mathfrak{X}} \mathfrak{P}_{QX} - \{Q\}$ gleich $\bigcup_{X \in \mathfrak{D}} \mathfrak{P}_{QX} - \{Q\}$ ist, erhält man somit $\mathfrak{Q} \subseteq \mathfrak{P}_{QP} - \{Q\}$. Zu einem weder auf QP noch auf γ liegenden Punkt R gibt es daher in $\mathfrak{P} - \{Q\}$ eine zugleich offene und abgeschlossene Umgebung $\mathfrak{Y}$ von P, welche R nicht enthält. In $\mathfrak{P}$ ist $\mathfrak{Y}$ dann ebenfalls offen, und der

---

[1] Die lineare Topologie und der Raum der Geraden sind natürlich ebenfalls regulär.

[2] Während zwei affine Punktreihen durch Projektivitäten homöomorph aufeinander abgebildet werden, sind zwei affine Punktmengen nach Satz 4, S. 264, homöomorph.

Rand von $\mathfrak{Y}$) enthält höchstens den Punkt Q. Durch Vertauschen von Q mit R gewinnt man eine offene Umgebung $\mathfrak{Z}$ von P (in $\mathfrak{P}$), welche Q nicht enthält und deren Rand höchstens aus dem Punkt R besteht. $\mathfrak{Y} \cap \mathfrak{Z}$ ist dann ebenfalls offen, von $\mathfrak{P}$ verschieden und besitzt keinen Randpunkt, ist also abgeschlossen, d.h. $\mathfrak{P}$ ist nicht zusammenhängend. Damit ist (b) aus (a) hergeleitet. Ist jetzt (c) falsch, also die affine Punktreihe $\mathfrak{P}_\gamma - \{Q\}$ ($Q \in \gamma$) nicht zusammenhängend, so muß (wie oben bei $\mathfrak{P}_\gamma$) in $\mathfrak{P}_\gamma - \{Q\}$ die Quasikomponente eines Punktes P nur aus diesem selbst bestehen. Ist also R ein von P verschiedener Punkt $\in \gamma$, so gibt es in $\mathfrak{P}_\gamma - \{Q\}$ eine zugleich offene und abgeschlossene Umgebung von P, welche R nicht enthält. Wie oben ergibt sich dann in $\mathfrak{P}_\gamma$ eine zugleich offene und abgeschlossene Umgebung $\neq \mathfrak{P}_\gamma$ von P. Damit ist (c) aus (b) gefolgert. Wegen Satz 4 von S. 264 folgt aus (c) bekanntlich (d). Im Falle der diskreten Topologie ist natürlich weder $\mathfrak{P}$ noch die affine Punktmenge $\mathfrak{P} - \mathfrak{P}_\omega$ zusammenhängend. Bei jeder anderen Topologie ist aber auch wegen Satz 2, S. 262, die lineare Topologie nicht diskret, so daß in $\mathfrak{P}$ keine Umgebung ganz in einer Geraden liegen kann und daher keine Teilmenge einer Punktreihe in $\mathfrak{P}$ offen ist. Für eine zugleich offene und abgeschlossene nichtleere Teilmenge $\mathfrak{M}$ von $\mathfrak{P}$ kann somit auch die in $\mathfrak{P} - \mathfrak{P}_\omega$ zugleich offene und abgeschlossene Menge $\mathfrak{M} - \mathfrak{M} \cap \mathfrak{P}_\omega$ nicht leer sein. Daher folgt (a) aus (d). Dualisierung der Gleichwertigkeit von (a) und (b) ergibt schließlich unter Beachtung der Homöomorphie von Punktreihe und Geradenbüschel die Gleichwertigkeit von (a') und (b).

In Anbetracht von Satz 1, S. 262, und Satz 4, S. 264, bleibt Satz 8 auch gültig bei Ersetzung von „Zusammenhang" durch die Eigenschaft, lokal-kompakt zu sein. Ist die Menge der Punkte und damit auch die der Geraden einer topologischen Ebene $\mathfrak{E}$ lokal-kompakt, so wird $\mathfrak{E}$ als *lokal-kompakt* bezeichnet. Die zu einer lokal-kompakten topologischen Ebene duale Ebene ist somit wieder lokal-kompakt. Man hat nun den Satz [**117**]:

9. *Die desarguesschen lokal-kompakten zusammenhängenden topologischen Ebenen sind dadurch gekennzeichnet, daß ihr Koordinatenschiefkörper entweder zum Körper der reellen Zahlen oder zum Körper der komplexen Zahlen oder zum Quaternionenschiefkörper über dem Körper der reellen Zahlen[1] stetig isomorph ist.*

---

[1] Diese Schiefkörper sind hier als mit der üblichen Topologie versehen aufzufassen, d.h. Ω_x^* ist die Menge aller Mengen, die aus den y mit $N(y - x) < r$ (r reell positiv) bestehen. Die projektiven Ebenen über ihnen sowie die Moufang-Ebene über der — mit der ebenso erklärten Topologie versehenen — Caley-Algebra über **dem Körper der reellen Zahlen (s. S. 177) sind sogar Mannigfaltigkeiten und als solche von den Dimensionen 2, 4, 8, 16. Nach** SALZMANN **[1967b; Th. 7.12] hat eine topologische projektive Ebene eine dieser Dimensionen, wenn ihre Geraden bez. der hervorgerufenen Topologie Mannigfaltigkeiten sind; ein schwächeres Ergebnis steht bereits in [233].**

Auf Grund der vorhergehenden Ergebnisse folgt das sofort daraus, daß die zusammenhängenden lokal-kompakten topologischen Schiefkörper gerade die zu einem der drei angegebenen topologischen Schiefkörper stetig isomorphen topologischen Schiefkörper sind [171][1].

10.2. Angeordnete topologische Ebenen.

Im folgenden sei $\mathfrak{E}$ eine angeordnete projektive Ebene. In einer Punktreihe $\mathfrak{P}_\gamma$ bezeichnet man nun für drei verschiedene Punkte A, B, C die Menge der Punkte X, für welche $AB\,|\,CX$ gilt, mit $(A, B)_C$. Mittels (9.25) bis (9.29) erhält man

(4) $(A, B)_C = (A, B)_D$ *genau dann, wenn* $AD = BD$ *und* $D \notin (A, B)_C$;

denn $AB\,|\,DD$ ist unmöglich, aus $AD = BD$, $C \neq D \notin (A, B)_C$ folgt $BC\,|\,AD$ oder $CA\,|\,BD$, daher $AB\,|\,DX$ aus $AB\,|\,CX$, wenn $D \notin (A, B)_C$ sowie $AD = BD$ gilt, und schließlich ist die Aussage „$AD = BD$ und $D \notin (A, B)_C$" symmetrisch in C und D. — Offenbar besteht $(A, B)_C$ im Falle $C \in \omega \neq \gamma$ gerade aus den Punkten, welche in der affinen Ebene $\mathfrak{E}_\omega$ zwischen A und B liegen. Daraus ergibt sich leicht unter Verwendung einer von der Zwischenbeziehung hervorgerufenen Anordnung:

(5) $\qquad\qquad (A', B')_C \subset (A, B)_C, \quad$ *wenn* $\quad A', B' \in (A, B)_C$.

Wählt man eine Gerade ω mit $B \in \omega \neq \gamma$, so besteht $(A, B)_C$ genau aus den X in $\mathfrak{E}_\omega$ mit CAX. Unter Verwendung einer von der Zwischenbeziehung hervorgerufenen Anordnung erhält man daraus leicht den Satz:

10. *Zu zwei Punkten* A, B *gibt es genau zwei verschiedene* $(A, B)_C$, *und jeder von* A, B *verschiedene Punkt* $\in AB$ *gehört zu genau einer dieser beiden Mengen.*

Die im Vorstehenden erklärten Mengen benutzt man nun zur Topologiebildung:

11. *Nimmt man für* $P \in \gamma$ *als* $\Omega_{P,\gamma}$ *die Menge aller* $(A, B)_C \subseteq \mathfrak{P}_\gamma$ *mit* $P \in (A, B)_C$, *so wird durch* $P \to \Omega_{P,\gamma}$ *in* $\mathfrak{P}_\gamma$ *eine Topologie erzeugt* [214].

Beweis. (1) und (3) sind selbstverständlich. Zum Beweis von (2) sei $P \in \mathfrak{X} = (A, B)_C$ und $P \in \mathfrak{X}' = (A', B')_{C'}$. Man wählt ω so, daß $C \in \omega \neq \gamma$ ist. Im Falle $A', B' \neq C \notin \mathfrak{X}'$ hat man nach (4) $\mathfrak{X}' = (A', B')_C$. O. B. d. A. darf man dann für eine der beiden durch die Zwischen-

---

[1] In [171] heißt es statt „kompakt" „bikompakt"; dieser Begriff bedeutet aber — abgesehen von der schwächeren, damit verbundenen Trennungseigenschaft (was jedoch hier wegen Satz 7, S. 266, unwesentlich ist) — dasselbe wie „kompakt" in dem hier — nach [49] — verwandten Sinn.

beziehung hervorgerufenen Anordnungen $A < P < B$, $A' < P < B'$ annehmen. Mit $A'' = \mathrm{Max}(A, A')$, $B'' = \mathrm{Min}(B, B')$ ergibt sich daraus $(A'', B'')_C = \mathfrak{X} \cap \mathfrak{X}'$. Gilt entweder[1] $C' = A$ oder $C' = B$ oder $C' \in \mathfrak{X}$, so kann man wegen $P \neq C'$ o. B. d. A. $P < C' \leqq B$ annehmen. Der vierte harmonische Punkt B^* zu P, C', C liegt nun nach Satz 12 von S. 234 zwischen P und C', also $P < B^* < C'$. Daraus folgt $P \in \mathfrak{X}^* = (A, B^*)_C \subseteqq \mathfrak{X}$ und $A, B^* \neq C' \notin \mathfrak{X}^*$. Man hat daher nach (4) $\mathfrak{X}^* = (A, B^*)_{C'}$ und erkennt aus dem bisher Bewiesenen, daß $\mathfrak{X}^* \cap \mathfrak{X}'$ ein Element $\subseteqq \mathfrak{X} \cap \mathfrak{X}'$ von $\Omega_{P,\gamma}$ ist. — Die eben angegebene Bildung von $\mathfrak{X}^*$ zeigt noch, daß man ohne Veränderung der Topologie aus $\Omega_{P,\gamma}$ diejenigen Mengen fortlassen darf, welche einen festen Punkt $\neq P$ enthalten. — Die somit bestimmte Topologie von $\mathfrak{P}_\gamma$ heißt die *Ordnungstopologie* und ebenso die in dualer Weise bestimmte Topologie in einem Geradenbüschel. Offenbar erfüllt die Ordnungstopologie die auf S. 263 für die lineare Topologie einer topologischen Ebene als notwendig erkannte Bedingung. Daß diese Bedingung im vorliegenden Fall sogar hinreichend ist, zeigt der folgende Satz [**214**]:

12. *Eine angeordnete projektive Ebene läßt sich so zu einer topologischen Ebene machen, daß die lineare Topologie gerade die Ordnungstopologie ist.*

Beweis. Eine Teilmenge $\mathfrak{M}$ von $\mathfrak{P} - \mathfrak{P}_\omega$ heißt *konvex bezüglich* ω, wenn sie in der affinen Ebene $\mathfrak{E}_\omega$ zu zwei Punkten stets auch alle zwischen ihnen liegenden Punkte enthält, d. h. also wenn aus $X, Y \in \mathfrak{M}$ stets $(X, Y)_{XY \cap \omega} \subseteqq \mathfrak{M}$ folgt. Aus (4) ergibt sich sofort, daß eine konvexe Menge bezüglich jeder Geraden konvex ist, die keinen Punkt mit ihr gemeinsam hat. Man nimmt nun als Ω_P die Menge aller den Punkt P enthaltenden konvexen Mengen, deren Durchschnitt mit jeder Punktreihe im Sinne der Ordnungstopologie offen ist. Unter diesen kommen dann — wie im folgenden gezeigt wird — insbesondere die den Punkt P enthaltenden *konvexen Vierecke* vor, die man folgendermaßen erhält: Man setzt $P = O$, wählt Punkte U, V, E mit $E, P \notin UV$, $U, V \notin OE$ sowie im Ternärkörper bezüglich O, U, V, E Elemente a, a', b, b' mit $a < 0 < a'$, $b < 0 < b'$ und nimmt die Menge $\mathfrak{W}$ der Q mit $a < x_Q < a'$, $b < y_Q < b'$, welche — wie man leicht sieht — konvex bezüglich UV ist und den Punkt P enthält. Offensichtlich kann man $\mathfrak{W}$ auch mittels der Geraden $\alpha = V\boldsymbol{P}(a, 0)$, $\alpha' = V\boldsymbol{P}(a', 0)$, $\beta = U\boldsymbol{P}(0, b)$, $\beta' = U\boldsymbol{P}(0, b')$, $\omega = UV$ als die Menge der Punkte $\xi \cap \eta$ mit $\xi \in (\alpha, \alpha')_\omega$, $\eta \in (\beta, \beta')_\omega$ beschreiben; dabei brauchen $\alpha, \alpha', \beta, \beta', \omega$, falls a, a', b, b' noch frei verfügbar, nur den Bedingungen zu genügen: $\alpha \cap \alpha' = V$, $\beta \cap \beta' = U$, $UV = \omega$, $OV \in (\alpha, \alpha')_\omega$, $OU \in (\beta, \beta')_\omega$. Ist $\gamma \neq UV$ und sind σ, τ die Perspektivitäten von $\mathfrak{P}_{OU}$ bzw. $\mathfrak{P}_{OV}$ auf $\mathfrak{P}_\gamma$ mit den Zentren V

---

[1] Nach Vertauschen von $\mathfrak{X}$ mit $\mathfrak{X}'$ ist dies die Verneinung der bisherigen Annahme.

bzw. U, so gilt[1] $\mathfrak{V} \cap \mathfrak{P}_\gamma = (\mathfrak{V} \cap \mathfrak{P}_{OU})^\sigma \cap (\mathfrak{V} \cap \mathfrak{P}_{OV})^\tau$. Diese Menge ist offen, weil $\mathfrak{V} \cap \mathfrak{P}_{OV}$ die offene Menge der y mit $b < y < b'$ ist und $\mathfrak{V} \cap \mathfrak{P}_{OU}$ aus der offenen Menge der x mit $a < x < a'$ durch eine Projektivität hervorgeht. Damit ist $\mathfrak{V} \in \Omega_P$ nachgewiesen. Es soll nun bei fest gewählten Punkten U, V und $O = P$ nachgewiesen werden, daß in jeder Menge $\mathfrak{X} \in \Omega_P$ ein solches $\mathfrak{V}$ enthalten ist. $\mathfrak{X}$ sei konvex bezüglich γ. Im Falle $\gamma \neq UV = \omega$ betrachtet man in $\mathfrak{E}_\gamma$ die Menge $\mathfrak{X}'$ der Punkte $\in \mathfrak{X}$, welche auf derselben Seite von ω liegen wie P. Man erkennt dann leicht $\mathfrak{X}' \in \Omega_P$, $\mathfrak{X}' \subseteq \mathfrak{X}$, $\mathfrak{X}' \in \mathfrak{P} - \mathfrak{P}_\omega$, so daß $\mathfrak{X}'$ auch bezüglich ω konvex ist. Man braucht daher nur noch den Fall $\gamma = \omega$ zu behandeln. Wegen der Offenheit von $\mathfrak{X} \cap \mathfrak{P}_{OU}$ gibt es auf OU Punkte C, C' mit COC' und $X \in \mathfrak{X}$ für alle X mit CXC'. Mit A, A' als den vierten harmonischen Punkten zu O, C, U bzw. O, C', U gilt dann nach Satz 12 von S. 234 CAO und $C'A'O$, so daß AOA' sowie A, A', $X \in \mathfrak{X}$ für alle X mit AXA' gilt. Wegen A, $A' \in \mathfrak{X}$ gibt es nun wieder Punkte B_1, $B_1' \in AV$ und B_2, $B_2' \in A'V$ so, daß $X \in \mathfrak{X}$ für alle X mit $B_i X B_i'$ ($i = 1$ oder $i = 2$) gilt. O. B. d. A. darf man $x_A < 0 < x_{A'}$, $y_{B_i} < 0 < y_{B_i'}$ ($i = 1, 2$) annehmen. Wegen der Konvexität von $\mathfrak{X}$ liegt dann das in der oben beschriebenen Weise durch $a = x_A$, $a' = x_{A'}$, $b = \operatorname*{Max}_{i=1,2} y_{B_i}$, $b' = \operatorname*{Min}_{i=1,2} y_{B_i'}$ bestimmte Viereck ganz in $\mathfrak{X}$. Zwei zu denselben Punkten O, U, V gehörige konvexe Vierecke haben nun offenbar als Durchschnitt wieder ein solches Viereck. Damit ist für die Abbildung $P \to \Omega_P$ die Eigenschaft (2) nachgewiesen, während (1) und (3) ja sofort eingesehen werden. Ferner hat man noch durch das Vorhergehende gezeigt, daß Einschränkung von Ω_P auf die Menge der den Punkt P enthaltenden, mit festen Punkten U, V gebildeten konvexen Vierecke die Topologie nicht verändert. Offensichtlich ruft die so in $\mathfrak{P}$ erklärte Topologie in jeder Punktreihe die Ordnungstopologie hervor.

Man erklärt jetzt in $\mathfrak{G}$ eine Topologie auf duale Weise. Es ist nun zu zeigen, daß $(\xi, \eta) \to \xi \cap \eta$ (für $\xi \neq \eta$) eine stetige Funktion ist. Sei $\alpha \cap \beta = O$. Mit $OV = \alpha$, $OU = \beta$ kann man dann in einer Umgebung von $\alpha \cap \beta$ stets ein durch O, U, V und die Koordinatenwerte a, a', b, b' bestimmtes, den Punkt $\alpha \cap \beta$ enthaltendes konvexes Viereck $\mathfrak{V}$ finden. Die Menge der XX' mit $\boldsymbol{P}(a, b) X \boldsymbol{P}(a'b)$, $\boldsymbol{P}(a, b') X' \boldsymbol{P}(a', b')$ ist dann eine Umgebung von α, denn diese Geradenmenge ist ja gerade ein konvexes Viereck in der dualen Ebene. Ebenso stellt die Menge der YY' mit $\boldsymbol{P}(a, b) Y \boldsymbol{P}(a, b')$, $\boldsymbol{P}(a', b) Y' \boldsymbol{P}(a', b')$ eine Umgebung von β dar. Wegen $a < x_X$, $x_{X'}$ liegt zwischen X, X' kein Punkt von $\boldsymbol{P}(a, b) \boldsymbol{P}(a, b')$, und daher liegt kein Punkt Y auf XX'. Somit liegen $\boldsymbol{P}(a, b)$, $\boldsymbol{P}(a, b')$

---

[1] Im Falle $V \in \gamma$, in welchem σ nicht existiert, ist $\mathfrak{X}^\sigma$ als $\mathfrak{P}_\gamma$ oder als die leere Menge zu nehmen, je nachdem $\mathfrak{X}$ einen Punkt von γ enthält oder nicht; Entsprechendes gilt für den Fall $U \in \gamma$.

und Y sämtlich auf derselben Seite von XX'. Genau so schließt man, daß $\boldsymbol{P}(a', b)$, $\boldsymbol{P}(a', b')$, Y' auf derselben Seite von XX' liegen. Da aber $\boldsymbol{P}(a, b)$ und $\boldsymbol{P}(a', b')$ auf verschiedenen Seiten von XX' liegen, gilt daher dasselbe auch für Y, Y', so daß $Z = XX' \cap YY'$ zwischen Y und Y' liegt. Daraus folgt natürlich entweder $y_Z = y_Y = y_{Y'}$ oder aber $y_Y y_Z y_{Y'}$ und somit in jedem Fall $b < y_Z < b'$. Auf dieselbe Weise erkennt man $a < x_Z < a'$, so daß $Z \in \mathfrak{W}$ gilt. Damit ist die Stetigkeit von $(\xi, \eta) \to \xi \cap \eta$ bewiesen. Die Stetigkeit von $(X, Y) \to XY$ ergibt sich dann nach dem Dualitätsprinzip.

Die Eckpunkte A_i $(i = 1, 2, 3, 4)$ eines vollständigen Vierecks geben zu genau drei konvexen Vierecken Anlaß (in Abb. 50 durch verschiedene Schraffierung angedeutet): Man nimmt mit den Bezeichnungen von S. 269 zwei der Diagonalpunkte als U, V und $\alpha, \alpha', \beta, \beta'$ als die vier Seiten, welche durch diese gehen; der dritte Diagonalpunkt liegt dann in dem konvexen Viereck, da man ihn wegen Satz 12 von S. 234 als Punkt O nehmen kann. Die A_i werden als die *Ecken* jedes dieser konvexen Vierecke bezeichnet und $(A_h, A_i)_D$ $(h \neq i)$ als die *Seiten* derjenigen der drei konvexen Vierecke, welche den Diagonalpunkt $D \in A_h A_i$ nicht enthalten. Mit Hilfe der Koordinatendarstellung stellt man leicht fest, daß Ecken und Seiten eines konvexen Vierecks zusammen gerade dessen Rand ausmachen.

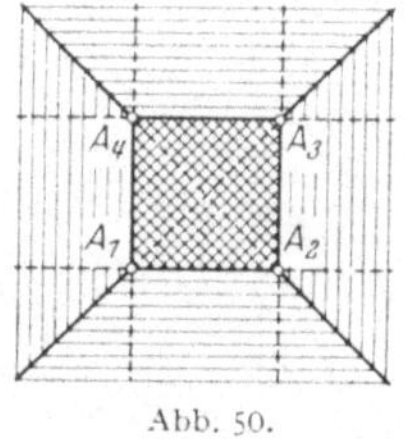

Abb. 50.

13. *Die drei konvexen Vierecke, welche dieselben vier Punkte als Eckpunkte haben, bilden zusammen mit ihren Ecken und Seiten eine Zerlegung der Menge aller Punkte in untereinander fremde Mengen* [**214**].

Beweis. Ein Diagonalpunkt gehört zu genau einer der genannten Mengen; denn er ist von allen Ecken verschieden, liegt auf keiner Seite und gehört zu genau einem der drei konvexen Vierecke. Eine Ecke gehört offenbar zu keiner Seite und keinem konvexen Viereck. Sei nun X weder Diagonalpunkt noch Ecke. Mit α_i, α_i' seien die beiden durch den Diagonalpunkt D_i $(i = 1, 2, 3)$ gehenden Seiten des vollständigen Vierecks bezeichnet, und $\mathfrak{W}_l$ sei dasjenige der drei konvexen Vierecke mit $D_l \in \mathfrak{W}_l$, dessen Punkte Y also dadurch gekennzeichnet sind, daß mit $i \neq k \neq l \neq i$ die Beziehungen $D_i Y \in (\alpha_i, \alpha_i')_{D_i D_k}$, $D_k Y \in (\alpha_k, \alpha_k')_{D_i D_k}$ gelten. Höchstens für einen Index i kann $D_i X = \alpha_i$ oder $D_i X = \alpha_i'$ sein. Tritt dieser Fall für $i = 1$ ein, so sei etwa $X \in \alpha_1 = A_1 A_2$. Dann ist offenbar $X \in \mathfrak{W}_k$ nur für $k = 1$ möglich. Da je zwei Seiten der konvexen Vierecke auf Geraden liegen, deren Schnittpunkt Ecke oder Diagonalpunkt ist, kann X höchstens auf einer Seite, nämlich auf $(A_1, A_2)_{D_1}$ liegen und gehört dann nicht zu $\mathfrak{W}_1$. Ist aber $X \notin ((A_1, A_2)_{D_1},$

so ergibt die Dualisierung des Satzes 10 von S. 268 $D_i X \in (\alpha_i, \alpha_i')_{D_2 D_3}$
für $i = 2, 3$; denn nach Satz 12 von S. 234 werden ja α_i, α_i' durch $D_2 D_3$,
$D_i D_1$ getrennt. Damit hat sich aber $X \in \mathfrak{B}_1$ ergeben. Es bleibt noch
der Fall $D_i X \neq \alpha_i, \alpha_i'$ $(i = 1, 2, 3)$. Für genau einen der beiden Indizes
$k \neq i$ gilt dann

$$(6) \qquad\qquad D_i X \in (\alpha_i, \alpha_i')_{D_i D_k};$$

denn nach Satz 12 von S. 234 werden ja α_i, α_i' durch $D_i D_k$, $D_i D_l$ mit
$i \neq k \neq l \neq i$ getrennt, so daß die Behauptung aus der Dualisierung des
Satzes 10 von S. 268 folgt. Genau dann ist $X \in \mathfrak{B}_l$ mit $l \neq i, k$, wenn
(6) auch nach Vertauschen von i und k richtig bleibt. Wegen der durch
(6) hergestellten eindeutigen Zuordnung von k zu i sowie wegen $i \neq k$

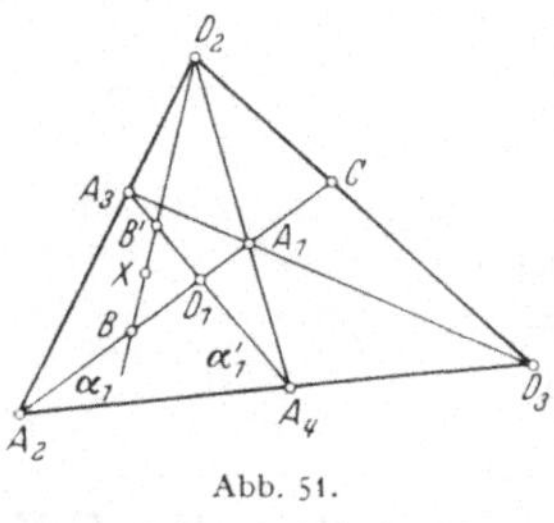

Abb. 51.

kann daher X höchstens in einer der drei
Mengen $\mathfrak{B}_1, \mathfrak{B}_2, \mathfrak{B}_3$ liegen. O. B. d. A. darf man
etwa (6) mit $i = 1$, $k = 2$ annehmen. Liegt
dann X nicht in $\mathfrak{B}_3$, so gilt (6) also auch mit
$i = 2$, $k = 3$. Die Perspektivität des Geradenbüschels in D_2 auf die Punktreihe in α_1 zeigt
dann $B \in (A_1, A_2)_C$, wenn $B = D_2 X \cap \alpha_1$,
$C = \alpha_1 \cap D_2 D_3$ gesetzt wird und A_1, A_2 die
beiden Ecken auf α_1 sind (Abb. 51). Die Perspektivität auf das Geradenbüschel in D_3 liefert weiter $D_3 B \in (\alpha_3, \alpha_3')_{D_2 D_3}$.
Genau so erhält man auch $D_3 B' \in (\alpha_3, \alpha_3')_{D_2 D_3}$ für $B' = D_2 X \cap \alpha_1'$, so daß
nach der Dualisierung von (5)

$$(D_3 B, D_3 B')_{D_2 D_3} < (\alpha_3, \alpha_3')_{D_2 D_3}$$

gilt. Da nun die Perspektivität des Geradenbüschels in D_1 auf das in
D_3 mit der Achse $D_2 X$ die Beziehung $D_3 X \in (D_3 B, D_3 B')_{D_1 D_3}$ liefert, ist
damit (6) mit $i = 3$, $k = 2$ bewiesen, so daß $X \in \mathfrak{B}_1$ gilt.

In einer angeordneten projektiven Ebene bezeichnet man eine Menge
$(A, B)_C \cup \{A, B\}$ als ein *Intervall* und A, B als dessen *Endpunkte*.
Intervalle in (möglicherweise verschiedenen) angeordneten projektiven
Ebenen sollen *endpunktshomöomorph* heißen, wenn es eine umkehrbare
Abbildung des einen auf das andere gibt, welche Endpunkte in Endpunkte überführt und samt ihrer Umkehrung hinsichtlich der Ordnungstopologien stetig ist. Intervalle ein und derselben angeordneten
projektiven Ebene sind stets endpunktshomöomorph, da sie offenbar
nach Satz 6 von S. 9 durch eine Projektivität ineinander übergeführt
werden können. Es gilt der Satz [**214**]:

14. *Die Mengen der Punkte angeordneter topologischer Ebenen, in
denen die lineare Topologie mit der Ordnungstopologie übereinstimmt,*

sind homöomorph[1], *wenn die beiden Ebenen endpunktshomöomorphe Intervalle besitzen.*

Beweis. Man zerlegt zuerst einmal die Mengen der Punkte beider projektiver Ebenen $\mathfrak{E}$, $\mathfrak{E}'$ in je drei konvexe Vierecke zusammen mit ihren Seiten und ihren Ecken. Auf der Vereinigungsmenge der Seiten und Ecken in $\mathfrak{E}$ kann man dann nach Voraussetzung eine nebst ihrer Umkehrung stetige Abbildung ϱ erklären, welche die Seiten und Ecken der Vierecke aus $\mathfrak{E}$ in die Seiten und Ecken der Vierecke aus $\mathfrak{E}'$ überführt und damit die drei Vierecke in $\mathfrak{E}$ eineindeutig den drei Vierecken in $\mathfrak{E}'$ entsprechen läßt. Man braucht jetzt offenbar nur noch zu zeigen, daß diese Abbildung zu einer nebst ihrer Umkehrung stetigen Abbildung φ der abgeschlossenen Hülle eines der Vierecke $\mathfrak{B}$ in $\mathfrak{E}$ auf das entsprechende Viereck $\mathfrak{B}'$ in $\mathfrak{E}'$ fortgesetzt werden kann. Zu diesem Zweck werden O, U, V, E in $\mathfrak{E}$ und O', U', V', E' in $\mathfrak{E}'$ so gewählt, daß für die Koordinatendarstellungen in $\mathfrak{E}$ und $\mathfrak{E}'$ das Viereck $\mathfrak{B}$ aus allen P mit $a_1 < x_P < a_2$, $b_1 < y_P < b_2$ und das Viereck $\mathfrak{B}'$ aus allen P mit $a_1' < x_P < a_2'$, $b_1' < y_P < b_2'$ besteht, O und O' Diagonalpunkte sind und $a_i = b_i$, $a_i' = b_i'$ $(i = 1, 2)$, $\boldsymbol{P}(a_i, b_k)^{\varrho} = \boldsymbol{P}(a_i', b_k')$ $(i, k = 1, 2)$ gilt. Da die durch

$$P^{\psi} = \boldsymbol{P}(x_P^{\sigma}, y_P^{\sigma}), \qquad \boldsymbol{P}(a_2', x^{\sigma}) = \boldsymbol{P}(a_2, x)^{\varrho}$$

erklärte Abbildung ψ offenbar die abgeschlossene Hülle $\overline{\mathfrak{B}}$ von $\mathfrak{B}$ umkehrbar auf die von $\mathfrak{B}'$ abbildet, samt ihrer Umkehrung stetig ist und $\boldsymbol{P}(a_i, b_k)^{\psi} = \boldsymbol{P}(a_i', b_k')$ erfüllt, genügt es den Fall zu betrachten, in dem die $\mathfrak{E}'$, $\mathfrak{B}'$, O', U', V', E', a_i', b_i' gleich den $\mathfrak{E}$, $\mathfrak{B}$, O, U, V, E, a_i, b_i sind. Da dann die Abbildungen ϱ genau so wie die gesuchten Abbildungen φ von $\overline{\mathfrak{B}}$ auf sich offenbar eine Gruppe bilden, darf man sich weiter noch auf den Fall beschränken, daß

$$\boldsymbol{P}(x, b_i)^{\varrho} = \boldsymbol{P}(x, b_i), \qquad \boldsymbol{P}(a_1, y)^{\varrho} = \boldsymbol{P}(a_1, y)$$
$$\text{für} \quad i = 1, 2, \quad a_1 \leq x \leq a_2, \quad b_1 \leq y \leq b_2$$

ist. Schließlich darf man auch noch $a_2 = 1$ annehmen. Man bestimmt y/x für $x \neq 0$ durch $y = (y/x)\, x$. Die Abbildung φ wird nun zuerst einmal für die Menge $\mathfrak{S}$, die aus O und den Punkten P mit $0 < x_P \leq 1$, $b_1 \leq y_P/x_P \leq b_2$ besteht, durch

$$P^{\varphi} = PV \cap O\boldsymbol{P}(1, y_P/x_P)^{\varrho} \quad \text{für} \quad P \in \mathfrak{S} - \{O\}, \qquad O^{\varphi} = O$$

erklärt. Infolge der auf S. 264 und 265 festgestellten Stetigkeit von $P \to x_P$, $P \to y_P$, $(x, y) \to y/x$ (für $x \neq 0$) ist φ in allen von O verschiedenen Punkten von $\mathfrak{S}$ stetig. Da für jedes Paar von Koordinatenwerten

---

[1] Daß die Ebenen dann noch nicht isomorph zu sein brauchen, zeigt das Beispiel der nichtdesarguesschen Ebene von S. 93 (vgl. S. 101) im Vergleich mit derjenigen desarguesschen Ebene, welche $\mathfrak{K}$ als Koordinatenschiefkörper besitzt.

u, u' mit $u' < 0 < u$ das konvexe Viereck $\mathfrak{U}$ der P mit $u' < x_P < u$, $b_1 u < y_P < b_2 u$ offenbar $(\mathfrak{S} \cap \mathfrak{U})^q = \mathfrak{S} \cap \mathfrak{U}$ erfüllt und in jeder Umgebung von O ein solches $\mathfrak{U}$ enthalten ist, ergibt sich φ auch in O als stetig. Da Ersetzen von ϱ durch ϱ^{-1} in der Definition von φ die Umkehrabbildung von φ liefert, ist somit φ eine zugleich mit ihrer Umkehrabbildung stetige umkehrbare Abbildung von $\mathfrak{S}$ auf sich. $\mathfrak{S}$ erkennt man nun leicht als abgeschlossene Teilmenge von $\overline{\mathfrak{W}}$. Da die Randpunkte von $\mathfrak{S}$ offenbar Fixpunkte von φ sind, wird φ daher durch die Festsetzung $P^q = P$ für $P \in \overline{\mathfrak{W}} - \mathfrak{S}$ zu einer samt ihrer Umkehrabbildung stetigen umkehrbaren Abbildung von $\overline{\mathfrak{W}}$ auf sich fortgesetzt. Damit ist alles bewiesen.

Da eine Perspektivität von Punktreihe auf Geradenbüschel ordnungserhaltend und bezüglich der Ordnungstopologie stetig ist, sind die Intervalle einer angeordneten projektiven Ebene endpunktshomöomorph zu den Intervallen der dualen Ebene. Aus Satz 14 ergibt sich daher noch [**214**]:

15. *In einer angeordneten topologischen Ebene, in der die lineare Topologie mit der Ordnungstopologie übereinstimmt, ist die Menge der Punkte homöomorph zur Menge der Geraden.*

11. Möbius-Netze.

11.1. Möbius-Netze und dreifache Ausartung des Desarguesschen Satzes.

Eine desarguessche projektive Ebene heißt *Möbius-Netz*, wenn sie von vier Punkten erzeugt wird, von denen dann natürlich keine drei kollinear sein können. Wegen Satz 2 von S. 109 wird ein Möbius-Netz von jedem seiner nichtausgearteten Punktquadrupel erzeugt. Der Koordinatenschiefkörper eines Möbius-Netzes ist stets ein *Primkörper*[1], d.h. entweder isomorph zum Körper der rationalen Zahlen oder aber isomorph zum Körper der Restklassen (ganzer Zahlen) mod p für eine Primzahl p. Denn sind O, U, V, E erzeugende Punkte des Möbius-Netzes und $\mathfrak{K}$ der Koordinatenschiefkörper bezüglich dieser Punkte, so liefern die Punkte mit homogenen Koordinaten aus dem Primkörper von $\mathfrak{K}$ bereits eine die Punkte O, U, V, E enthaltende projektive Ebene, die also schon das ganze Möbius-Netz ist. Nach Satz 1 von S. 136 hat man daher:

---

[1] Siehe zu diesem Begriff etwa [**163**, § 9].

1. *In jedem Möbius-Netz gilt der Satz von Pappos.*

Die eben gewonnene Aussage über die Koordinatenschiefkörper von Möbius-Netzen ergibt sich nochmals beim Beweis des folgenden Satzes [145][1]:

2. *Gilt in einer projektiven Ebene die dreifache Ausartung des Desarguesschen Satzes, so erzeugt jedes nichtausgeartete Punktquadrupel der projektiven Ebene ein Möbius-Netz[2].*

Zum Beweis wird zuerst aus der dreifachen Ausartung des Desarguesschen Satzes der Sechsecksatz (s. S. 156) hergeleitet[3]. Mit den Bezeichnungen von S. 54, insbesondere Abb. 13, lassen sich die Voraussetzungen des Sechsecksatzes nach Ausscheiden des trivialen Falles $P = O$ und mit der Änderung von S. 155 folgendermaßen ausdrücken: Keine drei der Punkte O, P', U, W kollinear,

$$V = OP' \cap UW, \quad P = P'U \cap OW,$$

$$O' = P'W \cap OU, \quad Q' = O'V \cap OP,$$

$$Q = OV \cap Q'U, \quad R^* = OU \cap PV;$$

seine Behauptung besagt dann $W \in R^*Q$ (Abb. 52). Man setzt nun $PP' \cap Q'O' = S$, $PR^* \cap QQ' = T$. Mit $C = V$, $A_1 = U$, $A_2 = O$, $A_3 = T$, $B_1 = W$, $B_2 = P'$, $B_3 = P$ liefert nun die dreifache Ausartung des Desarguesschen Satzes in der Form 2a (s. S. 88) $OT \cap PP' \in O'Q'$, also $S \in OT$. Setzt man jetzt $C = O$, $A_1 = S$, $A_2 = U$, $A_3 = V$, $B_1 = T$, $B_2 = R^*$, $B_3 = Q$, so liefert die Form 2b dieser dreifachen Ausartung $R^*Q \cap UV \in PQ'$, also die zu beweisende Beziehung $W \in R^*Q$. Die Benutzung des Sechsecksatzes in der hier hergeleiteten Form[4] wird im folgenden als seine *Anwendung auf das Quadrupel* O, P', U, W bezeichnet.

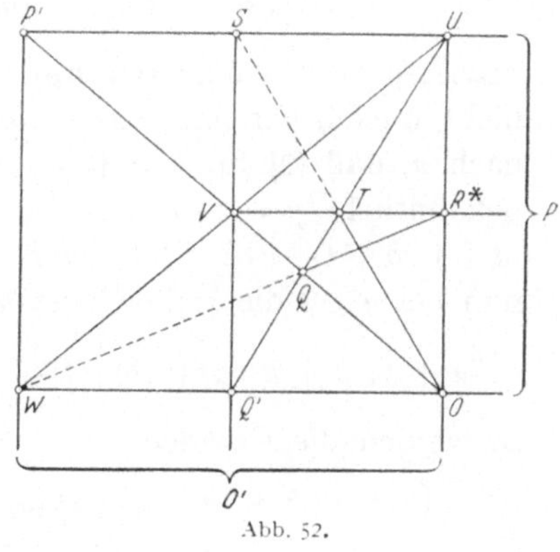

Abb. 52.

Unter Voraussetzung der dreifachen Ausartung des Desarguesschen Satzes wird nun die von dem nichtausgearteten Punktquadrupel O, U, V, E erzeugte projektive Ebene $\mathfrak{E}$ betrachtet. Nach Satz 24 von S. 244 und der eben bewiesenen Gültigkeit des Sechsecksatzes ist dann

$$(1) \qquad\qquad n \to n \cdot 1$$

---

[1] Ein anderer Beweis wird in [14, 15] gegeben.

[2] In jeder aus vier Punkten erzeugten projektiven Ebene folgt daher der Desarguessche Satz aus seiner dreifachen Ausartung. In diesem Zusammenhang ist es bemerkenswert, daß nach [68] jede abzählbare projektive Ebene in eine aus vier Punkten erzeugte eingebettet werden kann.

[3] Diese Herleitung verdanke ich Herrn W. Klingenberg.

[4] Dieser stimmt überein mit dem Satz I in [145].

ein Homomorphismus der additiven Gruppe der ganzen Zahlen in die additive Loop des Ternärkörpers von $\mathfrak{E}$ bezüglich O, U, V, E, wobei wie üblich $OV \cap EU = 1$ gesetzt ist. Falls dieser Homomorphismus nicht umkehrbar ist, gibt es bekanntlich eine natürliche Zahl p so, daß $n \cdot 1 = n' \cdot 1$ dasselbe bedeutet wie $n \equiv n' \bmod p$. Man darf sich dann also auf die Werte $n = 0, 1, \ldots, p-1$ beschränken. Die Punkte $\notin UV$ von $\mathfrak{E}$ werden im folgenden einfach durch ihre Koordinatenpaare bezeichnet. $\mathfrak{R}$ sei die Menge der $n \cdot 1$. Um nun die aus den Punkten (a, b) mit $a, b \in \mathfrak{R}$ und ihren Verbindungsgeraden bestehende Unterstruktur $\mathfrak{N} = N(O, U, V, E)$ zu untersuchen, wird in $\mathfrak{E}_{UV}$

$$(2) \quad \begin{cases} (a + m \cdot 1, \ b + n \cdot 1)\,(a, b)\,\|\,(m \cdot 1, \ n \cdot 1)\,O \\ \textit{für} \quad a, b \in \mathfrak{R} \quad \textit{und} \quad m \cdot 1, \ n \cdot 1 \neq 0, \ m > 0 \end{cases}$$

bewiesen, wobei man sich auf $0 < m, n < p$ beschränken darf, falls (1) nicht umkehrbar ist. Zuerst zeigt man durch vollständige Induktion nach n, daß (2) für $m = 1$, $n > 0$ gilt. $(x, y) \in (OE \cap UV)\,(a, b)$ besagt bekanntlich $y = x + c$ mit $b = a + c$, also $c \in \mathfrak{R}$, und daraus folgt $(a + 1, \ b + 1) \in (OE \cap UV)\,(a, b)$, d.h. (2) für $m = n = 1$. Macht man nun bei $n \geq 2$ die Induktionsvoraussetzung

$$(a + 1, \ b + n' \cdot 1)\,(a, b)\,\|\,(1, n' \cdot 1)\,O \quad \textit{für} \quad 0 < n' < n \quad \textit{und} \quad a, b \in \mathfrak{R},$$

so werden die Geraden

$$\big(a + 1, \ b + (n - 1) \cdot 1\big)\,(a, b), \quad (a + 1, \ b + n \cdot 1)\,(a, b + 1),$$
$$\big(a + 1, \ b + (n - 1) \cdot 1\big)\,(a, b + 1)$$

durch jeden der Übergänge

$$(a, b) \rightarrow (a, b \pm 1), \quad (a, b) \rightarrow \big(a \pm 1, \ b \pm (n - 1) \cdot 1\big)$$

in dazu parallele Geraden übergeführt. Auf das vollständige Viereck mit den Ecken (a, b), $(a, b+1)$, $(a+1, \ b+n \cdot 1)$, $(a+1, \ b+(n-1) \cdot 1)$ und das daraus durch einen dieser Übergänge hervorgehende vollständige Viereck kann man daher die auf S. 156 als mit dem Sechsecksatz gleichwertig erkannte Spezialisierung des reduzierten VS-Satzes (s. Abb. 37) anwenden (s. Abb. 53 für die Übergänge mit $+$): Auch die Gerade $(a+1, \ b+n \cdot 1)\,(a, b)$ wird durch jeden der genannten Übergänge und daher auch durch den Übergang $(a, b) \rightarrow O$ in eine zu ihr parallele Gerade übergeführt, d.h. es gilt (2) mit $m = 1$. Im Falle $m = 1$, $n < 0$ wird nach dem eben Bewiesenen $(a + 1, b)\,(a, b + n \cdot 1)$ durch jeden der Übergänge

$$(a, b) \rightarrow (a \pm 1, b), \quad (a, b) \rightarrow (a, b \pm 1)$$

in eine dazu parallele Gerade übergeführt, so daß Anwendung der oben benutzten Spezialisierung des reduzierten VS-Satzes auf das vollständige

Viereck mit den Ecken (a, b), $(a+1, b)$, $(a+1, b+n \cdot 1)$, $(a, b+n \cdot 1)$ und auf das durch einen der Übergänge daraus hervorgehende dasselbe auch für $(a+1, b+n \cdot 1)$ (a, b) ergibt. Damit hat man den Fall $m = 1$, $n < 0$ erledigt. Weil damit insbesondere (2) für $m = 1$, $n = -1$ bewiesen ist, liefert das bei $m = 1$, $n > 0$ verwandte Beweisverfahren auch den Beweis von (2) für $n = -1$ bei beliebigem Wert $m > 0$. Der noch allein übrigbleibende Fall m, $|n| > 1$ wird nun durch vollständige Induktion nach $m + |n| = k$ erledigt. Als Induktionsvoraussetzung dient dabei (2) mit m', n' an Stelle von m, n für alle m', n'

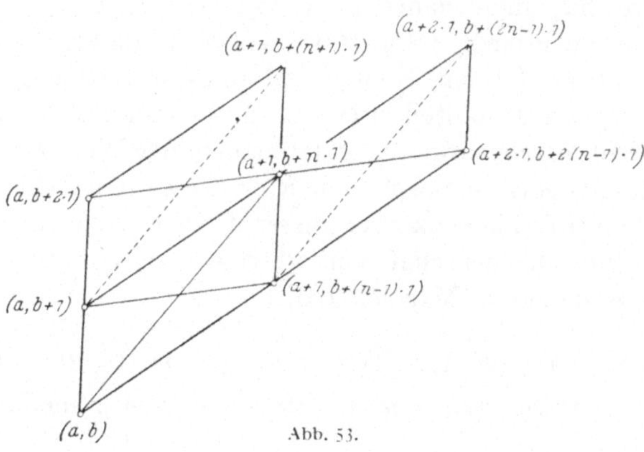

Abb. 53.

mit m', $|n'| > 1$ und $m' + |n'| < k$. Dann läßt sich die oben erwähnte Spezialisierung des reduzierten VS-Satzes unter Verwendung jedes der beiden Übergänge

$$(a, b) \to (a, b + 1), \qquad (a, b) \to (a, b - 1)$$

auf das vollständige Viereck mit den Ecken

$$(a, b), \quad (a, b \pm 1), \quad (a + m \cdot 1, b + n \cdot 1), \quad (a + m \cdot 1, b + (n \mp 1) \cdot 1)$$

anwenden, wobei im Falle $n > 0$ das obere und im Falle $n < 0$ das untere Vorzeichen zu nehmen ist: Die Gerade $(a + m \cdot 1, b + n \cdot 1)$ (a, b) wird durch jeden der genannten Übergänge in eine zu ihr parallele Gerade übergeführt. Vertauschen der Rollen der beiden Koordinaten zeigt, daß dies auch für die Übergänge $(a, b) \to (a \pm 1, b)$ und damit für den Übergang $(a, b) \to O$ richtig ist. Damit hat man (2) bewiesen.

Es sollen jetzt unter der Voraussetzung $m \cdot 1 \neq 0$ in $N(O, U, V, E)$ die Punkte $(m' \cdot 1, n' \cdot 1) \in (m \cdot 1, n \cdot 1) O = \alpha$ angegeben werden. Dazu sei $(s \cdot 1, t \cdot 1)$ derjenige Punkt $\neq O$ von α mit kleinstem Wert $s > 0$ und ferner $m' = q's + r$ mit $0 \leq r < s$. Mehrfache Anwendung von (2) zeigt dann $(q's \cdot 1, q't \cdot 1) \in \alpha$, so daß im Falle $r > 0$ — ebenfalls nach (2) — auch $(r \cdot 1, (n' - q't) \cdot 1) \in \alpha$ sein müßte, was wegen der Definition von s nicht geht. Also ist $m' = q's$ und wegen $(q's \cdot 1,\ q't \cdot 1) \in \alpha$, $V \in \alpha$ auch $n' = q't$ bzw. $n' \equiv q't \bmod p$. Wendet man dieses Ergebnis auch noch auf den Fall $m' = m$, $n' = n$ an, so erhält man also insgesamt

$$(3) \quad \begin{cases} \qquad m = qs, \quad n = qt, \quad m' = q's, \quad n' = q't \\[4pt] \textit{bzw.} \qquad m \equiv qs, \quad n \equiv qt, \quad m' \equiv q's, \quad n' \equiv q't \quad \bmod p. \end{cases}$$

Umgekehrt folgt durch mehrfache Anwendung von (2) wegen $m \cdot 1 \neq 0$ aus (3) $(m \cdot 1,\ n \cdot 1),\ (m' \cdot 1,\ n' \cdot 1) \in (s \cdot 1,\ t \cdot 1)\,O$, d.h. wieder $(m' \cdot 1,\ n' \cdot 1) \in \alpha$. Insbesondere hat man daher $(n \cdot 1,\ mn \cdot 1) \in (1,\ m \cdot 1)\,O$, was nach (1.51) — oder auch nach (1.36), (1.47) — gerade $(m \cdot 1)\,(n \cdot 1) = mn \cdot 1$ besagt. Somit ist (1) ein Homomorphismus des Ringes der ganzen Zahlen auf $\Re$. Da $\Re$ nullteilerfrei sein muß[1], ergibt sich daher der im Falle der Nichtumkehrbarkeit[2] von (1) eingeführte Wert p als Primzahl. Somit ist $\Re$ entweder isomorph zum Ring der ganzen Zahlen oder aber isomorph zum Restklassenkörper dieses Ringes nach einer Primzahl. Wegen der Primzahleigenschaft von p besagt (3) bekanntlich $mn' = m'n$ bzw. $mn' \equiv m'n \bmod p$. Man hat daher

$$(4) \quad \begin{cases} (m' \cdot 1,\ n' \cdot 1) \in (m \cdot 1,\ n \cdot 1)\,O \quad \textit{im Falle} \quad m \cdot 1 \neq 0 \quad \textit{genau dann,} \\[4pt] \quad \textit{wenn} \quad mn' = m'n \quad \textit{bzw.} \quad mn' \equiv m'n \bmod p. \end{cases}$$

Zusammen mit (2) ergibt sich daraus nun sofort

$$(5) \quad \begin{cases} \quad (m_1 \cdot 1,\ n_1 \cdot 1)\,(m_2 \cdot 1,\ n_2 \cdot 1) \,\|\, (m_1' \cdot 1,\ n_1' \cdot 1)\,(m_2' \cdot 1,\ n_2' \cdot 1) \\[4pt] \quad \textit{im Falle} \quad m_1 \cdot 1 \neq m_2 \cdot 1, \quad m_1' \cdot 1 \neq m_2' \cdot 1 \quad \textit{genau dann, wenn} \\[4pt] (m_2 - m_1)\,(n_2' - n_1') - (m_2' - m_1')\,(n_2 - n_1) = 0 \quad \textit{bzw.} \quad \equiv 0 \bmod p. \end{cases}$$

Weiter erhält man hieraus nach kurzer Rechnung

$$(6) \quad \begin{cases} \qquad (m \cdot 1,\ n \cdot 1) \in (m_1 \cdot 1,\ n_1 \cdot 1)\,(m_2 \cdot 1,\ n_2 \cdot 1) \\[4pt] \qquad \textit{im Falle} \quad m_1 \cdot 1 \neq m_2 \cdot 1 \quad \textit{genau dann, wenn} \\[4pt] (n_2 - n_1)\,m - (m_2 - m_1)\,n + (m_2 n_1 - m_1 n_2) = 0 \quad \textit{bzw.} \quad \equiv 0 \bmod p. \end{cases}$$

Ist (1) nicht umkehrbar, also $\Re$ ein Körper, so erkennt man mittels (5), (6) leicht, daß $\Re$ eine affine Ebene ist, deren Ternärkörper $\Re$ die Bedingung (3.16), also die Linearitätsbedingung erfüllt. Nach **Satz 49** von S. 105/06 ist $\Re$ daher desarguessch, und weil ihre Ergänzung zur projektiven Ebene als eine die Punkte O, U, V, E enthaltende Unterstruktur von $\mathfrak{E}$ mit $\mathfrak{E}$ übereinstimmt, hat man damit die Behauptung des Satzes im Falle der Nichtumkehrbarkeit von (1) bewiesen.

---

[1] Siehe den Anfang von **2.4** zusammen mit dem Schluß von **1.5**.

[2] Bei endlicher projektiver Ebene kommt nur dieser in Frage.

Es bleibt also noch der Fall zu behandeln, daß (1) ein Isomorphismus des Ringes der ganzen Zahlen auf $\Re$ ist. Setzt man $E' = (1, 0)$, so kann $M_1 = OE \cap 1E'$ nicht auf UV liegen, weil in $\Re$ sonst $1 + 1 = 0$ wäre. $1' = M_1 U \cap OV$, $M_2 = M_1 V \cap 1E$ sind daher ebenfalls voneinander verschiedene Punkte $\notin UV$. Der auf das Quadrupel $1, E', E, O$ angewandte Sechsecksatz zeigt nun, daß $1E', OM_2, 1'E$ durch einen Punkt gehen (Abb. 54). Daher liefert mit $A_1 = M_1$, $A_2 = M_2$, $A_3 = 1'$, $B_1 = 1$, $B_2 = O$, $B_3 = E$ die dreifache Ausartung des Desarguesschen Satzes in der am Schluß von **3.3** (S. 89) angegebenen Form $1'M_2 \| OM_1$, also $1' + 1' = 1$. Daraus folgt nun, daß der Punkt $(m \cdot 1, n \cdot 1)$ von $\Re$ gerade der Punkt $(2m \cdot 1', 2n \cdot 1')$ von $N(O, U, V, M_1)$ ist. Im folgenden wird[1]

$$n \cdot 1 = T_n^1, \quad (1, n \cdot 1) = M_n^1, \quad (1', n \cdot 1') = M_n^2$$

gesetzt, so daß aus (6), angewandt auf $N(O, U, V, M_1)$, die Beziehung

$$(7) \qquad \varkappa(T_i^1, M_k^1, M_{i+k}^2)$$

für alle ganzen Zahlen i, k folgt und die M_n^2 auf einer nicht zu $\Re$ gehörigen Geraden durch V liegen. Wegen

$$E = OM_1^2 \cap M_0^1 V, \qquad U = OM_0^1 \cap (OV \cap M_0^1 M_1^2) E$$

ist $\Re$ in $N(O, M_0^1, V, M_1^2)$ enthalten[2], so daß auch $N(O, M_0^1, V, M_1^2)$ unendlich viele Punkte besitzt. Durch vollständige Induktion nach n wird nun gezeigt, daß man für jede natürliche Zahl $n \geq 2$ untereinander und von V verschiedene Punkte M_i^n $(i = 0, \pm 1, \pm 2, \ldots)$ angeben kann, welche die Beziehungen

$$(8) \qquad \varkappa(T_i^1, M_k^{n-1}, M_{i+k}^n)$$

für alle ganzen Zahlen i, k erfüllen, auf einer Geraden μ_n durch V liegen, wobei $\mu_n \neq \mu_1, \ldots, \mu_{n-1}$ ist, und für welche $N(O, M_0^{n-1}, V, M_1^n)$ unendlich viele Punkte besitzt. Zur Vereinfachung des folgenden Induktionsbeweises wird noch hinzugefügt: $\mu_1, \ldots, \mu_n$ gehören zu $N(O, M_0^{n-1}, V, M_1^n)$. Der Induktionsanfang $n = 2$ wurde bereits erledigt. Setzt man die Behauptung für einen festen Wert $n \geq 2$ voraus, so kann man nun auf $N(O, M_0^{n-1}, V, M_1^n)$ das oben bei $\Re$ benutzte Verfahren anwenden, wobei jetzt die den $O, U, V, E, T_i^1, M_i^1, M_i^2$ entsprechenden Punkte mit Querstrichen versehen seien, so daß insbesondere $\overline{O} = O$, $\overline{U} = M_0^{n-1}$, $\overline{V} = V$, $\overline{M_1^1} = \overline{E} = M_1^n$ ist. Mittels (8) gewinnt man $\overline{O}\,\overline{E} \cap \overline{U}\,\overline{V} = M_1^{n-1}$, so daß die

---

[1] M für „Mittelpunkt", T für „Teilpunkt".

[2] Man zeigt leicht, daß von den zuletzt genannten vier Punkten keine drei kollinear sind.

Gleichungen

$$\overline{M}{}^1_{i+1} = \overline{T}{}^1_i M^{n-1}_1 \cap M^n_1 V,$$
$$\overline{T}{}^1_i = \overline{M}{}^1_i M^{n-1}_0 \cap OV,$$
$$\overline{M}{}^1_i = \overline{T}{}^1_i M^{n-1}_0 \cap M^n_1 V,$$
$$\overline{T}{}^1_{i-1} = \overline{M}{}^1_i M^{n-1}_1 \cap OV$$

gelten. Aus diesen Rekursionsformeln erhält man nun mittels (8) durch vollständige Induktion

$$\overline{T}{}^1_i = T^1_i, \qquad \overline{M}{}^1_i = M^n_i.$$

Wird jetzt $M^{n+1}_i = \overline{M}{}^2_i$ gesetzt, so liefert (7) gerade (8) mit $n+1$ an Stelle von n, während $N(\overline{O}, \overline{M}{}^1_0, \overline{V}, \overline{M}{}^2_1) = N(O, M^n_0, V, M^{n+1}_1)$ ist. Da nun μ_{n+1}, die Gerade der M^{n+1}_i, zu $N(\overline{O}, \overline{M}{}^1_0, \overline{V}, \overline{M}{}^2_1)$, nicht aber zu $N(\overline{O}, \overline{U}, \overline{V}, \overline{E}) = N(O, M^{n-1}_0, V, M^n_1)$ gehört, ist sie von den $\mu_1, \ldots, \mu_n$ verschieden. Damit sind die M^n_i mit den gewünschten Eigenschaften rekursiv erklärt.

Man setzt jetzt

$$T^n_i = M^n_i U \cap OV,$$

was offenbar für $n = 1$ mit der Definition von T^1_i übereinstimmt. In Verallgemeinerung von (8) für $i = 1$ wird nun

$$(9) \qquad \varkappa(T^m_1, M^n_k, M^{m+n}_{k+1}), \qquad wenn \quad 0 \le k \le n,$$

für alle natürlichen Zahlen m, n bewiesen. Zuerst wird der Fall $m = 2$ durch Schluß von $n - 1$ auf n erledigt, und zwar ohne die Einschränkung $0 \le k \le n$. Zur Vereinfachung setzt man $M^0_i = O M^1_i \cap UV$ und gewinnt dann durch Anwenden von (5) in $N(O, U, V, M^2_1)$ sofort $\varkappa(T^2_1, M^0_k, M^2_{k+1})$, so daß $n = 0$ als Induktionsanfang genommen werden kann. Mit Hilfe der Gleichung (8), die nach (6) auch für $n = 1$ gilt, ergibt nun für $n \ge 1$ der auf das Quadrupel $T^1_0, M^n_{k+1}, T^1_1, M^n_k$ angewandte Sechsecksatz (Abb. 55), daß $\varkappa(T^2_1, M^{n-1}_k, M^{n+1}_{k+1})$ die Beziehung $\varkappa(T^2_1, M^n_k, M^{n+2}_{k+1})$ nach sich zieht. Um nun (9) bei beliebiger natürlicher Zahl m durch vollständige Induktion zu beweisen, muß man jetzt nur noch (9) für $m \ge 3$ unter der Voraussetzung

$$(10) \qquad \varkappa(T^l_1, M^n_k, M^{l+n}_{k+1}), \qquad wenn \quad 0 < l < m \quad und \quad 0 \le k \le n,$$

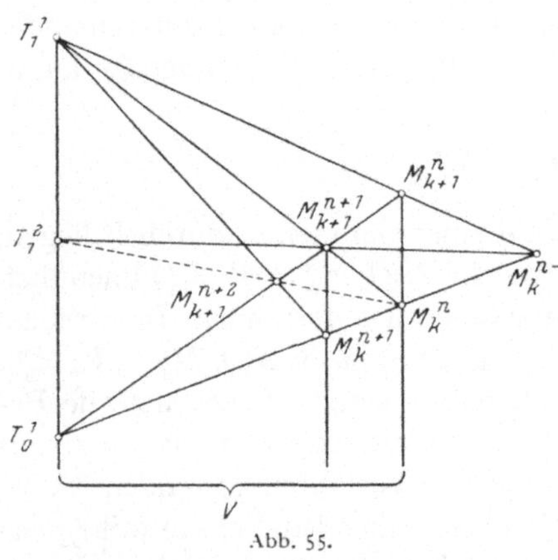

Abb. 55.

herleiten. Man betrachtet zu diesem Zweck $\overline{\mathfrak{N}}_h = N(O, M_h^h, T_1^{m-2}, M_{h+1}^{h+m-1})$ für einen festen Wert $h = 0, 1, 2, \ldots$; dabei ist also $M_0^0 = U$, so daß (10) auch für $n = k = 0$ richtig bleibt. Die Punkte dieser Inzidenzstruktur werden wieder durch Querstriche von denen aus $\mathfrak{N}$ unterschieden; insbesondere hat man so $\overline{O} = O$, $\overline{V} = T_1^{m-2}$, $\overline{M}_1^1 = \overline{E} = M_{h+1}^{h+m-1}$ und $\overline{T}_1^1 = OV \cap M_{h+1}^{h+m-1} M_h^h = T_1^{m-1}$. Die aus (8) und (10) folgenden Gleichungen

$$(11) \qquad \left\{ \begin{array}{l} M_{h+1}^{h+\nu+m-1} = T_0^1 M_{h+1}^{h+m-1} \cap M_h^{h+\nu} T_1^{m-1} \\ M_h^{h+\nu+1} = M_{h+1}^{h+\nu+m-1} T_1^{m-2} \cap T_0^1 M_h^h \end{array} \right\} \quad (\nu = 0, 1, \ldots)$$

zeigen nun, daß in $\overline{\mathfrak{N}}_h$ unendlich viele Punkte, nämlich die M_h^{h+1}, M_h^{h+2}, $\ldots$ vorhanden sind, so daß man also auf $\overline{\mathfrak{N}}_h$ das bisher Bewiesene anwenden darf. Die aus (8) folgenden Gleichungen

$$(12) \qquad \left\{ \begin{array}{l} \overline{M}_1^{\nu+1} = \overline{O}\,\overline{E} \cap \overline{M}_0^\nu \overline{T}_1^1 \\ \overline{M}_0^{\nu+1} = \overline{M}_1^{\nu+1} \overline{V} \cap \overline{O}\,\overline{U} \end{array} \right\} \quad (\nu = 0, 1, \ldots)$$

ergeben jetzt mittels vollständiger Induktion durch Vergleich mit (11)

$$(13) \qquad \overline{M}_0^\nu = M_h^{h+\nu}, \qquad \overline{M}_1^{\nu+1} = M_{h+1}^{h+\nu+m-1} \quad (\nu = 0, 1, \ldots).$$

Mittels (8) für $\overline{\mathfrak{N}}_h$ ergibt sich daraus im Falle $\mu \leq \nu$:

$$\overline{M}_\mu^\nu = \overline{T}_1^1 \overline{M}_1^{\nu-\mu+1} \cap \overline{V}\,\overline{M}_0^\nu = T_1^{m-1} M_{h+1}^{h+\nu-\mu+m-1} \cap T_1^{m-2} M_h^{h+\nu},$$

also wegen (10) und $h + \nu - \mu + m - 1 + (\mu - 1)(m - 1) = h + \nu + \mu(m - 2)$:

$$(14) \qquad \overline{M}_\mu^\nu = M_{h+\mu}^{h+\nu+\mu(m-2)} \quad (\mu = 0, 1, \ldots, \nu).$$

Mehrfache Anwendung von (9) für $m = 2$ ergibt nun, daß die $\overline{M}_\nu^{2\nu}$ $(\nu = 1, 2, \ldots)$ zusammen mit $\overline{T}_1^2$ auf einer Geraden liegen. Nach (14) ist daher wegen $\overline{T}_1^2 \in \overline{O}\,\overline{V} = OV$ insbesondere

$$(15) \qquad \overline{T}_1^2 = M_{hm}^{h+hm(m-1)} M_{hm+1}^{h+m+hm(m-1)} \cap OV.$$

Im Sonderfall $h = 0$ erhält man daraus

$$\overline{T}_1^2 = M_1^m U \cap OV = T_1^m,$$

so daß nach (14) aus (9) mit $m = 2$, $k = hm$, $n = h(m+1)$ angewandt auf $\overline{\mathfrak{N}}_0$ die Beziehung

$$\varkappa(T_1^m, M_{hm}^{h+hm(m-1)}, M_{hm+1}^{h+m+hm(m-1)})$$

folgt. Vergleich mit (15) liefert dann $\overline{T}_1^2 = T_1^m$ bei beliebiger natürlicher Zahl h, so daß sich durch Anwenden von (9) mit $m = 2$, $k = 0$ auf $\overline{\mathfrak{N}}_h$ wegen (13) gerade (9) mit h an Stelle von k und $h + n$ an Stelle von n ergibt.

Mit irgendeiner ganzen Zahl $i \neq 0$ wird jetzt $\overline{\mathfrak{N}} = N(O, U, V, M_i^1)$ betrachtet. Da $\overline{\mathfrak{N}}$, wie man leicht mittels (2) feststellt, die unendlich vielen Punkte $T_{\nu i}^1$ $(\nu = 0, 1, \ldots)$ enthält, kann man darauf wieder das über $\mathfrak{N}$ Bewiesene anwenden. In $\overline{\mathfrak{N}}$ gilt nun $\overline{M}_0^0 = M_0^0$ und $\overline{T}_1^1 = M_i^1 U \cap OV = T_i^1$, so daß sich nach (8) aus (12) durch vollständige Induktion

$$\overline{M}_0^\nu = M_0^\nu, \qquad \overline{M}_1^{\nu+1} = M_i^{\nu+1} \qquad (\nu = 0, 1, \ldots)$$

ergibt. Daraus folgt

$$\overline{T}_1^m = \overline{M}_1^m \overline{U} \cap \overline{O}\,\overline{V} = M_i^m U \cap OV = T_i^m$$

und weiter mittels der auf $\mathfrak{N}$ sowohl wie auf $\overline{\mathfrak{N}}$ anzuwendenden Beziehung (8)

$$\overline{M}_\mu^\nu = \overline{T}_1^1 \overline{M}_1^{\nu-\mu+1} \cap \overline{V}\,\overline{M}_0^\nu = T_i^1 M_i^{\nu-\mu+1} \cap VM_0^\nu = M_{\mu i}^\nu \quad \text{für } \mu \leq \nu.$$

Die Beziehung (9) mit $k = h$ für $\overline{\mathfrak{N}}$ ergibt daher gerade

$$(16) \qquad\qquad \varkappa(T_i^m, M_{ih}^n, M_{i(h+1)}^{m+n}), \quad \text{wenn } 0 \leq h \leq n,$$

wobei die Einschränkung $i \neq 0$ offenbar fortbleiben darf. Mit der natürlichen Zahl q und der ganzen Zahl $r \geq 0$ definiert man nun $\overline{\mathfrak{N}} = N(M_0^r, T_0^1, T_1^1, M_1^{q+r+1})$, was wegen der aus (9) folgenden Gleichung

$$\overline{O}\,\overline{E} \cap \overline{U}\,\overline{V} = T_0^1 T_1^1 \cap M_0^r M_1^{q+r+1} = T_1^{q+1}$$

möglich ist. Man erhält dann

$$\overline{M}_{i+1}^1 = \overline{T}_i^1 T_1^{q+1} \cap T_1^1 M_1^{q+r+1}, \qquad \overline{T}_i^1 = \overline{M}_i^1 T_0^1 \cap M_0^r T_1^1,$$

so daß sich wegen

$$\overline{M}_0^1 = \overline{E}\,\overline{V} \cap \overline{O}\,\overline{U} = T_1^1 M_1^{q+r+1} \cap M_0^r T_0^1 = M_0^{q+r}$$

nach (8) und (9) durch vollständige Induktion die Gleichungen

$$(17) \qquad\qquad \overline{T}_i^1 = M_i^{i+r}, \qquad \overline{M}_i^1 = M_i^{i+q+r} \qquad (i = 0, 1, \ldots)$$

ergeben. Nach (2) ist nun $\overline{T}_0^1 \overline{M}_i^1 \| \overline{T}_k^1 \overline{M}_{i+k}^1$, also $\overline{T}_0^1 \overline{M}_i^1 \cap \overline{U}\,\overline{V} \in \overline{T}_k^1 \overline{M}_{i+k}^1$, und für $i, k \geq 0$ wird daraus nach (17)

$$M_0^r M_i^{i+q+r} \cap OV \in M_k^{k+r} M_{i+k}^{i+q+k+r}.$$

Zusammen mit der aus (16) folgenden Beziehung

$$M_0^r M_i^{i+q+r} \cap OV = T_i^{i+q}$$

ergibt sich daraus jetzt mit $m = q + i$, $n = k + r$

$$(18) \qquad\qquad \varkappa(T_i^m, M_k^n, M_{i+k}^{m+n}) \quad \text{für } 0 \leq i \leq m, \; 0 \leq k \leq n,$$

allerdings mit Ausschluß des Falles $m = i$. Nun erhält man aber durch mehrfache Anwendung von (16) wegen $U = M_0^0$ für $h = 1, 2, \ldots$ sofort $T_i^m \in M_{ih}^{m\,h} U$, also

$$(19) \qquad\qquad T_i^m = T_{ih}^{m\,h} \qquad (h = 1, 2, \ldots),$$

so daß insbesondere $T_m^m = T_1^1$ ist und daher (18) im Falle $m = i$ durch mehrfache Anwendung von (8) folgt.

Für $0 < i < m$ ergibt sich aus (18) $M_{2i}^{2\,m} \in T_{i-1}^m M_{i+1}^m,\ T_i^m M_i^m,\ T_{i+1}^m M_{i-1}^m$ (Abb. 56). Die dreifache Ausartung des Desarguesschen Satzes in der am Schluß von **3.3** (S. 89) angegebenen Form liefert daher mit $A_1 = U,\ A_2 = T_{i-1}^m,\ A_3 = M_{i+1}^m$, $B_1 = V,\ B_2 = M_i^m,\ B_3 = T_i^m$ die Beziehung $T_{i-1}^m M_i^m \| T_i^m M_{i+1}^m\ (i = 1, \ldots, m-1)$. Daher hat man

$$i \cdot T_1^m = T_i^m \qquad (i = 1, \ldots, m),$$

und daraus ergibt sich mit der Abkürzung $1_m = T_1^m$ wegen (19)

$$(20) \qquad r \cdot 1_{rm} = 1_m \qquad (r, m = 1, 2, \ldots).$$

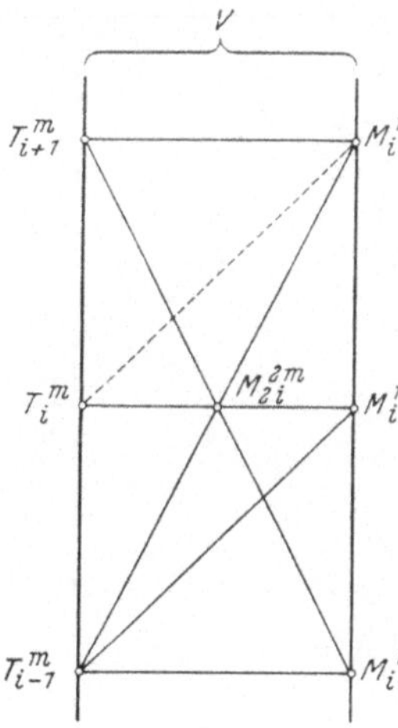

Da die $x \cdot 1_{rm}$ genau so wie die $x \cdot 1$ eine Gruppe bezüglich der Addition bilden, folgt aus (20) noch $r i \cdot 1_{rm} = i \cdot 1_m$ für alle ganzen Zahlen i. Daher ist

$$(21) \qquad \frac{i}{m} \to i \cdot 1_m$$

Abb. 56.

eine Abbildung der Menge der rationalen Zahlen auf die Menge $\mathfrak{K}$ aller $i \cdot 1_m$. Die Homomorphieeigenschaft von (1) ergibt bei Ersetzen von 1 durch 1_m sofort, daß (21) ein Homomorphismus bezüglich der Addition ist. Auf $N\big(O, U, V, (1_{m^2}, 1_{m^2})\big)$ angewandt zeigt (4)

$$(i' m \cdot 1_{m^2},\ i\,i' \cdot 1_{m^2}) \in (m^2 \cdot 1_{m^2},\ i\,m \cdot 1_{m^2})\, O,$$

und daraus folgt nach der Definition der Multiplikation[1] wegen (20) $(i \cdot 1_m)\,(i' \cdot 1_m) = i\,i' \cdot 1_{m^2}$, d.h. (21) ist auch ein Homomorphismus bezüglich der Multiplikation, also ein Homomorphismus des Körpers der rationalen Zahlen. Da ein solcher bekanntlich entweder ein Isomorphismus ist oder alle Zahlen in ein und dasselbe Element überführt, wird $\mathfrak{K}$ durch die Addition und Multiplikation zu einem Körper. Man betrachtet jetzt die Vereinigung $\mathfrak{B}$ aller $N\big(O, U, V, (1_m, 1_m)\big)\ (m = 1, 2, \ldots)$, deren Punkte offenbar gerade die (x, y) mit $x, y \in \mathfrak{K}$ sind. Zu Punkten $(x, y),\ (a_1, b_1),\ (a_2, b_2)$ von $\mathfrak{B}$ kann man nun wegen des Isomorphismus (21) stets eine natürliche Zahl m und ganze Zahlen i, i_1, i_2, k, k_1, k_2 mit

---

[1] Siehe (1.51) oder auch (1.36) zusammen mit (1.47).

$a_\nu = i_\nu \cdot 1_m$, $b_\nu = k_\nu \cdot 1_m$ $(\nu = 1, 2)$, $x = i \cdot 1_m$, $y = k \cdot 1_m$ bestimmen. Nach (6) ergibt sich dann, wenn man noch durch m^2 dividiert und die Isomorphieeigenschaft von (21) beachtet, im Falle $a_1 \neq a_2$ die Gleichwertigkeit von $(x, y) \in (a_1, b_1) (a_2, b_2)$ mit

$$(b_2 - b_1) x - (a_2 - a_1) y + (a_2 b_1 - a_1 b_2) = 0.$$

Wie auf S. 278 folgt nun aber aus dieser Geradendarstellung und der Körpereigenschaft von $\Re$, daß $\mathfrak{W}$ desarguessch und $= \mathfrak{E}$ ist.

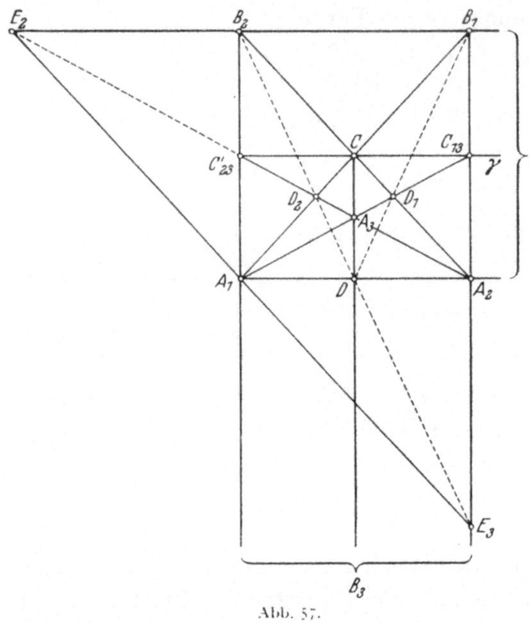

Da — wie man sofort erkennt — die in Voraussetzung und Behauptung der dreifachen Ausartung des Desarguesschen Satzes vorkommenden Punkte stets einer von vier Punkten erzeugten projektiven Ebene angehören, hat man nach dem eben Bewiesenen auch den folgenden Satz [189]:

3. *In einer projektiven Ebene gilt genau dann die dreifache Ausartung des Desarguesschen Satzes, wenn jedes nichtausgeartete Punktquadrupel ein Möbius-Netz erzeugt.*

Abb. 57.

11.2. Schließungssätze vom Rang 8.

Auf S. 275 wurde der Sechsecksatz aus der dreifachen Ausartung des Desarguesschen Satzes gewonnen. Darüber hinaus gilt nun aber für diese beiden 8-rangigen Schließungssätze [145]:

4. *In einer projektiven Ebene sind Sechsecksatz und dreifache Ausartung des Desarguesschen Satzes gleichwertig.*

Beweis. Die Voraussetzung der dreifachen Ausartung des Desarguesschen Satzes in der Form 2a (S. 88) sei erfüllt. Man hat dann mittels des Sechsecksatzes die Behauptung $C_{23} \in \gamma$ herzuleiten. Offenbar bilden A_1, B_1, A_2, B_2 ein nichtausgeartetes Punktquadrupel, und man hat (Abb. 57) $A_1 B_1 \cap A_2 B_2 = C$, $\gamma \cap B_1 A_2 = C_{13}$. Wird nun $C B_3 \cap A_1 A_2 = D$, $A_2 B_2 \cap C_{13} A_1 = D_1$ gesetzt, so ergibt der auf A_2, B_2, A_1, B_1 angewandte Sechsecksatz $B_1 \in D_1 D$. Mit $\gamma \cap B_2 A_1 = C'_{23} (= \gamma \cap \beta_{23})$, $A_1 B_1 \cap C'_{23} A_2 = D_2$

erhält man in gleicher Weise (unter Vertauschung der Indizes 1, 2) $B_2 \in D_2 D$. Auch B_2, B_3, C_{12}, A_2 bilden offenbar ein nichtausgeartetes Quadrupel. Mit

$$E_i = B_1 B_i \cap (A_2 B_2 \cap B_3 C_{12}) A_1 \quad (i = 2, 3)$$

liefert die Anwendung des Sechsecksatzes auf dieses Quadrupel $A_2 \in C'_{23} E_2$ und Anwendung auf das Quadrupel A_2, C_{12}, B_3, B_2 ferner $B_2 \in DE_3$. Wendet man schließlich den Sechsecksatz auf das offenbar nichtausgeartete Quadrupel C, B_3, A_1, A_2 an, so folgt

$$A_3 = \alpha_{13} \cap \gamma_3 = D_1 A_1 \cap CD \in A_2 D_2 = A_2 C'_{23},$$

also

$$\gamma \cap \beta_{23} = C'_{23} \in \alpha_{23} \quad \text{und damit} \quad C_{23} = \alpha_{23} \cap \beta_{23} \in \gamma.$$

Die Bedeutung des Sechsecksatzes[1] für die Gesamtheit der 8-rangigen Schließungssätze erhellt aus dem folgenden Satz [145]:

5. *In einer projektiven Ebene folgt aus dem Sechsecksatz jeder allgemeine konstruierbare primitive Schließungssatz vom Rang 8, der aus dem Satz von Pappos folgt.*

Beweis. In der projektiven Ebene $\mathfrak{E}$ gelte der Sechsecksatz, und es liege ein Schließungssatz der angegebenen Art vor. Wie beim Beweis von Satz 4, S. 188, erkennt man dann, daß die Inzidenzstruktur, welche bei Einsetzen von Punkten und Geraden von $\mathfrak{E}$ für die Variablen des Schließungssatzes aus dessen Inzidenzstruktur entsteht, in einer durch vier Punkte erzeugten Unterebene von $\mathfrak{E}$ liegt. In dieser gilt nun nach den Sätzen 1, 2 von S. 275 der Satz von Pappos und daher auch die Behauptung des vorliegenden Schließungssatzes.

Wie dieser Beweis zeigt, kann man auf die Voraussetzungen „allgemein, konstruierbar, primitiv" verzichten, wenn man nur weiß, daß jede aus einer Inzidenzstruktur des Schließungssatzes durch Einsetzen in einer projektiven Ebene $\mathfrak{E}$ entstehende Inzidenzstruktur in einer von vier Punkten erzeugten Unterebene von $\mathfrak{E}$ liegt.

In Ergänzung der Sätze von **9.4** ergibt sich:

6. *In einer archimedisch angeordneten projektiven Ebene folgt aus dem Sechsecksatz[2] der Satz von Pappos.*

---

[1] Nach [145] ist der Sechsecksatz in einem dort näher erklärten Sinn der einfachste Schließungssatz vom Rang 8.

[2] In [30] wird gezeigt, daß man hier den Sechsecksatz durch jeden aus zwei unendlichen Folgen von 8-rangigen Schließungssätzen ersetzen darf; der n-te Satz der ersten bzw. zweiten Folge besagt dabei, daß in jedem Ternärkörper $2 \cdot (n \cdot a) = (2n) \cdot a$ bzw. $(-n) \cdot a + n \cdot a = 0$ für alle a gilt.

Beweis. $\Re$ sei der Ternärkörper bezüglich O, U, V, E der archimedisch angeordneten projektiven Ebene $\mathfrak{E}$, in welcher der Sechsecksatz gilt. Da es in $\Re$ zu $a > 0$ eine natürliche Zahl n mit $n \cdot 1 > a^{-1} (>0)$, also $(n \cdot 1)^{-1} < a$ gibt, ist in der Ordnungstopologie (s. S. 269) $\lim_{n \to \infty} (n \cdot 1)^{-1} = 0$. Da man nun zu $a > 0$ und einer natürlichen Zahl n stets eine ganze Zahl m_n mit $m_n n^{-1} \cdot 1 > a \geq (m_n - 1) n^{-1} \cdot 1$ angeben kann (s. S. 242), ist daher $a = \lim_{n \to \infty} m_n n^{-1} \cdot 1$. Im Falle $a < 0$ ergibt sich natürlich ebenfalls eine solche Darstellung. Die $m_n n^{-1} \cdot 1$ gehören nun zu dem von O, U, V, E erzeugten Möbius-Netz. Da die ternäre Verknüpfung T von $\Re$ wegen (1.48), (1.49) stetig ist, übertragen sich daher Zerlegbarkeitsbedingung und Körpereigenschaft vom Ternärkörper des Möbius-Netzes auf $\Re$, womit wegen Satz 1 von S. 275 alles bewiesen ist.

12. Endliche Ebenen[0].

12.1. Einordnung unter allgemeinere kombinatorische Begriffe.

Da man in einer projektiven Ebene jede Punktreihe umkehrbar auf jede andere Punktreihe abbilden kann, nämlich durch eine Perspektivität, so besitzen alle Punktreihen einer endlichen affinen oder projektiven **Ebene dieselbe Elementeanzahl. Die Anzahl der Punkte einer solchen** endlichen Ebene werde im folgenden stets mit v und die Punkteanzahl einer ihrer Punktreihen stets mit k bezeichnet[1]. Die endlichen affinen oder projektiven Ebenen ordnen sich nun offenbar mit $l = 2$ dem Begriff des *Steiner-Systems* [**213**][2] unter: *Eine Menge von v Elementen zusammen mit einer Menge von Teilmengen aus je k Elementen, so daß je l Elemente genau einer Teilmenge angehören.* Dabei sei stets $0 < l \leq k < v$. Bei $l \leq 2$ ist ein Steiner-System natürlich eine endliche Inzidenzstruktur mit den Elementen als Punkten, den Teilmengen als Geraden und mit der Enthaltensein-Beziehung als Inzidenzrelation, und zwar handelt es sich bei $l = 1$ um eine solche Inzidenzstruktur, bei welcher durch jeden Punkt genau eine Gerade geht, während bei $l = 2$ die Verbindungsgerade zweier verschiedener Punkte stets vorhanden ist. Einfachheitshalber behält man auch bei $l > 2$ die Bezeichnungen der Inzidenzstrukturen („Punkt", „Gerade" usw.) bei.

In einem Steiner-System gibt es nun auf einer Geraden $\binom{k}{l}$ verschiedene Mengen von je l Punkten, während jede der insgesamt $\binom{v}{l}$

---

[0] Für die Entwicklung nach 1955 siehe Dembowski [1968] und Hughes, Piper [1973] sowie die dort angegebene Literatur.

[1] Diese Bezeichnungen sind den in der Theorie der Blockpläne (s. weiter unten) üblichen angepaßt.

[2] In [**144**] als *tactical system* $S(k, l, v)$ bezeichnet.

Mengen von je l Punkten auf genau einer Geraden liegt. Daraus folgt sofort, daß für die Anzahl b der Geraden die Gleichung

$$(1) \qquad b = \binom{v}{l} \cdot \binom{k}{l}^{-1} = \prod_{j=0}^{l-1} \frac{v-j}{k-j}$$

besteht. Wählt man in einem Steiner-System eine Menge $\mathfrak{M}$ von i Punkten mit $0 \le i < l$ aus, so entsteht durch Weglassen der Punkte von $\mathfrak{M}$ und der $\mathfrak{M}$ nichtenthaltenden Geraden offenbar wieder ein Steiner-System mit den abgeänderten Werten $v' = v - i$, $k' = k - i$, $l' = l - i$. Die Werte v, k, l eines Steiner-Systems müssen daher nach (1) der Bedingung genügen, daß die

$$\prod_{j=i}^{l-1} \frac{v-j}{k-j} \qquad (i = 0, 1, \ldots, l-1)$$

ganze Zahlen sind [**213, 144**]. Insbesondere erkennt man mit $i = 1$, daß für die Anzahl r der Geraden durch einen Punkt

$$(2) \qquad r = \prod_{j=1}^{l-1} \frac{v-j}{k-j}$$

gilt. Im Falle $l = 2$ gehen nun durch einen Punkt P offenbar genau k Geraden, welche mit einer nicht durch P gehenden, fest gewählten Geraden α einen Punkt gemeinsam haben, und daher genau $\frac{v-1}{k-1} - k$ Geraden, welche mit α keinen Punkt gemeinsam haben. (1.17) ist daher gleichbedeutend mit $\frac{v-1}{k-1} - k = 0$, also $v = k^2 - k + 1$, und (1.19) mit $\frac{v-1}{k-1} - k = 1$, also $v = k^2$. Wegen $k < v$ ist (1.20) in jedem Steiner-System mit $v > 2$ erfüllt. (1.18) wird nun bei $l = 2$ und $v = k^2 - k + 1$ nach S. 13/14 und dem Satz 4 von S. 7 genau dann nicht erfüllt, wenn $k \le 2$ ist. Damit hat man den Satz bewiesen [**213**]:

1. *Unter den Steiner-Systemen sind die endlichen affinen Ebenen durch $l = 2$, $v = k^2$ und die endlichen projektiven Ebenen durch $l = 2$, $v = k^2 - k + 1$, $k \ge 3$ gekennzeichnet.*

Im folgenden sei bei einer endlichen affinen Ebene stets $k = N$ und bei einer endlichen projektiven Ebene $k = N + 1$ gesetzt, so daß in jedem Fall die Geradenanzahl eines Geradenbüschels $r = \frac{v-1}{k-1} = N + 1$ beträgt. N heißt die *Ordnung* der projektiven bzw. affinen Ebene.

Eine andere Verallgemeinerung der endlichen affinen oder projektiven Ebenen stellt der Begriff des *Blockplans*[1] dar: *Eine Menge von v Elementen zusammen mit einer Menge von Teilmengen, Blöcke genannt, aus je k Elementen, so daß je zwei Elemente genau λ Blöcken gemeinsam ange-*

---

[1] Blockpläne wurden zur Planung biologischer und landwirtschaftlicher Experimente unter dem Namen „balanced incomplete block designs" eingeführt [**42, 72, 73, 126, 139**]; die Elemente sind — in „Blöcken" zusammengestellt — die zu untersuchende Arten (v für „variety"!).

hören, heißt (v, k, λ)-*Blockplan.* Dabei sei stets $2 \leq k < v$ und $\lambda > 0$. Die $(v, k, 1)$-Blockpläne sind also gerade die Steiner-Systeme mit $l = 2$. Zählt man für ein Element P eines (v, k, λ)-Blockplanes die Menge der Element-Block-Paare (Q, β) mit $P, Q \in \beta$, $P \neq Q$ auf zwei Arten ab, so erhält man für die Anzahl r der das Element P enthaltenden Blöcke

$$(3) \qquad\qquad r(k-1) = \lambda(v-1).$$

Diese Anzahl ist also für jedes P dieselbe, und zweifaches Abzählen der Paare (P, β) mit $P \in \beta$ liefert daher für die Anzahl b der Blöcke

$$(4) \qquad\qquad bk = vr.$$

Ein (v, k, λ)-Blockplan heißt *symmetrisch*, wenn $b = v$ und damit wegen (4) auch $r = k$ ist. Da bei $l = 2$ und $v = k^2 - k + 1$ aus (1) $b = v$ folgt und sich andererseits bei $r = k$, $\lambda = 1$ aus (3) $v = k^2 - k + 1$ ergibt, folgt aus Satz 1:

2. *Die endlichen projektiven Ebenen sind gerade die symmetrischen* $(k^2 - k + 1, k, 1)$-*Blockpläne mit* $k \geq 3$.

Die symmetrischen Blockpläne gestatten nun eine einfachere Beschreibung als die allgemeinen Blockpläne [**177, 61, 41**]:

3. *Eine Menge von* $v (> 1)$ *Elementen zusammen mit einer Menge von* v *Teilmengen aus je* k *Elementen ist genau dann ein symmetrischer* (v, k, λ)-*Blockplan, wenn je zwei Teilmengen* $\lambda (>0)$ *Elemente gemeinsam haben.*

Beweis. Die v Elemente seien irgendwie mit den Nummern 1 bis v versehen und ebenso die v Teilmengen. Die Teilmengen lassen sich dann völlig durch die *Inzidenzmatrix*[1] $A = (a_{\nu\mu})_{\nu, \mu = 1, \ldots, v}$ beschreiben, in welcher $a_{\nu\mu}$ genau dann $= 1$ ist, wenn das μ-te Element in der ν-ten Teilmenge vorkommt, andernfalls $= 0$. Jede v-reihige quadratische Matrix mit lauter verschiedenen Zeilen und Elementen $\in \{0, 1\}$ bestimmt in dieser Weise ein System von v Teilmengen einer Menge von v Elementen. Bezeichnet $D_{k, \lambda}$ die v-reihige quadratische Matrix, deren Hauptdiagonalelemente $= k$ und deren übrige Elemente $= \lambda$ sind, so besagen die im Satz vorkommenden Bedingungen für das Teilmengensystem offenbar gerade[2]

$$(5) \qquad\qquad A A^T = D_{k, \lambda}.$$

Setzt man $s_\mu = \sum_{\nu=1}^{v} a_{\nu\mu}$, so ist nach (5)

$$\sum_{\mu=1}^{v} a_{\nu\mu} s_\mu = \sum_{\nu'=1}^{v} \sum_{\mu=1}^{v} a_{\nu\mu} a_{\nu'\mu} = \lambda(v-1) + k.$$

Nimmt man zu diesen Gleichungen noch die Gleichung $\sum_{\mu=1}^{v} s_\mu = kv$ hinzu, welche aus der Tatsache der Elementeanzahl k jeder Teilmenge folgt,

---

[1] Über die Elementarteiler von Inzidenzmatrizen s. [**230, 232**].

[2] A^T bezeichnet die zur Matrix A transponierte, d.h. durch Vertauschung der Zeilen mit den Spalten aus A gewonnene Matrix.

so ergibt sich mit $t = \lambda(v-1) + k$ die Determinante der Matrix

$$B = \begin{pmatrix} \boxed{\quad A \quad} & \begin{matrix}1\\ \vdots \\ 1\end{matrix} \\ 1 \ \ldots \ 1 & k\,v\,t^{-1} \end{pmatrix}$$

und damit auch die der Matrix $B B^T$ zu 0. Mit

$$r = k + k\,v\,t^{-1}, \qquad s = v + k^2\,v^2\,t^{-2}$$

folgt nun aus (5)

$$B B^T = \begin{pmatrix} \boxed{D_{k+1,\lambda+1}} & \begin{matrix}r\\ \vdots \\ r\end{matrix} \\ r \ \ldots \ r & s \end{pmatrix}$$

Addition der mit $-r\,s^{-1}$ multiplizierten letzten Zeile von $B B^T$ zu jeder der übrigen Zeilen liefert daher

$$\left| D_{k+1-r^2 s^{-1},\,\lambda+1-r^2 s^{-1}} \right| = (k-\lambda)^{v-1}\left(k - \lambda + v(\lambda + 1 - r^2 s^{-1})\right) = 0$$

und somit, da $\lambda = k$ ja $v = 1$ nach sich ziehen würde,

$$k - \lambda + v(\lambda + 1 - r^2 s^{-1}) = 0.$$

Umrechnung mittels der Definitionen von r, s, t ergibt daraus

$$(t + v)\,t\,(t - k^2) = 0,$$

wegen $t > 0$ also $t = k^2$, d.h. $k - \lambda = k^2 - v\,\lambda$. Daraus und aus (5) folgt nun, daß nach Übergang zum Körper der komplexen Zahlen mit $\iota^2 = -\lambda$ die Matrix

$$C = \begin{pmatrix} \boxed{\quad A \quad} & \begin{matrix}\iota\\ \vdots \\ \iota\end{matrix} \\ \iota \ \ldots \ \iota & -k \end{pmatrix}$$

der Gleichung $C C^T = (k - \lambda) E_{v+1}$ mit E_{v+1} als der $(v+1)$-reihigen Einheitsmatrix genügt, was bekanntlich $C^T C = (k - \lambda) E_{v+1}$ und daher wieder

$$(6) \qquad\qquad A^T A = D_{k,\lambda}$$

nach sich zieht. Zufolge der Bedeutung von A ist daher das Teilmengensystem ein symmetrischer Blockplan mit den Werten v, k, λ. Umgekehrt wird ein symmetrischer Blockplan mit diesen Werten offenbar durch eine Inzidenzmatrix A mit (6) dargestellt. Verwendung von

A^T an Stelle von A zeigt aber nun, daß aus (6) wieder (5) folgt. Daher erfüllt ein symmetrischer Blockplan wirklich die im Satz vorkommende Bedingung.

Die eben im Beweis verwandte Ersetzung von A durch A^T zeigt natürlich sofort, daß ein symmetrischer (v, k, λ)-Blockplan auch als ein solches System von v Teilmengen einer Menge aus $v(>1)$ Elementen beschrieben werden kann, bei dem jedes Element zu genau k Teilmengen gehört und je zwei Elemente in genau $\lambda(>0)$ Teilmengen gemeinsam vorkommen (siehe auch PICKERT [1974b, S. 117—121]).

Eine endliche affine Ebene mit $v = N^2$ Punkten kann nun nach den Entwicklungen von **1.5** so beschrieben werden, daß man die Geraden zweier fest gewählter Parallelenbüschel Π, Π' jeweils mit den Nummern $0, 1, \ldots, N-1$ versieht, jedem Punkt das Nummernpaar (ν, μ) der durch ihn gehenden beiden Geraden aus Π, Π' zuordnet und zu jedem dieser Paare diejenigen weder zu Π noch zu Π' gehörenden Geraden angibt, welche durch den betreffenden Punkt gehen. Die Geraden $\notin \Pi$, Π' verteilen sich nun auf $N-1$ Parallelenbüschel, welchen man die Nummern $1, \ldots, N-1$ zuweist; ebenso werden die Geraden jedes dieser Parallelenbüschel von 0 bis $N-1$ numeriert. $l_{\nu\mu}^{(\lambda)}$ sei nun die Nummer der ja eindeutig bestimmten Geraden des λ-ten Parallelenbüschels, welche durch den Punkt mit dem Nummernpaar (ν, μ) geht. Der affinen Ebene sind so die $N-1$ Matrizen $L^{(\lambda)} = (l_{\nu\mu}^{(\lambda)})_{\nu, \mu=0,\ldots,N-1}$ $(\lambda = 1,\ldots, N-1)$ zugeordnet. Da jede Gerade $\in \Pi$ oder $\in \Pi'$ von den sämtlichen Geraden des λ-ten Parallelenbüschels in verschiedenen Punkten geschnitten wird, steht in jeder Zeile und Spalte von $L^{(\lambda)}$ eine Permutation der Ziffern $0, 1, \ldots, N-1$. Eine Matrix mit dieser Eigenschaft[1] bezeichnet man im Falle $N \geq 2$ als *N-reihiges lateinisches Quadrat*. Da zwei Geraden verschiedener Parallelenbüschel genau einen Punkt gemeinsam haben, werden die Gleichungen $l_{\nu\mu}^{(\lambda)} = c$, $l_{\nu\mu}^{(\lambda')} = c'$ bei festen Werten c, c', λ, λ' mit $\lambda \neq \lambda'$ für genau ein Paar (ν, μ) erfüllt. Zwei lateinische Quadrate mit dieser Eigenschaft werden als zueinander *orthogonal* bezeichnet[2]. Jedem System von paarweis orthogonalen lateinischen

---

[1] Die offenbar bedeutet, daß die Matrix als Verknüpfungstafel einer Quasigruppe aufgefaßt werden kann.

[2] Das Eulersche Problem der 36 Offiziere aus 6 Regimentern und von 6 Dienstgraden — dabei keine zwei vom gleichen Dienstgrad aus demselben Regiment — die in einem Quadrat so aufgestellt werden sollen, daß in keiner Zeile oder Spalte Offiziere vom gleichen Dienstgrad oder aus demselben Regiment stehen, kommt somit auf die Bildung zweier zueinander orthogonaler 6-reihiger lateinischer Quadrate hinaus; zur Unlösbarkeit dieser Aufgabe s. S. 294, Fußnote 2. Zur Bildung orthogonaler lateinischer Quadrate sowie zur Frage, wann zu einem lateinischen Quadrat ein orthogonales vorhanden ist, s. **[137, 138, 160]**. Es gibt $r-1$ paarweis orthogonale N-reihige lateinische Quadrate, falls r den kleinsten Teiler $t > 1$ von N bedeutet, der zu Nt^{-1} teilerfremd ist **[238, 52]**.

Quadraten $L^{(\lambda)} = (l_{\nu\mu}^{(\lambda)})_{\nu,\,\mu=0,\,\ldots,\,N-1}$ $(\lambda = 1, \ldots, m-1)$ läßt sich umgekehrt wieder eine Inzidenzstruktur zuordnen, indem man die Paare (ν, μ) mit $\nu, \mu = 0, \ldots, N-1$ als Punkte bezeichnet und — mit der Enthaltensein-Beziehung als Inzidenzrelation — als Geraden diejenigen Mengen von Punkten (ν, μ) nimmt, bei denen entweder ν oder μ oder $l_{\nu\mu}^{(\lambda)}$ bei festem λ einen festen Wert hat; man erkennt nämlich leicht, daß dann zwei verschiedene Geraden höchstens einen Punkt gemeinsam haben können. Teilt man die Geraden in $m+1$ verschiedene Arten ein, je nachdem sie durch einen festen Wert von ν, einen solchen von μ oder bei einem der $m-1$ Werte λ durch einen festen Wert von $l_{\nu\mu}^{(\lambda)}$ gekennzeichnet sind, so ergibt sich noch, daß zwei Geraden verschiedener Art stets einen gemeinsamen Punkt besitzen, dagegen zwei Geraden derselben Art niemals. Da nun durch jeden Punkt genau eine Gerade jeder Art hindurchgeht, erfüllt die Inzidenzstruktur die Bedingung (1.19). Da die Punkte $(0, 0)$, $(0, 1)$, $(1, 0)$ nicht auf einer Geraden liegen, gilt auch (1.20). Seien nun (ν_i, μ_i) $(i = 1, 2)$ zwei Punkte mit $\nu_1 \neq \nu_2$. Durch (ν_1, μ_1) gehen m verschiedene Geraden, welche die durch $\nu = \nu_2$ beschriebene Gerade schneiden, nämlich die durch $l_{\nu\mu}^{(\lambda)} = l_{\nu_1\mu_1}^{(\lambda)}$ $(\lambda = 1, \ldots, m-1)$ bzw. die durch $\mu = \mu_1$ beschriebenen Geraden. Da es aber nur N Punkte (ν_2, μ) gibt[1], muß $m \leq N$ sein:

4. *Es gibt höchstens $N-1$ paarweis orthogonale N-reihige lateinische Quadrate.*

Ein System von $N-1$ paarweis orthogonalen N-reihigen lateinischen Quadraten wird daher als *vollständiges Orthogonalsystem* solcher Quadrate bezeichnet. Im Falle $m = N$ zeigt nun die obige Herleitung, daß eine der m durch (ν_1, μ_1) gehenden Geraden auch durch (ν_2, μ_2) gehen muß: Die Inzidenzstruktur ist in diesem Fall eine affine Ebene. Man hat daher den Satz [**40**, **199**]:

5. *Jedes vollständige Orthogonalsystem N-reihiger lateinischer Quadrate[2] stellt eine affine Ebene mit N^2 Punkten dar, und man erhält auf diese Weise sämtliche affinen Ebenen mit N^2 Punkten.*

Die durch ein vollständiges Orthogonalsystem lateinischer Quadrate erklärte affine Ebene bleibt natürlich unberührt von einer in allen Quadraten des Systems gemeinsam durchgeführten Permutation der Zeilen sowie einer solchen der Spalten und ferner von Permutationen

---

[1] Übrigens liegen auch auf jeder durch $l_{\nu\mu}^{(\lambda)} = c$ beschriebenen Geraden genau N Punkte; denn jede dieser Geraden darf höchstens N Punkte enthalten, da ja c in keiner Zeile oder Spalte von $L^{(\lambda)}$ zweimal vorkommt, während andererseits bei festem λ die N Geraden mit $c = 0, \ldots, N-1$ insgesamt N^2 Punkte besitzen.

[2] Der Zusammenhang dieser Quadrate mit der Inzidenzmatrix wird in [**161**] dargestellt. Zur Einordnung der Herstellung orthogonaler lateinischer Quadrate unter eine allgemeinere, auch das Kirkmansche Problem (s. S. 298) umfassende kombinatorische Frage s. [**36**, S. 111/12].

der Elemente jedes einzelnen Quadrats sowie von einer Umnumerierung der Quadrate. Durch solche Abänderungen kann man offenbar das vollständige Orthogonalsystem der $L^{(\lambda)}$ in die folgende *Normalform*[1] bringen:

$$(7) \qquad l^{(\lambda)}_{0\mu} = \mu, \quad l^{(1)}_{\nu\nu} = 0, \quad l^{(\lambda)}_{1\lambda} = 0 \qquad (\nu, \mu = 0, 1, \ldots, N-1;\ \lambda = 1, \ldots, N-1).$$

Es soll nun ein solchermaßen in Normalform befindliches System in Verbindung gebracht werden mit dem Ternärkörper $\Re$ bezüglich O, U, V, E der zugehörigen affinen Ebene, wobei $O = (0, 0)$, $E = (1, 1)$ gesetzt und U, V als die uneigentlichen Punkte mit $(\nu, 0) \in OU$, $(0, \mu) \in OV$ gewählt sind. Für das Element $(0, \mu)$ von $\Re$ wird abkürzungshalber (μ) geschrieben. Wegen (7) bedeutet $(\nu, \mu) \in OE$ dasselbe wie $\nu = \mu$, so daß der Punkt (ν, μ) die Koordinaten (ν), (μ) besitzt. Nach (1.34) gibt es nun zu vorgegebenen λ, c Elemente $u, v \in \Re$ so, daß $l^{(\lambda)}_{\nu\mu} = c$ dasselbe besagt wie $T\big(u, (\nu), v\big) = (\mu)$, und dabei hängt u nur von λ ab, da ja die Geraden mit festem λ ein Parallelenbüschel bilden. Mit $\nu = 0$, $\mu = c$ erhält man nach (7) dann $T\big(u, (0), v\big) = (c)$, also nach (1.38) $v = (c)$, so daß sich $T\big(u, (\nu), (l^{(\lambda)}_{\nu\mu})\big) = (\mu)$ ergibt. Mit $\nu = 1$, $\mu = \lambda$ erhält man nach (7) daraus schließlich $T\big(u, (1), (0)\big) = (\lambda)$, also nach (1.39) $u = (\lambda)$. Damit hat man

$$(8) \qquad\qquad T\big((\lambda), (\nu), (l^{(\lambda)}_{\nu\mu})\big) = (\mu)$$

bewiesen. Mit anderen Worten besagt diese Gleichung: Die Verknüpfungstafel für $(x, v) \to T\big((\lambda), x, v\big)$ entsteht aus $L^{(\lambda)}$ dadurch, daß man in jeder Zeile die dort stehende Permutation der Ziffern $0, 1, \ldots, N-1$ durch ihre Inverse ersetzt und natürlich alle Ziffern mit Klammern versieht. Bei dem so hergestellten Zusammenhang zwischen vollständigen Orthogonalsystemen lateinischer Quadrate und endlichen Ternärkörpern gilt nun:

6. Der einem vollständigen Orthogonalsystem lateinischer Quadrate in Normalform zugeordnete Ternärkörper ist genau dann linear, wenn die lateinischen Quadrate sich nur in der Reihenfolge der Zeilen unterscheiden.[2]

Beweis. Erfüllt der Ternärkörper $\Re$ die Linearitätsbedingung (1.46), so hat man nach (8) $(\lambda)\,(\nu) + (l^{(\lambda)}_{\nu\mu}) = (\mu)$ sowie nach (8) und (1.47) $(\lambda)\,(\nu) + (l^{(1)}_{\nu\pi\mu}) = (\mu)$, wobei die Permutation π durch $(\nu^\pi) = (\lambda)\,(\nu)$ erklärt ist. Aus beiden Gleichungen zusammen folgt nun $l^{(\lambda)}_{\nu\mu} = l^{(1)}_{\nu\pi\mu}$, d.h. $L^{(\lambda)}$ entsteht aus $L^{(1)}$ durch Vertauschung der Zeilen. Gibt es umgekehrt zu jedem Wert λ eine Permutation π mit $l^{(\lambda)}_{\nu\mu} = l^{(1)}_{\nu\pi\mu}$, so folgt mit $v = (l^{(\lambda)}_{\nu\mu})$

---

[1] Die in [**44**] eingeführte *standard form* besagt $l^{(\lambda)}_{0\mu} = \mu$, $l^{(1)}_{\nu 0} = \nu$, $l^{(\lambda)}_{10} = \lambda$ und entsteht daher aus der Normalform durch Zeilenpermutation und Umnumerierung der Quadrate.

[2] Dies ist die Bedingung D_0 in [**44**].

12.1. Einordnung unter allgemeinere kombinatorische Begriffe. 293

nach (8) und (1.47)

$$T\big((\lambda), (\nu), v\big) = T\big((1), (\nu^\pi), v\big) = (\nu^\pi) + v.$$

Mit $v = 0$ ergibt sich daraus nach (1.47) $(\lambda)\,(\nu) = (\nu^\pi)$ und damit $T\big((\lambda), (\nu), v\big) = (\lambda)\,(\nu) + v$ für $\lambda = 1, \ldots, N - 1$, während diese Gleichung für $\lambda = 0$ aus (1.35) und (1.47) folgt.

Das im folgenden angegebene vollständige Orthogonalsystem lateinischer Quadrate[1] liefert daher einen Ternärkörper, welcher die Linearitätsbedingung (1.46) nicht erfüllt:

```
0 1 2 3 4 5 6 7 8     0 1 2 3 4 5 6 7 8     0 1 2 3 4 5 6 7 8
2 0 1 5 3 4 8 6 7     1 2 0 4 5 3 7 8 6     6 7 8 0 1 2 3 4 5
1 2 0 4 5 3 7 8 6     2 0 1 5 3 4 8 6 7     3 4 5 6 7 8 0 1 2
6 7 8 0 1 2 3 4 5     3 4 5 6 7 8 0 1 2     1 2 0 8 6 7 5 3 4
8 6 7 2 0 1 5 3 4     4 5 3 7 8 6 1 2 0     7 8 6 5 3 4 2 0 1
7 8 6 1 2 0 4 5 3     5 3 4 8 6 7 2 0 1     4 5 3 2 0 1 8 6 7
3 4 5 6 7 8 0 1 2     6 7 8 0 1 2 3 4 5     2 0 1 7 8 6 4 5 3
5 3 4 8 6 7 2 0 1     7 8 6 1 2 0 4 5 3     8 6 7 4 5 3 1 2 0
4 5 3 7 8 6 1 2 0     8 6 7 2 0 1 5 3 4     5 3 4 1 2 0 7 8 6

0 1 2 3 4 5 6 7 8     0 1 2 3 4 5 6 7 8     0 1 2 3 4 5 6 7 8
8 6 7 2 0 1 5 3 4     7 8 6 1 2 0 4 5 3     3 4 5 6 7 8 0 1 2
4 5 3 7 8 6 1 2 0     5 3 4 8 6 7 2 0 1     6 7 8 0 1 2 3 4 5
5 3 4 1 2 0 8 6 7     8 6 7 5 3 4 1 2 0     2 0 1 7 8 6 4 5 3
1 2 0 6 7 8 4 5 3     3 4 5 0 1 2 8 6 7     5 3 4 1 2 0 7 8 6
6 7 8 5 3 4 0 1 2     1 2 0 7 8 6 3 4 5     8 6 7 4 5 3 1 2 0
7 8 6 4 5 3 2 0 1     4 5 3 2 0 1 7 8 6     1 2 0 8 6 7 5 3 4
3 4 5 0 1 2 7 8 6     2 0 1 6 7 8 5 3 4     4 5 3 2 0 1 8 6 7
2 0 1 8 6 7 3 4 5     6 7 8 4 5 3 0 1 2     7 8 6 5 3 4 2 0 1

0 1 2 3 4 5 6 7 8     0 1 2 3 4 5 6 7 8
5 3 4 8 6 7 2 0 1     4 5 3 7 8 6 1 2 0
7 8 6 1 2 0 4 5 3     8 6 7 2 0 1 5 3 4
4 5 3 2 0 1 7 8 6     7 8 6 4 5 3 2 0 1
6 7 8 4 5 3 0 1 2     2 0 1 8 6 7 3 4 5
2 0 1 6 7 8 5 3 4     3 4 5 0 1 2 7 8 6
8 6 7 5 3 4 1 2 0     5 3 4 1 2 0 8 6 7
1 2 0 7 8 6 3 4 5     6 7 8 5 3 4 0 1 2
3 4 5 0 1 2 8 6 7     1 2 0 6 7 8 4 5 3
```

---

[1] Dieses in [44] angegebene System gehört zu der zweiten in [207] (vgl. auch [58, S. 411]) beschriebenen nichtdesarguesschen Ebene. Die in [72, 73] angegebenen Systeme gehören entweder zu desarguesschen Ebenen oder zu der ersten in [207] beschriebenen nichtdesarguesschen Ebene über dem auf S. 95 angegebenen Quasikörper mit 9 Elementen.

12.2. Punkteanzahl.

Die Charakteristik eines endlichen Quasikörpers muß natürlich $\neq 0$, also eine Primzahl p sein, so daß der Quasikörper als Vektorraum über seinem Kern (s. S. 204) auch Vektorraum einer endlichen Dimension n über dem aus den Elementen $0, 1, 1+1, \ldots, (p-1)\cdot 1$ bestehenden Primkörper ist und daher p^n Elemente hat. Daraus folgt sofort [**198, 130**]:

7. Die Anzahl der Punkte auf jeder Geraden einer endlichen Translationsebene ist eine Potenz der Charakteristik.

Insbesondere ist somit auch für desarguessche Ebenen die auf S. 287 erklärte Zahl N stets eine Primzahlpotenz. Man kennt keine endlichen Ebenen mit anderen Werten von N, so daß die Vermutung naheliegt, N müsse bei jeder endlichen Ebene Primzahlpotenz sein. Das beste in dieser Richtung bis jetzt gewonnene Ergebnis lautet [**57**]:

8. Es gibt keine endliche Ebene, für welche der Wert $N \equiv 1$ oder 2 mod 4 ist und sich mit einer bestimmten natürlichen Zahl n durch die $(2n-1)$-te Potenz einer Primzahl $\equiv 3$ mod 4, jedoch nicht durch deren $2n$-te Potenz teilen läßt[1].

Es ist daher 6 die kleinste nicht als N-Wert vorkommende Zahl[2] und 10 die kleinste Zahl, deren Zulässigkeit für N fraglich ist. Da -1 genau für diejenigen ungeraden Primzahlen kein quadratischer Rest ist, welche $\equiv 3$ mod 4 sind, und da aus $N \equiv 1$ oder 2 mod 4 natürlich $N^2 + N + 1 \equiv 3$ mod 4 folgt, ist das angegebene Ergebnis wegen Satz 2 von S. 288 ein Sonderfall des folgenden Satzes [**61**]:

9. Ist p eine ungerade Primzahl, $-\lambda$ kein quadratischer Rest mod p und $k \equiv \lambda$ mod p^{2n-1}, $k \not\equiv \lambda$ mod p^{2n}, $v \equiv 3$ mod 4, so gibt es zu den Zahlenwerten v, k, λ keinen symmetrischen Blockplan.

Für den Beweis dieses Satzes benötigt man den *Lagrangeschen Satz*, daß jede natürliche Zahl Summe von vier Quadraten ganzer Zahlen ist.

---

[1] Da bekanntlich jedes Produkt von Primzahlen $\equiv 1$ mod 4 Summe zweier Quadrate ist, ergibt sich aus dem folgenden Beweis dieses Satzes noch: Gibt es eine $(N^2 + N + 1)$-reihige quadratische rationalzahlige Matrix A mit (5) für $\lambda = 1$, $k = N + 1$, so ist N im Falle $N \equiv 1$ oder 2 mod 4 Summe zweier Quadrate. In [**2**] wird umgekehrt aus der Darstellbarkeit von N als Summe zweier Quadrate gefolgert, daß es eine $(N^2 + N + 1)$-reihige quadratische rationalzahlige Matrix A mit (5), (6) für $\lambda = 1$, $k = N + 1$ gibt. Zur Herstellung solcher Matrizen s. auch [**230, 231**].

[2] Dies ergibt sich auch aus der in [**201**] bewiesenen Unlösbarkeit des Eulerschen Problems der 36 Offiziere, welche darüber hinaus aussagt, daß es keine zwei zueinander orthogonale 6-reihige lateinische Quadrate gibt (vgl. S. 290, insbesondere Fußnote 2). Nach Bose, Parker, Shrikhande [1960] gibt es zu jeder natürlichen Zahl $N \neq 1, 2, 6$ zwei zueinander orthogonale N-reihige lateinische Quadrate.

Dies soll hier kurz hergeleitet werden. Ersetzt man in dem Quaternionenschiefkörper über dem Körper der reellen Zahlen auf S. 177 das Basiselement e_1' durch $e_1' - \frac{1}{2}$, so folgt aus der Gleichung $N(x)\,N(y) = N(x\,\bar{y})$:

Zu ganzen Zahlen x_ν, y_ν gibt es ganze Zahlen z_ν mit $\sum_{\nu=0}^{3} x_\nu^2 \sum_{\nu=0}^{3} y_\nu^2 = \sum_{\nu=0}^{3} z_\nu^2$ und $z_0 \equiv \sum_{\nu=0}^{3} x_\nu^2 \bmod s$, $z_\nu \equiv 0 \bmod s$ $(\nu = 1, 2, 3)$ für jede Zahl s mit $x_\nu \equiv y_\nu \bmod s$ $(\nu = 0, 1, 2, 3)$. Es genügt daher, die Behauptung für jede ungerade Primzahl $q = 2r + 1$ zu beweisen. x^2 durchläuft für ganze x bekanntlich genau $r + 1 \bmod q$ inkongruente Werte. Ist nun r nicht quadratischer Rest $\bmod q$, so kommen demnach unter den ganzen Zahlen von $-r$ bis $r - 1$ genau $r + 1$ quadratische Reste $\bmod q$ vor. Von den r Paaren $(i, -i-1)$ mit $i = 0, \ldots, r - 1$ besteht daher mindestens eins aus zwei quadratischen Resten $\bmod q$, d.h. es gibt ganze Zahlen x, y mit $i \equiv x^2$, $-i - 1 \equiv y^2 \bmod q$, also mit $sq = x^2 + y^2 + 1$ für eine gewisse natürliche Zahl s. Da man $|x|, |y| \leq \frac{q}{2}$ annehmen darf, läßt sich dabei jedenfalls $s < q$ erreichen. Es sei nun im folgenden s $(< q)$ die kleinste natürliche Zahl, für welche

$$(9) \qquad sq = \sum_{\nu=0}^{3} x_\nu^2$$

mit ganzen Zahlen x_ν gilt. Für die y_ν mit $|y_\nu| \leq \frac{s}{2}$, $x_\nu \equiv y_\nu \bmod s$ $(\nu = 0, 1, 2, 3)$ folgt aus (9)

$$(10) \qquad st = \sum_{\nu=0}^{3} y_\nu^2$$

mit einer ganzen Zahl $t \geq 0$. Im Falle $|y_\nu| = \frac{s}{2}$ $(\nu = 0, 1, 2, 3)$ ergibt (9) $sq \equiv 0 \bmod s^2$, also $s = 1$ wegen $s < q$. Andernfalls muß nach (10) $st < 4(s/2)^2 = s^2$, also $t < s$ sein. Nach der oben über die Multiplikation von Quadratsummen gemachten Bemerkung ergeben (9) und (10) nun $s^2 t q = \sum_{\nu=0}^{3} z_\nu^2$ mit $z_\nu \equiv 0 \bmod s$, so daß $tq = \sum_{\nu=0}^{3} (z_\nu/s)^2$ mit ganzen Zahlen z_ν/s folgt. Wegen der Minimaleigenschaft von s folgt daher $t = 0$, also $y_\nu = 0$ und damit $x_\nu \equiv 0 \bmod s$. (9) liefert dann $q \equiv 0 \bmod s$ und daher (q Primzahl $> s$) $s = 1$, womit der Lagrangesche Satz vollständig bewiesen ist.

Es sei nun ein symmetrischer Blockplan zu den Werten v, k, λ gegeben, für welche $v \equiv 3 \bmod 4$, $k \equiv \lambda \bmod p^{2n-1}$, $k \not\equiv \lambda \bmod p^{2n}$ mit einer ungeraden Primzahl p gelte. Um den oben ausgesprochenen Satz zu beweisen, hat man dann nur noch zu zeigen, daß $-\lambda$ quadratischer Rest $\bmod p$ sein muß. Nach dem oben hergeleiteten Lagrangeschen

Satz gibt es ganze Zahlen b_ν mit $k - \lambda = \sum\limits_{\nu=0}^{3} b_\nu^2$, so daß also die Matrix

$$
B_0 = \begin{pmatrix}
b_1 & b_2 & b_3 & b_4 \\
b_2 & -b_1 & b_4 & -b_3 \\
-b_3 & b_4 & b_1 & -b_2 \\
b_4 & b_3 & -b_2 & -b_1
\end{pmatrix}
$$

die Gleichung $B_0 B_0^T = (k - \lambda) E_4$ erfüllt. Wegen $v + 1 \equiv 0 \bmod 4$ gewinnt man daher durch diagonales Hintereinandersetzen von $\frac{1}{4}(v+1)$ Matrizen B_0 eine Matrix B mit $B B^T = (k - \lambda) E_{v+1}$. Für die einzeilige Matrix $X = (x_0, \ldots, x_v)$ gilt dann

$$
X \begin{pmatrix} k - \lambda & 0 \\ 0 & D_{k,\lambda} \end{pmatrix} X^T = X(k - \lambda) E_{v+1} X^T + \lambda \left(\sum_{\nu=1}^{v} x_\nu \right)^2
$$

$$
= (XB)(XB)^T + \lambda \left(\sum_{\nu=1}^{v} x_\nu \right)^2 .
$$

Nach (5) aber ist

$$
\begin{pmatrix} k - \lambda & 0 \\ 0 & D_{k,\lambda} \end{pmatrix} = \begin{pmatrix} 1 & 0 \\ 0 & A \end{pmatrix} \begin{pmatrix} k - \lambda & 0 \\ 0 & E_v \end{pmatrix} \begin{pmatrix} 1 & 0 \\ 0 & A^T \end{pmatrix},
$$

so daß sich mit $XB = (y_0, \ldots, y_v)$, $X \begin{pmatrix} 1 & 0 \\ 0 & A \end{pmatrix} = (z_0, \ldots, z_v)$ und gewissen rationalen Zahlen c_ν die Gleichung

$$
(11) \qquad \sum_{\nu=0}^{v} y_\nu^2 + \lambda \left(\sum_{\nu=0}^{v} c_\nu y_\nu \right)^2 = (k - \lambda) z_0^2 + \sum_{\nu=1}^{v} z_\nu^2
$$

ergibt. Mit den durch

$$
\begin{pmatrix} 1 & 0 \\ 0 & A \end{pmatrix}^{-1} B = (c_{\nu\mu})_{\nu,\mu=0,\ldots,v}
$$

bestimmten rationalen Zahlen $c_{\nu\mu}$ besteht zwischen den y_μ und den z_ν der Zusammenhang

$$
(12) \qquad y_\mu = \sum_{\nu=0}^{v} z_\nu c_{\nu\mu} \qquad (\mu = 0, \ldots, v),
$$

und die z_ν können ganz beliebig gewählt werden. Man zeigt nun, daß bei passender Wahl der $\varepsilon_\mu = \pm 1$ das homogene lineare Gleichungssystem

$$
(13) \qquad \varepsilon_\mu z_\mu = \sum_{\nu=0}^{v} z_\nu c_{\nu\mu} \qquad (\mu = 1, \ldots, v)
$$

eine Lösung mit $z_0 \neq 0$ besitzt. Es seien die $\varepsilon_{\varkappa+1}, \ldots, \varepsilon_v \ (= \pm 1)$ so wählbar, daß die letzten $v - \varkappa$ Gleichungen des Systems (13) durch Gleichungen

$$
(14) \qquad z_\mu = \sum_{\nu=0}^{\varkappa} z_\nu d_{\nu\mu} \qquad (\mu = \varkappa + 1, \ldots, v)
$$

ersetzt werden können. Die $\varkappa$-te Gleichung aus (13) läßt sich dann umformen zu $\varepsilon_\varkappa z_\varkappa = \sum\limits_{\nu=0}^{\varkappa} z_\nu c'_{\nu\mu}$. Wählt man nun $\varepsilon_\varkappa = -1$ genau dann, wenn $c'_{\varkappa\varkappa} = 1$ ist, so kann man auch diese Gleichung in die Form (14) mit $\varkappa - 1$ an Stelle von $\varkappa$ bringen. Damit ist gezeigt, daß sich das gesamte System (13) durch ein System (14) mit $\varkappa = 0$ ersetzen läßt und es daher eine Lösung mit $z_0 \neq 0$ gibt. Aus (11), (12), (13) folgt nun, daß es ganze Zahlen a, b, c mit $c \neq 0$ und dem größten gemeinsamen Teiler 1 gibt, welche der Gleichung

$$(15) \qquad a^2 + \lambda b^2 = p^{-2n+2}(k - \lambda) c^2$$

genügen. Wäre $b \equiv 0 \bmod p$, so würde sich daraus $a^2 \equiv 0 \bmod p$, also $a \equiv 0 \bmod p$, $c \not\equiv 0 \bmod p$ und daher $k - \lambda \equiv 0 \bmod p^{2n}$ ergeben, was ausgeschlossen war. Es gibt daher eine ganze Zahl d mit $b d \equiv 1 \bmod p$, und (15) liefert dann $-\lambda \equiv (a d)^2 \bmod p$.

Nach demselben Verfahren kann man auch beweisen [**61**], daß die Behauptung des Satzes bestehen bleibt, wenn darin $v \equiv 3 \bmod 4$ durch $v \equiv 1 \bmod 4$ und „$-\lambda$ kein quadratischer Rest" durch „λ kein quadratischer Rest" ersetzt wird. Für projektive Ebenen ist diese Aussage natürlich bedeutungslos. Dasselbe gilt offenbar auch für die Unmöglichkeit eines symmetrischen Blockplanes, bei dem v gerade und $k - \lambda$ kein Quadrat ist [**61**]; diese Unmöglichkeit folgt sofort aus der wegen (6) und (3) geltenden Gleichung $|A|^2 = (k - \lambda)^{v-1} k^2$.

12.3. Vollständige Vierecke mit kollinearen Diagonalpunkten.

Hat in einer endlichen projektiven Ebene $\mathfrak{E}$ jedes vollständige Viereck kollineare Diagonalpunkte, so ist die additive Loop jedes Ternärkörpers nach Satz 25 von S. 128 und Satz 12 von S. 194 eine kommutative Gruppe, in der jedes Element $\neq 0$ die Ordnung 2 besitzt. Eine Gruppe dieser Art ist nun aber Vektorraum über dem Primkörper der Charakteristik 2, hat daher wegen der Endlichkeit von $\mathfrak{E}$ eine Potenz von 2 als Elementeanzahl N und wird durch diese Anzahl N bis auf Isomorphie eindeutig bestimmt. Man hat somit den Satz:

10. *Für eine endliche projektive Ebene, in der jedes vollständige Viereck kollineare Diagonalpunkte besitzt, ist die Zahl N eine Zweierpotenz, und die additiven Loops sämtlicher Ternärkörper sind untereinander isomorphe kommutative Gruppen.*

Bei einer desarguesschen Ebene folgt nach Satz 2, S. 109, oder 10, S. 193 die Kollinearität der Diagonalpunkte bei jedem vollständigen Viereck bereits aus der Kollinearität bei einem einzigen. Bei einer endlichen desarguesschen Ebene kann daher nur dann ein vollständiges Viereck kollineare Diagonalpunkte haben, wenn N eine Zweierpotenz ist. Ohne Voraussetzung des Desarguesschen Satzes gewinnt man das folgende Ergebnis [169]:

11. *In einer endlichen projektiven Ebene mit $N = 7$ hat kein vollständiges Viereck kollineare Diagonalpunkte.*

Beweis[1]. Angenommen, es sei in der projektiven Ebene $\mathfrak{E}$ mit $N = 7$ ein vollständiges Viereck mit kollinearen Diagonalpunkten gegeben. Dieses vollständige Viereck mit seinen Ecken, Seiten, Diagonalpunkten und der Verbindungsgeraden der Diagonalpunkte stellt nun eine projektive Ebene $\mathfrak{E}_0 \subset \mathfrak{E}$ dar. Jede der 7 Geraden von $\mathfrak{E}_0$ enthält $8 - 3 = 5$ nicht zu $\mathfrak{E}_0$ gehörige Punkte von $\mathfrak{E}$. Die Menge $\mathfrak{M}$ der nicht auf den Geraden von $\mathfrak{E}_0$ liegenden Punkte von $\mathfrak{E}$ besteht somit aus $7^2 + 7 + 1 - 7 \cdot 5 - 7 = 15$ Punkten. Durch jeden Punkt P von $\mathfrak{E}_0$ gehen $8 - 3 = 5$ Geraden von $\mathfrak{E}$, die nicht zu $\mathfrak{E}_0$ gehören, und jede dieser Geraden enthält genau $8 - 4 - 1 = 3$ Punkte von $\mathfrak{M}$, weil genau $7 - 3 = 4$ Geraden von $\mathfrak{E}_0$ nicht durch P gehen. Somit liefert jeder der 7 Punkte von $\mathfrak{E}_0$ eine Einteilung von $\mathfrak{M}$ in 5 Tripel. Die Verbindungsgerade zweier verschiedener Punkte aus $\mathfrak{M}$ bildet nun mit den 7 Geraden von $\mathfrak{E}_0$ höchstens $8 - 2 = 6$ Schnittpunkte und muß daher einen, aber natürlich auch nur einen Punkt von $\mathfrak{E}_0$, also einen Schnittpunkt zweier Geraden von $\mathfrak{E}_0$, enthalten. Somit kommt jedes Paar verschiedener Punkte von $\mathfrak{M}$ bei den 7 Tripeleinteilungen genau einmal im gleichen Tripel vor. Das heißt aber: Die projektiven Ebenen $\mathfrak{E}$, $\mathfrak{E}_0$ liefern eine Lösung des *Kirkmanschen Problems.*. Bezeichnet man die Punkte von $\mathfrak{M}$ einfach mit den Ziffern 1 bis 15, so kommen nach der Typeneinteilung der Lösungen des Kirkmanschen Problems [62] unter den 7 Tripeleinteilungen von $\mathfrak{M}$ jedenfalls vier von einer der folgenden vier Arten vor:

I.	1	2	3	1	4	7	1	5	15	1	9	13
	4	5	6	2	5	8	2	9	10	2	4	12
	7	8	9	3	10	13	3	4	14	3	5	11
	10	11	12	6	11	14	6	8	12	6	7	15
	13	14	15	9	12	15	7	11	13	8	10	14
II.	1	2	3	1	4	7	1	5	15	1	9	10
	4	5	6	2	5	8	2	9	13	2	4	12
	7	8	9	3	10	13	3	4	11	3	5	14
	10	11	12	6	11	14	6	7	12	6	8	15
	13	14	15	9	12	15	8	10	14	7	11	13

---

[1] Ein anderer Beweis ergibt sich aus der Feststellung von S. 302, daß eine projektive Ebene mit $N = 7$ desarguessch ist.

```
III.   1   2   3        1   4   7        1   5  13        1   6   8
       4   5   6        2   5  10        2   4  12        2  11  13
       7   8   9        3   8  13        3   9  11        3   7  12
      10  11  12        6  11  14        6   7  15        4  10  15
      13  14  15        9  12  15        8  10  14        5   9  14

IV.    1   2   3        1   4   7        1   6  15        1   5   9
       4   5   6        2   5  10        2   9  11        2   4  14
       7   8   9        3   8  13        3   7  14        3  10  15
      10  11  12        6  11  14        4   8  10        6   8  12
      13  14  15        9  12  15        5  12  13        7  11  13
```

In den ersten drei Arten kann man durch die folgenden Permutationen die ersten beiden sowie die letzten beiden Tripeleinteilungen jeweils unter sich vertauschen:

$$(1\ 10)\ (2\ 13)\ (4\ 11)\ (5\ 14)\ (7\ 12)\ (8\ 15),$$

$$(1\ 13)\ (2\ 10)\ (4\ 14)\ (5\ 11)\ (7\ 15)\ (8\ 12),$$

$$(2\ 7)\ (3\ 4)\ (5\ 8)\ (6\ 13)\ (9\ 10)\ (11\ 15).$$

Ferner gehen erste, zweite und vierte Tripeleinteilung der vierten Art durch die Permutation $(2\ 4)\ (3\ 7)\ (6\ 10)\ (9\ 13)\ (12\ 14)$ in zweite, erste und dritte Tripeleinteilung der dritten Art über. Da in $\mathfrak{E}_0$ auf keiner Geraden vier Punkte liegen, braucht man daher nur noch zu zeigen, daß drei nichtkollineare Punkte von $\mathfrak{E}_0$ in keiner der vier Arten die ersten drei Tripeleinteilungen liefern können. Die Gerade durch die Punkte $i, j, k \in \mathfrak{M}$ werde dabei durch (i, j, k) bezeichnet, und δ sei diejenige Gerade von $\mathfrak{E}_0$, welche keinen der drei die Tripeleinteilungen erzeugenden Punkte enthält.

I. $\delta \cap (4, 5, 6)$ liegt auf $(9, 12, 15)$ oder $(3, 10, 13)$ und daher nicht auf $(2, 9, 10)$. Da $\delta \cap (2, 9, 10)$ aber auf $(4, 5, 6)$ oder $(13, 14, 15)$ liegen muß, ist somit $\delta \cap (2, 9, 10) = \delta \cap (13, 14, 15)$. Weiter liegt $\delta \cap (1, 2, 3)$ auf $(6, 11, 14)$ oder $(9, 12, 15)$ und daher nicht auf $(6, 8, 12)$. Da $\delta \cap (6, 8, 12)$ aber auf $(1, 2, 3)$ oder $(13, 14, 15)$ liegen muß, ist auch $\delta \cap (6, 8, 12) = \delta \cap (13, 14, 15)$ und somit $(6, 8, 12) = (2, 9, 10)$, was nicht sein kann.

II. Nach demselben Verfahren gelangt man zu

$$\delta \cap (6, 7, 12) = \delta \cap (13, 14, 15) = \delta \cap (3, 4, 11)$$

und damit zu einem Widerspruch.

III. Nach demselben Verfahren gelangt man zu

$$\delta \cap (1, 5, 13) = \delta \cap (7, 8, 9) = \delta \cap (2, 4, 12)$$

und damit zu einem Widerspruch.

IV. $\delta \cap (10, 11, 12)$ liegt auf $(3, 8, 13)$ oder $(1, 4, 7)$ und daher nicht auf $(3, 7, 14)$. Somit liegt $\delta \cap (4, 5, 6)$ auf $(3, 7, 14)$, also nicht auf $(3, 8, 13)$ und daher auf $(9, 12, 15)$. Daher liegt $\delta \cap (1, 2, 3)$ nicht auf $(9, 12, 15)$, sondern auf $(6, 11, 14)$ und weiter $\delta \cap (7, 8, 9)$ nicht auf $(6, 11, 14)$, sondern auf $(2, 5, 10)$. Aus diesem Grund geht $(5, 12, 13)$ nicht durch $\delta \cap (7, 8, 9)$, sondern durch $\delta \cap (1, 2, 3)$ und somit $(4, 8, 10)$ nicht durch $\delta \cap (1, 2, 3)$, sondern durch $\delta \cap (13, 14, 15)$. Das ist aber unmöglich, weil dieser Punkt auf $(1, 4, 7)$ oder $(2, 5, 10)$ liegt.

Daß ohne weitere Voraussetzung auch in einer endlichen projektiven Ebene noch vollständige Vierecke mit kollinearen Diagonalpunkten neben solchen mit nichtkollinearen Diagonalpunkten vorkommen können[1], ergibt sich aus dem folgenden Satz [**157**]:

12. *Ist p eine Primzahl und n eine natürliche Zahl, die im Falle $p = 2$ sogar ≥ 2 ist, so gibt es eine endliche projektive Ebene mit $N = p^{2n}$, in der sowohl ein vollständiges Viereck mit kollinearen Diagonalpunkten wie ein solches mit nichtkollinearen Diagonalpunkten vorkommt.*

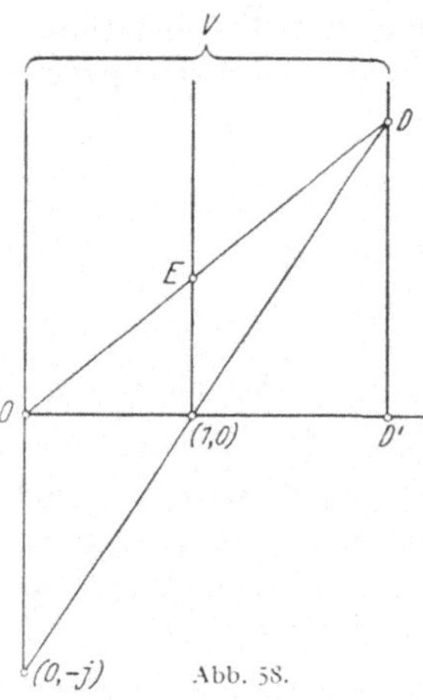

Abb. 58.

Beweis. Man bildet die Translationsebene $\mathfrak{E}_\omega$ über dem auf S. 96 angegebenen, durch $\mathfrak{L} = GF(p^n)$ und r, s bestimmten Quasikörper. Nach dem auf S. 60 über die Bedingung paralleler Diagonalen Festgestellten gibt es dann jedenfalls in $\mathfrak{E}$ bei $p > 2$ vollständige Vierecke mit nichtkollinearen Diagonalpunkten und bei $p = 2$ solche mit kollinearen Diagonalpunkten. Man braucht also nur noch in $\mathfrak{E}$ ein vollständiges Viereck anzugeben, welches bei jeweils passend gewählten r, s im Falle $p > 2$ kollineare und im Falle $p = 2$, $n \geq 2$ nichtkollineare Diagonalpunkte besitzt[2]. Man nimmt zu diesem Zweck das vollständige Viereck mit den Ecken $O = (0, 0)$, $E = (1, 1)$, $(0, -j)$, $(1, 0)$ (s. Abb. 58). Da $x^2 \neq x r + s$ für alle $x \in \mathfrak{L}$ gelten soll, ist $r + s \neq 1$, so daß man $t = (r + s - 1)^{-1}$ bilden kann. Die Koordinaten des auf OE liegenden Diagonalpunktes D haben dann — wie man leicht nachrechnet — den Wert $(s + j) t$. Das vollständige Viereck hat daher genau dann kollineare Diagonalpunkte, wenn $D' = V D \cap (1, 0) O$ auf $(0, -j) E$ liegt, d. h. wenn $0 = (1 + j) (s + j) t - j$, also

$$(16) \qquad\qquad r = 1 - 2s$$

---

gilt. Es sei jetzt $p > 2$. Wäre eine Wahl von r, s mit (16) unmöglich, so müßte für jeden Wert $s \in \mathfrak{L}$ ein $x \in \mathfrak{L}$ mit $x^2 = (1 - 2s) x + s$ vorhanden, also $(2s)^2 + 1$ in $\mathfrak{L}$ ein Quadrat sein. Daraus würde nun sofort folgen, daß in $\mathfrak{L}$ die Summe zweier Quadrate wieder ein Quadrat wäre. Da dann auch $-1 = (p - 1) \cdot 1$ ein Quadrat wäre, würden die Quadrate somit einen Unterkörper von $\mathfrak{L}$ bilden. Das ist aber unmöglich, da ihre Anzahl $\frac{1}{2}(p^n - 1) + 1 = \frac{1}{2}(p^n + 1)$ beträgt und daher nicht durch p teilbar ist. Man hat jetzt nur noch zu zeigen, daß (16) im Falle $p = 2$, $n \geq 2$ nicht immer zu gelten braucht, daß also $r \neq 1$ möglich ist: Hat man $s_0 \neq x^2 - x$ für alle $x \in \mathfrak{L}$, so gilt $y^2 \neq r y + s$ mit $s = r^2 s_0$ für alle $y (= r x) \in \mathfrak{L}$, falls $r \neq 0$ und $\neq 1$ gewählt wird, was wegen $p^n \geq 4$ möglich ist.

Dieses Ergebnis führt zu der Vermutung, daß in keiner endlichen nichtdesarguesschen projektiven Ebene die vollständigen Vierecke entweder sämtlich kollineare oder sämtlich nichtkollineare Diagonalpunkte haben. Daß insbesondere aus der Kollinearität der Diagonalpunkte aller vollständigen Vierecke in einer endlichen projektiven Ebene der Desarguessche Satz folgt, wurde von GLEASON [1956] bewiesen[1]. Ohne die Endlichkeitsvoraussetzung trifft das in jeder projektiven Ebene $\mathfrak{E}$ zu, in der es drei nichtkollineare Punkte O, U, V so gibt, daß $\mathfrak{E}$ (V, OU)- und (U, OV)-transitiv ist. Nach Satz 24 von S. 60 ist nämlich wegen der Voraussetzung kollinearer Diagonalpunkte für drei kollineare Punkte U', V', W' stets die Reidemeister-Bedingung im (U', V', W')-Gewebe der Geraden durch U', V', W' erfüllt. Wählt man insbesondere $U' = U$, $V' \in OV$, so ergibt Satz 36 von S. 100 die (V', UV')-Transitivität von $\mathfrak{E}$. Durch Vertauschen von U mit V erhält man weiter die $(U', U'V)$-Transitivität von $\mathfrak{E}$ für jeden Punkt $U' \in OU$. In $\mathbf{S}(\mathfrak{E})$ kommen daher die sämtlichen Punkte zweier Punktreihen und die sämtlichen Geraden zweier Geradenbüschel vor, so daß nach Satz 14 von S. 70 $\mathbf{S}(\mathfrak{E}) = \mathfrak{E}$ sein muß, in $\mathfrak{E}$ also der kleine Desarguessche Satz gilt. Aus Satz 49 von S. 105 folgt dann schließlich der Desarguessche Satz.

12.4. Desarguessche und zyklische Ebenen.

Im Falle endlicher Ebenen folgt aus dem Satz von Desargues, ja sogar schon aus dem kleinen Desarguesschen Satz der Satz von Pappos [**126**]:

13. *In einer endlichen Moufang-Ebene gilt der Satz von Pappos.*

Beweis. Nach den Sätzen 50 von S. 106 und 1 von S. 136 braucht man nur noch zu zeigen, daß jeder endliche Alternativkörper $\mathfrak{K}$ ein

---

[1] Daraus folgt mittels der Sätze 13 (unten), 7 (S. 191), 10 (S. 193), daß eine endliche projektive Ebene desarguessch ist, wenn in ihr der Satz vom vollständigen Viereck gilt.

Körper ist. Zwei Elemente $a, b \in \Re$ erzeugen nach dem Satz von Artin
(S. 161) einen assoziativen Unteralternativring, also einen nullteilerfreien Ring, der — weil endlich — bekanntlich[1] ein Schiefkörper ist.
Nach dem *Satz von Wedderburn*[2], der die Kommutativität jedes endlichen Schiefkörpers besagt, ergibt sich daher die Kommutativität von
$\Re$, so daß nach Satz[3] 6 von S. 162 $\Re$ sogar ein Körper ist.

Da es bis auf Isomorphie nur einen Körper vorgegebener endlicher
Elementeanzahl gibt[4], hat man den Satz:

14. *Endliche desarguessche Ebenen gleicher Punkteanzahl sind isomorph.*

Beispiele endlicher nichtdesarguesscher Ebenen kennt man nur für
$N \geq 9$; für $N = 9$ braucht man z. B. nur die Translationsebene über dem
Quasikörper von S. 95 zu bilden. Nach HALL, SWIFT, WALKER [1956]
gibt es für $N = 8$ keine nichtdesarguessche Ebenen. Im Falle $N = 7$ kann
man mit Hilfe der in [**158, 178**] aufgestellten sämtlichen 7-reihigen lateinischen Quadrate wegen Satz 5 von S. 291 die Unmöglichkeit nichtdesarguesscher Ebenen zeigen [**44**][5]. $N = 6$ ist nach Satz 8 von S. 294 unmöglich. Im Falle $N \leqq 5$ gilt der Desarguessche Satz[6] auf Grund des Satzes 27
von S. 134, da eine Loop mit höchstens 4 Elementen stets eine Gruppe
ist, wie man durch Aufstellen der Verknüpfungstafeln leicht erkennt.

Eine projektive Ebene bezeichnet man als *zyklisch*, wenn sie eine
zyklische — also von einer Kollineation σ erzeugte — Gruppe von
Kollineationen besitzt, welche bezüglich der Menge der Punkte transitiv
ist[7], d.h. zu jedem Punktepaar P, Q eine Kollineation σ^i mit $P^{\sigma^i} = Q$
enthält. Eine affine Ebene heißt *zyklisch bezüglich O*, wenn sie eine
zyklische Gruppe von Kollineationen mit Fixpunkt O besitzt, welche
bezüglich der Menge aller Punkte $\neq O$ transitiv ist[7, 8].

15. *Jede endliche desarguessche affine oder projektive Ebene ist zyklisch,*
und zwar im affinen Fall bezüglich jedes Punktes [**183, 43, 191**].

---

[1] Siehe etwa [**163**, S. 40].

[2] Einen einfachen Beweis findet man in [**212**]; s. auch [**163**, § 30].

[3] Statt diesen Satz zu verwenden, kann man auch $[a, b, c] = 0$ direkt zeigen
[**220**], indem man die Tatsache benutzt, daß die Elemente eines Galois-Feldes
Potenzen ein und desselben Elementes sind.

[4] Siehe etwa [**163**, § 30].

[5] Ein anderer Beweis wird mittels Satz 11 von S. 298 in Anhang 2 gegeben.

[6] Daß Ungültigkeit des Desarguesschen Satzes $N \geq 5$ nach sich zieht, erkennt
man wegen Satz 13 auch leicht aus der zweiten hexagonalen Form des Satzes
von Pappos [**207**]. Andere Beweise des Desarguesschen Satzes im Falle $N = 5$
findet man in [**135, 138**].

[7] Ebenen, bei denen die transitiv sein sollende Gruppe von Kollineationen
nicht zyklisch zu sein braucht, werden in [**216**] betrachtet und von den Gruppen
her gebildet.

[8] Würde man dieselbe Definition wie bei den projektiven Ebenen wählen, so
bliebe nur der Fall $N = 2$ übrig [**92**].

Beweis. $\Re = GF(N)$ mit $N = p^n$ sei der Koordinatenkörper der betreffenden Ebene und d eine natürliche Zahl > 1. Man kann dann bekanntlich[1] $\Re$ als Unterkörper von $\mathfrak{L} = GF(N^d)$ auffassen und ein Element $\alpha \in \mathfrak{L}$ angeben, welches in der multiplikativen Gruppe von $\mathfrak{L}$ die Ordnung $N^d - 1$ hat und für das daher

$$\mathfrak{L} - \{0\} = \{1, \alpha, \ldots, \alpha^{N^d-2}\}$$

gilt. $\mathfrak{L}$ ist nun auch d-dimensionaler Vektorraum über $\Re$ und die Multiplikation mit α eine umkehrbare lineare Abbildung σ dieses Vektorraums auf sich, für die

$$\xi^{\sigma^i} = \alpha^i \xi \quad (i = 0, 1, \ldots, N^{d-2}; \quad \xi \in \mathfrak{L})$$

gilt. Für Elemente $\xi = \alpha^j$, $\eta = \alpha^k$ von $\mathfrak{L} - \{0\}$ erhält man mit $k - j \equiv i$ mod $N^d - 1$, $i \in \{0, \ldots, N^d - 2\}$ dann

$$\xi^{\sigma^i} = \alpha^i \xi = \alpha^{i+j} = \alpha^k = \eta.$$

Da alle d-dimensionalen Vektorräume über $\Re$ isomorph sind, liefern in Anbetracht der Darstellungen (4.9), (4.4) die Werte $d = 2$ bzw. $d = 3$ daher die Behauptung des Satzes für den Fall der affinen bzw. den der projektiven Ebene[2].

Im folgenden sei eine zyklische Ebene stets als endlich angenommen, soweit nicht ausdrücklich anders vermerkt[3]. Wählt man in einer zyklischen projektiven Ebene $\mathfrak{E}$ mit $M = N^2 + N + 1$ Punkten einen Punkt P aus und hat die Kollineation σ die in der Definition von „zyklisch" angegebene Eigenschaft, so ist $i \to P^{\sigma^i}$ eine Abbildung der Menge $\{0, 1, \ldots, M-1\}$ auf die Menge der Punkte von $\mathfrak{E}$ und damit eine umkehrbare Abbildung. Man kann daher den Punkt P^{σ^i} einfach durch die ganze Zahl i bezeichnen, und σ stellt sich in seinen Auswirkungen auf die Punkte dann als der Zyklus $(0\,1 \ldots M-1)$ dar. Es seien jetzt $a_0, \ldots, a_N$ $(0 \leq a_\nu < M)$ die sämtlichen Punkte der Geraden α von $\mathfrak{E}$, und d sei eine ganze, nicht durch M teilbare Zahl. Die Punkte von α^{σ^d} sind dann mod M gerade die $a_\nu + d$ $(\nu = 0, \ldots, N)$. Da α und α^{σ^d} einen gemeinsamen Punkt besitzen, gibt es also μ, ν mit

$$(17) \qquad a_\mu - a_\nu \equiv d \ \mathrm{mod}\, M.$$

---

[1] Siehe Fußnote 4, S. 302.

[2] Nach KARZEL [1965] ist keine unendliche desarguessche Ebene zyklisch.

[3] Eine zyklische affine Ebene ist stets endlich; denn aus $OP = OP^{\sigma^k}$ $(P \neq P^{\sigma^k})$ folgt, daß durch O höchstens k Geraden gehen [92].

Eine Menge von $N + 1$ (≥ 3) ganzen Zahlen $a_0, \ldots, a_N < M = N^2 + N + 1$ und ≥ 0, für welche die Kongruenz (17) stets lösbar ist, bezeichnet man als *Differenzmenge*. Man hat also den Satz [**183, 80**]:

16. *Jede Punktreihe einer zyklischen projektiven Ebene liefert eine Differenzmenge*[1].

Nun durchläuft $a_\mu - a_\nu$ höchstens $N(N + 1) = M' - 1$ verschiedene Werte $\neq 0$, so daß (17) im Falle $d \not\equiv 0 \bmod M$ auch nur genau eine Lösung μ, ν besitzt. Das bedeutet $\alpha \neq \alpha^{\sigma^d}$, und daher sind die α^{σ^i} ($i = 0, 1, \ldots, M - 1$) sämtlich untereinander verschieden:

17. *Eine zyklische Gruppe von Kollineationen einer endlichen*[2] *projektiven Ebene, welche transitiv bezüglich der Menge der Punkte ist, besitzt diese Eigenschaft auch bezüglich der Menge der Geraden* [**80**].

Aus diesem Satz folgt sofort, daß die nach S. 288 zu bildende Inzidenzmatrix einer zyklischen projektiven Ebene zyklisch ist, d.h. die Zeilen dieser Matrix gehen auseinander durch zyklische Vertauschung der Spaltennummern hervor. Ist umgekehrt die Inzidenzmatrix einer endlichen projektiven Ebene, deren Punkte mit den Nummern $0, 1, \ldots, M - 1$ versehen sind, zyklisch, so liefert der Zyklus $(0\ 1 \ldots M - 1)$ offenbar eine Kollineation σ dieser Ebene, und die von σ erzeugte zyklische Gruppe ist transitiv bezüglich der Menge der Punkte. Man hat also den Satz:

18. *Die endlichen projektiven Ebenen mit zyklischer Inzidenzmatrix*[3] *sind gerade die zyklischen projektiven Ebenen.*

Weiter folgt aus dem obigen Satz noch:

19. *Ist eine zyklische projektive Ebene (C, γ)-transitiv für eine Gerade γ und einen Punkt $C \in \gamma$, so ist sie desarguessch*[4].

Denn da man C durch Kollineationen in jeden Punkt und γ ebenso durch Kollineationen in jede Gerade überführen kann, muß nach Satz 14 von S. 70 der kleine Desarguessche Satz gelten, woraus nach Satz 13 von S. 301 der Satz von Desargues folgt.

Da man noch keine nichtdesarguesschen zyklischen projektiven Ebenen gefunden hat[5], liegt die Vermutung nahe, daß jede zyklische projektive Ebene desarguessch ist.

----

[1] In [**31**] werden insbesondere die Differenzmengen der desarguesschen Ebenen untersucht.

[2] Der Satz gilt auch für unendliche projektive Ebenen [**80**].

[3] In [**84, 59, 60, 140**] werden allgemeiner symmetrische Blockpläne mit zyklischer Inzidenzmatrix betrachtet. Diese lassen sich durch verallgemeinerte Differenzmengen darstellen, bei denen $N + 1$, M durch k, v ersetzt sind und (17) genau λ Lösungen besitzt.

[4] Bei unendlichen Ebenen ergibt sich aus dem folgenden Beweis nur die Gültigkeit des kleinen Desarguesschen Satzes.

[5] *Unendliche* nichtdesarguessche zyklische Ebenen sind in [**80**] angegeben.

20. *Eine zyklische projektive Ebene besitzt eine involutorische Dualität* [**80**].

Beweis. Die Punkte der Ebene sowie die Punkte der Geraden α seien wie auf S. 303 bezeichnet, und die Gerade α^{σ^i} mit den mod M zu nehmenden Zahlen $a_\nu + i$ als Punkten werde kurz α_i genannt. Durch $i^\delta = \alpha_{-i}$, $\alpha_i^\delta \equiv -i$ mod M ist offenbar eine involutorische Abbildung δ der Menge aller Punkte und Geraden erklärt. Der Punkt k liegt nun genau dann auf α_i, wenn $k \equiv a_\nu + i$ mod M für einen Wert $\nu = 0, 1, \ldots, M-1$ ist. Daraus folgt nun $-i \equiv a_\nu - k$ mod M, d.h. α_i^δ liegt auf k^δ. Damit ist δ als Dualität erkannt.

Daß man durch die zyklischen projektiven Ebenen sämtliche Differenzmengen erhält, ergibt sich aus dem folgenden Satz [**80**]:

21. *Jede Differenzmenge wird durch eine Punktreihe einer zyklischen projektiven Ebene geliefert, die bis auf Isomorphie durch die Differenzmenge eindeutig bestimmt ist.*

Beweis. $\{a_0, \ldots, a_N\}$ sei die Differenzmenge. Als Punkte werden nun die Zahlen $0, 1, \ldots, M-1$ ($M = N^2 + N + 1$), als Geraden die Mengen $\{a_{0i}, \ldots, a_{Ni}\}$ ($i = 0, 1, \ldots, M-1$) mit $0 \le a_{\nu i} < M$, $a_{\nu i} \equiv a_\nu + i$ mod M und als Inzidenzrelation die Enthaltensein-Beziehung genommen. Wegen der vorausgesetzten Auflösbarkeit von (17) ist (1.17) erfüllt. (1.2) sowie die Verschiedenheit der $\{a_{0i}, \ldots, a_{Ni}\}$ folgt aus der auf S. 304 bewiesenen Eindeutigkeit der Lösung von (17). Man hat also eine Inzidenzstruktur $\mathfrak{E}$ erklärt, in der zwei Geraden stets einen Punkt gemeinsam haben. Die zu $\mathfrak{E}$ duale Inzidenzstruktur ist also isomorph zu einem Steiner-System mit $l = 2$, $k = N + 1 \ge 3$, $v = N^2 + N + 1 = k^2 - k + 1$, nach Satz 1 von S. 287 daher eine projektive Ebene. Damit ist auch $\mathfrak{E}$ als projektive Ebene erkannt. Durch $i^\sigma \equiv i + 1$ mod M wird dann offenbar eine Kollineation σ von $\mathfrak{E}$ erklärt, deren Potenzen eine bezüglich der Menge der Punkte transitive Gruppe bilden. Also ist $\mathfrak{E}$ zyklisch. Irgendeine andere zyklische projektive Ebene, welche ebenfalls die Differenzmenge $\{a_0, \ldots, a_N\}$ liefert, wird nun nach dem auf S. 303 vor (17) Hergeleiteten durch die Zuordnung der Zahlen $0, 1, \ldots, M-1$ zu ihren Punkten isomorph auf $\mathfrak{E}$ abgebildet.

Die Untersuchung der zyklischen projektiven Ebenen läßt sich also völlig auf die der Differenzmengen zurückführen. In der durch eine Differenzmenge gegebenen zyklischen projektiven Ebene mit den Punkten $0, 1, \ldots, M-1$ stellt sich nun die Frage, wann durch

$$(18) \qquad i^\varphi \equiv s + ti \bmod M \qquad (i = 0, 1, \ldots, M-1)$$

eine Kollineation φ erklärt wird. Da dies bei $t = 1$ offenbar stets der Fall ist, kann man sich auf die Untersuchung des Falles $s = 0$ beschränken. Diejenigen Werte t, für welche (18) eine Kollineation liefert, heißen die *Multiplikatoren* der Differenzmenge. Sie bilden offenbar eine Untergruppe der multiplikativen Gruppe der ganzen Zahlen.

22. Genau dann ist t Multiplikator der Differenzmenge $\{a_0, \ldots, a_N\}$, wenn die $t\,a_\nu$ bei passend gewähltem Wert r bis auf die Reihenfolge den $a_\nu + r$ mod M kongruent sind [80].

Beweis. Die Notwendigkeit der Bedingung ergibt sich sofort daraus, daß sie ja einfach bedeutet: Die durch (18) mit $s = 0$ erklärte Abbildung φ führt die Gerade $\{a_0, \ldots, a_N\}$ in eine Gerade über. Umgekehrt folgt aus der genannten Bedingung, daß die $t\,a_{\nu\,i}$ bis auf die Reihenfolge den $a_\nu + (r + t\,i)$ mod M kongruent sind, daß also φ umkehrbar ist und jede Gerade wieder in eine Gerade überführt.

23. Jeder Primteiler von N ist Multiplikator jeder Differenzmenge von $N + 1$ Elementen [80][1].

Beweis. Zu der Differenzmenge $\{a_0, \ldots, a_N\}$ wird das Polynom $d(x) = \sum\limits_{\nu=0}^{N} x^{a_\nu}$ gebildet. Im Ring der Polynomquotienten $\sum\limits_{i=m}^{m'} c_i x^i$ $(m, m'$ ganz$)$ mit ganzzahligen Koeffizienten c_i besteht dann die Kongruenz

$$(19) \qquad d(x)\,d(x^{-1}) \equiv N + \sum_{\nu=0}^{M-1} x^\nu \quad \text{mod } x^M - 1;$$

denn aus $a \equiv b$ mod M folgt $x^a \equiv x^b$ mod $x^M - 1$, und unter den Differenzen $a_\mu - a_\nu$ sind genau $N + 1$ durch M teilbar, während genau je eine $\equiv i$ mod M für $i = 1, \ldots, M - 1$ ist. p sei nun ein Primteiler von N. Aus (19) erhält man wegen $d(x^p) \equiv d(x)^p$ mod p eine Kongruenz

$$d(x^p)\,d(x^{-1}) \equiv \sum_{\nu=0}^{M-2} d_\nu x^\nu \quad \text{mod} \sum_{\nu=0}^{M-1} x^\nu$$

mit durch p teilbaren Koeffizienten d_ν. Vergleich mit der Entwicklung

$$(20) \qquad d(x^p)\,d(x^{-1}) \equiv \sum_{\nu=0}^{M-1} e_\nu x^\nu \quad \text{mod } x^M - 1,$$

worin die $e_\nu \geq 0$ sind, liefert dann $e_\nu - e_{M-1} = d_\nu$ $(\nu = 0, 1, \ldots, M - 2)$, also

$$(21) \qquad e_0 \equiv e_1 \equiv \cdots \equiv e_{M-1} \quad \text{mod } p.$$

Da $x^a \equiv x^b$ mod $x^M - 1$ eine Folge von $a \equiv b$ mod M ist, müssen in (20) die Koeffizientensummen auf beiden Seiten übereinstimmen: $M + N = N^2 + 2N + 1 = \sum\limits_{\nu=0}^{M-1} e_\nu$. Zusammen mit (21) folgt daraus

---

[1] Von diesem Satz gehen Untersuchungen zur Feststellung der möglichen N-Werte aus [84, 140, 70, 159]; in [70] wird gezeigt, daß bei zyklischen projektiven Ebenen unterhalb 1600 nur Primzahlpotenzen möglich sind.

$e_\nu \equiv 1 \bmod p$ $(\nu = 0, 1, \ldots, M-1)$, so daß nach (20)

$$(22) \qquad d(x^p)\, d(x^{-1}) \equiv \sum_{\nu=0}^{M-1} x^\nu + p\, f(x) \quad \bmod x^M - 1$$

mit einem ganzzahligen Polynom $f(x)$ folgt, dessen Koeffizienten ≥ 0 sind und die Summe $N\,p^{-1}$ haben. Wegen $x^{-\nu} \equiv x^{M-\nu} \bmod x^M - 1$ liefert (22) bei Ersetzen von x durch x^{-1}

$$(23) \qquad d(x^{-p})\, d(x) \equiv \sum_{\nu=0}^{M-1} x^\nu + p\, g(x) \quad \bmod x^M - 1,$$

wobei die Koeffizienten von $g(x)$ ebenfalls ≥ 0 sind und die Summe $N\,p^{-1}$ haben. Da die $x^{\nu p}$ bis auf die Reihenfolge $\bmod x^M - 1$ zu den x^ν kongruent sind, ergibt (19) bei Ersetzen von x durch x^p

$$d(x^p)\, d(x^{-p}) \equiv N + \sum_{\nu=0}^{M-1} x^\nu \quad \bmod x^M - 1.$$

Multiplikation dieser Kongruenz mit (19) und Vergleich mit dem Produkt der Kongruenzen (22), (23) liefert dann mit $\sum_{\nu=0}^{M-1} x^\nu = h(x)$ die Kongruenz

$$(24) \quad 2N\,h(x) + N^2 \equiv p\big(f(x) + g(x)\big)\, h(x) + p^2 f(x)\, g(x) \quad \bmod x^M - 1.$$

Da die $x^{\nu+\mu}$ bis auf die Reihenfolge $\bmod x^M - 1$ zu den x^ν kongruent sind, gilt $x^\mu h(x) \equiv h(x) \bmod x^M - 1$ und daher nach dem über die Koeffizienten von $f(x)$ und $g(x)$ Festgestellten

$$\big(f(x) + g(x)\big)\, h(x) \equiv 2N\,p^{-1} h(x) \quad \bmod x^M - 1.$$

Somit wird (24) zu $N^2 \equiv p^2 f(x)\, g(x) \bmod x^M - 1$. Da $f(x)$ und $g(x)$ aber keine negativen Koeffizienten besitzen, kann diese Kongruenz nur bestehen, wenn $f(x)$ und $g(x) \bmod x^M - 1$ nur je ein Glied besitzen:

$$f(x) \equiv N\,p^{-1} x^r \quad \bmod x^M - 1.$$

Eingesetzt in (22) ergibt das nach Multiplikation mit $d(x)$ und Anwenden von (19)

$$d(x^p)\, \big(N + h(x)\big) \equiv d(x)\, \big(h(x) + N x^r\big) \quad \bmod x^M - 1,$$

und wegen $x^\mu h(x) \equiv h(x) \bmod x^M - 1$ folgt daraus schließlich

$$d(x^p) \equiv x^r d(x) \quad \bmod x^M - 1.$$

Diese Kongruenz besagt aber nun gerade, daß die $p\,a_\nu$ von der Reihenfolge abgesehen $\bmod M$ zu den $r + a_\nu$ kongruent sind.

Die zyklischen affinen Ebenen sind einer ganz entsprechenden Behandlung fähig [**92**]. Die affine Ebene $\mathfrak{A}$ sei zyklisch bezüglich O und die von der Kollineation σ erzeugte zyklische Gruppe transitiv bezüglich der Menge der $M = N^2 - 1$ Punkte $\neq O$. Nach Wahl eines Punktes $P \neq O$ kann man dann wieder durch $i \to P^{\sigma^i}$ die Zahlen $0, 1, \ldots, M - 1$ eineindeutig den Punkten $\neq O$ von $\mathfrak{A}$ zuordnen, so daß statt P^{σ^i} einfach i geschrieben werden darf. Die ganzen Zahlen i mit $P^{\sigma^i} \in OP$ bilden offenbar einen Modul bezüglich der Addition, bestehen also aus den Vielfachen einer natürlichen Zahl m, so daß $OP^{\sigma^i} = OP^{\sigma^k}$ dasselbe bedeutet wie $i \equiv k \bmod m$. Da nun durch O genau $N + 1$ Geraden gehen, muß daher $m = N + 1$ sein: Die Verbindungsgeraden der Punkte $0, 1, \ldots, N$ mit O sind die sämtlichen Geraden durch O, und die i-te dieser Geraden enthält die Punkte $k \equiv i \bmod N + 1$. Es seien jetzt $a_1, \ldots, a_N$ die sämtlichen Punkte einer von OP verschiedenen Geraden $\alpha \parallel OP$, so daß $a_\nu \not\equiv 0 \bmod N + 1$ und $a_\mu \not\equiv a_\nu \bmod N + 1$ für $\mu \neq \nu$ gilt. Die Punkte von α^{σ^d} sind dann mod M gerade die $a_\nu + d$, so daß α^{σ^d} bei $d \not\equiv 0 \bmod N + 1$ einen Punkt von OP enthält und daher nicht $\parallel \alpha$ sein kann. Die Kongruenz (17) besitzt also dann eine eindeutig bestimmte Lösung μ, ν. Bei $d \equiv 0 \bmod N + 1$ folgt aus (17) $a_\mu \equiv a_\nu \bmod N + 1$, also $\mu = \nu$ und damit $d \equiv 0 \bmod M$. Daher ist $\alpha^{\sigma^d} \neq \alpha \parallel \alpha^{\sigma^d}$ im Falle $d \equiv 0 \bmod N + 1$, $d \not\equiv 0 \bmod M$. Somit sind die α^{σ^d} $(d = 0, 1, \ldots, M - 1)$ sämtlich verschieden:

24. *Eine zyklische Gruppe von Kollineationen einer endlichen affinen Ebene, welche transitiv bezüglich der Menge der Punkte $\neq O$ ist, besitzt diese Eigenschaft auch bezüglich der Menge der nicht durch O gehenden Geraden* [92].

$\sigma^{(N+1)k}$ $(k = 0, 1, \ldots, N - 2)$ läßt offenbar jede Gerade durch O fest und führt den Punkt $0 (= P)$ in $(N + 1)k$ über. Nach einer Bemerkung von S. 66 ergibt sich daher der Satz:

25. *Bei einer bezüglich O zyklischen affinen Ebene $\mathfrak{E}_\omega$ ist die projektive Ebene $\mathfrak{E}$ (O, ω)-transitiv.*

Satz 7 von S. 66 zusammen mit Satz 20 von S. 76 und Satz 27 von S. 83 ergeben daraus:

26. *Eine bezüglich zweier verschiedener Punkte zyklische affine Ebene ist desarguessch.*

Da aus dem Zyklischsein bezüglich O sofort das Zyklischsein bezüglich O^τ für jede Kollineation τ folgt, ergibt sich weiter [92]:

27. *Eine bezüglich O zyklische affine Ebene ist genau dann desarguessch, wenn nicht jede Kollineation den Punkt O zum Fixpunkt hat.*

Die obige Beschreibung einer zyklischen affinen Ebene läßt sich auch umkehren [92]:

28. *Eine Menge von nicht durch $N + 1$ teilbaren natürlichen Zahlen $a_1, \ldots, a_N$ $(N^2 - 1 = M > 0)$, für welche (17) bei $d \not\equiv 0 \bmod N + 1$ stets*

genau eine Lösung μ, ν besitzt, bestimmt bis auf Isomorphie eindeutig eine bezüglich eines Punktes zyklische affine Ebene.

Beweis. Als Punkte nimmt man die Zahlen $0, 1, \ldots, M$ und als Geraden die $N+1$ Mengen

$$(25) \quad \{i, i + (N+1), \ldots, i + (N+1)(N-2), M\} \quad (i = 0, 1, \ldots, N)$$

sowie die Mengen $\{a_{1i}, \ldots, a_{Ni}\}$ $(i = 0, 1, \ldots, M-1)$ mit $0 \le a_{\nu i} < M$, $a_{\nu i} \equiv a_\nu + i \bmod M$. Da nach Voraussetzung $(\mu, \nu) \to d$ mit (17) und $0 \le d < M$ eine umkehrbare Abbildung der Menge der Paare (μ, ν) mit $a_\mu \not\equiv a_\nu \bmod N+1$ auf die Menge der $M - (N-1) = N(N-1)$ nicht durch $N+1$ teilbaren ganzen Zahlen von 0 bis $M-1$ sein soll, müssen die a_ν untereinander $\bmod N+1$ inkongruent sein. Durch M und k $(= 0, 1, \ldots, M-1)$ geht offenbar nur eine Gerade, nämlich die der Form (25) mit $i \equiv k \bmod N+1$. Durch die verschiedenen Punkte k, l $(= 0, 1, \ldots, M-1)$ kann im Falle $k \equiv l \bmod N+1$ nur eine Gerade der Form (25) gehen, und zwar genau eine, nämlich die durch $i \equiv k$ $\bmod N+1$ bestimmte. Im Falle $k \not\equiv l \bmod N+1$ geht durch k, l natürlich keine Gerade der Form (25) und die Gerade $\{a_{1i}, \ldots, a_{Ni}\}$ genau dann, wenn μ, ν mit $a_\mu + i \equiv k \bmod M$, $a_\nu + i \equiv l \bmod M$ vorhanden sind. Das ist aber offenbar genau dann der Fall, wenn i durch $i \equiv k - a_\mu \bmod M$, $a_\mu - a_\nu \equiv k - l \bmod M$ bestimmt ist. Somit bilden die Punkte und Geraden ein Steiner-System mit $v = N^2$, $k = N$, $l = 2$, nach Satz 1 von S. 287 also eine affine Ebene $\mathfrak{A}$. Der Zyklus $(0\ 1 \ldots M-1)$ liefert nun offenbar eine Kollineation von $\mathfrak{A}$ mit dem Fixpunkt M und zeigt, daß $\mathfrak{A}$ zyklisch bezüglich M ist. Eine bezüglich O zyklische affine Ebene, welche nach dem Verfahren von S. 308 gerade zu der eben zugrunde gelegten Menge $\{a_1, \ldots, a_N\}$ führt, wird jetzt durch die auf S. 308 erfolgte Zuordnung der Zahlen $0, 1, \ldots, M-1$ zu ihren Punkten $\ne O$ und die Zuordnung von M zu O isomorph auf $\mathfrak{A}$ abgebildet.

Wie bei den zyklischen projektiven Ebenen ergibt sich auch bei der durch die Menge $\{a_1, \ldots, a_N\}$ bestimmten zyklischen affinen Ebene, daß durch (18) genau dann eine Kollineation φ erklärt wird, wenn bei passend gewähltem Wert r die $t a_\nu$ bis auf die Reihenfolge den $a_\nu + r \bmod M$ kongruent sind[1] [**92**]. Der Beweis hierfür unterscheidet sich von dem bei den projektiven Ebenen geführten nur in dem Nachweis, daß φ bei Erfülltsein der angegebenen Bedingung wirklich umkehrbar, d.h. t teilerfremd zu M ist: Hat man einen gemeinsamen Teiler d von t und M,

---

[1] Die Bedingung ist wieder für die Primteiler von N erfüllt [**92**]. Unter Benutzung dieses Satzes sowie des Satzes 8 von S. 294 ergibt sich die Unmöglichkeit aller Werte $N < 212$, die nicht Primzahlpotenzen sind, bei zyklischen affinen Ebenen [**92**].

so bestimmt man nach (17)[1] eindeutig μ, ν, μ', ν' mit

$$1 \equiv a_\mu - a_\nu \bmod M, \qquad 1 + M\,d^{-1} \equiv a_{\mu'} - a_{\nu'} \bmod M,$$

woraus $t\,a_\mu - t\,a_\nu \equiv t\,a_{\mu'} - t\,a_{\nu'} \bmod M$, also $\mu = \mu'$, $\nu = \nu'$ und damit $M\,d^{-1} \equiv 0 \bmod M$, d.h. $d = 1$ folgt.

12.5. Kollineationen.

In der projektiven Ebene $\mathfrak{E}$ mit $N+1$ Punkten auf jeder Geraden werden im folgenden die Anzahlen der Fixpunkte und Fixgeraden der Kollineation φ mit M_φ bzw. M_φ' bezeichnet, so daß also $M_1 = N^2 + N + 1 = M_1'$ ist. Um nun allgemein $M_\varphi = M_\varphi'$ nachzuweisen, wird die Anzahl P_φ der Paare (X, ξ) mit $X \in \xi$, ξ^φ eingeführt. Unter diesen Paaren kommen offenbar $(N+1)\,M_\varphi'$ mit einer Fixgeraden ξ vor. Ist ξ aber keine Fixgerade, so kann man die Bedingung für (X, ξ) auch als $X = \xi \cap \xi^\varphi$ schreiben: Die Anzahl dieser Paare beträgt $N^2 + N + 1 - M_\varphi'$. Also hat man

$$(26) \qquad\qquad P_\varphi = N\,M_\varphi' + N^2 + N + 1.$$

Da in $\mathfrak{E}$ durch jeden Punkt genau $N+1$ Geraden gehen und die Anzahl der Paare (X, ξ) mit $X, X^\varphi \in \xi$ offenbar $P_{\varphi^{-1}}$ beträgt, erhält man aus (26) nach dem Dualitätsprinzip

$$P_{\varphi^{-1}} = N\,M_\varphi + N^2 + N + 1.$$

Ersetzt man hierin φ durch φ^{-1}, so liefert der Vergleich mit (26) schließlich $M_\varphi' = M_{\varphi^{-1}} = M_\varphi$:

29. *Die Anzahl der Fixgeraden einer Kollineation ist gleich der Anzahl ihrer Fixpunkte* [**23**].

Von den Möglichkeiten, die nach S. 63 (unten) und S. 13 für die Unterstruktur der Fixelemente einer Kollineation bestehen, scheiden also bei einer endlichen projektiven Ebene die folgenden beiden Fälle aus: Eine Fixgerade und keine oder mindestens zwei auf ihr liegende Fixpunkte; ein Fixpunkt und keine oder mindestens zwei durch ihn gehende Fixgeraden.

30. *Im Falle $N \leq M_\varphi$ ist φ eine Quasiperspektivität* [**21**].

Beweis. Es ist unter der Voraussetzung $N \leq M_\varphi$ zu zeigen, daß durch den Punkt A eine Fixgerade geht. Ist A Fixpunkt, so nimmt man einfach einen wegen $N \geq 2$ vorhandenen Fixpunkt $B \neq A$ und hat dann AB als die gewünschte Fixgerade. Im folgenden wird daher $A \neq A^\varphi$ angenommen. Enthält nun $A^\varphi A$ einen Fixpunkt B $(\neq A, A^\varphi)$, so folgt $AB = A^\varphi B^\varphi = (AB)^\varphi$. Man darf also weiterhin $A^\varphi A$ als fixpunktfrei voraussetzen. Enthält nun eine Gerade durch A zwei verschiedene Fix-

---

[1] Wie man leicht nachrechnet, ist $1 + M\,d^{-1}$ nicht durch $N+1$ teilbar.

punkte, so ist sie die gewünschte Fixgerade. Ausschließen dieses Falles ergibt dann also, daß jede der N von $A^{\varphi}A$ verschiedenen Geraden durch A einen Fixpunkt trägt[1]. Die bisher über A gemachten Annahmen darf man jetzt auch als für A^{φ} gültig voraussetzen, weil ja eine durch A^{φ} gehende Fixgerade durch φ^{-1} in eine solche durch A übergeht. Dann ist $A^{\varphi^2}A^{\varphi}$ die einzige durch A^{φ} gehende fixpunktfreie Gerade, also $A^{\varphi}A = A^{\varphi^2}A^{\varphi} = (A^{\varphi}A)^{\varphi}$ die gewünschte Fixgerade durch A.

31. *Die folgenden Aussagen über die Kollineation φ einer projektiven Ebene mit genau $N + 1$ Punkten auf jeder Geraden sind gleichwertig* [**21**]:

(a) *φ ist Quasiperspektivität, aber keine zentrale Kollineation;*

(b) *N ist eine Quadratzahl, und die Unterstruktur der Fixelemente von φ ist eine projektive Ebene mit $\sqrt{N} + 1$ Punkten auf jeder Geraden;*

(c) *φ ist nichtidentisch und besitzt mindestens $N + 3$ Fixpunkte.*

Beweis. Nach Satz 18 von S. 72 folgt aus (a), daß die Unterstruktur der Fixelemente von φ eine projektive Ebene ist. Jede Fixgerade enthält dann also dieselbe Anzahl $n + 1$ von Fixpunkten, wobei $M_{\varphi} = n^2 + n + 1$ ist. Man wählt nun — was wegen $\varphi \neq 1$ möglich — eine Gerade α aus, welche keine Fixgerade ist und daher genau einen Fixpunkt A enthält. Durch A gehen $n + 1$ Fixgeraden, und durch jeden der N Punkte $\neq A$ von α geht genau eine Fixgerade: $M_{\varphi} = n + 1 + N$, also $N = n^2$. Damit ist (b) aus (a) hergeleitet. Aus (b) folgt nun mit $N = n^2$, $n \geq 2$ die Aussage (c): $N + 3 = n^2 + 3 \leq n^2 + n + 1 = M_{\varphi}$. Aus (c) ergibt sich schließlich nach dem vorigen Satz, daß φ eine Quasiperspektivität ist. Da sich für eine zentrale Kollineation φ entweder $M_{\varphi} = N + 1$ oder $M_{\varphi} = N + 2$ ergibt, je nachdem das Zentrum auf der Achse liegt oder nicht, hat man damit aus (c) wieder (a) hergeleitet.

Nach den Sätzen 30, 31 und den eben über die zentralen Kollineationen gemachten Bemerkungen sind also die Quasiperspektivitäten durch $N + 1 \leq M_{\varphi}$, die zentralen Kollineationen $\neq 1$ durch $N + 1 \leq M_{\varphi} \leq N + 2$ gekennzeichnet, während allgemein $N \neq M_{\varphi}$ gilt, da ja im Falle $N = M_{\varphi}$ eine Quasiperspektivität vorliegen müßte [**21**].

Ist φ die durch (18) erklärte Kollineation einer zyklischen projektiven Ebene, t also Multiplikator einer die projektive Ebene darstellenden Differenzmenge, so ergibt sich M_{φ} als der größte gemeinsame Teiler von $t - 1$ und M, falls dieser auch s teilt, andernfalls als 0, und die Fixpunkte von φ sind untereinander kongruent mod M' mit $M = M'M_q$. Da M_{φ} also ein Teiler von $M = N^2 + N + 1$ ist, bleiben nur die Möglichkeiten $M_{\varphi} = 1$, $M_{\varphi} = 3$ und $M_{\varphi} \geq 7$. Da für jedes ν_0 die $\nu M' - \nu' M'$ ($\nu \neq \nu'$, $\nu, \nu' \in \{0, \dots, M_{\varphi} - 1\} - \{\nu_0\}$) im Falle $M_{\varphi} > 3$ nicht paarweis inkongruent mod M sind, können in diesem Falle wegen der eindeutigen Auflös-

---

[1] Weiter unten wird sich zeigen, daß dies wegen der daraus folgenden Gleichung $N = M_{\varphi}$ unmöglich ist.

barkeit von (17) und der Darstellung der Geraden (s. S. 303) nicht alle Fixpunkte mit Ausnahme höchstens eines einzigen auf einer Geraden liegen. Nach der auf S. 14 gegebenen Kennzeichnung der ausgearteten Inzidenzstrukturen hat man daher den Satz [**80**]:

32. *Eine durch einen Multiplikator einer Differenzmenge gemäß* (18) *gelieferte Kollineation einer durch die Differenzmenge dargestellten zyklischen projektiven Ebene besitzt entweder höchstens einen Fixpunkt oder genau drei Fixpunkte oder eine projektive Ebene von Fixpunkten.*

Eine Gruppe von Kollineationen einer projektiven Ebene wird als *speziell* bezeichnet [**23**], wenn in dieser Gruppe nur die identische Kollineation eine projektive Ebene von Fixpunkten besitzt. Nach Satz 8 von S. 113, Satz 1 von S. 136 und Satz 13 von S. 301 ist also in einer endlichen desarguesschen Ebene jede Gruppe aus projektiven Kollineationen speziell. Ein Punkt wird als *Fixpunkt einer Gruppe von Kollineationen* bezeichnet, wenn er Fixpunkt jeder Kollineation aus dieser Gruppe ist, und Entsprechendes soll für Fixgeraden gelten. Man hat dann den Satz [**23**][1]:

33. *Ist* $\mathfrak{G}$ *eine spezielle Gruppe von g Kollineationen einer endlichen projektiven Ebene mit* $M = N^2 + N + 1$ *Punkten, so ist g ein Teiler von* $M(N+1)N^3(N-1)^2$; *g ist sogar Teiler von* $(N+1)N^3(N-1)^2$, *von* $N^2(N-1)^2$ *oder von* $(N-1)^2$, *je nachdem* $\mathfrak{G}$ *mindestens einen Fixpunkt, mindestens zwei Fixpunkte oder mindestens drei nichtkollineare Fixpunkte besitzt.*

Beweis. Nach Voraussetzung über $\mathfrak{G}$ wird jedes nichtausgeartete Punktquadrupel durch die Elemente von $\mathfrak{G}$ in g verschiedene Punktquadrupel übergeführt. Daher enthält eine Menge von nichtausgearteten Punktquadrupeln, welche durch $\mathfrak{G}$ in sich übergeführt wird, ein Vielfaches von g àn Elementen. Besitzt $\mathfrak{G}$ nun die nichtkollinearen Fixpunkte A, B, C, so betrachtet man die Menge der nichtausgearteten Quadrupel (A, B, C, X). Von den insgesamt $N^2 + N + 1$ Punkten liegen $3(N-1)+3 = 3N$ auf AB, BC oder CA, so daß für X genau $N^2 - 2N + 1 = (N-1)^2$ Möglichkeiten bestehen: g teilt $(N-1)^2$. Sind lediglich die zwei verschiedenen Fixpunkte A, B von $\mathfrak{G}$ vorhanden, so zählt man die nichtausgearteten Quadrupel (A, B, Y, X) ab. Für Y bestehen $N^2 + N + 1 - (N+1) = N^2$ Möglichkeiten, so daß es nach dem vorher Hergeleiteten $N^2(N-1)^2$ solche Quadrupel gibt: g teilt $N^2(N-1)^2$. Ist nur ein Fixpunkt A von $\mathfrak{G}$ bekannt, so gibt es offenbar $(M-1)N^2(N-1)^2 = (N+1)N^3(N-1)^2$ nichtausgeartete Quadrupel (A, Z, Y, X): g teilt $(N+1)N^3(N-1)^2$. Da es insgesamt $M(N+1)N^3(N-1)^2$ nichtaus-

---

[1] In dieser Arbeit werden weitere „arithmetische" Eigenschaften von Kollineationen endlicher Ebenen hergeleitet. Entsprechendes über Dualitäten findet man in [**22, 27**].

geartete Punktquadrupel gibt, erhält man schließlich g in jedem Falle als Teiler von $M(N+1)N^3(N-1)^2$.

Es sei jetzt $\mathfrak{A}$ eine endliche affine Ebene mit N^2 Punkten. Die Menge $\mathfrak{P}$ der Punkte von $\mathfrak{A}$ läßt sich nun so in die zueinander fremden Mengen $\mathfrak{P}', \ldots, \mathfrak{P}^{(n)}$ zerlegen, daß für $X, Y \in \mathfrak{P}$ das Vorhandensein einer Translation oder Streckung σ von $\mathfrak{A}$ mit $X^\sigma = Y$ dasselbe bedeutet wie die Existenz eines Index ν mit $X, Y \in \mathfrak{P}^{(\nu)}$. Die $\mathfrak{P}^{(\nu)}$ heißen die *Transitivitätsgebiete* von $\mathfrak{P}$ bezüglich der Gruppe aller Translationen und Streckungen von $\mathfrak{A}$. Jedes dieser Gebiete zerfällt offenbar in Transitivitätsgebiete bezüglich der Translationsgruppe $\mathfrak{T}$ von $\mathfrak{A}$, also in Mengen, welche für einen festen Punkt P aus allen P^τ ($\tau \in \mathfrak{T}$) bestehen und daher alle dieselbe Elementeanzahl t wie $\mathfrak{T}$ besitzen. Mit t_ν als Anzahl dieser in $\mathfrak{P}^{(\nu)}$ enthaltenen Transitivitätsgebiete bezüglich $\mathfrak{T}$ gilt daher

$$(27) \qquad N^2 = t \sum_{\nu=1}^{n} t_\nu.$$

Nach dem auf S. 67 beim Beweis von Satz 7 Hergeleiteten hängt die Anzahl der Streckungen mit Zentrum $C \in \mathfrak{P}^{(\nu)}$ nur von ν ab. Sie werde mit s_ν bezeichnet. Für die Anzahl k der Streckungen und Translationen von $\mathfrak{A}$ gilt dann also

$$(28) \qquad k = t + t \sum_{\nu=1}^{n} t_\nu(s_\nu - 1).$$

Die Streckungsgruppe $\mathfrak{S}_C$ mit Zentrum $C \in \mathfrak{P}^{(\nu)}$ ist nun nach Satz 9 von S. 67 im Falle $s_\nu > 1$ ihr eigener Normalisator, ihr Index $k\,s_\nu^{-1}$ also nach einem gruppentheoretischen Satz[1] gleich der Anzahl aller $\sigma\,\mathfrak{S}_C\,\sigma^{-1}$, wobei σ alle Translationen und Streckungen von $\mathfrak{A}$ durchläuft. Wegen $\sigma\,\mathfrak{S}_C\,\sigma^{-1} = \mathfrak{S}_{C^\sigma}$ ist diese Anzahl die Elementeanzahl von $\mathfrak{P}^{(\nu)}$, also $= t\,t_\nu$:

$$(29) \qquad k = t\,t_\nu\,s_\nu.$$

Diese Gleichung gilt auch bei $s_\nu = 1$; denn dann folgt $\sigma' = \sigma$ aus $\sigma'\sigma^{-1} \in \mathfrak{S}_C$, also aus $C^{\sigma'} = C^\sigma$, so daß $\sigma \to C^\sigma$ eine umkehrbare Abbildung der Gruppe aller Translationen und Streckungen auf $\mathfrak{P}^{(\nu)}$ ist. Aus (27), (28), (29) ergibt sich nun

$$(30) \qquad k = t + k\,n - N^2,$$

so daß aus $n = 1$ die Gleichung $t = N^2$ folgt:

34. *Eine endliche affine Ebene ist genau dann Translationsebene, wenn die Gruppe ihrer Streckungen und Translationen transitiv bezüglich der Menge ihrer Punkte ist* [7].

Weiter gilt der Satz [7]:

35. *Die Zentren nichtidentischer Streckungen einer endlichen affinen Ebene lassen sich durch Translationen ineinander überführen.*

---

[1] Siehe z. B. [**219**, S. 25].

Beweis. Nach dem vorigen Satz darf man sich auf den Fall $n > 1$ beschränken. Ferner darf man $s_1, \ldots, s_m > 1$, $s_{m+1} = \cdots = s_n = 1$, $m \geq 1$ annehmen. Aus (29), (30) ergibt sich

$$s_\nu t_\nu = (N^2 t^{-1} - 1)(n - 1)^{-1},$$

so daß wegen (27)

$$\sum_{\nu=1}^{m} s_\nu^{-1} + (n - m) = \sum_{\nu=1}^{n} s_\nu^{-1} = (n - 1)(N^2 t^{-1} - 1)^{-1} \sum_{\nu=1}^{n} t_\nu$$

$$= (n - 1) N^2 t^{-1} (N^2 t^{-1} - 1)^{-1} > n - 1$$

folgt. Wegen $s_\nu \geq 2$ $(\nu = 1, \ldots, m)$ zieht dies nun $\dfrac{m}{2} \geq \sum_{\nu=1}^{m} s_\nu^{-1} > m - 1$, also

$m = 1$ nach sich. Aus (28), (29) erhält man dann $t_1 = 1 + \sum_{\nu=2}^{n} t_\nu (s_\nu - 1) = 1$.

Eine einfache Folgerung von Satz 35 lautet [7]:

36. *Eine endliche affine Ebene ist Translationsebene, wenn in ihr jeder Punkt als Zentrum einer nichtidentischen Streckung auftritt.*

Satz 13 von S. 301 liefert daraus sofort:

37. *Eine endliche projektive Ebene, in der es zu jeder Geraden*[1] *γ und jedem Punkt $C \notin \gamma$ eine nichtidentische (C, γ)-Kollineation gibt, ist desarguessch.*

Der Beweis von Satz 34 läßt sich auch durchführen, wenn in ihm die Gruppe aller Translationen und Streckungen durch eine ihrer Untergruppen $\mathfrak{G}$ ersetzt wird. Aus der Transitivität von $\mathfrak{G}$ folgt so die Transitivität des Durchschnitts von $\mathfrak{G}$ mit der Translationsgruppe, die somit alle Translationen enthalten muß:

38. *Ist eine aus Translationen und Streckungen einer endlichen affinen Ebene bestehende Gruppe transitiv bezüglich der Menge der Punkte, so enthält sie alle Translationen* [7].

Anhang.

1. Kennzeichnung der desarguesschen Ebenen als Untergruppenmengen.

In **4.1** wurde gezeigt, daß sich die Punkte und Punktreihen einer desarguesschen Ebene eineindeutig unter Aufrechterhaltung der Enthaltensein-Beziehung den ein- und zweidimensionalen Unterräumen eines

---

[1] Nach Satz 14 von S. 70 kann man sich dabei auf drei nicht durch einen Punkt gehende Geraden beschränken, bei Verbot kollinearer Diagonalpunkte in vollständigen Vierecken wegen Satz 2 von S. 188 sogar auf zwei Geraden. Nach GLEASON [1956] gilt Satz 37 auch mit $C \in \gamma$ statt $C \notin \gamma$.

dreidimensionalen Vektorraumes zuordnen lassen. Ordnet man noch der leeren Punktmenge den kleinsten Unterraum $\{0\}$ und der Menge aller Punkte den Vektorraum selbst zu, so hat man also die aus der leeren Menge, den Punkten, den Punktreihen und der Menge aller Punkte bestehende Menge eineindeutig unter Aufrechterhaltung der Enthaltensein-Beziehung abgebildet auf eine Menge Γ von Untergruppen einer (additiv geschriebenen) abelschen Gruppe $\mathfrak{A}$, welche die folgenden Eigenschaften besitzt[1]:

$$(1) \qquad \{0\}, \mathfrak{A} \ \in \Gamma;$$

$$(2) \qquad \sum_{\mathfrak{X}\in M} \mathfrak{X}, \ \bigcap_{\mathfrak{X}\in M} \mathfrak{X} \ \in \Gamma, \quad \textit{falls } M \subseteq \Gamma;$$

(3) $\quad$ *zu $\mathfrak{B}\in\Gamma$ gibt es eine Untergruppe $\mathfrak{C}\in\Gamma$ mit $\{0\}<\mathfrak{C}<\mathfrak{B}$ oder $\mathfrak{B}<\mathfrak{C}<\mathfrak{A}$;*

(4) $\quad\begin{cases} \qquad \textit{im Falle} \quad 0 \neq x, y \in \mathfrak{A}, \quad x\in\mathfrak{X}\in\Gamma, \quad y\notin\mathfrak{X} \\ \textit{gibt es eine Untergruppe } \mathfrak{Y}\in\Gamma \textit{ mit } x\notin\mathfrak{Y}, \quad y\in\mathfrak{Y}. \end{cases}$

Aus diesen sehr einfachen und naheliegenden Forderungen folgt nun aber bereits abgesehen von dem Wert der Dimension die oben erwähnte Darstellung durch die Unterräume eines Vektorraumes über einem Schiefkörper, so daß man also eine solche Darstellungsmöglichkeit durch Untergruppen einer abelschen Gruppe als kennzeichnend für die desarguesschen Ebenen bezeichnen darf. Es gilt nämlich der Satz[2]:

Genügt eine Menge Γ von Untergruppen der abelschen Gruppe $\mathfrak{A}$ den Bedingungen (1) *bis* (4), *so ist $\mathfrak{A}$ Vektorraum über einem Schiefkörper, und Γ besteht aus den sämtlichen Unterräumen dieses Vektorraumes.*

Zum Beweis stellt man sich zuerst einen Schiefkörper her, der Rechtsoperatorenbereich von $\mathfrak{A}$ ist. Die Endomorphismen σ von $\mathfrak{A}$ mit $\mathfrak{X}^\sigma \subseteq \mathfrak{X}$ für alle $\mathfrak{X}\in\Gamma$ bilden offenbar mit den durch

$$x^{\sigma+\tau} = x^\sigma + x^\tau, \qquad x^{\sigma\tau} = (x^\sigma)^\tau \qquad (x\in\mathfrak{A})$$

erklärten Verknüpfungen einen Ring $\mathfrak{R}$ mit der identischen Abbildung 1 als Einselement und der durch $x^0 = 0$ $(x\in\mathfrak{A})$ erklärten Abbildung 0 als Nullelement. Das Folgende dient zur Vorbereitung des Beweises dafür, daß $\mathfrak{R}$ sogar ein Schiefkörper, also $\mathfrak{A}$ Vektorraum über $\mathfrak{R}$ ist.

Zur Abkürzung wird für jedes Element $a\in\mathfrak{A}$ die in Γ liegende Untergruppe $\bigcap_{a\in\mathfrak{X}\in\Gamma} \mathfrak{X}$ mit $[a]$ bezeichnet und im Falle $0\neq a$ *Punkt* genannt. Große lateinische Buchstaben bezeichnen im folgenden stets Punkte.

---

[1] Dabei ist $\sum_{\mathfrak{X}\in M} \mathfrak{X}$ die aus allen $\sum_{\nu=1}^{n} x_\nu$ mit $x_\nu\in\mathfrak{X}_\nu\in M$ bestehende Untergruppe von $\mathfrak{A}$, also die kleinste, welche alle $\mathfrak{X}\in M$ enthält.

[2] Diesen Satz und den folgenden Beweis verdanke ich einer Mitteilung von Herrn R. Baer. Eine ähnliche Kennzeichnung findet sich in [**19**, S. 311]; vgl. ferner [**234**, S. 12].

Aus $[a] = P$ folgt offenbar $0 \neq a \in P$. Es gilt aber auch das Umgekehrte; denn einmal folgt unter der Voraussetzung $a \neq 0$, $P = [b]$ im Falle $b \notin [a]$ nach (4) die Existenz einer Untergruppe $\mathfrak{C} \subset \Gamma$ mit $a \notin \mathfrak{C}$, $b \in \mathfrak{C}$, so daß $P \subseteq \mathfrak{C}$ und daher $a \notin P$ gilt, während sich im Falle $b \in [a]$ aus $a \in P$ die Gleichung $[a] = P$ ergibt. Unter Benutzung des eben Bewiesenen erhält man nun:

$$(5) \qquad\qquad P \cap Q = \{0\}, \quad \textit{falls} \quad P \neq Q;$$

denn aus $0 \neq a \in P \cap Q$ ergibt sich $P = [a] = Q$. Weiter gilt:

$$(6) \qquad\qquad P + Q = Q + R, \quad \textit{falls} \quad Q \neq P < Q + R;$$

denn es gibt $q \in Q$, $r \in R$ mit $[q + r] = P$, wobei $r \neq 0$ sein muß, so daß aus $r = (q + r) + (-q)$ die Beziehung $R \subseteq P + Q$ und damit die Behauptung folgt.

(7) *Im Falle $Q \neq P < Q + R$, $R = [r]$ gibt es genau ein $q \in Q$ mit $q + r \in P$.*

Denn einmal gibt es nach (6) p, q mit $r = p - q$, $p \in P$, $q \in Q$ und daher $q + r \in P$. Ist aber außerdem noch $q' + r \in P$ mit $q' \in Q$, so ergibt sich $q - q' \in P \cap Q$ und daher nach (5) $q = q'$.

Man benötigt ferner zwei Hilfssätze:

Hilfssatz 1.[1] *Wenn* $0 \neq x, y, z, x', y', z' \in \mathfrak{A}$, $[x] = [x'] \neq [y] = [y'] \neq [z] = [z']$, $[x - y] = [x' - y']$, $[y - z] = [y' - z']$, *so* $[x - z] = [x' - z']$.

Beweis. Zuerst wird der Fall $[x] = [z]$ betrachtet. Ist dann sogar $x = z$, so folgt $[y' - z'] = [x' - y'] < [y'] + [x']$, so daß nach der Eindeutigkeitsaussage von (7) $x' = z'$ folgt. In derselben Weise zieht $x' = z'$ umgekehrt $x = z$ nach sich. Hat man aber $x \neq z$, $x' \neq z'$, so ergibt sich nach (5) $[x - z] = [x] = [x'] = [x' - z']$. Im folgenden darf also $[x] \neq [z]$ angenommen werden. Ferner kann man die $[x - y]$, $[y - z]$, $[z - x]$ sowohl wie die $[x' - y']$, $[y' - z']$, $[z' - x']$ als untereinander verschieden annehmen; denn andernfalls sind sie alle untereinander gleich. Weiter wird zunächst die Voraussetzung $y \notin [x] + [z]$ hinzugefügt. Man hat dann

$$(8) \qquad\qquad [x] + [z] \neq [x - y] + [y - z],$$

denn andernfalls wäre $y \in [x - y] + [x] \subseteq [x] + [z]$. Da die $[x - y]$, $[y - z]$, $[z - x]$ nach Voraussetzung untereinander verschieden sind und wegen $[x] \neq [z]$ auch $[x - z] \neq [x]$ gilt, erhält man nach (6)

$$(9) \quad [x - z] + [x] = [x] + [z], \quad [x - z] + [x - y] = [x - y] + [y - z].$$

---

[1] Nennt man die Elemente von $\mathfrak{A}$ Punkte und bezeichnet man $[a - b] = [a' - b']$ im Falle $a \neq b$ als Parallelität der Verbindungsgeraden der Punkte a, b mit derjenigen der Punkte a', b', so wird dieser Satz einfach zum affinen dreidimensionalen Desarguesschen Satz mit $C = 0$.

Man hat also

$$[x - z] \subseteq ([x] + [z]) \cap ([x - y] + [y - z]).$$

Wäre hierin das Gleichheitszeichen ausgeschlossen, so gäbe es also in $([x - z] + [x]) \cap ([x - z] + [x - y])$ ein $u \notin [x - z]$, und nach (6) würde sich hieraus

$$[x - z] + [x] = [u] + [x - z] = [x - z] + [x - y]$$

und damit wegen (9) ein Widerspruch zu (8) ergeben. Daher hat man

$$[x - z] = ([x] + [z]) \cap ([x - y] + [y - z]).$$

Da die Herleitung dieser Gleichung offenbar richtig bleibt, wenn überall die x, y, z durch x', y', z' ersetzt werden, gilt auch

$$[x' - z'] = ([x'] + [z']) \cap ([x' - y'] + [y' - z'])$$

und damit $[x - z] = [x' - z']$. — Ist nun aber $y \in [x] + [z]$, also wegen $[x] \neq [z]$ und (2) $[y] \subset [x] + [z]$, so folgt aus (6)

$$[x] + [y] = [y] + [z] = [z] + [x] = \mathfrak{U}.$$

Da aus $u \in \mathfrak{U}$, $u \notin [x]$ nach (6) $[x] + [u] = \mathfrak{U}$ und aus $0 \neq u \in [x]$ nach (5) $[u] = [x]$ folgt, kann nach (3) nicht $\mathfrak{U} = \mathfrak{A}$ sein, d.h. es gibt ein $u \notin \mathfrak{U}$. Man hat dann $\{0\} \subset [y - u] \subset [u] + [y']$, $[y - u] \neq [u]$, so daß es nach (7) ein $u' \in [u]$ mit $y' - u' \in [y - u]$ gibt. Da natürlich dafür $u' \neq 0, y'$ gelten muß, hat man $[u] = [u']$, $[y - u] = [y' - u']$. Weil aus $[y] \subset [u] + [x]$ nach (6) $u \in [u] + [x] = [x] + [y] = \mathfrak{U}$ folgen würde, erhält man $y \notin [u] + [x]$ und kann den schon bewiesenen Teil des Hilfssatzes anwenden, so daß sich $[x - u] = [x' - u']$ ergibt. Da man genau so $y \notin [u] + [z]$ einsieht, erhält man weiter nach demselben Verfahren $[u - z] = [u' - z']$ und schließlich wegen $u \notin [x] + [z]$ ebenso $[x - z] = [x' - z']$.

Hilfssatz 2. Zu $a, b \neq 0$ aus $\mathfrak{A}$ mit $[a] = [b]$ gibt es genau ein $\sigma \in \mathfrak{R}$ mit $a^\sigma = b$.

Beweis. Nach (7) mit $P = [a - x]$, $Q = [x]$, $R = [a]$, $r = -b$ wird zu $x \notin [a]$ durch

$$x_a \in [x], \quad x_a + (-b) \in [a - x]$$

eindeutig ein $x_a \in \mathfrak{A}$ bestimmt, und für ein $\sigma \in \mathfrak{R}$ mit $a^\sigma = b$ muß wegen $x^\sigma + (-b) = -(a - x)^\sigma$ dann $x^\sigma = x_a$ (für $x \notin [a]$) sein. Wegen $x_a \neq 0, b$ gilt nun sogar

(10) $$[x] = [x_a], \quad [a - x] = [b - x_a].$$

Da wegen (3) und (5) $[a] \subset \mathfrak{A}$ ist, gibt es ein $\bar{a} \notin [a]$. Für $x \notin [\bar{a}]$ erklärt man nun $x_{\bar{a}}$ durch (10) unter Ersetzen von a, b durch $\bar{a}$ und $\bar{b} = \bar{a}_a$, so daß (für $\sigma \in \Re$, $a^\sigma = b$, $x \notin [\bar{a}]$) $x^\sigma = x_{\bar{a}}$ sein muß. Im Falle $x \notin [a]$, $[\bar{a}]$ hat man dann

$$[\bar{a}] = [\bar{b}] \neq [a] = [b] \neq [x] = [x_a], \quad [\bar{a} - a] = [\bar{b} - b], \quad [a - x] = [b - x_a]$$

und daher nach Hilfssatz 1 $[\bar{a} - x] = [\bar{b} - x_a]$. Wegen der eindeutigen Bestimmtheit von $x_{\bar{a}}$ durch die (10) entsprechenden Gleichungen folgt also $x_a = x_{\bar{a}}$. Demnach wird durch

$$(11) \qquad x \to x' = \begin{cases} x_a & \text{für} \quad x \notin [a], \\ x_{\bar{a}} & \text{für} \quad x \notin [\bar{a}], \\ 0 & \text{für} \quad x = 0 \end{cases}$$

eine Abbildung von $\mathfrak{A}$ in sich erklärt[1]. Nach dem oben Bemerkten ist diese gleich jedem $\sigma \in \Re$ mit $a^\sigma = b$, womit die Eindeutigkeitsaussage von Hilfssatz 2 schon bewiesen ist. Die Definition von $\bar{b}$ ergibt $\bar{a}' = \bar{b}$, damit $[\bar{a} - a] = [\bar{b} - b]$ und daher auch $a' = b$. Wegen $[x] = [x']$ wird durch $x \to x'$ jede Untergruppe $\epsilon \Gamma$ in sich abgebildet. Man braucht also nur noch zu zeigen, daß $x \to x'$ ein Endomorphismus ist, also

$$(12) \qquad (x - y)' = x' - y'$$

gilt. Zuerst beweist man dazu

$$(13) \qquad [x - y] = [x' - y'].$$

Diese Gleichung ist selbstverständlich, falls $x = 0$ oder $y = 0$. Ist $[x] \neq [a] \neq [y]$ oder $[x] \neq [\bar{a}] \neq [y]$, so gewinnt man (13) sofort nach Hilfssatz 1. Andernfalls kann man o. B. d. A. $[x] = [a]$, $[y] = [\bar{a}]$ annehmen. Setzt man nun $z = a + \bar{a}$, so ist $[x] \neq [\bar{a}] \neq [z]$, $[y] \neq [a] \neq [z]$, der schon erledigte Fall liefert $[x' - z'] = [x - z]$ sowie $[y' - z'] = [y - z]$, und daraus folgt nach Hilfssatz 1 wieder (13). Zum Beweis von (12) macht man nun zuerst die Voraussetzungen $x, y \neq 0$, $[x] \neq [y]$. Dann ist nach (13)

$$[x' - (x' - y')] = [y'] = [y] = [x - (x - y)] = [x' - (x - y)'],$$
$$[x' - y'] = [x - y] = [(x - y)'],$$

so daß (12) aus der Eindeutigkeitsaussage von (7) folgt. Zu $z \neq 0$ kann man nun ein $x \notin [z]$ finden und hat dann mit $y = x + z$ die Ungleichungen $x, y \neq 0$, $[x] \neq [y]$, also nach dem eben Bewiesenen

$$(- z)' = (x - y)' = x' - y' = -(y' - x') = - z'.$$

Damit hat man (12) auch im Fall $x = 0$ bewiesen. Da (12) bei $y = 0$ oder $x = y$ selbstverständlich ist, bleibt nur noch der Fall $[x] = [y]$, $0 \neq x \neq y \neq 0$. Man wählt $z \notin [x]$ und hat dann wegen der Eindeutigkeitsaussage von (7) auch $[x - z] \neq [y - z]$. Aus dem schon Bewiesenen

---

[1] Mit den Umbenennungen der Fußnote von S. 316 wäre diese als Streckung mit Zentrum 0 zu bezeichnen.

ergibt sich daher:

$$(x - y)' = \big((x - z) - (y - z)\big)' = (x - z)' - (y - z)'$$
$$= x' - z' - y' + z' = x' - y'.$$

Um nun $\Re$ als Schiefkörper nachzuweisen, hat man zu $\sigma \in \Re - \{0\}$ ein $\sigma' \in \Re - \{0\}$ mit $\sigma\sigma' = 1 = \sigma'\sigma$ anzugeben. Wegen $\sigma \neq 0$ gibt es $a \neq 0$ mit $b = a^\sigma \neq 0$, $[a] = [b]$ und daher nach Hilfssatz 2 $\sigma' \in \Re - \{0\}$ mit $b^\sigma = a$, also $a^{\sigma\sigma'} = a^1$. Wegen der Eindeutigkeitsaussage in Hilfssatz 2 (mit $b = a$) ist also $\sigma\sigma' = 1$. Ebenso gibt es nun aber σ'' mit $\sigma'\sigma'' = 1$ und daher $\sigma'' = \sigma\sigma'\sigma'' = \sigma$, also $\sigma'\sigma = 1$.

Zum Beweis des Satzes von S. 315 braucht man jetzt nur noch zu zeigen, daß Γ jede $\Re$-zulässige Untergruppe $\mathfrak{X}$, d.h. eine solche mit $\mathfrak{X}^\sigma \subseteq \mathfrak{X}$ für alle $\sigma \in \Re$, enthält. Nach Hilfssatz 2 gibt es zu jedem $x \in [u]$ ein $\sigma \in \Re$ mit $u^\sigma = x$, so daß für eine $\Re$-zulässige Untergruppe $\mathfrak{X}$ von $\mathfrak{A}$ sofort $[u] \subseteq \mathfrak{X}$ im Falle $u \in \mathfrak{X}$ und damit $\mathfrak{X} = \sum_{u \in \mathfrak{X}} [u] \in \Gamma$ nach (2) folgt.

Daß (3) nicht überflüssig ist, ja noch nicht einmal zu der Forderung $\Gamma \supset \{\{0\}, \mathfrak{A}\}$ abgeschwächt werden darf, erkennt man, wenn man Γ aus den Elementen einer Kongruenz (s. S. 200) von $\mathfrak{A}$ sowie aus $\{0\}$ und $\mathfrak{A}$ selbst bestehen läßt: Da wegen der Existenz nichtdesarguesscher Translationsebenen (s. S. 206) $\mathfrak{A}$ über $\Re$ eine Dimension > 2 haben kann (s. S. 205), liegen nicht immer alle $\Re$-zulässigen Untergruppen in Γ.

2. Beweis des Desarguesschen Satzes in einer projektiven Ebene mit 8 Punkten auf jeder Geraden.

Zum folgenden Beweis des Desarguesschen Satzes [82, 83] in der projektiven Ebene $\mathfrak{E}$ mit 8 Punkten auf jeder Geraden, also mit $N = 7$, wird der Satz 11 von S. 298 benutzt. Darnach sind in $\mathfrak{E}$ für ein vollständiges Viereck mit den Ecken U_i $(i = 1, 2, 3, 4)$ die Diagonalpunkte

$$V_1 = U_4 U_1 \cap U_2 U_3, \quad V_2 = U_4 U_2 \cap U_3 U_1, \quad V_3 = U_4 U_3 \cap U_1 U_2$$

nicht kollinear. Zu den U_i, V_i werden die Punkte

$$W_1 = V_2 V_3 \cap U_2 U_3, \quad W_3 = V_3 V_1 \cap U_3 U_1, \quad W_5 = V_1 V_2 \cap U_1 U_2,$$
$$W_2 = V_2 V_3 \cap U_1 U_4, \quad W_4 = V_3 V_1 \cap U_2 U_4, \quad W_6 = V_1 V_2 \cap U_3 U_4$$

eingeführt (Abb. 59). Diese sind — wie man leicht sieht — untereinander sowie von den U_i, V_k verschieden, und dasselbe gilt von den Geraden $U_i U_{i'}$ $(1 \leq i < i' \leq 4)$, $V_k V_{k'}$ $(1 \leq k < k' \leq 3)$. Je zwei dieser 9 Geraden schneiden sich offenbar in einem der 13 Punkte U_i, V_k, W_l, so daß eine von ihnen verschiedene Gerade aus $\mathfrak{E}$, da sie ja keine 9 Punkte besitzen kann, mindestens einen dieser Punkte enthalten muß. Durch jeden Punkt V_k gehen 4 der 9 Geraden und somit 4 Geraden, welche keinen der Punkte U_i, $V_{k'}$, W_l ($k' \neq k$) enthalten. Von den $7^2 + 7 + 1 =$ 57 Geraden der Ebene $\mathfrak{E}$ enthalten also $3 \cdot 4 + 3 = 15$ Geraden keinen der Punkte U_i, W_l oder aber genau zwei der V_k und damit $57 - 15 - 6 =$ 36 Geraden mindestens einen der Punkte U_i, W_l, aber höchstens einen der Punkte U_i, V_k. Mit z_ν, z'_ν seien die Anzahlen der Geraden $\neq V_k V_{k'}$ be-

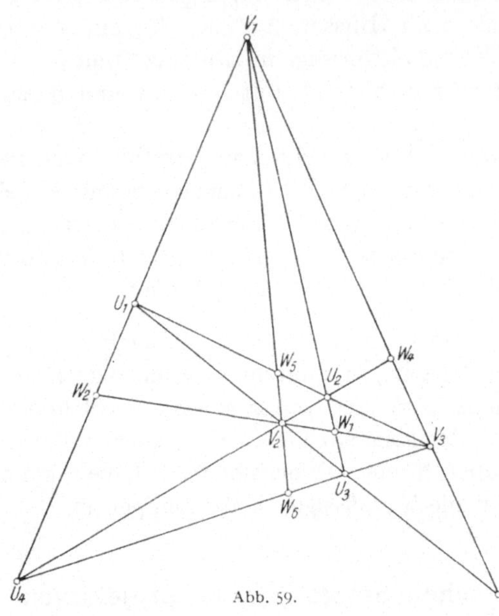

Abb. 59.

zeichnet, welche genau ν Punkte W_l enthalten und auf denen keiner bzw. genau einer der Punkte U_i liegt. Da offenbar keine 4 der W_l kollinear sein können, hat man dann also

$$(1) \qquad \sum_{\nu=1}^{3} z_\nu + \sum_{\nu=0}^{3} z'_\nu = 36.$$

Durch einen Punkt U_i gehen $8 - 3 = 5$ Geraden, welche keinen Punkt $U_{i'}$ ($i' \neq i$) enthalten, so daß

$$\sum_{\nu=0}^{3} z'_\nu = 4 \cdot 5 = 20$$ und wegen (1) daher

$$(2) \qquad \sum_{\nu=1}^{3} z_\nu = 16$$

ist. Durch jeden Punkt W_l gehen genau 6 Geraden, welche von den $U_i U_{i'}$, $V_k V_{k'}$ verschieden sind. Abzählung der Punkte W_l auf diesen Geraden liefert daher

$$(3) \qquad \sum_{\nu=1}^{3} \nu\, z_\nu + \sum_{\nu=1}^{3} \nu\, z'_\nu = 36.$$

In 12 der insgesamt $4 \cdot 6 = 24$ Fälle enthält $U_i W_l$ noch einen weiteren Punkt $U_{i'}$ ($i' \neq i$), so daß sich $\sum_{\nu=1}^{3} \nu\, z'_\nu = 12$ und wegen (3) daher

$$(4) \qquad \sum_{\nu=1}^{3} \nu\, z_\nu = 24$$

ergibt. Zu genau 3 von den 15 Paaren (l, l') mit $1 \leq l < l' \leq 6$ gibt es Indizes k, k' mit $V_k V_{k'} = W_l W_{l'}$. Daraus folgt

$$z_2 + 3 z_3 + z'_2 + 3 z'_3 = 12.$$

Addiert man dazu (2) und zieht (4) ab, so ergibt sich schließlich

$$(5) \qquad z_3 = 4 - z'_2 - 3 z'_3.$$

Macht man jetzt die Annahme, daß z_2' oder $z_3' > 0$ ist, so muß es also Indizes i, l, l' mit $l \neq l'$ und $\varkappa(U_i, W_l, W_{l'})$ geben. O. B. d. A. kann man dabei $i = 4$ annehmen. Wegen $W_1, W_3, W_5 \notin U_4 W_2,\ U_4 W_4,\ U_4 W_6$ müssen l, l' ungerade sein, und da die Permutationen der U_1, U_2, U_3 die sämtlichen Permutationen der W_1, W_3, W_5 hervorrufen, darf man $l = 3$, $l' = 5$ annehmen:

$$(6) \qquad \varkappa(U_4, W_3, W_5).$$

Zur besseren Übersicht wird

$$U_1 = A_0, \quad U_4 = A_1, \quad V_1 = A_2,$$
$$U_3 = B_1, \quad V_2 = B_2, \quad W_3 = B_3,$$
$$V_3 = B_4, \quad U_2 = B_5, \quad W_5 = B_6,$$

$$A_0 B_1 = \alpha_{01}, \quad A_0 B_4 = \alpha_{02},$$
$$A_0 A_1 = \alpha_{03}, \quad A_i B_k = \alpha_{ik}$$
$$(i = 1, 2;\ k = 1, 2, 3)$$

gesetzt (Abb. 60). Man hat dann also wegen (6)

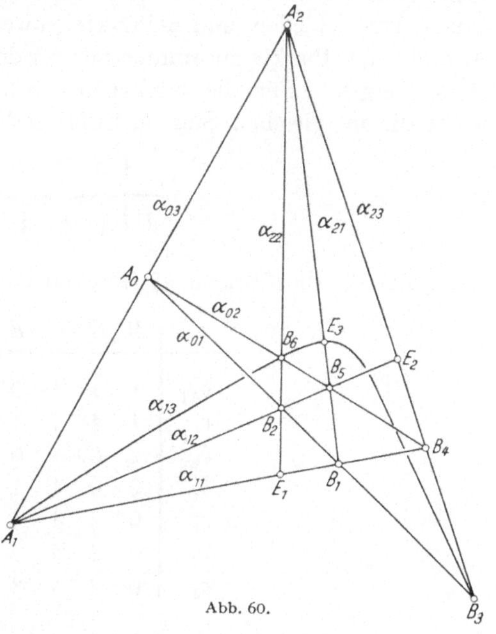

Abb. 60.

$$A_0, B_1, B_2, B_3 \in \alpha_{01}, \qquad A_1, B_1, B_4 \in \alpha_{11}, \qquad A_2, B_1, B_5 \in \alpha_{21},$$
$$A_0, B_4, B_5, B_6 \in \alpha_{02}, \qquad A_1, B_2, B_5 \in \alpha_{12}, \qquad A_2, B_2, B_6 \in \alpha_{22},$$
$$A_0, A_1, A_2 \quad \in \alpha_{03}, \qquad A_1, B_3, B_6 \in \alpha_{13}, \qquad A_2, B_3, B_4 \in \alpha_{23}.$$

Die übrigen Punkte von α_{01} werden mit C_i $(i = 1, \ldots, 4)$, die von α_{02} mit C_i $(i = 5, \ldots, 8)$ und die von α_{03} mit D_i $(i = 1, \ldots, 5)$ bezeichnet. Nachdem die bislang noch nicht neu benannten Schnittpunkte

$$\alpha_{11} \cap \alpha_{22} = E_1 (= W_6), \qquad \alpha_{12} \cap \alpha_{23} = E_2 (= W_4), \qquad \alpha_{13} \cap \alpha_{21} = E_3$$

eingeführt worden sind, bezeichnet man die restlichen Punkte der α_{ik} mit $F_1, \ldots, F_{24}$ und die nicht auf den α_{ik} liegenden Punkte von $\mathfrak{E}$ mit $G_1, \ldots, G_8$. Es werden nun die restlichen 48 Geraden von $\mathfrak{E}$ untersucht. Die 5 Geraden durch A_0 ergeben dabei die folgende Tafel:

$$(7)$$

	E	F	G
a_0	0	6	1
a_1	1	4	2
a_2	2	2	3
a_3	3	0	4

wobei die a_i in der ersten Spalte die Anzahlen dieser Geraden bedeuten und die andern Spalten die Anzahlen der Punkte von der im Spaltenkopf angegebenen Art auf jeder dieser Geraden enthalten; denn für jede dieser Geraden γ sind die $\gamma \cap \alpha_{ik}$ $(i > 0)$ F-Punkte, soweit untereinander verschieden, und E-Punkte, soweit paarweise gleich, so daß die Anzahl der F-Punkte zusammen mit der doppelten Anzahl der E-Punkte stets 6 ergibt. Für die restlichen Geraden durch A_1, A_2 erhält man leicht die im gleichen Sinn aufzufassende Tafel:

(8)

	A	C	F	G
8	1	2	3	2

Die Tafel für die übrigen 35 Geraden lautet jetzt[1]:

	B	C	D	E	F	G
b_{01}	1	1	1	0	4	1
b_{11}	1	1	1	1	2	2
b_{02}	2	0	1	0	2	3
b_{12}	2	0	1	1	0	4
c_1	0	2	1	1	4	0
c_2	0	2	1	2	2	1
c_3	0	2	1	3	0	2

Denn erstens enthält jede dieser Geraden zwei — und damit auch nur zwei — der Punkte B_i, C_k $(i = 1, \ldots, 6;\ k = 1, \ldots, 8)$, weil es nämlich außer den schon genannten gerade $49 - 6 - 8 = 35$ Verbindungsgeraden solcher Punkte gibt; da zweitens diese Geraden durch keinen A-Punkt gehen, enthält jede von ihnen genau einen D-Punkt; drittens erkennt man wie oben, daß bei jeder von ihnen die Anzahl der F-Punkte zusammen mit der doppelten Zahl der B- und E-Punkte gerade 6 beträgt. Von den 9 Geraden $B_i B_k$ kommen 6 schon unter den α_{ik} vor; also ist

$$(9) \qquad b_{02} + b_{12} = 3.$$

Da von den 16 Geraden $C_i C_k$ $(\neq \alpha_{01}, \alpha_{02})$ oben schon 8 aufgeführt wurden — nämlich die durch A_1 oder A_2 gehenden —, hat man ferner

$$(10) \qquad \sum_{i=1}^{3} c_i = 8.$$

Abzählung der Paare (B_i, E_k) liefert, da auf jeder der Geraden α_{ik} $(i > 0)$ ein E-Punkt und zwei B-Punkte liegen, $12 + 2b_{12} + b_{11} = 18$, woraus

---

[1] Der Index i bei den b_{ik}, c_i gibt also stets die Anzahl der E-Punkte und der Index k bei den b_{ik} die Anzahl der B-Punkte an.

wegen (9)

$$(11) \qquad\qquad b_{11} = 2b_{02}$$

folgt. Die aus der Abzählung der Paare (C_i, E_k) folgende Gleichung

$$b_{11} + 2c_1 + 4c_2 + 6c_3 = 24$$

liefert nun zusammen mit (10) und (11)

$$(12) \qquad\qquad c_2 = 4 - b_{02} - 2c_3.$$

Da es genau drei Paare (E_i, E_k) gibt, hat man $a_2 + 3a_3 + c_2 + 3c_3 = 3$ wegen (7). Daher ist $a_3 \leq 1$, und im Falle $a_3 = 1$ würde $c_2 = c_3 = 0$, also nach (12) $b_{02} = 4$ folgen, was wegen (9) nicht sein kann. Man hat daher

$$(13) \qquad\qquad a_3 = 0.$$

Werden jetzt die Anzahlen derjenigen Geraden der betreffenden Geradensorten, welche durch einen festen Punkt C_h gehen, bzw. mit b_{01}', b_{11}', c_1', c_2', c_3' bezeichnet, so erhält man unter Berücksichtigung der drei Geraden $C_h A_k$ $(k = 0, 1, 2)$:

$$b_{01}' + b_{11}' + \sum_{i=1}^{3} c_i' = 5, \qquad b_{01}' + b_{11}' = 3.$$

Zusammen mit der aus der Abzählung der E_k hervorgehenden Gleichung $b_{11}' + \sum_{i=1}^{3} i\, c_i' = 3$ ergibt sich daraus $b_{11}' + c_2' + 2c_3' = 1$, also $c_3' = 0$ und daher

$$(14) \qquad\qquad c_3 = 0.$$

Mit a_i'', b_{ik}'', c_i'' als den Anzahlen derjenigen Geraden der betreffenden Geradensorten, welche durch einen festen Punkt F_h gehen, erhält man unter Berücksichtigung der drei Geraden $F_h A_i$ $(i = 0, 1, 2)$: $b_{01}'' \leq 5$, $a_2'' \leq 1$. Wäre nun $a_2'' = 1$, so würde die sich aus der Abzählung der E_k ergebende Gleichung

$$1 + 2a_2'' + a_1'' + b_{11}'' + c_1'' + 2c_2'' = 3$$

die Gleichungen $a_1'' = b_{11}'' = c_1'' = c_2'' = 0$ nach sich ziehen, so daß Abzählung der C_k den Widerspruch $b_{01}'' = 6$ liefern würde, da ja auf einer der Geraden $F_h A_k$ $(k = 1, 2)$ genau zwei und auf der andern keine C-Punkte liegen. Also ist

$$(15) \qquad\qquad a_2 = 0.$$

Abzählung der E_k liefert nach (7) jetzt $\sum_{i=1}^{3} i\, a_i = 3$, wegen (13) und (15) also $a_1 = 3$. Mit diesem Ergebnis sowie (13), (14), (15) erhält man durch Abzählen der Paare (G_i, G_k) $(1 \leq i < k \leq 8)$ wegen (7) und (8)

$$b_{11} + 3b_{02} + 6b_{12} = 28 - 8 - 3 = 17,$$

und mittels (9), (11) wird daraus $b_{12} = 2$. Die somit vorhandenen zwei Geraden, von denen jede zwei B-Punkte, vier G-Punkte und je einen D- und E-Punkt enthält, werden mit β, β' bezeichnet. Da — wie man leicht sieht — für das Paar der auf einer dieser Geraden vorhandenen B-Punkte nur die Möglichkeiten (B_1, B_6), (B_2, B_4), (B_3, B_5) bestehen, ist $\beta \cap \beta'$ kein B-Punkt. Um $\beta \cap \beta' \neq D_h$ zu zeigen, werden die Anzahlen derjenigen Geraden der verschiedenen Geradensorten, welche durch D_h gehen, bzw. mit b_{ik}^*, c_i^* bezeichnet, so daß wegen (14)

$$\sum_{i=0}^{1} \sum_{k=1}^{2} b_{ik}^* + \sum_{i=1}^{2} c_i^* = 7$$

gilt. Verdoppeln dieser Gleichung und Abziehen der Hälfte der durch Abzählen der F-Punkte entstehenden Gleichung

$$4b_{01}^* + 2b_{11}^* + 2b_{02}^* + 4c_1^* + 2c_2^* = 24$$

ergibt nun

$$2b_{12}^* + b_{11}^* + b_{02}^* + c_2^* = 2,$$

also $b_{12}^* \leq 1$, d.h. $\beta \cap \beta' \neq D_h$. Wäre $\beta \cap \beta' = E_h$, so gäbe es außer den 8 auf den β, β' liegenden G-Punkten auf der Geraden $E_h A_0$ $(\neq \beta, \beta')$ nach (7) noch mindestens zwei weitere, was nicht sein kann. Aber auch $\beta \cap \beta' = G_h$ ist unmöglich; denn dann lägen zwar auf den Geraden β, β' insgesamt nur 7 G-Punkte, aber jede der Geraden $G_h A_i$ $(i = 1, 2)$ würde gemäß (8) noch einen weiteren G-Punkt liefern.

Damit hat die Annahme (6) zu einem Widerspruch geführt, d.h. es gilt $z_2' = z_3' = 0$ und daher nach (5) $z_3 = 4$: Es gibt genau vier Geraden, welche je drei W-Punkte enthalten. Betrachtet man nun die 20 Tripel (i, k, l) mit $1 \leq i < k < l \leq 6$, so stellt man sofort die Falschheit von $\varkappa(W_i, W_k, W_l)$ für die 12 Tripel $(1, 2, l)$ mit $3 \leq l \leq 6$, $(i, 3, 4)$ mit $1 \leq i \leq 2$, $(3, 4, l)$ mit $5 \leq l \leq 6$, $(i, 5, 6)$ mit $1 \leq i \leq 4$ fest. Die Nichtkollinearität der Diagonalpunkte bei den vier vollständigen Vierecken mit den Ecken V_1, V_2, V_3, U_i $(i = 1, \ldots, 4)$ zeigt ferner die Falschheit von $\varkappa(W_i, W_k, W_l)$ auch noch für die Tripel $(2, 3, 5)$, $(1, 4, 5)$, $(1, 3, 6)$, $(2, 4, 6)$, so daß tatsächlich nur noch vier Tripel übrigbleiben. Daher ist

$$\varkappa(W_1, W_3, W_5), \quad \varkappa(W_1, W_4, W_6), \quad \varkappa(W_2, W_3, W_6), \quad \varkappa(W_2, W_4, W_5).$$

Setzt man nun $A_i = V_i$, $B_i = U_i$ $(i = 1, 2, 3)$, so erkennt man aus $\varkappa(W_1, W_3, W_5)$ sofort, daß in $\mathfrak{E}$ die dreifache Ausartung des Desarguesschen Satzes in der am Schluß von **3.5** angegebenen Gestalt (gleichwertig mit der Form 2b von S. 88) gilt. Nach Satz 2 von S. 275 ist die von vier Punkten erzeugte Unterebene $\mathfrak{E}'$ von $\mathfrak{E}$ also desarguessch. $N + 1$ sei die Anzahl der Punkte auf jeder Geraden von $\mathfrak{E}'$. Ist C ein nicht zu $\mathfrak{E}'$ gehöriger Punkt von $\mathfrak{E}$ auf einer Geraden γ von $\mathfrak{E}'$, so gibt es genau N^2 Geraden CX $(\neq \gamma)$ mit $X \notin \gamma$ aus $\mathfrak{E}'$; denn aus $CX = CY$,

$X \neq Y$ würde ja $C = XY \cap \gamma$ folgen. Man hat somit $N^2 \leq 7$, d.h. $N = 2$. Da dieser Fall wegen der Nichtkollinearität der Diagonalpunkte jedes vollständigen Vierecks ausgeschlossen ist, muß somit $\mathfrak{C}' = \mathfrak{C}$ sein, d.h. $\mathfrak{C}$ ist selbst desarguessch.

3. Ergänzendes über offene Inzidenzstrukturen.

Werden die Elemente, also die Punkte und Geraden einer endlichen Inzidenzstruktur in irgendeiner Reihenfolge aufgeschrieben, so kann man sich die Inzidenzstruktur durch Hinzufügen der einzelnen Elemente gemäß dieser Reihenfolge aufgebaut denken. Als *Ordnung* eines Elementes bei diesem Aufbau bezeichnet man dann die Anzahl der schon vorher hinzugefügten, also in der Reihenfolge früheren Elemente, mit denen dieses Element inzidiert. Die offenen Inzidenzstrukturen lassen sich nun mit diesem Begriff einfach kennzeichnen:

1. *Eine endliche Inzidenzstruktur ist genau dann offen, wenn sie so aufgebaut werden kann, daß jedes Element höchstens die Ordnung 2 besitzt.*

Beweis. Die Inzidenzstruktur $\mathfrak{J}$ besitze einen Aufbau der angegebenen Eigenschaft. Betrachtet man nun in einer Unterstruktur $\mathfrak{J}'$ von $\mathfrak{J}$ das im Aufbau späteste Element, so erkennt man, daß $\mathfrak{J}'$ nicht geschlossen sein kann. Daher ist $\mathfrak{J}$ offen. Durch vollständige Induktion nach der Elementeanzahl n von $\mathfrak{J}$ zeigt man umgekehrt, daß jede offene Inzidenzstruktur in der angegebenen Weise aufgebaut werden kann. Für $n = 1$ ist diese Behauptung selbstverständlich. In einer offenen Inzidenzstruktur gibt es nun stets ein Element, das mit höchstens zwei Elementen inzidiert; denn andernfalls wäre ja $\mathfrak{J}$ geschlossen. Im Falle $n > 1$ liefert Weglassen eines solchen Elementes eine offene Inzidenzstruktur $\mathfrak{J}'$ mit $n - 1$ Elementen. Aus einem Aufbau von $\mathfrak{J}'$ mit lauter Ordnungen ≤ 2 wird dann durch Hinzufügen des weggelassenen Elementes als letztes ein Aufbau der gewünschten Art für $\mathfrak{J}$.

Durch leichte Abänderung des Induktionsbeweises kann man übrigens noch erreichen, daß alle Elemente der Ordnung 0 am Anfang des Aufbaues stehen: Inzidiert das in $\mathfrak{J}$ fortgelassene Element mit keinem Element, so wird es dem Aufbau von $\mathfrak{J}'$ als erstes vorangesetzt. Kann man den Aufbau insbesondere so wählen, daß unmittelbar nach den Elementen der Ordnung 0 die sämtlichen Elemente der Ordnung 1 folgen, so soll die Inzidenzstruktur *konstruierbar* heißen[1]. Die konstruierbaren Inzidenzstrukturen sind also gerade die endlichen freien Erweiterungen solcher endlicher Inzidenzstrukturen, welche einen Aufbau mit lauter Ordnungen < 2 gestatten. Für konstruierbare Inzidenzstrukturen läßt der Satz 14 von S. 19 noch die folgende Ergänzung zu:

---

[1] Genau diese Inzidenzstrukturen sind auf S. 29 zur Beschreibung der konstruierbaren Schließungssätze verwendet worden.

2. Ist σ ein umkehrbarer Homomorphismus[1] der konstruierbaren Inzidenzstruktur $\mathfrak{J}$ des Ranges $n + 4$ auf eine die projektive Ebene $\mathfrak{E}$ erzeugende Inzidenzstruktur, so gibt es in $\mathfrak{E}$ eine aus $m \leq n$ Punkten und einer durch genau $m - 2$ von ihnen gehenden Geraden bestehende Inzidenzstruktur, die ebenfalls $\mathfrak{E}$ erzeugt.

Beweis. Nach Voraussetzung ist $\mathfrak{J}$ freie Erweiterung einer Unterstruktur $\mathfrak{J}^*$, welche einen Aufbau mit lauter Ordnungen < 2 besitzt. Wegen der Umkehrbarkeit von σ erzeugt $\mathfrak{J}^{*\sigma}$ ebenfalls $\mathfrak{E}$. Da $\mathfrak{J}$ und $\mathfrak{J}^*$ zudem denselben Rang haben, kann man sich daher auf den Fall $\mathfrak{J} = \mathfrak{J}^*$ beschränken. Man überlegt sich nun leicht, daß in der Menge der Punkte aus $\mathfrak{J}^\sigma$ und der Schnittpunkte von Geraden aus $\mathfrak{J}^\sigma$ vier Punkte A, B, C, D vorhanden sein müssen, von denen keine drei kollinear sind. Falls einer dieser Punkte nicht in $\mathfrak{J}^\sigma$ liegt, sondern nur Schnittpunkt der Geraden $\alpha^\sigma, \beta^\sigma$ von $\mathfrak{J}^\sigma$ ist, wird der Punkt $\alpha \cap \beta$ aus $\mathfrak{F}(\mathfrak{J})$ mit zu $\mathfrak{J}$ hinzugenommen, wodurch sich ja der Rang von $\mathfrak{J}$ nicht ändert, und σ durch $(\alpha \cap \beta)^\sigma = \alpha^\sigma \cap \beta^\sigma$ auf die so erweiterte Inzidenzstruktur fortgesetzt. Zu der aus den Urbildern A', B', C', D' der A, B, C, D bestehenden Inzidenzstruktur vom Rang 8 wird nun durch fortgesetztes Bilden von Verbindungsgeraden und Schnittpunkten eine Unterstruktur $\mathfrak{J}_0$ von $\mathfrak{J}$ mit der folgenden Eigenschaft hergestellt: Jedes Element von $\mathfrak{J}$, das nicht zu $\mathfrak{J}_0$ gehört, inzidiert mit höchstens einem Element von $\mathfrak{J}_0$. Die Ordnungen ν der in der Reihenfolge ihrer Herstellung als Verbindungsgerade oder Schnittpunkt zu den A', B', C', D' hinzugefügten Elemente von $\mathfrak{J}_0$ sind nun alle ≥ 2. Da der Rang von $\mathfrak{J}_0$ offenbar um die Summe aller $2 - \nu$ größer als 8 ist, andererseits aber wegen (1.24) als Rang einer offenen Inzidenzstruktur nicht < 8 sein darf, sind alle $\nu = 2$. Fügt man jetzt zu $\mathfrak{J}_0$ die weiteren Elemente von $\mathfrak{J}$ in einer Reihenfolge hinzu, die zu einem Aufbau von $\mathfrak{J}$ mit lauter Ordnungen < 2 gehört, so haben sie hier, da jedes nur mit höchstens einem Element von $\mathfrak{J}_0$ inzidieren kann, sämtlich Ordnungen ≤ 2. Man hat also einen mit A', B', C', D' beginnenden Aufbau von $\mathfrak{J}$ erhalten, bei dem alle Ordnungen ≤ 2 sind; mit n_0, n_1 als den Anzahlen der von A', B', C', D' verschiedenen Elemente der Ordnungen 0 bzw. 1 gilt dabei aus Ranggründen

$$(1) \qquad\qquad n_1 + 2n_0 = n - 4.$$

Dieser Aufbau von $\mathfrak{J}$ wird nun durch σ in $\mathfrak{E}$ übertragen. Jedes der so zu A, B, C, D hinzuzufügenden Elemente wird dabei durch Punkte auf AB so ersetzt, daß die durch diese Ersetzung entstehende Inzidenzstruktur wieder $\mathfrak{E}$ erzeugt. Bilder von Elementen der Ordnung 2 können natürlich wegen der Umkehrbarkeit von σ gleich weggelassen werden. Als Nächstes wird das Bild eines Elementes der Ordnung 1 betrachtet.

---

[1] Jedoch nicht notwendig ein Isomorphismus.

Handelt es sich um den auf der bereits vorher hinzugefügten Geraden η liegenden Punkt X, so kann man ihn im Falle $C \notin \eta$ durch $CX \cap AB$, im Falle $D \notin \eta$ durch $DX \cap AB$ und bei $\eta = CD$ schließlich durch $(BX \cap AC)D \cap AB$ ersetzen. Wird die durch den bereits vorher vorhandenen Punkt Y gehende Gerade ξ hinzugefügt, so läßt sie sich im Fall $Y \notin AB$ durch $\xi \cap AB$ ersetzen; im Fall $Y \in AB$ darf man o. B. d. A. $Y \neq A$ annehmen und $(\xi \cap AC)D \cap AB$ zur Ersetzung verwenden. Man braucht jetzt nur noch das Bild eines Elementes der Ordnung 0 zu betrachten. Handelt es sich um einen Punkt X, so wird er im Falle $X \notin CD$ durch $CX \cap AB$ und $DX \cap AB$ ersetzt, während man bei $X \in CD$ wie beim Bild eines Elementes der Ordnung 1 (mit $\eta = CD$) verfährt. Eine Gerade ξ wird im Falle $AB \cap CD \notin \xi$ erst durch das Paar $\xi \cap AB$, $\xi \cap CD$ ersetzt, und dann wird auf $\xi \cap CD$ das beim Bild eines Elementes der Ordnung 1 beschriebene Ersetzungsverfahren (mit $\eta = CD$) angewandt, während man bei $AB \cap CD \in \xi$ wieder das eben genannte Verfahren (mit $Y = AB \cap CD$) verwendet. Insgesamt hat man damit auf AB höchstens $n_1 + 2 n_0$ Punkte hinzugefügt, also nach (1) durch diese Punkte, die Punkte A, B, C, D und die Gerade AB eine $\mathfrak{E}$ erzeugende Inzidenzstruktur der gewünschten Eigenschaft erhalten.

4. Vereinfachter Beweis des Hauptsatzes über Alternativkörper.

Nach den Sätzen 10, S. 166, und 15, S. 178, ist jeder echte Alternativkörper quadratische Algebra über seinem Zentrum. Für diesen Hauptsatz über Alternativkörper wird im folgenden ein einfacherer Beweis dargestellt [235][1]. Wesentliches Hilfsmittel dabei ist der Satz:

In einem Alternativkörper gehört das Quadrat jedes Kommutators zum Kern.

Beweis. Es genügt natürlich, die Behauptung für einen Kommutator $v = [a, b] \neq 0$ zu beweisen. Man hat wegen (6.14) und des Alternierens von f

$$[b, a, [a, x]] = [[a, b], a, x]$$

und nach (6.23) daher

$$v[v, a, x] + [v, a, x]v = 0.$$

(6.15) liefert daraus $[v^2, a, x] = 0$, so daß aus (6.11)

$$(1) \qquad\qquad f(x, y, v^2, a) = 0$$

folgt. Vertauschen von a mit b ergibt dann $[v^2, b, x] = 0$ und

$$(2) \qquad\qquad f(x, y, v^2, b) = 0.$$

---

[1] Eine weitere Vereinfachung gibt SMILEY [1957].

Wegen des Alternierens von f hat man nun nach (6.11)

$$0 = f(a, b, v^2, x) = [a\,b, v^2, x] - b\,[a, v^2, x] - [b, v^2, x]\,a = [a\,b, v^2, x],$$

so daß sich wieder nach (6.11)

(3) $$f(x, y, v^2, a\,b) = 0$$

ergibt. Mittels (6.11) und des Alternierens von f gewinnt man aus (1) bis (3) die Gleichungen:

(4) $$[(a\,x)\,b, y, v^2] = b\,[a\,x, y, v^2] = b\,([x, y, v^2]\,a),$$

(5) $$[a\,(x\,b), y, v^2] = [x\,b, y, v^2]\,a = (b\,[x, y, v^2])\,a,$$

(6) $$[a\,(b\,x), y, v^2] = [b\,x, y, v^2]\,a = ([x, y, v^2]\,b)\,a,$$

(7) $$[(a\,b)\,x, y, v^2] = [x, y, v^2]\,(a\,b).$$

Die aus (6.15), der Multiplikationsregel des Assoziators und (6.23) folgende Gleichung

$$[v^2, [a, x, b], y] = [v, v\,[a, x, b] + [a, x, b]\,v, y] = 0$$

führt nun mittels (4), (5) zu $[b, [x, y, v^2], a] = 0$, so daß (6) und (7) schließlich $[x, y, v^2]\,v = 0$, also die Behauptung $[x, y, v^2] = 0$ ergeben.

Nach diesem Satz und dem Satz 8 von S. 165 liegt also bei einem echten Alternativkörper das Quadrat jedes Kommutators im Zentrum. Der Beweis von Satz 14, S. 175, zeigt dann bereits, daß jeder echte Alternativkörper $\Re$ quadratische Algebra über seinem Zentrum $\mathfrak{Z}$ ist, falls man nur zu jedem Element $a \in \Re - \mathfrak{Z}$ ein $b \in \Re$ mit $[a, b] \neq 0$ angeben kann. Nach einer Bemerkung von S. 164/5 ist das bei Charakteristik $\neq 3$ der Fall. Um es auch bei Charakteristik 3 zu erkennen, wird in diesem Fall erst einmal das Gegenteil, also $[a, \Re] = 0$ angenommen. Nach (6.14) hat man dann $f(a, [x, y], x, y) = 0$. Da nach dem Satz von Artin $[[x, y], x, y] = 0$ gilt, folgt aus (6.11) weiter

$$[a\,[x, y], x, y] = [x, y]\,[a, x, y]$$

und in Anbetracht des Alternierens von f ebenso

$$[[x, y]\,a, x, y] = [a, x, y]\,[x, y].$$

Wegen $[a, \Re] = 0$ und (6.23) hat man daher $[x, y]\,[a, x, y] = 0$, also $[a, x, y] = 0$, falls $[x, y] \neq 0$. Ist aber $[x, y] = 0$, so liefern (6.11), (6.14) und (6.23) wegen $[a, \Re] = 0$

$$[a\,[a, x, y], x, y] = [a, x, y]^2.$$

Da (6.23) und (6.15) zusammen mit $[a, \Re] = 0$

$$[[a^2, x, y], x, y] = 0, \qquad [a^2, x, y] = 2a\,[a, x, y]$$

ergeben, hat man also auch in diesem Fall $[a, x, y] = 0$. Damit ist $[a, \Re] = 0$ als unmöglich erkannt.

5. Eine andere Koordinateneinführung.

Vielfach (siehe z.B. HUGHES, PIPER [1973]) werden in einer affinen Ebene $\mathfrak{A} = \mathfrak{E}_\omega$ die Koordinaten und die ternäre Verknüpfung anders eingeführt als in **1.5**: Bezüglich eines Punktquadrupels O, U, V, E, wobei wie in **1.5** U, V zwei Punkte $\in \omega$ und O, E zwei Punkte $\notin \omega$ mit $U, V \notin OE$ sind, nimmt man wieder y als zweite Koordinate von $P(x, y)$, aber als erste Koordinate nicht x sondern x^α, wobei α das Produkt von $x \to P(x, 0)$ mit der Parallelprojektion von OU auf OV in Richtung $1E'$ (dabei $E' = P(1, 0)$) ist[1] (siehe Abb. 61); β sei diejenige Abbildung von $\mathfrak{K}$, die jedem $u \in \mathfrak{K}$ den Schnittpunkt mit OV derjenigen Geraden durch E' zuordnet, die den Richtungsfaktor u (im bisherigen Koordinatensystem) hat; da α, β umkehrbare Abbildungen von $\mathfrak{K}$ auf sich sind, läßt sich dann eine neue ternäre Verknüpfung H in $\mathfrak{K}$ so erklären, daß $H(u^\beta, x^\alpha, y)$ der Schnittpunkt von OV mit derjenigen Geraden durch $P(x, y)$ ist, die den Richtungsfaktor u hat (siehe Abb. 61). Für die Gerade γ vom Richtungsfaktor u (im alten Koordinatensystem) durch $v (\in OV)$ besagt somit $P(x, y) \in \gamma$ dasselbe wie

$$H(u^\beta, x^\alpha, y) = v;$$

der Punkt mit dem neuen Koordinatenpaar $(\bar{x}, y)$ liegt also genau dann auf γ, wenn

$$H(u^\beta, \bar{x}, y) = v$$

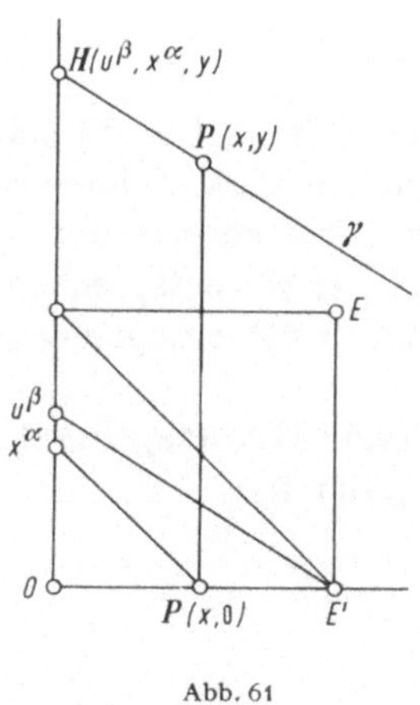

Abb. 61

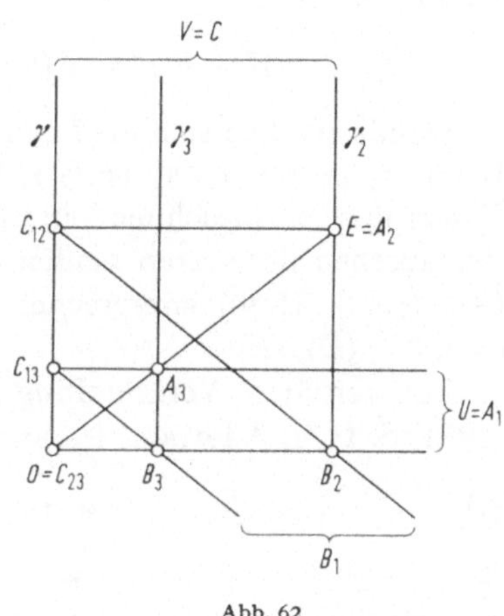

Abb. 62

---

[1] So auch in [**109**]; jedoch wird dort die ternäre Verknüpfung ähnlich wie in 1.5 erklärt. Übrigens ist x^α gerade der auf S. 41 unten eingeführte Wert x_P^* für $P = P(x, y)$ und $\bar{1} = 1$.

gilt. Bezeichnet man den Richtungsfaktor von $1\,E'$ mit e, so hat man

(1) $$T(e, 1, 1) = 0$$

(2) $$T(e, x, x^{\alpha}) = 0$$

(3) $$T(u, 1, u^{\beta}) = 0$$

(4) $$T\big(u, x, H(u^{\beta}, x^{\alpha}, y)\big) = y$$

für alle $u, x, y \in \mathfrak{R}$. Aus (2) folgt nach Abb. 62 (mit $\omega = \gamma_1$) und S. 82, daß das Übereinstimmen der neuen mit den alten Koordinaten (für jeden Punkt), also $\alpha = 1$ gerade den Desarguesschen $(V, OV, UE; U, OU, VE)$-Satz besagt, andererseits aber auch diejenige Spezialisierung des Desarguesschen (C, γ)-Satzes mit $C = O$, $\gamma = \omega$, $\gamma_1 = OE$, $\gamma_2 = OU$, $\gamma_3 = OV$, $C_{12} \in \gamma_3$, $C_{13} \in \gamma_2$; somit folgt $\alpha = 1$ aus jeder der (V, OV)-, (U, OU)-, (O, UV)-Transitivitäten[1].

Wählt man in (1.53) $\tilde{1} = 1$ (d.h. also $\widetilde{E} = 1\,E'$), was nach (1) $u_1 = e$ zur Folge hat, und ersetzt u_2, w, x, u, v bzw. durch $u, x, u^{\beta}, x^{\alpha}, y$, so erhält man

$$T\big(u, x, \widetilde{T}(x^{\alpha}, u^{\beta}, y)\big) = y.$$

Nach (4) ergibt sich somit[1]

1. *Die ternäre Verknüpfung* H *bez.* O, U, V, E *für die projektive Ebene* $\mathfrak{E}$ *entsteht aus der ternären Verknüpfung* $\widetilde{T}$ *bez.* $OU, OV, UV,$ $(OV \cap UE)\,(OU \cap VE)$ *für die duale Ebene* $\widetilde{\mathfrak{E}}$ *durch Vertauschen der ersten beiden Argumente:*

$$H(a, b, c) = \widetilde{T}(b, a, c) \qquad \textit{für alle } a, b, c \in \mathfrak{R}.$$

Damit ergeben sich die kennzeichnenden Eigenschaften $(A)-(E)$ bei HUGHES, PIPER [1973, Th. 5.1, S. 113] für die ternären Verknüpfungen H aus den kennzeichnenden Eigenschaften eines Ternärkörpers durch Vertauschen der ersten beiden Argumente[2]: (1.35), (1.38) entsprechen (A); (1.39), (1.40) entsprechen (B); (1.41), (1.42), (1.43) entsprechen bzw. (C), (D), (E).

Zur ternären Verknüpfung H werden nun (vgl. HUGHES, PIPER [1973, S. 117]) Addition $+_H$ und Multiplikation $\cdot_H$ durch

(5) $$a +_H b = H(1, a, b)$$

(6) $$a \cdot_H b = H(a, b, 0)$$

---

[1] Nach einer brieflichen Mitteilung von Herrn GLOCK.

[2] In [79] sind gegenüber 1.5 gerade die ersten beiden Argumente von T vertauscht, so daß also der dortige Ternärkörperbegriff mit dem bei HUGHES, PIPER [1973] übereinstimmt.

für alle $a, b \in \Re$ erklärt, und man bezeichnet H als *linear* (vgl. HUGHES, PIPER [1973, S. 120]), wenn entsprechend zu (1.46)

$$(7) \qquad\qquad H(a, b, c) = a \cdot_H b +_H c$$

für alle $a, b, c \in \Re$ gilt. Da nach HUGHES, PIPER [1973, Th. 6.1, S. 127/8] H genau dann linear ist, wenn in $\mathfrak{E}$ der Desarguessche $(V, UV; U, OV)$-Satz gilt, hat man wegen Satz 33, S. 98:

2. ***H** ist genau dann linear, wenn dies für **T** zutrifft.*

Dafür soll noch ein zweiter Beweis geführt werden, der den Umweg über Desargues-Sätze vermeidet. Setzt man

$$u^\beta \cdot_H x^\alpha = p = q^\alpha, \qquad p +_H y = v,$$

so hat man nach (5), (6) wegen der Folgerung $e^\beta = 1$ aus (1), (3)

$$H(u^\beta, x^\alpha, 0) = p, \qquad H(e^\beta, q^\alpha, y) = v$$

und somit nach (2), (4)

$$T(e, q, p) = 0 = T(u, x, p), \qquad T(e, q, v) = y$$

zur Bestimmung von p, q, v aus u, x, y (während e durch (1) bestimmt ist). Unter Voraussetzung dieser Gleichungen besagt nun die Linearität von H nach (7) $H(u^\beta, x^\alpha, y) = v$, nach (4) also $T(u, x, v) = y$. Sie kann also so formuliert werden:

$$(8) \quad Wenn \quad T(u, x, p) = 0 = T(e, q, p), \quad so \quad T(u, x, v) = T(e, q, v).$$

Bei linearem T folgt (8) nun sofort aus der Loopeigenschaft von $\Re$ bez. der Addition. Setzt man umgekehrt (8) voraus, so ergibt sich:

$$(9) \qquad\qquad Wenn \quad ux = eq, \quad so \quad T(u, x, v) = T(e, q, v).$$

Bestimmt man nämlich zu u, x, q mit $ux = eq$, $x \neq 0$ Elemente p, w durch

$$T(e, q, p) = 0 = T(w, x, p),$$

so erhält man mit $v = 0$ aus (8) $wx = eq = ux$, also (wegen $x \neq 0$) $w = u$ und daher nach (8) die Behauptung in (9); im Falle $x = 0$ hat man aber in (9) auch $q = 0$, woraus die Behauptung sofort folgt. Nun besagt (9) gerade die Existenz einer Abbildung F von $\Re \times \Re$ in $\Re$ mit

$$(10) \qquad\qquad T(u, x, v) = F(ux, v)$$

für alle $u, x, v \in \Re$. Für $u = 1$ gibt das

$$x + v = F(x, v),$$

und diese Gleichung, mit ux statt x, liefert zusammen mit (10) gerade die Linearitätsbedingung (1.46).

Bei linearem T liefern (2), (4), (5) wegen $e^\beta = 1$ mit $z = x^\alpha$ und dem wie in (1.59) mit z' bezeichnetem Linksinversen von z (bez. $+$)

$$(11) \qquad\qquad z' + (z +_H y) = y.$$

Damit hat man wegen $(1.58)^1$

> 3. *Bei linearem Ternärkörper stimmen* $+_H$, $\widetilde{+}$ *überein und* $+$, $+_H$ *genau dann, wenn* $+$ *die Linksinversbedingung* (2.28) *erfüllt.*

Ferner erhält man bei linearem T aus (1)—(4)

$$e + 1 = 0, \quad e x + x^\alpha = 0, \quad u + u^\beta = 0, \quad u x + u^\beta \cdot_H x^\alpha = 0.$$

Mit $-z$ als dem Rechtsinversen von z (bez. $+$), also

$$(12) \qquad\qquad z + (-z) = 0,$$

ergibt sich daher

$$(13) \qquad\qquad -e = 1,$$

$$(14) \qquad\qquad (-u) \cdot_H (-e x) = -u x.$$

Diese Gleichung ist von der Form (2.16), wenn man dort $+$ rechts durch $\cdot_H$, links durch die in (1.47) eingeführte Multiplikation ersetzt und als ϱ, σ die Abbildung $z \to -z$, als τ aber $x \to -e x$ nimmt. Damit hat man

> 4. *Bei linearem Ternärkörper sind die multiplikativen Loops bez.* T *und* H *zueinander isotop.*

Rein multiplikative, (bei Loops) isotopieinvariante Rechengesetze wie z. B. die Assoziativität oder (6.3) übertragen sich also bei linearem T von der Multiplikation bez. T auf die bez. H und umgekehrt.

Nach (11) besagt $z +_H y = 0$ dasselbe wie $z' = y$, also $y + z = 0$. Daher gilt:

> 5. *Bei linearem Ternärkörper ist das Links- bzw. Rechtsinverse eines Elementes* z *bez.* $+$ *gleich dem Rechts- bzw. Linksinversen von* z *bez.* $+_H$.

Bei Voraussetzen von

$$(15) \qquad -u x = (-u) x \quad \textit{für alle} \quad u, x \in \Re$$

folgt aus (14) wegen (13)

$$(-u) \cdot_H (-e x) = (-u) (-e x),$$

---

¹ Im Unterschied dazu ergibt sich mit dem bei AL-DHAHIR, ABDUL-ELAH [1974] gewählten Koordinatensystem der dualen Ebene $a \widetilde{+} b = T(a, 1, b)$; dort wird allerdings die ternäre Verknüpfung wie in [79], also mit vertauschten ersten Argumenten definiert.

also das Übereinstimmen der beiden (bez. T und H gebildeten) Multiplikationen. Mit $-u=v$, also $v'=u$ wird (15) zu

$$(16) \qquad (vx)' = v'x \quad \textit{für alle} \quad v,\ x \in \Re.$$

der entsprechend zu (15) für die Linksinversen gebildeten Regel, und umgekehrt zieht (16) wieder (15) nach sich. Die Regel (15) für die bez. H gebildete Addition und Multiplikation wird mit $v=u'$ und $-ex$ statt x nach (14) und Satz 5 wegen $u=-v$, $u'=-v'$, $(-vx)'=vx$, $(-v'x)' = v'x$ zu (16). Entsprechend besagt die für die zu H gehörige Addition und Multiplikation gebildete Regel (16) dasselbe wie (15). Somit hat man:

6. *Bei linearem Ternärkörper sind die Regeln* (15), (16) *sowie die entsprechenden Regeln für die zu H gehörige Addition und Multiplikation untereinander gleichwertig; jede von ihnen zieht die Übereinstimmung der zu T und H gebildeten Multiplikationen nach sich.*

Da (15) aus dem linksdistributiven Gesetz folgt und bei Gültigkeit von (16) Linksdistributivität einer Multiplikation bez. $+$ wegen (11) gleichbedeutend ist mit ihrer Linksdistributivität bez. $+_H$, ergibt sich aus Satz 6 die erste Hälfte des folgenden Satzes:

7. *Bei linearem Ternärkörper sind die linksdistributiven Gesetze für die zu T bzw. H gebildeten Multiplikationen (bez. der zugehörigen Additionen) gleichwertig und ebenso die rechtsdistributiven Gesetze.*

Zum Beweis des zweiten Teils setzen wir zuerst das rechtsdistributive Gesetz für die zu T gebildete Multiplikation voraus und erhalten für $x+(-y)=-z$:

$$u x+(-u y)=u x+u(-y)=u(-z)=-u z,$$

nach (11) wegen $u x=(-u x)'$ also

$$(-u x) +_H (-u z) = -u y,$$

insbesondere für $u=e$

$$(-e x) +_H (-e z) = -e y,$$

so daß sich wegen (14) das rechtsdistributive Gesetz für $\cdot_H$ bez. $+_H$ ergibt. Umgekehrt läßt sich dieses Gesetz so formulieren:

$$(17) \qquad \textit{Wenn} \quad e x+(-e y)=-e z, \quad \textit{so} \quad u x+(-u y)=-u z;$$

dazu schreiben wir es zuerst in der Form

$$(-u) \cdot_H (-e y) = (-u) \cdot_H (-e x) +_H (-u) \cdot_H (-e z),$$

falls

$$-e y = (-e x) +_H (-e z)$$

und wenden dann (11), (14) an unter Beachtung von $(-ex)' = ex$, $(-ux)' = ux$. Für $y = 0$ ergibt sich nun aus (17) $ux = -uz$, falls z durch $ex = -ez$ bestimmt wird; $u = 1$ ergibt dann aber daraus $x = -z$ und somit $u(-z) = -uz$, so daß man aus (17) $ux + u(-y) = u(-z)$ erhält, falls z durch $ex + e(-y) = e(-z)$ bestimmt wird. Da $u = 1$ dann $x + (-y) = -z$ liefert, erhält man also

$$ux + u(-y) = u(x + (-y)),$$

d.h. das rechtdistributive Gesetz für die zu T gebildete Multiplikation.

6. Die Lenz-Barlotti-Klassifizierung.

Unter einer *Figur* $\mathfrak{F}$ der projektiven Ebene $\mathfrak{E}$ wird im folgenden eine Menge aus Punkt-Geradenpaaren (C, γ) von $\mathfrak{E}$ verstanden. Die Ebene $\mathfrak{E}$ heißt $\mathfrak{F}$-*transitiv*, falls $\mathfrak{E}$ (C, γ)-transitiv ist für alle $(C, \gamma) \in \mathfrak{F}$. Die auf S. 67 eingeführten Begriffe (C, D)-transitiv, (δ, γ)-transitiv ordnen sich diesem Begriff unter, wenn man (C, D) und (δ, γ) als Abkürzungen für die Figuren $\{(C, \gamma) \mid D \in \gamma\}$ bzw. $\{(C, \gamma) \mid C \in \delta\}$ auffaßt. Die aus allen (C, γ), für die $\mathfrak{E}$ (C, γ)-transitiv ist, bestehende Figur $F(\mathfrak{E})$ enthält offenbar als Teilmengen alle Figuren $\mathfrak{F}$ mit $\mathfrak{F}$-Transitivität von $\mathfrak{E}$, und für die in Satz 14, S. 70 eingeführte Unterstruktur $S(\mathfrak{E})$ gilt: C, γ mit $C \in \gamma$ sind genau dann Punkt und Gerade aus $S(\mathfrak{E})$, wenn $(C, \gamma) \in F(\mathfrak{E})$. In diesem Sinn wird durch $F(\mathfrak{E})$ eine genauere Angabe über $\mathfrak{E}$ gemacht als durch $S(\mathfrak{E})$. Die nach der Art von $S(\mathfrak{E})$ durchgeführte Lenzsche Klassifizierung der projektiven Ebenen (siehe Satz 14, S. 70) wird nun verfeinert, indem man nach BARLOTTI [1957] (siehe auch DEMBOWSKI [1968, S. 123—125], YAQUB [1967 b]) die verschiedenen Möglichkeiten für $F(\mathfrak{E})$ beschreibt. Nach Weglassen einiger später als leer erkannten Klassen (siehe z.B. das auf S. 108 über VI a, b und weiter unten für II_3 Festgestellte) ergeben sich die folgenden 18 *Lenz-Barlotti-Klassen* für projektive Ebenen $\mathfrak{E}$, wobei jeweils nach dem Doppelpunkt die *Transitivitätsfigur* $F(\mathfrak{E})$ ihrer Art nach beschrieben ist und A, A', C, C', C_i, X Punkte, $\alpha, \gamma, \gamma', \gamma_i, \xi$ Geraden von $\mathfrak{E}$ sind:

I_1:   leer;

I_2: $\{(C, \gamma)\}$ *mit* $C \notin \gamma$;

I_3: $\{(C_1, \gamma_1), (C_2, \gamma_2)\}$ mit $C_i \notin \gamma_i, C_i \in \gamma_j$ *für* $i \neq j$ $(i, j \in \{1, 2\})$;

I_4: $\{(C_i, \gamma_i) \mid i \in \{1, 2, 3\}\}$ mit $C_i \notin \gamma_i$, $C_i \in \gamma_j$ *für* $i \neq j$ $(i, j \in \{1, 2, 3\})$;

I_6: $\{(X, X^\theta) \mid A \neq X \in \alpha\}$ *mit* $A \in \alpha$ *und einer umkehrbaren Abbildung* θ *von* $\{X \mid A \neq X \in \alpha\}$ *auf* $\{\xi \mid A \in \xi \neq \alpha\}$;

II_1: $\quad \{(C, \gamma)\}$ *mit* $C \in \gamma$;

II_2: $\quad \{(C, \gamma), (C', \gamma')\}$ *mit* $C \in \gamma$, $C \neq C' \in \gamma$, $C \in \gamma' \neq \gamma$;

III_1: $\quad \{(X, \xi) \mid X, A \in \xi, X \in \alpha\}$ *mit* $A \notin \alpha$;

III_2: $\quad \{(X, \xi) \mid X, A \in \xi, X \in \alpha\} \cap \{(A, \alpha)\}$ *mit* $A \notin \alpha$;

$\mathrm{IV}\,a_1$: $\quad \{(X, \xi) \mid X \in \alpha = \xi\}$;

$\mathrm{IV}\,a_2$: $\quad \{(X, \xi) \mid X \in \alpha = \xi$ *oder* $A = X$, $A' \in \xi$ *oder* $A' = X$, $A \in \xi\}$ *mit* $A, A' \in \alpha$, $A \neq A'$;

$\mathrm{IV}\,a_3$: $\quad \{(X, \xi) \mid X \in \alpha,\ X^\theta \in \xi\}$ *mit einer involutorischen fixpunktfreien Abbildung* θ *der Punktreihe* $\mathfrak{P}_\alpha$ *auf sich;*

$\mathrm{IV}\,b_{1-3}$: *dual zu* $\mathrm{IV}\,a_{1-3}$;

V: $\quad \{(X, \xi) \mid X \in \alpha = \xi$ oder $X = A \in \xi\}$ *mit* $A \in \alpha$;

VII_1: $\quad \{(X, \xi) \mid X \in \xi\}$;

VII_2: *Die Menge aller Punkt-Geradenpaare.*

Lediglich bei Klasse I_6 ist kein Beispiel bekannt. VII_2 besteht aus den desarguesschen Ebenen, VII_1 aus den nichtdesarguesschen Moufang-Ebenen. Die ursprüngliche Form dieser Klassifizierung ergibt sich in ähnlicher Weise wie die Lenz-Klassifizierung (Satz 14, S. 70) mittels der Sätze 7 (S. 66), 11 (S. 67), 46 (S. 103)[1], 49 (S. 105) und ihrer Dualisierungen. Die Beweise dafür, daß die in der obigen Aufstellung weggelassenen Klassen leer sind, werden dagegen mit Koordinaten und algebraischen Hilfsmitteln geführt (siehe YAQUB [1967b]); das gilt insbesondere für die Klasse II_3, bei der zur Figur $F(\mathfrak{E})$ von I_6 noch das Paar (A, α) hinzutritt (siehe SPENCER [1960]). Bei Beschränkung auf endliche projektive Ebenen erweisen sich auch noch die Klassen I_6, $\mathrm{III}_{1,2}$, VII_1 als leer (VII_1 nach Satz 13, S. 301), während bei den übrigen lediglich für I_{2-4}, II_2 keine Beispiele bekannt sind; bei den Beweisen (siehe HERING, KANTOR [1971], YAQUB [1967a, b] und die dort angegebene Literatur) werden z.T. tiefliegende Sätze über endliche Gruppen benötigt.

Es liegt nahe, in der Menge $\mathsf{K} = \{\mathrm{I}_1, \ldots, \mathrm{VII}_2\}$ der 18 Lenz-Barlotti-Klassen eine (nichtlineare) Ordnungsrelation einzuführen. Zu diesem Zweck fassen wir die Klassen nicht nur als solche von Ebenen, sondern auch als Klassen von Figuren (in Ebenen) auf: Die Figur $\mathfrak{F}$ in $\mathfrak{E}$ gehört zur Klasse $\varkappa$ ($\in \mathsf{K}$) genau dann, wenn $\mathfrak{F}$ eine Menge der auf S. 334/5 unter $\varkappa$ beschriebenen Art ist; die Ebene $\mathfrak{E}$ gehört also genau dann zur Klasse $\varkappa$, wenn die Figur $F(\mathfrak{E})$ zu $\varkappa$ gehört. Die Relation „$\leq$" in K wird nun dadurch definiert, daß $\varkappa \leq \varkappa'$ dasselbe bedeuten soll wie: *In jeder projektiven Ebene gibt es zu jeder Figur* $\mathfrak{F}$ *der Klasse* $\varkappa$ *eine Figur* $\mathfrak{F}' \supseteq \mathfrak{F}$ *der*

---

[1] Hiervon benötigt man nur die Gleichwertigkeit von (b), (b'), den sogenannten *Gingerichschen Vertauschungssatz*; einen „koordinatenfreien" Beweis dieses Satzes sowie den Hinweis auf einen früheren derartigen Beweis findet man bei LIEBLER [1973].

Klasse $\varkappa'$. Man stellt leicht fest, daß „ $\leq$ " eine nichtlineare Ordnungsrelation in K mit dem in Abb. 63 dargestellten Hasse-Diagramm ist. Aus den Definitionen ergibt sich unmittelbar für eine $\mathfrak{F}$-transitive Ebene $\mathfrak{E}$ und $\varkappa' \in$ K: Wenn $\mathfrak{E}$ zur Klasse $\varkappa \leq \varkappa'$ gehört, so gibt es in $\mathfrak{E}$ eine Figur $\mathfrak{F}' \supseteq \mathfrak{F}$ der Klasse $\varkappa'$. Ist die Figur $\mathfrak{F}$ der $\mathfrak{F}$-transitiven Ebene $\mathfrak{E}$ nicht Teilmenge einer Figur der Klasse $\varkappa'$, so gehört also $\mathfrak{E}$ zu keiner Klasse $\varkappa \leq \varkappa'$. Wie Abb. 63 zeigt, gibt es zu jeder Klasse $\varkappa \neq \mathrm{VII}_2$ eine Klasse $\varkappa' \in \{\mathrm{I}_6,\ \mathrm{I}_4,\ \mathrm{IV}a_3,\ \mathrm{VII}_1,\ \mathrm{IV}b_3,\ \mathrm{III}_2\}$ mit $\varkappa \leq \varkappa'$. Damit ergibt sich der folgende Satz (PICKERT [1974a]).

1. *Die $\mathfrak{F}$-transitive Ebene $\mathfrak{E}$ ist desarguessch, wenn $\mathfrak{F}$ nicht Teilmenge einer Figur von $\mathfrak{E}$ ist, die zu einer der Klassen* I_6, I_4, $\mathrm{IV}a_3$, VII_1, $\mathrm{IV}b_3$, III_2 *gehört.*

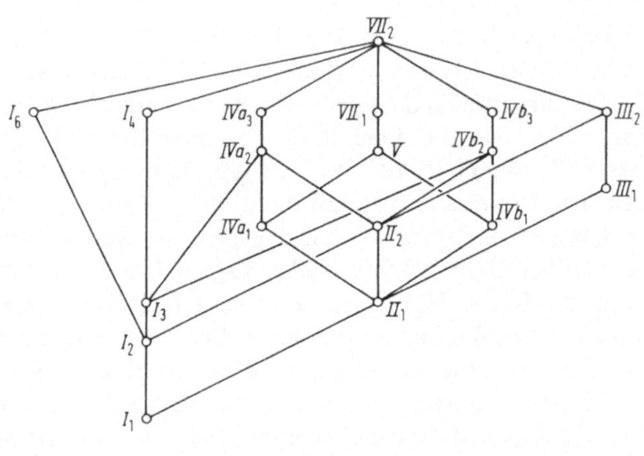

Abb. 63

Im folgenden wird die Verwendung von Koordinaten bei der Untersuchung von Lenz-Barlotti-Klassen in einigen besonders typischen Fällen beschrieben. Um I_6 zu untersuchen, wählt man für eine projektive Ebene $\mathfrak{E}$ mit

$$(1) \qquad\qquad \boldsymbol{F}(\mathfrak{E}) \supseteq \{X,\ X^\theta)\,|\,A \neq X \in \alpha\}$$

$(A,\ \alpha,\ \theta$ wie bei I_6 auf S. 335) den Ternärkörper $\mathfrak{K}$ bez. $O,\ U,\ V,\ E$ mit

$$(2) \qquad\qquad V = A,\quad U \in \alpha,\quad O \in U^\theta,\quad E = OW \cap W^\theta,$$

wobei $U,\ V \neq W \in UV\ (=\alpha)$ sein soll. Die Gerade durch $v = \boldsymbol{P}(0, v)$ mit Richtungsfaktor u bezeichnen wir mit $[u, v]$, die Gerade $\boldsymbol{P}(x, 0)\,V$ mit

$[x]$ und den (von v unabhängigen) Punkt $[u, v] \cap UV$ mit (u); statt $P(x, y)$ schreiben wir wie schon in **3.5** kurz (x, y). Da nach (1), (2) die Ebene $\mathfrak{E}$ (U, OV)-transitiv ist, folgt nach Satz 45, S. 102/3 die Linearität von $\mathfrak{R}$, so daß man nicht die ternäre Verknüpfung T, sondern nur Addition und Multiplikation benötigt, und ferner die Assoziativität der Multiplikation. Nach dem oben Festgesetzten gilt also für alle $x, y, u, v \in \mathfrak{R}$

$$(3) \qquad (x, y) \in [u, v] \quad \textit{genau dann, wenn} \quad y = ux + v.$$

Für die zu $a \in \mathfrak{R} - \{0\}$ eindeutig bestimmte (U, OV)-Kollineation φ_a, die $(1, 0)$ in $(a, 0)$ überführt, erhält man aus dem Beweis von Satz 45, S. 103

$$(4) \qquad \begin{aligned} (x, y)^{\varphi_a} &= (ax, y), & (u)^{\varphi_a} &= (ua^{-1}), \\ [u, v]^{\varphi_a} &= [ua^{-1}, v], & [x]^{\varphi_a} &= [ax]. \end{aligned}$$

Nach (1), (2) ist $\mathfrak{E}$ aber auch (W, EV)-transitiv; die somit zu $a \in \mathfrak{R} - \{1\}$ eindeutig bestimmte (W, EV)-Kollineation, die O in (a, a) $(\in OW)$ überführt, bezeichnen wir mit ψ_a. Da ψ_a die Geraden $\neq UV$ durch V permutiert, läßt sich in $\mathfrak{R}$ eine Verknüpfung $*$ mit 0 als neutralem Element durch

$$(5) \quad [x]^{\psi_a} = [a * x], \quad 1 * x = 1 \quad \textit{für alle} \quad x \in \mathfrak{R} \ \textit{und alle} \ a \in \mathfrak{R} - \{1\}$$

definieren; wegen des Festbleibens von EV bei ψ_a ist $a * 1 = 1$, also 1 absorbierendes Element von $*$ (wie 0 bei der Multiplikation). Dann ist $\mathfrak{R} - \{1\}$ bez. $*$ eine Gruppe mit dem neutralen Element 0; denn $a \rightarrow \psi_a$ bildet $\mathfrak{R} - \{1\}$ bez. $*$ antiisomorph auf die Gruppe der (W, EV)-Kollineation ab: Aus $\psi_a \psi_b = \psi_c$ ergibt sich $b * a = c$ nach (5) mit $x = 0$. In der additiven Loop von $\mathfrak{R}$ werden $-a + b$ und $a - b$ definiert durch

$$(6) \qquad a + (-a + b) = b, \quad (a - b) + b = a.$$

Man beachte, daß damit nicht etwa $-a$ definiert ist; dieser Term wird im folgenden *nur bei assoziativer Addition* für das Inverse von a benutzt, und man hat dann natürlich

$$(7) \qquad -a + b = (-a) + b, \quad a - b = a + (-b).$$

Da wegen $W = (1) \in [1, v]$ jede Gerade $[1, v]$ bei ψ_a festbleibt, erhält man wegen (3) (mit $u = 1$)

$$(8) \qquad (x, y)^{\psi_a} = \big(a * x, \ a * x + (-x + y)\big).$$

Da O, $(1, a)$, (a) auf einer Geraden, nämlich $[a, 0]$ liegen, gilt dasselbe auch für ihre Bildpunkte (a, a), $(1, a)$, $(a)^{\psi_a}$ bei ψ_a, und da die ersten beiden von diesen auf einer Geraden durch $U = (0)$ liegen, hat man daher

$$(9) \qquad\qquad (a)^{\psi_a} = (0).$$

Für $a \neq 0, 1$ ist $\psi_a \neq 1$, so daß es $b \in \Re - \{0\}$ mit $U^{\psi_a} = (b)$ gibt. Nach (4) hat man dann also

$$U^{\psi_a \varphi_b} = (1)$$

und nach (5), (4)

$$O V^{\psi_a \varphi_b} = ([0]^{\psi_a})^{\varphi_b} = [a]^{\varphi_b} = [b a],$$

so daß sich nach Satz 7, S. 66 aus der $(U, O V)$-Transitivität die $(W, [b a])$-Transitivität ergibt. Wir verwenden nun weiter von der Definition der Klasse I_6 über (1) hinaus die (auch bei II_3 gültige) Teilaussage

$$(10) \qquad \textit{Für} \quad V \in \gamma \neq E V \quad \textit{ist } \mathfrak{E} \textit{ nicht } (W, \gamma)\textit{-transitiv.}$$

Dann muß also (mit der obigen Bestimmung von b) $b a = 1$, also $b = a^{-1}$ sein:

$$(9') \qquad\qquad (0)^{\psi_a} = (a^{-1}) \quad \textit{für alle} \quad a \in \Re - \{0, 1\}.$$

Damit und wegen (4), (9) erhält man noch die später (siehe (18), S. 342) wichtige Beziehung:

(11) $\textit{Für}$ $a \in \Re - \{1\}$, $b \in \Re - \{0\}$ $\textit{sind gleichwertig}$

$$U^{\psi_a} = W^{\varphi_b}, \quad a = b, \quad U^{\psi_a^{-1}} = W^{\varphi_b^{-1}}.$$

Für $u, a \in \Re - \{0, 1\}$ ergibt sich aus (9'), falls auch $a * u^{-1} \neq 0$ ist:

$$(9'') \qquad (u)^{\psi_a} = (0)^{\psi_{u^{-1}} \psi_a} = (0)^{\psi_{a * u^{-1}}} = ((a * u^{-1})^{-1});$$

dabei wurde der Antiisomorphismus $x \rightarrow \psi_x$ verwandt. Wegen (9) muß daher

$$(12) \qquad\qquad a * a^{-1} = 0 \quad \textit{für alle} \quad a \in \Re - \{0, 1\}$$

sein, und (9'') gilt daher für alle $u, a \in \Re - \{0, 1\}$ mit $u \neq a$. Nach (12) stimmen die Inversen von $a \in \Re - \{0, 1\}$ bez. $*$ und der Multiplikation überein, so daß sich aus der Gruppeneigenschaft von $\Re - \{1\}$ bez. $*$ für $u, a \in \Re - \{0, 1\}$, $u \neq a$

$$(a * u^{-1})^{-1} = u * a^{-1}$$

ergibt. Nach (9), (9'), (9''), (12) sowie $W^{\psi_a} = W$ erhalten wir daher

$$(9''') \qquad (u)^{\psi_a} = (u * a^{-1}) \quad \textit{für alle} \quad a \in \Re - \{0, 1\}, \ u \in \Re.$$

Wegen (9''') und $(u) \in [u, v]$ gibt es nun zu $u, v \in \Re$ stets ein $v' \in \Re$ mit

$$[u, v]^{\psi_a} = [u * a^{-1}, v'],$$

und die Inzidenztreue von ψ_a besagt dann nach (3), (8) für alle $x \in \Re$

$$a * x + (-x + (ux + v)) = (u * a^{-1})(a * x) + v'.$$

Mit $x = a^{-1}$ ergibt sich daraus wegen (12)

$$v' = -a^{-1} + (ua^{-1} + v),$$

also

$$(13) \qquad [u, v]^{\psi_a} = [u * a^{-1}, \; -a^{-1} + (ua^{-1} + v)]$$

$$\text{für alle} \quad u, v \in \Re, \quad a \in \Re - \{0, 1\}.$$

Damit wird die Inzidenztreue von ψ_a zu

$$(14) \quad a * x + (-x + (ux + v)) = (u * a^{-1})(a * x) + (-a^{-1} + (ua^{-1} + v))$$

$$\text{für alle} \quad u, x, v \in \Re, \quad a \in \Re - \{0, 1\}$$

(siehe JONSSON [1963; S. 274, $D(i)$]).

Setzt man von der Verknüpfung $*$ nur voraus, daß sie das neutrale Element 0 hat, so ergibt sich umgekehrt aus (14) bereits die (W, EV)-Transitivität. Zuerst wird nämlich (14) mit $u = 0$, $x = a^{-1}$ zu

$$a * a^{-1} = a^{-1}(a * a^{-1}),$$

was wegen $a^{-1} \neq 1$ gerade (12) liefert. Ferner erhalten wir mit $u = x = 0$, $v = a^{-1} + b$ aus (14)

$$(14') \qquad a + (a^{-1} + b) = 1 + b \quad \text{für alle} \quad a \in \Re - \{0, 1\}, \; b \in \Re,$$

insbesondere für $b = 0$

$$(14'') \qquad\qquad a + a^{-1} = 1 \quad \text{für alle} \quad a \in \Re - \{0, 1\}.$$

Mit $u = a$, $v = -ax + x$ liefert (14) nun wegen (12)

$$a * x = -a^{-1} + (1 + (-ax + x)),$$

und das wird wegen (14') (für a^{-1} statt a) sowie (6) zu

$$(15) \qquad\qquad a * x = a + (-ax + x) \quad \text{für alle} \quad a, x \in \Re$$

mit Ausnahme von $a = x = 1$ $\big($für (14) wird ja $1 * 1$ nicht benötigt!$\big)$; die Einschränkung $a \neq 0$ ist wegen $0 * x = x = 0 + (-0 + x)$ nicht mehr erforderlich, und (14) mit $u = 1$, $x = 0 = v$ liefert $a = (1 * a^{-1}) a$, also $1 * a^{-1} = 1$ für $a \in \Re - \{0, 1\}$ und daher (15) für $a = 1$, $x \neq 1$. Für $a \neq 1$ ist nun $x \to -ax + x$ eine umkehrbare Abbildung von $\Re$ auf sich; denn $v = -ax + x$ besagt nach (6) $ax + v = x$ und dies nach (3) $(x, x) = [1, 0] \cap [a, v]$. Nach (15) ist daher auch $x \to a * x$ eine umkehrbare Abbildung von $\Re$ auf sich, so daß für $a \in \Re - \{0, 1\}$ durch (5), (8), (9'''), (13), $V^{\psi_a} = V$, $UV^{\psi_a} = UV$ eine umkehrbare Abbildung ψ_a der Punkt-

sowohl wie der Geradenmenge auf sich definiert wird, deren Inzidenztreue nach (3) und (14) folgt; wegen $(1, y)^{\psi_a} = (1, y)$, $[1, v]^{\psi_a} = [1, v]$, $O^{\psi_a} = (a, a)$ ist ψ_a eine (W, EV)-Kollineation, die O in (a, a) überführt, womit die (W, EV)-Transitivität bewiesen ist. Die Voraussetzung, 0 sei neutrales Element, ist dabei in (15) enthalten. Damit haben wir bereits den Hauptteil des folgenden Satzes hergeleitet:

2. *Bei einer (U, OV)-transitiven Ebene $\mathfrak{E}$ besagt die (W, EV)-Transitivität zusammen mit* (10) *dasselbe wie die Eigenschaft* (14) *der durch* (15) *erklärten Verknüpfung* * *in $\mathfrak{K}$ zusammen mit einer der Bedingungen* a) *$\mathfrak{K}$ enthält mindestens 5 Elemente,* b) *$\mathfrak{K}$ ist bez. Addition und Multiplikation kein Schiefkörper.*

Da $\mathfrak{E}$ bei Verletzung von b) zur Klasse VII_2 gehört, also (10) nicht gilt, zieht (10) die Bedingung b) nach sich. Ferner liegt nach S. 302 bei Verletzung von a) eine desarguessche Ebene vor, so daß b) allgemein a) nach sich zieht (bei JONSSON [1963, S. 276] wird das mittels (14) hergeleitet). Bei Ungültigkeit von (10) nun ergibt sich aus der (W, EV)-Transitivität nach der Dualisierung von Satz 11, S. 67 die (W, V)-Transitivität; nach der Lenz-Barlotti-Klassifizierung (es genügt die ursprüngliche Form) gehört daher $\mathfrak{E}$ zu einer Klasse $\geq IVa_2$, kann aber wegen der (U, OV)-Transitivität weder zu IVa_2 noch zu IVa_3, also nur zu VII_2 gehören (siehe Abb. 63), d.h. $\mathfrak{E}$ ist desarguessch und b) daher ungültig. (14) mit (15) (daraus folgt die (W, EV)-Transitivität!) und b) ziehen also (10) nach sich. Für einen Schiefkörper $\mathfrak{K}$ rechnet man nun leicht nach, daß sich (14) mittels (15) auf (12) reduziert, also auf

$$a^2 = a - 1 \quad \text{für alle} \quad a \in \mathfrak{K} - \{0, 1\}.$$

Bei Charakteristik $\neq 2$ folgt nun aus a) die Existenz von a, $b \in \mathfrak{K}$ derart, daß $\{0, 1, 2^{-1}, a, b\}$ 5-elementig ist, und wegen $2a$, $2b \neq 1$ dann weiter

$$2a - 1 = (2a)^2 = 4a^2 = 4a - 4,$$

also $2a = 3$, aber auch $2b = 3$ und daher $2a = 2b$ im Widerspruch zu $a \neq b$. Bei Charakteristik 2 aber folgt aus a) die Existenz von a, $b \in \mathfrak{K}$ derart, daß $\{0, 1, a, a + 1, b\}$ 5-elementig ist; dann gilt $a + b \notin \{0, 1\}$ sowie $ab \left(= (1 - a)^{-1} b\right) \notin \{0, 1\}$, daher

$$ab + ba = (a + b)^2 + a^2 + b^2 = a + b + 1 + a + 1 + b + 1 = 1$$

und weiter damit

$$0 = (ab)^2 + ab + 1 = (ba + 1) ab + ab + 1 = b(a + 1)b + 1 = b(ab + 1)$$

im Widerspruch zu $ab + 1$, $b \neq 0$. Also ziehen (14) mit (15) und a) die Bedingung b) nach sich. Damit haben wir auch die noch fehlenden Beweisteile von Satz 2 geliefert.

Nach der ursprünglichen Lenz-Barlotti-Klassifizierung kann $\mathfrak{E}$ bei (U, OV)- und (W, EV)-Transitivität nur zu einer der Klassen I_6, II_3, VII_2 gehören. (14) wurde nun wesentlich benutzt bei dem vereinfachten Beweis von JONSSON [1963] dafür, daß, wie bereits von SPENCER [1960] bewiesen, die Klasse II_3 leer ist. YAQUB[1] [1967a] verwendete ebenfalls (14) beim Beweis dafür, daß I_6 keine endlichen Ebenen enthält, sowie bei weiteren Untersuchungen [1972] über die Klasse I_6. Aus (14) folgt, wie oben nachgewiesen, bei (U, OV)-transitiver Ebene die (W, EV)-Transitivität und mittels des Antiisomorphismus $x \to \psi_x$ dann weiter die Assoziativität von $*$. Bei Hinzunahme der (V, UV)-Transitivität, also der Assoziativität der Addition, folgt umgekehrt aus der Assoziativität von $*$ auch bereits die (W, EV)-Transitivität (PICKERT [1959c], SPENCER [1960]; ein einfacherer Beweis findet sich bei PICKERT [1973]). Damit erhält man die folgende Kennzeichnung der Schiefkörper:

3. *Eine Menge $\mathfrak{R}$ mit zwei in ihr überall erklärten, als Addition und Multiplikation geschriebenen Verknüpfungen mit den verschiedenen neutralen Elementen 0 bzw. 1 ist genau dann ein Schiefkörper, wenn $\mathfrak{R}$ bez. der Addition, $\mathfrak{R} - \{0\}$ bez. der Multiplikation und $\mathfrak{R} - \{1\}$ bez. der durch*

$$a * b = a - ab + b \quad \text{für alle} \quad a, b \in \mathfrak{R}$$

definierten Verknüpfung $*$　Gruppen sind.

Bei einem Schiefkörper ist nämlich auch $\mathfrak{R} - \{1\}$ bez. $*$ eine Gruppe, da ja bei der umkehrbaren Abbildung $x \to 1 - x$ von $\mathfrak{R}$ auf sich die Multiplikation gerade in die Verknüpfung $*$ übergeht. Umgekehrt zeigt man bei Voraussetzung der drei Gruppen leicht (PICKERT [1959c]), daß $\mathfrak{R}$ bez. Addition und Multiplikation eine cartesische Gruppe mit assoziativer Multiplikation ist. Die nach S. 37/8 zu dieser gebildete projektive Ebene erweist sich dann nach den Sätzen 36 (S. 100), 45 (S. 102) als (V, UV)- und (U, OV)-transitiv. Nach dem oben Festgestellten folgt aus der Assoziativität von $*$ nun auch (mit $W = OE \cap UV$) die (W, EV)-Transitivität. Die Ebene gehört also zur Klasse VII_2, da sie ja wegen der (V, UV)-Transitivität nicht zu I_6 gehören kann (Klasse II_3 ist leer!), und somit ist $\mathfrak{R}$ ein Schiefkörper.

Wie I_6 enthalten auch die Klassen $III_{1,2}$ keine endlichen Ebenen (HERING und KANTOR [1971] geben einen einheitlichen gruppentheoretischen Beweis dafür). Anders als bei I_6 kennt man aber projektive Ebenen der Klassen $III_{1,2}$, nämlich die als *verallgemeinerte Moulton-Ebenen* bezeichneten projektiven Ebenen, die im Sinne von S. 37/8 zu den cartesischen Gruppen gebildet werden, die sich auf S. 93 aus angeordneten Schiefkörpern ergeben: Die Ebene gehört zur Klasse III_2 oder III_1,

---

[1] Identisch mit SPENCER.

je nachdem das bei der Konstruktion der cartesischen Gruppe benutzte positive Element $k(\neq 1)$ des Schiefkörpers in dessen Zentrum liegt oder nicht (YAQUB [1961]). Von ANDRÉ [1962, 1963, 1964] wurden diese Ebenen unter denen der Klassen $III_{1,2}$ geometrisch gekennzeichnet; andere Ebenen dieser Klassen sind nicht bekannt. Bei den verallgemeinerten Moulton-Ebenen handelt es sich um angeordnete Ebenen. In der Klasse I_6 dagegen kann es jedenfalls keine angeordneten Ebenen geben, da $(14'')$ in topologischen Ebenen, bei denen die Topologie weder diskret noch die gröbste ist, und damit erst recht in angeordneten Ebenen nicht gelten kann. Verhältnismäßig wenig ist auch über die Klassen I_{2-4} bekannt; recht allgemeine Konstruktionsverfahren für unendliche Ebenen der Klassen $I_{3,4}$ werden bei BACHMANN [1972, 1973] angegeben, und PANKIN [1973] hat für endliche Ebenen der Klasse I_4 verschiedene Möglichkeiten ausgeschlossen (siehe hierzu auch KANTOR [1974]).

Sowohl bei I_6 wie bei $III_{1,2}$ ist nach dem Vorstehenden eine weitere Untersuchung wünschenswert. Um diese ein Stück weit gemeinsam durchführen zu können, hat LÜNEBURG [1964a, b] die Permutationsgruppe Γ betrachtet, welche auf der Menge

$$\mathfrak{S} = \{X \mid A \neq X \in \alpha\}$$

(bei $III_{1,2}$ kann $A \neq X$ natürlich fortbleiben) vom Erzeugnis Δ aller (C, γ)-Kollineationen mit $C \in \alpha$, $(C, \gamma) \in F(\mathfrak{E})$ hervorgerufen wird (es genügen bereits die Kollineationen zu zwei Zentren, um Δ zu erzeugen). Es gelten nun sowohl bei I_6 wie bei $III_{1,2}$ die folgenden Aussagen:

(16) *Γ ist zweifach transitiv auf $\mathfrak{S}$.*

(17) *Für $C \in \mathfrak{S}$ enthält der Stabilisator $\Gamma_C\,(=\{\pi \mid C^\pi = C,\ \pi \in \Gamma\})$ einen auf $\mathfrak{S} - \{C\}$ scharf transitiven Normalteiler.*

Ein solcher Normalteiler ist die von der Gruppe der (C, γ)-Kollineationen (γ wird durch $(C, \gamma) \in F(\mathfrak{E})$ bestimmt!) auf $\mathfrak{S}$ hervorgerufene Permutationsgruppe; diese (für verschiedene Punkte $C \in \mathfrak{S}$) sind untereinander in Γ konjugiert. Aus (16), (17) folgt nun bereits, daß man die Normalteiler in (17) als untereinander in Γ konjugiert wählen kann. Es gilt schließlich in den betrachteten Klassen:

(18) *Sind für $C, D \in \mathfrak{S}$, $C \neq D$ die nach (17) vorhandenen, mit den dort angegebenen Eigenschaften versehenen Normalteiler N_C, N_D als zueinander in Γ konjugiert gewählt, so gilt für alle $\varphi \in N_C, \psi \in N_D$ mit $C^\varphi = D^\varphi$ auch $C^{\varphi^{-1}} = D^{\varphi^{-1}}$.*

Für die Klasse I_6 folgt das mit $C = U$, $D = W$ sofort aus (11), und für $III_{1,2}$ erkennt man es leicht an Hand von Abb. 64: Aus $C^\varphi = E = D^\varphi$,

$F^\varphi = D$ ergibt sich mittels der Fixpunkte C', D' der φ, ψ hervorrufenden (C, AC)- bzw. (D, AD)-Kollineationen $F^\psi = C$ und damit die Behauptung von (18).

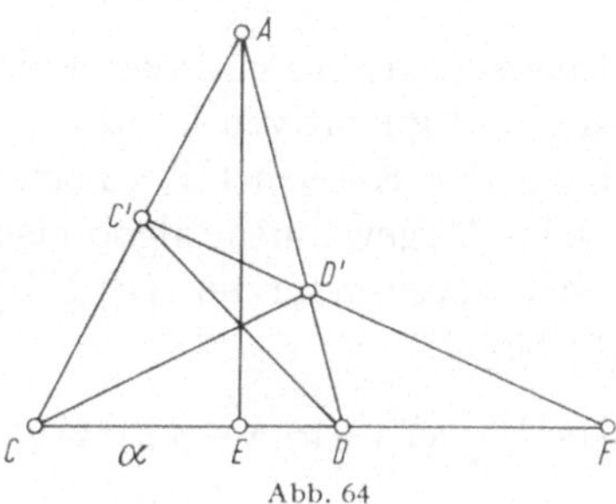

Abb. 64

Lediglich aus den Voraussetzungen (16), (17), (18) leitet nun YAQUB [1972] u.a. folgende Aussagen über die Gruppen N_C her: Jedes' nicht-identische Element endlicher Ordnung hat Primzahlordnung; zu jedem Element φ unendlicher Ordnung gibt es einen Isomorphismus der additiven Gruppe der rationalen Zahlen in N_C, der 1 in φ überführt; im abelschen Fall ist N_C entweder von Primzahlexponenten oder direktes Produkt von Gruppen, die zur additiven Gruppe der rationalen Zahlen isomorph sind. Wählt man für die Klasse I_6 die Punkte O, U, V, E wie in (2) und für die Klassen $III_{1,2}$ $U = A$ sowie $O, V \in \alpha$, so können die N_C bei I_6 isomorph zur multiplikativen Gruppe und bei $III_{1,2}$ isomorph zur additiven Gruppe des Ternärkörpers (bez. O, U, V, E) gewählt werden.

Bei I_6 wurde schon bei YAQUB [1967a] gezeigt, daß im Falle $1 + 1 \neq 0$

$$1 + 1 + 1 = 0, \qquad (1 + 1)^2 = 1$$

sein muß; hier braucht man übrigens in $1 + 1 + 1$ keine „Klammerver-abredung", da (14') mit $a = b$ und (14'') mit $a = b^{-1}$ die Gleichung $b + 1 = 1 + b$ für alle $b \neq 0, 1$ ergeben. Bei YAQUB [1972] werden nun die beiden Fälle $1 + 1 = 0$ und $1 + 1 + 1 = 0$ näher untersucht (siehe dazu auch BACHMANN [1974]). Für den *Rechtsnukleus*

$$\{x \mid a + (b + x) = (a + b) + x \text{ für alle } a, b \in \Re\}$$

der additiven Loop des Ternärkörpers ergibt sich im ersten Fall

$$\{0, 1, u, u + 1\} \quad \text{mit} \quad u + u = 0, \ u^3 = 1$$

und im zweiten Fall

$$\{0, 1, 1 + 1\}.$$

Ferner werden bei $III_{1,2}$ Folgerungen für die multiplikative Loop her-geleitet unter den gerade für die verallgemeinerten Moulton-Ebenen nicht erfüllten Voraussetzungen (dabei aber $1 + 1 \neq 0$):

$$(-1)\,(a+b) = (-1)\,a + (-1)\,b, \qquad (-1)\,(ab) = ((-1)\,a)\,b$$

$$\text{für alle} \quad a, b \in \Re.$$

So ergibt sich u. a. die Inversenexistenz und weiter die Inversenbildung als Antiautomorphismus der multiplikativen Loop.

Für die Untersuchung der Klassen $\text{III}_{1,2}$ noch nicht ausgenutzt ist die ebenfalls von YAQUB [1972] gewonnene algebraische Beschreibung der (O, UO)-Transitivität bei vorausgesetzter (V, UV)-Transitivität: Für alle $a, b, c, x, y \in \Re - \{0\}$ besagt

$$((ax)/b)\,\big(c\backslash((-a)/x + ya)\big) = a$$

dasselbe wie

$$\big((ax + y\backslash(-a))/b\big)\,(c\backslash(ya)) = a;$$

dabei sind $u\backslash v$, v/u durch $u\,(u\backslash v) = v = (v/u)\,u$ definiert.

Bei assoziativer Multiplikation, also für die Klasse III_2 (wieder mit $U = A$; $O, V \in \alpha$) vereinfacht sich diese Gleichwertigkeitsbedingung zu der Gleichung

$$((-a)\,x^{-1} + ya)\,x = y\,(ax + y^{-1}(-a)) \quad \text{für alle} \quad a, x, y \in \Re - \{0\}.$$

7. Ergänzungen.

7.1. (Zu S. 15.) In der 1. Auflage wurde wie in [79] eine Inzidenzstruktur $\Im$ dann als ausgeartet bezeichnet, wenn sie nicht die folgende Eigenschaft hat:

(23) *Jede abgeschlossene Oberstruktur von $\Im$ ist projektive Ebene.*

Aus (23) folgt insbesondere, daß $\mathfrak{F}(\Im)$ projektive Ebene und somit $\Im$ nicht ausgeartet (in dem neuen Sinn) ist. Wie die aus 4 Punkten und keiner Geraden bestehende Inzidenzstruktur zeigt, gibt es aber nichtausgeartete Inzidenzstrukturen, die (23) nicht erfüllen. (23) schränkt den Bereich der Inzidenzstrukturen also unnötig ein und bleibt zudem, wie das eben erwähnte Beispiel zeigt, bei Übergang zu frei-äquivalenten Inzidenzstrukturen nicht immer erhalten. Bei GLOCK [1969] wird eine Unterstruktur $\Im$ der projektiven Ebene $\mathfrak{E}$ als in $\mathfrak{E}$ *ausgeartet* bezeichnet, wenn sie nicht die folgende Eigenschaft besitzt:

(23′) *Jede abgeschlossene Oberstruktur $\subseteq \mathfrak{E}$ von $\Im$ ist projektive Ebene.*

Aus der Kennzeichnung der (18) nicht erfüllenden abgeschlossenen Inzidenzstrukturen von S. 14 erhält man dann die folgende Kennzeichnung der in $\mathfrak{E}$ ausgearteten Unterstrukturen der projektiven Ebene $\mathfrak{E}$: *Es gibt in $\mathfrak{E}$ einen Punkt A und eine Gerade α derart, daß jeder Punkt $\neq A$*

von $\mathfrak{J}$ auf α liegt und jede Gerade $\neq \alpha$ von $\mathfrak{J}$ durch A geht. Jede nicht in $\mathfrak{E}$ ausgeartete Unterstruktur erweist sich leicht als nichtausgeartet; aber eine nichtausgeartete Inzidenzstruktur kann durchaus als Unterstruktur in einer projektiven Ebene ausgeartet sein, wie das obige Beispiel einer aus vier Punkten allein bestehenden Inzidenzstruktur zeigt.

7.2. (Zu S. 85.) Um Satz 28 auch noch mit der Einschränkung $C' \notin \gamma'$ zu erhalten (vgl. [**113**, Satz 1]), wodurch Satz 29 überflüssig wird, braucht man offenbar nur noch zu beweisen, daß für die Spezialisierung des Desarguesschen (C, γ)-Satzes mit festem $\gamma_3 (= \gamma')$ die Forderung $C_{12} \notin \gamma_3$ keine Abschwächung bedeutet. In der affinen Ebene $\mathfrak{E}\gamma$ hat man also (jeweils für alle A_i, B_i, α_{ik}, β_{ik} mit C, A_i, $B_i \in \gamma_i$, $\gamma_3 = \gamma'$, $\alpha_{ik} = A_i A_k$, $\beta_{ik} = B_i B_k$) aus

$$(1) \qquad Wenn \quad \alpha_{12} \| \beta_{12} \nparallel \gamma', \quad \alpha_{13} \| \beta_{13}, \quad so \quad \alpha_{23} \| \beta_{23}$$

herzuleiten:

$$(2) \qquad Wenn \quad \alpha_{12} \| \beta_{12} \| \gamma', \quad \alpha_{13} \| \beta_{13}, \quad so \quad \alpha_{23} \| \beta_{23}.$$

Nun besagt (2), daß bei $\alpha_{12} \| \gamma'$, $\alpha_{13} \| \beta_{13}$ die Perspektivität π des Geradenbüschels in B_1 auf das Geradenbüschel in B_3 von der Achse γ_2 aus die Parallele zu γ' in die Parallele zu α_{23} überführt. Da diese beiden Geraden nicht parallel zu γ_2 sind und π eine umkehrbare Abbildung ist, kann man die Behauptung von (2) auch so aussprechen: π führt jede nicht zu γ' parallele Gerade in eine nicht zu α_{23} parallele über. Damit haben wir (2) umgeformt in:

$$(3) \qquad Wenn \quad \alpha_{13} \| \beta_{13}, \quad \alpha_{12} \| \gamma', \quad \beta_{12} \nparallel \gamma', \quad so \quad \alpha_{23} \nparallel \beta_{23}.$$

Zur Herleitung von (3) setzen wir nun $\beta_{12} \nparallel \gamma'$ voraus und führen $B_4 = \alpha_{12} \cap \beta_{12}$, $A_4 \in C B_4$, $\alpha_{4i} = A_4 A_i$, $\beta_{4i} = B_4 B_i$ mit $\beta_{41} \| \alpha_{41}$ ein (siehe Abb. 65). Aus (1) mit 4 statt 2 ergibt sich dann $\alpha_{43} \| \beta_{43}$. Mit $B_2' \in \gamma_2$ und

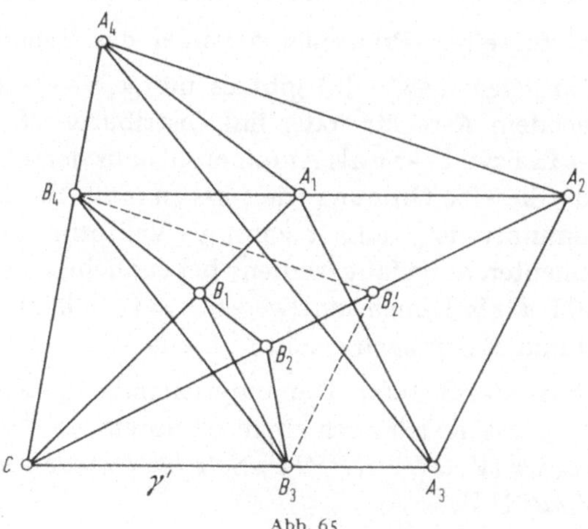

Abb. 65

$B_4 B_2' \| \alpha_{42}$ ($\nmid \gamma'$) erhält man daher nach (1) mit 4 statt 1 weiter $B_2' B_3 \| \alpha_{23}$. Wegen $B_4 B_2' \nmid B_4 B_2$ ist aber $B_2' \neq B_2$ und daher $B_2' B_3 \nmid \beta_{23}$, also $\alpha_{23} \nmid \beta_{23}$.

7.3. (Zu S. 87.) Der affine Schließungssatz von Abb. 24 besagt für die projektive Ebene $\mathfrak{E}$ den Desarguesschen (C, γ)-Satz für jeden Punkt $C \in \omega$ und jede durch C gehende Gerade $\gamma \neq \omega$; denn die Einschränkung $\gamma_3 = \omega$ hat nach Satz 20, S. 76 keine Bedeutung, und von den A_1, A_2, B_1, B_2, C_{12}, C_{13}, C_{23} darf tatsächlich keiner auf $\omega (= \gamma_3)$ liegen. Nach Satz 14 von S. 70 enthält also $S(\mathfrak{E})$ jedenfalls alle Geraden, so daß nach dem in Anhang 6 Festgestellten in $\mathfrak{E}$ der kleine Desarguessche Satz gilt. Der Schließungssatz von Abb. 25 hat nach dem auf S. 87 Angedeuteten den Ausartungsfall mit $C' \in \omega$ zur Folge: Es sei (mit den Bezeichnungen von Abb. 25) $A_1' B_1' \| A_2'' B_2' \| A_3'' B_3$, $A_1' A_2'' \| B_1' B_2'$, $A_1' A_3'' \| B_1' B_3'$, aber (im Gegensatz zur Behauptung) nicht $A_2'' A_3'' \| B_2' B_3'$; dann schneidet die Parallele zu $B_2' B_3$ durch A_3'' die Gerade $A_1' A_2''$ in einem Punkt $A_2' \neq A_1'$, A_2'', und $C' = A_2' B_2' \cap A_1' B_1'$ gehört $\mathfrak{E}_\omega$; der Schließungssatz von Abb. 25 liefert dann einen Punkt $A_3' = C' B_3' \cap A_1' A_3'' \neq A_3''$ mit $A_2' A_3' \neq A_2' A_3'' \| B_2' B_3'$ im Widerspruch zu $A_2' A_3'' \| B_2' B_3'$. Da von den A_i, B_k, C_{ik} beim Desarguesschen (C, γ)-Satz mit $C \in \gamma$ höchstens A_1 auf β_{23} liegen kann und nach Satz 20, S. 76 die Einschränkung $\beta_{23} = \omega$ ohne Bedeutung ist, folgt damit aus dem affinen Schließungssatz von Abb. 25 der Desarguessche (C, γ)-Satz für alle C, γ mit $C \in \gamma \neq \omega$, $C \notin \omega$, so daß dann nach Satz 14, S. 70 $S(\mathfrak{E})$ sämtliche Punkte und Geraden enthalten muß, also der kleine Desarguessche Satz gilt.

7.4. (Zu Satz 31, S. 91.) *In einer links- oder rechtsdistributiven cartesischen Gruppe $\mathfrak{K}$ haben die Elemente $\neq 0$ entweder alle unendliche Ordnung oder aber alle dieselbe Primzahlordnung p; im endlichen Fall ist die Elementeanzahl von $\mathfrak{K}$ daher eine Potenz von p.*

Beweis. Gibt es in $\mathfrak{K} - \{0\}$ ein Element a von endlicher Ordnung $n (\neq 1)$, so hat für einen Primteiler p von n das Element $b = \dfrac{n}{p} a$ die Ordnung p. Zu jedem $c \in \mathfrak{K} - \{0\}$ gibt es nun $x, y \in \mathfrak{K} - \{0\}$ mit $xb = c$, $by = c$. Je nachdem $\mathfrak{K}$ rechts- oder linksdistributiv ist, ergibt sich die Abbildung $z \to xz$ bzw. $z \to zy$ als Automorphismus der additiven Gruppe von $\mathfrak{K}$, so daß c dieselbe Ordnung wie b haben muß. Da nach Satz 31 die Addition kommutativ ist, kann $\mathfrak{K}$ somit als Vektorraum über dem Körper aus p Elementen aufgefaßt werden; bei endlichem $\mathfrak{K}$ hat dieser eine natürliche Zahl d als Dimension (wegen $0 \neq 1 \in \mathfrak{K}$ kann die Dimension nicht 0 sein!) und $\mathfrak{K}$ demnach genau p^d Elemente.

7.5. (Zu Satz 49, S. 106.) Die untereinander gleichwertigen Aussagen in Satz 49 lassen sich noch ergänzen durch

(f) *Desarguesscher (V, OU)-, (P, OP)-Satz für (mindestens) einen Punkt $P \neq U$, V auf UV;*

(g) *Desarguesscher* (V, OU)-, (V, OV)-, (U, OU)-*Satz;*

(h) *Desarguesscher* (O, UV)-, (U, UV)-, (V, OV)-*Satz.*

Beweis. Aus (a) erhält man natürlich (f). Wenn eine (und damit jede) Gerade genau drei Punkte enthält, gilt (a) trivialerweise; andernfalls kann man bei Voraussetzung von (f) auf UV einen Punkt $Q \neq U, V, P$ wählen, erhält mittels derjenigen (V, OU)-Kollineationen, die P nach Q bringt, aus dem Desarguesschen (P, OP)-Satz den (Q, OQ)-Satz und mittels derjenigen (P, OP)-Kollineation, die Q nach U bzw. V bringen, daraus dann die (V, OV)-, (U, OU)-Sätze, also (g). Übersetzt man die in (g) auftretenden Desargues-Sätze in Transitivitätsaussagen, so ergeben sich nach Satz 11, S. 67 sowie seiner Dualisierung (V, O)- und (UV, OU)-Transitivität, daraus nach Satz 46 (b, b'), S. 103 bzw. seiner Dualisierung (O, V)- und (OU, UV)-Transitivität, insbesondere also (O, UV)- und (U, UV)-Transitivität und damit (h). Aus den beiden letzten Teilen von (h) erhält man nach Satz 12.1, S. 68 die (UV, UV)-Transitivität, so daß wegen des ersten Teils von (h) sowohl (e) wie auch nach den Sätzen 47, S. 104 und 38, S. 101 (d) folgt.

Die Herleitung von (d) aus (c) auf S. 106 kann man auch ersetzen durch die Herleitung des Desarguesschen (U, OU)-Satzes und damit von (g) aus (c): Das eben beschriebene Verfahren führt von den (U, OV)-, (V, OV)-Transitivitäten über (UV, OV)-, (OV, UV)- zur (V, UV)-Transitivität und von dieser zusammen mit der (V, OU)-Transitivität über (V, U)-, (U, V)- zur (U, UV)-Transitivität; diese führt nun zusammen mit der sich aus (V, OV)-, (V, OU)-Transitivität über (V, O)-, (O, V)-Transitivität ergebenden (O, UV)-Transitivität über (OU, UV)-, (UV, OU)- schließlich zur (U, OU)-Transitivität.

In (e) kann man noch die Desarguesschen (U, UV)-, (V, UV)-Sätze abschwächen zur Existenz von nichtidentischen (U, UV)-, (V, UV)-Kollineationen; denn ist $\tau \neq 1$ eine (U, UV)- oder (V, UV)-Kollineation und $P = O^\tau (\neq O)$, so nimmt man zu jedem $X \in OP$ mit $X \neq O$, $\notin UV$ die (O, UV)-Kollineation σ mit $P^\sigma = X$, und nach dem Schluß von S. 67 oben ist dann $\tau' = \sigma^{-1} \tau \sigma$ wieder eine (U, UV)- bzw. (V, UV)-Kollineation mit $O^{\tau'} = X$. Nach einer Bemerkung von S. 66 (Mitte) haben wir damit die (U, UV)- bzw. (V, UV)-Transitivität, also auch die entsprechenden Desarguesschen Sätze bewiesen. Unabhängig von der Bedeutung der O, U, V für ein Koordinatensystem sind übrigens die Bedingungen (c), (e), (g), (h) sowie die zu (e), (h) dualen ((c), (g) sind selbstdual!) die einzigen Bedingungen der Form „Desarguessche (A_i, α_i)-Sätze $(i = 1, 2, 3)$", bei denen die A_i Ecken und die α_i Seiten desselben Dreiecks sind (d. h. es gibt nichtkollineare Punkte B_i mit $A_i \in \{B_1, B_2, B_3\}$, $\alpha_i \in \{B_1 B_2, B_2 B_3, B_3 B_1\}$ für $i = 1, 2, 3$) und die den Desarguesschen Satz nach sich ziehen. Das läßt sich auch einfach aus der Lenz-Barlotti-Klassifizierung (Anhang 6) gewinnen.

7.6. (Zu S. 213.) *Eine affine Ebene ist Translationsebene, wenn es eine Abbildung μ der Menge aller Punktepaare in die Menge der Punkte mit (18) und den folgenden Eigenschaften gibt:*

$(15')$ $(X, X)^\mu = X$ *für alle Punkte X;*

$(15'')$ $(X, Y)^\mu \in XY$ *für alle Punkte X, Y mit $X \neq Y$;*

$(16')$ *Zu jedem Punkt X gibt es einen Punkt Y, mit $(X, Y)^\mu \neq X, Y$.*

Die Ebene ist sogar desarguessch, wenn es zu je drei kollinearen Punkten A, B, C eine Abbildung μ der genannten Eigenschaften mit $(A, B)^\mu = C$ gibt. (Mit etwas anderen Voraussetzungen bei LÜNEBERG [1967].)

Beweis. Zu jedem Punkt X wird durch

$$Y^{\sigma_X} = (X, Y)^\mu$$

für alle Punkte Y eine Abbildung σ_X der Ebene in sich definiert, die nach $(15')$ den Fixpunkt X hat, nach $(15'')$ jede Gerade durch X in sich und jede andere Gerade γ nach (18) (mit $\gamma \cap \omega$ als Zentrum von π) in eine Gerade $\|\gamma$ überführt. Nach $(16')$ gibt es Punkte Y, Z mit $(X, Y)^\mu = Z \neq X, Y$, wegen $(15')$ also auch mit $X \neq Y$, und nach dem über σ_X Festgestellten ergibt sich für jeden Punkt $A \notin XY$ der Bildpunkt A^{σ_X} als Schnittpunkt von XA mit der Parallelen zu YA durch $Z (= Y^{\sigma_X})$ ergibt. Daher wird jede Gerade $\neq XY$ durch X umkehrbar (und nicht-identisch) auf sich abgebildet, und Ersetzen von Y, Z durch $A (\notin XY)$, A^{σ_X} zeigt dasselbe für die Gerade XY. Damit ist σ_X als nichtidentische Streckung mit Zentrum X erkannt. Ähnlich wie beim zweiten Teil des Beweises von Satz 13, S. 213 wählt man zu Punkten $A, B (\neq A)$ einen Punkt $P \notin AB$, bildet $C = A^{\sigma_P}$, ferner den Schnittpunkt Q der Parallelen zu AB durch P mit BC und damit dann die Kollineation $\tau = \sigma_P \sigma_Q^{-1}$. Wegen $(P, A)^\mu = C$ ergibt (18) $(Q, B)^\mu = C$, also $B^{\sigma_Q} = C$ und damit $A^\tau = B$. Daher und wegen $PP^\tau = PQ \| AB (\neq PP^\tau)$ ist τ keine Streckung, muß also (als Produkt von Streckungen) eine Translation sein. Die zusätzliche Voraussetzung besagt nun nach dem über die σ_X Festgestellten die Existenz einer Streckung mit Zentrum A, die B nach C bringt, für je drei kollineare Punkte A, B, C; dann aber ist die Ebene desarguessch (z.B. nach den Sätzen 27, S. 83 und 20, S. 76).

Um nun den eben bewiesenen Satz zur Herleitung von Satz 7, S. 191 zu verwenden, nimmt man $(X, Y)^\mu$ im Falle $X \neq Y$ als den vierten harmonischen Punkt zu $X, XY \cap \omega, Y$ und setzt $(15')$ voraus. Dann ist $(15'')$ ebenfalls erfüllt, $(16')$ folgt aus der Nichtkollinearität der Diagonalpunkte in jedem vollständigen Viereck und (18) schließlich aus Satz 8, S. 192.

Offenbar folgen $(15')$, $(15'')$, $(16')$ aus (15), (16). Umgekehrt ergeben $(15')$, $(15'')$, $(16')$, (18) wieder (15), (16), da σ_X ja als nichtidentische

Streckung nachgewiesen wurde. Es folgt aber auch (16) mit Vertauschung von X mit Y (und damit die Voraussetzung $(r3)$ bei LÜNEBURG [1967]): Durch Anwenden von σ_X mit $X \neq Y$ auf einen Punkt Y erkennt man, daß auch (16′) bei Vertauschen von X mit Y gültig bleibt; damit ergibt sich übrigens zu zwei Punkten Y, Z die Konstruktion des Punktes X' mit $(X', Y)^\mu = Z$, indem man $X \notin YZ$ wählt und X' als Schnittpunkt von YZ mit der Parallelen zu $Y^{\sigma x}Z$ durch X bestimmt.

(15′) und (15″) können bei Voraussetzung von (18) ersetzt werden durch[1]

$$(15''') \qquad\qquad \varkappa\left(X,\, Y,\, (X,\, Y)^\mu\right) \quad \textit{für alle Punkte } X,\, Y.$$

Einerseits nämlich folgt offenbar (15‴) aus (15′), (15″). Andererseits ist (15″) in (15‴) enthalten, und (15′) ergibt sich aus (18) folgendermaßen: Es sei α eine Gerade durch X und $Y = (X, X)^\mu$, β eine Gerade $\neq \alpha$ durch X und π eine Perspektivität von $\mathfrak{P}_\alpha$ auf $\mathfrak{P}_\beta$ mit einem Zentrum $(\neq \alpha \cap \omega,\ \beta \cap \omega)$ auf ω; dann folgt wegen $X^\pi = X$ nach (18) auch $Y^\pi = Y$ und daher, weil X der einzige Fixpunkt von π ist, $Y = X$. Auch in Satz 12, S. 211, kann man (15) durch (15‴) ersetzen[1]. Da (15‴) offenbar aus (15) folgt und (15′) schon oben aus (18) hergeleitet wurde, genügt es dafür, mittels (17), (18) $(X, Y)^\mu = Y$ im Falle $X \neq Y$ zu widerlegen. Dazu nimmt man zwei Geraden $\alpha, \beta \neq XY$ durch X und bestimmt $A \in \alpha$, $B \in \beta$ auf den Parallelen durch Y zu β bzw. α. Wegen $X \neq Y$, $\alpha \neq \beta$ ist dann auch $A \neq B$. Die Perspektivität von $\mathfrak{P}_{XY}$ auf $\mathfrak{P}_{AB}$ mit Zentrum $\beta \cap \omega$ liefert nach (18) aus $(X, Y)^\mu = Y$ dann $(B, A)^\mu = A$ und die Perspektivität von $\mathfrak{P}_{AB}$ auf $\mathfrak{P}_{XY}$ mit Zentrum $\alpha \cap \omega$ daraus weiter $(Y, X)^\mu = X$ im Widerspruch zu $(Y, X)^\mu = (X, Y)^\mu = Y \neq X$.

7.7. (Zu S. 228) Beweis von (31). Auf jeder Geraden γ wird nach Wahl von Punkten O, E mit $OE = \gamma$ gemäß (5), (6) eine Anordnung $(<)$ mit $O < E$ bestimmt. Dabei braucht man nur Aussagen XYZ $(X, Y, Z \in \gamma)$ mit $X = O$ oder $Y = O$, und O kann ohne Änderung der Anordnung beliebig auf γ gewählt werden, wenn nur E dann geeignet gewählt wird. Jede Parallelprojektion einer Geraden γ auf eine andere Gerade γ' (Perspektivität der Punktreihe $\mathfrak{P}_\gamma$ auf die Punktreihe $\mathfrak{P}_{\gamma'}$ mit Zentrum auf der uneigentlichen Geraden ω) erweist sich nun entweder als *monoton wachsend* (ordnungserhaltend) oder *monoton fallend* (ordnungsumkehrend), jedenfalls also als *monoton*: Schneiden sich γ, γ', so wählt man zur Bestimmung der Anordnung (auf jeder der beiden Geraden) $\gamma \cap \gamma'$ als O, so daß (wegen der obigen Bemerkung) die Monotonie nach (30), (32) folgt (zur Vereinfachung des Beweises an Hand von (5), (6) wählt man auf γ' zur Bestimmung der Anordnung neben O den Bildpunkt des auf γ gewählten Punktes E); im Falle $\gamma \| \gamma'$ wählt man eine Gerade $\gamma'' \nparallel \gamma$ und

---

[1] Nach brieflicher Mitteilung (Januar 1975) von Herrn E. GLOCK.

stellt die Parallelprojektion von γ auf γ' als Produkt der Parallelprojektionen von γ auf γ'' und von γ'' auf γ' mit demselben Zentrum dar, so daß sie als Produkt monotoner Abbildungen wieder monoton ist. Es gilt nun weiter:

1. *Das Produkt einer Parallelprojektion von einer Geraden γ auf eine zweite Gerade $\gamma'\|\gamma$ und einer Parallelprojektion von γ' auf γ ist monoton wachsend.*

2. *Das Produkt einer Parallelprojektion π_1 einer Geraden γ auf eine diese schneidende Gerade γ_1, der Parallelprojektion π_2 von γ_1 auf eine Gerade $\gamma_2\|\gamma_1$ vom Zentrum $\gamma\cap\omega$ aus und der Parallelprojektion π_3 von γ_2 auf γ mit dem gleichen Zentrum wie π_1 ist monoton wachsend.*

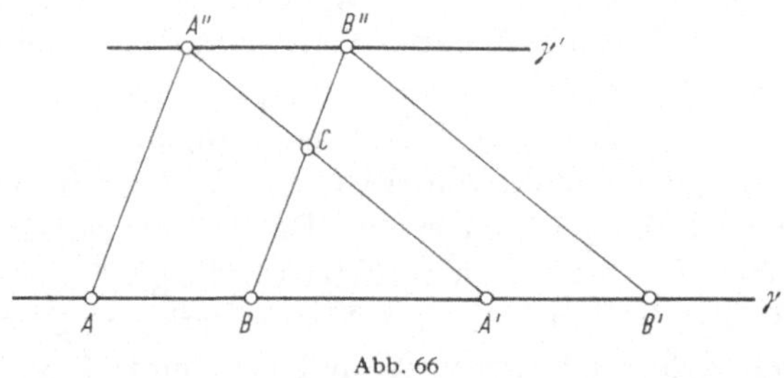

Abb. 66

Beweis von 1. Man darf voraussetzen, daß die beiden Parallelprojektionen verschiedene Zentren haben und daher der Bildpunkt A' eines Punktes $A\in\gamma$ von A verschieden ist (siehe Abb. 66 mit A'' als dem Bildpunkt von A bei der ersten Parallelprojektion). Man kann daher $O=A$, $E=A'$ setzen, erreicht also $A<A'$. Zwischen A, A' findet man nun einen Punkt B, indem man etwa auf $\gamma'(\neq\gamma)$ drei Punkte X, X', Y wählt (nach der letzten Voraussetzung von Satz 6 möglich), wobei nach (8), (10) XYX' vorausgesetzt werden darf, und dann B als Bildpunkt von Y beim Produkt der Parallelprojektionen von γ' auf AX' mit Zentrum $AX\cap\omega$ bzw. von AX' auf γ mit Zentrum $X'A'\cap\omega$ nimmt. Man hat also ABA', d.h. $A<B<A'$, und die Parallelprojektion von γ auf $A'A''$ mit Zentrum $AA''\cap\omega$ liefert daraus $A''CA'$ für $C=A'A''\cap BB''$ (B'' das Bild von B bei der ersten Parallelprojektion) und die Parallelprojektionen mit den Zentren $\gamma\cap\omega$ bzw. $A'A''\cap\omega$ dann weiter $B''CB$, $B'A'B$ (für das Bild B' von B bei dem Produkt der Parallelprojektionen in 1), also $B<A'<B'$. Das (monotone) Produkt der beiden Parallelprojektionen ist also monoton wachsend.

Beweis von 2. Das Produkt $\pi=\pi_1\pi_2\pi_3$ führt $A=\gamma\cap\gamma_1$ in $A'=\gamma\cap\gamma_2$ über, und man kann $A<A'$ voraussetzen. Mit γ' als der Parallelen durch $A''=A'^{\pi_1}$ zu γ und π' als dem Produkt der Parallelprojektionen von

γ auf γ' mit Zentrum $\gamma_1 \cap \omega$ bzw. von γ' auf γ mit Zentrum $A'A'' \cap \omega$ erhält man (siehe Abb. 67) $A' = A^{\pi'}$, $A'^{\pi} = A'^{\pi'}$ und nach 1 daher $A^{\pi} = A' < A'^{\pi}$. Wegen $A < A'$ muß daher die monotone Projektivität π monoton wachsend sein.

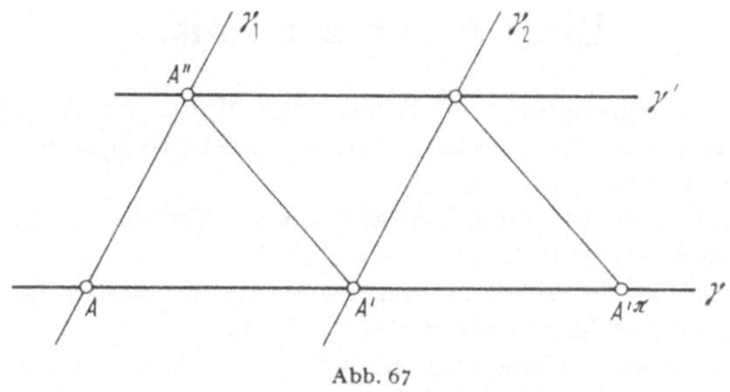

Abb. 67

Andere Beweise der Sätze 1, 2 ergeben sich übrigens aus den Überlegungen von S. 232/3. Mittels Satz 2 erhält man nun (31) dadurch, daß man auf $A_1 A_2$ wieder $A_1 < A_2$ voraussetzt, $\gamma = A_1 A_2$, $\gamma_1 = A_1 S$, $\gamma_2 = A_1' S'$ setzt und $A_2 S \cap \omega$ als das Zentrum von π_1 nimmt: Mit den Bezeichnungen von Satz 2 und (31) gilt dann $A_1^{\pi} = A_1'$, $A_2^{\pi_1} = S$, $S^{\pi_2} = S'$, $S'^{\pi_3} = A_2'$, also $A_2^{\pi} = A_2'$ und nach Satz 2 somit $A_1' < A_2'$. Mit A_2, A_3 ($A_2 < A_3$) statt A_1, A_2 liefert das auch $A_2' < A_3'$ und daher $A_1' A_2' A_3'$.

Einen anderen Beweis von (31) findet man bei CRAMPE [1958].

Literaturverzeichnis.

[1] ALBERT, A. A.: Quasigroups. I. Trans. Amer. Math. Soc. **54**, 507—519 (1943).

[2] — Rational normal matrices satisfying the incidence equation. Proc. Amer. Math. Soc. **4**, 554—559 (1953).

[3] ANCOCHEA, G.: On the fundamental theorem of projective geometry. Rev. mat. hisp.-amer. **1** (1941).

[4] — Le théorème de v. Staudt en géométrie projective quaternionienne. J. reine u. angew. Math. **184**, 193—198 (1942).

[5] — On semi-automorphisms of division algebras. Ann. of Math. **48**, 147—153 (1947).

[6] ANDRÉ, J.: Über nicht-Desarguessche Ebenen mit transitiver Translationsgruppe. Math. Z. **60**, 156—186 (1954).

[7] — Über Perspektivitäten in endlichen projektiven Ebenen. Arch. Math. **6**, 29—32 (1954).

[8] — Projektive Ebenen über Fastkörpern. Math. Z. **62**, 137—160 (1955).

[9] ARGUNOV, B. J.: Konfigurationspostulate in projektiven Ebenen und ihre algebraischen Äquivalente. [Russ.] Vestnik Moskov. G. Univ. **1948**, No. 1, 47—52.

[10] — Konfigurationspostulate und ihre algebraischen Äquivalente. [Russ.] Mat. Sbornik, N.S. **26** (68), 425—456 (1950).

[11] ARTIN, E.: Coordinates in affine geometry. Rep. Math. Coll. Notre Dame (Indiana) **2**, 15—20 (1940).

[12] ARTZY, R.: Minimum-Netze in abstrakten Geweben. [Hebr.] Thesis Hebr. Univ. Jerusalem 1945.

[13] — Eigenschaften von ebenen Viergeweben allgemeiner Lage. Math. Ann. **126**, 336—342 (1953).

[14] — Viergewebe und Möbius-Netze. [Hebr.] Riveon Lematematika **7**, 1—9 (1954).

[15] — Über den einfachsten Inzidenzsatz im Möbius-Netz. [Hebr.] Riveon Lematematika **7**, 77—78 (1954).

[16] BACHMANN, F., u. W. KLINGENBERG: Über Seiteneinteilungen in affinen und euklidischen Ebenen. Math. Ann. **123**, 288—301 (1951).

[17] BAER, R.: Nets and groups. Trans. Amer. Math. Soc. **46**, 110—141 (1939).

[18] — Homogeneity of projective planes. Amer. J. Math. **64**, 137—152 (1942).

[19] — A unified theory of projective spaces and finite abelian groups. Trans. Amer. Math. Soc. **52**, 283—343 (1942).

[20] — The fundamental theorems of elementary geometry. Trans. Amer. Math. Soc. **56**, 94—129 (1944).

[21] — Projectivities with fixed points on every line of the plane. Bull. Amer. Math. Soc. **52**, 273—286 (1946).

[22] — Polarities in finite projective planes. Bull. Amer. Math. Soc. **52**, 77—93 (1946).

[23] — Projectivities of finite projective planes. Amer. J. Math. **69**, 653—684 (1947).

[24] — Linear algebra and projective geometry. New York 1952.

[25] Baker, H. F.: Principles of geometry, Bd. I. Cambridge 1922.

[26] — Note on the foundation of projective geometry. Proc. Cambridge Phil. Soc. **48**, 363—364 (1952).

[27] Ball, R. W.: Dualities of finite projective planes. Duke Math. J. **15**, 929—940 (1948).

[28] Banning, J.: Over de grondslagen der meetkunde. Handelingen XXXI. Nederl. Natur- en Geneeskundig Congres, S. 83—85. Haarlem 1949.

[29] Bates, G. E.: Free loops and nets and their generalizations. Amer. J. Math. **69**, 494—550 (1947).

[30] Bennhold, F.: Zur synthetischen Begründung der projektiven Geometrie der Ebene. Math. Ann. **129**, 209—229 (1955).

[31] Bermann, G.: Finite projective plane geometry and difference sets. Trans. Amer. Math. Soc. **74**, 492—494 (1953).

[32] Bilo, J.: Bijdrage tot de grondslagenleer der gewone complexe projectieve meetkunde en tot zuiver synthetische studie der complexe grondfiguren van de eerste soort. Verh. Vlaamse Acad., Kl. Wetensch. **11**, No. 29 (1949).

[33] — Onderzoekingen betreffende de meetkundige grondslagen van de projectieve quaternionenmeetkunde. Brüssel 1949.

[34] — Sur le théorème fondamental (au sens restreint) de la géométrie projective quaternionienne. III. Congr. Nat. Sci., Brüssel, **2**, 93—96 (1950).

[35] — Conditions for the equivalence of point-sets in quaternion geometry. Simon Stevin **28**, 140—145 (1951).

[36] Birkhoff, G.: Lattice theory, 2. Aufl. New York 1948.

[37] Blaschke, W.: Topologische Fragen der Differentialgeometrie. I. Thomsens Sechseckgewebe. Zueinander diagonale Netze. Math. Z. **28**, 150—157 (1928).

[38] Blaschke, W., u. G. Bol: Geometrie der Gewebe. Berlin 1938.

[39] Bol, G.: Topologische Fragen der Differentialgeometrie. 65. Gewebe und Gruppen. Math. Ann. **114**, 414—431 (1937).

[40] Bose, R. C.: On the application of the properties of Galois-Fields to the construction of Hyper-Graeco-Latin-Squares. Sankhyā, Indian J. of Statistics **3**, 328—338 (1938).

[41] — On the construction of balanced incomplete block designs. Ann. of Eugen. **9**, 353—399 (1939).

[42] — Discussion on the mathematical theory of the design of experiments. Sankhyā, Indian J. of Statistics **5**, 170—174 (1940/41).

[43] — An affine analogues of Singer's theorem. J. Indian Math. Soc. **6**, 1—15 (1942).

[44] Bose, R. C., and K. R. Nair: On complete sets of Latin Squares. Sankhyā, Indian J. of Statistics **5**, 361—382 (1940/41).

[45] Bottema, O.: Eine Bemerkung über den Desarguesschen und den Pascalschen Satz. Math. Ann. **111**, 68—70 (1935).

[46] — De elementaire meetkunde van het platte vlak. Groningen 1938.

[47] — Eine Geometrie mit unvollständiger Anordnung. Math. Ann. **117**, 17—26 (1939).

[48] — Zur Axiomatik der projektiven Geometrie. Mh. Math. Phys. **47**, 234—239 (1939).

[49] Bourbaki, N.: Topologie générale (Eléments de Mathématique, 1. Partie, Livre III). Paris ab 1940.

[50] Bruck, R. H.: Some results in the theory of linear non-associative algebras. Trans. Amer. Math. Soc. **56**, 141—199 (1944).

[51] — Contributions to the theory of loops. Trans. Amer. Math. Soc. **60**, 245—354 (1946).

[52] BRUCK, R. H.: Finite nets. I. Numerical invariants. Canad. J. Math. 3, 94—107 (1951).

[53] — On a theorem of Moufang. Proc. Amer. Math. Soc. 2, 144—145 (1951).

[54] — Pseudo-automorphisms and Moufang loops. Proc. Amer. Math. Soc. 3, 66—72 (1952).

[55] BRUCK, R. H., and E. KLEINFELD: The structure of alternative division rings. Proc. Nat. Acad. Sci. USA. 37, 88—90 (1951).

[56] — The structure of alternative division rings. Proc. Amer. Math. Soc. 2, 878—890 (1951).

[57] BRUCK, R. H., and H. J. RYSER: The nonexistence of certain finite projective planes. Canad. J. Math. 1, 88—93 (1949).

[58] CARMICHAEL, R. D.: Groups of finite order. Boston 1937.

[59] CHOWLA, S.: On difference sets. J. Indian Math. Soc. 9, 28—31 (1945).

[60] — On difference sets. Proc. Nat. Acad. Sci. USA. 35, 92—94 (1949).

[61] CHOWLA, S., and H. J. RYSER: Combinatorial problems. Canad. J. Math. 2, 93—99 (1950).

[62] COLE, F. N.: Kirkman parade. Bull. Amer. Math. Soc. 28, 435—437 (1922).

[63] COXETER, H. S. M.: The real projective plane. New York 1949.

[64] CRONHEIM, A.: A proof of Hessenberg's theorem. Proc. Amer. Math. Soc. 4, 219—221 (1953).

[65] DEHN, M.: Über die Grundlagen der projektiven Geometrie und allgemeine Zahlsysteme. Math. Ann. 85, 184—194 (1922).

[66] DICKSON, L. E.: On finite algebras. Nachr. Ges. Wiss. Göttingen Math.-phys. Kl. 1905, 358—394.

[67] DUBREIL-JACOTIN, M.-L., L. LESIEUR et R. CROISOT: Leçons sur la théorie des treillis, des structures algébriques et des treillis géométriques. Paris 1953.

[68] EVANS, T.: Embedding theorems for multiplicative systems and projective geometries. Proc. Amer. Math. Soc. 3, 614—620 (1952).

[69] EVANS, T., and B. H. NEUMANN: On varieties of groupoids and loops. J. London Math. Soc. 28, 342—350 (1953).

[70] EVANS, T. A., and H. B. MANN: On simple difference sets. Sankhyā, Indian J. of Statistics 11, 357—364 (1951).

[71] FAVARD, J.: Sur les axiomes de la géométrie. Coll. Math. 4, 55—69 (1951).

[72] FISHER, R. A.: The design of experiments, 5. Aufl. Edinburgh 1949.

[73] FISHER, R. A., and F. YATES: Statistical tables. Edinburgh 1938.

[74] FORDER, H. G.: Coordinates in geometry. Auckland Univ. Coll. Bull., Math. Ser. 41, No. 1 (1953).

[75] FREUDENTHAL, H.: Oktaven, Ausnahmegruppen und Oktavengeometrie. Mat. Inst. Rijksuniv. Utrecht 1951.

[76] — Zur ebenen Oktavengeometrie. Proc., Kon. nederl. Akad. Wetensch., Ser. A 56, No. 3, 195—200 (1953).

[77] GINGERICH, H. F.: Generalized fields and Desargues configurations. Abstr. of a Thesis, Urbana, Ill. 1945.

[78] GOODSTEIN, R. L., and E. J. F. PRIMROSE: Axiomatic projective geometry. Leicester 1953.

[79] HALL, M.: Projective planes. Trans. Amer. Math. Soc. 54, 229—277 (1943).

[80] — Cyclic projective planes. Duke Math. J. 14, 1079—1090 (1947).

[81] — Corrections to ,,Projective planes". Trans. Amer. Math. Soc. 65, 473—474 (1949).

[82] — Uniqueness of the projective plane with 57 points. Proc. Amer. Math. Soc. 4, 912—916 (1953).

[83] HALL, M.: Correction to „Uniqueness of the projective plane with 57 points".
Proc. Amer. Math. Soc. **5**, 994—997 (1954).

[84] HALL, M., and H. J. RYSER: Cyclic incidence matrices. Canad. J. Math. **3**,
495—502 (1951).

[85] HERSTEIN, I. N.: An elementary proof of a theorem of Jacobson. Duke
Math. J. **21**, 45—48 (1954).

[86] HESSENBERG, G.: Über einen geometrischen Calcül. Acta math., Stockh.
29, 1—23 (1904).

[87] — Beweis des Desarguesschen Satzes aus dem Pascalschen. Math. Ann. **61**,
161—172 (1905).

[88] — Grundlagen der Geometrie. Berlin 1930.

[89] HILBERT, D.: Grundlagen der Geometrie, 1. Aufl. Berlin 1899.

[90] — Grundlagen der Geometrie, 7. Aufl. Berlin 1930.

[91] HODGE, W. V. D., and D. PEDOE: Methods of algebraic geometry, Bd. I.
Cambridge 1947.

[92] HOFFMAN, A. J.: Cyclic affine planes. Canad. J. Math. **4**, 295—301 (1952).

[93] HÖLDER, O.: Die Axiome der Quantität und die Lehre vom Maß. Ber.
Verh. Kgl. sächs. Ges. Wiss. Leipzig, math.-phys. Kl. **53**, 1—64 (1901).

[94] HUA, L.-K.: On the automorphisms of a sfield. Proc. Nat. Acad. Sci. USA.
35, 386—389 (1949).

[95] — Über Semi-Homomorphismen von Ringen und ihre Anwendung in der
projektiven Geometrie. [Russ.] Usp. Mat. Nauk., N. S. **8**, Nr. 3 (55),
143—148 (1953).

[96] HUNTINGTON, E. V.: A set of independent postulates for cyclic order. Proc.
Nat. Acad. Sci. USA. **2**, 630—631 (1916).

[97] — Sets of completely independent postulates for cyclic order. Proc. Nat.
Acad. Sci. USA. **10**, 74—78 (1924).

[98] — A new set of postulates for betweenness with proof of complete inde-
pendence. Trans. Amer. Math. Soc. **26**, 257—282 (1924).

[99] HUNTINGTON, E. V., and J. R. KLINE: Independent postulates for betweenness.
Trans. Amer. Math. Soc. **18**, 301—325 (1917).

[100] IRMER, A.: Axiomatische Untersuchungen über die Richtung und die Anordnung der Punkte auf der Geraden. Diss. Marburg 1937.

[101] JACOBSON, N., and C. E. RICKART: Jordan homomorphisms of rings. Trans.
Amer. Math. Soc. **69**, 479—502 (1950).

[102] JÄRNEFELDT, G.: Reflections on a finite approximation to Euclidean geometry. Ann. Acad. Sci. fenn., Ser. AI math.-phys. **1951**, Nr. 96.

[103] JORDAN, P.: Über eine nichtdesarguessche Geometrie. Abh. math. Seminar
Univ. Hamburg **16**, 74—76 (1949).

[104] — Zur Theorie der Cayley-Größen. Akad. Wiss. Mainz, Abh. math.-natur-
wiss. Kl. **1950**, Nr. 1, 1—7.

[105] KALSCHEUER, F.: Die Bestimmung aller stetigen Fastkörper. Abh. math.
Seminar Univ. Hamburg **13**, 413—435 (1940).

[106] KAPLANSKY, I.: Semiautomorphisms of rings. Duke Math. J. **14**, 521—525
(1947).

[107] — A theorem on division rings. Canad. J. Math. **3**, 290—292 (1951).

[108] KARZEL, H.: Erzeugbare Ordnungsfunktionen. Math. Ann. **127**, 228—242
(1954).

[109] — Ordnungsfunktionen in nichtdesarguesschen Geometrien. Math. Z. **62**,
268—291 (1955).

[110] KÉRÉKJARTO, B.: A Geométria Alapjairól. II. Projecktiv Geométria. Buda-
pest 1944.

[111] KLEINFELD, E.: Alternative division rings of characteristic 2. Proc. Nat. Acad. Sci. USA. **37**, 818—820 (1951).

[112] KLINGENBERG, W.: Beziehungen zwischen einigen affinen Schließungssätzen. Abh. math. Seminar Univ. Hamburg **18**, 120—143 (1952).

[113] — Beweis des Desarguesschen Satzes aus der Reidemeisterfigur und verwandte Sätze. Abh. math. Seminar Univ. Hamburg **19**, 158—175 (1955).

[114] KNESER, H.: Topologische Fragen der Differentialgeometrie. 43. Gewebe und Gruppen. Abh. math. Seminar Univ. Hamburg **9**, 147—151 (1932).

[115] — Schiefkörper und Dualitätsprinzip (Vortragsauszug). Jber. dtsch. Math.-Ver. **45**, 77—78 (1935).

[116] KOETHE, G.: Schiefkörper unendlichen Ranges über dem Zentrum. Math. Ann. **105**, 15—39 (1931).

[117] KOLMOGOROFF, A. N.: Zur Begründung der projektiven Geometrie. Ann. of Math. **33**, 175—176 (1932).

[118] KOPEJKINA, L.: Freie Produkte projektiver Ebenen. [Russ.] Izv. Akad. Nauk. SSSR., Ser. Mat. **9**, 495—526 (1945).

[119] KUNUGI, K.: Axioms for betweenness in the foundations of geometry. Tôhoku Math. J. **37**, 414—422 (1933).

[120] KUSTAANHEIMO, P.: A note on a finite approximation of the Euclidean plane geometry. Soc. Sci. fenn. Comm. phys.-math. **15**, No. 19 (1950).

[121] LAUWERIER, H. A.: Axiomatische onderzoekingen over de vlakke meetkunde. Proefschrift Delft 1948.

[122] LENZ, H.: Beispiel einer endlichen projektiven Ebene, in der einige, aber nicht alle Vierecke kollineare Diagonalpunkte haben. Arch. Math. **4**, 327—330 (1953).

[123] — Kleiner Desarguesscher Satz und Dualität in projektiven Ebenen. Jber. dtsch. Math.-Ver. **57**, 20—31 (1954).

[124] LEVENBERG, K.: A class of non-desarguesian plane geometries. Amer. Math. Monthly **57**, 381—387 (1950).

[125] LEVI, F. W.: Geometrische Konfigurationen. Leipzig 1929.

[126] — Finite geometrical systems. Calcutta 1942.

[127] LIEBMANN, H.: Synthetische Geometrie. Leipzig 1934.

[128] — Beweise der Anordnungsaxiome im Rahmen der synthetischen Geometrie. Math. Ann. **111**, 64—67 (1935).

[129] LOMBARDO-RADICE, L.: Una nuova costruzione dei piani grafici desarguesiani finiti. Ric. Mat. Napoli **2**, 47—57 (1953).

[130] — Piani grafici finiti a coordinate di Veblen-Wedderburn. Ric. Mat. Napoli **2**, 266—273 (1953).

[131] — Sui piani microdesarguesiani affini. Rend. Accad. Lincei **15**, 264—271 (1953).

[132] — Sui sistemi cartesiani di coordinate dei piani grafici h-l-transitivi. Boll. Un. Mat. Ital. (3) **9**, 24—29 (1954).

[133] — L'inversione come dualità nei piani su sistemi cartesiani. Ric. Mat. Napoli **3**, 31—34 (1954).

[134] — I piani di refrazioni. Rend. Mat. Roma **14**, 130—139 (1954).

[135] MacINNES, C. R.: Finite planes with less than eight points on a line. Amer. Math. Monthly **14**, 171—174 (1907).

[136] MacNEISH, H. F.: Four finite geometries. Amer. Math. Monthly **49**, 15—23 (1942).

[137] MANN, B. H.: The construction of sets of orthogonal Latin Squares. Ann. Math. Statistics **13**, 418—423 (1942).

[138] — On orthogonal Latin Squares. Bull. Amer. Math. Soc. **50**, 249—259 (1944).

[139] MANN, B. H.: Analysis and design of experiments. New York 1949.

[140] — Some theorems on difference sets. Canad. J. Math. 4, 222—226 (1952).

[141] MAYRHOFER, R.: Topologische Fragen der Differentialgeometrie. III. Kurvensysteme auf Flächen. Math. Z. 28, 728—752 (1928).

[142] MENGER, K.: Independent self-dual postulates in projective geometry. Rep. Math. Coll. Notre Dame (Indiana) 8, 81—87 (1948).

[143] MOHRMANN, H.: Hilbertsche und Beltramische Liniensysteme. Math. Ann. 85, 177—183 (1922).

[144] MOORE, E. H.: Tactical Memoranda. Amer. J. Math. 18, 264—303 (1896).

[145] MOUFANG, R.: Zur Struktur der projektiven Geometrie der Ebene. Math. Ann. 105, 536—601 (1931).

[146] — Die Einführung der idealen Elemente in die ebene Geometrie mit Hilfe des Satzes vom vollständigen Vierseit. Math. Ann. 105, 759—778 (1931).

[147] — Die Schnittpunktsätze des projektiven speziellen Fünfecknetzes in ihrer Abhängigkeit voneinander. Math. Ann. 106, 755—795 (1932).

[148] — Ein Satz über die Schnittpunktsätze des allgemeinen Fünfecknetzes. Math. Ann. 107, 124—139 (1933).

[149] — Die Desarguesschen Sätze vom Rang 10. Math. Ann. 108, 296—310 (1933).

[150] — Alternativkörper und der Satz vom vollständigen Vierseit. Abh. math. Seminar Univ. Hamburg 9, 207—222 (1933).

[151] — Zur Struktur von Alternativkörpern. Math. Ann. 110, 416—438 (1934).

[152] — Einige Untersuchungen über geordnete Schiefkörper. J. reine u. angew. Math. 176, 203—223 (1937).

[153] MOULTON, F. R.: A simple non-desarguesian plane geometry. Trans. Amer. Math. Soc. 3, 192—195 (1902).

[154] NAKAYAMA, T.: On the commutativity of certain division rings. Canad. J. Math. 5, 242—244 (1953).

[155] NAUMANN, H.: Über das 2. Distributivgesetz im Zusammenhang mit den Viergeweben von Herrn Artzy. Math. Ann. 128, 92—94 (1954).

[156] — Stufen der Begründung der ebenen affinen Geometrie. Math. Z. 60, 120—141 (1954).

[157] NEUMANN, H.: On some finite non-desarguesian planes. Arch. Math. 6, 36—40 (1954).

[158] NORTON, H. W.: The 7×7 squares. Ann. of Eugen. 9, 269—307 (1939).

[159] OSTROM, T. G.: Concerning difference sets. Canad. J. Math. 5, 421—424 (1953).

[160] PAIGE, L. J.: Neofields. Duke Math. J. 16, 39—60 (1949).

[161] PAIGE, L. J., and CH. WEXLER: A canonical form for incidence matrices of finite projective planes and their associated Latin Squares. Portugal. Math. 12, 105—112 (1953).

[162] PASCH, M., u. M. DEHN: Vorlesungen über neuere Geometrie, 2. Aufl. Berlin 1926.

[163] PICKERT, G.: Einführung in die höhere Algebra. Göttingen 1951.

[164] — Nichtkommutative cartesische Gruppen. Arch. Math. 3, 335—342 (1952).

[165] — Der Satz vom vollständigen Viereck bei kollinearen Diagonalpunkten. Math. Z. 56, 131—133 (1952).

[166] — Angeordnete nichtdesarguessche Ebenen (Vortragsauszug). Jber. dtsch. Math.-Ver. 56, 12 (1952).

[167] — Analytische Geometrie. 7. Aufl. Leipzig 1976.

[168] — Sechseckgewebe und potenzassoziative Loops (Vortragsauszug). Proc. Internat. Congr. Math., Amsterdam, 2, 245—246 (1954).

[169] PIERCE, W. A.: The impossibility of Fano's configuration in a projective plane with eight points per line. Proc. Amer. Math. Soc. 4, 908—912 (1953).

[170] PITCHER, E., and M. F. SMILEY: Transitivities of betweenness. Trans. Amer. Math. Soc. 52, 95—114 (1942).

[171] PONTRJAGIN, L.: Über stetige algebraische Körper. Ann. of Math. 33, 163—174 (1932).

[172] PRÜFER, H.: Projektive Geometrie. 2. Aufl. Leipzig 1953.

[173] RACHEVSKY, P.: Sur une géométrie projective avec de nouveaux axiomes de configuration. Rec. Math. Moscou, N. S. 8, 183—203 (1940).

[174] REIDEMEISTER, K.: Topologische Fragen der Differentialgeometrie. V. Gewebe und Gruppen. Math. Z. 29, 427—435 (1929).

[175] — Vorlesungen über Grundlagen der Geometrie. Berlin 1930.

[176] ROBINSON, G. DE B.: The foundation of geometry. Toronto 1940.

[177] RYSER, H. J.: A note on a combinatorial problem. Proc. Amer. Math. Soc. 1, 422—424 (1950).

[178] SADE, A.: An omission in Norton's list of 7×7 squares. Ann. Math. Statistics 22, 306—307 (1951).

[179] SALZMANN, H.: Über den Zusammenhang in topologischen projektiven Ebenen. Math. Z. 61, 489—494 (1955).

[180] SCHAFER, R. D.: Alternative algebras over an arbitrary field. Bull. Amer. Math. Soc. 49, 549—555 (1943).

[181] SCHWAN, W.: Streckenrechnung und Gruppentheorie. Math. Z. 3, 11—28 (1919).

[182] SEGRE, B.: Lezioni di geometria moderna, Bd. I. Bologna 1948.

[183] SINGER, J.: A theorem in finite projective geometry and some applications to number theory. Trans. Amer. Math. Soc. 43, 377—385 (1938).

[184] SKORNJAKOV, L. A.: Natürliche Bereiche von Veblen-Wedderburnschen projektiven Ebenen. [Russ.] Izv. Akad. Nauk SSSR., Ser. Mat. 13, 447—472 (1949). A.M.S. Transl. Ser. 1, 1, 15—50 (1962).

[185] — Alternativkörper. [Russ.] Ukrain. Mat. Zur. 2, 70—85 (1950).

[186] — Alternativkörper der Charakteristik 2 und 3. [Russ.] Ukrain. Mat. Žur. 2, 94—99 (1950).

[187] — Zur Theorie der Alternativkörper. [Russ.] Usp. Mat. Nauk, N. S. 5, Nr. 5 (39), 160—162 (1950).

[188] — Rechtsalternativkörper. [Russ.] Izv. Akad. Nauk SSSR., Ser. Mat. 15, 177—184 (1951).

[189] — Projektive Ebenen. [Russ.] Usp. Mat. Nauk 6, Nr. 6 (46), 112—154 (1951). A.M.S. Transl. Ser. 1, 1, 51—107 (1962).

[190] — Die Konfiguration D_9. [Russ.] Mat. Sbornik, N. S. 30 (72), 73—78 (1952).

[191] SNAPPER, E.: Periodic linear transformations of affine and projective geometries. Canad. J. Math. 2, 149—151 (1950).

[192] SPERNER, E.: Die Ordnungsfunktion einer Geometrie. Arch. Math. 1, 9—12 (1948/49).

[193] — Die Ordnungsfunktion einer Geometrie. Math. Ann. 121, 107—130 (1949).

[194] — Beziehungen zwischen geometrischer und algebraischer Anordnung. Arch. Math. 1, 148—153 (1948/49).

[195] — Beziehungen zwischen geometrischer und algebraischer Anordnung. Sitzgsber. Akad. Wiss. Heidelberg 1949, Nr. 10.

[196] — Konvexität bei Ordnungsfunktionen. Abh. math. Seminar Univ. Hamburg 16, 140—154 (1949).

[197] STECK, M.: Die Abhängigkeit der Vertauschungsaxiome und das Hessenbergsche Ergebnis. Dtsch. Math. 1, 165—174 (1936).

[198] STETTLER, R.: Über endliche Geometrien. Diss. Bern 1947.

[199] STEVENS, N. L.: The completely orthogonalized Latin Squares. Ann. of Eugen. **9**, 82—93 (1939).

[200] SUSEELA, N.: Non Desarguesian geometry. Math. Student **14**, 1—13 (1946).

[201] TARRY, G.: Le problème des 36 officiers. C. R. Assoc. Franc. Avanc. Sci. natur. **1**, 122—123 (1900); **2**, 170—203 (1901).

[202] THOMSEN, G.: Un teorema topologico sulle schiere di curve e una caratterizzazione geometrica delle superficie isotermo-asintotiche. Boll. Un. Mat. Ital. **6**, 80—85 (1927).

[203] — Topologische Fragen der Differentialgeometrie. XII. Schnittpunktsätze in ebenen Geometrien. Abh. math. Seminar Univ. Hamburg **7**, 99—106 (1930).

[204] TITS, J.: Sur les groupes doublements transitifs continus. Comm. Math. Helv. **26**, 203—224 (1952).

[205] TSCHETWERUCHIN, N. F.: Eine Bemerkung zu den Nicht-Desarguesschen Liniensystemen. Jber. dtsch. Math.-Ver. **36**, 134—136 (1927).

[206] VAHLEN, TH.: Abstrakte Geometrie, 2. Aufl. Leipzig 1940.

[207] VEBLEN, O., and J. H. M. WEDDERBURN: Non-desarguesian and non-pascalian geometries. Trans. Amer. Math. Soc. **8**, 379—388 (1907).

[208] VEBLEN, O., and J. W. YOUNG: Projective geometry, 2. Aufl., Bd. I. Boston 1916; Bd. II, Boston 1917.

[209] WAERDEN, B. L. VAN DER: Moderne Algebra, Bd. II, 2. Aufl. Berlin 1940.

[210] WAGNER, W.: Über die Grundlagen der projektiven Geometrie und allgemeine Zahlensysteme. Math. Ann. **113**, 528—567 (1937).

[211] WEISS, E. A.: Die geschichtliche Entwicklung der Lehre von der Geraden-Kugel-Transformation. Dtsch. Math. **1**, 23—37 (1936).

[212] WITT, E.: Über die Kommutativität endlicher Schiefkörper. Abh. math. Seminar Univ. Hamburg **8**, 413 (1931).

[213] — Über Steinersche Systeme. Abh. math. Seminar Univ. Hamburg **12**, 265—275 (1938).

[214] WYLER, O.: Order and topology in projective planes. Amer. J. Math. **74**, 656—666 (1952).

[215] — Order in projective and descriptive geometry. Comp. Math. **11**, 60—70 (1953).

[216] ZAPPA, G.: Sui piani grafici finiti transitivi e quasi-transitivi. Ric. Mat. Napoli **2**, 274—287 (1953).

[217] — Sulle omologie dei piani h-l-transitivi e dei piani su quasicorpi. Ric. Mat. Napoli **3**, 35—38 (1954).

[218] ZASSENHAUS, H.: Über endliche Fastkörper. Abh. math. Seminar Univ. Hamburg **11**, 187—220 (1936).

[219] — Lehrbuch der Gruppentheorie. Leipzig 1937.

[220 ZORN, M.: Theorie der alternativen Ringe. Abh. math. Seminar Univ. Hamburg **8**, 123—147 (1931).

[221] — Alternativkörper und quadratische Systeme. Abh. math. Seminar Univ. Hamburg **9**, 395—402 (1933).

Nachtrag.

[222] BURGER, E.: Über die Einzigkeit der Cayley-Zahlen. Bemerkung zu einer Arbeit von L. A. Skornjakov. Arch. Math. **3**, 298—302 (1952).

[223] SMILEY, M. F.: Alternative regular rings without nilpotent elements. Bull. Amer. Math. Soc. **53**, 775—778 (1947).

360   Literaturverzeichnis.

[224] SMILEY, M. F.: A remark on a theorem of Marshall Hall. Proc. Amer. Math. Soc. 1, 342—343 (1950).

[225] — Some questions concerning alternative rings. Bull. Amer. Math. Soc. 57, 36—43 (1951).

[226] STÖCKER, C.: Beweis eines Hilfssatzes von Bruck und Kleinfeld. Arch. Math. 6, 296—302 (1955).

[227] ZAPPA, G.: Sui piani grafici finiti h-l-transitivi. Boll. Un. Mat. Ital. 9, 16—24 (1954).

[228] — Reticoli e geometrie finite. Neapel 1952.

[229] SKORNJAKOV, L. A.: Topologische projektive Ebenen. [Russ.] Trudy Moskov Mat. Obšč. 3, 347—373 (1954).

[230] RYSER, H. J.: Geometries and incidence matrices. Slaught Memorial Papers (Suppl. to the Amer. Math. Monthly) 1955.

[231] HALL, M., and H. J. RYSER: Normal completions of incidence matrices. Amer. J. Math. 76, 581—589 (1954).

[232] PALL, G.: Some theorems on finite projective planes. SCAMP Working Paper, July 13, 1953.

[233] HIRSCH, G.: La géométrie projective et la topologie des espaces fibrés. Coll. internat. du CNRS No. 12 (Topologie algébrique), 35—42 (1949).

[234] HALL, M.: Projective planes and related topics. California Institute of Technology, 1954.

[235] KLEINFELD, E.: Simple alternative rings. Ann. of Math. 58, 544—547 (1953).

[236] — Right alternative rings. Proc. Amer. Math. Soc. 4, 939—944 (1953).

[237] NEUMANN, B. H.: On the commutativity of addition. J. London Math. Soc. 15, 203—208 (1940).

[238] MACNEISH, H. F.: Euler squares. Ann. Math. 23, 221—227 (1922).

Anhang zum Literaturverzeichnis.

AL-DHAHIR, W., ABDUL-ELAH, M. S.
1974 The dual of addition in the ternary ring of a projective plane. Arch. d. Math. **25**, 536—539.

ANDRÉ, J.
1962 Über verallgemeinerte Moulton-Ebenen. Arch. d. Math. **13**, 290—301.
1963 Bemerkungen zu meiner Arbeit „Über verallgemeinerte Moulton-Ebenen". Arch. d. Math. **14**, 359—360.
1964 Über projektive Ebenen vom Lenz-Barlotti-Typ III 2. Math. Z. **84**, 316—328.

BACHMANN, O.
1972 Planare Neokörper mit additiven Kürzungsregeln. Math. Z. **126**, 6—30.
1973 Über projektive Ebenen des Lenz-Barlotti-Typs I 3. Math. Z. **130**, 119—141.
1974 On projective planes of Lenz-Barlotti class I 6. Arch. d. Math. **25**, 528—535.

BARLOTTI, A.
1957 Le possibili configurazioni del sistema delle coppie punto-retta (A, a) per cui un piano grafico risulta (A, a)-transitivo. Boll. Un. Mat. Ital. **12**, 212—226.
1964 Sul gruppo delle proiettività di una retta in sè nei piani liberi e nei piani aperti. Rend. Sem. Mat. Padova **34**, 135—159.

BETTEN, D.
1971 2-dimensionale differenzierbare projektive Ebenen. Arch. d. Math. **22**, 304—309.
1972 4-dimensionale Translationsebenen. Math. Z. **128**, 129—151
1973a 4-dimensionale Translationsebenen mit 8-dimensionaler Translationsgruppe. Geometriae Ded. **2**, 327—339.
1973b 4-dimensionale Translationsebenen mit irreduzibler Kollineationsgruppe. Arch. d. Math. **24**, 552—560.
1973c Die komplexe hyperbolische Ebene. Math. Z. **132**, 249—259.

BOSE, R. C., SHRIKHANDE, S. S., PARKER, E. T.
1960 Further results on the construction of mutually orthogonal Latin squares and the falsity of Euler's conjecture. Canad. J. Math. **12**, 189—203.

BREITSPRECHER, S.
1971 Projektive Ebenen, die Mannigfaltigkeiten sind. Math. Z. **121**, 157—174.
1972 Zur topologischen Struktur zweidimensionaler projektiver Ebenen. Geometriae Ded. **1**, 21—32.

BURN, R. P.
1968 Bol Quasi-Fields and Pappus' Theorem. Math. Z. **105**, 351—364.

CRAMPE, S.
1958 Angeordnete projektive Ebenen. Math. Z. **69**, 435—462.
1960 Schließungssätze in projektiven Ebenen und dichten Teilebenen. Arch. d. Math. **11**, 136—145.

DEMBOWSKI, P.
1962 Semiaffine Ebenen. Arch. d. Math. **13**, 120—131.
1968 Finite Geometries. (Erg. d. Math. u. ihrer Grenzgeb.) Berlin/Heidelberg/New York, Springer.

GLEASON, A. M.
1956 Finite Fano Planes. Amer. J. Math. **78**, 797—807.

GLOCK, E.
1969 Polaritäten von endlichen erzeugten freien Ebenen. Math. Z. **110**, 257—296.

HALL, M., SWIFT, J. D., WALKER, R. J.
1956 Uniqueness of the projective plane of order eight. Math. Tables Aids Comp. **10**, 186—194.

HERING, C., KANTOR, W. M.
1971 On the Lenz-Barlotti classification of projective planes. Arch. d. Math. **22**, 221—223.

HUGHES, D. R.
1955a Planar division neo-rings. Trans. Amer. Math. Soc. **80**, 502—527.
1955b Additive and multiplicative loops of planar ternary rings. Proc. Amer. Math. Soc. **6**, 973—980.

HUGHES, D. R., PIPER, F. C.
1973 Projective Planes. (Grad. Texts in Math. 6) New York/Heidelberg/Berlin, Springer.

JOHNSON, N. L.
1971 A note on free planar extensions. Math. Z. **119**, 281—282.

JONSSON, W. J.
1963 Transitivität und Homogenität projektiver Ebenen. Math. Z. **80**, 269—292.
1963a Berichtigung zu der Arbeit „Transitivität und Homogenität projektiver Ebenen". Math. Z. **82**, 176.

JUNKERS, W.
1966 Beziehungen zwischen mehrwertigen Ordnungsfunktionen und Inhaltsfunktionen auf Inzidenzstrukturen. Math. Z. **93**, 216—240.
1969 Eine Kennzeichnung der desarguesschen projektiven Ebenen durch mehrwertige Ordnungsfunktionen. Arch. d. Math. **20**, 214—218.
1970 Beziehungen zwischen der Geradenrelation und der Vierecksrelation bei Ordnungsfunktionen auf Inzidenzstrukturen. J. reine u. angew. Math. **241**, 64—74.
1971 Mehrwertige Ordnungsfunktionen. Hamburger Math. Einzelschriften, N.F., Heft 3, Göttingen.
1972 Über die regulären projektiven Fortsetzungen der regulären Ordnungsfunktionen auf affinen Räumen. Abh. Math. Sem. Hamburg **37**, 50—59.

KANTOR, W. M.
1974 Projective planes of type I-4. Geometriae Ded. **3**, 335—346.

KARZEL, H.
1965 Normale Fastkörper mit kommutativer Inzidenzgruppe. Abh. Math. Sem. Hamburg, **28**, 124—132.

LENZ, H.
1967 Zur Begründung der Winkelmessung. Math. Nachr. **33**, 363—375.

LESIEUR, L.
1966 Sur la mesure des triangles en géométrie affine plane. Math. Z. **93**, 334—344.

Liebler, R. A.
1973   The Gingerich Exchange Theorem. Arch. d. Math. **24**, 427—428.

Lombardo-Radice, L.
1957   Classificazione delle Q-configurazioni in $S^*_{2,3}$—ω(0, 0) e costruzione geometrica dei quasicorpi d'ordine 9. Matematiche **12**, 59—73.

Lüneburg, H.
1964a Endliche projektive Ebenen vom Lenz-Barlotti-Typ I-6. Abh. Math. Sem. Hamburg **27**, 75—79.
1964b Charakterisierungen der endlichen desarguesschen projektiven Ebenen. Math. Z. **85**, 419—450.
1967   An axiomatic treatment of ratios in an affine plane. Arch. d. Math. **18**, 444—448.
1971   Über die Anzahl der Dicksonschen Fastkörper gegebener Ordnung. Atti del Convegno di Geometria Combinatoria e sue Applicazioni, Perugia, 319—321.

Mendelsohn, N. S.
1956   Non-desarguesian projective plane geometries which satisfy the harmonic point axiom. Canad. J. Math. **8**, 532—562.

Panella, G.
1958   Un insiemi di piani di traslazione isomorfi. Convegno Internat. Reticoli e Geometrie Proiettive, Palermo 1957, 109—119.
1959   Isomorfismo tra piani di traslazione di Marshall Hall. Ann. mat. Pur. Appl. **47**, 169—180.

Pankin, M. D.
1973   On finite planes of type I-4 and planar division reo-rings. J. of Algebra **27**, 257—277

Petit, J.-C.
1966   Mesure des triangles et mesure des vecteurs à support parallèles dans une géométrie plane affine. Math. Z. **94**, 271—306.
1969a Construction de corps ternaires par tronçonnage. Math. Z. **110**, 127—152.
1969b Mesure des vecteurs sur un groupe G et corps ternaires G-mesurables. Math. Z. **110**, 223—256.

Pickert, G.
1956   Eine nichtdesarguessche Ebene mit einem Körper als Koordinatenbereich. Publ. Math. Debrecen **4**, 157—160.
1958   Die Assoziativität der Multiplikationen und Additionen in einer projektiven Ebene. Convegno Internat. Reticoli e Geometrie Proiettive, Palermo 1957, 31—40.
1959a Der Satz von Pappos mit Festelementen. Arch. d. Math. **10**, 56—61.
1959b Bemerkungen über die projektive Gruppe einer Moufang-Ebene. Illinois J. Math. **3**, 169—173.
1959c Eine Kennzeichnung desarguesscher Ebenen. Math. Z. **71**, 99—108.
1964   Geometrische Kennzeichnung einer Klasse endlicher Moulton-Ebenen. J. reine u. angew. Math. **214/215**, 405—411.
1967   Die cartesischen Gruppen der Ostrom-Rosati-Ebenen. Abh. Math. Sem. Hamburg **30**, 106—117.
1970   Ordre et groupe de valuation en géométrie plane. Séminaire d'Algèbre non commutative, Orsay, 12, 1—15.
1973   Affine planes, an example of research on geometric structures. Math. Gazette **57**, 278—291.

1974a Die Lenz-Barlotti-Klassifizierung der projektiven Ebenen. In ,,Grundlagen der Geometrie und algebraische Methoden", Potsdamer Forschungen, Reihe B, Heft 3, 97—111.
1974b Einführung in die endliche Geometrie. Klett Studienbücher Math., Stuttgart.

PIERCE, W. A.
1961 Moulton planes. Canad. J. Math. **13**, 427—436
1964 Collineations of affine Moulton planes. Canad. J. Math. **16**, 46—62.

PRIESS-CRAMPE, S.
1966 Archimedisch angeordnete Ternärkörper. Math. Z. **94**, 61—65.
1967 Archimedisch angeordnete projektive Ebenen. Math. Z. **99**, 305—348.

POLLEY, C.
1968 Lokal desarguessche Salzmann-Ebenen. Arch. d. Math. **19**, 553—557.
1972a Lokal desarguessche Geometrien auf dem Möbiusband. Arch d. Math. **23**, 346—347.
1972b Zweidimensionale topologische Geometrien, in denen lokal die dreifache Ausartung des desarguesschen Satzes gilt. Geometriae Ded. **1**, 124—140.

SALZMANN, H.
1959a Viereckstransitivität der kleinen projektiven Gruppe einer Moufang-Ebene. Illinois J. Math. **3**, 174—181.
1959b Topologische Struktur zweidimensionaler projektiver Ebenen. Math. Z. **71**, 408—413.
1967a Kollineationsgruppen ebener Geometrien. Math. Z. **99**, 1—15.
1967b Topological Planes. Advances in Math. **2**, 1—60.
1970 Kollineationsgruppen kompakter, vier-dimensionaler Ebenen. Math. Z. **117**, 112—124.
1971 Kollineationsgruppen kompakter, vier-dimensionaler Ebenen. II. Math. Z. **121**, 104—110.
1972 Homogene 4-dimensionale affine Ebenen. Math. Ann. **196**, 320—322.
1973 Kompakte, vier-dimensionale projektive Ebenen mit 8-dimensionaler Kollineationsgruppe. Math. Z. **130**, 235—247.
1975a Homogene kompakte projektive Ebenen. Pacific J. Math.
1975b Homogene affine Ebenen. Abh. Math. Sem. Hamburg.

SAN SOUCIE, R. L.
1955 Right alternative division rings of characteristic two. Proc. Amer. Math. Soc. **6**, 291—296.

SCHLEIERMACHER, A.
1967 Bemerkungen zum Fundamentalsatz der projektiven Geometrie. Math. Z. **99**, 299—304.
1971 Über projektive Ebenen, in denen jede Projektivität mit sechs Fixpunkten die Identität ist. Math. Z. **123**, 325—339.

SCHLEIERMACHER, A., STRAMBACH, K.
1967 Über die Gruppe der Projektivitäten in nichtgeschlossenen Ebenen. Arch. d. Math. **18**, 299—307.

SMILEY, F.
1957 Kleinfeld's proof of the Bruck-Kleinfeld-Skornjakov-Theorem. Math. Ann. **134**, 53—57.

Spencer, J. C. D.
1960 On the Lenz-Barlotti classification of projective planes. Quart. J. Math. Oxford (2), 11, 241—257.

Springer, T. A.
1960 The projective octave plane. I, II. Proc. K. Nederl. Ak. Wetensch. A 63, 74—101.
1962 On the geometric algebra of the octave planes. Proc. K. Nederl. Ak. Wetensch. A 65, 451—468.

Strambach, K.
1968 Zur Klassifikation von Salzmann-Ebenen mit dreidimensionaler Kollineationsgruppe. Math. Ann. 179, 15—30.
1970a Zur Klassifikation von Salzmann-Ebenen mit dreidimensionaler Kollineationsgruppe II. Abh. Math. Sem. Hamburg 34, 159—169.
1970b Salzmann-Ebenen mit punkttransitiver dreidimensionaler Kollineationsgruppe. Indag. Math. 32, 253—267.

Totten, J., De Witte, P.
1974 On a Paschian condition for linear spaces. Math. Z. 137, 173—183.

Wilker, P.
1965 Doppelloops und Ternärkörper. Math. Ann. 159, 172—196.

Yaqub, J. C. D.
1961 On projective planes of class III. Arch. d. Math. 12, 146—150.
1967a On projective planes of Lenz-Barlotti class I 6. Math. Z. 95, 60—70.
1967b The Lenz-Barlotti classification. Proc. Projective Geometry Conf. Chicago, 129—162.
1972 On planes of Lenz-Barlotti class I 6 and planes of Lenz class III. Math. Z. 129, 109—136.

Zaddach, A.
1956 Über Anti-Fano-Ebenen. Math. Z: 65, 353—388.

Verzeichnis der Formelnummern.

Zeichenzusammenstellung.

Sachverzeichnis.

Die Grundlehren der mathematischen Wissenschaften
in Einzeldarstellungen
mit besonderer Berücksichtigung der Anwendungsgebiete

Eine Auswahl